多媒体光盘使用说明

本书所配光盘是专业、大容量、高品质的交互式多媒体学习光盘，讲解流畅，配音标准，画面清晰，界面美观大方。本光盘操作简单，即使是没有任何电脑使用经验的人也都可以轻松掌握。

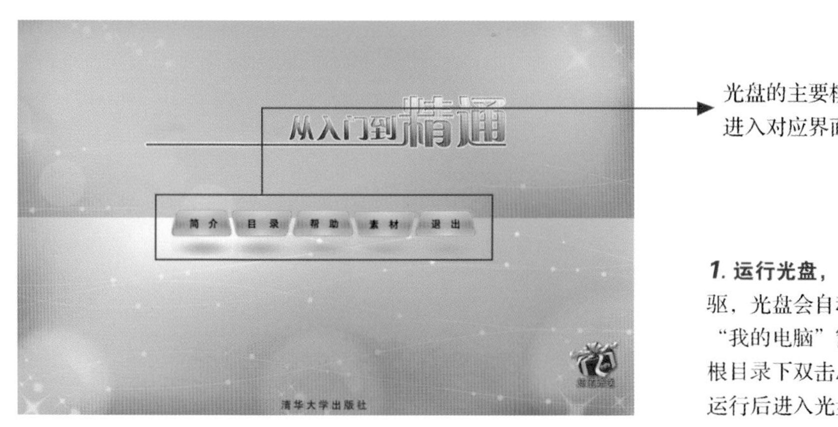

光盘的主要模块按钮，可逐一单击，进入对应界面

图1 光盘主界面

***1.* 运行光盘，进入光盘主界面。**将光盘放入光驱，光盘会自动运行。若不能自动运行，可在“我的电脑”窗口中双击光盘盘符，或在光盘根目录下双击Autorun.exe文件即可运行。程序运行后进入光盘主界面，如图1所示。

***2.* 进入多媒体教学演示界面。**在光盘主界面中单击“目录”按钮，在出现的界面中选择相应的章节内容，即可进入多媒体教学演示界面，按照多媒体讲解进行学习，并可方便地控制整个演示流程，如图2所示。

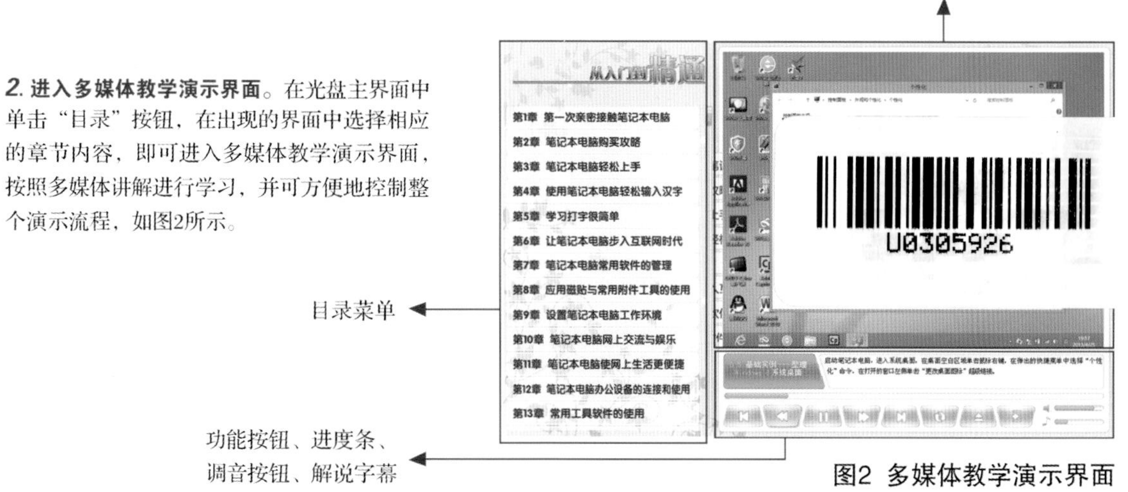

图2 多媒体教学演示界面

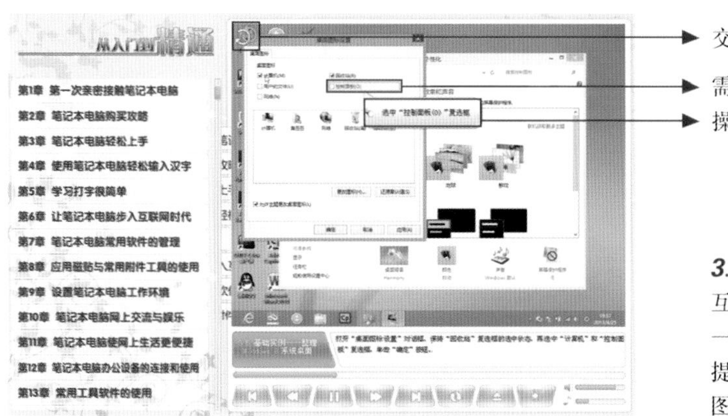

交互模式标志

需操作的项目

操作提示语言

图3 交互模式界面

***3.* 进入交互模式界面。**在演示界面中单击“交互”按钮，进入交互模式界面。该模式提供了一个模拟操作环境，读者可按照界面上的操作提示亲自操作，可迅速提高实际动手能力，如图3所示。

多媒体光盘使用说明

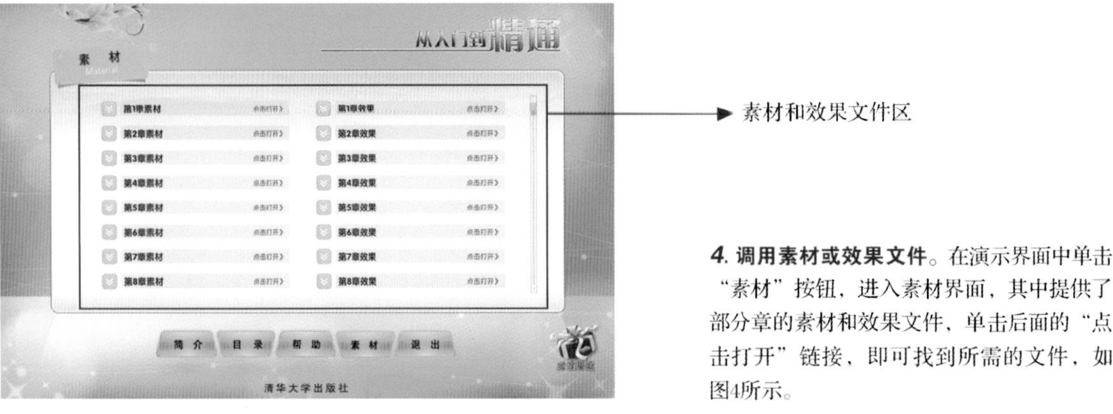

图4 素材界面

4. 调用素材或效果文件。在演示界面中单击“素材”按钮，进入素材界面，其中提供了部分章的素材和效果文件，单击后面的“点击打开”链接，即可找到所需的文件，如图4所示。

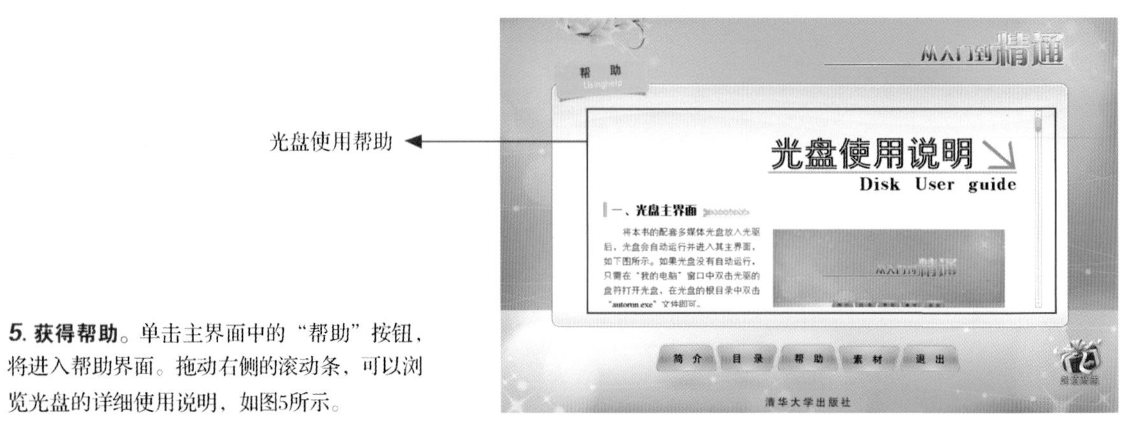

5. 获得帮助。单击主界面中的“帮助”按钮，将进入帮助界面。拖动右侧的滚动条，可以浏览光盘的详细使用说明，如图5所示。

图5 帮助界面

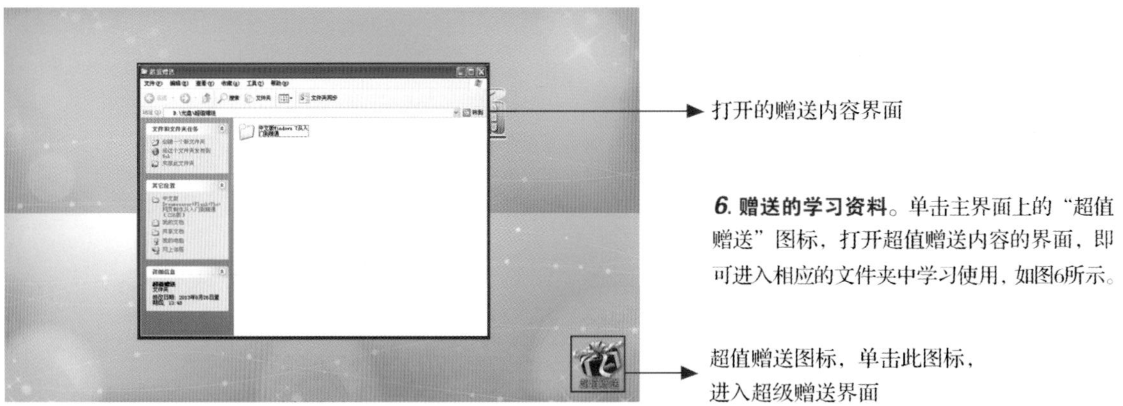

6. 赠送的学习资料。单击主界面上的“超值赠送”图标，打开超值赠送内容的界面，即可进入相应的文件夹中学习使用，如图6所示。

图6 超值赠送界面

学电脑从入门到精通

中文版Windows 8 从入门到精通

九州书源

宋玉霞　牟　俊　编著

清华大学出版社

北　京

内容简介

本书以最新版本的Windows 8操作系统为基础，由浅入深地讲解了Windows 8的一些相关知识。本书分为4篇，以初学Windows 8开始，一步一步地讲解了Windows 8的基础知识、Windows 8的常用操作、个性化设置、文件与文件夹的管理、软硬件的基本操作、Windows 8云服务、Windows 8实用附件、多媒体的应用、网络配置与应用、Internet网上冲浪、Windows 8系统的安装与备份以及系统安全维护与优化等知识。本书实例丰富，包含了计算机系统各方面的操作，可帮助读者快速上手。

本书操作简单、实用，适合计算机初级用户、广大计算机爱好者以及各行各业需要学习计算机系统操作的人员学习使用，同时也可以作为计算机系统培训班的培训教材或学习辅导书。

图书在版编目（CIP）数据

中文版Windows 8从入门到精通/九州书源编著. —北京：清华大学出版社，2014（2015.9 重印）
（学电脑从入门到精通）

ISBN 978-7-302-33562-7

I. ①中…　II. ①九…　III. ①Windows操作系统　IV. ①TP316.7

中国版本图书馆CIP数据核字（2013）第203949号

责任编辑：朱英彪
封面设计：刘　超
版式设计：文森时代
责任校对：王　云
责任印制：沈　露

出版发行：清华大学出版社
　网　　址：http://www.tup.com.cn，http://www.wqbook.com
　地　　址：北京清华大学学研大厦 A 座　　**邮　　编**：100084
　社 总 机：010-62770175　　**邮　　购**：010-62786544
　投稿与读者服务：010-62776969，c-service@tup.tsinghua.edu.cn
　质 量 反 馈：010-62772015，zhiliang@tup.tsinghua.edu.cn
印 刷 者：清华大学印刷厂
装 订 者：三河市溧源装订厂
经　　销：全国新华书店
开　　本：190mm×260mm　　**印　张**：30　　**字　　数**：730 千字
（附 DVD 光盘 1 张）
版　　次：2014 年 1 月第 1 版　　**印　　次**：2015 年 9 月第 2 次印刷
印　　数：5201～6700
定　　价：59.80 元

产品编号：049522-01

前言 PREFACE

本套书的故事和特点

“学电脑从入门到精通”从2008年第1版问世，到2010年跟进，共两批30余种图书，涵盖了电脑软、硬件各个领域，由于其知识丰富、讲解清晰，被广大读者口口相传，成为大家首选的电脑入门与提高类图书，并得到了广大读者的一致好评。

为了使更多的读者受益，成为这个信息化社会中的一员，为自己的工作和生活带来方便，我们对“学电脑从入门到精通”系列图书进行了第3次改版。改版后的图书将继承前两版图书的优势，并将不足的地方进行更改和优化，将软件的版本进行更新，使其以一种全新的面貌呈现在大家面前。总体来说，新版的“学电脑从入门到精通”丛书有如下特点。

◆ 结构科学，自学、教学两不误

本套书均采用分篇的方式写作，全书分为入门篇、提高篇、精通篇和实战篇，每一篇的结构和要求均有所不同，其中入门篇和提高篇重在知识的讲解，精通篇重在技巧的学习和灵活运用，实战篇主要讲解该知识在实际工作和生活中的综合应用。除了实战篇外，每一章的最后都安排了实例和练习，以教会读者综合应用本章的知识制作实例并且进行自我练习，所以本书不管是用于自学，还是用于教学，都可以获得不错的效果。

◆ 知识丰富，达到“精通”

本书的知识丰富、全面，将一个“高手”应掌握的知识有序地放在各篇中，在每一页的下方都添加了与本页相关的知识和技巧，与正文相呼应，对知识进行补充与提升。同时，在入门篇和提高篇的每一章最后都添加了“知识问答”和“知识关联”版块，将与本章相关的疑难点再次提问、理解，并将一些特殊的技巧教予大家，从而最大限度地提高本书的知识含量，让读者达到“精通”的程度。

◆ 大量实例，更易上手

学习电脑的人都知道，多练习实例更有利于学习和掌握。本书实例丰富，对于经常使用的操作我们均以实例的形式展示出来，并将实例以标题的形式列出，以方便读者快速查阅。

◆ 行业分析，让您与现实工作更贴近

本书中大型综合实例除了讲解其制作方法以外，部分实例还讲解了与其相关的行业知识，例如，在7.8节讲解“制作‘通知’文档”时，则在“行业分析”中讲解了通知的作用、包含的内容以及对内容的要求等，从而让读者真正明白这个实例“背后的故事”，不仅增加了知识面，而且缩小了书本知识与实际工作的差距。

本书有哪些内容

本书内容分为4篇、共20章，主要内容介绍如下。

◆ **入门篇（第1~8章，Windows 8的基础操作）**：主要讲解Windows 8的基础操作，包括Windows 8的新增功能、Windows 8的常用操作、Windows 8的个性化设置、管理文件与文件夹、Windows 8软硬件的安装与管理、Windows 8云服务、实用附件以及Windows 8多媒体的应用等知识。

◆ **提高篇（第9~13章，Windows 8的进阶应用）**：主要讲解Windows 8的高级运用知识与操作，包括网络配置与应用，Internet网上冲浪，Windows Live服务，电源、内存和硬盘的管理以及Windows 8的文件系统等相关知识。

◆ **精通篇（第14~18章，Windows 8的高级操作）**：主要讲解Windows 8的高级应用，包括系统的安装与备份、系统安全、系统的维护与优化、计算机安全管理及数据备份与故障修复等知识。

◆ **实战篇（第19~20章，Windows 8的案例应用）**：主要讲解Windows 8的实际应用，包括安装并组建双系统和操作系统的管理与优化等知识。

光盘有哪些内容

本书配备的多媒体教学光盘容量大、内容丰富，主要包含如下内容。

◆ **素材和效果文件**：光盘中包含了本书中所有实例使用的素材，以及进行操作后最后完成的效果文件，使读者可以根据这些文件轻松制作出与书本中相同的效果。

◆ **实例和练习的视频演示**：将本书所有实例和课后练习的内容，以视频文件形式提供出来，可以使读者更加直观、形象地学会其制作方法。

如何快速解决学习的疑惑

本书由九州书源组织编写，为保证每个知识点都能让读者学有所用，参与本书编写的人员在电脑书籍的编写方面都有较高的造诣。他们是宋玉霞、牟俊、杨学林、李星、丛威、范晶晶、常开忠、唐青、羊清忠、董娟娟、彭小霞、何晓琴、陈晓颖、赵云、张良瑜、张良军、李洪、贺丽娟、曾福全、汪科、宋晓均、张春梅、任亚炫、余洪、廖宵、杨明宇、刘可、李显进、付琦、刘成林、简超、林涛、张娟、程云飞、杨强、刘凡馨、向萍、杨颖、朱非、蒲涛、林科炯、阿木古堵。如果您在学习的过程中遇到什么困难或疑惑，可以联系我们，我们会尽快为您解答。联系方式是网址：http://www.jzbooks.com，QQ群：122144955、120241301。

目录 CONTENTS

入门篇

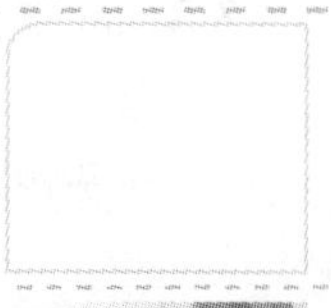
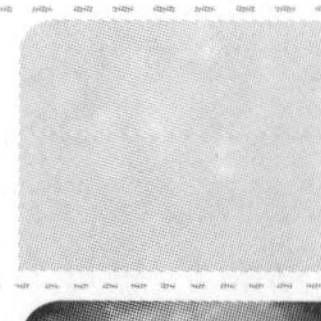

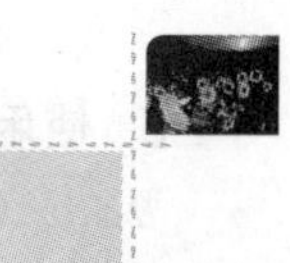

入门、提高、精通、实战，步步精要，
知识、实践、拓展、技能，样样在行。

提高篇

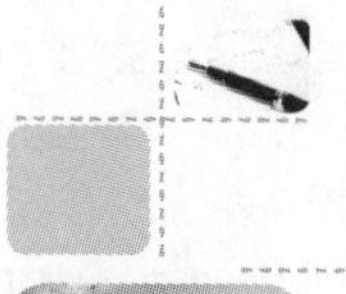

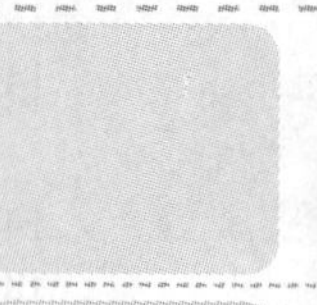

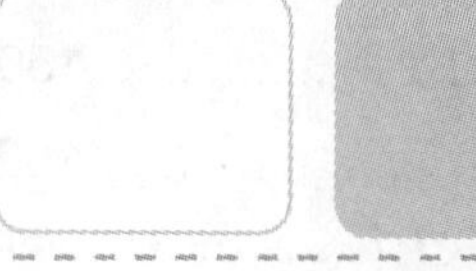

入门、提高、精通、实战，步步精要，
知识、实践、拓展、技能，样样在行。

入门、提高、精通、实战，步步精要，
知识、实践、拓展、技能，样样在行。

精通篇

入门、提高、精通、实战，步步精要，
知识、实践、拓展、技能，样样在行。

实战篇

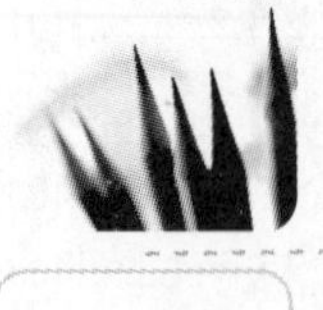

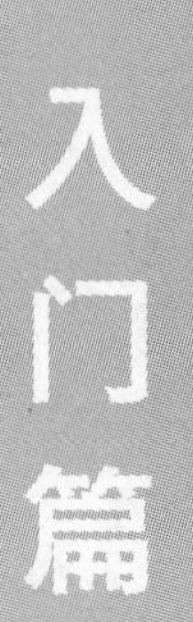

对于计算机初学者来说，首先应掌握计算机系统基础和简单操作，如新系统的新增功能、正确启动和关闭计算机的方法、系统外观的设置、系统各组成部分及其作用、电脑资源和软硬件的管理、工具软件的使用以及系统中多媒体的应用等知识，这些都是作为计算机初学者必须掌握的基本知识。

第 1 章

精彩体验从 Windows 8 开始

Windows 8的启动与退出

Windows 8 新增与升级功能

如何操作Windows 8

Windows 8概述

本章导读

Windows 8 作为目前最新的 Windows 操作系统，在视觉效果、操作体验以及功能上都具有革命性的突破。它让用户的电脑操作变得更加简单和快捷，为用户提供了高效的工作环境。它采用全新的 Metro 风格界面，快捷操作方式及各种应用程序都以动态磁贴的形式呈现在“开始”屏幕中。下面就带你来体验 Windows 8 新增功能的精彩世界。

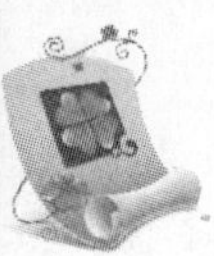

1.1 Windows 8 概述

Windows 8 作为最新一代 Windows 系列操作系统，为用户提供了更丰富的功能、更时尚的外观和更人性化的设计，从多方位满足用户的需求。下面对 Windows 8 进行简单的介绍。

Windows 8 是由微软公司开发的具有突破性变化的操作系统，支持来自 Intel、AMD 和 ARM 的芯片架构。与 Windows 7 相比，其性能、安全性、隐私性和系统稳定性方面都具有较大的进步，且减少了内存占用的空间。这就意味着 Windows 系统迈向了新的台阶，具有向更多平台蔓延的发展趋势。

作为最新的操作系统，Windows 8 目前有 4 个版本，分别介绍如下。

- **标准版**：通常称之为 Windows 8，主要适用于台式机、笔记本电脑用户和普通家庭用户，它包含了全新的应用商店、资源管理器和以前仅在企业版中提供的功能服务。
- **专业版**：通常称之为 Windows 8 Pro，主要针对技术爱好者、企业技术人员用户，在其中内置了一系列 Windows 增强技术，包括加密、虚拟化、PC 管理和域名连接等。
- **企业版**：它包括 Windows 8 专业版的所有功能。为了满足企业的需求，还增加了 PC 管理和部署功能以及先进的安全性、虚拟化等功能。
- **Windows PT 版**：是专门为 ARM 架构设计的，且只能预装在采用 ARM 架构处理器的 PC 和平板电脑中。

1.2 Windows 8 新增与升级的功能

在 Windows 7 的基础上，Windows 8 新增更多功能，如支持 RMX 和 x86 架构、USB 3.0 和 Metro 界面等。下面将分别介绍 Windows 8 的新增及升级功能。

1.2.1 全新的 Metro 用户界面

Windows 8 最直观的变化应当是 Metro 用户界面了，也就是是“开始”屏幕（将光标移动到左下角，当出现“开始屏幕”按钮时，单击即可切换到“开始”屏幕中），它在较大的程度上优化了用户对平板电脑的体验。

“开始”屏幕中的各类应用都是以 Title 贴片的形式出现的，当然，也可添加更多的应用程序，以方便触屏及滑动选择的快捷操作。而且各个应用贴片都是活动的，能提供即时消息，如天气、消息、应用商店和邮件等功能，如图 1-1 所示。

Windows 7 中的所有应用程序都可在 Windows 8 上运行使用，如照相机、电视和开始应用程序等。

1.2.2　支持 USB 3.0

USB 3.0 是一种超高速接口，特点是传输速度非常快，其外观为蓝色，外形与 USB 接口基本一致，如图 1-2 所示。Windows 8 将全面支持 USB 3.0 标准超高速接口，各种器件都能够采用此接口即插即用连接。

USB 3.0 还具有后向兼容特点，它兼容 USB 1.1 和 USB 2.0 标准，且比 USB 2.0 端口的数据传输速度快达 10 倍，如 2GB 的视频文件和 1GB 照片的复制任务 Windows 8 在数秒内即可完成。

图 1-1　全新的“开始”屏幕

图 1-2　USB 3.0 接口

1.2.3　全新的“开始”按钮和 CHARM 菜单

Windows 8 的“开始”按钮和“开始”菜单，看起来更加二维化，也非常简单。整个 Windows 按钮都融入了任务栏中，极具 Metro 风格。CHARM 菜单即早期版本中的“开始”菜单，它仍然是采用图标和文字并存的说明方式，只需将鼠标光标置于桌面右下角，在弹出的 CHARM 菜单中将显示设置、设备、开始、共享和搜索 5 个按钮。单击相应的按钮，即可打开相应的面板。而不同的是，若单击“开始”按钮，则将切换至“开始”屏幕中。

1.2.4　启动更快、配置要求更低

Windows 8 作为目前最新的操作系统，开机速度便是一大亮点，只需几秒便可启动电脑。以普通性能的个人电脑来说，从开机到系统登录界面也仅需十几秒的时间，大大加快了开机速度，减少了用户的等待时间。

更值得一提的是，Windows 8 对硬件配置的要求非常低，相同配置的电脑在运行 Windows 8 时，比 Windows 7 更流畅、更快捷。

“开始”屏幕中磁贴的多少并不是固定不变的，它会根据电脑中应用程序的多少而发生变化。用户也可根据自己的需求决定“开始”屏幕中磁贴的数量。

1.2.5　支持智能手机和平板电脑

目前，所有 PC 的 CPU 均为 x86 架构，而大部分平板电脑和智能手机的 CPU 则是 ARM 架构。Windows 8 同时支持 ARM 和 x86 两种架构，也就是说，以后能在平板电脑和智能手机上运行各种 PC 程序了，如运行各种应用软件和玩超大型游戏等。这一新特性让微软的 Windows 系统打通了 PC、平板和手机三大平台。

1.2.6　支持虚拟光驱与虚拟硬盘

目前，由于用户对于直接读取 ISO 格式（以文件形式存储的光盘镜像）的需求日渐增多，因此微软在 Windows 8 中的虚拟光驱上添加了对 ISO 文件的支持，使其变得更加简单。

其操作方法是：在 Windows 8 中双击 ISO 文件，或在 ISO 文件上单击鼠标右键，在弹出的快捷菜单中选择“装载”命令，如图 1-3 所示，Windows 8 系统会自动创建一个虚拟的 CDROM 或 DVD 驱动器并加载 ISO 镜像，让用户访问 ISO 光盘镜像中的文件。当访问完毕后，在 CDROM 或 DVD 驱动器上单击鼠标右键，在弹出的快捷菜单中选择“弹出”命令，虚拟驱动器即会消失，如图 1-4 所示。

图 1-3　装载虚拟光驱

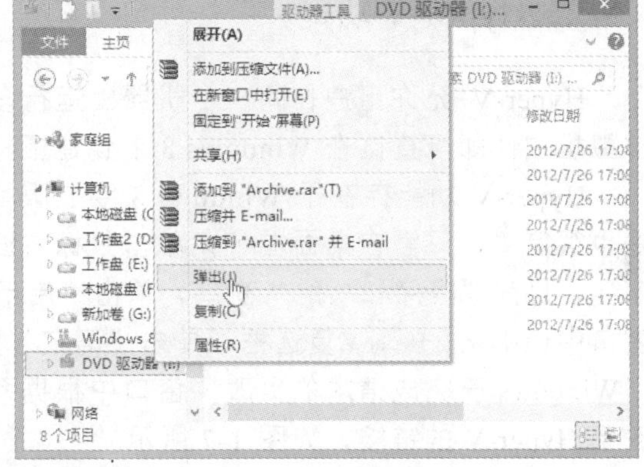

图 1-4　弹出虚拟光驱

虚拟硬盘技术与虚拟光驱类似，Windows 8 也添加了对 VHD 文件的支持，也可通过相同的方式加载。与虚拟光驱的区别仅在于：虚拟硬盘技术加载出的 VHD 显示为硬盘驱动器，而加载 ISO 显示出的是光盘驱动器。不过在这里选择“弹出”命令后，系统将卸载 VHD 镜像并保存对 VHD 文件内容的所有更改。

1.2.7　Xbox LIVE 服务和 Hyper-V 功能

Xbox LIVE 提供 Xbox 360 的线上服务，让玩家能在线上尽情享受各种娱乐。而 Hyper-V

Windows 8 中还新增了一个“混合启动”（Hy Brid Boot）新功能，其原理是关机时只关闭用户会话，而系统内核会话则转入休眠状态（保存到一个文件中，下次开机时直接从这个文件写回内存），从而提高系统启动的速度。

则是微软开发的一种系统管理程序虚拟化技术，下面分别进行介绍。

1．整合 Xbox LIVE

Xbox LIVE 是 Xbox 及 Xbox 360 专用的多用户在线对战平台，最初于 2002 年 11 月在 Xbox 游戏机平台上开始推出，后来此服务推出了更新版本，并延伸至 PC 平台和 Windows Phone 系统中，是微软为游戏主机 Xbox 所提供的网络服务。只要有了 Xbox LIVE，就能通过家中电视享受美妙的娱乐体验，也可以与各地的好友一起在线上进行各种游戏。Xbox LIVE 的特色就是给 Windows 用户提供更好的游戏体验，其游戏界面如图 1-5 所示。

图 1-5　Xbox LIVE 游戏界面

2．Hyper-V 功能

Hyper-V 允许用户在同一台机器上运行多个操作系统，即意味着用户无须安装第三方虚拟机软件即可直接在 Windows 8 上创建虚拟机运行环境。

Hyper-V 功能存在于 Windows 8 专业版和企业版中，属于默认未开启项。其开启的方法也很简单，只需在桌面左下角单击鼠标右键，在弹出的快捷菜单中选择“程序和功能”命令，打开“程序和功能”窗口，单击“启用或关闭 Windows 功能”超级链接，在打开的窗口中选中 Hyper-V 复选框，单击“确定”按钮，如图 1-6 所示。稍等片刻后，在打开的“Windows 已完成请求的更改”窗口中根据系统提示重新启动两次后，即可在开始界面中看到 Hyper-V 的链接，如图 1-7 所示。

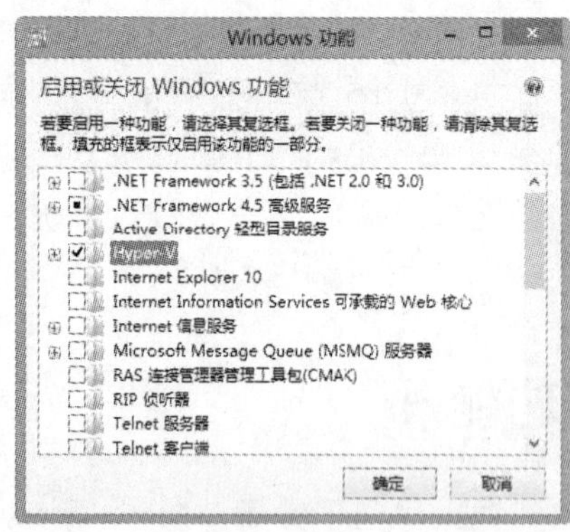

图 1-6　“Windows 功能”窗口

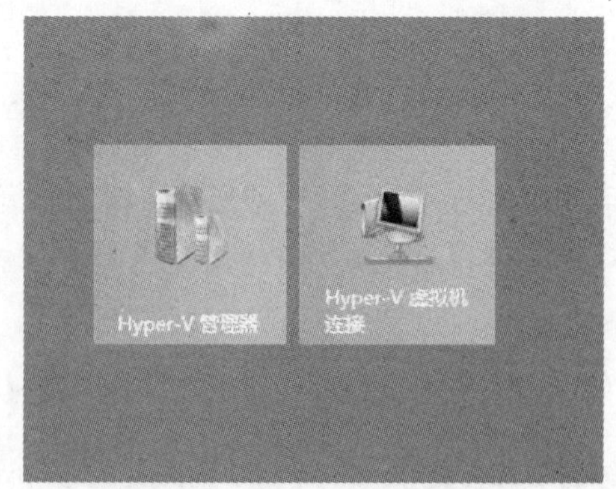

图 1-7　Hyper-V 桌面图标

在桌面上双击“Hyper-V 管理器”快捷图标，即可打开其主界面，在其中可对虚拟机进行设置。

1.2.8 全新的 Ribbon 界面资源管理器

Windows 8 资源管理器采用了全新的 Ribbon 界面，保留了以前的资源管理器功能，并优化了打开窗口。它将最常用的命令放到资源管理器用户界面的最突出位置，如在资源管理器全新的功能区中提供了核心的文件管理功能，包括复制、粘贴、删除、恢复、剪切和属性等，能够让用户更轻松地找到并使用这些功能，如图 1-8 所示。

1.2.9 集成 Internet Explorer 10 浏览器

Internet Explorer 10 是 Windows 8 集成的浏览器，它除了在性能上比 IE 9 更有突破外，最重要的是 UI 的改变。Internet Explorer 10 能瞬间完成网站的启动和加载，加载完成后，只需将鼠标移动至屏幕左右两侧，即可单击切换页面。它还采用了行业领先的 Smart Screen 技术，可帮助用户提高电脑信息的多样性和网络的安全性，如图 1-9 所示。

图 1-8 全新的资源管理器窗口

图 1-9 浏览器界面

1.2.10 独特的 Windows 应用商店

应用商店是 Windows 8 新增的一项功能，在其中包括许多应用程序，如娱乐、社交、视频和音乐、游戏、照片、图书、新闻和天气、健康和健身、饮食和烹饪、购物和旅行、生活、教育和政府、金融、工具、商业和安全等 20 个应用分类。此外，还有一项“精品聚焦”栏目，汇集了目前的最热门应用，如图 1-10 所示。用户可以直接将需要的软件下载并安装到电脑中进行使用。

IE 10 浏览器同时支持 CSS 和 CSS 3D 两项动画编辑技术，“全页动画”的加入为用户提供了更为方便的性能体验。

图 1-10　应用商店界面

1.2.11　实现了分屏多任务处理功能

Windows 8 中的分屏多任务处理功能使得用户在多个任务之间进行切换更加方便，且能同时处理多个任务。

其操作方法是：将光标置于屏幕左侧，在弹出的面板中选择需打开的选项或应用，打开程序，即可实现分屏处理多任务，如图 1-11 所示。

图 1-11　选择应用

1.2.12　结合了云服务和社交网络

对普通的 Windows 用户而言，除了前面讲解的新功能外，Windows 8 的云服务和社交网络功能也非常令人惊喜。利用它用户可以通过 Windows Live 账户进行登录，上传自己的

行家提醒

在界面中将鼠标光标移动至屏幕最上方，当其变为手掌形状时，单击鼠标并按住鼠标左键不放拖动屏幕，当前操作界面将会自动缩小显示，并可拖动界面左右移动，释放鼠标则返回屏幕。

图片、文档等到云服务中进行存储，并可直接通过邮件进行发送。此外，Windows 8 外接了许多云服务，无论是照片、歌曲、邮件或日历，都能在用户设备中保持最新动态。

1.3 Windows 8 的启动与退出

要使用电脑，首先应掌握启动与退出操作，它是 Windows 8 操作的第一步。掌握启动和退出 Windows 8 的正确方法，还能够起到保护电脑和延长电脑使用寿命的作用。

1.3.1 启动 Windows 8

要使用 Windows 8 操作系统，首先需要启动它，下面将详细介绍如何启动 Windows 8。

实例 1-1 正确启动 Windows 8 操作系统

1. 当显示器的电源接通并正确连接至主机后，按下显示器的电源按钮即可开启显示器。然后再按下主机的电源按钮，这时电脑将自动启动。
2. 在启动过程中，系统将进行自检和初始化硬件设备，如果系统运行正常，则无须进行其他任何操作。
3. 如果没有对用户账户进行任何设置，则可使用本地账户直接登录 Windows 8 操作系统；如果安装操作系统时注册了邮箱账户，则需要使用注册邮箱账户时设置的密码进行登录，如图 1-12 所示。
4. 在“密码”文本框中输入密码后，按 Enter 键或单击➔按钮即可登录 Windows 8 操作系统，进入“开始”屏幕，如图 1-13 所示。

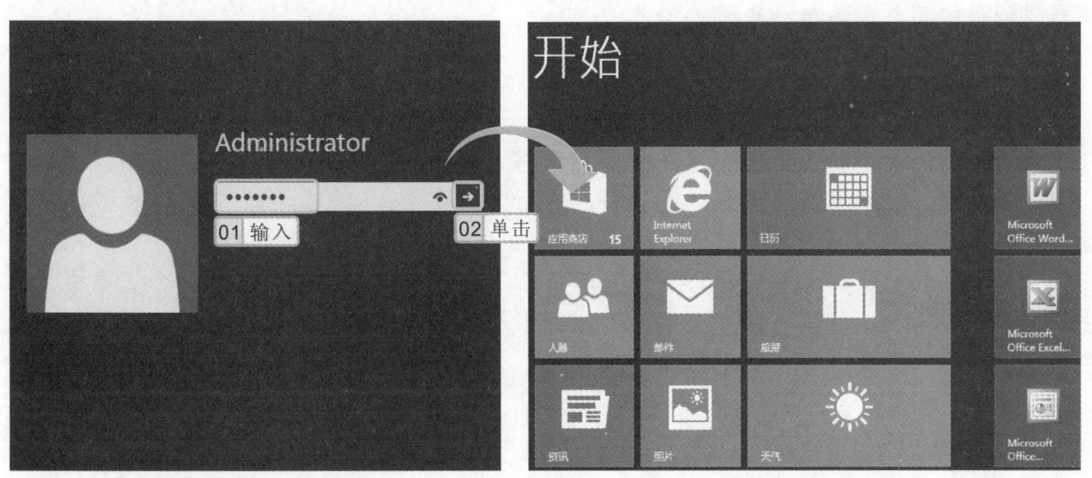

图 1-12　输入账户密码　　　图 1-13　进入“开始”屏幕

在启动电脑的过程中，如果 Windows 操作系统中设置了多个用户账户或账户密码，则会出现账户选择界面，单击账户图标并输入正确的密码便可进入系统。

1.3.2 全新的关机模式

在使用 Windows 8 操作系统完成所有操作后，应将其关闭，以节省用电和保护电脑硬件。关闭时，应使用正确的方法，这样可避免丢失文件信息或出现错误。

关机退出 Windows 8 的方法是：将鼠标光标移到电脑屏幕右下角，在屏幕右侧将显示工具栏，将鼠标移至工具栏中，单击“设置”按钮，在打开的设置面板下方单击“电源”按钮，再在弹出的列表框中选择“关机”选项，即可关闭电脑，如图 1-14 所示。

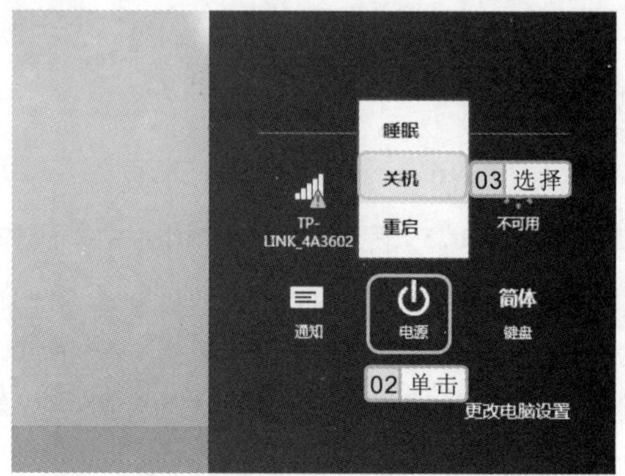

图 1-14　关闭电脑

1.3.3 进入睡眠与重新启动

“睡眠”是操作系统的一种节能状态，“重新启动”则是在电脑遇到某些故障时，让系统自动修复故障并重新启动电脑的操作。

1. 进入睡眠状态

在进入睡眠状态时，Windows 8 会自动保存当前打开的文档和程序中的数据，并且使 CPU、硬盘和光驱等设备处于低能耗状态，从而达到节能省电的目的；单击鼠标或敲击键盘任意按键，电脑就会恢复到进入“睡眠”前的工作状态。

其操作方法是：将鼠标光标移到电脑屏幕右下角，在屏幕右侧将显示一个工具栏，单击其中的“设置”按钮，在打开的设置面板中单击“电源”按钮，再在弹出的列表框中选择“睡眠”选项即可使电脑进入睡眠状态。

2. 重新启动

在使用电脑时，若安装了软件或电脑进行了新配置，经常会要求重新启动电脑。重新启动电脑是指将打开的程序全部关闭并退出 Windows 8 操作系统，然后电脑立即自动启动

在 Windows 8 中若是进入“睡眠”状态，不需要关闭打开的应用程序或文件。

并登录 Windows 8 操作系统的过程。

重启 Windows 8 的方法与退出 Windows 8 的方法类似，在设置面板中单击“电源”按钮，再在弹出的列表框中选择“重新启动”选项即可。

1.4 如何操作 Windows 8

启动与退出 Windows 8 是学习电脑操作的第一步，而正确地操作 Windows 8 则是掌握 Windows 8 的关键。下面将详细介绍 Windows 8 中最常用的操作知识。

1.4.1 使用鼠标和键盘操作 PC 版

在 Windows 8 中，鼠标和键盘的使用方法和技巧基本保持不变。下面介绍如何通过鼠标和键盘的快捷方式来操作 Windows 8，以及如何在新环境中找到一些熟悉的功能。

1. 打开超级按钮（搜索、共享、开始、设备和设置）

使用鼠标：将鼠标光标移动至屏幕右上角或右下角以查看 CHARM 工具栏的超级按钮，如图 1-15 所示。当 CHARM 工具栏出现时，沿着边缘向上或向下移动，再单击所需的超级按钮，可打开相应的面板。

图 1-15　超级按钮

使用键盘：打开所有超级按钮按 Win+C 键；打开“搜索”按钮按 Win+Q 键；打开“共享”按钮按 Win+H 键；打开“开始”按钮按 Win 键；打开“设备”按钮按 Win+K 键；打开“设置”按钮按 Win+I 键。

2. 转到“开始”屏幕

使用鼠标：将鼠标光标移动至屏幕左下角，当出现“开始”按钮时单击即可转至“开

从“开始”屏幕转到“桌面”的方法是：在“开始”屏幕中直接单击“桌面”磁贴或按 Win+D 键即可。

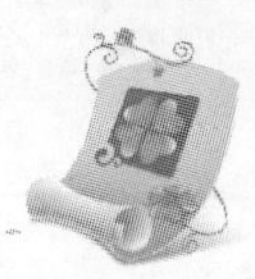

始”屏幕。或是移动光标至右上角或右下角以查看 CHARM 工具栏，当其出现时，沿着边缘向上或向下移动，然后单击“开始”按钮即可。

使用键盘：按 Win 键。

3. 转至命令和上下文菜单

使用鼠标：单击鼠标右键可查看命令和上下文菜单。在项目上单击鼠标右键，通常会弹出特定于该项目的命令，如图 1-16 所示。

使用键盘：按 Win+Z 键（在命令或菜单中可按 Tab 键或箭头键突出显示内容，然后按空格键或 Enter 键进行确认）。

4. 在电脑（应用、设置和文件）、Web 或应用中搜索

使用鼠标：将鼠标光标移动至屏幕右上角或右下角以查看 CHARM 工具栏，当 CHARM 工具栏中的按钮出现时，沿着边缘向上或向下移动，再单击“搜索”按钮，在打开的搜索面板中输入需要搜索的关键字即可。如果要搜索设置、文件或其他应用，只需单击下方的相应选项，如图 1-17 所示。

图 1-16　查看磁贴命令和上下文菜单

图 1-17　搜索应用

使用键盘：如果已在“开始”屏幕中，则可以直接输入搜索词。如果要查看电脑上所有应用的列表，则右键单击“开始”屏幕，在弹出的工具栏中单击“所有应用”按钮。

在应用内搜索或查找某应用：按 Win+Q 键；搜索设置：按 Win+W 键；搜索文件：按 Win+F 键。

5. 在最近使用的应用之间切换

使用鼠标：若要切换到最近使用过的应用，需将鼠标光标移动至屏幕左上角，当出现上一个应用时，单击该角落。若要切换至其他应用，将鼠标光标移动至屏幕左上角，使鼠

在 Windows 8 中打开多个应用程序后，按住 Alt 键不放，再按 Tab 键，也可快速切换至需要的程序。

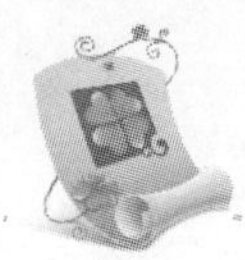

标光标向下移动，当出现其他应用时单击所需的应用即可，如图 1-18 所示。

使用键盘：按 Win+Tab 键。

6．贴靠一个应用，以便并排使用两个应用

使用鼠标：将鼠标光标移动到屏幕左上角直至第二个应用出现，然后将该应用拖动到屏幕的左侧或右侧，直到该应用后出现一个窗口。或将鼠标光标指向屏幕左上角，然后将光标向下移动以查看最近使用的应用，在其中单击并拖动要贴靠的应用。保持该应用的大小不变，或调整该应用的大小，使其占据屏幕的三分之二或布满整个屏幕。如图 1-19 所示为并排使用 QQ 和播放视频。

图 1-18　切换应用

图 1-19　并排使用两个应用

使用键盘：按 Win+句号键。

需要注意的是，当前屏幕的分辨率至少为 1366×768 像素才能贴靠应用。

7．放大或缩小

使用鼠标：在“开始”屏幕中，单击右下角的缩放图标 - 或“Ctrl+鼠标滚轮”。

使用键盘：按 Ctrl+加号键即可放大，按 Ctrl+减号键即可缩小。

8．关闭应用

使用鼠标：将鼠标光标移动至屏幕的顶部边缘，然后单击应用并将其拖动到屏幕的底部，或在需要关闭的应用上单击鼠标右键，在弹出的快捷菜单中选择“关闭”命令。

使用键盘：按 Alt+F4 键。

9．关闭计算机

使用鼠标：将鼠标光标移动至屏幕右上角或右下角以查看 CHARM 工具栏。当 CHARM 工具栏出现时，沿着边缘向上或向下移动，然后单击“设置”按钮，在打开的面板中单

Windows 8 中若用户想手动关闭某个应用程序，可通过按 Ctrl+Alt+Esc 键打开任务管理器，在需要关闭的应用程序上单击鼠标右键，在弹出的快捷菜单中选择“结束任务”命令即可。

击“电源”按钮，在弹出的列表框中选择“关机”选项。

使用键盘：按 Ctrl+Alt+Delete 键，再使用 Tab 键切换移动到“电源”图标上，将显示关机选项菜单，使用向上或向下键移动到所需选项，再按 Enter 键确认。

1.4.2　Windows 8 平板电脑的操作

为什么没有鼠标和键盘的平板电脑安装了 Windows 8 操作系统后，在使用上却更加方便、快捷了呢？这是因为平板电脑拥有触控功能，用户只需利用手指就能在平板电脑上进行操作。

如移动应用磁贴，只需在“开始”屏幕中使用手指按住要移动的磁贴不放，然后将其拖动至目标位置处，再松开手指，即可将磁贴移动至相应位置。如图 1-20 所示为使用手指移动开始屏幕中的 IE 磁贴。

图 1-20　移动磁贴位置

下面介绍几种常见的操作平板电脑的方法。

- **单击**：等同于使用鼠标单击。将手指指尖置于需要打开的项目上单击，即可打开该项目，如图 1-21 所示。
- **按住**：等同于使用鼠标右键单击。将手指指尖置于项目上并保持几秒钟，然后松开手指，即会显示当前操作项目菜单，如图 1-22 所示。
- **缩放**：使用两个或更多的手指在屏幕或项目上向外侧或内侧移动，可放大或缩小屏幕，还可显示信息的不同级别，如图 1-23 所示。

图 1-21　单击

图 1-22　按住

图 1-23　缩放

使用手指进行缩放操作时，缩放图片、照片和地图时可明显查看出缩放效果。

- **滑动**：等同于使用鼠标滚动。在屏幕上向左或向右拖动手指，即可滑动当前屏幕，移动并浏览屏幕中的项目，如图 1-24 所示。
- **旋转**：将两个或更多手指放在一个项目上，然后旋转手指，可翻转对象或将屏幕翻转 90 度，如图 1-25 所示。

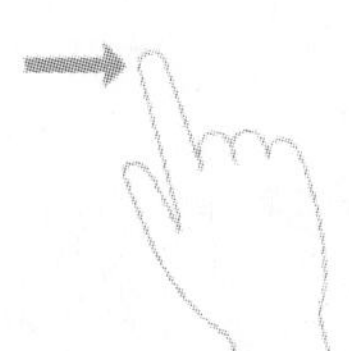

图 1-24 滑动

图 1-25 旋转

- **由边缘向内轻扫**：在不抬起手指的情况下从上向下轻扫，然后将应用程序拖动到屏幕底部，可以关闭应用程序。
- **由右边缘向内轻扫**：等同于按 Win+C 键，可打开 CHARM 工具栏（搜索、共享、开始、设备和设置），如图 1-26 所示。
- **由左边缘向内轻扫**：可切换至已经打开的应用程序，如图 1-27 所示。
- **由底/顶部向内轻扫**：可显示应用命令，如保存、编辑和删除等。

图 1-26 由右边缘向内轻扫

图 1-27 由左边缘向内轻扫

1.5 基础练习——操作 Windows 8

本章主要介绍了 Windows 8 中的新增与升级功能、启动与退出 Windows 8、使用鼠标和键盘操作 PC 和 Windows 8 在平板电脑上的操作，通过下面的练习可以进一步巩固本章所学的知识。

本次练习将启动 Windows 8，然后使用鼠标和键盘操作 PC 以搜索“音乐”文件夹，最后让 Windows 8 进入“睡眠”状态。

Windows 8 中，只有部分特定的项目才支持旋转功能，且它会沿着手指旋转的方向进行旋转。

光盘\实例演示\第 1 章\操作 Windows 8

该练习的操作思路如下。

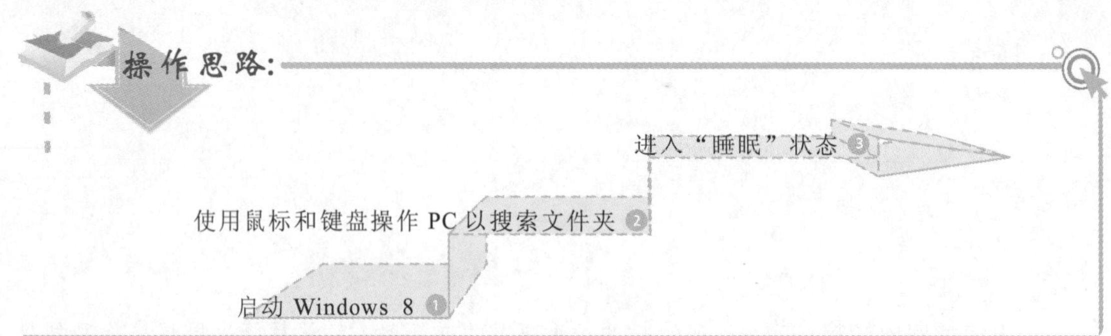

1.6　知识问答

在对 Windows 8 进行操作的过程中，会遇到一些问题，如如何使用键盘关机退出 Windows 8、“开始”按钮的位置、鼠标和键盘的设置方法等。下面将介绍这些常见问题的解决方法。

问：可以通过键盘的操作直接关机退出 Windows 8 吗？

答：可以。先关闭所有打开的程序或文件，然后按下 Alt+F4 键，打开“关闭 Windows”对话框，再按→键，选择“关机”选项，再按 Enter 键即可关机。

问：Windows 8 中“开始”按钮在哪里呢？

答：在 Windows 8 中“开始”按钮和“开始”菜单都被取消了。用户将鼠标光标移动到屏幕的右上角（右下角也行），屏幕右侧会滑出一条黑色背景的 CHARM 工具栏，即可看到“开始”按钮。或将鼠标光标移动至屏幕左下角，将显示“开始”按钮。

问：Windows 8 中的 Metro 应用程序为什么没有“关闭”按钮 × 呢？

答：Windows 8 Metro 风格的应用程序不包含“关闭”按钮 × ，当运行另外一个应用程序时，当前的应用程序即会被隐身，资源不足时系统会自动关闭这个应用程序。

问：在使用鼠标和键盘操作 PC 时，感觉鼠标和键盘的反应速度比较慢，有没有解决方法呢？

答：有。可在“控制面板”窗口中为大图标显示状态时，单击“鼠标”或“键盘”超级链接，打开“鼠标 属性”或“键盘 属性”对话框，在该对话框中即可对鼠标或键盘的双击速度和移动速度等参数进行设置。

若发现选择的两个或多个磁贴有误，需要重新选择，这时可在“开始”屏幕下方的快捷工具栏中单击“清除选择”按钮，清除选择的磁贴，再重新进行选择即可。

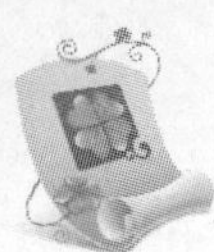

安装 Windows 8 最低配置

Windows 8 是目前最新的操作系统。若想安装使用 Windows 8，需先了解 Windows 8 安装的最低配置要求。

- **CPU**：1GHz（支持 PAE、NX 和 SSE2）。
- **内存**：1GB RAM（32 位）或 2GB RAM（64 位）。
- **硬盘**：16GB（32 位）或 20GB（64 位）。
- **显卡**：带有 WDDM 驱动程序的 Microsoft DirectX 9 图形设备。
- **分辨率**：若要访问 Windows 应用商店并下载和运行程序，需要有效的 Internet 连接及至少 1024×768 像素的屏幕分辨率。若要拖动程序，则需要至少 1366×768 像素的屏幕分辨率。
- **其他**：若要使用触控，需要支持多点触控的平板电脑或显示器。

在“开始”屏幕中的应用磁贴（如天气、财经和旅游等）上单击鼠标右键，在弹出的快捷工具栏中单击“启用动态磁贴”按钮，可启用动态磁贴功能，直接从“开始”屏幕中即可看到滚动显示的实时信息。

第 2 章

Windows 8 的常用操作

Windows 8 窗口的基本操作

Windows 对话框的基本操作

操作“开始”屏幕与桌面

认识 Windows 8 三要素

本章导读

Windows 8 作为目前最新的 Windows 操作系统，不仅具有个性化的“开始”屏幕，而且各种应用程序都能以磁贴的形式显示在“开始”屏幕中，为用户提供了方便高效的工作环境。本章将详细介绍 Windows 8 的基本操作，并依次讲解 Windows 8“开始”屏幕及桌面、窗口和对话框的基本操作，以及使用帮助中心等知识，让用户快速掌握 Windows 8 系统的一些基本操作。

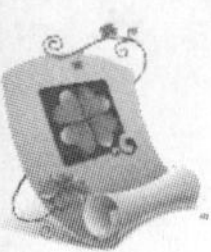

2.1 认识 Windows 8 三要素

电脑必须拥有操作系统才能运行，才能发挥应有的作用。Windows 8 作为最新一代 Windows 系列操作系统，在系统、桌面和菜单等方面，相比于早期版本的 Windows 操作系统有了巨大的改善。下面分别进行介绍。

2.1.1 个性化的“开始”屏幕

进入 Windows 8 系统后，个性化的“开始”屏幕（即 Metro 界面）便会出现在眼前，这是一种全新的操作风格，它取代了原来“开始”菜单的功能，也是 Windows 8 操作系统最大的亮点和改变，它主要由磁贴和用户账户两部分组成，如图 2-1 所示。

图 2-1 “开始”屏幕

下面将分别对磁贴和用户账户进行介绍。

- **磁贴**：磁贴是“开始”屏幕中最重要的组成部分，也是必不可少的部分，通过单击可快速打开相应的应用。磁贴主要分为系统自带磁贴、应用程序磁贴和 Windows 系统磁贴 3 部分。
- **用户账户**：在电脑中安装 Windows 8 操作系统时，系统会提示用户设置用户账户，通过该账户可以更改电脑中的安全设置，访问电脑中的资源。

2.1.2 不一样的系统桌面

在 Windows 8 操作系统中仍然保留了经典的系统桌面，认识了“开始”屏幕后，单击

单击用户账户后，将弹出一个面板，在其中选择相应的选项，可以进行不同的操作。

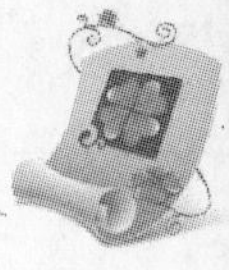

“桌面”磁贴即可进入到 Windows 8 系统桌面，它主要包括桌面图标、桌面背景和任务栏，如图 2-2 所示。

图 2-2　系统桌面

下面分别对系统桌面各组成部分进行介绍。

- **桌面图标**：是用户打开某个程序的快捷方式，通过双击它，可打开相应的操作窗口或应用程序。桌面图标包括系统图标、快捷方式图标、文件图标和文件夹图标。
- **桌面背景**：是指 Windows 8 操作系统桌面上显示的背景图片，主要用于装饰桌面，用户可将自己喜欢的图片设为桌面背景，让桌面更加美观。
- **任务栏**：在默认情况下，任务栏位于桌面底部，通过它可进行快速切换到“开始”屏幕、快速启动某个程序、切换到打开的窗口以及查看系统时间等各种操作。任务栏由“开始”屏幕切换、快速启动区、任务按钮区和通知区域几部分组成，如图 2-3 所示。

图 2-3　任务栏的组成

2.1.3　隐藏的 CHARM 菜单

在关闭电脑时，将鼠标光标移到电脑屏幕右下角，在屏幕右侧将显示一个工具栏，该工具栏在 Windows 8 操作系统中被称作 CHARM 菜单。CHARM 菜单中包含多个按钮，通

任务按钮区的按钮大小和形式与快速启动区的按钮相同，只是快速启动区的按钮将直接显示在任务栏中，而任务按钮区的按钮需要用户打开窗口后才能显示。

过单击可快速对电脑进行操作，如查看电脑信息等，如图 2-4 所示。

图 2-4　CHARM 菜单

CHARM 菜单中各按钮的作用分别介绍如下。

- **“搜索”按钮**：用于搜索电脑中的文件、应用以及设置等。
- **“共享”按钮**：主要用于显示电脑桌面或“开始”屏幕中已共享的资源。
- **“开始”按钮**：单击该按钮可快速切换到“开始”屏幕。
- **“设备”按钮**：用于显示电脑屏幕和连接的硬件设备。
- **“设置”按钮**：主要用于“开始”屏幕的设置、寻求帮助、查看网络连接情况、设置电脑声音、查看电脑中安装的输入法以及电脑的关机、重启及睡眠等操作。

2.2　操作“开始”屏幕与桌面

Windows 8 的“开始”屏幕中，磁贴可根据用户喜好对其进行移动和调整大小，当磁贴实用性不强时，还可对其进行删除操作。下面将介绍打开和关闭磁贴、编辑磁贴和调整窗口等操作，从而让用户更好地认识 Windows 8。

2.2.1　从桌面切换到“开始”屏幕

Windows 8 操作系统最大的亮点就是“开始”屏幕取代了“开始”菜单的功能，并在“开始”屏幕中设计了众多程序和应用，其中还包含了桌面。因此，使“开始”屏幕与桌面的切换操作更加方便快捷。下面将从桌面切换到“开始”屏幕的几种切换方法介绍如下：

- 在 Windows 8 系统桌面，直接按 Win 键，即可快速由桌面切换到 Windows 8“开始”屏幕，这是最为快捷的一种方法。
- 在 Windows 8 系统桌面，当鼠标光标移动至桌面右下角时，将显示 CHARM 菜单，单击“开始”按钮，即可快速切换至“开始”屏幕。

桌面上显示的和“开始”屏幕显示的 CHARM 菜单中包括的按钮都相同，只是单击各按钮后，在打开的面板中显示的内容会有些区别。

在 Windows 8 系统桌面，将鼠标光标移动至桌面左下角，当显示“开始”屏幕缩略图时，单击该图标，即可快速切换至“开始”屏幕。

此外，若想从“开始”屏幕快速切换到桌面，可直接在“开始”屏幕中单击“桌面”磁贴，或将鼠标光标置于“开始”屏幕左上角或左下角处，当出现桌面快捷按钮时，单击该按钮即可切换至桌面。

2.2.2 打开和关闭磁贴

若想查看某个磁贴的详细内容，需先将其打开，打开的方法与打开其他软件的方法相似。但是在关闭磁贴上做了较大改变，用户熟悉的关闭软件方式已经不存在了，取而代之的是按住要关闭的磁贴，将其拖动至屏幕底部即可关闭的方式。

1. 打开磁贴

通过“开始”屏幕中的磁贴可快速打开某个应用或程序，从而提高工作效率。打开磁贴的方法是：将鼠标光标移动到需要打开的磁贴上，单击鼠标即可打开相应的磁贴应用。如图 2-5 所示为单击“资讯”磁贴打开的应用。

图 2-5 打开“资讯”应用

2. 关闭磁贴应用

在 Windows 8 操作系统中，单击磁贴打开应用后，该应用将以全屏方式显示，因此，关闭该应用与关闭窗口和对话框的操作不同。

关闭磁贴应用的方法是：将鼠标光标移动到应用界面顶部，当鼠标光标变为形状时，按住鼠标左键拖动到界面底部，释放鼠标即可关闭打开的应用。如图 2-6 所示为关闭“资讯”应用的操作。

“开始”屏幕中磁贴图片的尺寸大小必须为 144px 的正方形 PNG 格式图片，而磁贴背景颜色则为十六进制的 RGB 颜色代码。

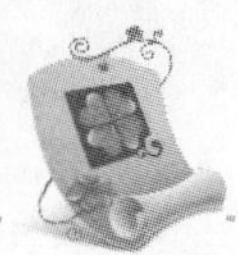

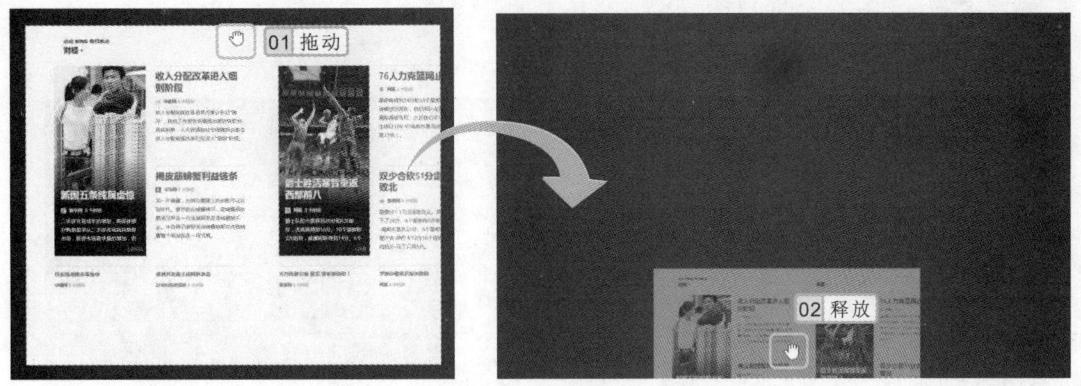

图 2-6　关闭“资讯”应用

2.2.3　磁贴编辑操作

在 Windows 8 中，还可对磁贴进行移动、大小、添加和删除等编辑操作。

1. 移动磁贴位置

用户可根据实际操作和需要，对“开始”屏幕中磁贴的位置进行调整。其方法是：在需要移动位置的磁贴上按住鼠标左键不放进行拖动，到目标位置后释放鼠标即可。如图 2-7 所示为移动“音乐”磁贴的效果。

图 2-7　移动“音乐”磁贴

2. 调整磁贴大小

对于“开始”屏幕中自带的磁贴，用户可根据需要对磁贴的大小进行调整，但应用程序磁贴的大小是不能进行调整的。其方法是：在需调整大小的磁贴上单击鼠标右键，在“开

通过“开始”屏幕中的磁贴打开已安装在电脑中的应用程序，并不是以全屏幕显示的，而是以窗口形式显示的。

始”屏幕底部将弹出一个快捷工具栏，在其中单击“放大”按钮或“缩小”按钮，即可按等比例调整磁贴的大小。如图 2-8 所示为放大“照片”磁贴的效果。

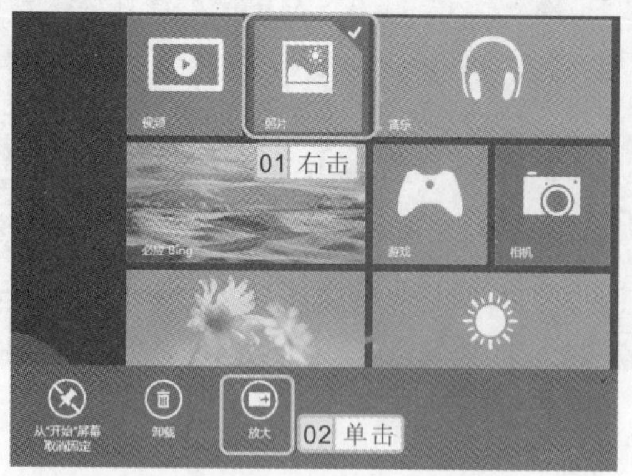

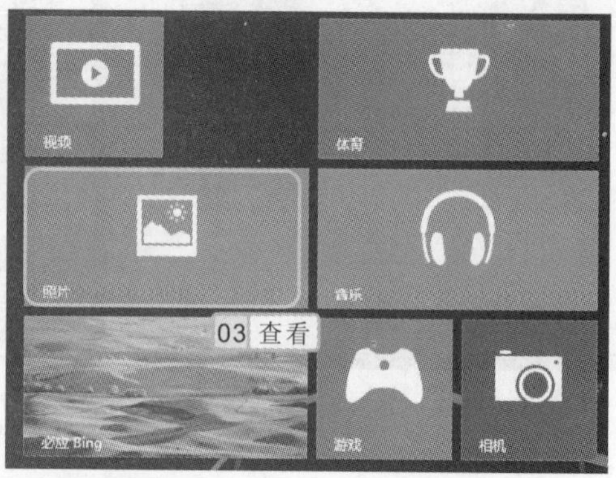

图 2-8　放大“照片”磁贴

3. 添加/删除磁贴

“开始”屏幕中的磁贴不宜显示太多，否则会影响用户操作电脑的速度，因此，用户可以根据需要将常用的磁贴添加到“开始”屏幕中，对于不常用的磁贴则可删除，使其不显示在“开始”屏幕中。

实例 2-1　在“开始”屏幕中添加和删除磁贴

下面将“开始”屏幕“应用”面板中的 Microsoft Word 2010 应用程序磁贴添加到“开始”屏幕中，再删除“开始”屏幕中的“游戏”磁贴。

1. 在“开始”屏幕空白区域单击鼠标右键，在弹出的快捷工具栏中单击“所有应用”按钮，如图 2-9 所示。
2. 在打开的“应用”面板中的 Microsoft Office 栏的 Microsoft Word 2010 选项上单击鼠标右键，在弹出的快捷工具栏中单击“固定到‘开始’屏幕”按钮，如图 2-10 所示。

图 2-9　单击“所有应用”按钮

图 2-10　添加磁贴

在“开始”屏幕中，用户可通过在多个磁贴上单击鼠标右键，同时选择多个磁贴，而且对选择的多个磁贴还可同时进行大小调整和删除操作。

3 此时，按 Win 键返回“开始”屏幕，即可看到添加的 Microsoft Word 2010 磁贴，如图 2-11 所示。

4 选择“游戏”磁贴，单击鼠标右键，在弹出的快捷工具栏中单击“从‘开始’屏幕取消固定”按钮，如图 2-12 所示。此时，即可将“游戏”磁贴从“开始”屏幕中删除。

图 2-11 查看添加的磁贴

图 2-12 删除磁贴

2.2.4 桌面图标的常见操作

系统桌面图标的多少和位置等并不是固定不变的，用户可以根据需要自行创建、移动和排列桌面上的图标，下面将介绍桌面图标的相关操作。

1. 添加系统图标

系统默认的桌面图标只有“回收站”，这并不能满足用户的日常需要，此时，用户可根据需要对系统图标进行添加。

添加系统图标的方法是：在电脑桌面空白区域单击鼠标右键，在弹出的快捷菜单中选择“个性化”命令，打开“个性化”窗口，在左侧窗格中单击“更改桌面图标”超级链接，如图 2-13 所示；打开“桌面图标设置”对话框，选中需加为桌面图标的相应复选框，单击确定按钮，如图 2-14 所示，此时，在电脑桌面上可查看到添加的系统图标。

“用户的文件”图标是指当前登录用户账户的文档，它在桌面上显示的图标名称为当前用户账户名，因此，不同的电脑，其显示结果是有区别的。

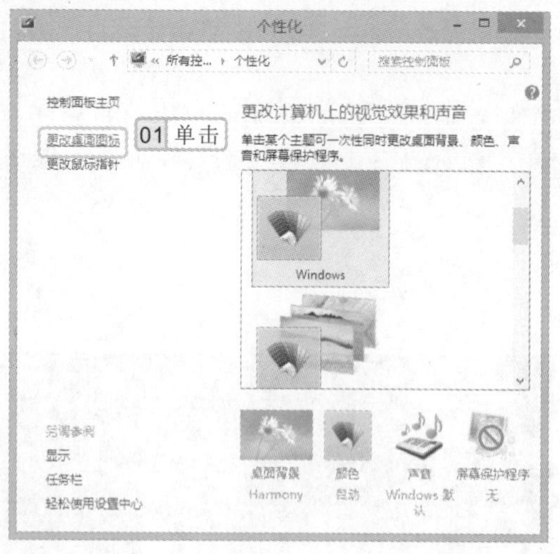

图 2-13 单击“更改桌面图标”超级链接

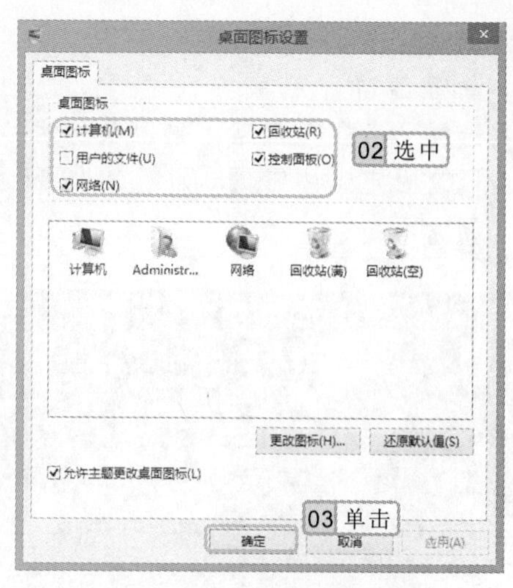

图 2-14 选择添加的系统图标

2. 添加桌面快捷方式图标

若想快速打开某个应用程序，可在电脑桌面上添加该应用程序的快捷方式图标，然后双击该图标即可打开该应用程序。

实例 2-2 在桌面上添加 Excel 2010 快捷方式图标

下面将在电脑桌面上添加 Excel 2010 软件的快捷方式图标，以方便快速启动该程序。

1. 在“开始”屏幕中的 Excel 2010 对应的磁贴上单击鼠标右键，在弹出的快捷工具栏中单击“打开文件位置”按钮，如图 2-15 所示。
2. 在打开窗口的列表框中选择 Microsoft Excel 2010 选项并单击鼠标右键，在弹出的快捷菜单中选择【发送到】/【桌面快捷方式】命令，如图 2-16 所示。
3. 此时，切换到电脑桌面，可看到添加的 Excel 2010 快捷方式图标，双击该图标即可打开该应用程序。

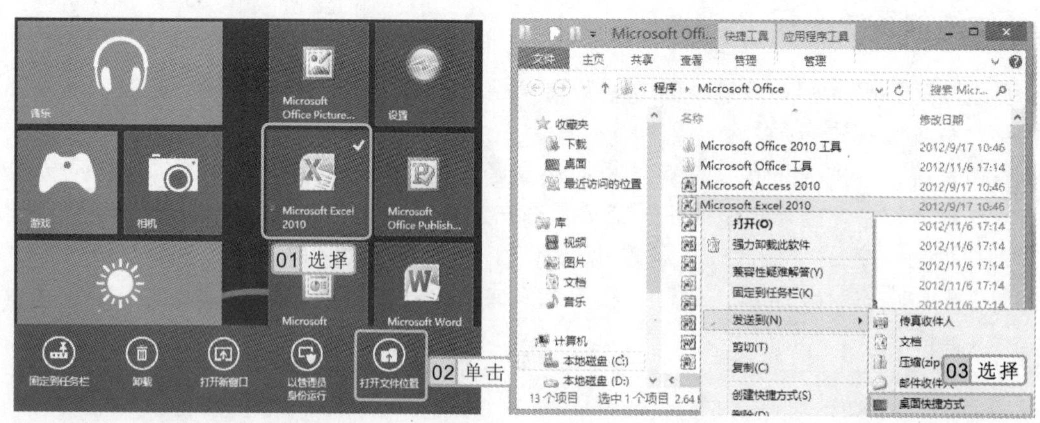

图 2-15 单击“打开文件位置”按钮　　图 2-16 选择“桌面快捷方式”命令

在桌面上也能对文件夹和文件创建快捷方式图标，在需创建快捷方式图标的文件或文件夹上单击鼠标右键，在弹出的快捷菜单中选择【发送到】/【桌面快捷方式】命令即可。

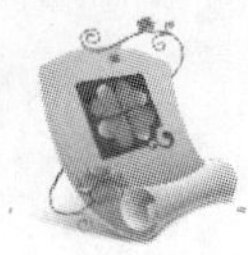

3. 排列桌面图标

对于桌面图标，系统默认是按照创建时间顺序进行排列的，但用户可根据需要将桌面上的图标按照使用习惯进行排列。排列图标的方法有手动排列和自动排列两种，下面分别进行介绍。

- **手动排列**：将鼠标光标移到某个图标上，按住鼠标左键不放，拖动鼠标到目标位置后释放即可。
- **自动排列**：在桌面空白处单击鼠标右键，在弹出的快捷菜单中选择“查看”命令，再在弹出的子菜单中选择“自动排列图标”命令，即可按照一定规律自动排列桌面图标。用户也可选择“排序方式”命令，在弹出的子菜单中可按照名称、大小、项目类型和修改日期等 4 种方式对桌面图标进行排列，如图 2-17 所示为按文件大小进行排列后的效果。

图 2-17　根据大小排列图标

2.2.5　调整任务栏属性

设置任务栏属性主要是设置任务栏的显示效果。在任务栏空白区域单击鼠标右键，在弹出的快捷菜单中选择“属性”命令，打开“任务栏属性”对话框，在“任务栏”选项卡中设置具体的显示效果，单击 确定 按钮完成设置，如图 2-18 所示。

“任务栏”选项卡中各选项的作用分别介绍如下。

- ☑锁定任务栏(L) **复选框**：选中该复选框，任务栏的大小和位置将保持不变，取消选中后即可改变任务栏的位置和大小。
- ☑自动隐藏任务栏(U) **复选框**：选中该复选框，任务栏将自动隐藏起来。当用户将鼠标光

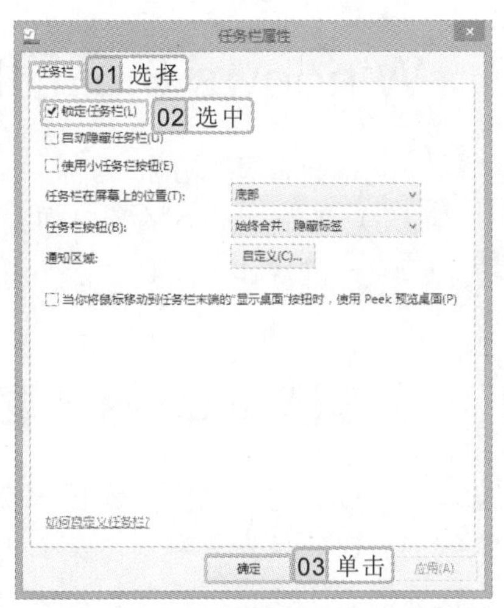

图 2-18　“任务栏属性”对话框

任务栏的位置和大小若无特殊需求不需要进行调整，因为默认的位置和大小即可满足一般用户的使用需要，且也符合大多数用户的使用习惯。

标移动到任务栏所在位置时，任务栏将自动显示出来。

- ☑使用小任务栏按钮(E) **复选框**：选中该复选框，任务栏上的图标将以小按钮的形式显示，取消选中后任务栏上的图标将以默认形式显示。
- **“任务栏在屏幕上的位置”下拉列表框**：在该下拉列表框中包含了底部、左侧、右侧和顶部 4 个选项，用户可以根据需要选择所需的选项，调整任务栏的位置。
- **“任务栏按钮”下拉列表框**：通过选择该下拉列表框中的选项，可调整同一类型文件的显示方式。
- **“通知区域”栏**：单击 自定义(C)... 按钮，在打开的“通知区域图标”窗口中可根据需要选择任务栏上出现的图标和通知。
- ☑当你将鼠标移动到任务栏末端的“显示桌面”按钮时，使用 Peek 预览桌面(P) **复选框**：选中该复选框，将应用 Aero Peek 效果，将鼠标光标移动至任务栏末尾即可暂时显示出桌面效果。

2.2.6 调整任务栏大小

调整任务栏的大小主要是对其高度进行调整。其方法是：在任务栏的空白区域单击鼠标右键，在弹出的快捷菜单中取消选择“锁定任务栏”命令，解除任务栏的锁定状态，如图 2-19 所示，再将鼠标光标移至任务栏边上，当鼠标光标变为↕形状时，按住鼠标左键不放，向上拖动到适合大小后释放鼠标即可，如图 2-20 所示。

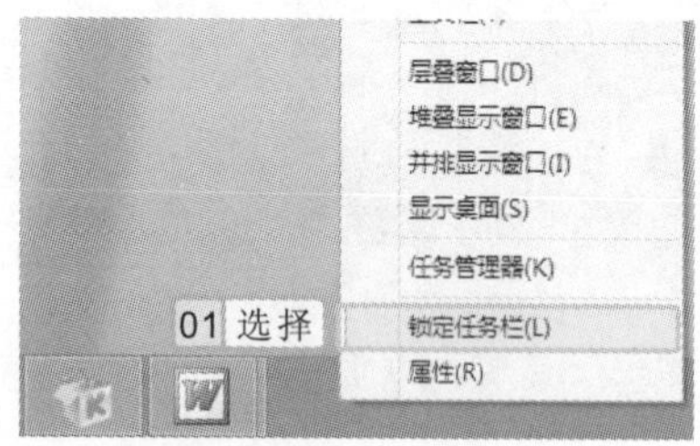

图 2-19　取消锁定任务栏

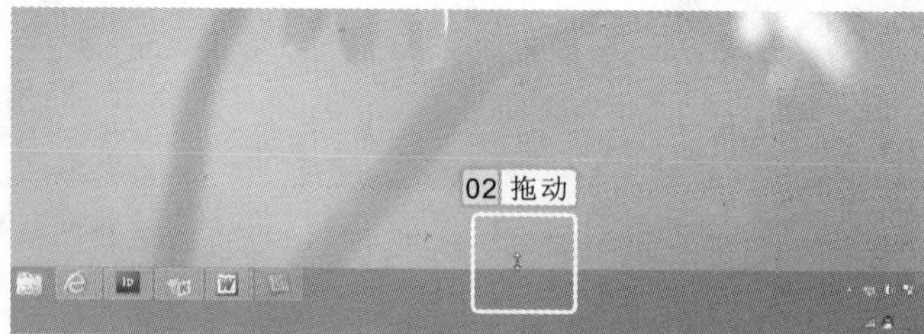

图 2-20　拖动任务栏

2.3 Windows 8 窗口的基本操作

窗口是 Windows 系统中操作应用最频繁、最重要的对象，大多数操作都是在各式各样的窗口中完成的。熟悉窗口的操作，可以进一步掌握对 Windows 8 的操作。下面主要介绍窗口的基本操作方法。

2.3.1 认识 Windows 8 窗口

窗口一般被分为系统窗口和程序窗口，系统窗口一般指“计算机”窗口和 Windows 8 操作系统的窗口。用户只需双击桌面上对应的系统和程序图标，即可打开相应的窗口，它主要由快速访问工具栏、标题栏、地址栏、功能区、搜索栏、导航窗格、窗口工作区和状

为了便于操作和管理，可将打开的多个窗口进行层叠、堆叠显示、并排显示和显示桌面等排列，其详细操作将在 2.3.4 节中讲解。

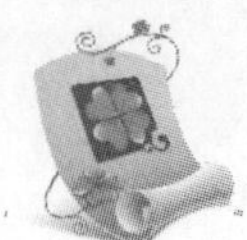

态栏等部分组成，如图 2-21 所示为“计算机”窗口。

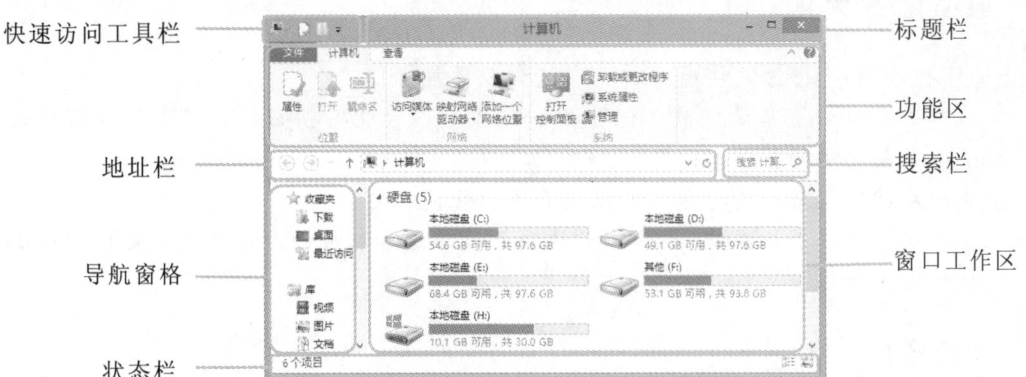

图 2-21　“计算机”窗口

下面介绍“计算机”窗口各组成部分的作用。

- **快速访问工具栏**：该工具栏上提供了最常用的“属性”按钮和“新建文件夹”按钮，若需在快速访问工具栏中添加其他按钮，可单击其后的按钮，在弹出的下拉列表中选择所需的选项即可。
- **标题栏**：位于窗口顶部，左侧显示文档或程序的名称，右侧显示控制窗口大小和关闭窗口的各个按钮，单击按钮即可进行相应的操作。
- **功能区**：包含功能选项卡和选项卡功能区两部分，功能选项卡相当于菜单命令，选择某个功能选项卡可切换到相应的功能区，在功能区中有许多自动适应窗口大小的工具栏，不同的工具栏中又放置了与此相关的命令按钮或列表框等。
- **地址栏**：用于显示当前窗口的名称或具体路径，单击其左侧的或按钮可跳转到前一个或后一个窗口，在地址栏中单击按钮，在弹出的下拉列表中选择地址选项可快速跳转至相应的地址。
- **搜索栏**：在搜索框中输入关键字，单击按钮，系统将在当前窗口的目录下搜索相关信息。
- **导航窗格**：其中包括“收藏夹”栏、“库”栏、“计算机”栏和“网络”栏。单击各栏中相应的选项，将在右侧的工作区中快速显示相关内容。
- **窗口工作区**：位于导航窗格右边，用于显示当前的操作对象，在“计算机”窗口中，用户可通过依次双击图标打开所需窗口或启动某个程序。
- **状态栏**：位于窗口最下方，用于显示当前项目的个数和窗口工作区中对象的显示方式。

2.3.2　最小化、最大化和关闭窗口

在 Windows 8 的系统窗口中，可对当前的窗口进行最小化、最大化和关闭操作，下面分别进行介绍。

“计算机”窗口中默认的功能区只显示了“功能选项卡”，“选项卡功能区”是未显示的，用户可根据实际需要将其显示出来。其方法是：单击“计算机”窗口右上角的按钮即可。

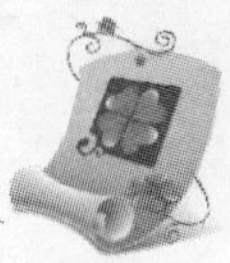

1．最小化/最大化窗口

在窗口中执行最小化/最大化窗口，其方法有以下几种：

- 直接单击窗口右上角的“最小化”按钮或“最大化”按钮，可以完成窗口的最小化或最大化的操作。
- 用鼠标左键双击窗口的标题栏可以完成最大化的操作。
- 在标题栏上单击鼠标右键，在弹出的快捷菜单中选择相应的命令可完成窗口的最小化和最大化操作。

2．关闭窗口

在窗口中执行完操作后，可关闭窗口，其方法有以下几种。

- **使用菜单命令**：在窗口中选择【文件】/【关闭】命令，如图 2-22 所示。
- **使用按钮**：直接单击窗口右上角的“关闭”按钮。
- **通过标题栏**：在标题栏上单击鼠标右键，在弹出的快捷菜单中选择“关闭”命令，如图 2-23 所示。
- **使用任务栏**：移动鼠标光标至任务栏中需关闭的图标上，单击鼠标右键，在弹出的快捷菜单中选择“关闭窗口”命令；当打开多个窗口时，选择“关闭所有窗口”命令，将关闭对应的所有窗口。

图 2-22　通过命令关闭窗口

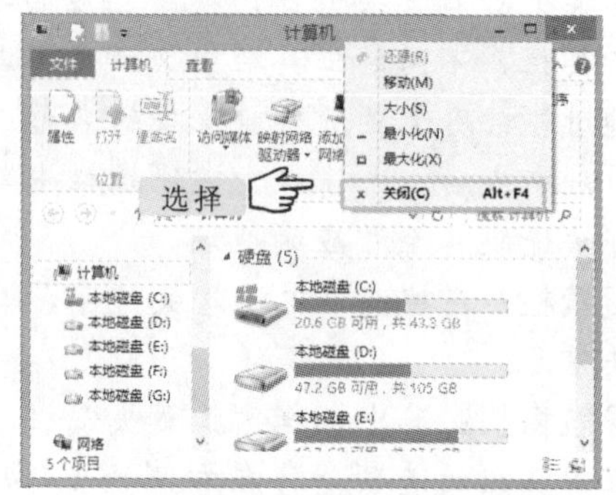

图 2-23　通过标题栏关闭窗口

2.3.3　调整窗口大小

在使用电脑的过程中为了使操作更加方便，经常需要改变窗口大小。改变窗口大小的方法很多，可根据实际情况选择不同的方法。通过拖动窗口边框改变其大小，是实际操作中最常使用的一种方法，只需将鼠标光标移到窗口边框，当其变为⇔或⇕形状时，按住鼠标左键不放，拖动窗口边框，可以任意改变窗口的长或宽。在窗口的 4 个直角处拖动窗口，可以同时改变窗口的长和宽，如图 2-24 和图 2-25 所示分别为准备改变窗口大小和改变窗口大小后的效果。

在使用鼠标拖动窗口时，不必担心鼠标光标会“跑”出电脑屏幕，可大胆使用。

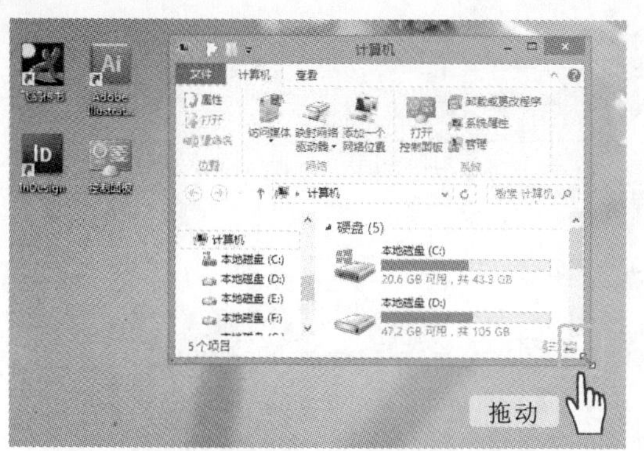

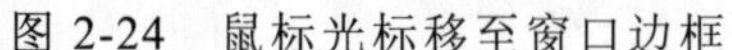

图 2-24 鼠标光标移至窗口边框

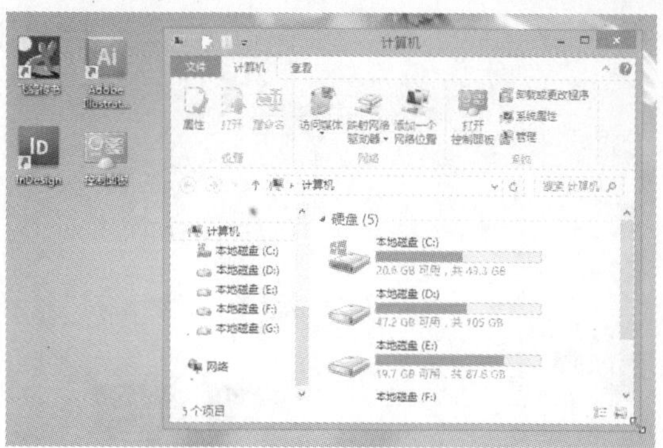

图 2-25 改变窗口的大小

2.3.4 移动和排列窗口

当窗口处于非最大化的状态时，为方便操作其他部分，需要移动和排列窗口在桌面上的位置，下面分别进行介绍。

1. 移动窗口

在操作电脑时，为了方便操作被窗口遮挡的某些部分，需要移动窗口在桌面上的位置。其方法是：在窗口处于非最大化的状态时，将鼠标光标移动到该窗口最上方的标题栏上，按住鼠标左键不放拖动至适当位置释放鼠标，便可将窗口或对话框移动到当前位置。

2. 排列窗口

当打开的窗口过多，采用不同的方式排列窗口不仅可以提高工作效率，还可以方便用户对窗口进行操作和查看。其方法是：在任务栏的空白处单击鼠标右键，在弹出的快捷菜单中选择"层叠窗口"、"堆叠显示窗口"或"并排显示窗口"命令即可。其中各命令的作用介绍如下。

- **层叠窗口**：在桌面上按照上下层的关系依次排列打开的窗口，并且留下了足够的空间，便于查看其他的内容或执行其他操作。
- **堆叠显示窗口**：将当前打开的所有窗口横向平铺显示。
- **并排显示窗口**：将当前打开的所有窗口纵向平铺显示。

2.3.5 切换窗口

在使用电脑的过程中，常需要打开多个窗口，并会在这些窗口之间进行切换。当要在打开的多个窗口间切换时，只需将鼠标光标放在任务栏对应窗口或对话框的按钮上，稍等片刻，任务栏上方将显示该窗口的预览框，如图 2-26 所示。单击该预览框即可切换到该窗口，如图 2-27 所示为切换至"淘宝"网页窗口后的效果。

窗口处于最大化状态时，不能对窗口进行移动；只有处于非最大化状态时，才能进行移动，且只有将鼠标光标移动到窗口的标题栏上才可以移动该窗口。

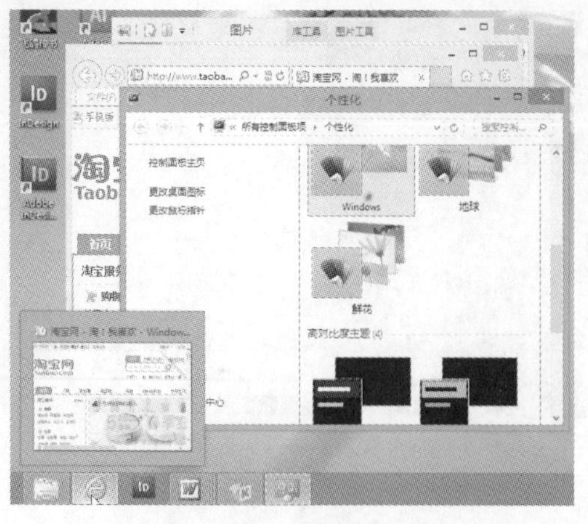

图 2-26　切换窗口前

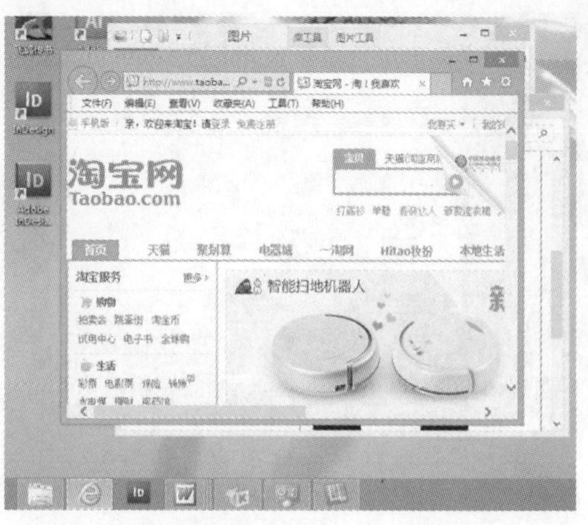

图 2-27　切换至“淘宝”网页窗口后的效果

2.4　Windows 8 对话框的基本操作

Windows 8 中的对话框相比 Windows 其他系列的对话框在外观和颜色上都发生了变化。Windows 8 的对话框提供更多的应用信息和操作提示，使操作更加准确。

2.4.1　认识 Windows 8 对话框

当执行某些命令时，将打开对话框，在其中可以通过选择某个选项或输入数据来达到需设置的效果。选择不同的命令，所打开的对话框也不相同，但对话框中包含的设置选项都类似，如图 2-28 所示为 Word 2010 中的两个对话框。

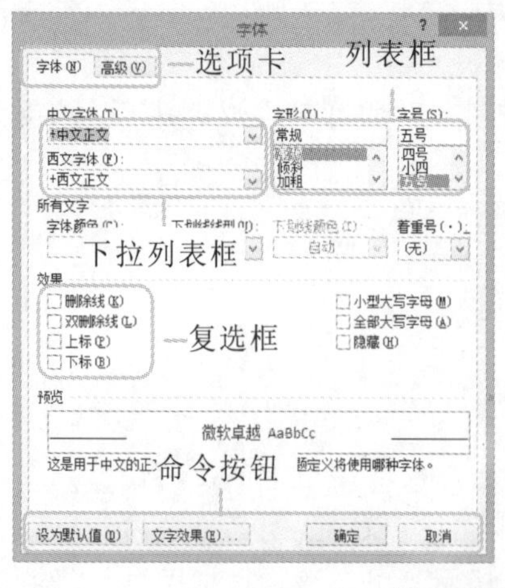

图 2-28　Word 2010 中的对话框

在对话框中一般都显示有 确定 和 取消 按钮。若单击 确定 按钮即设置生效，而单击“取消”按钮则表示放弃设置并返回原界面。

2.4.2 Windows 8 对话框中各选项的作用和操作

下面对 Windows 8 对话框中常见选项的作用和操作分别进行介绍。

- **选项卡**：当对话框中设置的内容较多时，将按类别把内容分布在不同的选项卡中，各选项卡依次排列在对话框名称下方，选择某一选项卡即可查看和设置选项卡中包含的内容。
- **下拉列表框**：在下拉列表框右侧有一个⌄按钮，单击该按钮，可从弹出的下拉列表中选择所需的选项。
- **列表框**：其中列出了多个供选择的选项，用户可根据需要选择某个选项。当列表框中列出的选项过多时，可以拖动其右侧的滚动条来查看未显示的内容。
- **复选框**：主要用来表示是否选中该复选框，单击其前面的方形框即可将其选中，再次单击即可取消。当复选框被选中时，显示为☑；未被选中时，显示为□。
- **单选按钮**：选中单选按钮可完成某项操作或功能的设置，选中后单选按钮前面的标记由○变为◉。
- **命令按钮**：命令按钮简称按钮，其外形为一个矩形，该命令名称也将显示在矩形块上，单击相应的命令按钮即可执行相应的操作。
- **数值框**：在数值框中可直接输入数值，也可通过单击数值框后面的微调按钮来设置数值。
- **文本框**：在其中输入文本内容来定义对象名称或说明信息。

2.5 使用帮助和支持中心

Windows 8 的帮助和支持中心提供了多个帮助主题，每个帮助主题下都有丰富的内容。通过它可以更多地了解 Windows 8 的功能和解决操作中遇到的难题。

2.5.1 快速获取帮助信息

Windows 8 的帮助和支持中心提供了使用者可能遇到的一些问题的解决方案，包含了软、硬件方面的知识，其中又细分为多个主题，在每个主题下面包含了这个主题的相关知识或疑难点。

实例 2-3　在“Windows 帮助和支持”窗口中查看“安装程序”帮助

下面以在“Windows 帮助和支持”窗口中查看小工具的帮助信息为例介绍使用帮助中心的方法。

1. 将鼠标光标移到桌面右下角，在出现的 CHARM 菜单中单击“设置”按钮，如图 2-29

窗口和对话框的不同之处在于，窗口的大小可任意调整，而对话框的大小则是固定的，不能进行改变。

所示。

2. 弹出“设置”面板，选择“帮助”选项，打开“Windows 帮助和支持”窗口，如图 2-30 所示。

图 2-29 单击“设置”按钮

图 2-30 “Windows 帮助和支持”窗口

3. 在“Windows 帮助和支持”窗口中选择需要的帮助主题，这里单击“入门”超级链接，进入“入门”概述窗口，单击下方的超级链接，如单击“安装程序”超级链接，如图 2-31 所示。

4. 可以快速地切换到该页面，查阅安装程序的帮助信息，如图 2-32 所示。

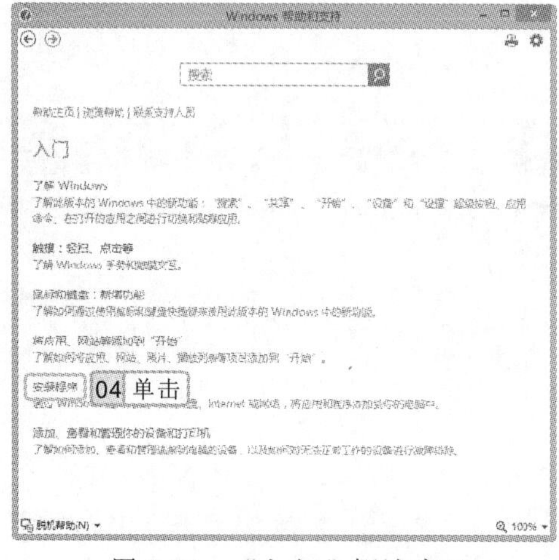

图 2-31 “入门”概述窗口

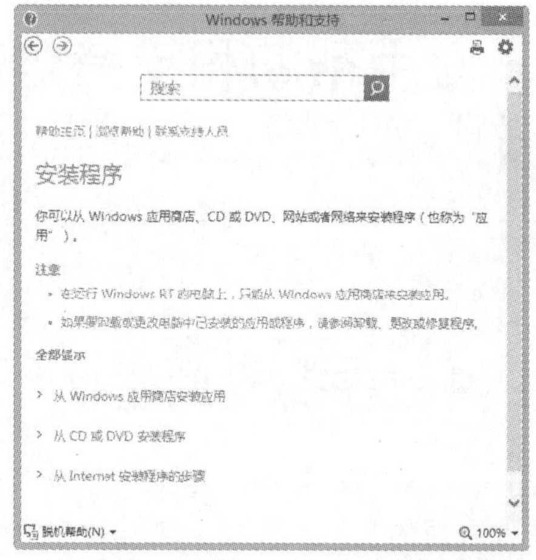

图 2-32 “安装程序”的帮助信息

2.5.2 快速搜索帮助信息

使用“快速搜索”搜索框可以快速查找到所需的帮助信息，例如，要获得“卸载程序”的帮助信息，只需在“搜索帮助”搜索框中输入“卸载程序”文本内容，然后单击右侧的

单击“Windows 帮助和支持”窗口中的按钮，可以返回到上一个主题界面。

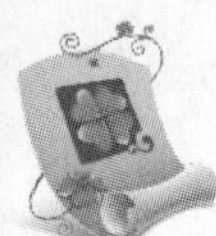

按钮或按 Enter 键，如图 2-33 所示，便可以快速地获得帮助主题，单击其中的超级链接，便可查看该主题下的帮助信息，如图 2-34 所示。

图 2-33　搜索“卸载程序”帮助内容

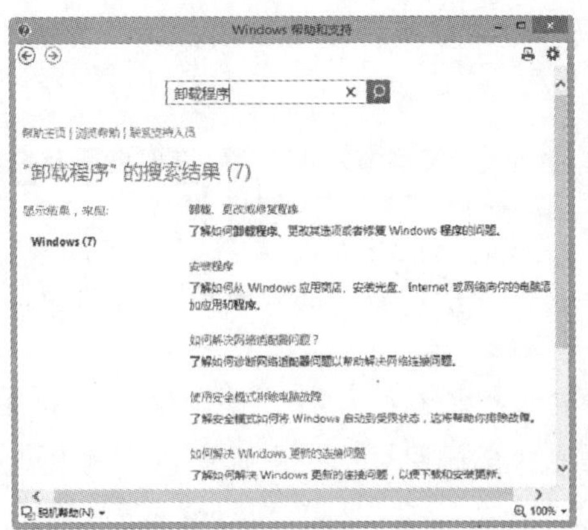

图 2-34　搜索的帮助信息

2.6　基础实例

本章的基础实例将对桌面及窗口进行管理，使用“Windows 帮助和支持”的搜索功能搜索“控制面板”功能的帮助信息并打开控制面板。通过本例的练习进一步掌握管理桌面及窗口和使用“Windows 帮助和支持”的方法。

2.6.1　进入 Windows 8 管理桌面及窗口

首先开机进入 Windows 8，通过对桌面图标和任务栏的操作练习掌握图标的添加、排列以及任务栏的操作方法，然后打开系统图标相对应的窗口，在这些窗口之间进行切换，以此练习管理窗口的方法。

1．操作思路

为更快完成本例的制作，并且尽可能运用本章讲解的知识，本例的操作思路如下。

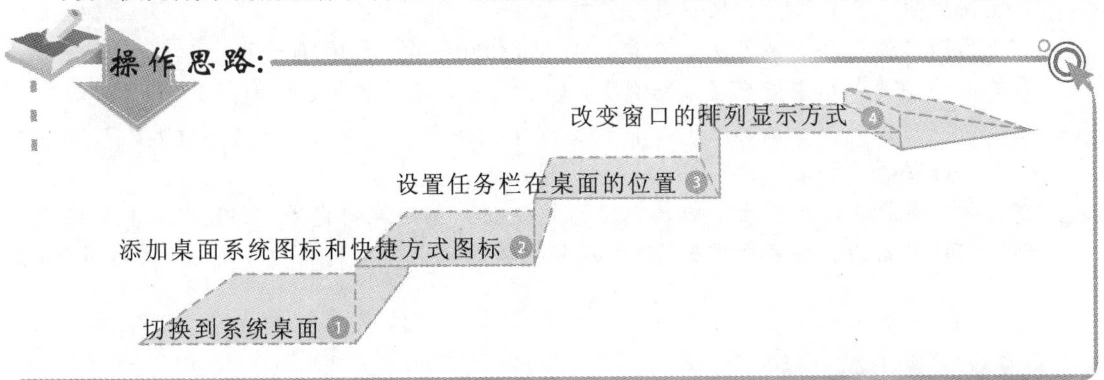

操作提示

在“搜索结果”界面中，单击下方的蓝色文本超级链接，可打开相应的帮助信息。

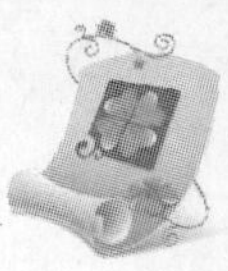

2. 操作步骤

下面介绍设置桌面及窗口的方法，其操作步骤如下：

参见光盘 光盘\实例演示\第 2 章\管理桌面及窗口

1 进入 Windows 8 操作系统，在“开始”屏幕中单击“桌面”磁贴，如图 2-35 所示。切换到系统桌面，并在其空白区域单击鼠标右键，在弹出的快捷菜单中选择“个性化”命令。

2 打开“个性化”窗口，在左侧窗格中单击“更改桌面图标”超级链接，在打开对话框的“桌面图标”栏中选中所有的复选框，单击 确定 按钮，如图 2-36 所示。

图 2-35 从“开始”屏幕切换至系统桌面

图 2-36 添加桌面图标

3 将鼠标光标移动到桌面右下角，弹出 CHARM 菜单，单击“搜索”按钮，打开“搜索”面板，选择搜索资源为“应用”，在“搜索”文本框中输入“Word”，在左侧界面将显示搜索到的相关应用程序。

4 在 Microsoft Word 2010 应用选项上单击鼠标右键，在弹出的快捷工具栏中单击“打开文件位置”按钮，如图 2-37 所示。

5 打开程序文件所在的文件夹，在选择的 Microsoft Word 2010 选项上单击鼠标右键，在弹出的快捷菜单中选择【发送到】/【桌面快捷方式】命令，如图 2-38 所示。

6 在桌面空白区域单击鼠标右键，在弹出的快捷菜单中选择【排序方式】/【名称】命令，如图 2-39 所示。

7 在桌面任务栏上单击鼠标右键，在弹出的快捷菜单中取消选择“锁定任务栏”命令，然后在任务栏上按住鼠标左键不放，将其拖动至桌面左侧再释放鼠标，效果如图 2-40 所示。

取消选择“锁定任务栏”命令后，可根据用户喜好移动任务栏位置。

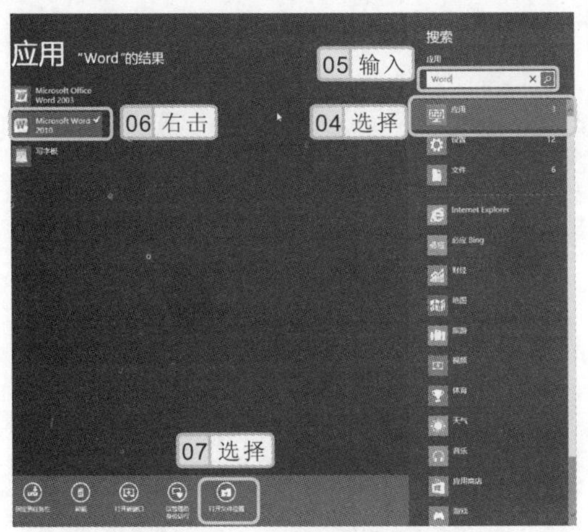

图 2-37　搜索应用程序

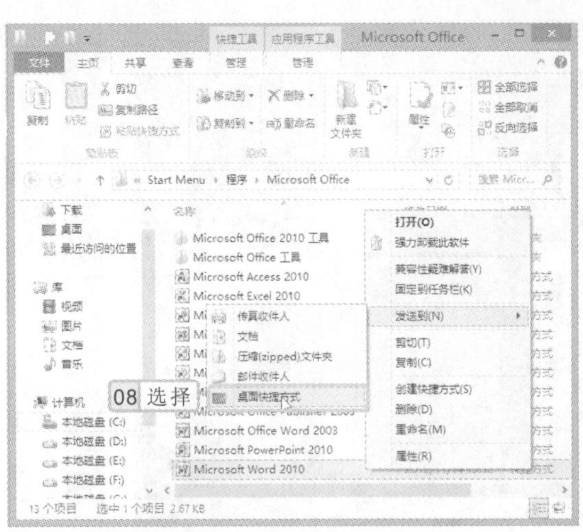

图 2-38　创建桌面快捷图标

图 2-39　设置桌面图标的排序方式

图 2-40　移动任务栏位置

8　双击桌面的系统图标，打开“计算机”、“回收站”和“控制面板”系统窗口，然后单击“计算机”和“回收站”窗口的“最小化”按钮，再将鼠标光标移到任务栏中的窗口按钮上，在弹出的显示框中可预览窗口，如图 2-41 所示。

9　打开所有的窗口，在任务栏的空白处单击鼠标右键，在弹出的快捷菜单中选择“并排显示窗口”命令，将打开的所有系统窗口以“并排显示窗口”方式排列，如图 2-42 所示。

10　将鼠标光标移到窗口标题栏的右侧，依次单击“关闭”按钮，关闭所有打开的窗口。

在进行手动排列桌面图标时，可根据需要将桌面图标进行分类排列，如将 Office 2010 各组件的快捷方式图标紧挨排列，这样在使用时方便查找。

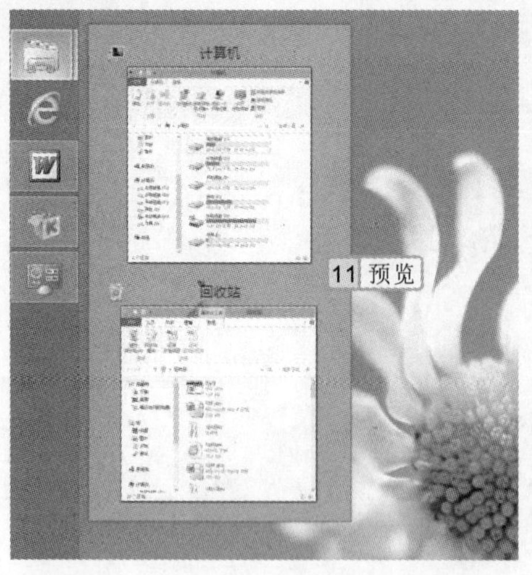

图 2-41　使用任务栏预览切换窗口

图 2-42　并排显示窗口

2.6.2　使用 Windows 8 帮助功能打开“控制面板”窗口

本例将练习使用 Windows 8 的帮助和支持中心，在“Windows 帮助和支持”窗口中搜索“控制面板”功能的帮助信息，然后选择其中的一条帮助主题，查看此帮助主题的信息内容，并打开控制面板。

1. 操作思路

为更快完成本例的制作，并且尽可能运用本章讲解的知识，本例的操作思路如下。

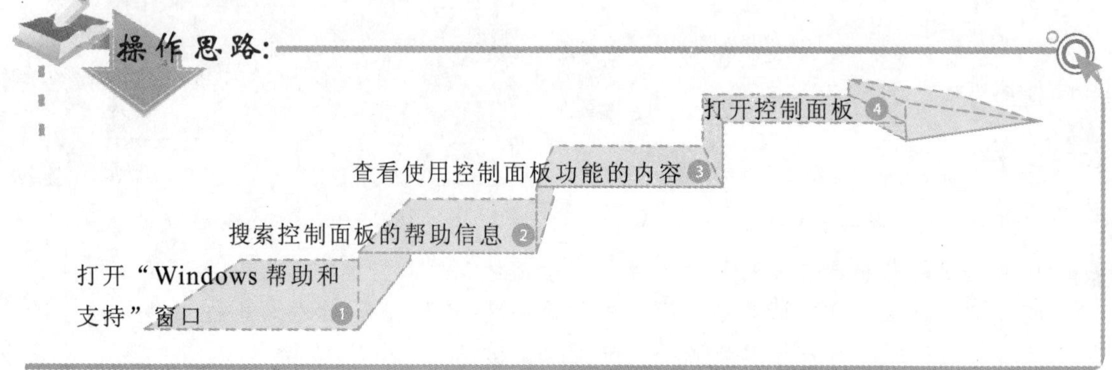

2. 操作步骤

下面使用 Windows 8 的帮助功能打开“控制面板”窗口，操作步骤如下：

光盘\实例演示\第 2 章\使用 Windows 8 帮助功能打开“控制面板”窗口

在桌面任务栏的空白区域单击鼠标右键，在弹出的快捷菜单中可根据需要选择窗口的排列方式。

1 将鼠标光标移动至桌面右下角，在弹出的 CHARM 菜单中单击“设置”按钮，弹出“设置”面板，在其中选择“帮助”选项，如图 2-43 所示。

2 打开“Windows 帮助和支持”窗口，在搜索框中输入“控制面板”，按 Enter 键，搜索“控制面板”功能的帮助内容，如图 2-44 所示。

图 2-43　选择“帮助”选项

图 2-44　“Windows 帮助和支持”窗口

3 系统自动搜索出“控制面板”功能的帮助主题，如图 2-45 所示。

4 在搜索结果列表中单击“‘控制面板’在何处？”超级链接，进入“‘控制面板’在何处？”界面，查看完“控制面板”功能的帮助信息后，单击下方的“点击或单击打开‘控制面板’”超级链接，如图 2-46 所示。

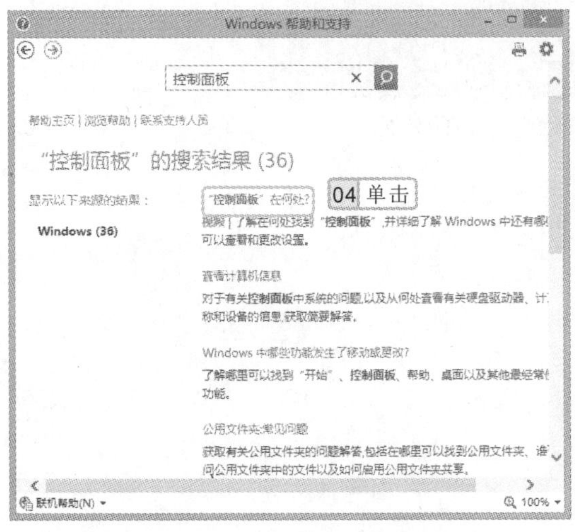

图 2-45　控制面板的搜索结果

图 2-46　控制面板帮助信息界面

5 打开“控制面板”窗口，然后单击“Windows 帮助和支持”窗口右上角的 × 按钮，关闭该窗口。

在选择磁贴时，若发现同时选择的两个或多个磁贴选择错误，需要重新选择，这时可在“开始”屏幕下方的快捷工具栏中单击“清除选择”按钮，清除选择的磁贴，再重新进行选择即可。

2.7 基础练习——自定义“开始”屏幕

本章主要介绍了“开始”屏幕中的磁贴、隐藏的 CHARM 菜单、桌面图标、任务栏、窗口和对话框的操作，通过下面的练习可以进一步巩固本章所学知识。

本次练习将通过对“开始”屏幕中磁贴的位置和大小进行调整，以及添加和删除磁贴等操作，来自定义“开始”屏幕，如图 2-47 所示。

图 2-47　自定义“开始”屏幕的效果

参见光盘　光盘\实例演示\第 2 章\自定义“开始”屏幕

该练习的操作思路如下。

操作思路:

切换到“开始”屏幕 ①

调整磁贴大小和位置 ②

添加和删除磁贴 ③

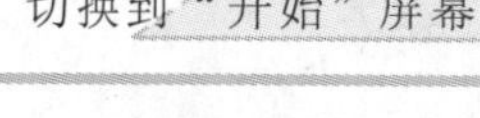

行家提醒

在“开始”屏幕中，除了系统自带磁贴外，还会根据安装的软件多少进行增加，当安装某软件后，系统将自动添加其磁贴至“开始”屏幕。

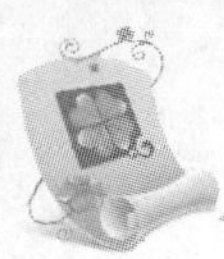

2.8　知识问答

在对桌面图标进行操作的过程中，难免会遇到一些问题，如无法手动移动桌面图标、桌面图标的删除和桌面图标大小的调整等。下面将介绍桌面图标操作过程中常遇到的情况以及解决问题的方法。

问：桌面上的快捷图标可以进行添加和移动等操作，那它可以删除吗？删除后能否找回？

答：可以。只需在桌面上单击选择相应的程序快捷图标，按 Delete 键即可删除。删除后若想恢复该图标，还可使用添加桌面图标的方法，重新添加被删除的快捷图标。

问：使用手动排列桌面图标时，无法手动移动桌面图标，这是什么原因呢？

答：在使用手动排列方式排列桌面图标时，若无法手动移动桌面图标，可在桌面空白区域单击鼠标右键，在弹出的快捷菜单中选择“查看”命令，在其子菜单中取消选择“自动排列图标”命令后即可手动移动桌面图标。

问：桌面图标的大小都是默认的，如果想调整桌面图标的大小，该怎么进行操作呢？

答：在桌面空白处单击鼠标右键，在弹出的快捷菜单中选择“查看”命令，在弹出的子菜单中列出了“大图标”、“中等图标”和“小图标”3 种显示方式，用户可根据需要进行选择，或在桌面上选择一个图标并按住 Ctrl 键不放，滚动鼠标滚轮也可任意调整桌面图标的大小。

在任务栏中添加和删除应用程序图标

在 Windows 8 中，还可将常用的应用程序图标添加到任务栏中，以达到快速启动的目的，或将已添加在任务栏中的且不常用的程序图标删除。

添加程序图标的方法是：在“开始”屏幕或“应用”面板中的应用程序磁贴上单击鼠标右键，在弹出的快捷工具栏中单击“固定到任务栏”按钮，即可将该应用程序的图标添加到任务栏上。

删除程序图标的方法是：在任务栏的程序图标上单击鼠标右键，在弹出的快捷菜单中选择“从任务栏取消固定此程序”命令即可。

选择桌面上的系统图标后，按 Shift+Delete 键，在打开的对话框中单击 是(Y) 按钮，也可以删除该系统图标。

第 3 章

Windows 8 的个性化设置

其他个性化设置

设置系统声音

设置系统日期和时间

设置系统外观

本章导读

无论是家庭用户还是办公用户，在使用电脑的过程中，都可对 Windows 8 操作系统进行个性化的设置，以方便各项操作以及美化电脑的使用环境。本章将依次讲解电脑个性化设置的各个方面，其中主要包括视觉效果和声音设置、日期和时间的设置以及其他个性化设置等。

3.1　系统外观我做主

在启动电脑进入 Windows 8 界面后，首先会与系统桌面进行“对话”，而在具体的操作或者设置中，可通过设置桌面图标、背景、颜色和屏幕分辨率等，让用户体验到更多的乐趣。

3.1.1　设置桌面图标

在桌面添加图标后，可以对桌面图标进行设置，包括改变桌面图标的显示位置和图标样式，下面将详细介绍其操作方法。

1．改变图标的显示位置

通常情况下，桌面图标都位于桌面的左侧，可根据操作需要更改图标的显示位置。

改变图标显示位置的方法为：在桌面空白处单击鼠标右键，在弹出的快捷菜单中选择“查看”命令，再在弹出的子菜单中取消选择“自动排列图标”命令，如图 3-1 所示。将鼠标光标移动到桌面图标上，按住鼠标左键不放，依次将图标拖动到需要的位置即可，如图 3-2 所示为将图标拖动到桌面右侧的效果。

图 3-1　取消选择“自动排列图标”命令　　　图 3-2　图标在桌面右侧的效果

2．设置图标样式

如果不喜欢默认的系统图标，用户可将其更改为 Windows 8 系统提供的各种图标样式。

要将桌面图标移动到桌面的右侧或其他位置，必须先取消选择“自动排列图标”命令，否则无法执行有效的操作。

实例 3-1　将“计算机”图标更改为“扩大镜计算机”样式

1. 在桌面空白处单击鼠标右键，在弹出的快捷菜单中选择“个性化”命令，打开“个性化”窗口，单击左侧窗格中的“更改桌面图标”超级链接，如图 3-3 所示。
2. 打开“桌面图标设置”对话框，选择中间列表框中的“计算机”图标，单击 更改图标(H)... 按钮，如图 3-4 所示。

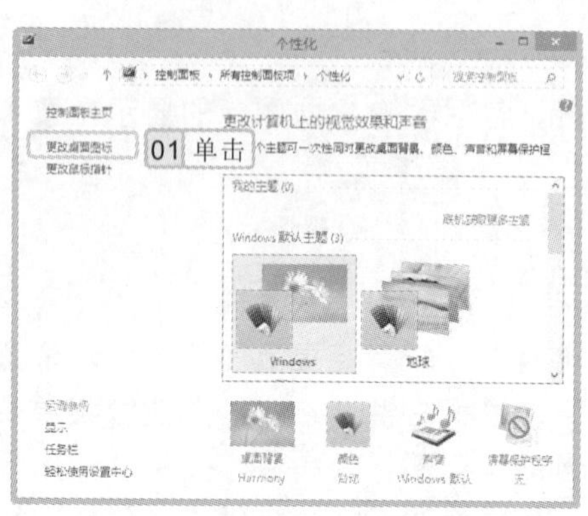

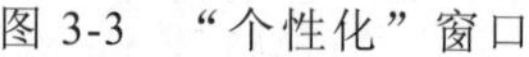

图 3-3　“个性化”窗口

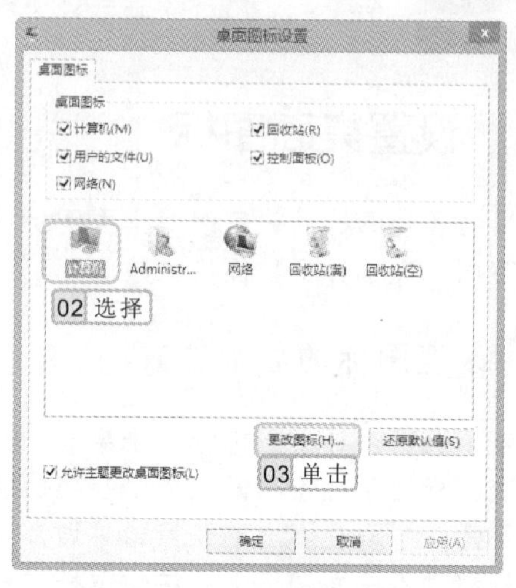

图 3-4　选择“计算机”图标

3. 打开“更改图标”对话框，选择所需图标选项，单击 确定 按钮，如图 3-5 所示。返回“桌面图标设置”对话框，单击 确定 按钮。
4. 返回到桌面，此时可发现“计算机”图标已经发生改变，如图 3-6 所示。

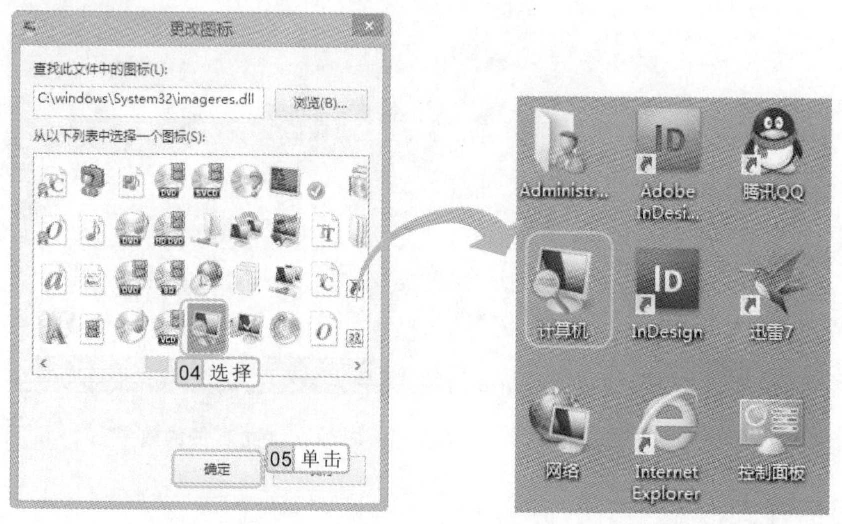

图 3-5　选择图标样式　　图 3-6　更改图标后的效果

行家提醒

在“更改图标”对话框中单击 浏览(B)... 按钮，可选择自己保存的或网上下载的图形作为图标样式。但需注意的是，这里的图片格式必须为.ico 格式。

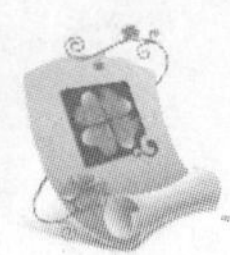

3.1.2　设置桌面背景

如果对默认的电脑桌面背景不满意，用户也可将自己喜欢的图片或照片设置为桌面背景，使其体现出个人风格。

1．设置系统自带的图片

Windows 8 提供了丰富的桌面背景图片，对桌面背景进行个性化的设置可使桌面效果更加丰富。其方法为：在桌面空白处单击鼠标右键，在弹出的快捷菜单中选择“个性化”命令，打开“个性化”窗口，单击下方的“桌面背景”超级链接，打开“桌面背景”窗口，在中间的列表框中选择背景图片，其他保持默认设置，单击保存更改按钮，如图 3-7 所示。返回到“个性化”窗口，单击 × 按钮关闭该窗口，返回桌面后可看到桌面背景已经应用了所选的图片，如图 3-8 所示。

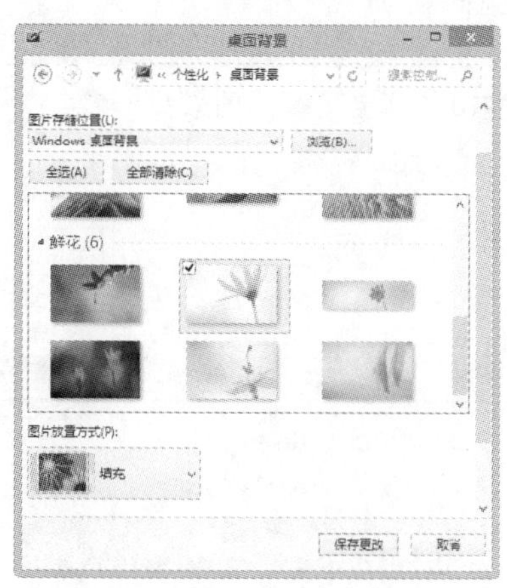

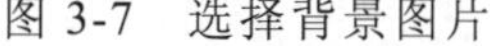

图 3-7　选择背景图片

图 3-8　应用所选图片的效果

2．自定义桌面背景

若是对系统提供的图片不满意，还可根据个人喜好将自己保存的或网上下载的精美图片定义为桌面背景。

实例 3-2　将保存的图片设置为桌面背景

1. 在桌面空白区域单击鼠标右键，在弹出的快捷菜单中选择“个性化”命令，打开“个性化”窗口，单击窗口下方的“桌面背景”超级链接。
2. 打开“桌面背景”窗口，在中间的列表框中提供了多种系统自带的背景图片供选择，这里单击“图片存储位置”下拉列表框右侧的 ∨ 按钮，在弹出的下拉列表中选择“我的图片”选项。
3. 在该窗口的中间列表框中将显示“我的图片”文件夹中的所有图片，且所有图片都

打开“桌面背景”窗口，单击“图片存储位置”栏右侧的 ∨ 按钮，在弹出的下拉列表中选择“纯色”选项，可设置纯色背景。

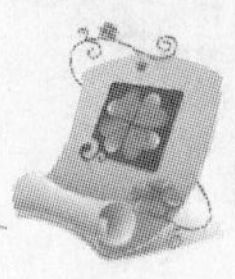

呈选择状态，这里选择如图 3-9 所示的图片。

4 单击 保存更改 按钮返回“个性化”窗口，单击右上角的“关闭”按钮 × 关闭该窗口。返回桌面，即可看到桌面背景应用了设置的图片，如图 3-10 所示。

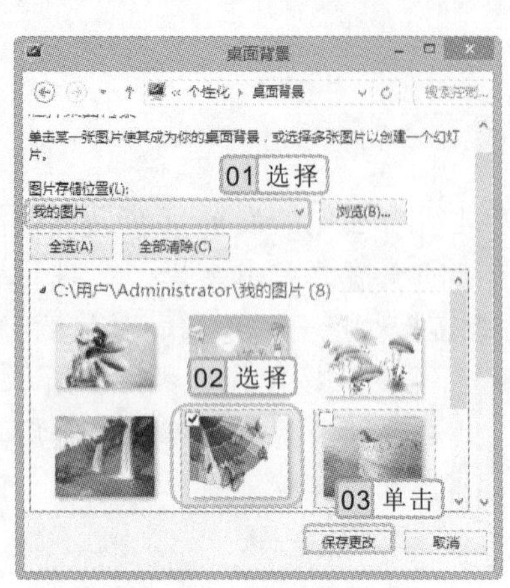

图 3-9　选择背景图片

图 3-10　自定义图片的效果

3.1.3　设置窗口颜色和外观

Windows 8 为窗口边框提供了丰富的颜色类型，不仅可以对颜色进行设置，还可以设置半透明的效果。其设置方法为：在桌面空白处单击鼠标右键，在弹出的快捷菜单中选择“个性化”命令，打开“个性化”窗口，单击“颜色”超级链接，打开“颜色和外观”窗口，在中间选择所需的颜色类型，如选择“颜色 7”颜色模块，在其下方可设置颜色的浓度、色调和饱和度等。这里保持默认设置不变，此时窗口已经发生改变，如图 3-11 所示，单击 保存修改 按钮完成设置。

图 3-11　窗口颜色外观的设置

3.1.4　设置屏幕保护程序

屏幕保护程序是使显示器处于节能状态，用于保护电脑屏幕的一种程序。Windows 8 中提供了多种屏幕保护程序，选择相应的屏幕保护程序之后，可以设置它的等待时间，在这段时间内如果没有对电脑进行任何操作，显示器就将进入屏幕保护状态。要退出屏幕保护程序，只需移动鼠标或按键盘上的任意键。

在“桌面背景”窗口中单击 浏览(B)... 按钮，可在打开的对话框中选择电脑中保存的其他图片作为桌面背景。

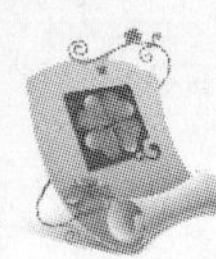

实例 3-3　设置“气泡”屏幕保护程序

1. 打开“个性化”窗口，单击下方的“屏幕保护程序”超级链接，打开“屏幕保护程序设置”对话框，在“屏幕保护程序”下拉列表框中选择所需的选项，这里选择“气泡”选项，如图 3-12 所示。
2. 在“等待”数值框中输入开启屏幕保护程序的时间，如输入“5”，如图 3-13 所示，然后单击 应用(A) 按钮，预览设置后的效果，最后单击 确定 按钮使设置生效。

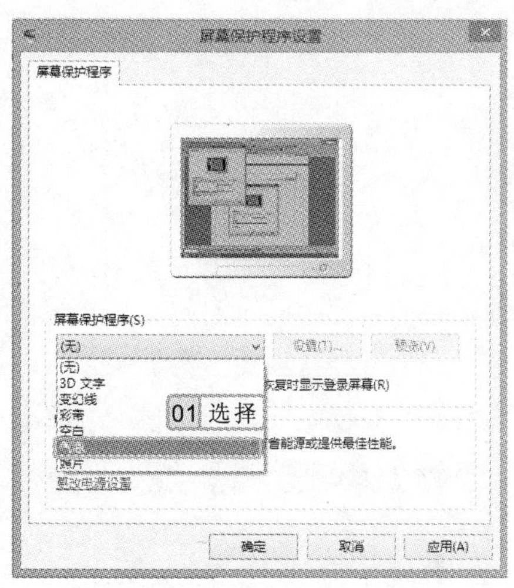

图 3-12　选择“气泡”选项

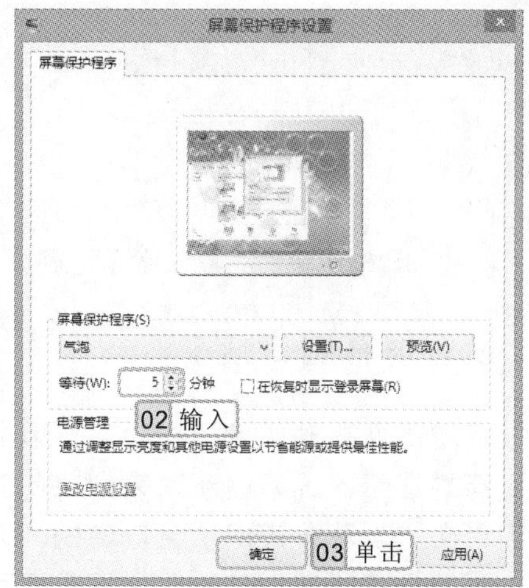

图 3-13　设置等待时间

3.1.5　设置屏幕分辨率和屏幕刷新频率

分辨率是指显示图像的清晰度，分辨率越高，显示图像越清晰，但字体也越小。而刷新率则是指屏幕每秒刷新的次数，刷新率越高，图像越稳定。分辨率与刷新率的关系是：由于显示器的频宽是有限的，分辨率与刷新率是成反比的，也就是说，分辨率越高，最高可调的刷新率也就越低。

1．设置屏幕分辨率

在安装 Windows 8 的过程中，会自动调整正确的屏幕分辨率，通常 LCD 液晶显示器的标准分辨率是系统推荐的最大数值的屏幕分辨率。

如果需要手动调整屏幕分辨率，其方法为：在桌面空白处单击鼠标右键，在弹出的快捷菜单中选择“屏幕分辨率”命令，打开“屏幕分辨率”窗口，如图 3-14 所示。在“分辨率”下拉列表框中拖动滑块改变分辨率的大小，如图 3-15 所示，确认调整后，单击 确定 按钮即可。

选中“屏幕保护程序设置”对话框中的“在恢复时显示登录屏幕”复选框，则退出屏幕保护状态后将进入系统登录界面。

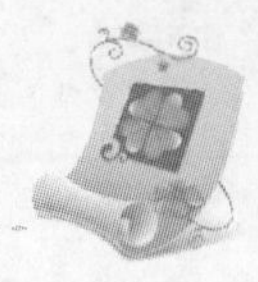

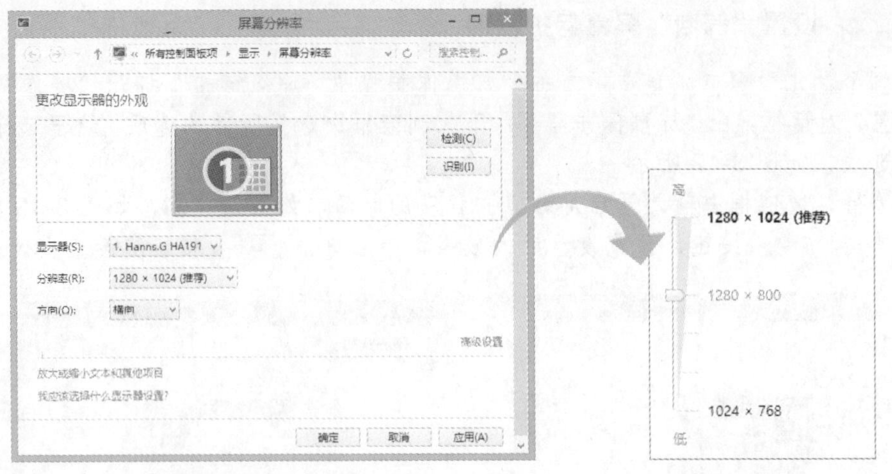

图 3-14　“屏幕分辨率”窗口　　　　图 3-15　调整分辨率

2. 设置屏幕刷新频率

当显示器画面抖动或者模糊时，可以通过设置更高的显示器屏幕刷新率来解决此问题。只需单击“屏幕分辨率”窗口中的“高级设置”超级链接，在打开的对话框中即可设置显示器的刷新率。

其方法为：在打开的对话框中选择“监视器”选项卡，在“屏幕刷新频率”下拉列表框中选择所需选项，如图 3-16 所示，然后单击确定按钮。

图 3-16　设置显示器的刷新率

3.1.6　保存与删除主题

主题就是 Windows 桌面各个模块的风格，具有个性化的特征，是对桌面的一种新型表达和诠释方式。

1. 保存主题

主题是指配置完整的系统外观和声音，当背景桌面、窗口颜色、声音和屏幕保护程序的设置完成以后，返回到“个性化”窗口中，再进行主题的保存即可。

在当前正在使用桌面主题的情况下，必须通过设置才能保存该主题页面。

实例 3-4　保存并重命名主题

1 打开“个性化”窗口，用鼠标右键单击“我的主题”下的“未保存的主题”选项，在弹出的快捷菜单中选择“保存主题”命令，如图 3-17 所示。

2 打开“将主题另存为”对话框，在“主题名称”文本框中输入主题的名称“花儿朵朵”，单击 保存 按钮，即可保存该主题，如图 3-18 所示。

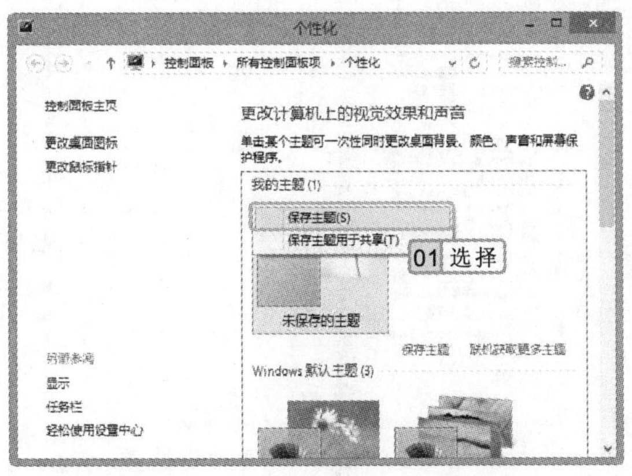

图 3-17　选择“保存主题”命令

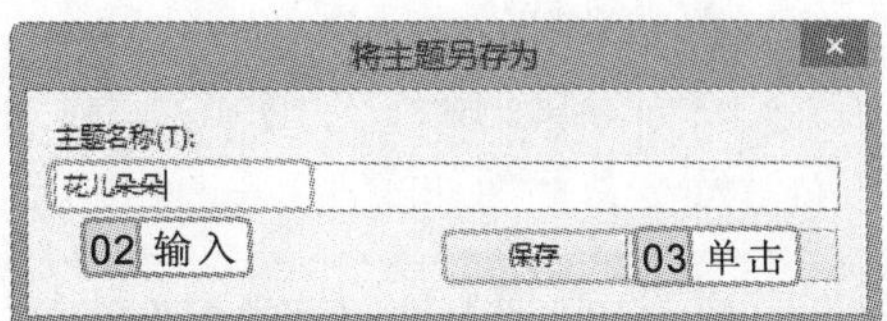

图 3-18　保存主题

2. 删除主题

如果需要删除某个主题，只需在保存的主题图标上单击鼠标右键，在弹出的快捷菜单中选择“删除主题”命令即可。

3.2　设置系统声音

在 Windows 系统中，系统自带的声音是多种多样的。当听腻了系统默认的声音时，用户可根据心情或爱好任意地更换自己喜欢的、有个性的系统声音。这样不但使声音更加多样性，还能使用户心情舒畅。

3.2.1　自定义系统声音方案

系统声音是指系统操作过程中发出的声音，如启动系统发出声音、关闭程序发出声音和操作错误提示的声音等。在“个性化”窗口中可以快速设置系统声音。

实例 3-5　为“日历”自定义鸣钟提示声

1 打开“个性化”窗口，单击下方的“声音”超级链接，打开“声音”对话框，选择希望应用到事件的“声音方案”，这里保持默认。在“程序事件”列表框中选择“日历提醒”选项，如图 3-19 所示。

操作提示

如果当前正在使用某个主题，则无法执行删除该主题的操作。

2 单击“声音”下拉列表框右侧的下拉按钮，在弹出的下拉列表中选择“Windows 鸣钟.wav”选项，单击 另存为(V)... 按钮，如图 3-20 所示。

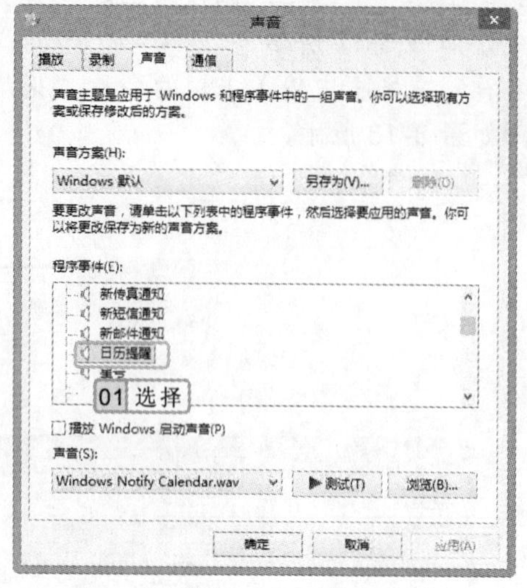

图 3-19　选择“日历提醒”选项

图 3-20　选择“鸣钟”选项

3 打开“方案另存为”对话框，在“将此声音方案另存为”文本框中输入“提示声”，单击 确定 按钮，如图 3-21 所示。

4 返回“声音”对话框，可看到“声音方案”栏已自动更换为“提示声”，然后单击 应用(A) 按钮，如图 3-22 所示。

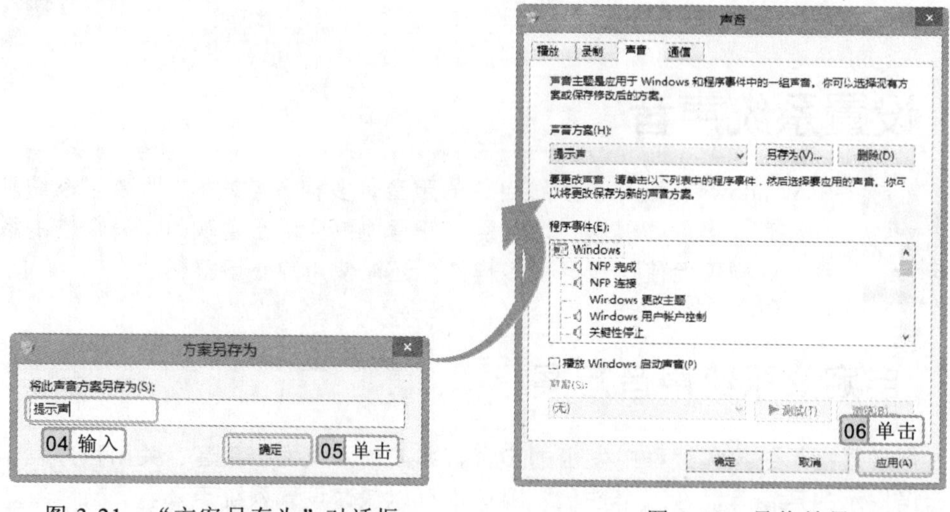

图 3-21　“方案另存为”对话框

图 3-22　最终效果

3.2.2　让不同的应用程序使用不同的音量

Windows 8 系统的音量控制功能十分强大，可以单独给每个应用程序设置不同的音量

“声音”是组成 Windows 8 中主题的一部分，可以根据个人的爱好设置特别的声音，达到最好的效果。

大小，为用户提供个性化的服务。

其设置方法为：单击桌面右下角任务栏的声音图标，打开音量调节窗口，单击“合成器”选项，打开“音量合成器”对话框，此时对话框中会显示当前运行并使用声音的应用程序，根据需要调整不同程序的音量大小即可，如图 3-23 所示。

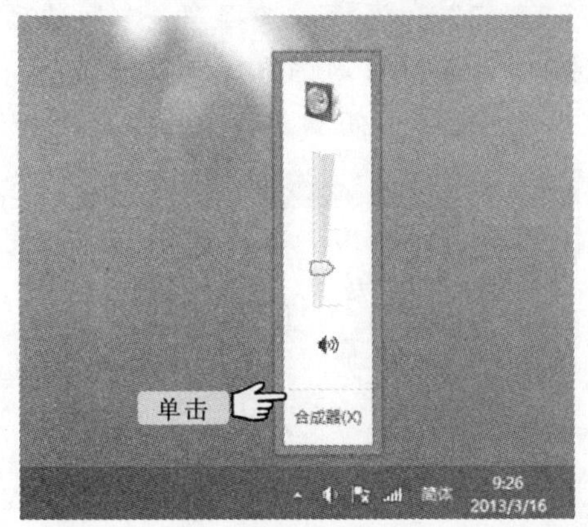

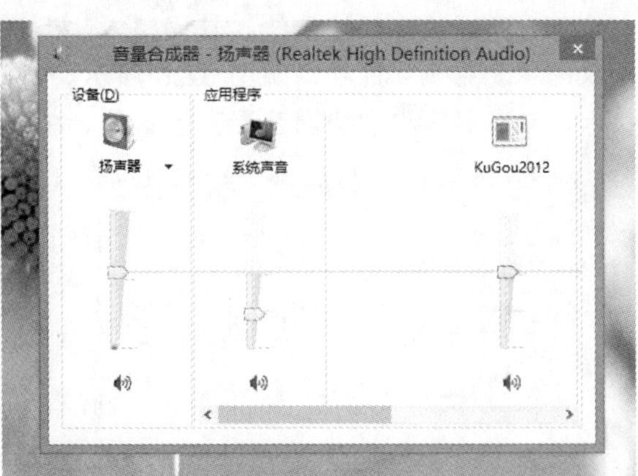

图 3-23　调整音量

3.2.3　增强音量效果

许多用户会觉得 Windows 8 的整体音量太小，此时可以利用系统自带的选项设置并调节音量。其方法为：打开“声音”对话框，选择“播放”选项卡，双击“扬声器”选项，如图 3-24 所示。打开“扬声器 属性”对话框，选择“增强”选项卡，在中间的列表框中选择一种增强类型，单击“设置”右侧的下拉按钮，在弹出的下拉列表中选择一种音乐类型，然后单击 确定 按钮即可，如图 3-25 所示。

图 3-24　“声音”对话框

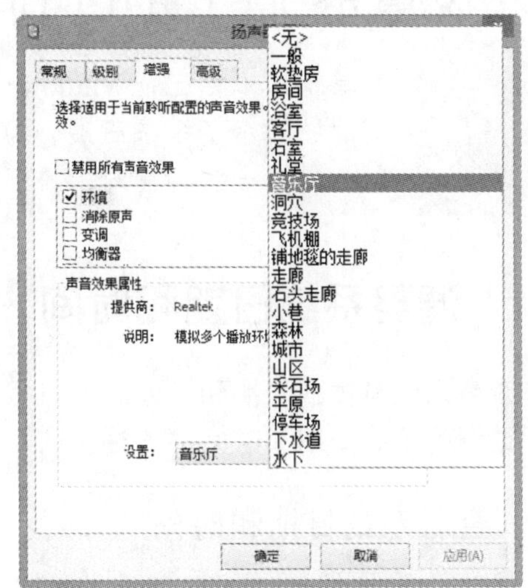

图 3-25　设置扬声器

在音量调节窗口中单击 🔈 图标，可将音量设置为静音状态，此时扬声器将没有任何声音。

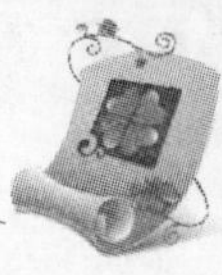

3.2.4 调整麦克风

在上网聊天时，通常会使用语音功能与对方进行通话，此时，用户可调整麦克风音量大小使双方通话状态保持最佳。其调整方法为：打开“声音”对话框，选择“录制”选项卡，双击“麦克风”选项，如图 3-26 所示。打开“麦克风 属性”对话框，选择“级别”选项卡，向右侧拖动滑块调整麦克风音量，单击 确定 按钮即可，如图 3-27 所示。

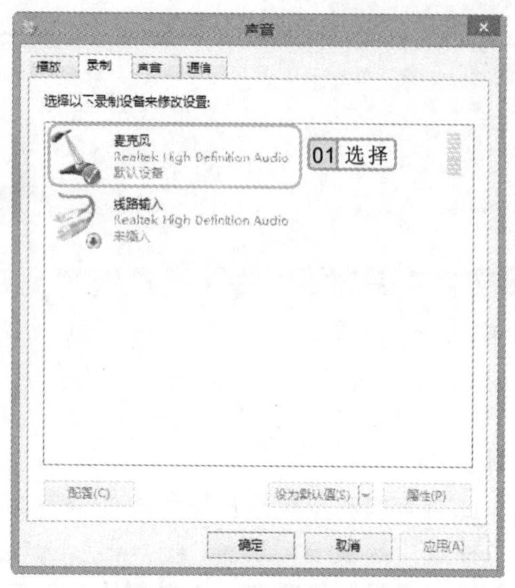

图 3-26 “声音”对话框

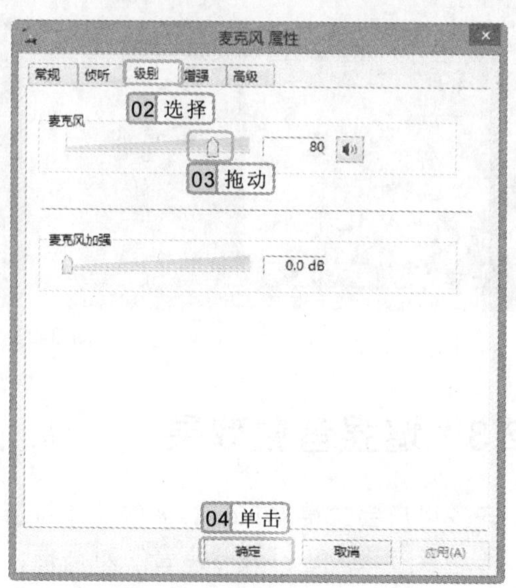

图 3-27 调整麦克风音量

3.3 设置系统日期和时间

与其他版本相比，Windows 8 不仅在任务栏的通知区域显示了系统时间，同时还显示了系统日期，为了使系统日期和时间与工作和生活中的日期和时间保持一致，需对系统日期和时间进行调整。

3.3.1 调整系统日期和时间

在查看系统具体的日期和时间后，可根据实际需要去调整系统日期和时间，下面将介绍查看或调整系统日期和时间的方法。

1. 查看系统日期和时间

任务栏中显示了系统日期和时间，但没有显示出星期，将鼠标光标移到通知区域日期和时间对应的按钮上，系统会自动弹出一个浮动界面，可查看到星期，如图 3-28 所示；单

在“麦克风”栏的文本框中输入精确的数值，也可调整麦克风的音量。

击通知区域时间和日期对应的按钮，系统会弹出一个直观的显示界面，如图 3-29 所示。

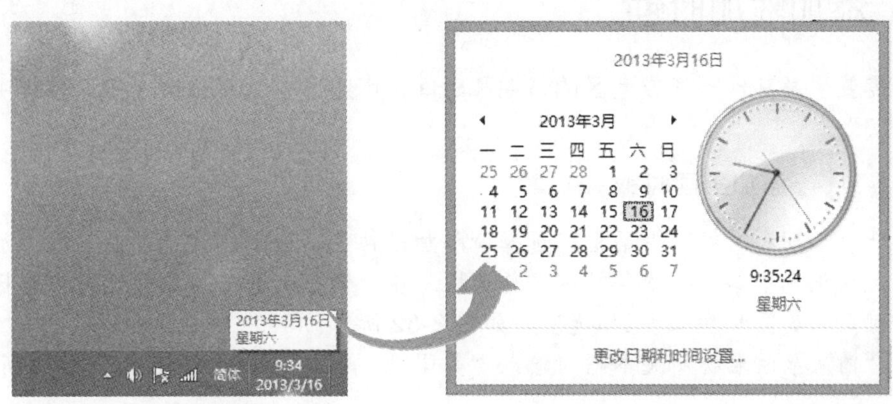

图 3-28　查看日期和时间　　　　图 3-29　日期和时间显示界面

2. 调整系统日期和时间

如果系统日期与时间和现实生活中的不一致，则可对系统日期和时间进行调整。

实例 3-6　更改当前系统的日期和时间

1. 在任务栏通知区域显示的日期和时间上单击，在弹出的显示界面中单击“更改日期和时间设置”超级链接，打开“日期和时间”对话框，选择“日期和时间”选项卡，单击 更改日期和时间(D)... 按钮，如图 3-30 所示。
2. 打开“日期和时间设置”对话框，在“日期”列表框中选择当前的日期，在“时间”数值框中输入当前的时间，单击 确定 按钮，如图 3-31 所示。
3. 返回桌面，即可看到通知区域中的时间已更改。

图 3-30　“日期和时间”对话框

图 3-31　设置日期和时间

如果需要更改当前的月份或年份，可单击“日期”列表框上方的◂或▸按钮，进行逐月增大或减小。

3.3.2　添加附加时钟

如果需要了解其他国家或地区的日期和时间，可通过在 Windows 8 操作系统中添加附加时钟来实现。

实例 3-7　添加美国时钟

1. 打开“日期和时间”对话框，选择“附加时钟”选项卡，系统最多可以添加两个时钟，这里选中第一个 ☑显示此时钟(H) 复选框。在“选择时区”下拉列表框中选择“太平洋时间（美国和加拿大）”选项，如图 3-32 所示。
2. 在“输入显示名称”文本框中输入“美国”，单击 确定 按钮，如图 3-33 所示。

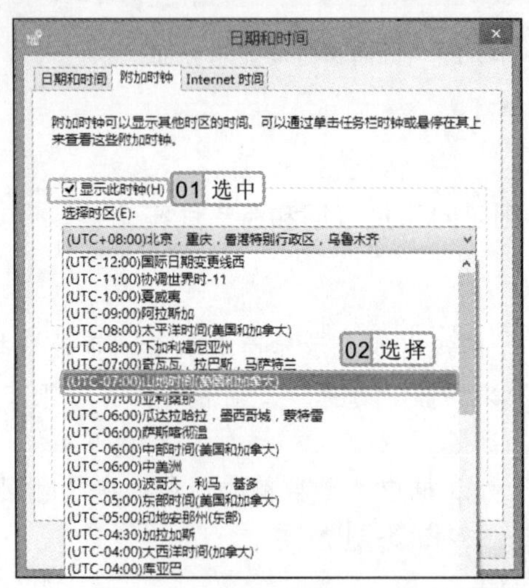

图 3-32　选择时区

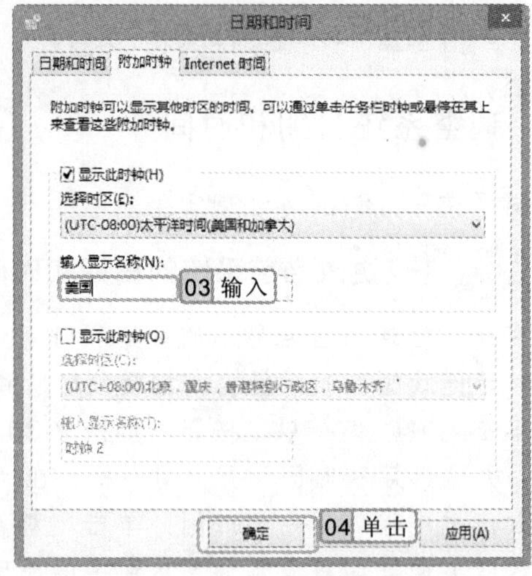

图 3-33　输入显示名称

3. 返回桌面，将鼠标光标移到任务栏通知区域显示的日期和时间对应的按钮上，弹出的浮动界面中将显示出“本地时间”和“美国时间”，用鼠标单击日期和时间对应的按钮，在弹出的界面中会显示出该附加时钟，如图 3-34 所示。

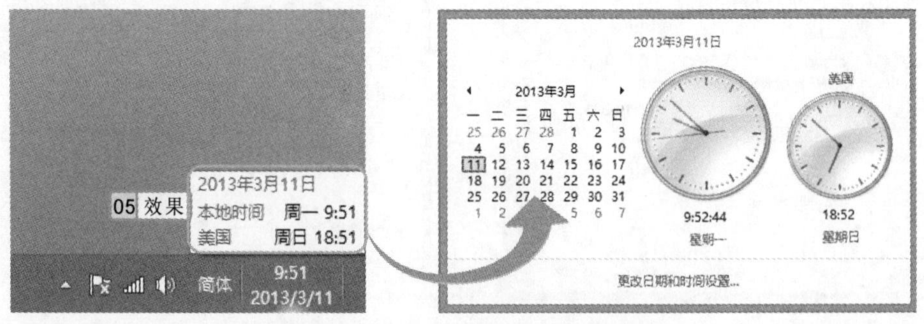

图 3-34　查看日期和时间及附加时钟

默认情况下，系统不会打开附加时钟，并且默认的时间设置是北京时间。

3.4 其他个性化设置

除前面讲解的个性化设置 Windows 8 的功能外，还可进行其他个性化的设置，如更改电源选项、将程序图标固定至任务栏、显示与隐藏通知区域中的图标和更改计算机名称等，下面分别进行介绍。

3.4.1 更改电源选项

在选择屏幕保护程序后，用户还可以通过设置电源选项、调整显示亮度和更改其他电源设置，来节省能源或提供最佳性能，从而达到省电的效果。

实例 3-8 将“电源”按钮功能更改为“休眠”

1. 打开“个性化”窗口，单击“控制面板主页”超级链接，如图 3-35 所示。
2. 打开“控制面板”窗口，单击“系统和安全”超级链接，如图 3-36 所示。

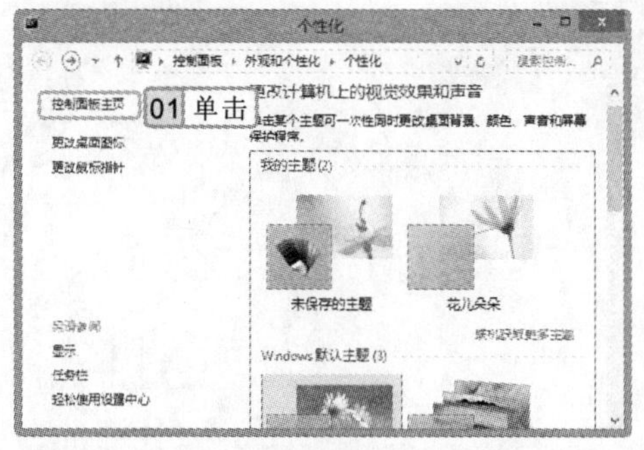

图 3-35 “个性化”窗口

图 3-36 “控制面板”窗口

3. 打开“系统和安全”窗口，在“电源选项”栏中单击“更改电源按钮的功能”超级链接，如图 3-37 所示。
4. 打开“系统设置”窗口，在“按电源按钮时”右侧的下拉列表框中选择 “休眠”选项，单击 保存修改 按钮即可，如图 3-38 所示。

图 3-37 “系统和安全”窗口

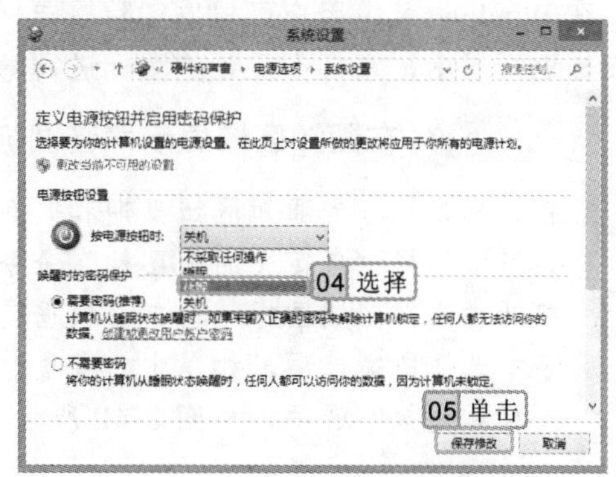

图 3-38 设置电源选项

可通过“按电源按钮时”右侧的下拉列表框选择电脑的运行状态。

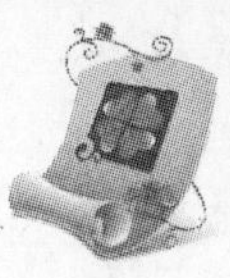

3.4.2 将程序图标固定至任务栏

默认情况下，任务栏中是没有程序图标的。此时，用户若想启动某个应用程序，则只能通过“开始”屏幕来实现。但这种方法在操作时较麻烦，此时，用户可将常用的应用程序固定至任务栏中，通过其快捷图标快速启动相应的程序。

其操作方法为：进入“开始”屏幕，在其中选择需固定至任务栏的程序磁贴，单击鼠标右键，在弹出的快捷工具栏中单击“固定到任务栏”按钮，如图 3-39 所示，即可将该程序固定到任务栏中。返回系统桌面，即可在任务栏中查看到程序快捷图标，如图 3-40 所示。

图 3-39　选择程序磁贴

图 3-40　设置后的效果

3.4.3 显示/隐藏通知区域中的图标

在 Windows 8 中用户可根据实际需要，设置图标的显示数量和显示效果，也可将常用的图标进行显示，或将不重要的图标进行隐藏。

实例 3-9 在通知区域显示声音图标

1. 将鼠标光标移到通知区域日期和时间对应的按钮上，单击鼠标右键，在弹出的快捷菜单中选择“自定义通知图标”命令，如图 3-41 所示。
2. 打开“通知区域图标”窗口，根据需要单击通知图标对应的按钮，在弹出的下拉列表中选择所需选项，如单击“音量”对应的按钮，在弹出的下拉列表中选择“显示图标和通知”选项，如图 3-42 所示。

取消锁定任务栏后，将鼠标光标移动到任务栏的空白位置，拖动鼠标到屏幕的上方、左侧或右侧，可将任务栏移动到相应的位置。

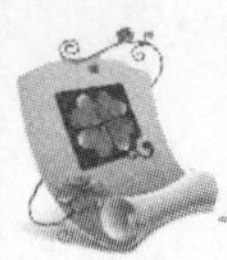

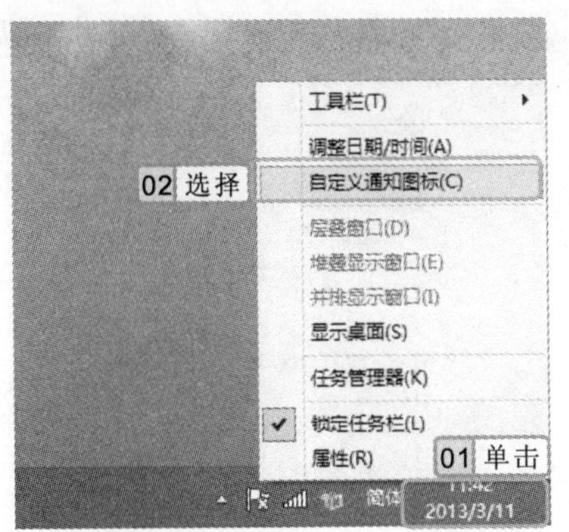

图 3-41　选择"自定义通知图标"命令

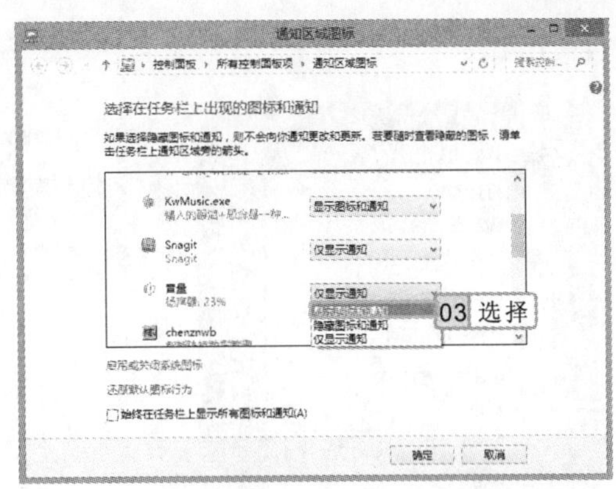

图 3-42　设置通知图标显示效果

3. 使用同样的方法打开"通知区域图标"窗口，单击 KwMusic.exe 右侧的下拉按钮，在弹出的下拉列表中选择"隐藏图标和通知"选项，单击 确定 按钮，如图 3-43 所示。
4. 返回桌面，即可看到右下角通知区域中的"酷我音乐"图标已被隐藏，且已显示了"音量"图标，如图 3-44 所示。

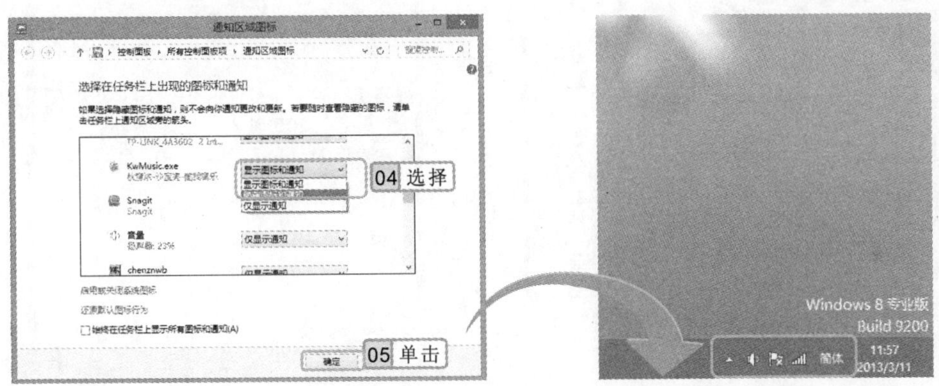

图 3-43　设置通知图标隐藏效果　　图 3-44　设置后的效果

3.4.4　更改计算机名称

更改计算机名称主要针对于办公用户，通过更改计算机名称使管理和查找公司电脑的用户更加方便。

实例 3-10　将计算机名称更改为"编辑部-LI"

1. 将鼠标光标移动至"计算机"图标上单击鼠标右键，在弹出的快捷菜单中选择"属性"命令，如图 3-45 所示。
2. 打开"系统"窗口，在"计算机名、域和工作组设置"栏中单击"更改设置"超级链接，如图 3-46 所示。

"显示图标和通知"指在通知区域显示图标并弹出与程序相关的提示信息界面。

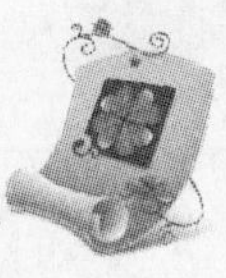

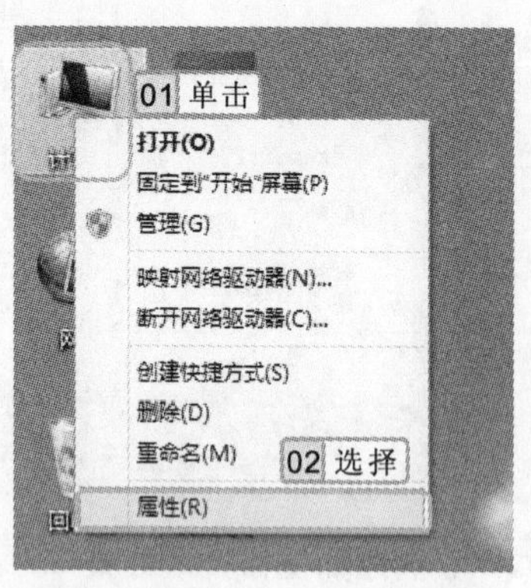

图 3-45　选择“属性”命令

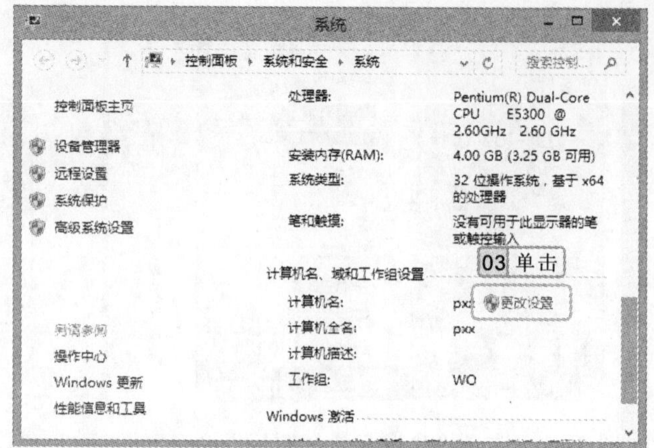

图 3-46　“系统”窗口

3 打开“系统属性”对话框，单击 更改(C)... 按钮，如图 3-47 所示。

4 打开“计算机名/域更改”对话框，在“计算机名”文本框中输入“编辑部-LI”，再单击 确定 按钮，如图 3-48 所示。完成后，重新启动计算机即可使更改生效。

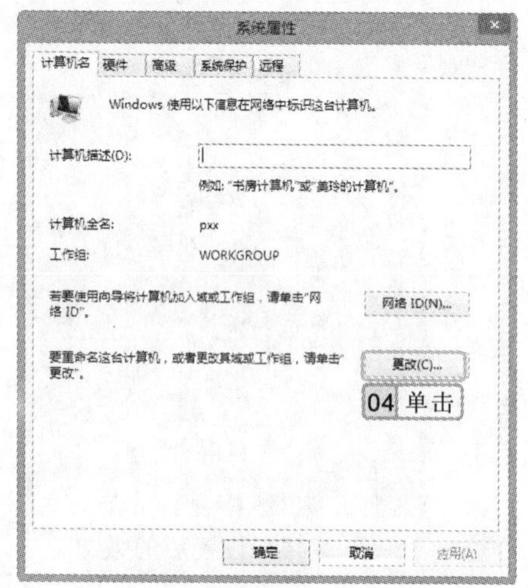

图 3-47　“系统属性”对话框

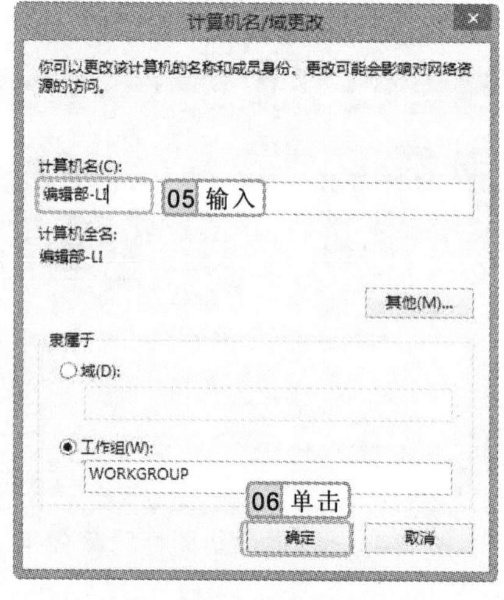

图 3-48　输入更改的计算机名

3.5　基础实例——设置桌面外观

本章实例将介绍综合设置桌面外观的常见方法，可通过此方法提高工作效率。下面将介绍如何熟练掌握设置桌面背景、窗口外观和屏幕保护程序的方法。

本例将对桌面进行个性化设置，先设置桌面背景和窗口外观，再设置屏幕保护程序，最后再调整任务栏的位置，设置后的效果如图 3-49 所示。

为计算机更改名称，主要是为了方便其他用户查找和管理本台计算机。

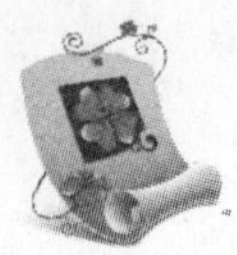

图 3-49　设置桌面后的效果

3.5.1　操作思路

为更快完成本例的制作，并且尽可能运用本章讲解的知识，本例的操作思路如下。

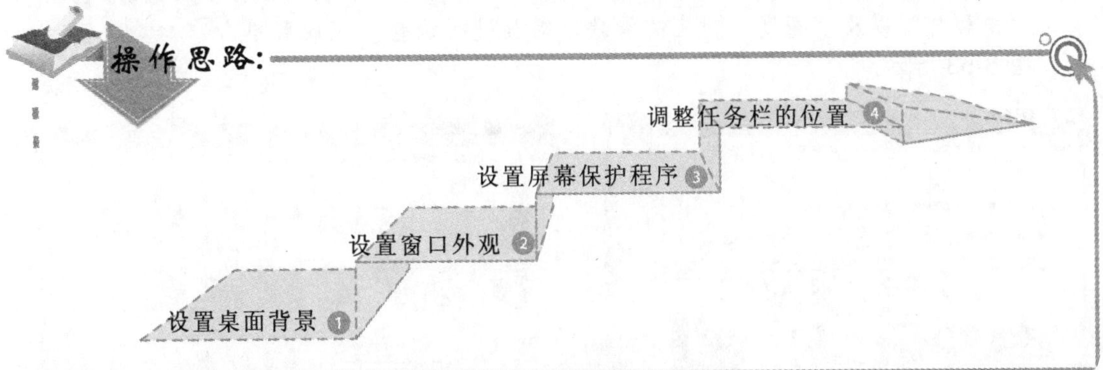

3.5.2　操作步骤

下面介绍设置个性化桌面外观的方法，操作步骤如下：

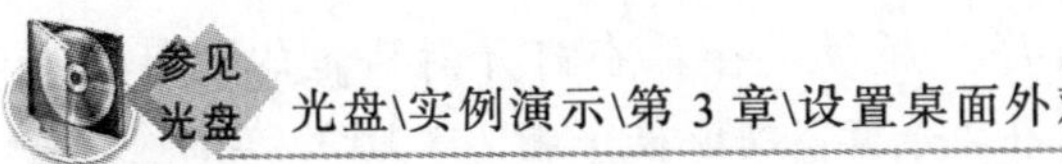

光盘\实例演示\第 3 章\设置桌面外观

1. 在桌面空白处单击鼠标右键，在弹出的快捷菜单中选择“个性化”命令，打开“个性化”窗口，在其中单击“桌面背景”超级链接，如图 3-50 所示。
2. 打开“桌面背景”窗口，在“图片存储位置”下拉列表框中选择“我的图片”选项，

选择系统自带的主题，默认设置都将启用透明效果。

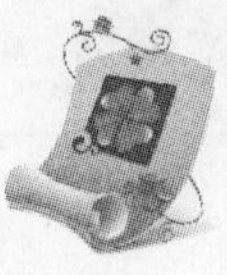

如图 3-51 所示。

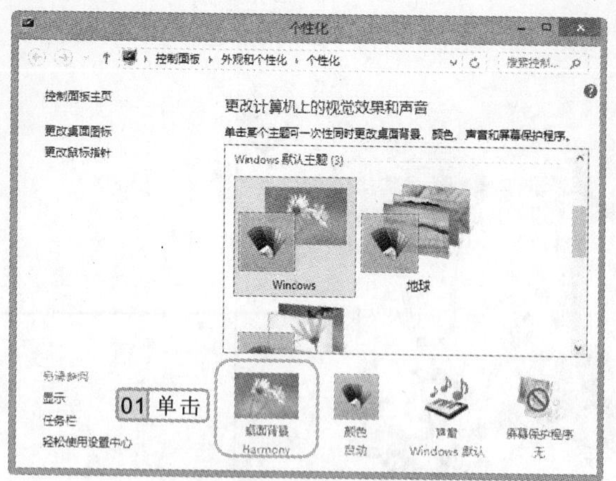

图 3-50 “个性化”窗口

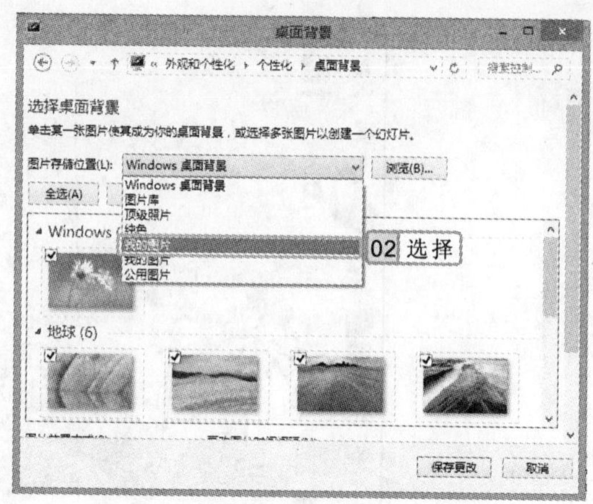

图 3-51 选择“我的图片”选项

3 在中间列表框中将显示“我的图片”文件夹中的所有图片，选择需要的图片，再单击 保存更改 按钮，如图 3-52 所示。

4 返回“个性化”窗口，单击“颜色”超级链接，在打开的“颜色和外观”窗口中选择“颜色 2”选项。

5 单击 显示颜色混合器(X) 按钮，显示出隐藏的颜色混合器，然后使用鼠标分别拖动“色调”、“饱和度”以及“亮度”对应的滑块，对其进行调整，完成后单击 保存修改 按钮，如图 3-53 所示。

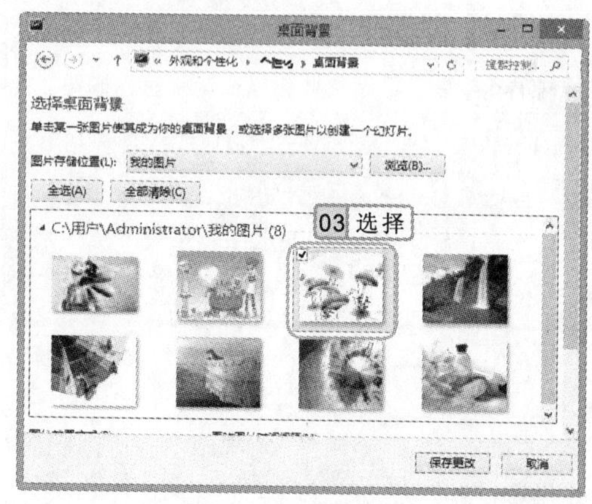

图 3-52 选择图片

图 3-53 设置窗口颜色

6 返回“个性化”窗口，单击“屏幕保护程序”超级链接，在打开对话框的“屏幕保护程序”下拉列表框中选择“气泡”选项，在“等待”数值框中输入“15”，单击 确定 按钮，如图 3-54 所示。

7 返回“个性化”窗口，单击右上角的 × 按钮，关闭窗口，返回系统桌面。在任务栏空白处单击鼠标右键，在弹出的快捷菜单中选择“属性”命令。

8 打开“任务栏属性”对话框，单击“任务栏在屏幕上的位置”右侧的下拉按钮，在

Windows 8 的桌面外观与 Windows 7 相差不大，因此，在设置与使用方法上与 Windows 其他版本十分相似。

弹出的下拉列表中选择“顶部”选项，再单击 确定 按钮，如图 3-55 所示。

9 返回系统桌面，即可看到设置后的效果。

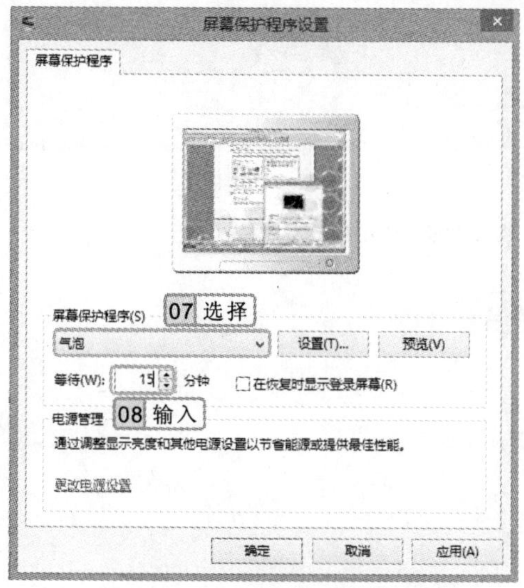

图 3-54　设置屏幕保护程序

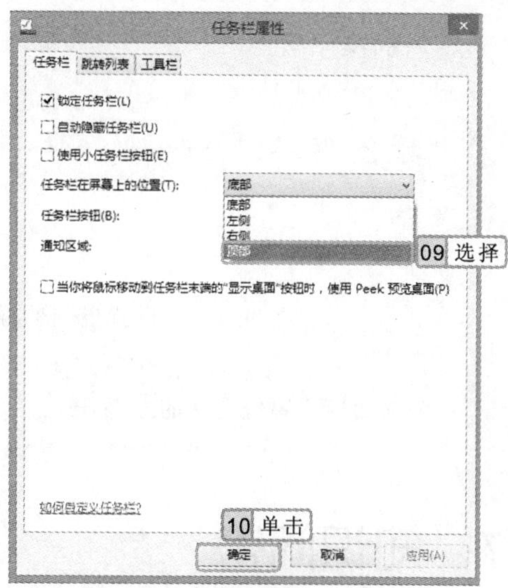

图 3-55　调整任务栏位置

3.6　基础练习——设置主题和分辨率

本次练习将通过设置主题、设置屏幕分辨率、设置屏幕保护程序和保存主题等操作，进一步巩固个性化 Windows 8 操作系统的相关知识。

本次练习将为系统桌面应用系统自带的主题，然后将屏幕分辨率设置为“1280×800”，并设置屏幕保护程序为“变幻线”，最后将此主题保存为“花开富贵”，效果如图 3-56 所示。

图 3-56　最终效果

在“屏幕保护程序设置”对话框中设置好屏幕保护程序后，单击“预览”按钮，即可在桌面预览设置的效果。

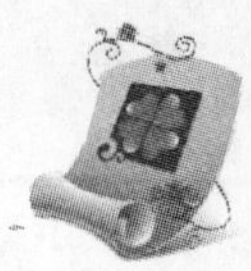

参见光盘　光盘\实例演示\第 3 章\设置并保存主题

该练习的操作思路如下。

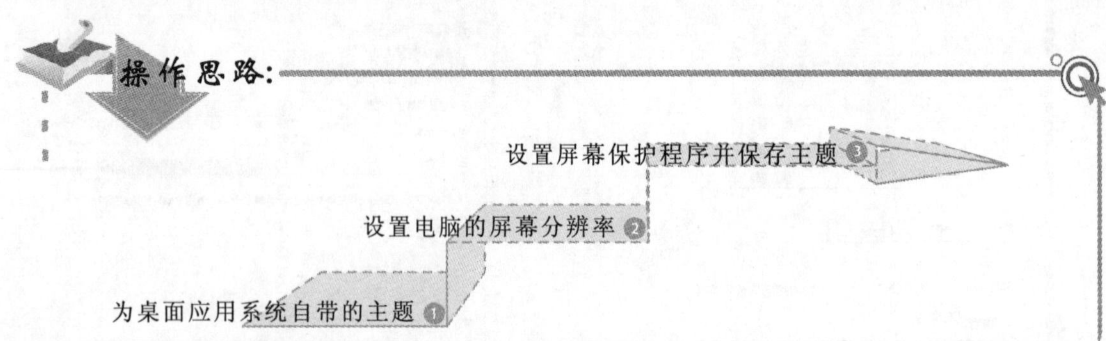

3.7 知识问答

在对电脑进行个性化设置时，难免会遇到一些难题，如如何获得更多的主题、桌面图标的更改和添加等。下面将介绍电脑个性化设置过程中常见的问题及解决方案。

问：怎样才能获得更多的主题？

答：在桌面空白处单击鼠标右键，在弹出的快捷菜单中选择“个性化”命令，打开“个性化”窗口，单击“我的主题”栏下的“联机获取更多主题”超级链接，在打开的网页中可下载更多的主题类型。

问：除了任务栏快速启动区中默认设置的图标外，还能在任务栏中添加其他的图标吗？

答：可以。只需将鼠标光标移至桌面图标上，单击鼠标右键，在弹出的快捷菜单中选择“锁定到任务栏”命令，便可在任务栏中添加对应的图标。

问：可以将自己设置的各种外观元素保存为主题吗？

答：可以。首先按照自己的喜好设置桌面背景、系统声音、屏幕保护程序以及窗口颜色和外观等元素，然后单击“个性化”窗口中“我的主题”栏下的“保存主题”超级链接，在打开的“将主题另存为”对话框中输入主题的名称，然后单击 保存 按钮即可。

问：可不可以将电脑中的时钟与 Internet 时间设置为同步呢？

答：当然可以。只需在“日期和时间”对话框中选择“Internet 时间”选项卡，单击 更改设置(C)... 按钮，在打开的对话框中单击 立即更新(U) 按钮即可。

需要离开电脑较长时间时，最好选择将显示器关闭，而不是设置屏幕保护程序。

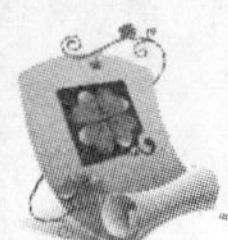

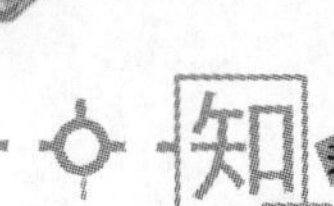

Clear Type 技术

Clear Type 技术并不是在 Windows 8 操作系统中首次使用，实际上，在 Windows XP 和 Windows 7 操作系统中就已经开始使用这种能够显著提高显示效果的新技术了。

作为一种增强显示效果的软件，事实上它并不能改变显示器的显示精度，那么，它是怎样实现增强显示效果的功能呢？大家知道，目前常用的显示器，无论是 CRT 显示器还是 LCD 显示器，都是以像素点组成图像的。由于像素点是以小方格的形式表现，所以由像素点组成的图像的边缘通常都不会十分平滑，这就造成了看起来参差不齐的情况，而 Clear Type 技术最基本的原理就是在图像的边缘自动填充一些小色块，使组成图像边缘的相邻像素点变得更接近，这样看上去图像就会变得平滑，用户在查看这些图像或文字时就会觉得更舒适。Clear Type 技术就是通过这样的方式，来达到提高显示效果的目的。

一般来讲，70Hz 的刷新频率是在显示器稳定工作时的最低要求，若低于 70Hz，那么人眼往往会感觉很疲劳。

第 4 章

管理文件与文件夹

通过库
管理文件

文件管理基础

管理回收站

查看电脑中的资源

文件与文件夹的基本操作

本章导读

在管理电脑中的资源时，对文件和文件夹进行分类整理能够减少查找相关资源的时间，提高工作效率。本章将详细介绍分类整理文件和文件夹的相关操作，如新建、选择、重命名、复制、移动、删除和恢复等，并讲解文件和文件夹的属性设置、文件夹图标设置和隐藏文件等方法。

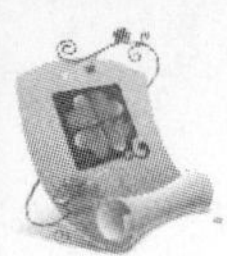

4.1 文件管理基础

电脑中的资源通常是以文件形式保存的，而文件通常存放于磁盘的文件夹中，它们三者之间存在包含与被包含的关系。下面将分别介绍磁盘、文件和文件夹的相关知识。

4.1.1 认识磁盘与盘符

磁盘通常是指由硬盘划分出的分区，用于存放电脑中的各种资源，每个区都对应一个盘符。所以，若想对电脑中的文件或文件夹进行管理，必须要先了解硬盘分区和盘符，下面分别进行介绍。

- **硬盘分区**：是指将硬盘划分为几个独立的区域，如图 4-1 所示。这样可以更加方便地存储和管理数据，因此，在安装系统时，就需要对硬盘进行分区。
- **盘符**：通常由磁盘图标、磁盘名称和磁盘使用信息组成，用大写的英文字母后面加一个冒号来表示，如“本地磁盘（C:）”，“C”就是该盘的盘符。

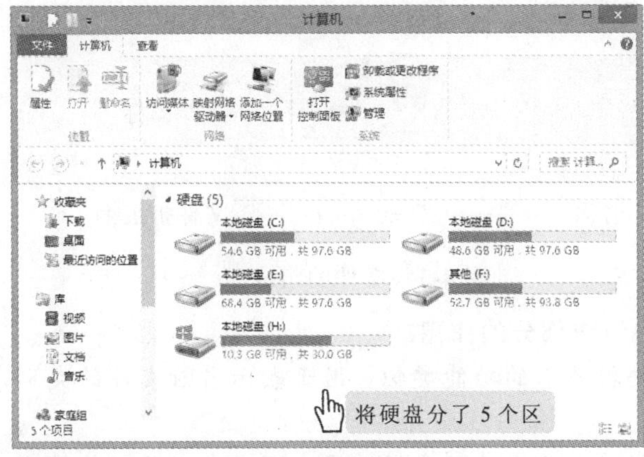

图 4-1 硬盘分区

4.1.2 认识用户文件夹、文件与文件夹

电脑中的资源通常是以用户文件夹、文件和文件夹的形式保存的，用户文件夹是用于存储所有用户生成的文件，如保存在“桌面”上的文件。而文件可以存放在文件夹中，但文件夹则不能被存放在文件中，下面将分别介绍用户文件夹、文件和文件夹的相关内容。

1. 什么是用户文件夹

用户文件夹是用来保存系统用户使用的数据文件和浏览器配置的文件夹，包括文档、

在默认情况下，电脑窗口中的选项卡功能区是不显示的。若想将其显示出来，需要用户手动进行设置，在窗口的功能选项卡上双击鼠标，即可将其对应的功能区显示出来，再次双击即可将其隐藏起来。

收藏夹、上网浏览信息、图片、下载文件和配置文件等，如图 4-2 所示。

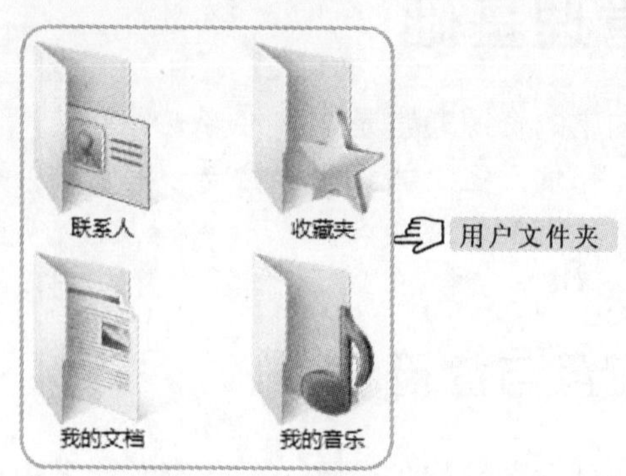

图 4-2 用户文件夹的组成

2. 什么是文件

保存在电脑中的各种信息和数据都被统称为文件，如一张图片、一份办公文档、一个应用程序、一首歌曲或一部电影等。文件在电脑中是以图标形式显示的，它由文件图标、文件名称和文件扩展名 3 部分组成，如图 4-3 所示。

图 4-3 文件的组成

下面分别介绍文件各组成部分的作用。

- **文件图标**：与文件扩展名的功能类似，用于表示当前文件的类别，它是由应用程序自动建立的。
- **文件名称**：用于标识当前文件的名称，用户可以自定义文件的名称，以便于对其进行管理。
- **文件扩展名**：是操作系统中用来标识文件格式的一种机制，如名为"雨季.docx"的文件中，"docx"是其扩展名，表示这个文件是一个 Word 文件。

3. 什么是文件夹

文件夹用于存放和管理电脑中的文件，其本身没有任何内容，却可放置多个文件和子文件夹。如图 4-4 所示为有内容的文件夹和空白文件夹效果。通过将不同的文件归类存放到相应的文件夹中，可使数据管理清晰有序，在需要时又可以快速找到所需的文件。文件夹的外观主要由文件夹图标和文件夹名称组成。

当电脑中的文件过多时，可对文件进行分类，然后保存在不同名称的文件夹中，以方便查找和管理。

图 4-4 文件夹

4.1.3 磁盘、文件与文件夹之间的关系

如果把电脑比作图书馆，那么磁盘就是各个图书室，而文件夹就是图书室中的各排书架，文件则是图书。但不同的是，磁盘中除了可以有多个文件夹外，还可以直接存放文件，而文件夹中除文件外还可以有许多子文件夹，其具体关系如图 4-5 所示。

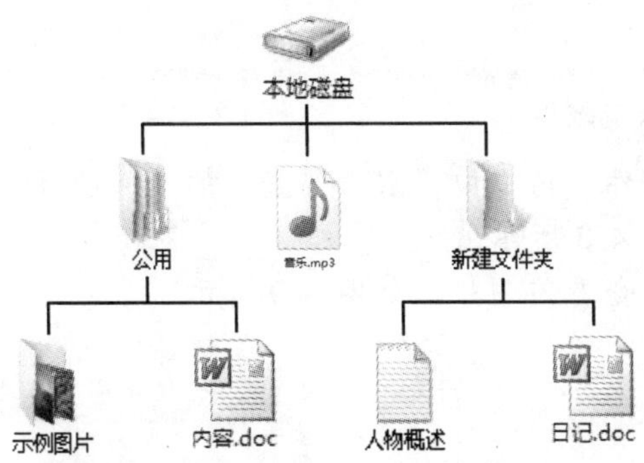

图 4-5 磁盘、文件和文件夹的关系

4.2 查看电脑中的资源

在管理电脑资源的过程中，需要随时查看某些文件和文件夹，Windows 8 一般在“计算机”窗口中查看电脑中的资源，主要通过窗口工作区、地址栏和文件夹窗格这 3 种方式。

4.2.1 通过窗口工作区查看

通过窗口工作区查看电脑中的资源是最常用，也是最便捷的查看方法。

实例 4-1 在窗口工作区查看图片文件

下面通过窗口工作区对保存在“F:\图片”文件夹中的“昆虫.jpg”图片文件进行查看。

相同类型的文件也可能会有不同的扩展名，这是由于采用了不同格式的保存方法。这种同类型但不同扩展名的文件可以使用专用的工具进行相互转换，如大多数的声音文件都可以利用“千千静听”将其转换为 MP3 格式。

1 双击桌面上的“计算机”图标，打开“计算机”窗口，双击窗口工作区中需要查看的资源所在的磁盘符，这里双击“本地磁盘（F:)”选项，如图 4-6 所示。

2 在打开的 F 盘窗口中双击要打开的文件夹图标，这里双击“图片”文件夹图标，如图 4-7 所示。

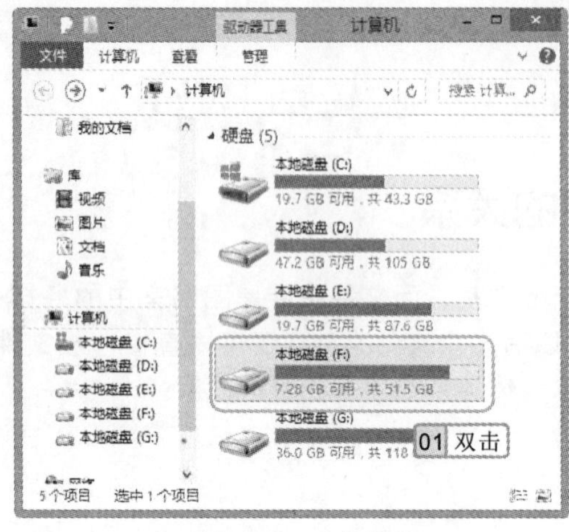

图 4-6　双击磁盘

图 4-7　双击“图片”文件夹图标

3 在打开的“图片”文件夹窗口中，双击要查看的文件图标，这里双击“昆虫.jpg”图片文件的图标，如图 4-8 所示。

4 在打开的窗口中即可查看该图片，如图 4-9 所示。

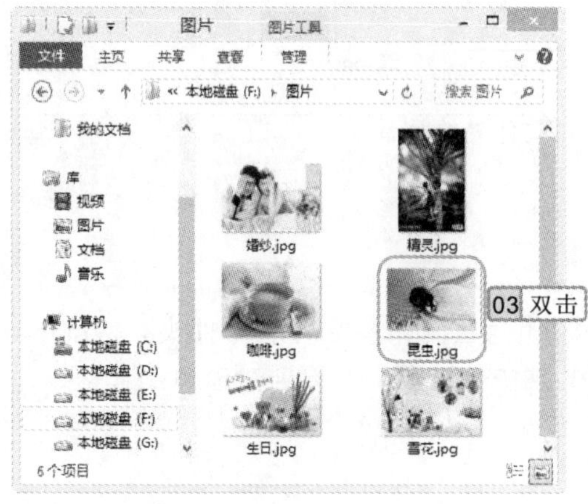

图 4-8　双击文件图标

图 4-9　查看图片

4.2.2　通过地址栏查看

通过地址栏也可以快速查看电脑中的资源，而且查看不同的内容可选择不同的方法，其方法分别介绍如下。

“计算机”窗口会根据计算机的不同配置，显示出不同的内容，如网络硬盘、移动硬盘等。

- **查看未访问过的资源**：双击“计算机”图标，打开“计算机”窗口，单击地址栏中“计算机”文本框后的按钮，在弹出的下拉列表中选择所需的盘符，如选择G盘，如图4-10所示。此时在地址栏中已自动显示“本地磁盘(G:)”文本和其后的按钮，单击该按钮，在弹出的下拉列表中选择所需的文件夹选项，这里选择“毕棚沟”文件夹，如图4-11所示。
- **查看已访问过的资源**：若当前“计算机”窗口中已访问过某个文件夹，只需单击地址栏最右侧的按钮，在弹出的下拉列表中选择该文件夹即可快速将其打开。

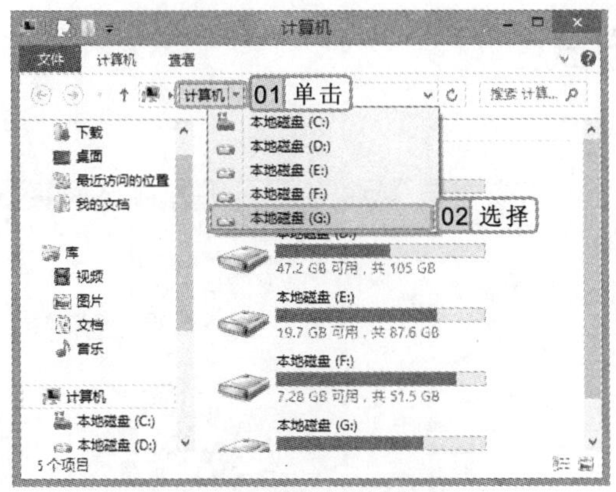

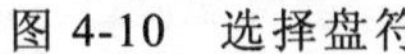

图4-10 选择盘符

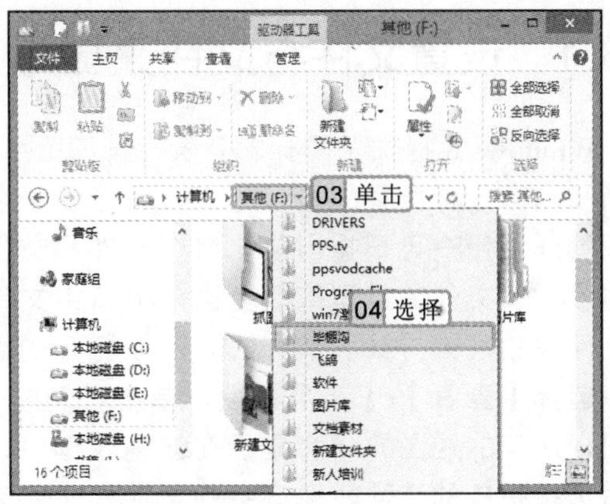

图4-11 选择文件夹

4.2.3 通过文件夹窗格查看

通过文件夹窗格查看电脑中资源的方法是：将鼠标光标移至文件夹窗格中，单击需要查看资源所在目录前的按钮，可展开下一级目录，此时该按钮变为按钮，单击某个文件夹目录，在右侧的窗口工作区中将显示该文件夹中的内容，如图4-12所示。

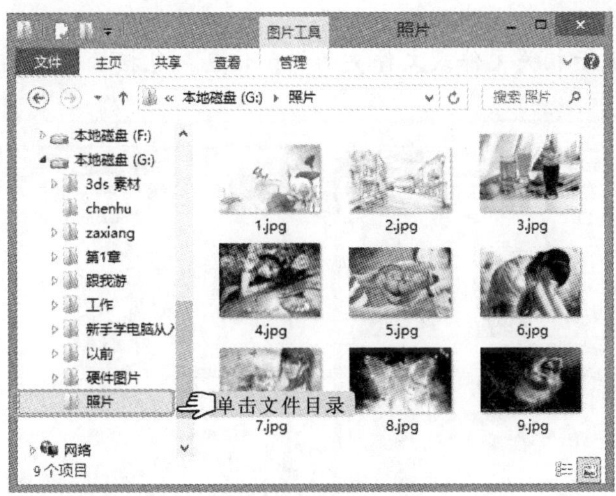

图4-12 通过文件夹窗格查看资源

在查找电脑中的资源时，通过窗口工作区地址栏和导航窗格的交叉运用，可快速找到所需的文件或文件夹。

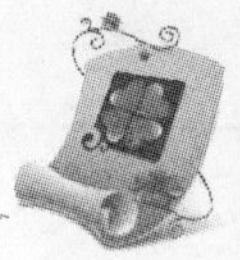

4.3　文件与文件夹的基本操作

企业只有在有效的管理机制下才能良好地进行运作，同样电脑中的资源也只有在得到妥善的管理后才会变得井井有条。要想管理好电脑中的丰富资源，就必须掌握文件和文件夹的基本操作，包括新建、复制和移动等。

4.3.1　设置文件与文件夹显示方式

Windows 8 提供了图标、列表、详细信息、平铺和内容 5 种类型的显示方式，为了便于查看和管理，用户可根据当前窗口中文件和文件夹的多少、文件的类型来改变当前窗口中文件和文件夹的视图方式。其方法为：在打开的窗口中选择【查看】/【布局】组，单击右侧的 ▾ 按钮，所有的视图方式将显示在该列表框中，然后选择相应的选项，窗口中的文件和文件夹将以对应的方式显示，如图 4-13 所示。

图 4-13　文件与文件夹的 5 种显示方式

下面将分别介绍各种显示方式。

- **图标**：将文件夹所包含的图像显示在文件夹图标上，可以快速识别该文件夹的内容，常用于图片文件夹中。包括超大图标、大图标、中图标和小图标 4 种图标显示方式。如图 4-14 所示为窗口中的文件或文件夹以大图标显示的效果。
- **列表**：将文件和文件夹通过列表显示其中的内容。当文件夹中包含的文件过多时，使用列表显示可快速查找到某个文件。
- **详细信息**：显示相关文件或文件夹的详细信息，包括名称、类型、大小和日期等，如图 4-15 所示。

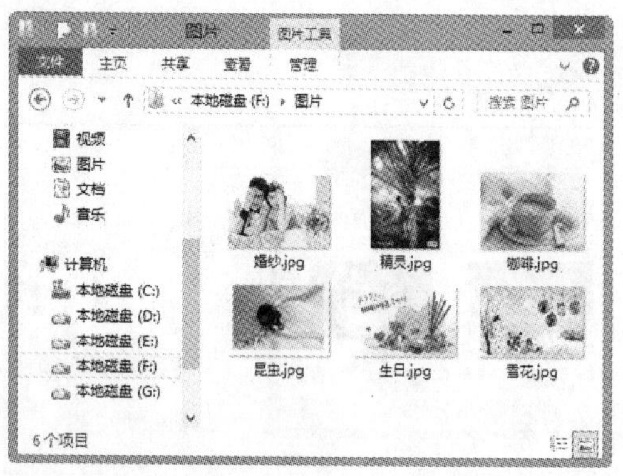

图 4-14　大图标显示效果

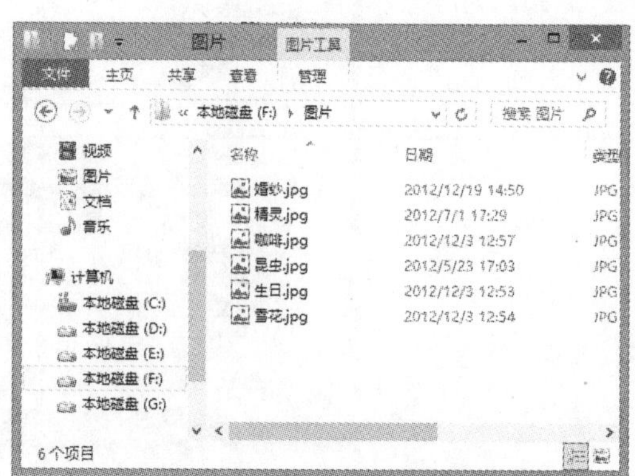

图 4-15　详细信息显示效果

Windows 8 对窗口中的文件和文件夹提供了多种查看方式，用户可根据实际需要进行选择。

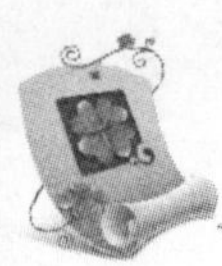

- **平铺**：以图标加文件信息的方式显示文件与文件夹，是查看文件或文件夹的常用方式，如图 4-16 所示。
- **内容**：将文件的创建日期、修改日期和大小等特征内容显示出来，以方便查看和选择，如图 4-17 所示。

图 4-16 平铺显示效果

图 4-17 内容显示效果

4.3.2 新建文件与文件夹

在电脑中写入资料或存储文件时需要新建文件与文件夹，以方便数据管理。在 Windows 8 中通过快捷菜单命令可以快速完成新建文件与文件夹任务。

实例 4-2 在 E 盘中新建“日记”文件夹

1. 在需要新建文件夹的窗口空白处单击鼠标右键，再在弹出的快捷菜单中选择【新建】/【文件夹】命令，如图 4-18 所示。
2. 此时，窗口中新建文件夹的名称文本框处于可编辑状态，输入“日记”文本，如图 4-19 所示，按 Enter 键完成新建。

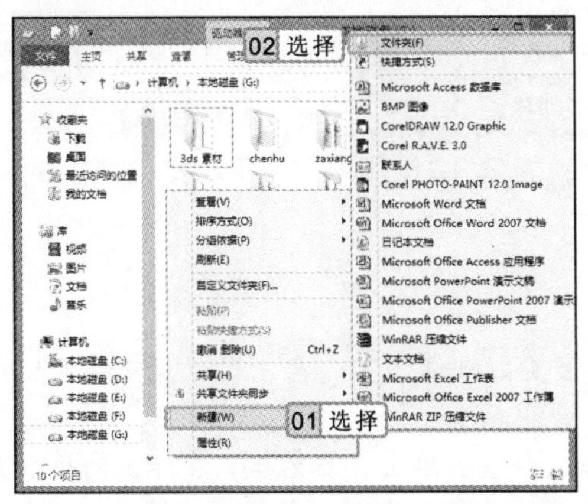

图 4-18 选择【新建】/【文件夹】命令

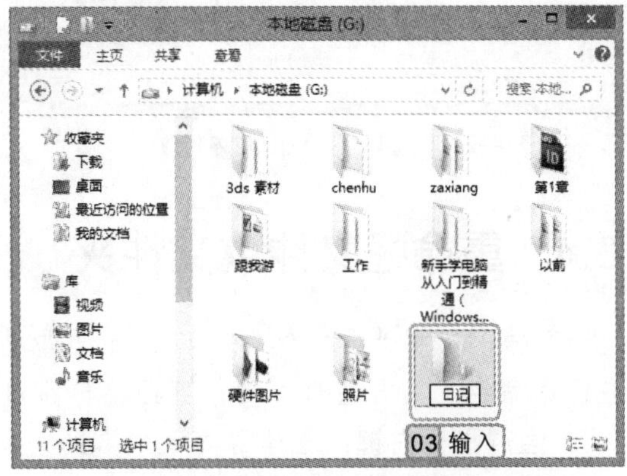

图 4-19 输入“日记”文本

若在桌面和电脑窗口中新建文件或文件夹，可直接在其空白区域单击鼠标右键，在弹出的快捷菜单中选择“新建”命令，再在弹出的子菜单中选择相应的命令即可。

新建文件的操作与新建文件夹的操作相同，在需新建文件的窗口空白处单击鼠标右键，再在弹出的快捷菜单中选择“新建”命令，在弹出的子菜单中选择新建文件类型对应的选项即可。

4.3.3　选择文件与文件夹

对文件与文件夹进行复制、移动、重命名等基本操作之前，需要对文件与文件夹进行选择，且可以选择不同数量和不同位置的文件和文件夹。选择的方法有如下几种。

- **选择单个文件或文件夹：**使用鼠标直接单击文件或文件夹图标，即可将其选择，被选择的文件或文件夹的周围呈蓝色透明形式显示。
- **选择多个相邻的文件和文件夹：**在需选择的文件或文件夹起始位置的空白处按住鼠标左键进行拖动，此时在窗口中将出现一个蓝色的矩形框，当蓝色矩形框框住需要选择的文件或文件夹后释放鼠标即可，如图 4-20 所示。
- **选择多个连续的文件和文件夹：**用鼠标单击选择第一个选择对象，按住 Shift 键不放，再单击最后一个选择对象，可选择两个对象中间的所有对象。
- **选择多个不连续的文件和文件夹：**按住 Ctrl 键的同时，再依次单击所要选择的文件或文件夹，可选择多个不连续的文件和文件夹，如图 4-21 所示。
- **选择所有文件和文件夹：**直接按 Ctrl+A 键，或单击【主页】/【选择】组中的“全部选择”按钮，可选择该窗口中的所有文件或文件夹。

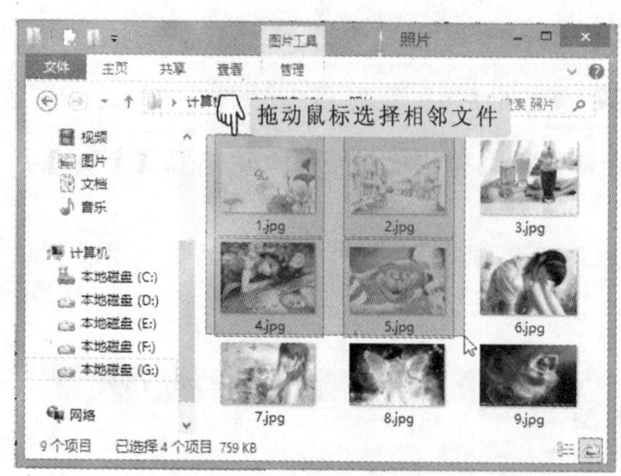

图 4-20　选择多个相邻文件夹

图 4-21　选择多个不连续文件夹

4.3.4　重命名文件或文件夹

为了便于对文件和文件夹进行管理和查找以及更好地体现其内容，可以对文件或文件夹进行重命名。其方法有 3 种，下面将分别进行介绍。

- **通过鼠标右键：**选择需要重命名的文件或文件夹，单击鼠标右键，在弹出的快捷菜单中选择“重命名”命令，此时文件夹或文件名称呈蓝底白字的可编辑状态，在其

选择了多个文件或文件夹之后，按住 Ctrl 键单击其中的任意一个文件或文件夹，可以取消选择该文件或文件夹。

中输入新的名称，再按 Enter 键即可。

- **通过菜单命令**：选择需要重命名的文件或文件夹后，选择【主页】/【组织】组，单击“重命名”按钮，此时文件夹或文件名称呈蓝底白字的可编辑状态，在其中输入新的名称，然后按 Enter 键，或用鼠标单击空白区域即可。
- **通过键盘**：选择需要重命名的文件或文件夹，再按 F2 键，此时文件夹或文件名称呈蓝底白字的可编辑状态，在其中输入新的名称，再按 Enter 键即可。

4.3.5 复制和移动文件或文件夹

移动、复制文件或文件夹是文件管理过程中经常使用的操作，其使用方法比较简单，下面分别进行讲解。

1. 复制文件或文件夹

复制文件或文件夹是指对原来的文件夹或文件不作任何改变，重新生成一个完全相同的文件或文件夹，其常用的方法主要有以下几种。

- **通过快捷键**：选择要复制的文件或文件夹，按 Ctrl+C 键，在目标文件夹中按 Ctrl+V 键进行粘贴。
- **通过快捷菜单**：在要复制的文件或文件夹上单击鼠标右键，在弹出的快捷菜单中选择“复制”命令，在目标文件夹的空白处单击鼠标右键，在弹出的快捷菜单中选择“粘贴”命令即可。
- **通过功能区**：选择要复制的文件或文件夹，选择【主页】/【组织】组，单击“复制到”按钮，在弹出的下拉列表中选择“选择位置”选项，如图 4-22 所示，打开“复制项目”对话框，选择目标文件夹后，单击“复制(C)”按钮即可，如图 4-23 所示。

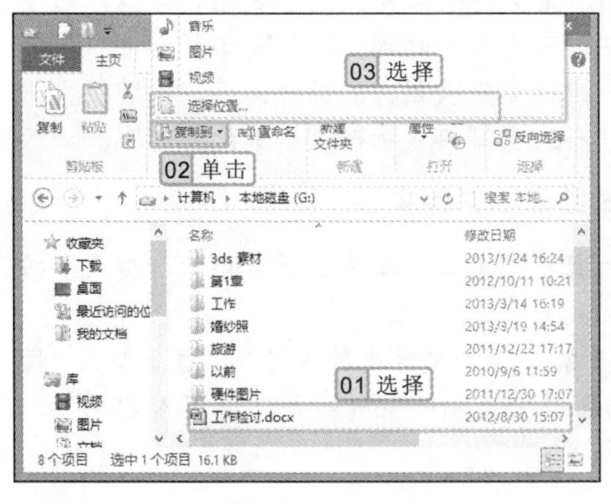

图 4-22 选择“选择位置”选项

图 4-23 复制文件夹

在同一个窗口中，使用鼠标拖动文件或文件夹到某个文件夹图标上，释放鼠标后，被拖动的对象将移动到该文件夹中。在移动的过程中同时按住 Ctrl 键，则可复制文件或文件夹。

2. 移动文件或文件夹

移动文件和文件夹是指将文件或文件夹从一个文件夹中移动到另一个文件夹中。移动后，原位置的文件或文件夹将不再存在。移动文件或文件夹的操作与复制操作类似，只需选择需移动的文件或文件夹后，按 Ctrl+X 键，然后在打开的目标窗口中再按 Ctrl+V 键；或选择【主页】/【组织】组，单击"移动到"按钮，在弹出的下拉列表中选择目标文件夹的位置即可。

4.3.6 删除文件或文件夹

当磁盘中存在重复的或者不需要的文件或文件夹时，可通过删除文件或文件夹来清理磁盘。其方法介绍如下：

- 选择需删除的文件或文件夹，按 Delete 键。
- 选择需删除的文件或文件夹，单击鼠标右键，在弹出的快捷菜单中选择"删除"命令。
- 选择需删除的文件或文件夹，选择【主页】/【组织】组，单击"删除"按钮可直接删除，或单击该按钮后的下拉按钮▾，在弹出的下拉列表中选择"回收"或"永久删除"选项即可。
- 选择需删除的文件和文件夹，按住鼠标左键将其拖动到桌面上的"回收站"图标上，释放鼠标即可。

4.3.7 搜索文件或文件夹

当忘记了文件或文件夹的保存位置，或记不清楚文件或文件夹的全名时，可以通过使用 Windows 8 的搜索功能快速查找到所需的文件或文件夹。此操作非常简单和方便，只需在"搜索"文本框中输入需要查找文件和文件夹的名称或该名称的部分内容，系统就会根据输入的内容自动进行搜索，搜索完成后将在打开的窗口中显示搜索到的全部内容。

实例 4-3 在"计算机"窗口中搜索"婚纱照"文件夹

1. 在桌面上双击"计算机"图标，打开"计算机"窗口，单击工具栏中的"搜索"按钮，如图 4-24 所示。
2. 在"计算机"窗口的"搜索"栏中输入需要搜索文件或文件夹的关键字，这里输入"婚纱照"，系统将自动进行搜索，且在打开的窗口中显示搜索的结果，如图 4-25 所示。

在搜索文件时，输入文件的扩展名，如输入"doc"，便可以搜索出所有的 Word 文档文件。

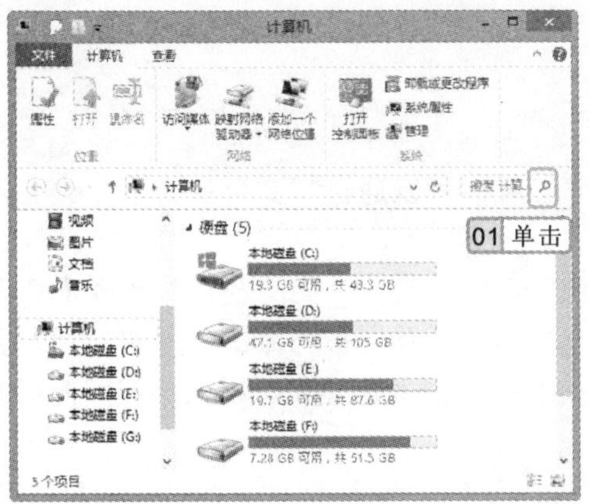

图 4-24　“计算机”窗口

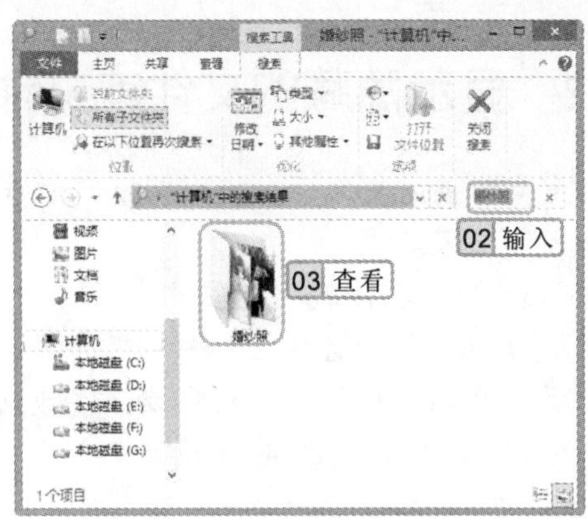

图 4-25　搜索的结果

4.4　文件与文件夹的设置

在对电脑中的文件和文件夹进行管理时，还可对文件和文件夹进行各种设置，包括设置文件和文件夹的属性、显示隐藏的文件和设置个性化的文件夹图标等。

4.4.1　设置文件与文件夹属性

如何只允许打开和查看某个文件或文件夹，而其内容不允许被修改，可将其属性设置为“只读”，或者将文件或文件夹隐藏起来。其方法是：选择需设置属性的文件或文件夹，在其上单击鼠标右键，在弹出的快捷菜单中选择“属性”命令，打开相应的“属性”对话框，在“常规”选项卡的“属性”栏中选中相应的复选框，如图 4-26 所示。如图 4-27 所示为“图片库”文件夹被设置“隐藏”属性后的效果，可见“图片库”文件夹已不再显示。

图 4-26　设置文件属性

图 4-27　隐藏文件效果

在“属性”对话框中单击 高级(D)... 按钮，在打开的“高级属性”对话框中可对文件或文件夹的存档、索引、压缩和加密等属性进行设置。选中相应属性所对应的复选框，可更改文件或文件夹的属性。

4.4.2 显示隐藏的文件或文件夹

隐藏文件夹或文件后，如果需重新对其进行查看，可以通过“文件夹选项”对话框将其再次显示出来。

显示隐藏的文件和文件夹的方法是：打开被隐藏文件或文件夹的窗口，选择【查看】/【显示/隐藏组】组，选中☑隐藏的项目复选框，在该窗口中可看到被隐藏的文件夹将以稍浅的颜色显示，如图 4-28 所示。若想要文件或文件夹以正常的颜色显示，再次单击“隐藏所选项目”按钮即可，如图 4-29 所示。

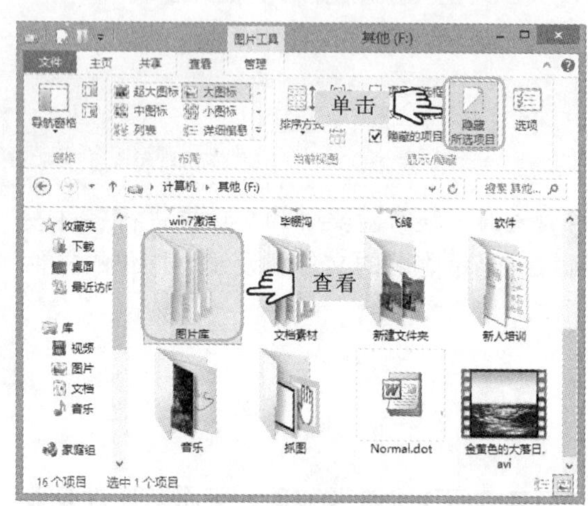

图 4-28 显示隐藏的项目

图 4-29 使隐藏项目以正常颜色显示

4.4.3 设置个性化的文件夹图标

在管理电脑中的资源时，可以对文件夹的图标进行个性化的设置，从而使用户能快速识别该文件夹的内容。

实例 4-4 为“音乐”文件夹设置“音符”图标

下面为电脑的 F 盘中的“音乐”文件夹设置“音符”效果的个性化文件夹图标。

1. 打开 F 盘窗口，在“音乐”文件夹上单击鼠标右键，在弹出的快捷菜单中选择“属性”命令，如图 4-30 所示。
2. 打开“音乐 属性”对话框，选择“自定义”选项卡，然后单击 更改图标(I)... 按钮，如图 4-31 所示。
3. 打开“为文件夹 音乐 更改图标”对话框，通过拖动“从以下列表中选择一个图标”列表框下方的滚动条来寻找所需图标，这里选择♪图标，单击 确定 按钮，如图 4-32 所示。

将鼠标光标移至桌面图标处，如果未显示其大小和位置等信息，多半是因为在“文件夹选项”对话框的“高级设置”列表框中没有选中☐鼠标指向文件夹和桌面项时显示提示信息复选框。

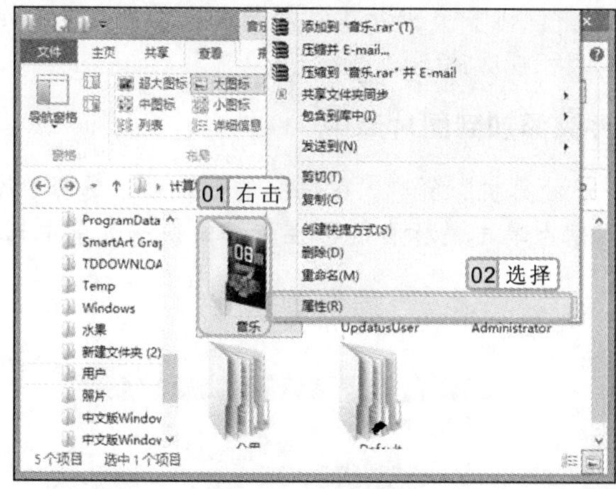

图 4-30 选择命令

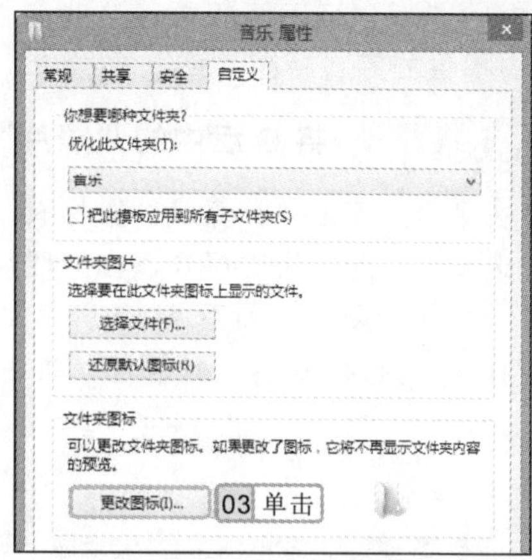

图 4-31 “音乐 属性”对话框

4 返回“音乐 属性”对话框，单击 确定 按钮，此时 F 盘窗口中的“音乐”文件夹图标已经改变，如图 4-33 所示。

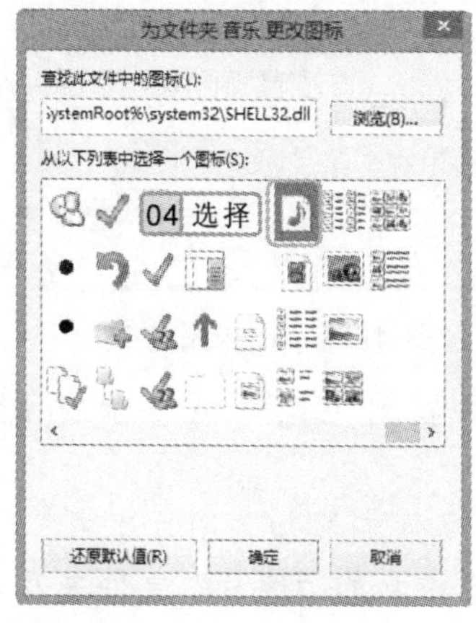

图 4-32 选择图标

图 4-33 设置图标后的效果

4.5 通过库管理文件

除了前面讲解的文件管理方法外，Windows 8 操作系统中还可以通过“库”来对文件或文件夹进行管理。库可将存储在多个位置或不同类型的文件收集在一起，并可直接对这些文件进行编辑操作。

4.5.1 “库”式存储和管理

若感到电脑中的文件越来越多，查找起来费时费力，此时也可使用 Windows 8 操作系

打开文件属性对话框，选择“自定义”选项卡，在“文件夹图片”栏中单击 选择文件(F)... 按钮，可将电脑中的图片设置为文件夹图标。

统提供的“库”来存储和管理这些文件，这样有利于快速查找到需要的文件。Windows 8 为用户提供的库包括图片库、文档库、音乐库和视频库。

实例 4-5 将 G 盘中的“照片”文件夹添加到图片库中

1. 在桌面上双击“计算机”图标，打开“计算机”窗口，在左侧的列表框中选择“库”选项，打开“库”窗口，在“图片”图标上单击鼠标右键，在弹出的快捷菜单中选择“属性”命令，如图 4-34 所示。
2. 打开“图片 属性”对话框，单击添加(D)...按钮，如图 4-35 所示。

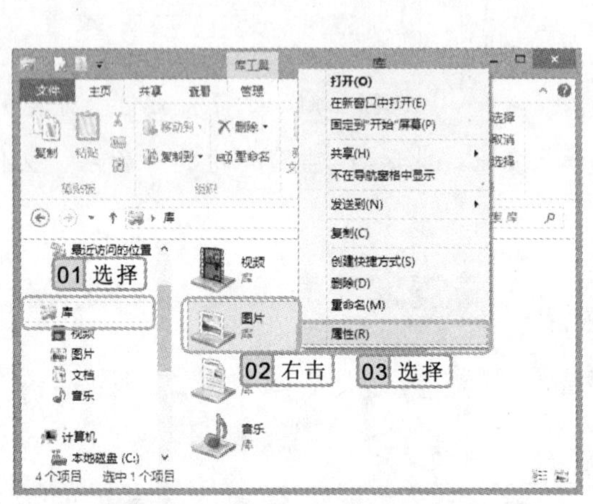

图 4-34 选择图片库　　图 4-35 添加图片

3. 打开“将文件夹加入到‘图片’中”对话框，在其中找到 G 盘中要添加的“照片”文件夹，再单击加入文件夹按钮，如图 4-36 所示。
4. 返回“图片 属性”对话框，单击确定按钮，将该文件夹添加到图片库中。
5. 在左侧的列表框中双击“图片”库，即可查看和管理添加的“照片”文件夹及其中的照片，如图 4-37 所示。

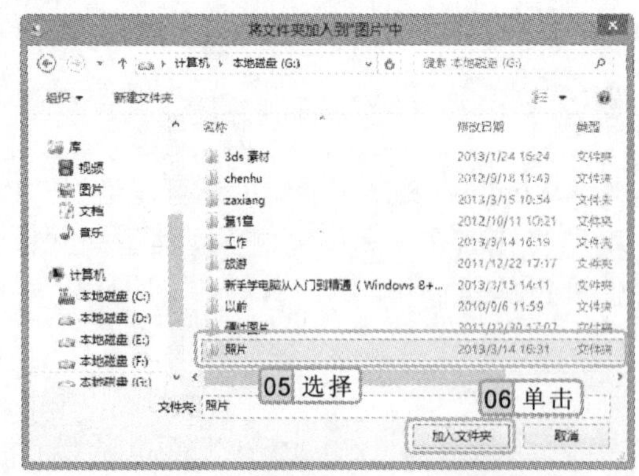

图 4-36 选择要添加的文件夹

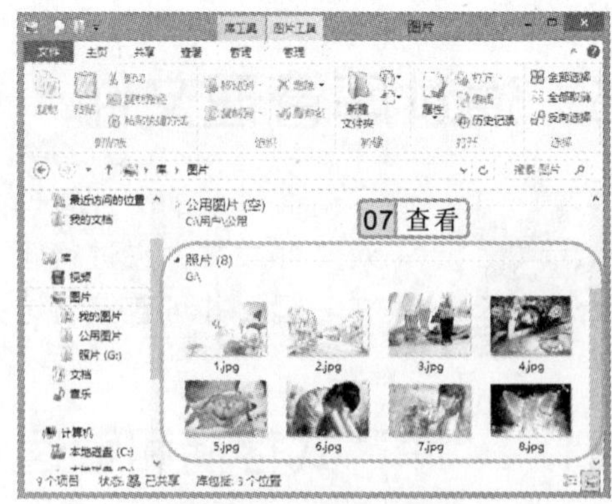

图 4-37 最终效果

行家提醒

通俗地讲，库就和饭店菜单一样，只是告诉你这里有，想吃的话你就“点”。

4.5.2 活用“库”分类管理文件

在 Windows 8 中默认的库包含了图片、文档、音乐和视频 4 个分类，它是一个集合文件和文件夹的地方，在库中文件夹以收藏的状态显示，但是并没有被保存在库中，它扮演的是整合的角色。因此，使用库分类管理文件是很必要的。

其操作方法为：在“计算机”窗口左侧列表的任一库分类（如图片库）上单击鼠标右键，在弹出的快捷菜单中选择“属性”命令，打开“图片 属性”对话框，单击添加(D)...按钮，如图 4-38 所示。在打开的对话框中选择需要管理的文件或文件夹，单击加入文件夹按钮，如图 4-39 所示。返回“属性”对话框，单击确定按钮即可，再打开刚选择的库分类，即可查看到添加的文件夹已分类显示在该库中。这样在查找同类型的文件时，只要包含到“库”中，即可轻易实现所有文件的汇总。

图 4-38 选择库中的文件夹

图 4-39 移动文件夹进行分类管理

4.5.3 库的建立与删除

Windows 8 只为用户提供了 4 个库，用户可在需要时新建库，不需要时还可将其删除。其方法为：打开“库”窗口，在功能区中单击“新建项目”按钮，在弹出的下拉列表中选择“库”选项，即可新建库，如图 4-40 所示。选择要删除的“库”，单击功能区中的✕按钮，在弹出的下拉列表中选择“永久删除”选项，即可将其删除，如图 4-41 所示。

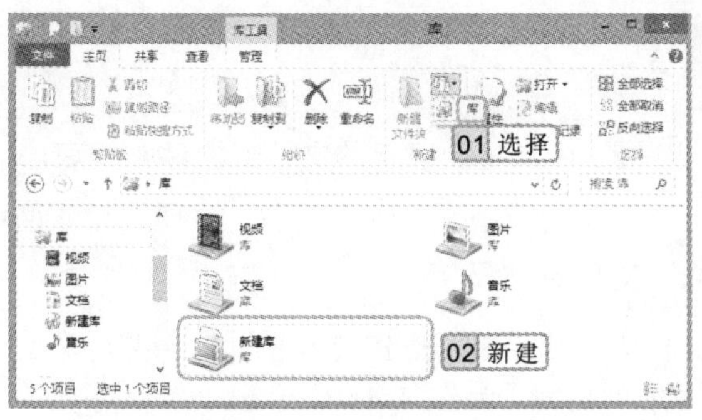

图 4-40 新建库

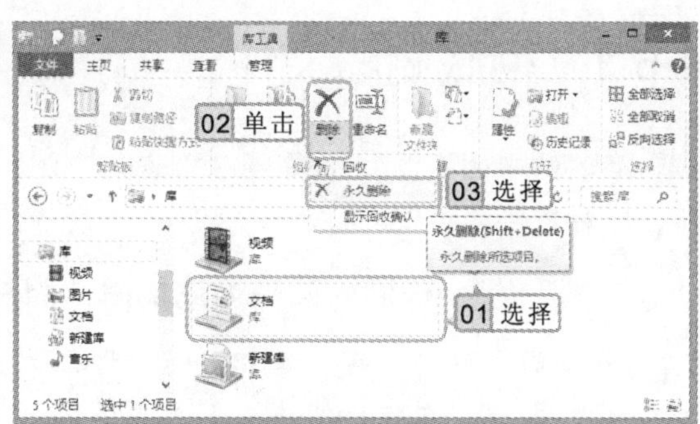

图 4-41 删除库

默认“库”的存储位置是系统盘 C 盘的用户文件夹中。

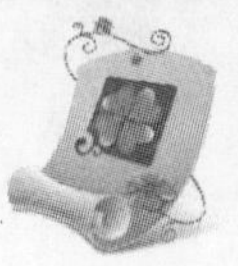

4.5.4 库的优化

在 Windows 8 中用户还可根据需要对库进行优化，优化完成后，系统将根据库所对应的内容进行个性化的排序。

其方法为：打开“库”窗口，选择需要进行优化的库，如“视频”库，在其上单击鼠标右键，在弹出的快捷菜单中选择“属性”命令，如图 4-42 所示，打开“视频 属性”对话框，在“优化此库”下拉列表框中选择需优化的库，然后单击确定按钮，如图 4-43 所示。

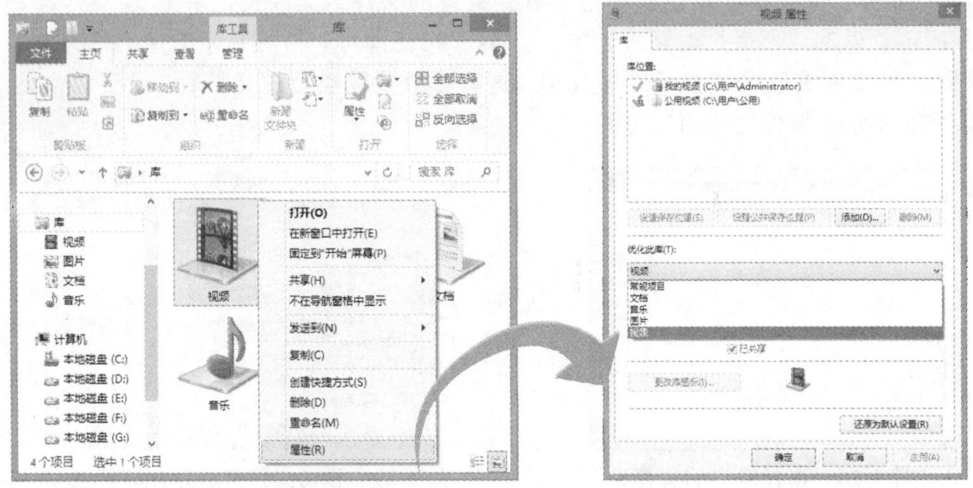

图 4-42 优化视频库　　图 4-43 “视频 属性”对话框

4.6 管理回收站

前面介绍的删除文件或文件夹的方法，其实并没有将文件或文件夹从电脑中彻底删除，而是将其删除到了回收站中。下面将介绍管理回收站的方法。

4.6.1 彻底删除文件

回收站中的资源同样需要占用磁盘空间，因此，可以将没有用的文件或文件夹彻底删除，以释放磁盘空间。

实例 4-6 在回收站中彻底删除“照片”文件夹

1. 在桌面上双击“回收站”图标，打开“回收站”对话框，选择“照片”文件夹，单击鼠标右键，在弹出的快捷菜单中选择“删除”命令，如图 4-44 所示。
2. 打开“删除文件”对话框，将询问是否永久性地删除此文件夹，单击是(Y)按钮，

在 U 盘中删除文件，文件将会被彻底删除，而不会出现到回收站中。

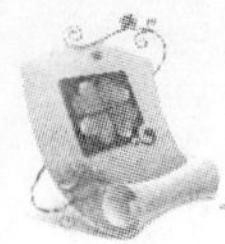

如图 4-45 所示，即可将其彻底删除。

图 4-44 选择“删除”命令

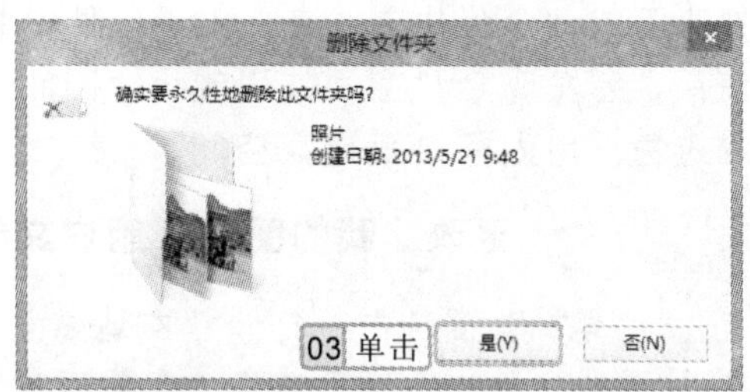

图 4-45 确认永久删除

4.6.2 还原文件

当把一些有用的文件或文件夹删除了，通过回收站可将其还原到原来保存的位置。其方法为：打开“回收站”窗口，选择需要还原的文件，单击鼠标右键，在弹出的快捷菜单中选择“还原”命令；或在“回收站”窗口中选择【管理】/【还原】组，单击“还原所有项目”按钮，可将回收站中的所有文件和文件夹还原，如图 4-46 所示。然后打开原来保存该文件或文件夹的磁盘位置，即可查看到还原后的该文件夹，如图 4-47 所示。

图 4-46 还原文件夹 图 4-47 还原后的效果

4.7 文件管理的其他适用操作

通过前面的讲解，相信用户对文件或文件夹的管理操作已经有所了解。其实，文件管理还有其他一些操作，如更改用户文件夹的保存位置、修改文件默认的打开方式等，让其符合自己的使用习惯，下面将分别进行介绍。

单击“管理”组中的“清空回收站”按钮，可清空回收站。

4.7.1 更改用户文件夹的保存位置

Windows 8 默认的文档、图片、视频和音乐的保存位置为系统盘中（一般为 C 盘）用户文件夹下的一个公共文件夹。由于软件安装时默认把用户文件存放在此，所以，随着电脑的使用，会发现 C 盘空间越来越小。因此，建议用户根据情况更改用户文件夹的保存位置，以避免占用太多 C 盘磁盘空间。

实例 4-7 更改“我的图片”用户文件夹至 G:\Pictures 文件夹中

1. 在“计算机”窗口中，打开“本地磁盘（C:）”窗口，在其中找到并选择需要更改保存位置的文件夹，这里选择“我的图片”文件夹，然后单击鼠标右键，在弹出的快捷菜单中选择“属性”命令，如图 4-48 所示。
2. 打开“我的图片 属性”对话框，选择“位置”选项卡，单击 移动(M)... 按钮，如图 4-49 所示。

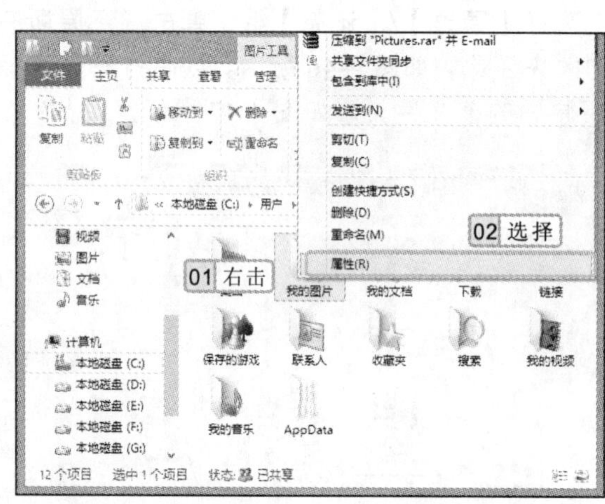

图 4-48　选择命令

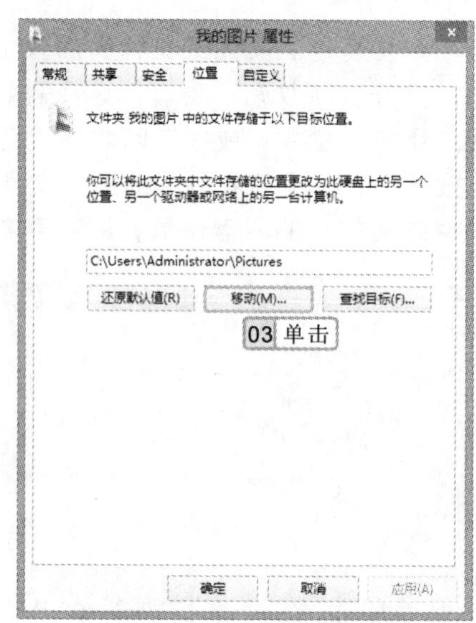

图 4-49　移动用户文件夹位置

3. 打开“选择一个目标”窗口，在其中选择用户文件夹将保存的位置，这里选择“G:\Pictures”文件夹，单击 选择文件夹 按钮，如图 4-50 所示。
4. 返回“我的图片 属性”对话框，单击 确定 按钮，如图 4-51 所示。
5. 打开“移动文件夹”对话框，询问是否将文件从原位置移动到目标位置，单击 是(Y) 按钮，如图 4-52 所示。
6. 打开 G 盘，可查看到“我的图片”用户文件夹，且已替换 Pictures 文件夹，如图 4-53 所示。

在保存文件时，应避免保存在系统盘中（C 盘）。因为系统盘文件过多时，会直接影响电脑的反应速度。

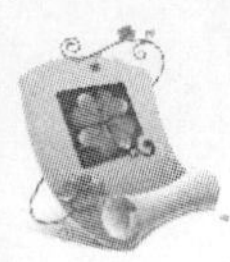

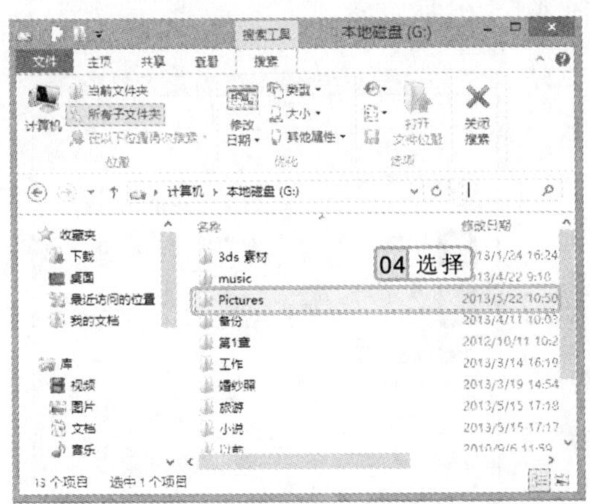

图 4-50　选择移动后保存的位置

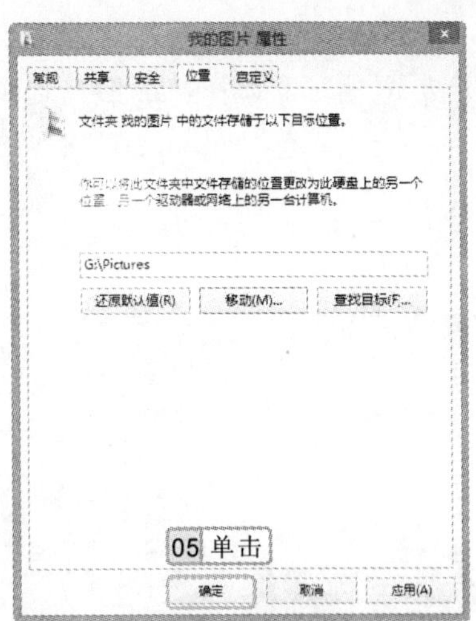

图 4-51　“我的图片 属性”对话框

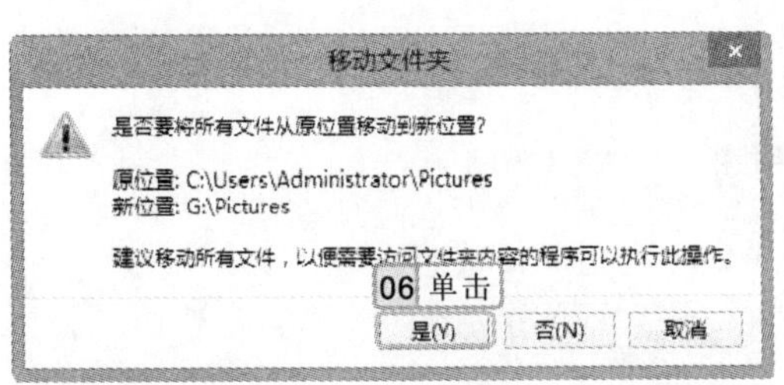

图 4-52　移动文件夹提示对话框

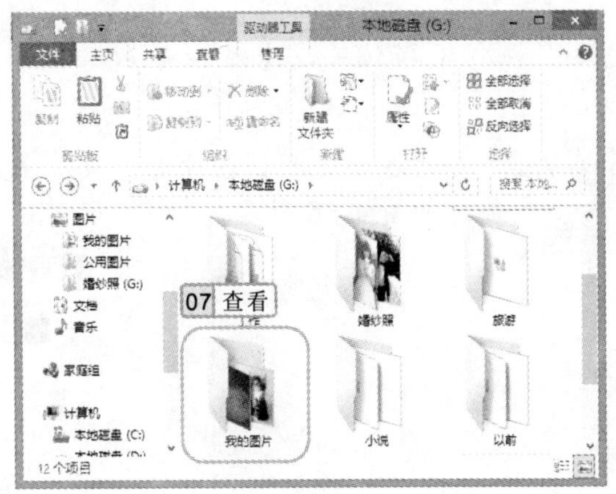

图 4-53　更改位置后的效果

4.7.2　修改文件的默认打开方式

默认情况下，文件是什么扩展名，将表示用什么默认程序来打开此文件。但现在的应用软件越来越多，有时需要安装两个或多个功能相似的软件，而每次文件打开时都是以默认的打开方式打开文件。那么，这时即可对文件的默认打开方式进行更改，设置为个人喜爱的打开方式。

实例 4-8　设置图片的默认打开方式为“画图”程序

下面将“少年派”图片文件默认的“照片”打开方式，修改为“画图”打开方式。

1. 在图片库中选择“少年派”文件，然后单击鼠标右键，在弹出的快捷菜单中选择“属性”命令，如图 4-54 所示。

在更改用户文件夹保存位置时，直接在“属性”对话框的文本框中输入目标磁盘的路径位置，也可更改文件的保存位置。

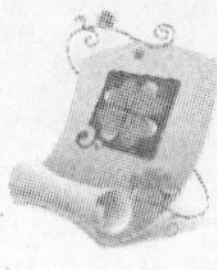

2 打开“少年派.jpg 属性”对话框，单击 更改(C)... 按钮，在弹出的列表框中选择一种打开方式，这里选择“画图”选项，如图 4-55 所示。

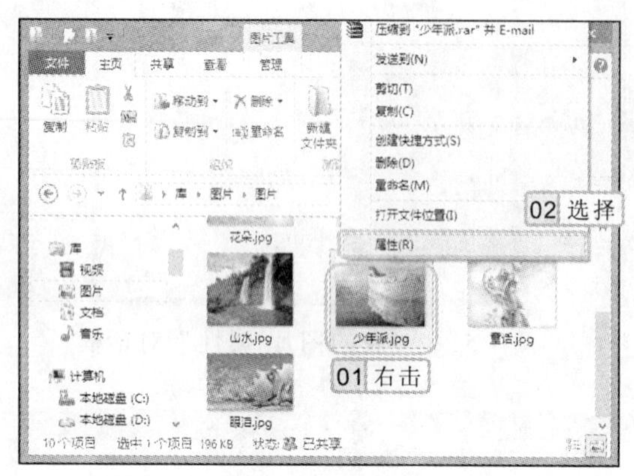

图 4-54　选择命令

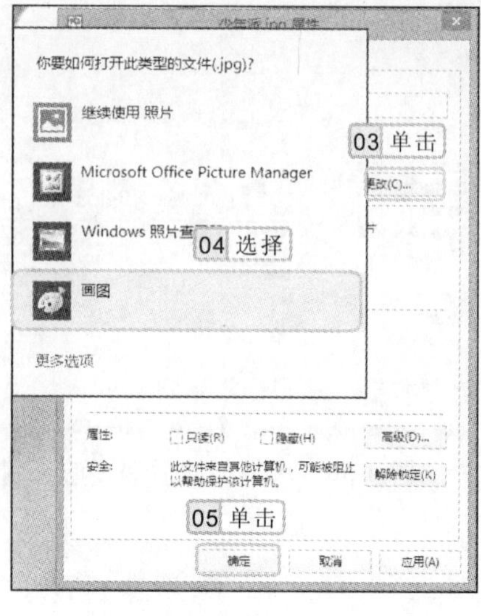

图 4-55　选择打开的方式

3 单击 确定 按钮，返回图片库，双击“少年派”图片文件，即可以“画图”方式打开文件，如图 4-56 所示。

图 4-56　修改打开方式后的效果

4.7.3　批量重命名文件

在处理大量文件时，为了方便查看和管理，有时需对其进行重命名，但若一个一个地更改，将会非常麻烦。此时，可使用 Windows 8 系统自带的修改同类文件的批量重命名功能，让操作变得简单快捷。其方法为：将需要重命名的多个文件选中，然后单击鼠标右键，

行家提醒

更改文件保存位置后，在“属性”对话框中单击“还原默认值”按钮，可将文件还原。

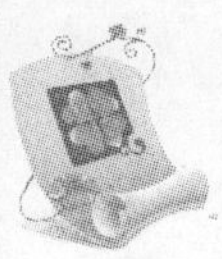

在弹出的快捷菜单中选择“重命名”命令或按 F2 键，如图 4-57 所示。然后再输入更改后的文件名称，按 Enter 键即可。被批量重命名文件的文件名将以数字“(1)”、“(2)”进行区分排序，如图 4-58 所示。

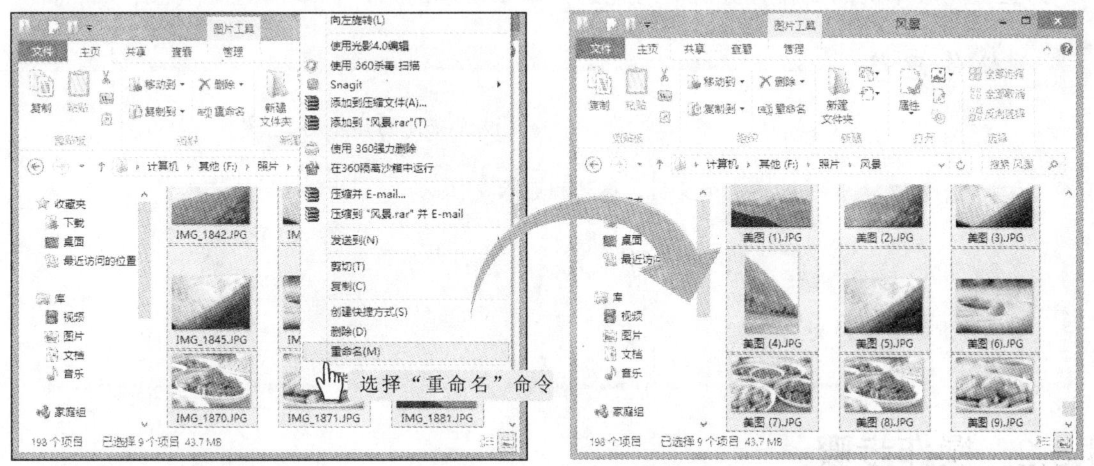

图 4-57　选择“重命名”命令　　　　图 4-58　重命名后的效果

4.8　基础实例——管理 G 盘文件与文件夹

本实例主要练习文件夹与文件的基本操作，包括新建、复制、移动和搜索等，然后设置文件和文件夹的视图方式和排序方式，最后设置文件夹的属性和图标，让读者掌握规划、管理文件和文件夹的方法，效果如图 4-59 所示。

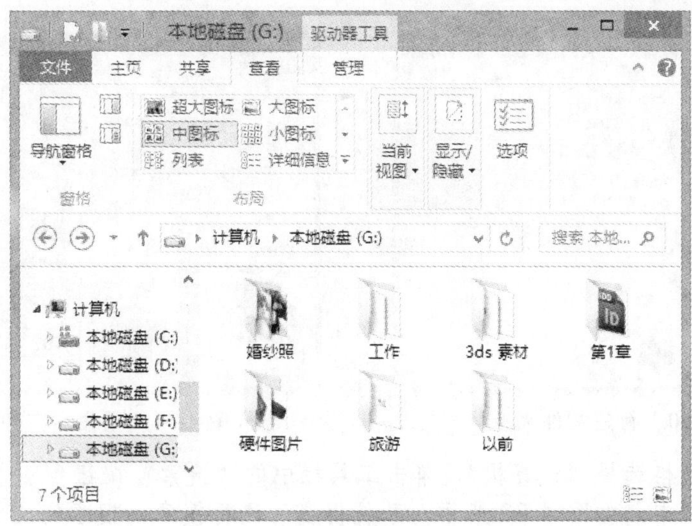

图 4-59　最终效果

选择需重命名的文件后，单击功能区中的按钮，也可对文件重命名。重命名文件时，不能修改其文件扩展名，否则可能导致该文件不能正常使用。

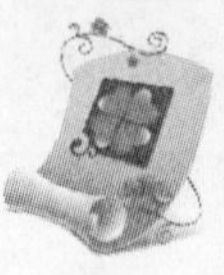

4.8.1 操作思路

为更快完成本例的制作，并且尽可能运用本章讲解的知识，本例的操作思路如下。

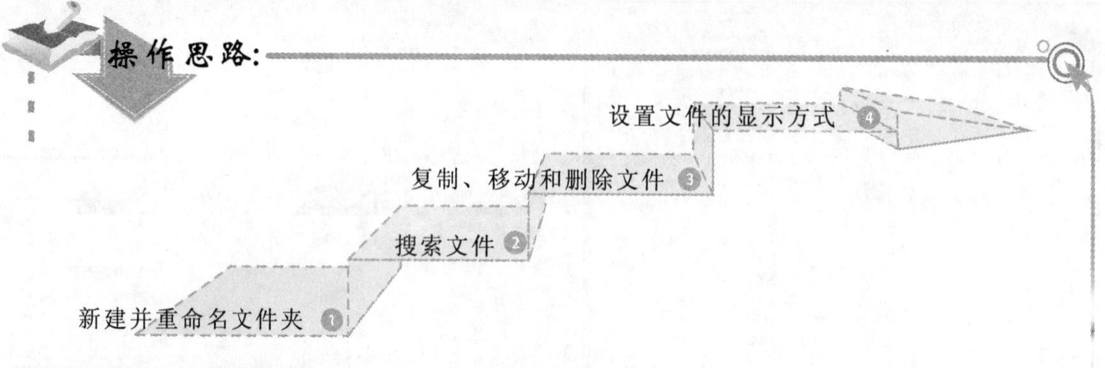

4.8.2 操作步骤

下面介绍管理 G 盘中文件与文件夹的方法，操作步骤如下：

光盘\实例演示\第 4 章\管理 G 盘文件与文件夹

1. 双击“计算机”图标，打开“计算机”窗口，再通过文件夹窗格打开 G 盘窗口，然后单击功能区中的 新建文件夹 按钮，如图 4-60 所示。
2. 此时在“新建文件夹”的名称文本框中直接输入“婚纱照”文本，如图 4-61 所示，完成新建文件夹的操作。

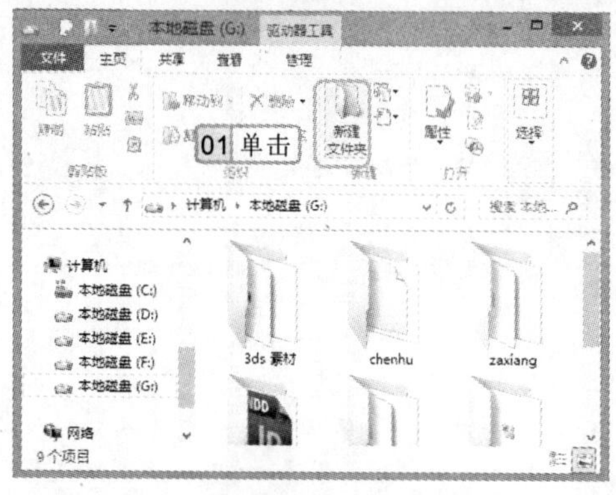

图 4-60 新建文件夹

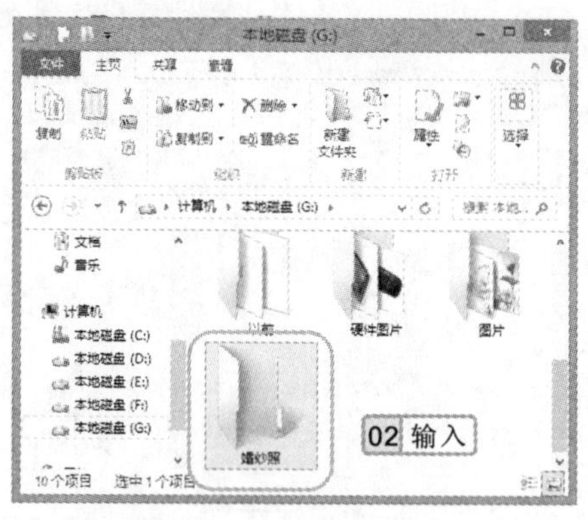

图 4-61 重命名文件夹

3. 通过文件夹窗格选择“计算机”，单击工具栏中的“搜索”按钮，在其文本框中输入“照片”文本，如图 4-62 所示，系统将自动进行搜索，搜索完成后在窗口中将显示该文件夹。

复制、剪切文件或文件夹，都必须先选中该文件或文件夹，才能对其进行相应的操作，否则操作是无效的。

4 双击“照片”文件夹将其打开，按 Ctrl+A 键选择全部文件，然后单击鼠标右键，在弹出的快捷菜单中选择“复制”命令，如图 4-63 所示。

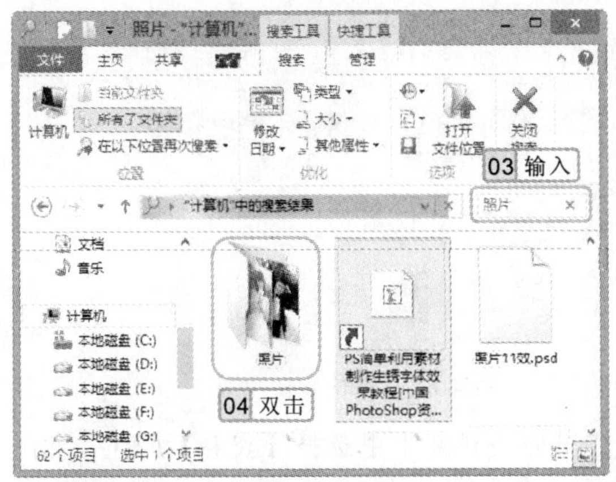

图 4-62　搜索文件

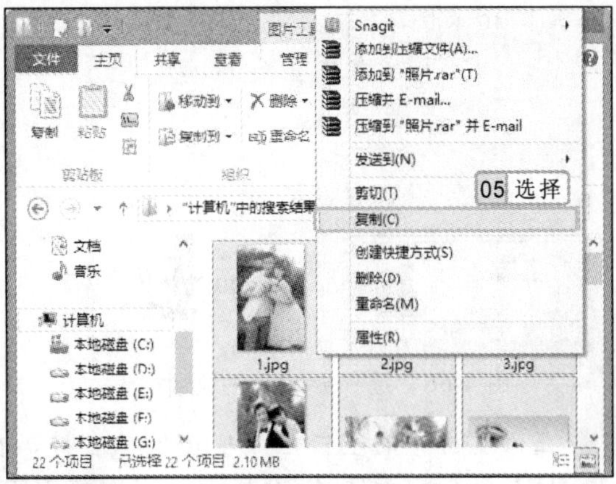

图 4-63　复制文件

5 通过文件夹窗格打开“婚纱照”文件夹，然后在空白处单击鼠标右键，再在弹出的快捷菜单中选择“粘贴”命令，如图 4-64 所示，完成复制文件到新建文件夹的操作。

6 打开 G 盘窗口，选择“图片”文件夹，按住鼠标左键不放将其拖动至“旅游”文件夹，当出现“移动到 旅游”字样时释放鼠标，如图 4-65 所示。

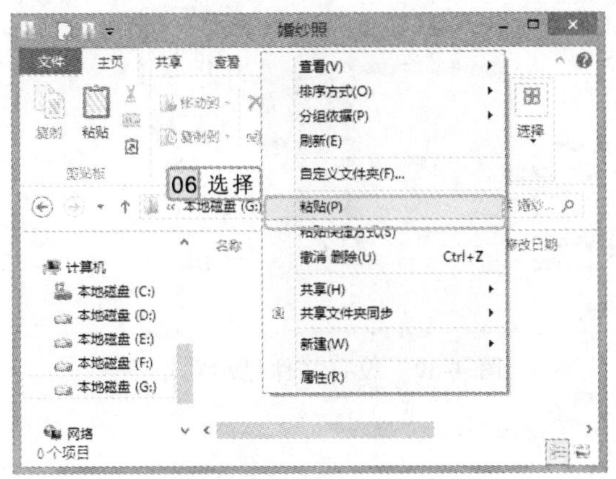

图 4-64　粘贴文件

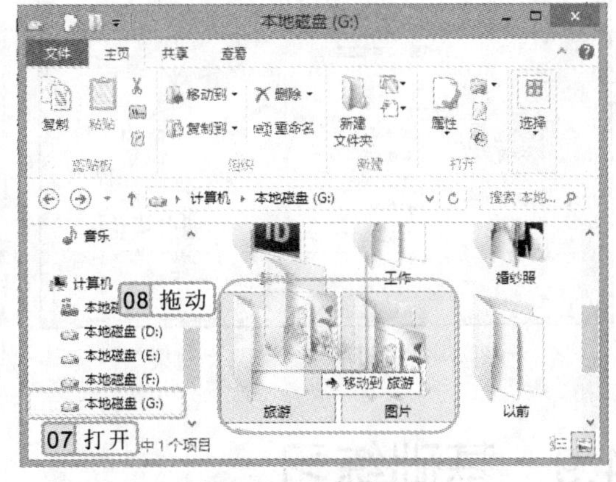

图 4-65　移动文件夹

7 打开“婚纱照”文件夹，按 Ctrl+A 键选择所有照片，再单击鼠标右键，在弹出的快捷菜单中选择“重命名”命令，此时文件名呈可编辑状态，在其中输入“幸福”，然后按 Enter 键。

8 返回 G 盘，选择 chenhu 和 zaxiang 两个文件夹，在【主页】/【组织】组中单击“删除”按钮 ✕ 右侧的 ▾ 按钮，在弹出的下拉列表中选择“永久删除”选项，如图 4-66 所示。

9 打开删除文件提示对话框，询问是否永久删除此文件，单击 是(Y) 按钮，如图 4-67

窗口地址栏的列表框中显示了保存路径，如“计算机 其他(F:) 应用软件”，用鼠标直接单击路径文本，如“计算机”，即可返回到“计算机”窗口中。

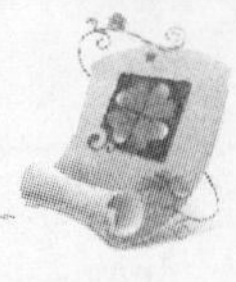

所示。

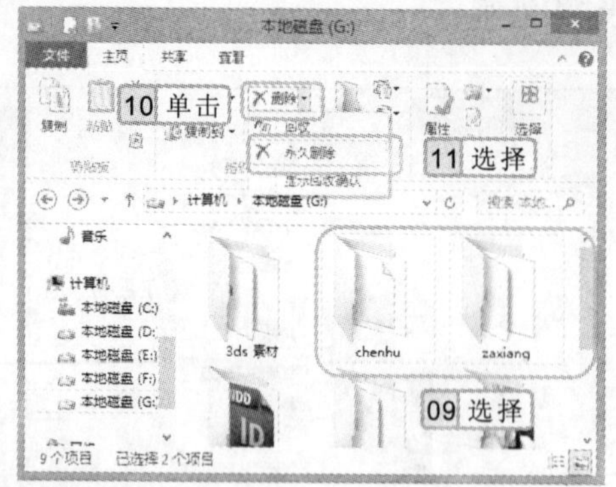

图 4-66　选择要删除的文件

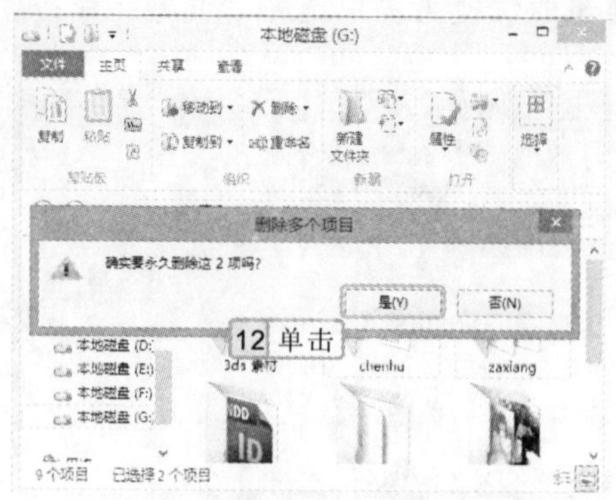

图 4-67　确认删除文件

10 在该盘窗口的空白区域单击鼠标右键，在弹出的快捷菜单中选择【查看】/【中等图标】命令，如图 4-68 所示，以中等图标显示文件和文件夹。

11 选择【查看】/【当前视图】组，单击“排序方式”按钮，在弹出的下拉列表中选择“修改日期”选项，如图 4-69 所示。

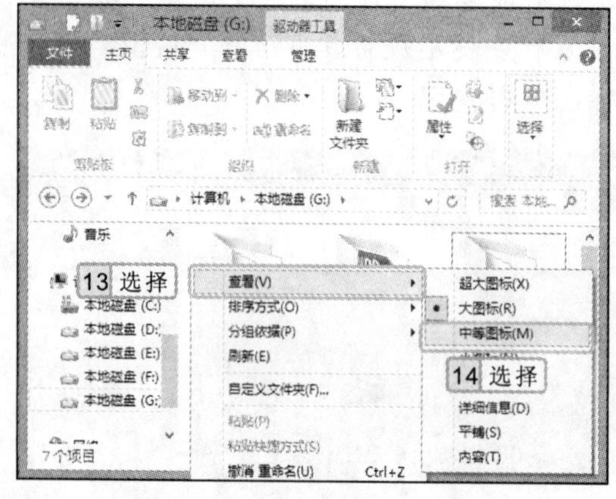

图 4-68　设置文件显示效果

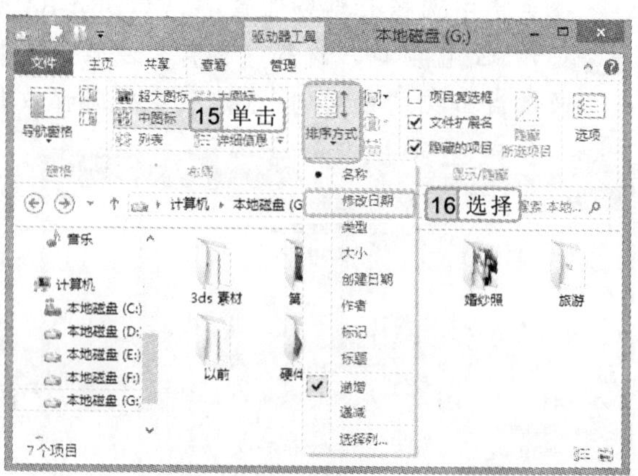

图 4-69　设置文件显示顺序

4.9　基础练习

本章主要介绍了磁盘、文件与文件夹的相关操作，下面通过练习可进一步巩固文件与文件夹的新建、重命名、复制和移动、删除、搜索、设置属性等操作知识。

4.9.1　管理文件

本次练习将在“文档”库中新建名为“我的文档”的文件夹，然后在其中新建 3 个相

还可通过按 Delete 键删除选择的文件。

关的分类文件夹，再通过搜索、复制和移动等操作将电脑中的 Word 文档整理到各个文件夹中，并根据需要重命名文件或文件夹，如图 4-70 所示。

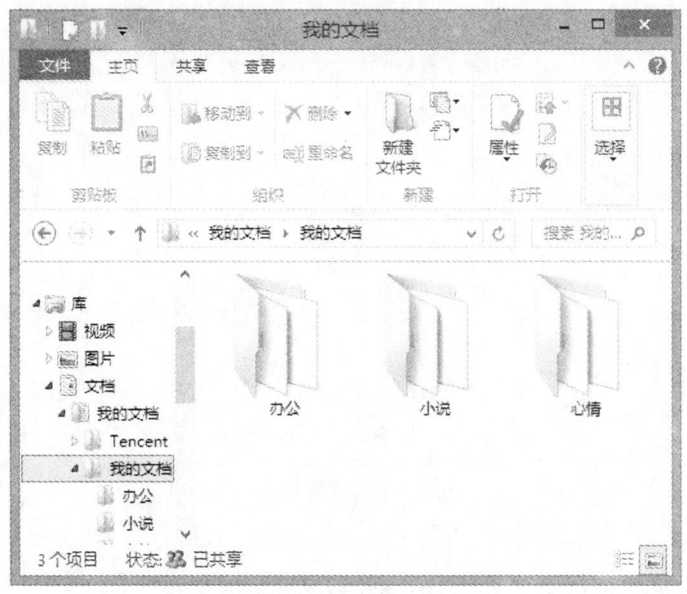

图 4-70　最终效果

参见光盘　光盘\实例演示\第 4 章\管理文件

该练习的操作思路如下。

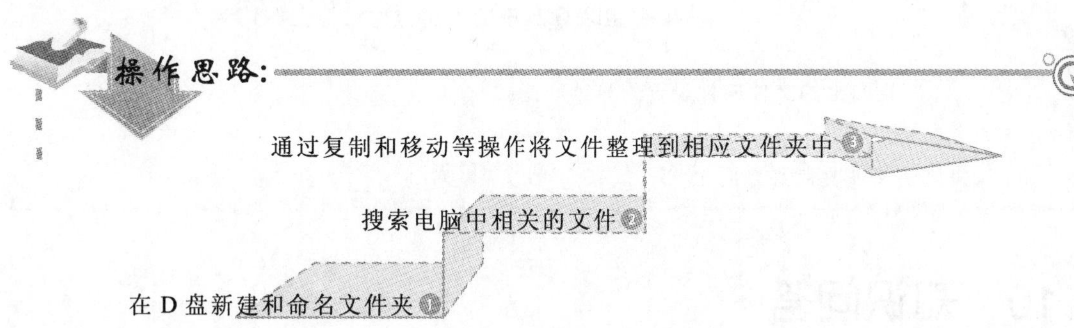

4.9.2　设置文件属性并删除文件

本练习将 G 盘中的“工作检讨.docx”文件复制到桌面上，然后将复制文件的属性设置为只读和隐藏，如图 4-71 所示，最后删除 G 盘中的“工作检讨”文件。

按住 Ctrl 键不放，然后按住鼠标左键拖动文件至导航窗格中的目标文件夹上释放鼠标，也可完成文件的复制操作。

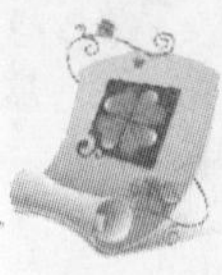

图 4-71　设置属性

光盘\实例演示\第 4 章\设置文件属性并删除文件

该练习的操作思路如下。

删除 G 盘中的“工作检讨”文件 ③

将桌面上的文件属性设置为只读和隐藏 ②

将所需文件复制到桌面上 ①

4.10　知识问答

在对电脑中的文件和文件夹进行管理的过程中，难免会遇到一些问题，如删除文件或文件夹时出错、不能对文件或文件名进行重命名等。下面将介绍管理文件和文件夹过程中常见的问题及解决方案。

问：不通过回收站可以将文件或文件夹彻底删除吗？

答：可以。选择需要删除的文件或文件夹后，按 Shift+Delete 键，然后在打开的对话

在“搜索”栏中搜索文件时，输入“*.*”表示查找所有文件夹和文件；输入“*.jpg”表示要找出所有文件扩展名为.jpg 的文件；输入“?ss.doc”表示要找出文件名为 3 位且必须以 ss 为文件名结尾、以.doc 为扩展名的所有文件。

框中单击 是(Y) 按钮，便可彻底删除该文件或文件夹。

问：当磁盘中存放的内容较多，导致在搜索某些文件时花费较多的时间，怎样做才能解决这个问题呢？

答：单击工具栏中的“搜索”按钮，在“添加搜索筛选器”栏中对修改日期、大小等内容进行选择，缩小搜索范围后便可提高搜索文件的速度。

问：在删除文件夹时弹出“删除文件或文件夹时出错”提示对话框，提示无法删除，怎么办？

答：这是因为该文件夹中某些文件正在使用中，所以不能删除。需要关闭相应的文件或退出相应的程序，再执行删除操作。

问：在保存文件的位置时，查看不到文件的扩展名，此时应该怎么做才可以看到该文件的扩展名呢？

答：默认情况下，文件的扩展名是不显示的，可通过设置将文件扩展名显示出来，其方法为：在打开的窗口中选择【查看】/【显示/隐藏】组，选中 ☑ 文件扩展名 复选框即可。

知识关联　文件的存档、只读、隐藏属性的区别

“存档”属性表示此文件、文件夹的备份属性，只是提供给备份程序使用。所以，当备份程序备份了一个文件时，默认会将“存档”属性选中；“只读”属性表示文件只能被读取，不能修改；“隐藏”属性表示该文件被隐藏，不在窗口中显示。

在搜索文件或文件夹时，如记不清该文件的全名，可用星号（*）和问号（？）代替记不清的字符。其中，“*”可代表一个或多个字符，“？”只能代表一个字符。

第5章

对 Windows 8 软硬兼施

硬件设备的使用和管理

管理安装的软件

了解硬件设备

软件的安装

本章导读

电脑功能之所以强大，是因为可以安装许多不同功能的软件和硬件设备。硬件是以实体形式体现出的物体，而软件是程序性的，是一系列的指令。有了软件，硬件才会实现更丰富的功能。就好比人，肢体是硬件，但思想、思维和学识是软件。因此，软件和硬件是电脑的重要组成部分，也是电脑中必不可少的。本章将详细介绍怎样安装软件、管理软件和管理默认程序，以及了解常用的电脑外部设备以及管理电脑硬件设备的方法。

5.1 软件的安装

软件通常是指电脑中的应用程序，Windows 8 自带的应用程序无法满足工作和娱乐的所有需求。因此，要让电脑实现更多的功能，就需在电脑中安装新的软件。

5.1.1 认识软件的分类

在电脑中，软件通常可分为系统软件、应用软件和工具软件三大类，下面分别对各类软件进行介绍。

- **系统软件**：它负责管理电脑系统中各种独立的硬件，使它们可以协调工作。这类软件为电脑提供最基本的功能，是其他各类软件发挥功能的平台，Windows 系列的操作系统就是最常用的系统软件之一。
- **应用软件**：是为了某种特定的用途而开发的软件，此类软件的功能性较强，需要一定的培训才能掌握，如常用的 Office 办公软件、Photoshop 图像处理软件、Flash 动画制作软件等。
- **工具软件**：是指体积小、功能单一、简单易学的软件，该类软件的功能虽然不如应用软件强大，但其界面简单，易学易用，在对实际操作要求不高的前提下，可替代应用软件的功能。常见的应用软件有酷我音乐播放器软件、迅雷下载软件、WinRAR 压缩软件、光影魔术手图像处理软件等。

5.1.2 安装软件

了解软件的分类之后，用户要想使用软件，可从网络上下载应用软件至硬盘中，或将程序从安装光盘复制至硬盘中，然后进行软件的安装。

实例 5-1　安装酷狗音乐

下面将在电脑的磁盘中运行 kugou7.exe 安装程序，来安装酷狗音乐应用软件至“D 盘”中。

1. 打开保存酷狗音乐安装程序的磁盘，双击安装文件 kugou7.exe，如图 5-1 所示。
2. 打开酷狗音乐的安装向导，单击用户许可协议▲按钮右侧的▲按钮，如图 5-2 所示。
3. 打开“许可证协议”对话框，阅读“软件使用协议”后，直接单击 按钮，如图 5-3 所示。

用户要想使用软件，就需要先获取这些软件的安装程序，主要可通过软件销售单位购买、购买商品附送的软件和网上下载安装程序（最好在软件的官方网站进行下载，这样安装的软件在功能和安全方面才能得到保证）这 3 种方式来获取。

图 5-1　双击安装程序

图 5-2　打开安装向导对话框

4 打开“选项”对话框，首先选择软件的存放位置，单击 更改目录 按钮，打开“浏览文件夹”对话框，在列表框中选择 D 盘的 Program Files 文件夹，单击 确定 按钮，如图 5-4 所示。

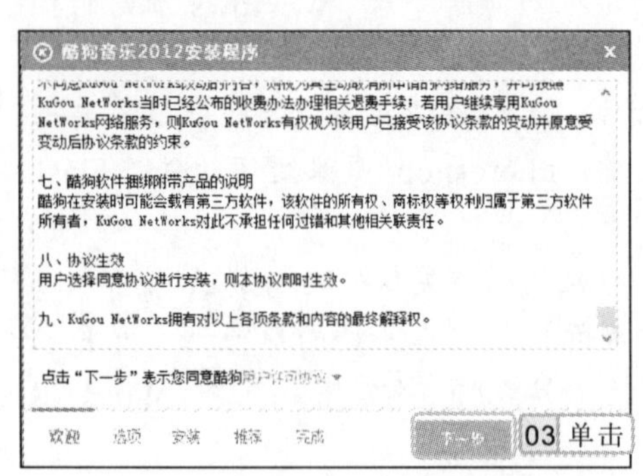

图 5-3　阅读安装许可协议

图 5-4　设置软件安装位置

5 返回“选项”对话框，其他设置保持默认，单击 安装 按钮，系统将开始安装该软件，并显示安装的进度，如图 5-5 所示。

6 安装完成后，打开“完成”对话框，在“安装完成”栏中用户可根据需要选中所需的复选框，这里取消选中所有复选框，单击 完成 按钮，如图 5-6 所示。

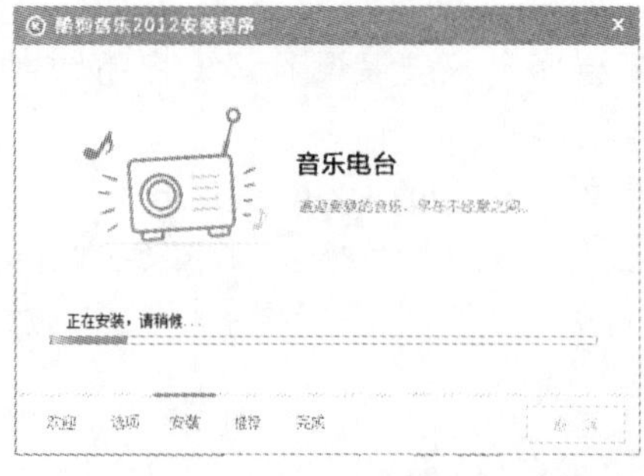

图 5-5　安装软件

图 5-6　完成安装

用户在选择软件安装路径时不要选择操作系统所在的磁盘分区，因为在使用软件的同时会产生许多临时文件和垃圾文件占用操作系统所在磁盘分区的空间，将会导致电脑运行速度变慢。

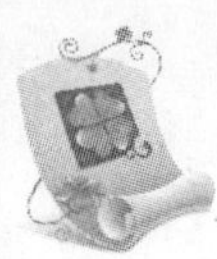

5.1.3　运行安装的软件

安装软件后，即可运行软件进行使用，而在 Windows 8 中，运行软件的方法有多种，下面以运行“酷狗音乐”为例对几种方法分别进行介绍。

- **通过“开始”屏幕中运行**：单击桌面左下角的“开始”按钮，进入“开始”屏幕，找到需要运行软件的磁贴，单击即可打开该软件程序，如图 5-7 所示。
- **通过桌面快捷图标运行**：将鼠标光标置于桌面上需要运行的软件程序的快捷图标上，再双击鼠标即可，如图 5-8 所示。

图 5-7　通过“开始”屏幕运行

图 5-8　通过桌面快捷图标

- **通过快速启动栏运行**：在桌面的软件程序上单击鼠标右键，在弹出的快捷菜单中选择“固定到任务栏”命令，软件图标将显示至快速启动栏中，然后单击软件图标，即可运行程序，如图 5-9 所示。

图 5-9　通过快速启动栏运行

操作提示

从附件中单击“运行”磁贴选项，在打开的窗口中输入应用程序的可执行文件路径和名称，也可运行相应的软件程序。

5.1.4　修复安装的软件

如果在使用某个软件时，该软件程序经常发生问题，那么有可能是该软件的部分程序发生了损坏，此时可以重新安装该程序，或通过控制面板中的“卸载或更改程序”功能对软件进行修复。

其方法为：双击桌面上的“控制面板”图标，打开“所有控制面板项”窗口，单击“程序和功能”超级链接，打开“程序和功能”窗口，在列表框中选择要修复安装的程序名称，单击修复按钮，系统将自动进行修复，如图 5-10 所示。

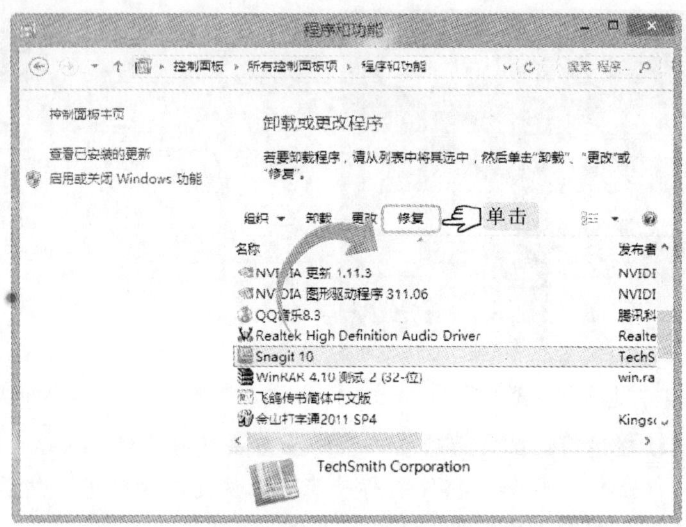

图 5-10　修复软件

5.1.5　安装 Windows 组件

Windows 组件就是 Windows 系统自带的一些功能，它们是系统组成的一部分，每个组件都能完成一种特定的任务。简单地说，每个组件实际上就是一个小软件。与普通软件的区别在于，它不需要安装光盘或下载安装包来进行安装，直接在电脑中启用其功能即可使用。Windows 组件有许多，常见的包括 MSN、Internet Explorer 浏览器、Internet 信息服务（IIS）和 Windows Media Player 播放器等。

实例 5-2　安装 Telnet 远程服务组件

下面以在电脑中安装 Telnet 远程服务为例，介绍安装 Windows 组件的方法。

1. 在桌面上双击“控制面板”图标，打开“所有控制面板项”窗口，单击“程序和功能”超级链接，如图 5-11 所示。
2. 打开“程序和功能”窗口，在窗口左侧单击 启用或关闭 Windows 功能 超级链接，如图 5-12 所示。

行家提醒

如使用安装光盘安装软件，应先把存储有安装程序的光盘放入电脑光驱中，然后打开光驱，双击其中的安装文件便可开始安装。

图 5-11　选择“程序和功能”选项

图 5-12　“程序和功能”窗口

3 打开“Windows 功能”窗口，稍等片刻后，该窗口中将列出 Windows 的所有组件，其中选中的组件项表示这些组件已经安装在电脑中。

4 拖动右侧的滚动条至中间，在列表框中选中 Telnet 服务器和 Telnet 客户端复选框，然后单击 确定 按钮，如图 5-13 所示。

5 此时，安装程序会自动进行安装。安装时屏幕上会出现提示窗口，提示需重启电脑才能完成安装，然后单击 立即重新启动(N) 按钮，如图 5-14 所示。重新启动电脑后，即可使用 Telnet 远程服务功能组件。

图 5-13　安装系统组件

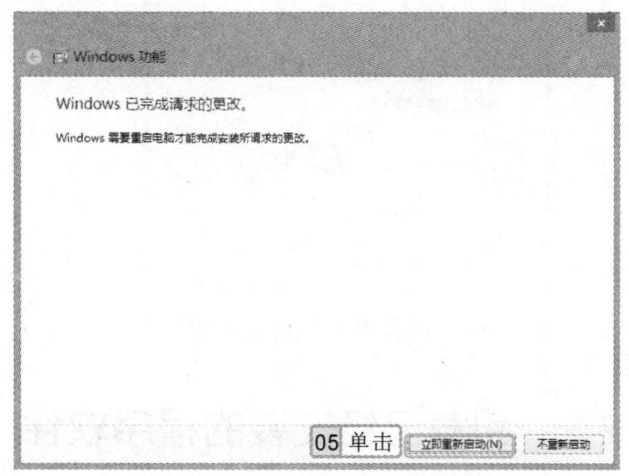

图 5-14　完成安装

5.2　管理安装的软件

使用计算机时，通常会安装很多不同的软件，这些软件会存放在不同的位置，为了方便使用这些软件，需要对其进行管理，使软件运行顺畅。下面介绍管理软件的不同方法。

一些软件在安装完成后需要重新启动电脑才能正常使用，此时用户可以根据打开的提示对话框立即进行重新启动的操作，也可以手动进行重新启动使安装的软件生效。

5.2.1 设置运行程序软件的权限

安装程序软件后，默认情况下可以使用当前用户或者系统管理员来运行程序。那么，如果想使用管理员权限和其他身份用户来运行程序，就需要进行额外的设置，下面将分别进行介绍。

- **允许管理员权限运行**：在需要运行的程序软件的快捷图标上单击鼠标右键，在弹出的快捷菜单中选择“属性”命令，打开“属性”对话框，选择“兼容性”选项卡，在“权限等级”栏中选中☑以管理员身份运行此程序复选框，单击确定按钮即可，如图 5-15 所示。
- **允许其他账户的身份运行**：打开程序软件的“属性”对话框，选择“安全”选项卡，单击编辑(E)...按钮，打开设置权限的对话框，在“组或用户名”列表框中选择账户的用户名，再选中“允许”栏下的所有复选框，单击确定按钮，如图 5-16 所示。

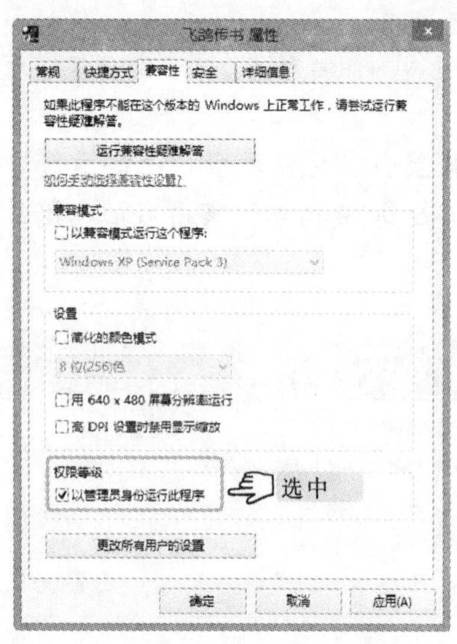

图 5-15　以管理员身份运行程序

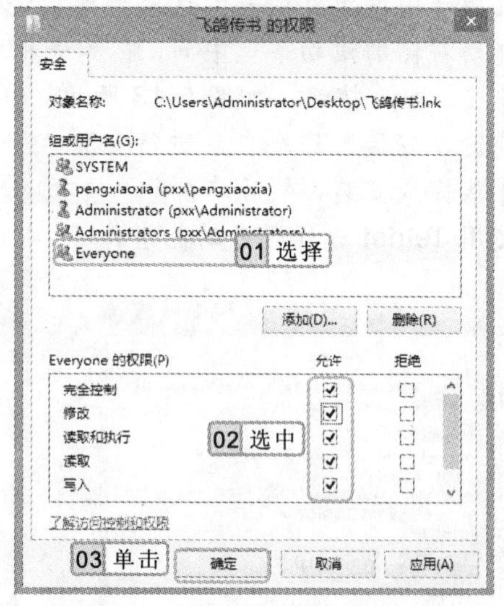

图 5-16　允许其他账户运行程序

5.2.2 卸载已经安装的程序软件

卸载软件一般都是针对电脑中不常用的软件进行删除，以释放有限的磁盘空间，下面介绍卸载软件的方法。

实例 5-3 卸载“酷狗音乐 2012”

1. 在桌面上双击“控制面板”图标，打开“所有控制面板项”窗口，单击“程序和功能”超级链接。
2. 打开“程序和功能”窗口，在“卸载或更改程序”下的列表框中查找并选择“酷狗音乐 2012”程序，单击卸载/更改按钮，如图 5-17 所示。

一些软件在安装时会同时安装软件自带的卸载程序，卸载软件时，只需在“开始”屏幕的程序列表中单击其卸载程序，在弹出的确认对话框中单击“是”按钮即可。

3 在打开的提示对话框中单击 是(Y) 按钮，系统将开始卸载酷狗音乐 2012，卸载完成后，将弹出提示对话框，单击 确定 按钮，如图 5-18 所示。

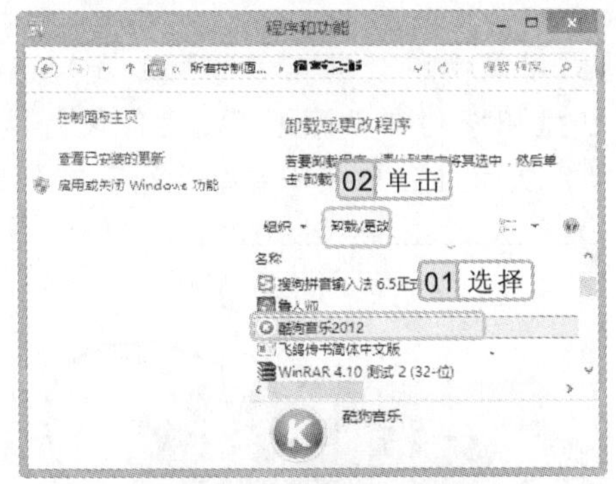

图 5-17　选择程序软件

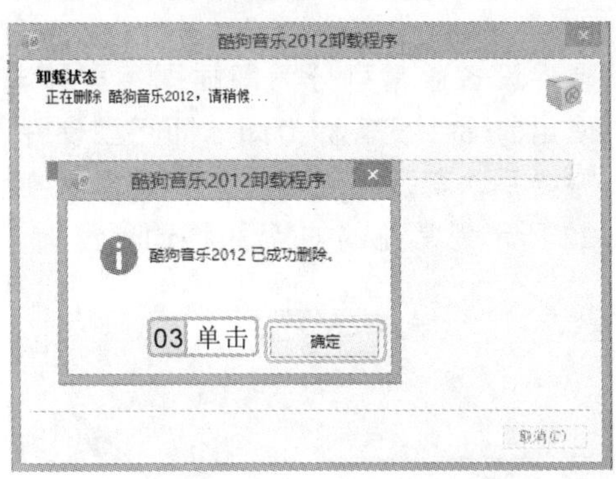

图 5-18　卸载软件

5.2.3　卸载系统组件

系统中其实也有很多不常用的系统组件，如 Windows Media Player，或扫雷、纸牌等内置小游戏，卸载这些不常使用的系统组件，可提高系统的运行速度。

其方法非常简单，打开“程序和功能”窗口，然后单击窗口左侧的“启用或关闭 Windows 功能”超级链接，如图 5-19 所示。此时将弹出“Windows 功能”窗口，其中所有已经选中的选项就是当前系统中已经安装的系统组件，只需在用不到的组件前单击取消选中后，再单击 确定 按钮保存设置，如图 5-20 所示，并按照提示重新启动系统即可完成卸载。

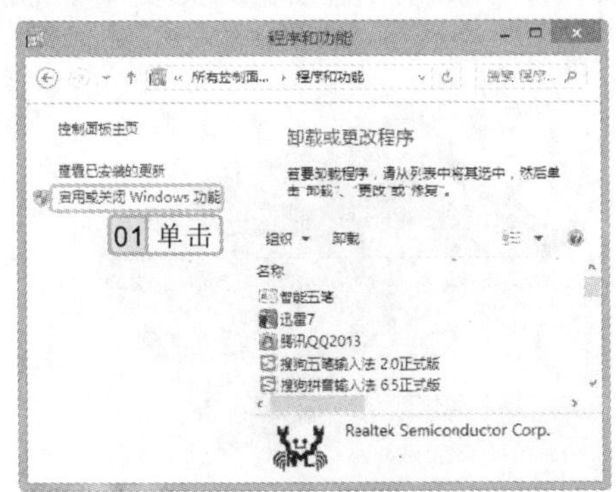

图 5-19　“程序和功能”窗口

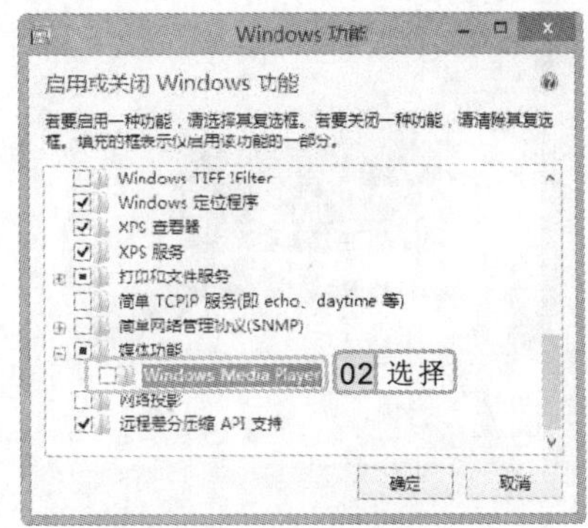

图 5-20　卸载组件

5.3　了解硬件设备

硬件是组成一台电脑的各种部件，包括显示器、鼠标、键盘、显卡、CPU 和内存等，为了使电脑实现更多的功能，需要安装实用的外部硬件设备，如打印机、扫描仪和摄像头等。

在“程序和功能”窗口中，单击“卸载/更改”按钮后，不同的软件将会打开不同的对话框，有些软件可能还会有一些其他的辅助功能可供选择。

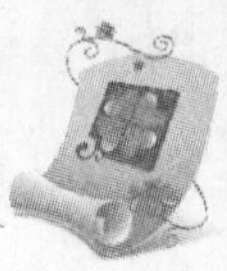

5.3.1 即插即用型硬件

硬件设备通常可分为即插即用型和非即插即用型两种。通常，将可以直接连接到电脑中使用的硬件设备称为即插即用型硬件，如 U 盘和移动硬盘等可移动存储设备，该类硬件不需要手动安装驱动程序，系统可以自动识别，从而可在系统中直接运行。如图 5-21 和图 5-22 所示为常见的 U 盘和移动硬盘。

图 5-21 U 盘

图 5-22 移动硬盘

5.3.2 非即插即用型硬件

非即插即用型硬件是指连接到电脑后，需要用户自行安装驱动程序的电脑硬件设备，如打印机、扫描仪和摄像头等。要安装这类硬件，还需要为其准备与之配套的驱动程序。如图 5-23 和图 5-24 所示分别为打印机和扫描仪，通常采用数据线将此类硬件与电脑相连。

图 5-23 打印机

图 5-24 扫描仪

5.4 硬件设备的使用和管理

在 Windows 8 中可直接使用各类硬件设备，如 U 盘、移动硬盘和打印机等，并且还能通过“设备管理器”窗口查看硬件设备、更新硬件驱动程序、禁用和启用硬件、卸载硬件设备等。下面分别进行介绍。

通过正规途径购买的打印机和扫描仪等非即插即用设备都会附送一张与该设备配套的驱动程序光盘，供用户安装驱动程序。

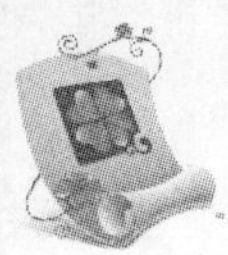

5.4.1　使用 U 盘和移动硬盘

U 盘和移动硬盘都是工作和生活中常用的移动存储设备，能高容量移动存储数据，并且方便随身携带，而且不用安装驱动程序接入电脑中即可使用，下面对其使用方法分别进行介绍。

- **U 盘**：使用 U 盘时，将 U 盘的 USB 插口插入至电脑主机的 USB 接口上，在任务栏右下角将会显示 USB 设备图标，如图 5-25 所示。成功连接后，系统将自动打开 U 盘，即可查看并使用盘内文件，如图 5-26 所示。
- **移动硬盘**：只需将数据线一端正确连接到移动硬盘接口，另一端插入电脑主机的 USB 插口即可。

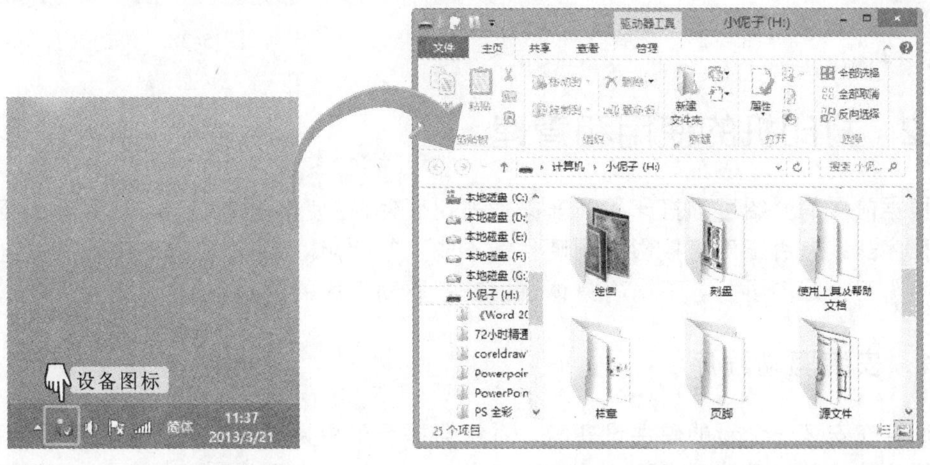

图 5-25　显示 U 盘图标　　　　图 5-26　打开 U 盘

使用 U 盘和移动硬盘还可以完成文件的导入和导出，即将文件从电脑传输到 U 盘或移动硬盘，也可以将文件从 U 盘或移动硬盘传输到电脑，其操作方法相似。下面将介绍文件传输的过程。

实例 5-4　传输“婚纱照”文件夹

下面以将电脑中的“婚纱照”文件传输到 U 盘中为例进行介绍。

1. 将 U 盘连接到电脑中，待连接完成后，打开电脑中保存文件的磁盘，这里打开“本地磁盘（G:）”盘。
2. 在打开的磁盘中选择想要传输的文件或文件夹，这里选择“婚纱照”文件夹。单击鼠标右键，在弹出的快捷菜单中选择“发送到”命令，在弹出的子菜单中选择“小伲子（H:）”命令，如图 5-27 所示。
3. 系统将自动显示复制文件的进度，待进度条显示消失即表示文件已复制并传输完成，如图 5-28 所示。

在使用完 U 盘或移动硬盘后，不可直接将其拔出，需通过单击任务栏右下角的 USB 设备图标，在弹出的快捷菜单中选择“弹出 USB DISK”命令，当弹出“安全地移除硬件”提示时即可拔出 U 盘，以避免数据丢失或 U 盘损坏等情况。

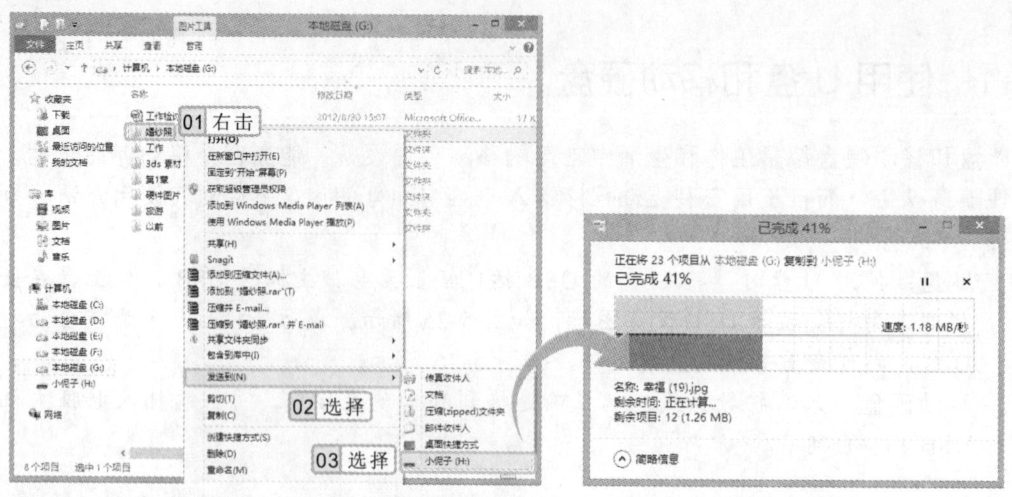

图 5-27　选择文件　　　　图 5-28　传输文件

5.4.2　打印机的使用和管理

根据前面的介绍可知打印机属非即插即用硬件，在使用前需安装与之配套的驱动程序。驱动程序安装是否正确直接影响到硬件能不能正常使用。因此，安装硬件之前一定要对“驱动程序”有一定的了解。下面将具体讲解安装驱动程序的方法。

1．安装驱动程序

通常在安装一个新的硬件设备时，系统会提示用户为硬件设备安装驱动程序，此时将驱动程序的安装光盘放入光驱中，或选择存放在电脑硬盘中的驱动程序，用安装其他软件的方法安装驱动程序即可。

如图 5-29 所示为通过安装光盘安装驱动程序的过程。

提示发现新硬件 → 系统搜索驱动程序 → 提示需安装驱动 → 放入驱动安装光盘 → 根据向导提示安装

图 5-29　通过光盘安装

如图 5-30 所示为通过电脑磁盘安装驱动程序的过程。

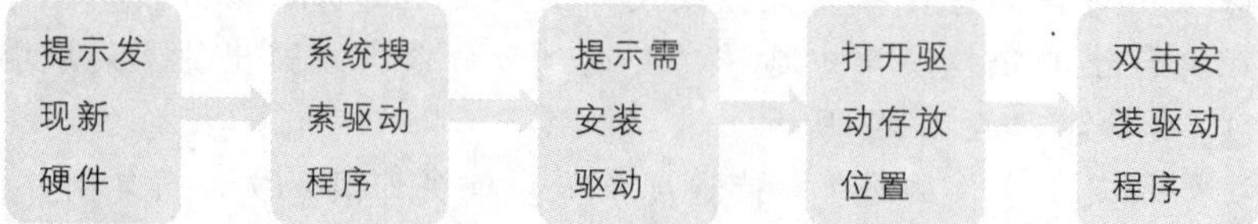

图 5-30　通过电脑磁盘安装

驱动程序的作用是将硬件本身的功能传递给操作系统，在使用某个硬件时，先由驱动程序完成硬件设备电子信号与操作系统及软件的高级编程语言之间的互相翻译。简单地说，驱动程序是连接硬件和操作系统的纽带。

2．打印属性的设置

在工作中，常常需要将保存在电脑中的文件通过打印机打印在纸张上，其方法为：选择【文件】/【打印】命令，打开相应的“打印”对话框，不同的应用程序其对话框的样式略有不同，但基本功能不变，如图 5-31 所示为 Word 软件的“打印”对话框，在其中可进行打印设置，包括设置打印范围、打印份数和打印模式等内容。

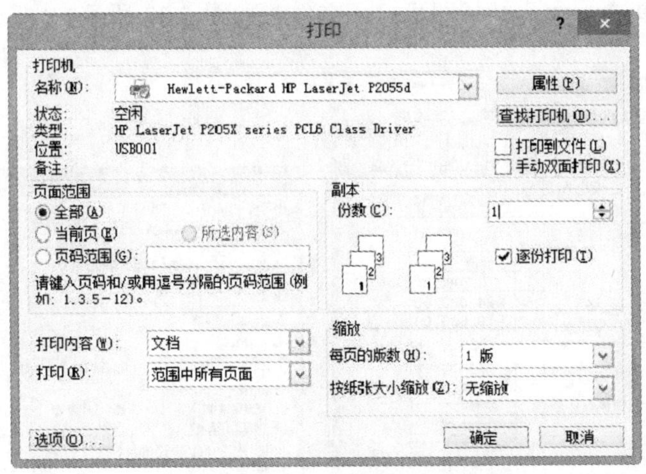

图 5-31　“打印”对话框

下面介绍“打印”对话框中常用选项的设置方法和作用。

- **“名称”下拉列表框**：选择打印文件所使用的打印机名称。
- **“页面范围”栏**：用于设置文件的打印范围。选中 ◉全部(A) 单选按钮表示打印整个文件的内容；选中“当前页”单选按钮表示打印鼠标光标插入的当前页；选中“页码范围”单选按钮，在其后的文本框中可设置打印的页码范围，如输入“2-5”，表示打印 2 到 5 页的文件内容，如输入“2,5”，表示打印第 2 页和第 5 页。
- **“缩放”栏**：“每页的版数”下拉列表框用于设置在实际的纸张中一张纸打印文件中的几页，如选择 2，表示一张纸打印两页文档。“按纸张大小缩放”下拉列表框用于当打印机纸槽中放置的纸张大小与文件设置的页面大小不一致时，可使文件按纸槽纸张的实际大小进行缩放。
- **“份数”数值框**：用于设置打印文件的份数。
- **“逐份打印”复选框**：用于设置打印的方式，如将打印的份数设置为 3，选中“逐份打印”复选框，表示打印完一份文件，然后再打印第 2 份文件；若取消选中“逐份打印”复选框，将打印 3 份文件的第 1 页，然后再打印 3 份文件的第 2 页，直至打印完成。

3．打印文档并管理打印任务

了解打印属性的设置方法后，即可进行文件的打印。而在打印时，Windows 8 会将所

若想安装打印机，可通过光盘安装驱动程序进行安装，当选择端口后，将打开“选择要使用的驱动程序版本”对话框，选中“使用当前安装的驱动程序（推荐）”单选按钮进行安装即可。

有打印任务显示在“打印列队”窗口中，通过该窗口还可对打印的文档进行相应的管理，下面分别进行介绍。

（1）打印文档

Windows 8 操作系统中的很多软件都自带有打印程序，只需选择相应的命令即可打印所需文件。其方法为：打开需打印的文件，选择【文件】/【打印】命令，如图 5-32 所示，打开“打印内容”对话框，在其中可对纸张大小、类型等打印选项及文档在纸张中的布局进行设置，完成后单击确定按钮即可打印文件，如图 5-33 所示。

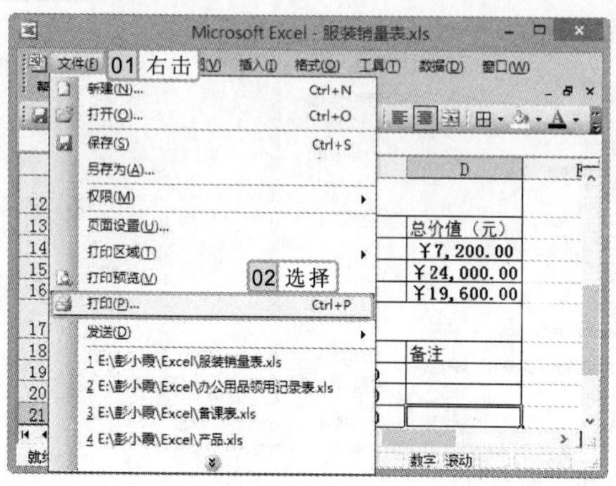

图 5-32　选择命令

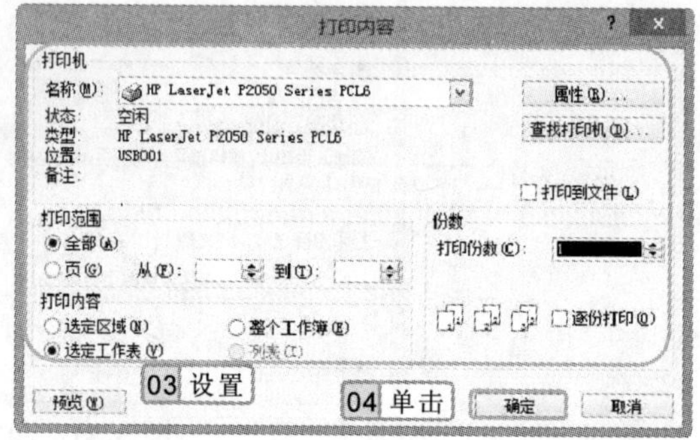

图 5-33　“打印内容”对话框

（2）管理打印任务

单击任务栏通知区域的按钮，在弹出的列表框中双击“打印机”图标，即可打开“打印队列”窗口，在其中可对打印任务进行暂停和继续、取消或重新启动等管理操作，下面对其操作方法分别进行介绍。

- **暂停和继续打印任务**：在需要暂停的打印任务上单击鼠标右键，在弹出的快捷菜单中选择“暂停”命令，此时，该打印任务的状态将显示为“已暂停”。选择已暂停的任务名，单击鼠标右键，在弹出的快捷菜单中选择“继续”命令，即可继续打印该任务。
- **取消打印任务**：在需要取消的打印任务上单击鼠标右键，在弹出的快捷菜单中选择“取消”命令，将打开提示对话框提示是否取消文档，单击取消按钮，即可取消打印该任务。
- **重新启动打印任务**：当打印任务的状态显示为错误或卡纸时，可以在重新调整打印机或打印纸后在该打印任务名上单击鼠标右键，在弹出的快捷菜单中选择“重新启动”命令，即可重新打印该任务。

双击“打印队列”窗口中的“查看正在打印的内容”选项，可查看正在打印内容的文档名、文件大小和打印状态等信息。

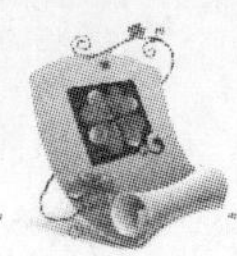

5.4.3 检测计算机硬件性能

在电脑“系统”窗口中可查看电脑硬件的基本性能信息，并能对电脑硬件的性能进行评分，以方便用户对硬件性能的分析。

检测电脑硬件性能的方法是：在桌面“计算机”图标上单击鼠标右键，在弹出的快捷菜单中选择“属性”命令，打开“系统”窗口，单击“系统”栏中的“Windows 体检指数”超级链接，在打开的窗口中即可查看到对电脑硬件性能所做出的综合评分，如图 5-34 所示。

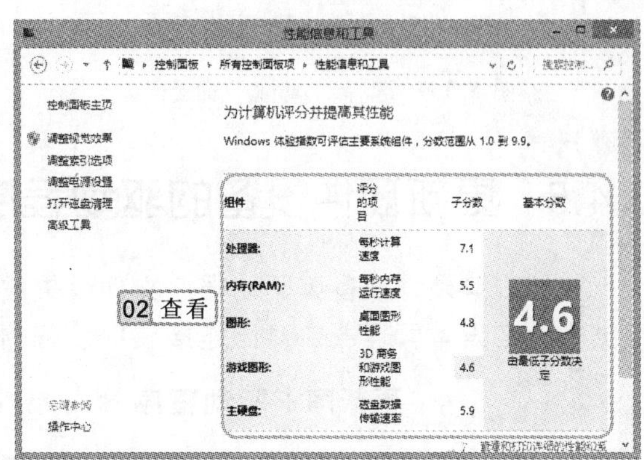

图 5-34　查看电脑硬件评分

5.4.4 查看硬件设备的属性

在 Windows 8 中，硬件设备专门的管理场所是设备管理器。通过设备管理器，不仅能查看电脑的一些基本信息，还可查看硬件设备及驱动程序方面的问题，如处理器的运行状态、硬盘的驱动程序等属性。

实例 5-5　通过设备管理器查看键盘属性

1. 打开“系统”窗口，在窗口左侧单击“设备管理器”超级链接，打开“设备管理器”窗口。
2. 选择【键盘】/【PS/2 标准键盘】选项，单击鼠标右键，在弹出的快捷菜单中选择“属性”命令，如图 5-35 所示。
3. 在打开的对话框中默认选择“常规”选项卡，在其中可查看键盘的运行状态，如图 5-36 所示。

在“系统”窗口左下方单击“性能信息和工具”超级链接，也能打开“性能信息和工具”对话框。

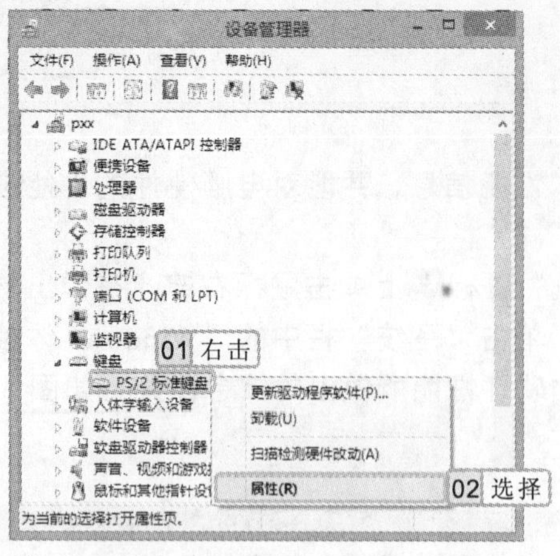

图 5-35 选择“属性”命令

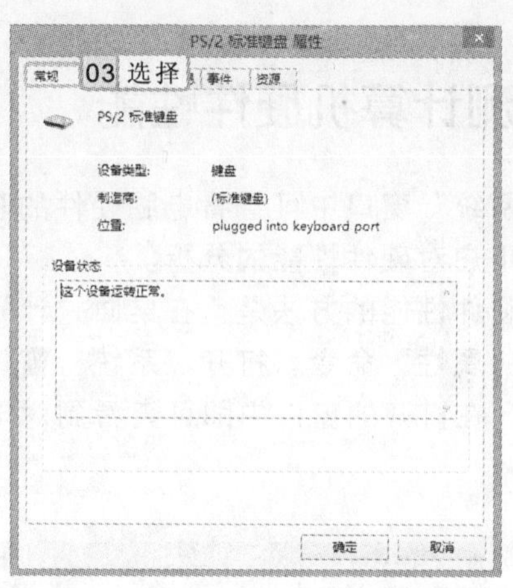

图 5-36 查看键盘运行状态

5.4.5 更新硬件设备的驱动程序

如果一些硬件设备因驱动程序文件丢失或版本过低造成设备无法正常使用时，用户可根据需要在设备管理器中对已连接硬件设备的驱动程序进行更新。

实例 5-6 更新声卡驱动程序

1. 打开“设备管理器”窗口，选择“声音、视频和游戏控制器”选项，在其子选项 Realtek Light Definition Audio 上单击鼠标右键，在弹出的快捷菜单中选择“更新驱动程序软件”命令。
2. 在打开的对话框中选择一种搜索方式，这里选择“自动搜索更新的驱动程序软件”选项，如图 5-37 所示。
3. 系统自动开始搜索并下载最新的驱动程序软件，下载完成后，将自动进行安装，完成后在打开的对话框中单击 关闭(C) 按钮，如图 5-38 所示。

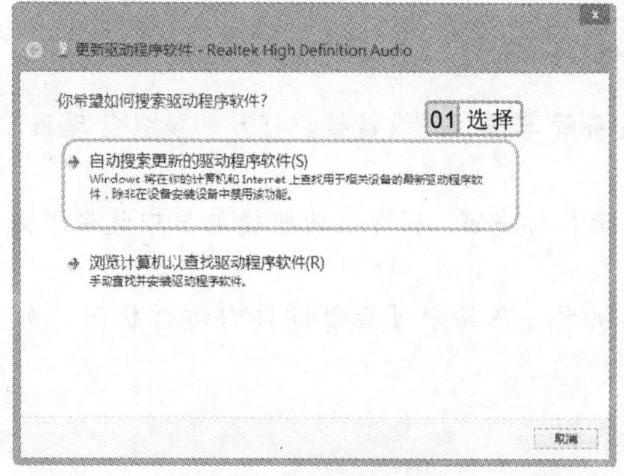

图 5-37 选择搜索方式

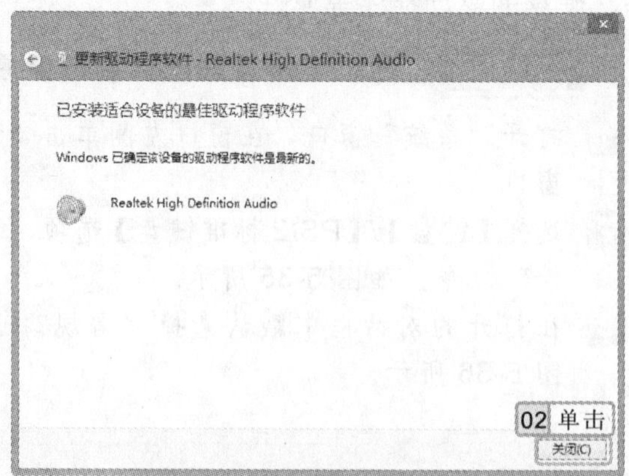

图 5-38 完成更新

在更新驱动程序时，若选择“自动搜索更新的驱动程序软件”选项，则需要联机搜索，所以，只能在联网的情况下才能进行。

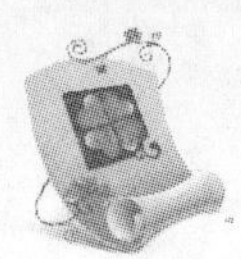

5.4.6　禁用和启用硬件设备

在使用电脑时，有时需停止使用某个硬件，以释放系统分配给该硬件的资源；而在禁用之后，有时又需重新启用该硬件来获得它的功能。此时，可以通过设备管理器禁用或启用该硬件设备，而不是直接拆卸该硬件设备与电脑的连接。

1．禁用硬件设备

禁用硬件设备是指停止使用该硬件，其方法为：在“设备管理器”窗口中需要禁用的硬件设备选项上单击鼠标右键，在弹出的快捷菜单中选择“禁用”命令，如图 5-39 所示，在打开的提示对话框中单击 是(Y) 按钮即可，如图 5-40 所示。

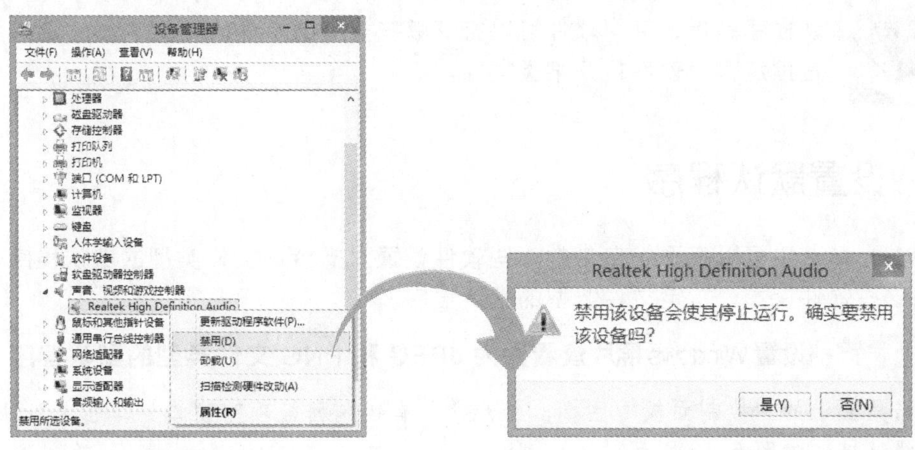

图 5-39　选择“禁用”命令　　　　图 5-40　确认禁用设备

2．启用硬件设备

启用硬件设备的过程与禁用过程类似，其方法为：单击需要启用硬件选项前的 ▷ 按钮，如果展开的硬件选项中带有图标，说明该设备已被禁用，只需在该选项上单击鼠标右键，在弹出的快捷菜单中选择“启用”命令，即可重新启用该硬件设备。

5.4.7　卸载硬件设备

卸载硬件设备与禁用硬件设备不同，卸载后的硬件设备只有在重新进行连接并安装驱动程序后才能继续使用。其方法为：在“设备管理器”窗口中选择需要卸载的硬件设备，单击鼠标右键，在弹出的快捷菜单中选择“卸载”命令，打开“确认设备卸载”对话框，单击 确定 按钮，完成驱动程序的卸载，如图 5-41 所示。

在“设备管理器”窗口中的处理器、硬盘等硬件设备没有“禁用”和“启用”命令，因为它们是电脑中最为关键的硬件设备，不能被禁用。

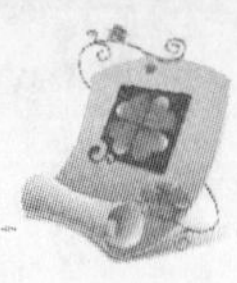

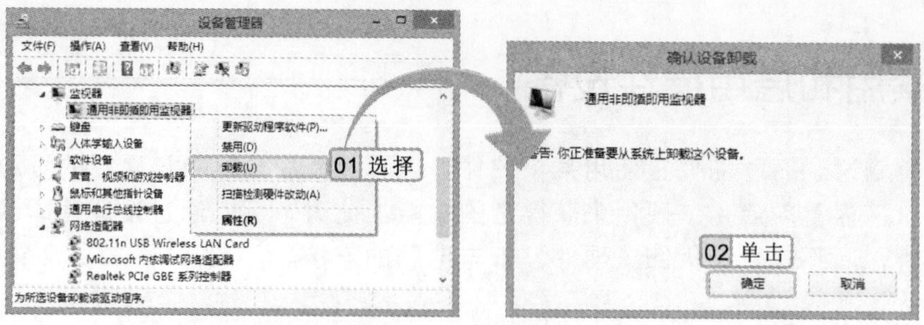

图 5-41 卸载硬件设备

5.5 管理默认程序

管理默认程序主要分为设置默认程序和将文件与软件相关联两种，设置默认程序是指定某个软件可以打开哪些类型的文件，将文件与软件相关联则是指定哪个软件打开某类文件。

5.5.1 设置默认程序

在 Windows 8 中可以将系统自带的一些软件设置为支持该文件类型的默认程序，同时也可以将这些软件设置为指定文件类型的默认程序。

实例 5-7 设置Windows照片查看器为 JPEG 和 PNG 文件类型的默认程序

1. 双击桌面上的“控制面板”图标，打开“所有控制面板项”窗口，单击“默认程序”超级链接，如图 5-42 所示。
2. 打开“默认程序”窗口，单击“设置默认程序”超级链接，如图 5-43 所示。

图 5-42 单击“默认程序”超级链接

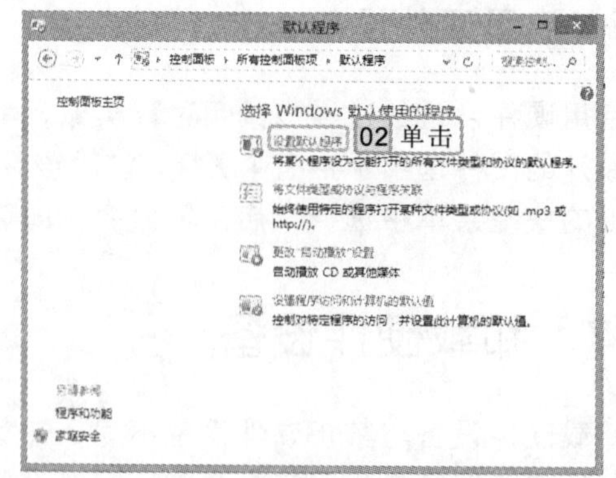

图 5-43 “默认程序”窗口

3. 打开“设置默认程序”窗口，选择需设置的软件，这里选择“Windows 照片查看器”选项，在“设置默认程序”窗口的右下方将显示出程序的设置选项，选择“选择此

有些软件不用安装即可直接使用，如需删除该软件可用删除文件的方法将其删除，此类软件被称为“绿色软件”。

程序的默认值”选项，如图 5-44 所示。

4 打开“设置程序关联”窗口，在中间的列表框中选中.jpeg 和.png 的扩展名选项，单击 保存 按钮，如图 5-45 所示。

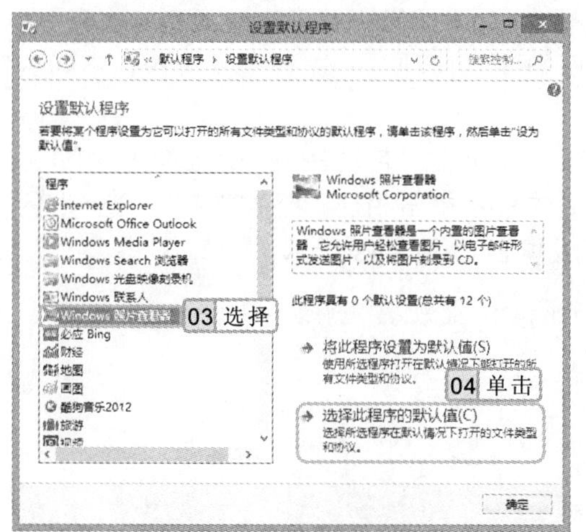

图 5-44　选择程序选项

图 5-45　设置程序关联

5.5.2　设置文件关联

当同一类型的文件能被多个软件打开时，可以为该文件类型设置文件关联软件。它与设置默认程序很相似，不同的是前者是设置关联程序，后者则是设置关联文件。

其方法为：打开“默认程序”窗口，单击“将文件类型或协议与特定程序关联”超级链接，打开“设置关联”窗口，在列表框中通过拖动滚动条选择所需关联的扩展名选项，然后单击 更改程序... 按钮，在弹出的“推荐程序”列表中选择文件关联的程序选项，如图 5-46 所示。返回到“设置关联”窗口，即可看到上方的程序项目发生改变，如图 5-47 所示，单击 × 按钮关闭该窗口完成设置。

图 5-46　选择文件选项

图 5-47　设置文件关联

在需设置的文件上单击鼠标右键，在弹出的快捷菜单中选择“属性”命令，打开对应的属性对话框，单击“打开方式”栏后的“更改”按钮，同样可以设置文件关联程序。

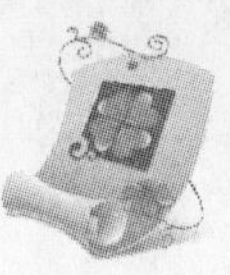

5.5.3 设置自动播放

自动播放设置针对的是如 U 盘、移动硬盘和 MP3 等可移动存储设备，在默认状态下，可移动存储设备插入电脑时，将打开对话框询问以何种方式进行相关操作，不同的可移动存储设备，可以设置不同的默认播放方式。

其方法为：打开“所有控制面板项”窗口，单击“自动播放”超级链接，打开“自动播放”窗口，选中相应的复选框，在需设置的栏中单击相应的下拉按钮，在弹出的下拉列表中选择需要的选项，单击 保存(S) 按钮完成设置，如图 5-48 所示。

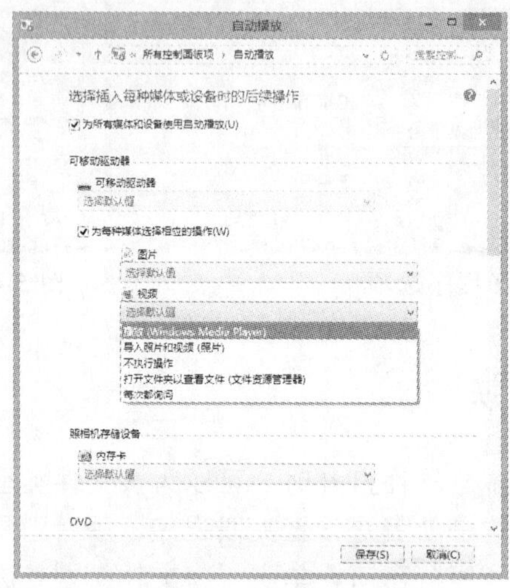

图 5-48 设置自动播放

5.6 基础实例

本章的基础实例将安装腾讯 QQ 软件并对其相关信息进行查看，以及查看和更新硬件设备驱动程序。通过基础实例的练习，进一步掌握安装软件程序和对硬件设备进行管理的方法。

5.6.1 安装和查看腾讯 QQ

本例将在电脑中安装“腾讯 QQ”软件，并通过“程序和功能”窗口对其详细信息进行查看，下面进行本例的具体操作。

1. 操作思路

为更快完成本例的制作，并且尽可能运用本章讲解的知识，本例的操作思路如下。

单击“自动播放”窗口最下方的 重置所有默认值(R) 按钮，可以还原所有的默认设置。

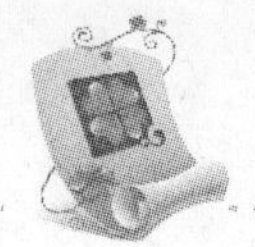

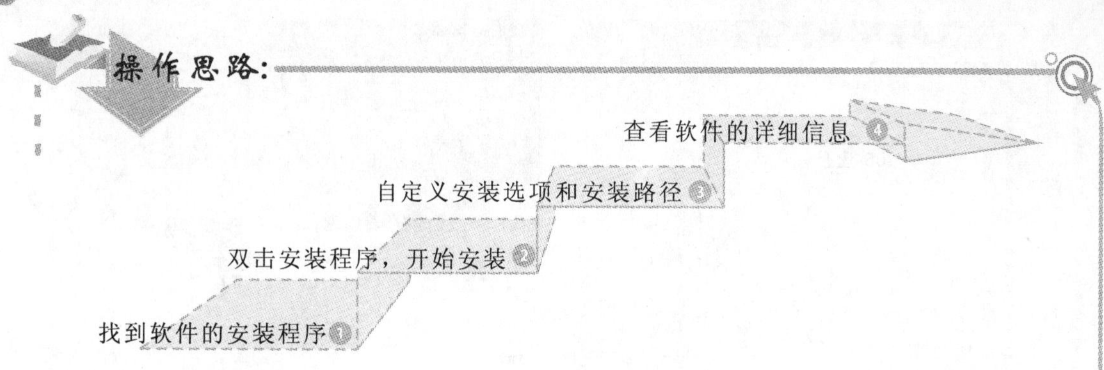

2. 操作步骤

下面介绍安装和查看腾讯 QQ 软件的方法，操作步骤如下：

参见光盘 光盘\实例演示\第 5 章\安装和查看腾讯 QQ 2013

1. 打开安装文件所在的文件夹窗口，双击安装程序文件，系统将开始检查 QQ2013 的安装环境。
2. 在打开的安装向导对话框中选中 ☑我已阅读并同意软件许可协议和青少年上网安全指引 复选框，单击 下一步(N) 按钮，如图 5-49 所示。
3. 打开“选项”对话框，取消选中“自定义安装选项”栏中的所有复选框，选中 ☑桌面 复选框，单击 下一步(N) 按钮，如图 5-50 所示。

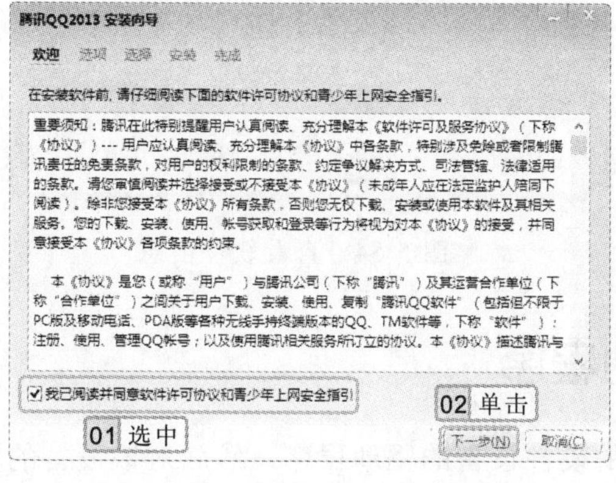

图 5-49 打开安装向导对话框

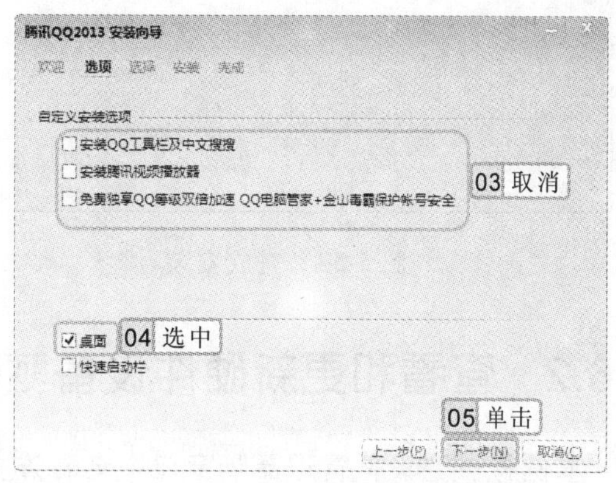

图 5-50 自定义安装选项

4. 在打开的“选择”对话框中设置软件安装的位置，这里单击 浏览(B) 按钮，在打开的“浏览文件夹”对话框中选择软件安装的位置，然后单击 确定 按钮，如图 5-51 所示。
5. 返回“选择”对话框中，单击 安装(I) 按钮，系统将开始安装该软件，并显示安装的进度，如图 5-52 所示。

不同的软件程序或是不同途径获得的安装软件，它们的安装过程会有所不同，但是大多数步骤相同。

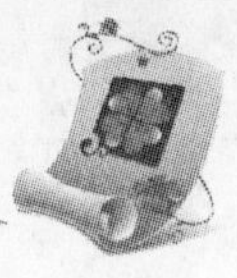

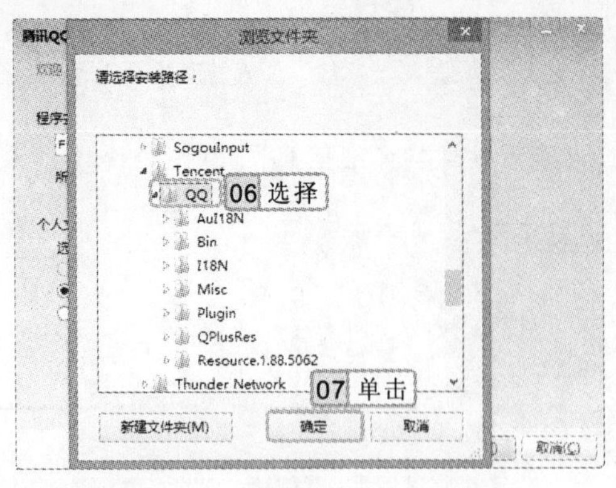

图 5-51　设置软件安装位置

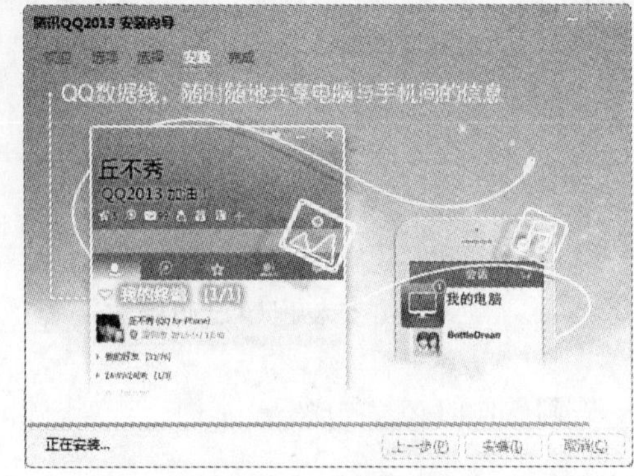

图 5-52　安装软件

6 安装完成后，打开“完成”对话框，在“安装完成”栏中默认选中了所有的复选框，用户可以根据需要选中所需的复选框，这里选中☑立即运行腾讯QQ2013复选框，单击完成(F)按钮，如图 5-53 所示，即可完成腾讯 QQ2013 的安装并运行程序。

7 双击桌面上的“控制面板”图标，打开“所有控制面板项”窗口，单击“程序和功能”超级链接，打开“程序和功能”窗口，如图 5-54 所示，在该窗口中查看腾讯 QQ2013 的信息。

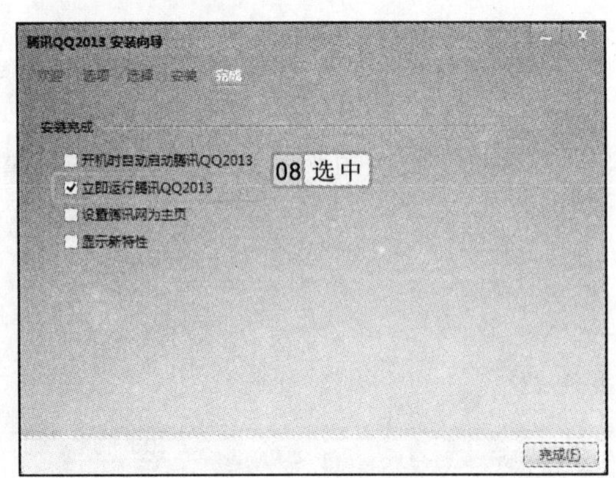

图 5-53　完成安装

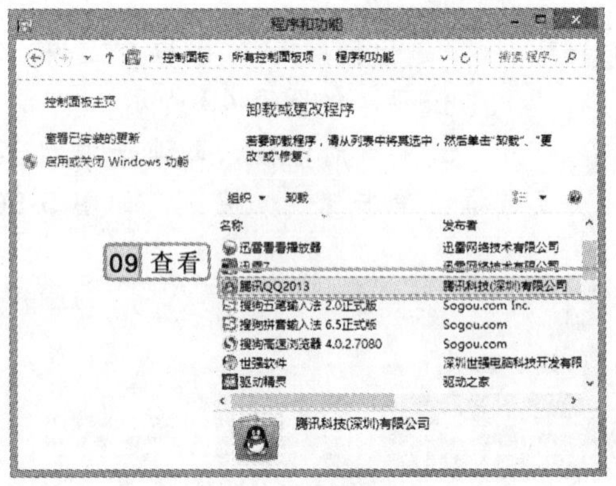

图 5-54　查看软件信息

5.6.2　查看和更新硬件设备驱动程序

本例将在“设备管理器”窗口中查看连接的硬件设备的驱动程序，然后对该设备的驱动程序进行更新，在完成更新驱动程序后查看该硬件的运行情况，下面进行本例的具体操作。

1. 操作思路

为更快完成本例的制作，并且尽可能运用本章讲解的知识，本例的操作思路如下。

在出现安装进度条前，如果用户设置有误，可以单击<上一步(P)按钮，返回上一个步骤重新进行设置。

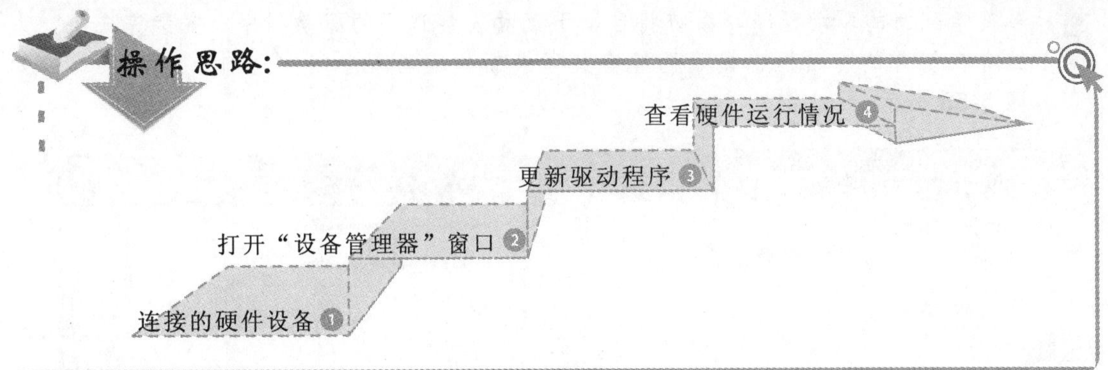

2. 操作步骤

下面介绍管理硬件设备的方法，操作步骤如下：

参见光盘　光盘\实例演示\第 5 章\查看和更新硬件设备驱动程序

1. 将硬件设备“USB 视频设备”与电脑主机的 USB 接口连接，在桌面“计算机”图标上单击鼠标右键，在弹出的快捷菜单中选择“属性”命令。
2. 打开“系统”窗口，单击“设备管理器”超级链接，打开“设备管理器”窗口，双击“图像设备”选项，在其子选项上单击鼠标右键，在弹出的快捷菜单中选择“属性”命令，如图 5-55 所示。
3. 打开“USB 视频设备 属性”对话框，选择“驱动程序”选项卡，查看该驱动程序的相关信息，单击 更新驱动程序(P)... 按钮，如图 5-56 所示。

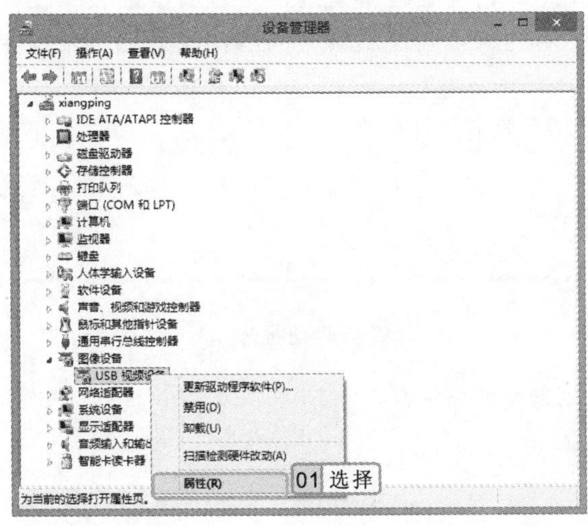

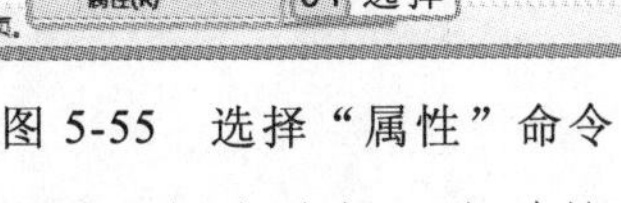
图 5-55　选择“属性”命令

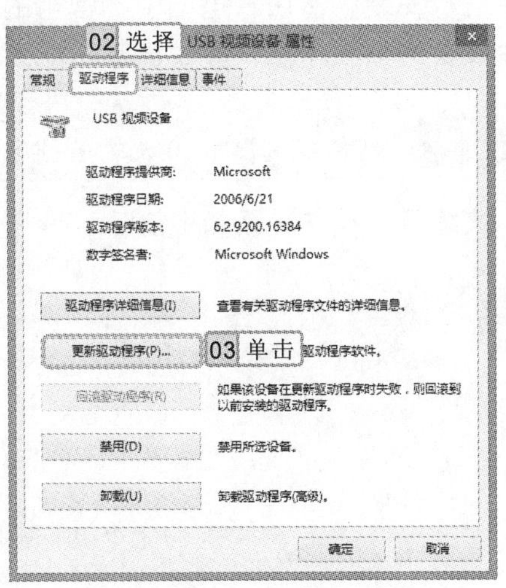

图 5-56　查看驱动程序信息

4. 在打开的对话框中选择“自动搜索更新的驱动程序软件”选项，系统开始联机搜索最新的驱动程序，如图 5-57 所示。

操作提示

如果经常使用某硬件设备，突然发现该硬件设备不可用时，可打开该硬件设备的属性对话框查看其运行状态，然后再重新启用该硬件设备。

5 若搜索到新的驱动程序，系统将自动下载和安装选择的驱动程序，安装完成后，系统会在打开的对话框中提示已经安装了最新的驱动程序软件，单击 关闭(C) 按钮，如图 5-58 所示。

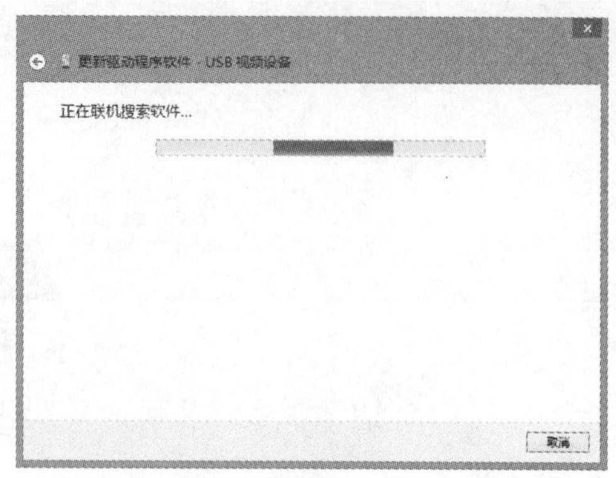

图 5-57　联机搜索驱动程序

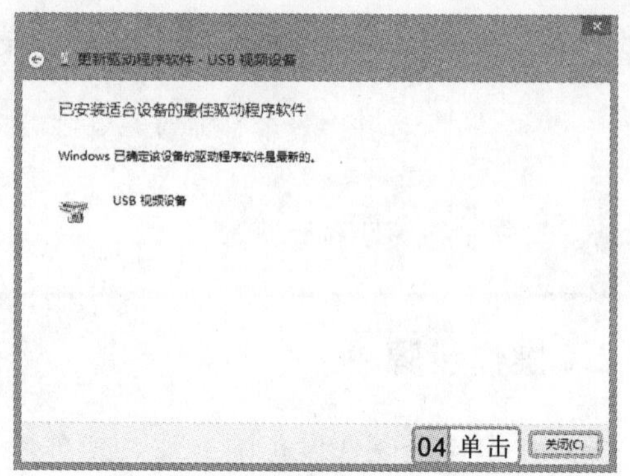

图 5-58　成功安装最新的驱动程序

5.7　基础练习——管理电脑中的软件和硬件设备

本章主要讲解了对电脑中软件和硬件进行管理的一些知识，下面将通过练习进一步巩固所学知识，使使用更加方便，并快速解决使用过程中遇到的问题。

本次练习将对电脑中的软件和硬件设备进行管理，首先从网站上下载相关软件的安装程序进行安装，然后将电脑中不常用的软件卸载，再在设备管理器中查看不能正常使用的硬件设备的相关信息，并找出其不能正常使用的原因，最后解决问题使设备能正常使用。

参见光盘　光盘\实例演示\第 5 章\管理电脑中的软件和硬件设备

该练习的操作思路如下。

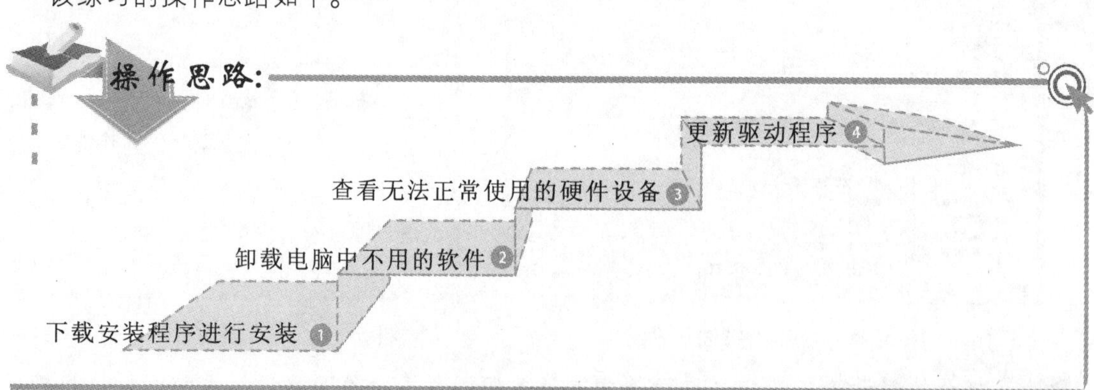

驱动程序与其他应用程序有所不同，一旦安装到电脑中以后就会自动运行，无须对其进行设置等操作。

5.8 知识问答

在对电脑中的软件和硬件进行管理时，难免会遇到一些难题，如软件无法安装或安装后无法正常启动、非即插即用设备驱动程序的安装等。下面将介绍软件和硬件管理过程中常见的问题及解决方案。

问：为什么在安装某些软件时，提示无法安装，或安装成功后，无法正常使用呢？

答：这可能是软件和系统不兼容造成的，软件一般都是依托于操作系统来运行的，而不同操作系统的具体设置会有所不同，所以在安装软件之前，需要首先查看该软件对电脑操作系统的要求。

问：硬件设备的选项图标上显示了**“感叹号”**，表示该硬件设备不可用，这是什么原因造成的呢？

答：该硬件设备不可用，造成的原因可能是驱动程序丢失了，此时需要重新启用该硬件设备，并安装该硬件设备的驱动程序。

问：非即插即用设备需要每次使用时都安装驱动程序吗？

答：不用，因为当电脑安装了非即插即用设备的驱动程序后，Windows 8 会自动将该驱动程序保存在系统盘的驱动程序文件夹中，当下次使用该设备时系统将自动调用该驱动程序以驱动该设备。

驱动程序的作用

驱动程序全称为“设备驱动程序”，是一种可以使用电脑和设备通信的特殊程序，相当于硬件的接口，操作系统只有通过这个接口，才能控制硬件设备的工作，假如某设备的驱动程序未能正确安装，便不能正常工作。 因此，驱动程序被誉为“硬件的灵魂”、“硬件的主宰”和“硬件和系统之间的桥梁”。

驱动程序也是一种软件，但是它与其他的音频、视频等应用程序不同，驱动程序在安装之后就会自动运行，一般除了将其卸载以外，无法也无须再对其进行管理和控制。

第 6 章

Windows 8 云服务

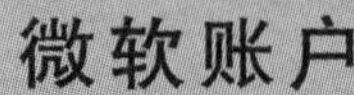

"人脉"管理联系人

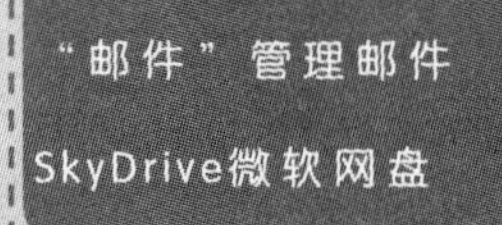

"消息"即时聊天

本章导读

Windows 8 是一个多用户的操作系统，在各自的账户下，可设置不同的使用环境。当使用微软账户登录时，可自动获得一套云服务，其中包括邮箱、联系人和云存储等。从"开始"屏幕中可看出，邮箱、人脉、照片和 SkyDrive 等 Metro 风格的应用都已安装在系统中，本章将对这些应用的操作方法进行详细介绍。

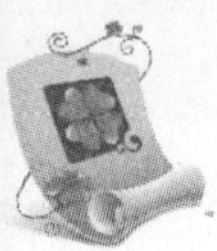

6.1 微软账户

账户是 Windows 操作系统中非常重要的设置部分，既可以设置不同类型的账户，也可以设置多个账户，同时，设置用户账户的权限可以保证保存在电脑中资源的安全性。

6.1.1 注册与切换微软账户

在 Windows 8 中可创建的用户账户有 Microsoft 账户和本地账户（本地账户主要用于工作组环境中，且只能登录到本地计算机，其默认账户有 Administrator、Guest）。

1. 注册本地账户

用户可以根据需要创建一个或多个用户（本地）账户，其创建方法很简单，只需单击“设置”按钮，在弹出的“设置”面板中选择“更改电脑设置”选项，打开“电脑设置”面板，选择“添加用户”选项，在打开的“添加用户”面板中单击“不使用 Microsoft 账户登录”超级链接，在打开的面板中单击本地账户按钮，再在打开的“添加用户”面板中根据提示进行操作，即可在电脑中创建本地账户，不同的用户可以通过各自的用户账户登录系统或切换。

2. 注册微软账户

在 Windows 8 中打开“开始”屏幕中的某些磁贴时，如“消息”、“邮件”磁贴等，需要登录 Microsoft 账户才能打开，因此，需注册微软账户。其方法为：首先登录 Microsoft 账户注册网页（https://login.live.com），单击“立即注册”超级链接，在打开的页面中输入邮箱地址（将在 6.2 节中详细介绍），单击登录按钮，如图 6-1 所示，再根据提示填写完其他信息，然后阅读 Microsoft 服务协议和隐私声明，最后单击接受按钮即可。

图 6-1 注册微软账户

3. 切换微软账户

创建完 Microsoft 账户后，用户可根据需要在本地账户和 Microsoft 账户之间切换选择账户的使用。

实例 6-1 从本地账户切换到 Microsoft 账户

1 将鼠标光标置于任务栏右下角，弹出 CHARM 菜单后，单击“设置”按钮，在弹

操作提示

打开“控制面板”窗口，单击“用户账户”超级链接，在打开的窗口中单击“管理其他账户”超级链接，在打开的“管理账户”窗口中单击“在电脑设置中添加新用户”超级链接，可根据提示新创建一个本地用户。

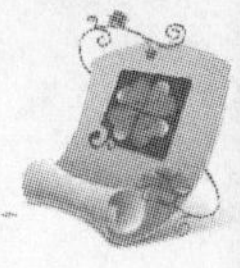

出的面板中选择“更改电脑设置”选项。

2 打开“电脑设置”面板，在左侧窗格中选择“用户”选项，在右侧窗格中显示了当前账户为本地账户，单击切换到 Microsoft 帐户按钮，如图 6-2 所示。

3 打开“用 Microsoft 账户登录”面板，在“现在的密码”文本框中输入当前账户的密码，输入完成后，单击下一步按钮，如图 6-3 所示。

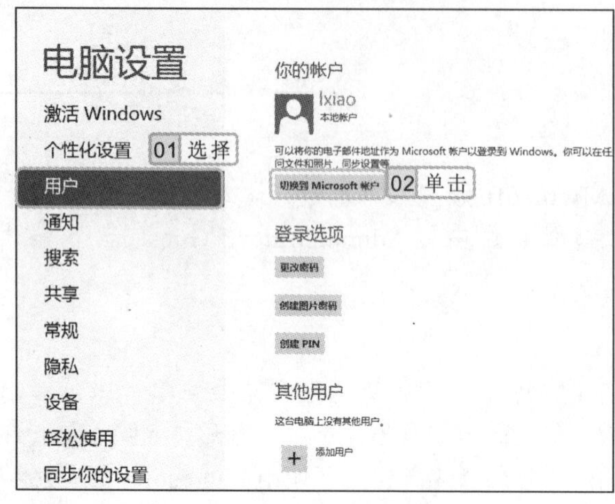

图 6-2　单击“切换到 Microsoft 账户”按钮

图 6-3　输入账户密码

4 打开“使用 Microsoft 账户登录”面板，在文本框中输入电子邮件地址，如图 6-4 所示，然后单击下一步按钮。

5 打开“输入你的 Microsoft 账户密码”面板，在“密码”文本框中输入邮箱账户的密码，输入完成后，单击下一步按钮，如图 6-5 所示。

图 6-4　输入邮箱地址

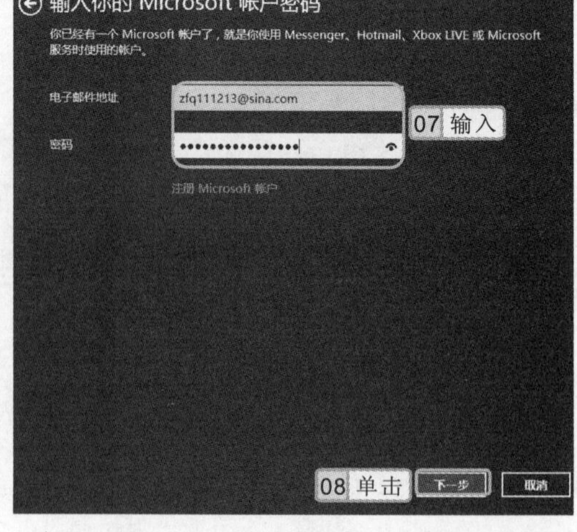

图 6-5　输入邮箱账户密码

6 在打开的“添加安全信息”面板中填写相关的信息，填写完成后，单击下一步按钮，

当在“密码”文本框中输入密码后，可按住右侧的“眼睛”图标，来查看输入的密码是否正确。释放鼠标后，即可恢复为不可见状态。

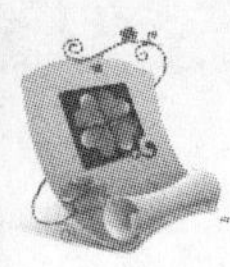

如图 6-6 所示。

7 在打开的“用 Microsoft 账户登录”面板中将显示当前登录的 Microsoft 账户的用户名，单击 完成 按钮，如图 6-7 所示，即可完成账户的切换。

图 6-6　输入安全验证信息

图 6-7　切换账户

6.1.2 更改账户图像

与桌面外观设置一样，创建用户账户后，可以为账户设置个性化的头像，以美化电脑的使用环境。

实例 6-2　将账户头像更改为图片

1 打开“电脑设置”面板，选择“个性化设置”选项后，选择“用户头像”选项，单击 浏览 按钮，如图 6-8 所示。

2 在打开的面板中单击“文件”右侧的下拉按钮，在弹出的下拉菜单中选择“计算机”选项，然后在本地磁盘中找到图片的存储位置，如图 6-9 所示。

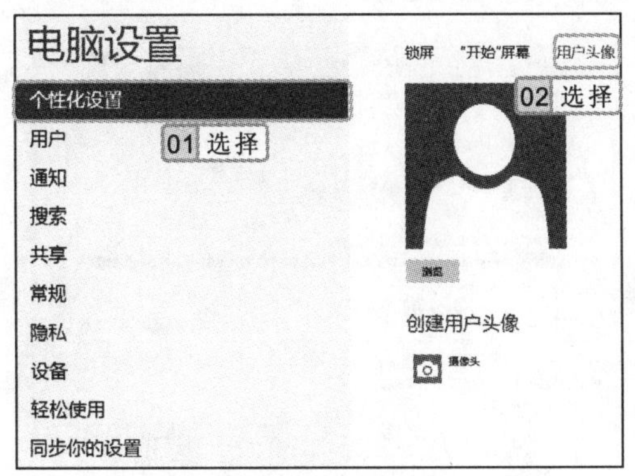

图 6-8　选择“用户头像”选项

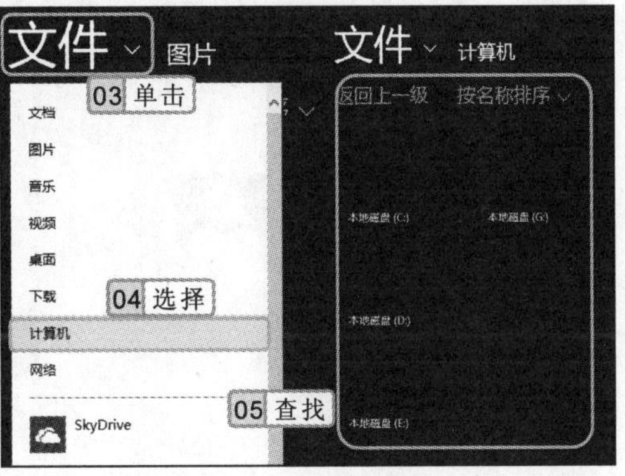

图 6-9　选择文件路径

更改账户图像时，在“文件”下拉列表中选择“网络”选项，可在打开的网页中选择需要的图片作为用户头像。

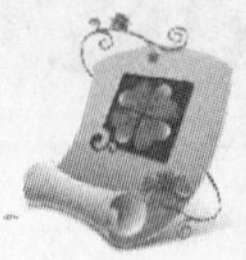

3 单击选择需设置为头像的图片，然后单击 选择图像 按钮，如图 6-10 所示。

4 返回“电脑设置”面板，即可看到设置头像后的效果，如图 6-11 所示。

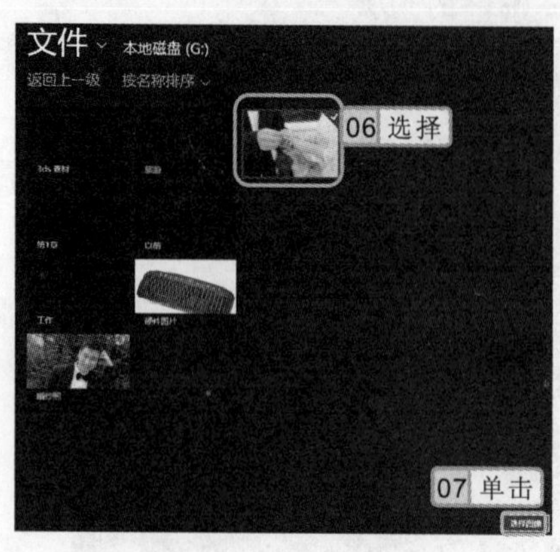

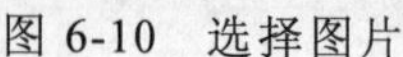
图 6-10　选择图片

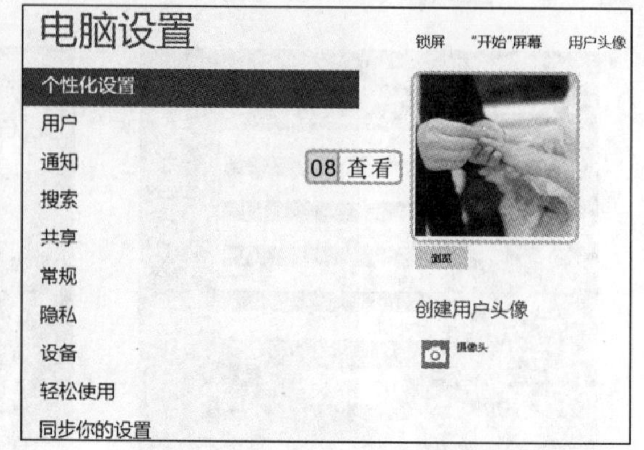

图 6-11　设置账户头像效果

6.1.3 创建和更改密码

为了保护用户账户的文件，使其不被其他用户查看和破坏，可为该账户创建密码，之后还可以根据需要更改或删除该密码。下面详细介绍创建和更改密码的方法。

1. 创建账户密码

创建账户后，可为账户设置密码，以保护该账户的安全。

其方法为：双击桌面上的“控制面板”图标，打开“所有控制面板项”窗口，单击“用户账户”超级链接，再单击“管理其他用户”超级链接，在打开的窗口中选择需设置密码的账户，打开“更改账户”窗口，单击“创建密码”超级链接，如图 6-12 所示。打开“创建密码”窗口，在“新密码”文本框中输入密码，然后在“确认新密码”文本框中再次输入相同的密码，单击 创建密码 按钮，如图 6-13 所示。

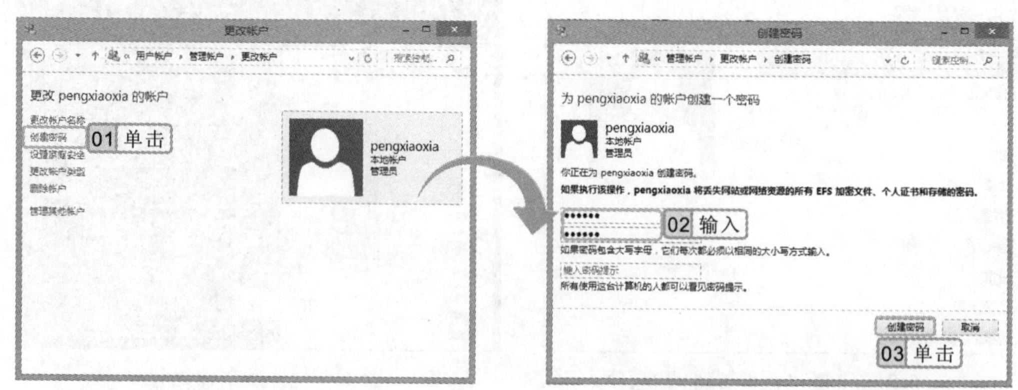

图 6-12　选择账户　　　图 6-13　创建密码

在“创建密码”窗口的“输入密码提示”文本框中输入与密码紧密相关的内容，在登录系统忘记密码时，可以根据提示内容回忆设置的密码。

2. 更改账户密码

如果认为账户的密码设置得过于简单，为了加强对账户的保护，可更改该账户的密码。其操作方法与创建账户密码相似，选择需要更改账户密码的账户，打开“创建密码”窗口，在“新密码”文本框中重新输入加强的密码，然后在“确认新密码”文本框中再次输入相同的密码，单击创建密码按钮即可。

6.1.4 启用和禁用账户

在电脑维护的过程中，有时会只需要某个账户登录，或在过多的用户账户情况下，会影响登录系统的速度。因此，便可根据情况将本地电脑中的某些账户启用或禁用。

1. 启用或禁用来宾账户

启动电脑进入系统后，来宾账户是未被启用的，此时可启用来宾账户。其方法为：打开“管理账户”窗口，单击“来宾账户”选项，打开“启用来宾账户”窗口，单击启用按钮，便可启用来宾账户，如图 6-14 所示。返回“管理账户”窗口，单击“来宾账户”选项，打开“更改来宾选项”窗口，单击“关闭来宾账户”超级链接，如图 6-15 所示，可重新禁用来宾账户。

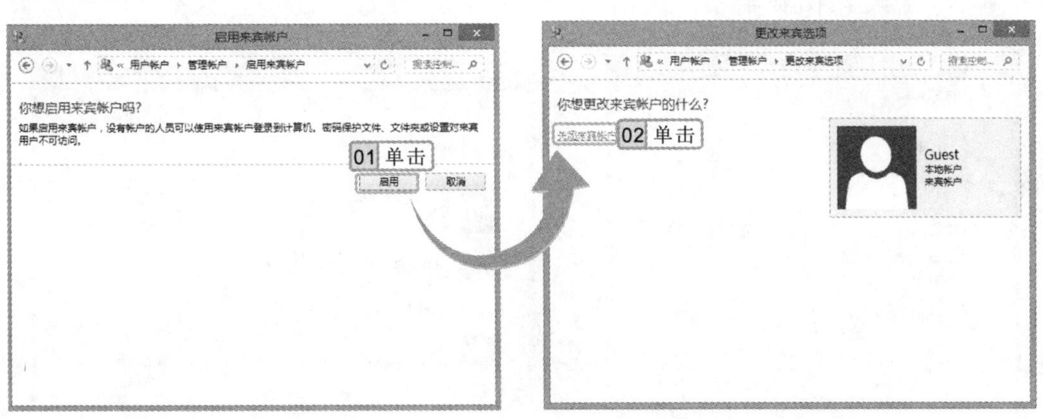

图 6-14 启用来宾账户　　　图 6-15 禁用来宾账户

2. 启用或禁用标准账户

使用管理员账户登录系统，可以通过“计算机管理”窗口对用户账户进行管理。下面主要通过“计算机管理”窗口介绍启用或禁用标准账户的方法。

实例 6-3 禁用 xiao 标准账户

1 在桌面的“计算机”图标上单击鼠标右键，在弹出的快捷菜单中选择“管理”命令。

若用户不再需要使用来宾账户登录系统时，可及时将其关闭，其方法为：先以管理员账户登录到系统，在“管理账户”窗口中选择 Guest 来宾账户，在打开的窗口中单击“关闭来宾账户”超级链接。

2 打开“计算机管理”窗口，单击左侧导航窗格中“本地用户和组”选项前的 ▷ 按钮，将显示出所有子目录，单击“用户”选项，在窗口工作区将显示所有的用户账户，如图 6-16 所示。

3 选择窗口工作区的 xiao 选项，在右边的窗格中会出现 xiao 账户栏，单击下方的“更多操作”选项，在弹出的菜单中选择“属性”命令，如图 6-17 所示。

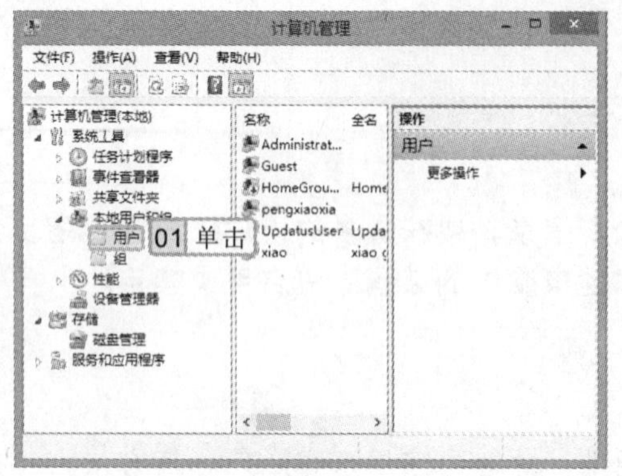

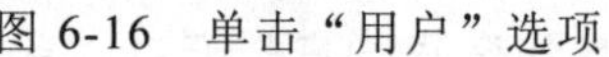
图 6-16　单击“用户”选项

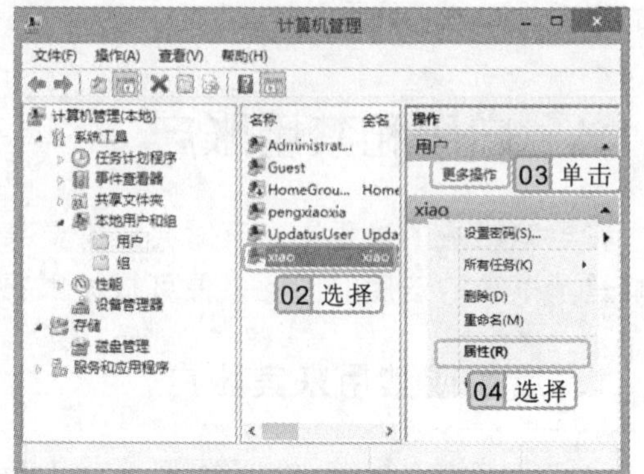

图 6-17　选择账户

4 打开“xiao 属性”对话框，选择“常规”选项卡，选中 ☑帐户已禁用(B) 复选框，单击 确定 按钮，如图 6-18 所示。

5 关闭“计算机管理”窗口，打开“管理账户”窗口，在该窗口中将发现没有了 xiao 账户，如图 6-19 所示。

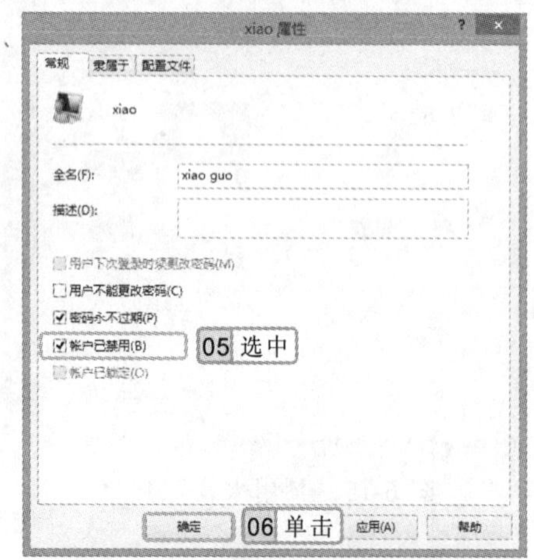

图 6-18　选中“账户已禁用”复选框

图 6-19　禁用本地账户效果

6.1.5　删除用户账户

当创建的账户不再需要时可将其删除，同创建用户账户一样，只有以管理员类型的账户登录系统后才有权限删除用户账户。删除 Microsoft 账户和本地账户的方法相同，在“管

在使用标准账户登录系统的情况下，不能够禁用其他用户账户。

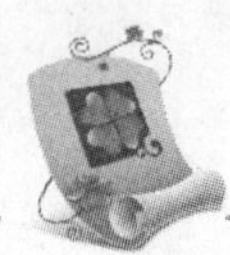

理账户”窗口中选择需要删除的用户账户，在“更改账户”窗口中单击“删除账户”超级链接，在打开的“删除账户”窗口中单击 删除文件 按钮，再在打开的“确认删除”窗口中单击 删除帐户 按钮即可，如图 6-20 所示。

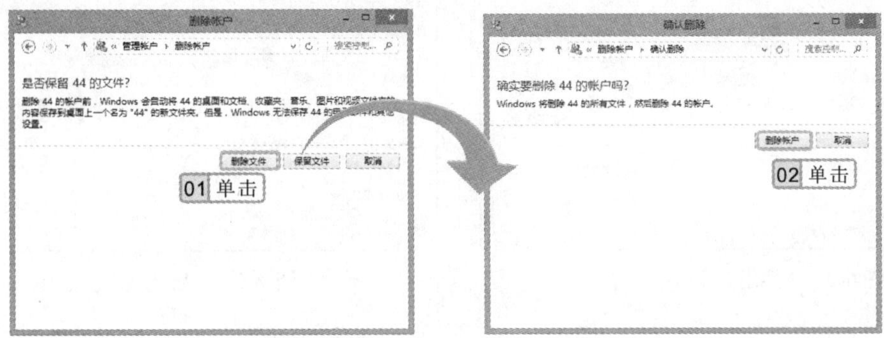

图 6-20　删除用户账户

6.1.6　启用家庭安全

在登录系统后，默认状态下，家庭安全是未被启用的，它是针对某个标准用户下使用的，要以管理员身份登录系统才可启用家庭安全。

实例 6-4　启用 xiao guo 账户的家庭安全

1. 打开“控制面板”窗口，单击“用户账户”超级链接，在打开的窗口中单击“管理其他账户”超级链接。
2. 打开“管理账户”窗口，单击下方的“设置家庭安全”超级链接，如图 6-21 所示。
3. 打开“家庭安全”窗口，选择需要启用家庭安全的账户选项，这里选择 xiao guo 选项，如图 6-22 所示。

图 6-21　“管理账户”窗口

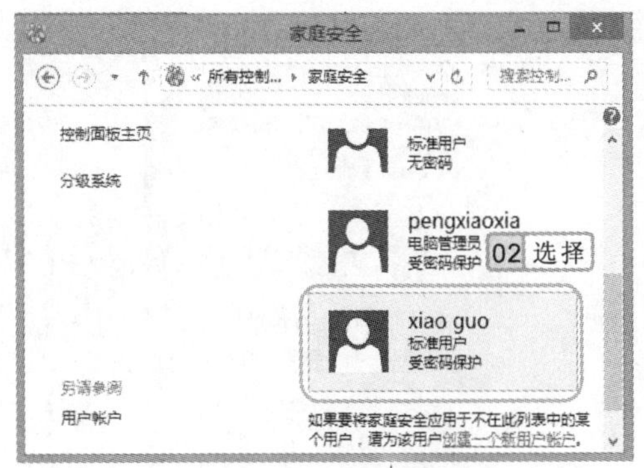

图 6-22　选择账户

4. 打开“用户设置”窗口，可看到该账户图标下方显示家庭安全是关闭的，如图 6-23 所示。

在 Windows 8 中要添加 Microsoft 账户，必须在联网的情况下才能添加；而本地的用户账户则不需要联网即可添加。

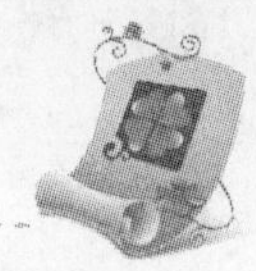

5 此时，选中 ◉启用，应用当前设置 单选按钮，启用家庭安全，如图 6-24 所示，单击 × 按钮。

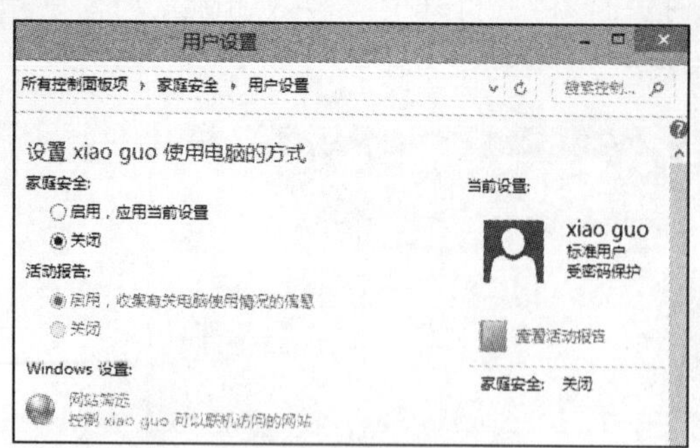

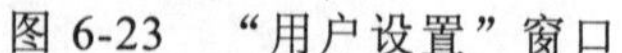
图 6-23　“用户设置”窗口

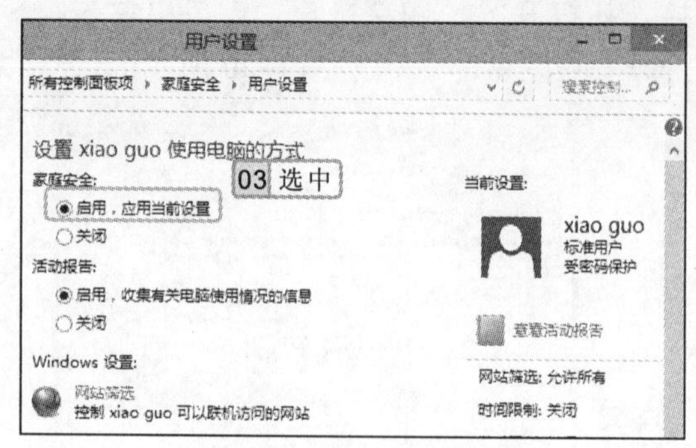

图 6-24　启用家庭安全

6.1.7　设置家庭安全的内容

在启用账户的家庭安全后，就需对家庭安全的内容选项进行设置，包括时间限制、游戏和程序限制等内容选项，下面将具体介绍设置家庭安全各内容选项的操作方法。

1. 时间限制

通过时间限制来控制启用家庭安全的账户使用电脑的时间。

其方法为：选择需设置家庭安全的账户选项，打开“用户设置”窗口，单击下方的“时间限制”超级链接，如图 6-25 所示。打开该账户的“时间限制”窗口，单击“设置限用时段”超级链接，打开“限用时段”窗口，选中相应的单选按钮，在下方的方格中拖动鼠标对当前用户使用电脑的时间进行设置，单击白色方块使其变成蓝色，表示该时间限制使用，而白色方块表示该时间可以使用，然后单击 确定 按钮即可，如图 6-26 所示。

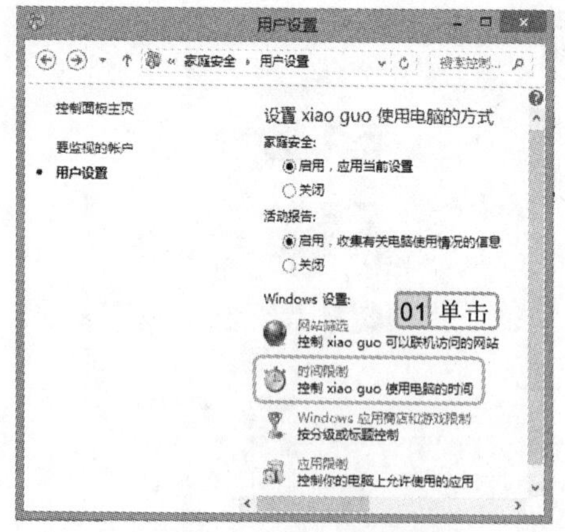

图 6-25　“用户设置”窗口

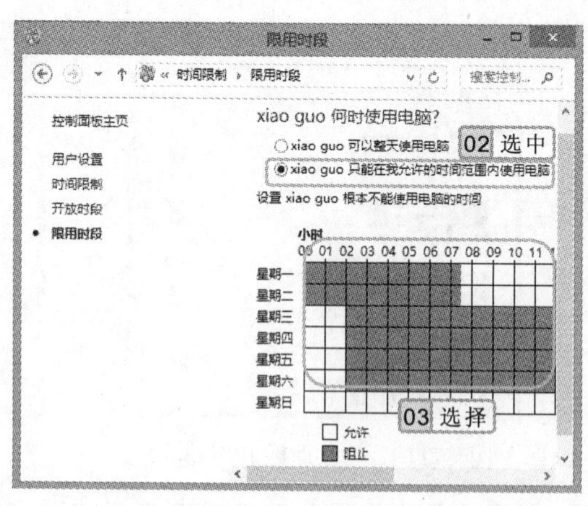

图 6-26　限制电脑使用时段

行家提醒

在启用家庭安全前，需要为管理员账户设置密码，避免通过其他账户对家庭安全进行修改。

2. 限制游戏和程序

限制游戏包括阻止运行所有的游戏或按分级、内容类型阻止运行某些游戏，而使用应用程序限制功能则可以限制启用家庭安全的账户使用某些程序。

实例 6-5　限制 xiao guo 账户使用游戏和程序

1. 打开 xiao guo 账户的“用户设置”窗口，单击“Windows 应用商店和游戏限制”超级链接，在打开的对话框中选中 ◉xiao guo 只能使用我允许的游戏和 Windows 应用商店应用 单选按钮，然后单击“游戏和 Windows 应用商店限制”超级链接，如图 6-27 所示。
2. 打开“分级级别”窗口，选中 ◉阻止未分级的游戏 单选按钮，在“xiao guo 适合哪种级别？”栏中选中“13 岁（含）以上”单选按钮，如图 6-28 所示。

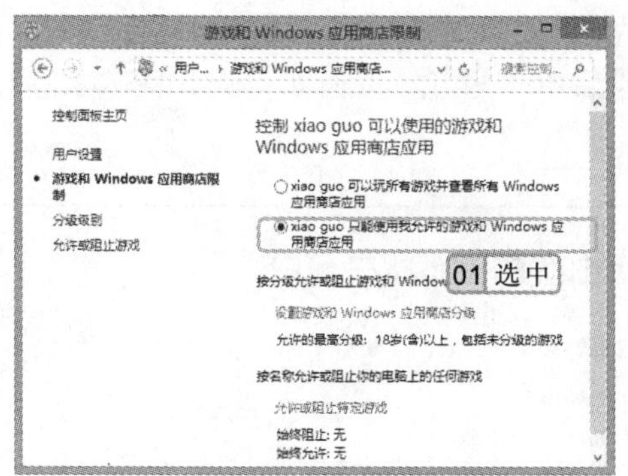

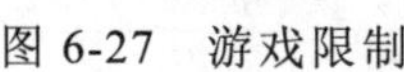

图 6-27　游戏限制

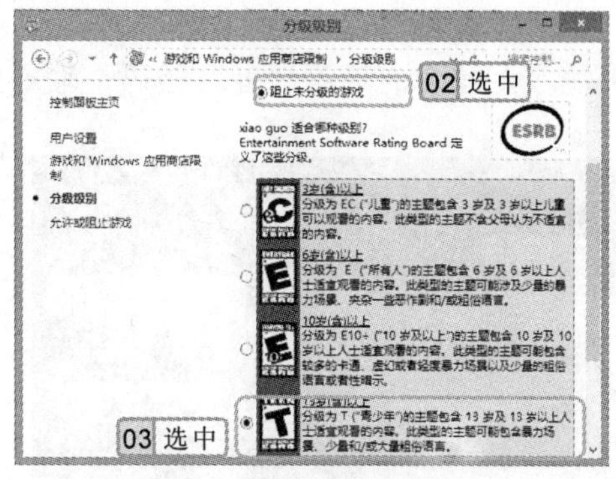

图 6-28　“分级级别”窗口

3. 单击 ⊖ 按钮，返回“用户设置”窗口，单击“应用限制”超级链接，打开“应用限制”窗口，选中相应的单选按钮，在“选择可以使用的应用”列表框中选中允许使用程序对应的复选框，如图 6-29 所示。
4. 返回“用户设置”窗口，此时，在该窗口右侧的“当前设置”栏中即可看到设置的效果，如图 6-30 所示。

图 6-29　限制程序

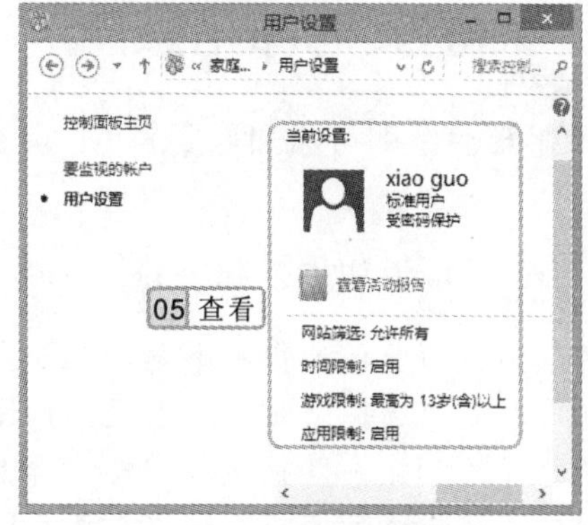

图 6-30　“用户设置”窗口

在“用户设置”窗口中单击“网站筛选”超级链接，在打开的窗口中可根据提示对访问的网站进行设置。

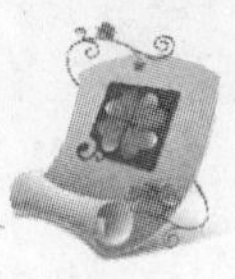

6.2 “邮件”管理邮件

随着科技不断地发展，传统的网页式查阅邮件的方式已经淡出我们的视野。在 Windows 8 中，为邮件专门开发了一个应用，通过它，可以随时随地收发邮件，分享内容。

6.2.1 登录电子邮箱

在 Windows 8 中，只要使用自己的微软账户登录系统，就可以随时登录电子邮箱享受邮件查收的方便。

其登录方法为：在“开始”屏幕中单击“邮件”应用磁贴，如图 6-31 所示。在打开的面板中输入要登录的邮箱地址及密码，输入完成后单击 连接 按钮即可，如图 6-32 所示。

图 6-31 单击“邮箱”磁贴

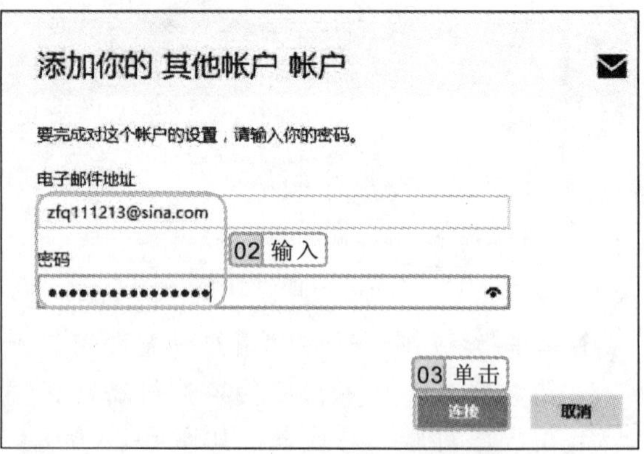

图 6-32 输入电子邮箱地址及密码

6.2.2 添加其他邮箱账户

登录邮箱后，即可添加需要通信的其他账户，由“邮件”应用共同管理，并进行邮件的传送。

实例 6-6 添加 QQ 邮箱账户

1. 将鼠标移动至任务栏右下角，在弹出的 CHARM 菜单中单击“设置”按钮，在打开的面板中选择“账户”选项，如图 6-33 所示。
2. 在打开的“账户”面板中单击“添加账户”超级链接，打开“添加账户”面板，在其中选择要添加的邮箱账户类型，这里选择 QQ 账户，如图 6-34 所示。

行家提醒

登录邮箱时，若当前系统登录的是 Microsoft 账户，系统将默认以当前账户登录电子邮箱。

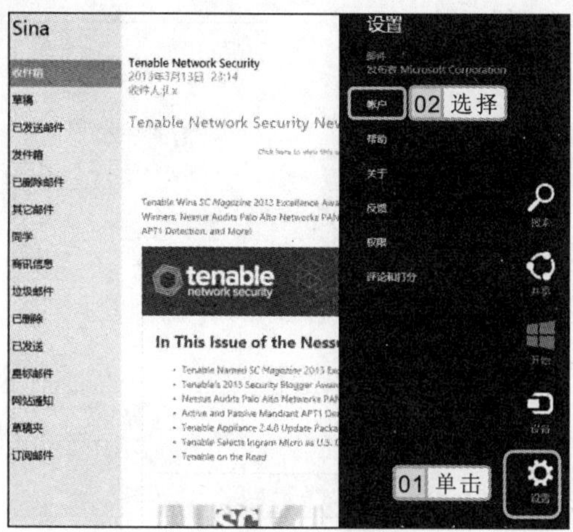

图 6-33　选择“账户”选项

图 6-34　添加账户

3 打开“添加你的 QQ 账户”面板，在其中分别输入“电子邮件地址”和“密码”，然后单击 连接 按钮，如图 6-35 所示。

4 返回邮箱账户列表，在左侧窗格的下方即显示了添加的邮箱账户，如图 6-36 所示。

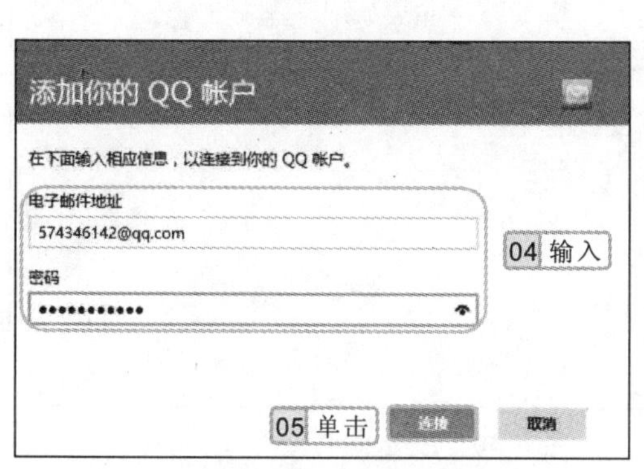

图 6-35　输入电子邮箱地址及密码

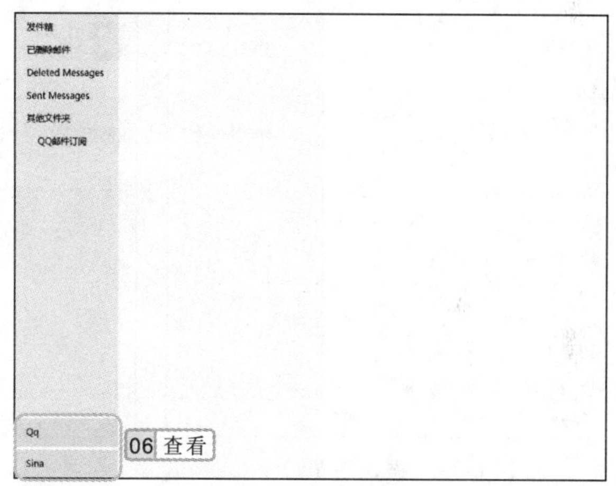

图 6-36　添加的 QQ 账户

6.2.3　撰写并发送邮件

添加账户后，便可将需要发送的信息、图片或视频等文件传送给需要的邮箱账户。

实例 6-7　向 QQ 邮箱账户发送邮件

1 在登录的邮箱界面中单击“新建”按钮⊕，如图 6-37 所示。

2 在打开界面的“收件人”文本框中输入邮箱地址，在右侧窗格中依次填写标题及邮件内容。然后在空白处单击鼠标右键，界面底部将显示可使用的选项，这里单击“表情”按钮，如图 6-38 所示。

若当前系统账户为本地账户，则需要输入要登录的邮箱地址及密码，即可登录电子邮箱。

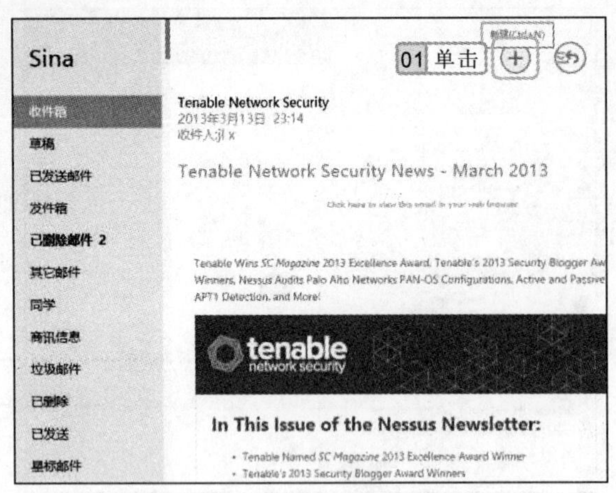

图 6-37 单击“新建”按钮

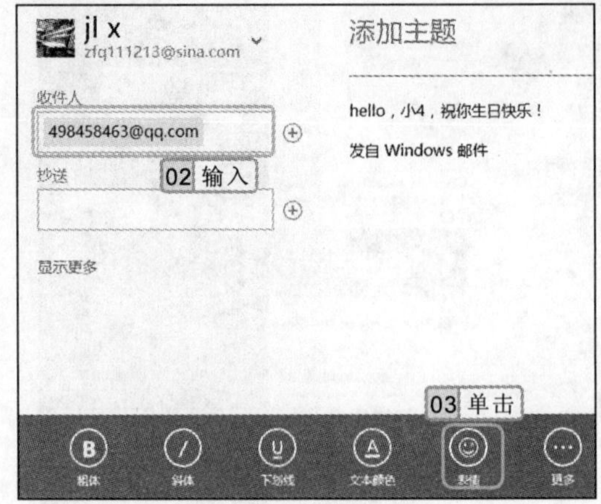

图 6-38 撰写邮件内容

3 在打开界面的“活动”栏中选择需要的表情，这里选择“生日蛋糕”和“音符”表情，如图 6-39 所示。

4 邮件撰写完成后，单击右上角的“发送”按钮，即可将邮件发送，如图 6-40 所示。

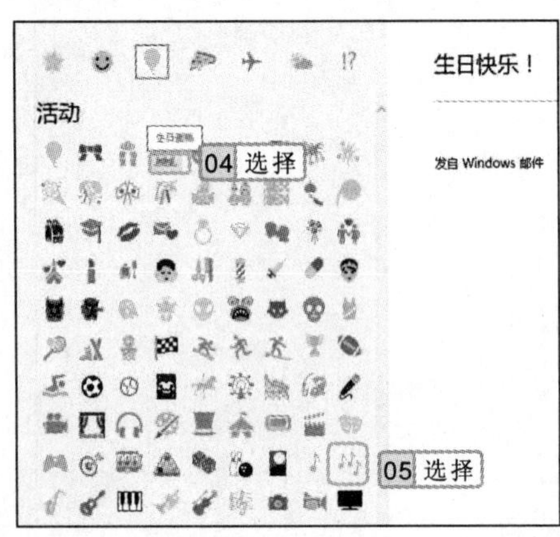

图 6-39 添加表情

图 6-40 发送邮件

6.2.4 查看并回复邮件

邮件是信息传递的一个重要方式。Windows 8 中，当别人发送邮件至你的邮箱时，在“邮箱”应用磁贴上将提示邮件数量。因此，即时查看邮件并阅读回复邮件是很有必要的。

其方法为：在“开始”屏幕中单击“邮箱”磁贴，在打开的面板中单击“收件箱”选项，即可查看邮件，如图 6-41 所示。选择已查看的邮件，单击右上角的按钮，在弹出的快捷菜单中选择“回复”选项，在打开的面板中撰写需答复的内容，完成后单击按钮，即可回复邮件，如图 6-42 所示。

行家提醒

撰写邮件时，在空白处单击鼠标右键，在弹出的快捷工具栏中单击“附件”按钮，可在打开的面板中选择要添加的附件发送给好友，如文件、图片等。

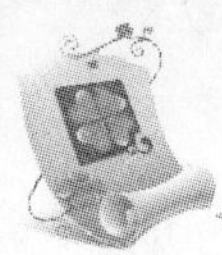

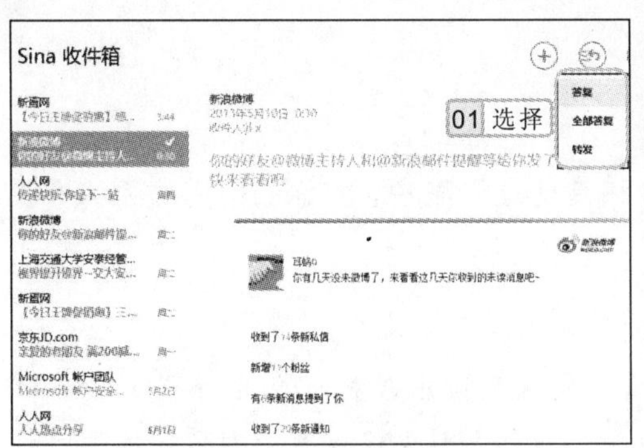

图 6-41　查看邮件

图 6-42　回复邮件

6.2.5　删除及移动邮件

通常情况下，邮箱中都会收到一些垃圾邮件或已无用的邮件，对于这些邮件可将其删除；当不想删除邮件时，则可将邮件移动至其他项目中进行保存管理。下面对删除和移动邮件的方法分别进行介绍。

- **删除邮件**：登录邮箱，选择要删除的邮件，单击面板右上角的“删除”按钮即可，如图 6-43 所示。
- **移动邮件**：在“邮箱”面板空白处单击鼠标右键，在下方单击“移动”按钮，此时，面板将呈模糊状态显示，然后在左侧的窗格中单击邮件要移动至的项目即可，如图 6-44 所示。

图 6-43　删除邮件

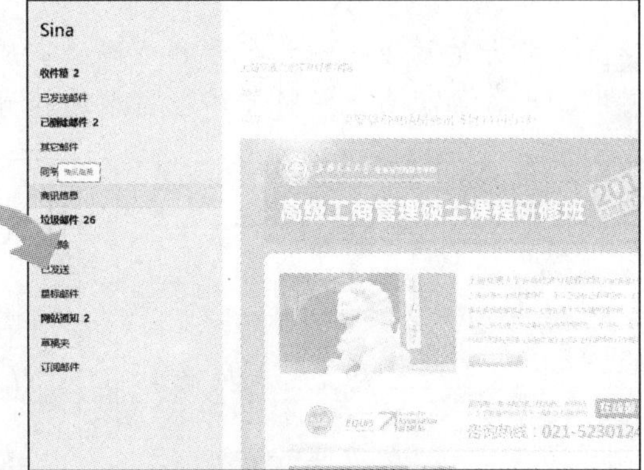

图 6-44　移动邮件

6.3　“人脉”管理联系人

与他人进行通信和共享是我们日常生活中必做之事，如电子邮件、短信、电话和视频通话、社交网络更新和评论等，在 Windows 8 中，可通过“人脉”应用，即一种新的联系人体验来实现这种基本功能。

选择邮件单击右上角的“删除”按钮后，邮件并不会彻底消失，而是转到“已删除邮件”选项中，选择“已删除邮件”选项，单击邮件将其打开，然后再单击“删除”按钮即可彻底删除邮件。

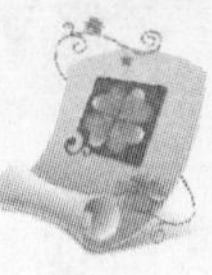

6.3.1 连接其他账户

在"人脉"应用中，可以连接到你的电子邮件和其他社交账户，将你的所有联系人（以及他们的动态）整合到一个便于访问的位置。

实例 6-8 连接新浪微博账户

1. 在"开始"屏幕中单击"人脉"磁贴，登录"人脉"应用，将鼠标光标置于任务栏右下角，在弹出的 CHARM 菜单中单击"设置"按钮，打开"设置"面板，选择"账户"选项，如图 6-45 所示。
2. 在打开的"账户"面板中单击"添加账户"超级链接，打开"添加账户"面板，选择"新浪微博"选项，如图 6-46 所示。

图 6-45 选择"账户"选项

图 6-46 添加账户

3. 在打开的面板中输入账号和密码，完成后单击"登录"按钮，如图 6-47 所示。
4. 此时，面板右上角将显示出当前连接到的账户类型的图标，如图 6-48 所示。

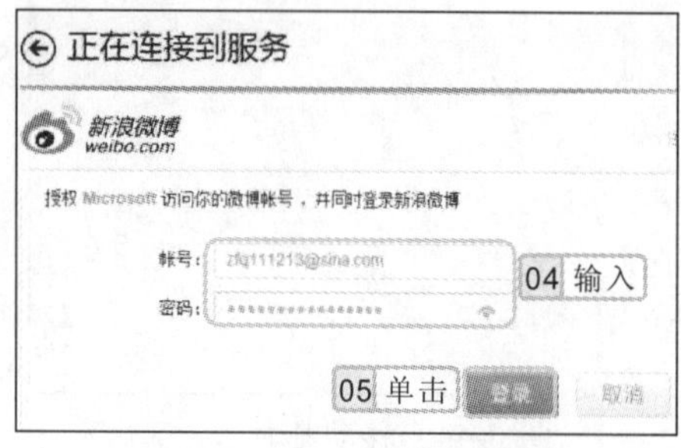

图 6-47 输入账号和密码

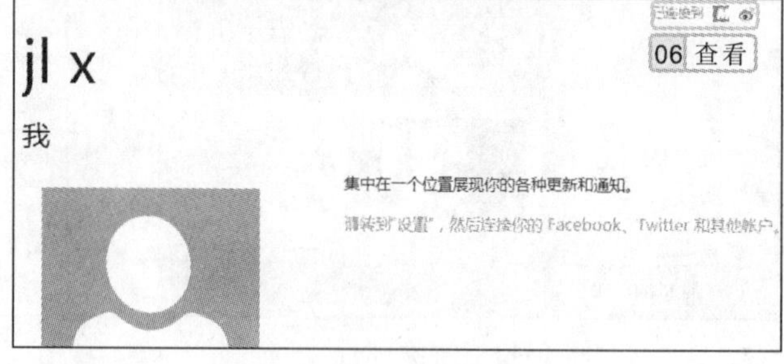

图 6-48 连接账户

6.3.2 新建联系人

连接其他账户后，即可看到连接账户的联系人已自动被添加，且按首字母进行排列显示，可将其新建为联系人。

"人脉"应用是集合所有的个人和工作关系，并伴随着社交的动态和更新的图片，以让用户实时、有效地联系朋友。

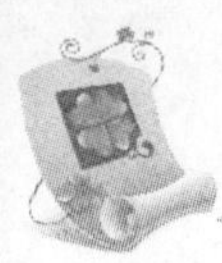

其方法为：在“人脉”面板中单击鼠标右键，在底部弹出的快捷工具栏中单击“新建”按钮⊕，如图 6-49 所示，打开“新建联系人”面板，在其中输入联系人的个人信息，单击鼠标右键，在弹出的快捷工具栏中单击“保存”按钮即可，如图 6-50 所示。

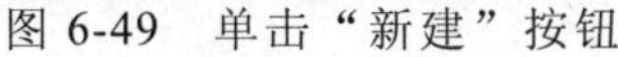
图 6-49 单击“新建”按钮

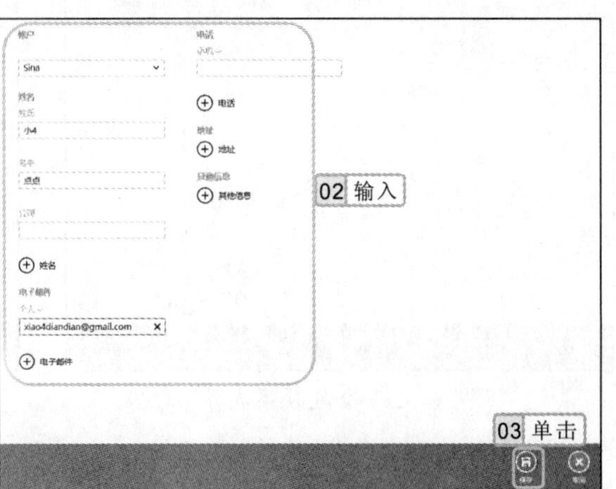

图 6-50 新建联系人

6.3.3 管理联系人

新建联系人后，即可通过对联系人发送消息或电子邮件等进行联系，同时还可将联系人收藏或添加为常用联系人，并以磁贴的方式放于“人脉”面板中，以便能快速找到该联系人，有效地提升发送消息及电子邮件的效率。

实例 6-9 将小 4 点点添加为常用联系人

1 在“人脉”面板中单击需要发送消息的联系人，这里单击“小 4 点点”，如图 6-51 所示。

图 6-51 选择联系人

2 在打开的面板中选择“发送电子邮件”或“发送消息”选项与对方进行联系，这里单击鼠标右键，在弹出的快捷工具栏中单击“收藏”按钮，如图 6-52 所示。

3 此时，系统自动将该联系人收藏，对方将以常用联系人的预览磁贴方式显示在“人

登录“人脉”面板后，将鼠标置于任务栏右下角，在弹出的 CHARM 菜单中单击“设置”按钮，在打开的面板中选择“账户”选项，再选择需要删除的账户，单击“删除账户”或“删除全部账户”可删除账户。

脉”面板中，如图 6-53 所示。

图 6-52 收藏联系人

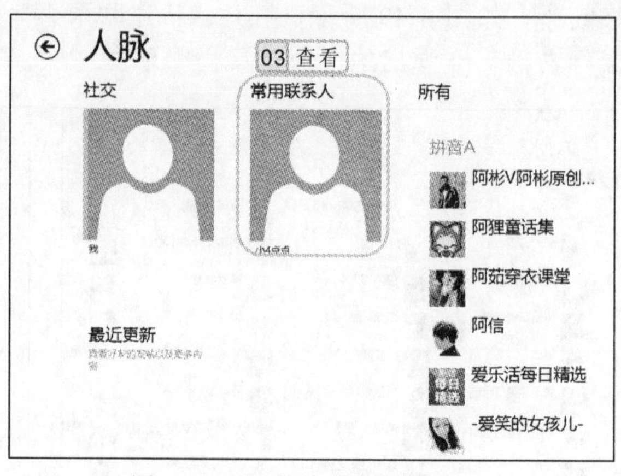

图 6-53 添加为常用联系人

6.4 “消息”即时聊天

使用 Windows 8 系统下的“消息”应用即刻就能与 Messenger 联系人开始对话，它是与作为通讯录的“人脉”将“人”作为沟通的中心，使用它在与好友聊天时将变得更加方便顺畅。

6.4.1 添加好友

要想与好友进行在线聊天，则需要向好友发送邀请，将其添加至列表中才能实现。

实例 6-10 添加 xjl 为消息好友

1. 单击“开始”屏幕中的“消息”磁贴，如图 6-54 所示。登录“消息”应用界面，在面板空白处单击鼠标右键，在底部弹出的快捷工具栏中单击“邀请”按钮，在弹出的列表中选择“添加新好友”选项，如图 6-55 所示。

图 6-54 单击“消息”磁贴

图 6-55 “消息”应用界面

行家提醒

第一次登录“消息”应用时，将接收到消息团队发来的消息，其内容在中间窗格显示。

2 打开“登录”页面，输入账户及密码，再单击 登录 按钮，如图 6-56 所示。

3 打开“人脉”面板，在“电子邮件地址”文本框中输入邮箱地址，单击 下一步 按钮，如图 6-57 所示。

图 6-56　输入账户和密码

图 6-57　输入电子邮箱地址

4 在打开的面板中单击 邀请 按钮，如图 6-58 所示。

5 在打开的面板中将显示“已发送邀请”，此时，只需等待对方接受即可，如图 6-59 所示。

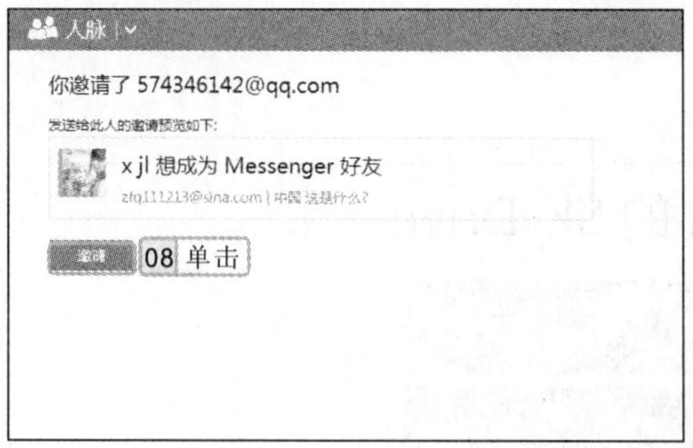

图 6-58　邀请好友

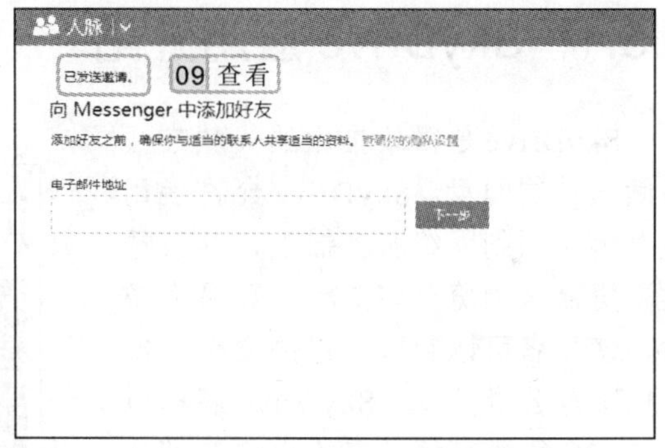

图 6-59　发送邀请

6.4.2　与好友聊天

成功添加好友后，即可通过“消息”应用与好友进行在线聊天。

其方法为：在“消息”应用界面中单击鼠标右键，在弹出的快捷工具栏中单击“发起聊天”按钮，在打开的“人脉”面板中选择要聊天的好友，然后单击 选择 按钮，如图 6-60 所示。打开“消息”面板，在下方的聊天文本框中输入聊天内容，或单击右侧的☺按钮，在弹出的列表框中选择需要的表情，按 Enter 键即可发送聊天内容与好友进行聊天，如图 6-61 所示。

在添加好友时，若没有 Microsoft 账户，可在“登录”界面中单击“立即注册”超级链接注册账户。

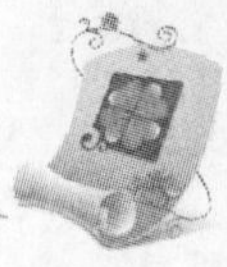

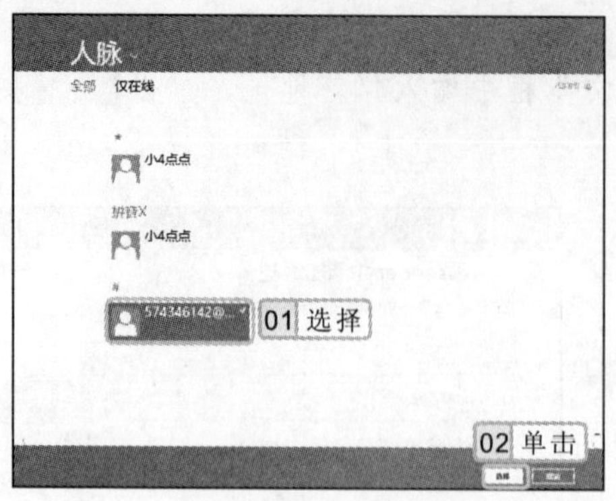

图 6-60　选择好友

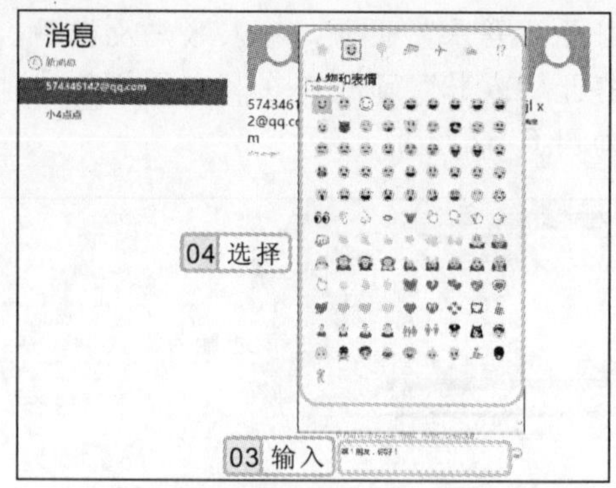

图 6-61　撰写聊天内容

6.5　SkyDrive 微软网盘

SkyDrive 是由微软公司推出的一项云存储服务，用户可以通过自己的微软账户登录系统，并直接打开 SkyDrive，上传自己的图片、文档等资源进行存储。

6.5.1　SkyDrive 应用介绍

SkyDrive 是微软推出的一款在线存储文件的网盘。SkyDrive 允许使用者上传文档到网络服务器上，并且透过浏览器来浏览这些文档。登录系统后，使用者可以存取自己的文档，或将档案与公众分享。SkyDrive 还提供了 7GB 免费存储容量给用户存储使用，但限制上传文件最大不可以超过 50MB。

打开 SkyDrive 应用的方法为：在“开始”屏幕中单击 SkyDrive 应用磁贴，即可登录其主界面并以当前账户的 SkyDrive 为标题，如图 6-62 所示。

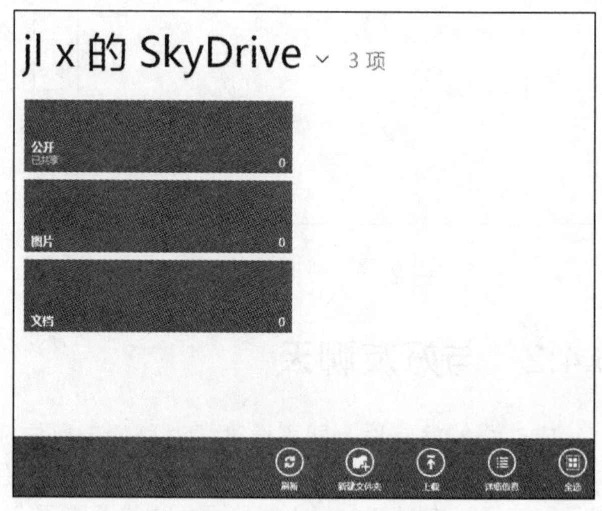

图 6-62　SkyDrive 应用界面

6.5.2　上传及下载文件

SkyDrive 微软网盘的功能之一是存储、管理和下载文件，下面分别介绍上传与下载文件的方法。

在与好友聊天时，若想删除与好友的聊天记录，可在会话窗口空白区域单击鼠标右键，在底部弹出的快捷工具栏中单击“删除”按钮，在弹出的快捷菜单中单击“删除会话”按钮即可。

1．上传文件

使用 SkyDrive 上传文件是将制作好的文档或图片等发布到 SkyDrive 中，以便让其他好友进行浏览和欣赏。

实例 6-11 上传“图片”文件

1 登录 SkyDrive 应用界面，选择“图片”选项，在打开的“图片”面板的空白区域单击鼠标右键，在弹出的快捷工具栏中单击“上载”按钮，如图 6-63 所示。

2 打开“文件”面板，单击“文件”右侧的下拉按钮，在弹出的下拉列表中选择文件存储的位置，这里选择“计算机”选项，如图 6-64 所示。

图 6-63　单击“上载”按钮

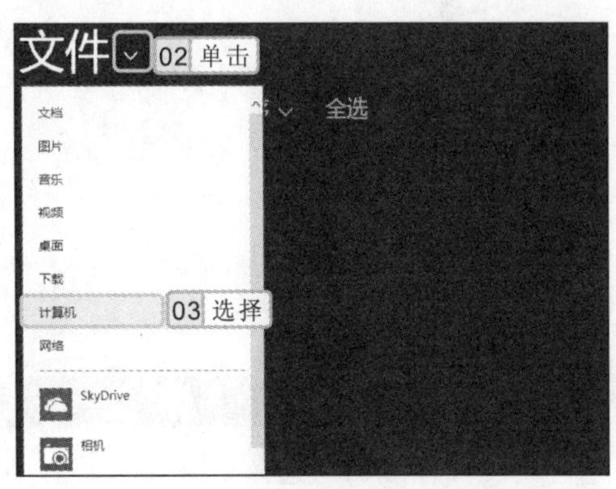

图 6-64　选择文件存储位置

3 在打开的面板中选择文件所在的磁盘与文件夹，这里选择“本地磁盘（E:）\婚纱照”文件，在需上传的图片文件磁贴上单击鼠标右键选择图片，单击添加到 SkyDrive按钮，如图 6-65 所示。

4 系统自动将选择的图片上传到“SkyDrive‘图片’”中，如图 6-66 所示。

图 6-65　选择上传的文件

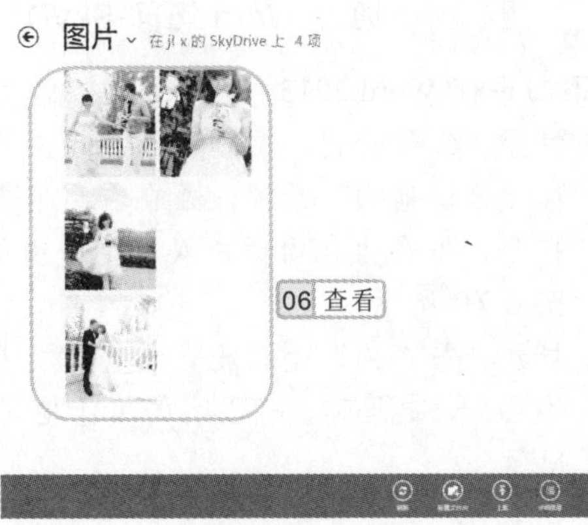

图 6-66　上传的图片

在“文件”面板下的列表中选择相应的文件后，在面板的下方将显示选定的文件。

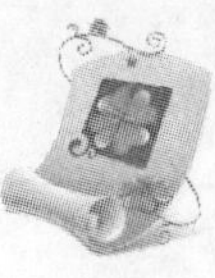

2. 下载文件

通过 SkyDrive 下载文件的方法非常简单，只需在 SkyDrive 中右键单击相应的文件，然后在空白区域单击鼠标右键，在弹出的快捷工具栏中单击按钮，如图 6-67 所示。在打开的面板中选择文件下载后存储的目标位置，然后依次单击选择这个文件夹和确定按钮，如图 6-68 所示，该图片即从 SkyDrive 中下载至要保存的位置。

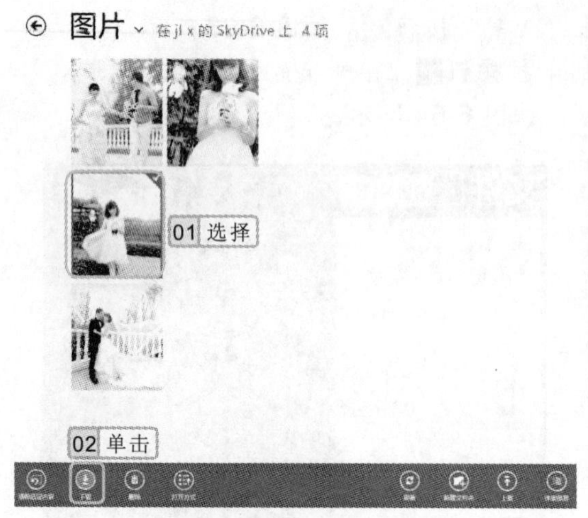

图 6-67 选择文件

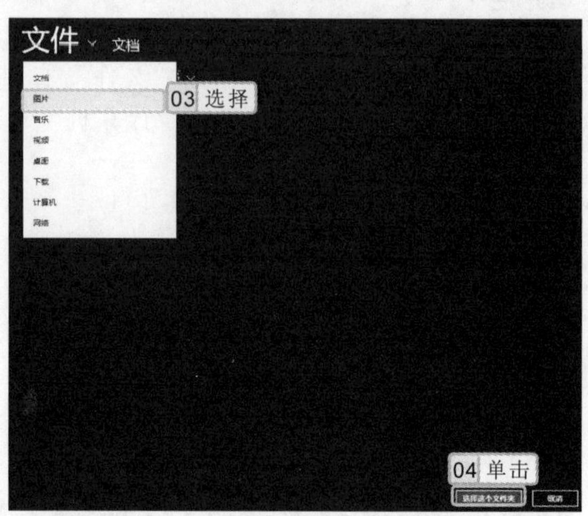

图 6-68 选择文件下载后的保存位置

6.5.3 从其他应用程序访问 SkyDrive

通过前面讲解的在 SkyDrive 中上传及下载文件，从而将文件共享给好友外，还可将 SkyDrive 之外的某些文件通过应用程序共享至 SkyDrive 中，从而访问 SkyDrive。

实例 6-12 通过 Word 访问 SkyDrive 并共享文件

下面将在 Word 2013 中将“工作检讨”文档保存到新的位置并将其共享至 SkyDrive 中。

1. 打开“工作检讨”文档，选择【文件】/【共享】命令，在打开的“共享”面板中选择“邀请他人”选项，并在右侧单击“保存到云”按钮，如图 6-69 所示。
2. 打开“另存为”面板，双击要使用的位置，这里双击“jlx 的 SkyDrive”选项，如图 6-70 所示。
3. 打开“另存为”对话框，选择“文档”文件夹，然后在“文件名”文本框中输入新的名称，这里输入“王刚的工作检讨.docx”文本，然后单击保存(S)按钮，如图 6-71 所示。

行家提醒

若想查看 SkyDrive 中各文件夹的建立日期和当前所存文件的大小，可在其界面空白处单击鼠标右键，在弹出的快捷工具栏中单击“详细信息”按钮即可。

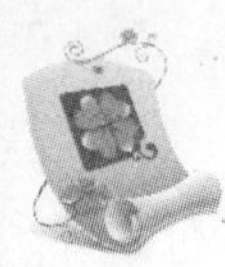

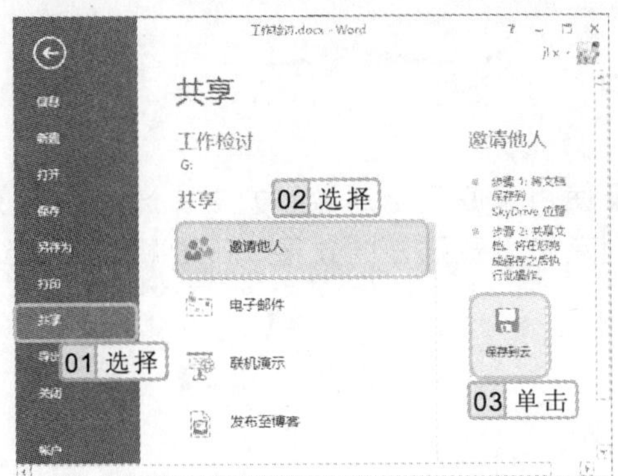

图 6-69　另存文档

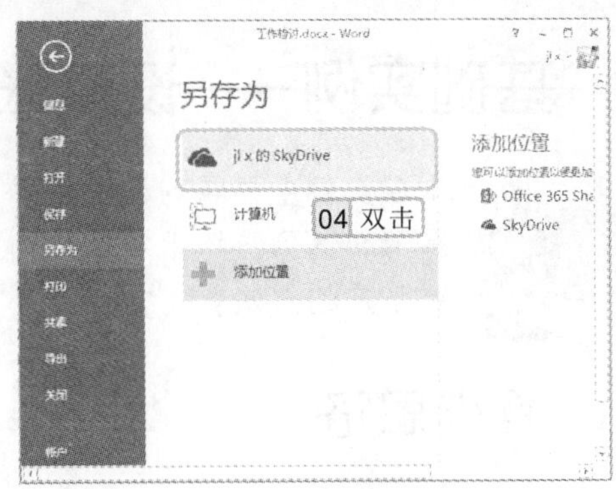

图 6-70　选择保存位置

4 返回到“共享”面板，选择【共享】/【邀请他人】选项，在右侧的“邀请他人”栏中输入与您共享用户的姓名或电子邮箱地址，这里输入“8715691194@qq.com”。

5 单击“可编辑”右侧的下拉按钮，在弹出的下拉列表中选择“可编辑”选项，表示允许对方更改编辑文档，然后单击“共享”按钮即可，如图 6-72 所示。

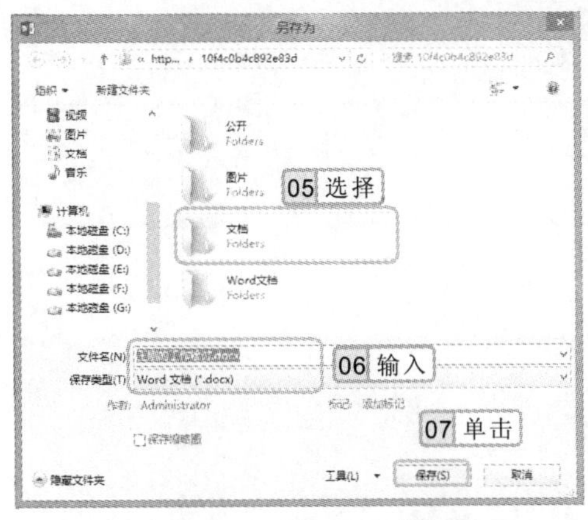

图 6-71　输入文件名

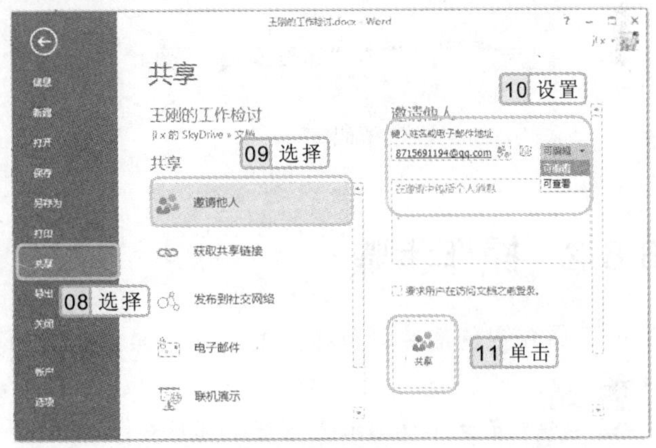

图 6-72　邀请他人并输入邮件地址

6 登录 SkyDrive 应用界面，可看到“文档”磁贴右下角已显示为 1，如图 6-73 所示。单击“文档”磁贴，打开“文档”面板，即可看到共享的文档，如图 6-74 所示。

图 6-73　SkyDrive 应用界面

图 6-74　查看共享的文档

在“邀请他人”栏中的“在邀请中包括个人消息”文本框中可输入相应的邀请信息或共享文件的相关信息。

6.6 基础实例——设置账户

本章实例主要练习设置账户以及使用家庭安全的操作方法。通过本实例的练习，达到熟练地掌握如何来创建和设置账户的效果，下面将详细介绍设置账户的方法。

6.6.1 操作思路

为更快完成本例的制作，并且尽可能运用本章讲解的知识，本例的操作思路如下。

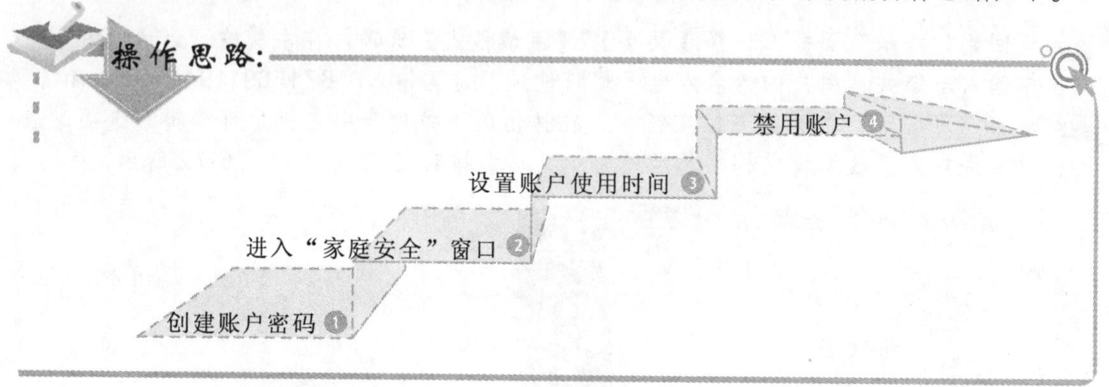

6.6.2 操作步骤

下面介绍创建并设置账户的方法，操作步骤如下：

光盘\实例演示\第 6 章\设置账户

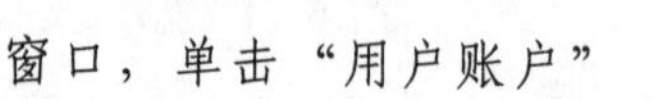

1. 双击桌面的“控制面板”图标，打开“所有控制面板项”窗口，单击“用户账户”超级链接，打开“用户账户”窗口，单击“管理其他账户”超级链接。
2. 打开“管理账户”窗口，单击 pengxiaoxia 选项，如图 6-75 所示。
3. 打开“更改账户”窗口，单击“创建密码”超级链接，如图 6-76 所示。

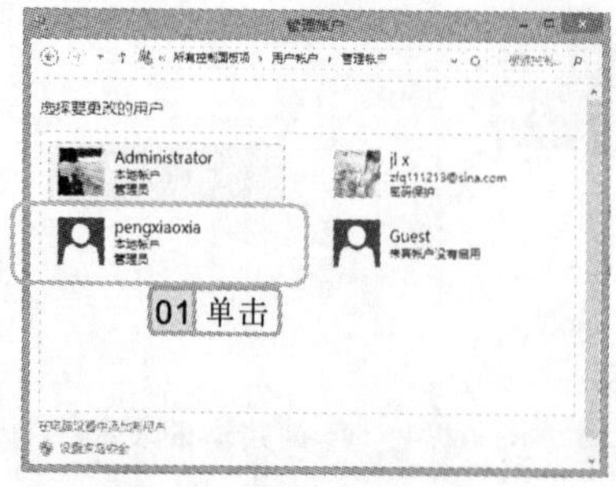

图 6-75 选择账户

图 6-76 “更改账户”窗口

设置账户密码，可以防止其他用户在联网状态下远程登录并恶意地损坏系统。

4 打开“创建密码”窗口，在“新密码”文本框中输入密码，然后在“确认新密码”文本框中输入相同的密码，单击 创建密码 按钮，如图 6-77 所示。

5 返回“更改账户”窗口，该账户显示为密码保护，单击“设置家庭安全”超级链接。打开“家庭安全”窗口，单击 pengxiaoxia 选项，如图 6-78 所示。

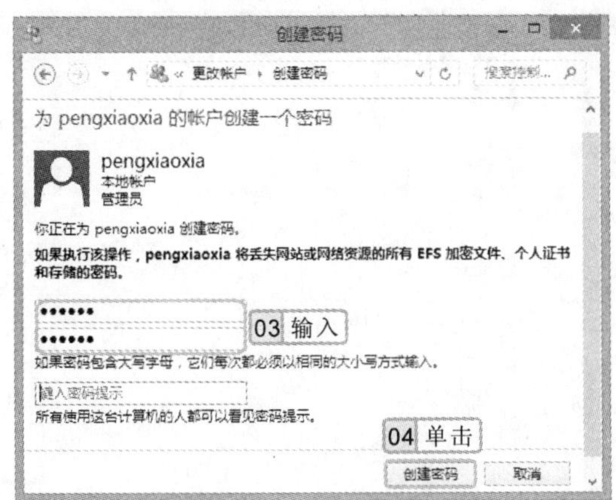

图 6-77　输入密码

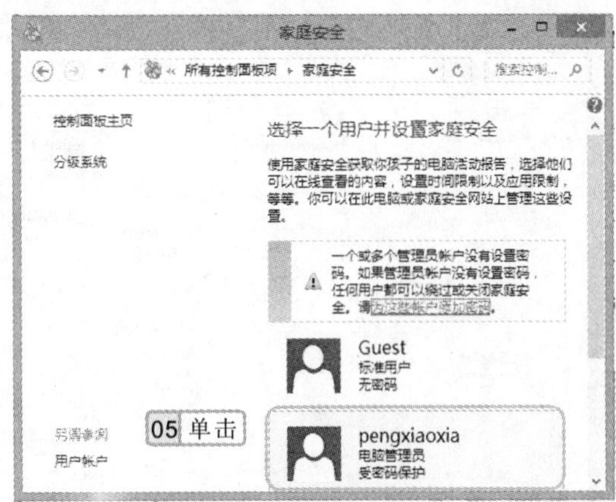

图 6-78　家庭安全窗口

6 打开该账户的“用户设置”窗口，选中 启用，应用当前设置 单选按钮，该窗口将显示设置家庭安全内容选项为有效，如图 6-79 所示。

7 单击“时间限制”超级链接，打开“时间限制”窗口，单击“设置限用时段”超级链接，在打开的窗口中选中 pengxiaoxia 只能在我允许的时间范围内使用电脑 单选按钮，在弹出的表格中拖动鼠标设置允许电脑使用的时间，这里设置为“允许该账户使用电脑的时间为星期六和星期日的 8 点~19 点”，如图 6-80 所示，单击 × 按钮。

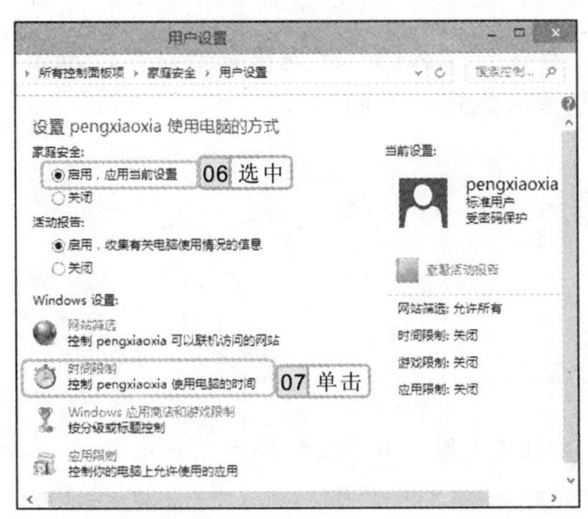

图 6-79　用户设置窗口

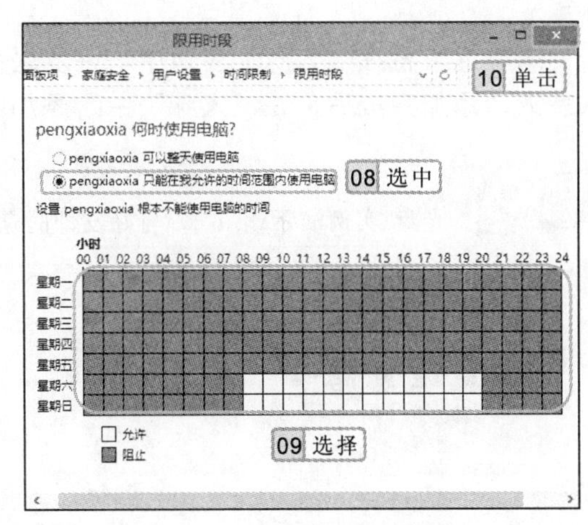

图 6-80　设置电脑限用时段

8 返回桌面，右击“计算机”图标，在弹出的快捷菜单中选择“管理”命令，打开“计算机管理”窗口，单击“本地用户和组前”的 ▷ 按钮，在展开的选项中选择“用

在删除某账户时，要求保留该账户下的文件时，系统将在桌面上创建一个以该账户名称命名的文件夹，保存该账户下的文件。

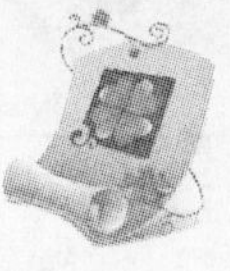

户”选项，在中间窗格的 UpdatusUser 账户上单击鼠标右键，在弹出的快捷菜单中选择“属性”命令，如图 6-81 所示。

9 打开“UpdatusUser 属性”对话框，在“常规”选项卡中选中 ☑帐户已禁用(B) 复选框，然后单击 确定 按钮，禁用该账户，如图 6-82 所示。

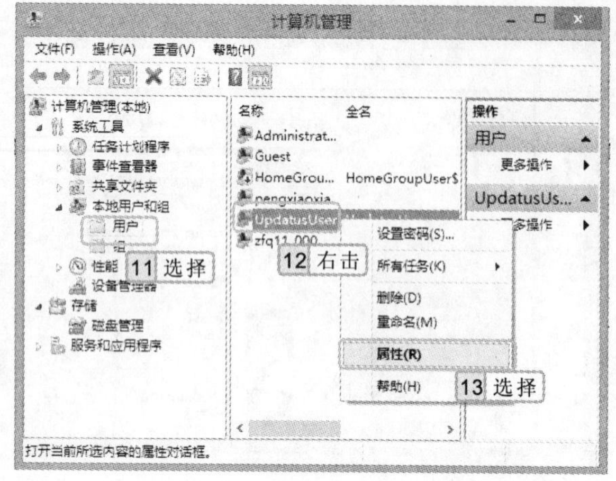

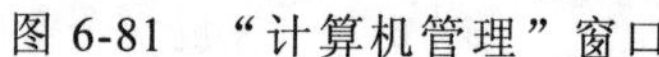
图 6-81　“计算机管理”窗口

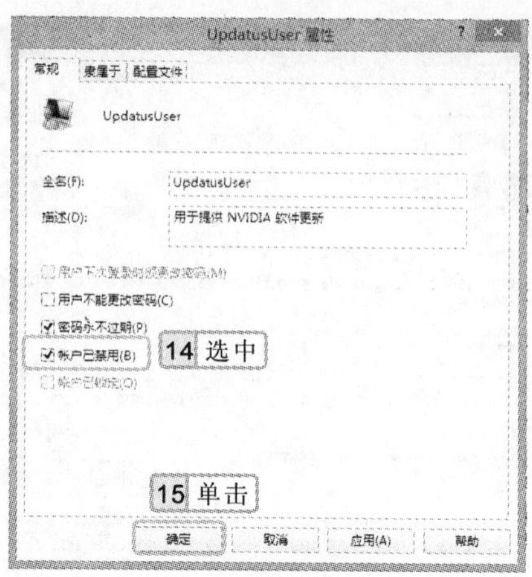

图 6-82　禁用账户

6.7　基础练习——与好友即时通信

本章主要学习了 Windows 8 云服务的相关知识，包括账户、邮件、人脉和消息等，本次练习将结合所学知识，进一步熟练 Windows 8 云服务的操作方法。

本次练习将在“人脉”应用中与好友联系，首先在“人脉”中连接其他账户，再添加联系人，添加完成后，在“人脉”中给添加的联系人发送电子邮件。

光盘\实例演示\第 6 章\与好友即时通信

该练习的操作思路如下。

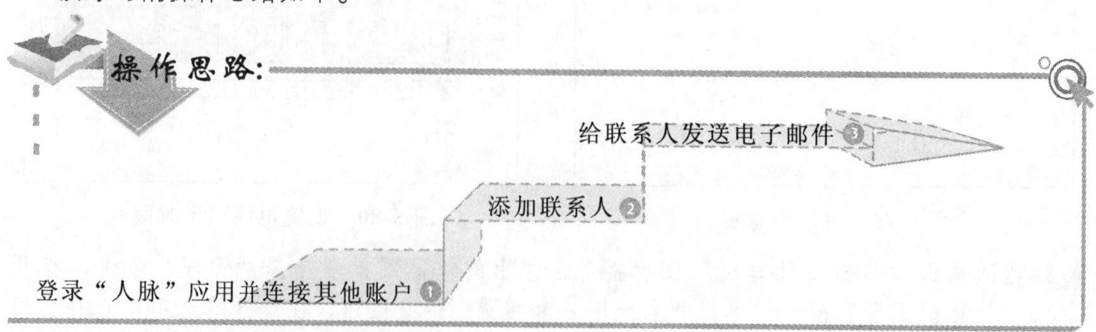

管理账户时，来宾账户是系统默认设置的账户，它不能被删除，但是可以禁止使用。

6.8 知识问答

在对电脑中的用户账户进行设置时，难免会遇到一些难题，如修改和删除账户密码、快速查找联系人的方法等。下面将介绍设置电脑中用户账户过程中常见的问题及解决方案。

问：怎样删除账户密码？

答：在桌面上双击“控制面板”图标，打开“所有控制面板项”窗口，单击“用户账户”超级链接，在打开的窗口中单击“管理其他账户”超级链接，打开“管理账户”窗口，选择需修改或删除账户密码的账户，在打开的“更改密码”窗口中直接单击更改密码按钮，则可删除账户密码。

问：当“人脉”中的联系人过多时，有没有什么方法能快速查找到某一联系人呢？

答：有。在“人脉”界面中，单击右下角的-按钮，在弹出的面板中单击该联系人的首字母，即可快速找到。

认识不同的账户类型

在 Windows 8 操作系统中的本地用户账户可以分为管理员账户、标准用户账户和来宾账户 3 种类型。管理员账户在所有账户类型中权限最大，它可以访问电脑中的所有文件，可对其他用户账户进行更改，对操作系统进行安全设置、安装软件和添加硬件等；标准用户账户允许使用电脑的大多数功能，如果要进行更改，可能影响到其他用户账户或者操作系统安全等操作，则需要通过管理员账户的许可；来宾账户主要用于在该台电脑上没有固定账户的用户使用，它允许来宾使用电脑，但是不能访问个人账户文件夹，不能安装软件和硬件，不能创建密码和更改设置。

通常，在电脑中只设置一个管理员账户，这样方便在对其他账户进行管理时，不至于发生冲突。

第 7 章

解析 Windows 8 实用附件

使用应用商店

使用轻松访问中心

截图工具

写字板

画图程序

使用计算器

本章导读

为了满足用户的不同需求，Windows 8 操作系统中自带了许多实用的工具软件，如应用商店、日历应用、写字板、便签、画图程序和计算器等。即使电脑中没有安装专业的应用程序，也可通过 Windows 8 中的自带工具，满足日常的文本编排、图形绘制和数值计算等需求。本章将学习使用 Windows 8 自带的各种常用工具。

7.1　使用应用商店

应用商店是 Windows 8 新引入的功能之一，它允许应用程序提供商在此发布应用消息，用户可在此下载或更新所有 Metro 应用程序及部分传统应用程序。

7.1.1　登录应用商店

Windows 8 系统自带的应用商店可以帮助用户更方便地下载到安全、无病毒的应用软件。只需单击某个类别名称，即可浏览该类别中的所有应用，还可以查看“免费热门应用”和“新版本”等应用。Windows 应用商店的工作界面十分简洁，其登录方法也非常简单，只需单击“开始”屏幕按钮，进入“开始”屏幕，单击“应用商店”磁贴登录即可。如图 7-1 所示为打开的应用商店操作界面。

图 7-1　应用商店操作界面

通过 Windows 应用程序商店，用户可以下载自己需要的应用程序，并且这些应用程序都有一定的安全保障，用户可以放心地在装有 Windows 8 的设备上运行。

实例 7-1　下载“美女找茬”游戏应用程序

1. 登录应用商店，向右侧拖动屏幕下方的滚动条，在“游戏”栏中单击“最热免费产品”磁贴，如图 7-2 所示。
2. 打开“游戏”面板，其中列出了多个最热且免费的游戏应用程序，找到需要下载的游戏应用程序，这里单击“美女找茬 HD”选项，如图 7-3 所示。
3. 打开“美女找茬 HD”面板，在其中显示了该程序的相关信息，单击 安装 按钮，如图 7-4 所示。

按 Win+F 键，在右边的弹出窗格中选择“应用商店”，然后在上方的文本框中输入软件名称，即可搜索到相应软件。

图 7-2　“应用商店”界面

图 7-3　游戏应用面板

4. 返回“游戏”面板，在面板右上角可查看程序安装的相关信息，且系统将自动下载并安装该程序，如图 7-5 所示。
5. 安装完成后，返回“开始”屏幕，即可看到所下载的应用程序，单击“应用程序”磁贴即可启动该程序。

图 7-4　安装游戏

图 7-5　查看安装进度

7.1.2　删除应用程序

下载程序后，可将不常用的应用程序删除，以减少磁盘空间。其方法为：单击任务栏左下角的■按钮，进入“开始”屏幕，找到需删除的应用程序磁贴，在其上单击鼠标右键，在弹出的快捷工具栏中单击“卸载”按钮■即可删除该应用程序，如图 7-6 所示。

7.1.3　更新应用程序

在 Windows 中，只要登录应用商店，系统就会自动检查可用于安装程序的更新应用，还会每周自动检查更新，且显示可更新应用程序的总数。

打开应用商店，按 Win+I 键打开设置栏，选择“首选项”，可看到“更容易找到与我的首选语言一致的应用”和“更容易找到包括辅助功能的应用”状态为“是”，此时将设置都改为“否”。完成后返回应用商店，将会看到增加了一些之前未见过的应用。

如果有可用的更新，并且用户正在登录应用商店，“更新”面板将会自动显示。此时，只需选择要更新的应用程序，在屏幕空白处单击鼠标右键，在弹出的快捷工具栏中单击“安装”按钮⊕即可。如图 7-7 所示为“应用更新”面板。

图 7-6　删除应用程序

图 7-7　“应用更新”面板

7.2　写字板

写字板程序是 Windows 8 自带的一款功能强大的文字编辑和排版工具，在该程序中用户可完成文本的输入、文本格式设置和图片插入等基本操作。

7.2.1　认识写字板的操作界面

要使用写字板，必须先启动它。其方法为：单击任务栏左下角的“开始”屏幕按钮▇，进入“开始”屏幕，在空白处单击鼠标右键，单击弹出的快捷工具栏中的“所有应用”按钮⊜，在打开的应用界面的“Windows 附件”栏中单击“写字板”图标▇，即可打开“写字板”程序。写字板程序由快速访问工具栏、标题栏、功能选项卡和功能区、标尺、文档编辑区及缩放比例工具等部分组成，其结构与一般窗口基本一致，因此这里不再详细赘述。

7.2.2　在写字板中输入文字

要想在写字板中实现输入文字，首先应该选择一种适合自己的输入法，如微软拼音、搜狗拼音或王码五笔等，再进行输入文字操作。

在写字板工作界面中单击右下角的⊖和⊕按钮，或拖动中间的滑块，即可实现缩小和放大操作。

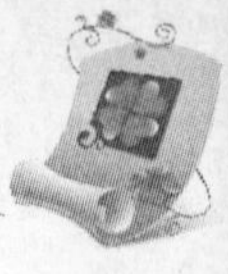

实例 7-2 **输入一首古诗**

下面将在写字板中练习输入文字及分段文本等操作。

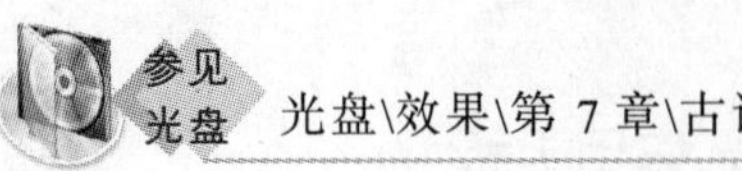

参见光盘 光盘\效果\第 7 章\古诗.rtf

1. 打开写字板程序，按 Shift+Ctrl 键切换至需要的输入法，在文本插入点处输入标题"望岳"。然后按 5 次空格（Space）键，再输入诗人名"杜甫"。
2. 按 Enter 键换行，将鼠标光标提到下一行，实现分段功能。然后在文本插入点处输入第一句诗"岱宗夫如何，齐鲁青未了;"，如图 7-8 所示。
3. 按 Enter 键换行，然后使用相同的方法，输入古诗的其他几句诗，如图 7-9 所示。

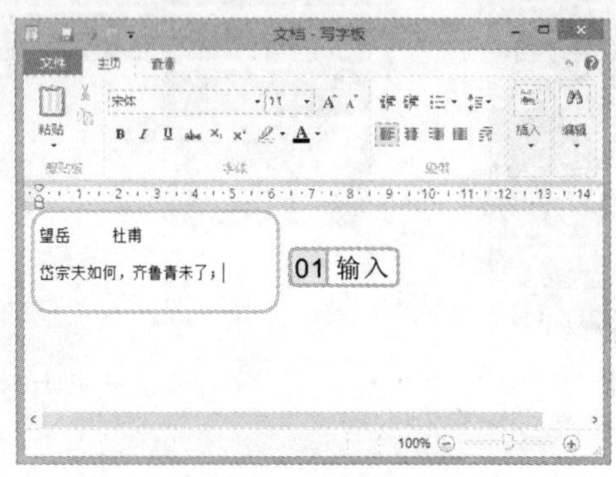

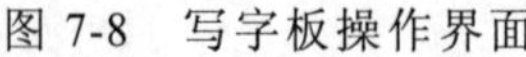

图 7-8　写字板操作界面

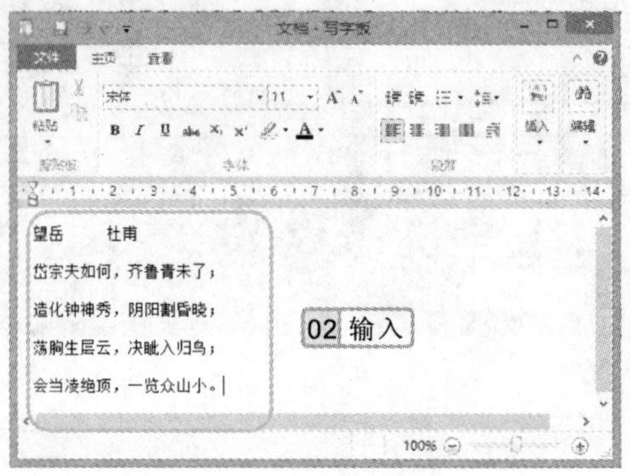

图 7-9　输入文本

7.2.3 在写字板中编辑文档

若当前文档不能满足用户的需要，还可对其进行编辑，如设置文档格式、插入对象、美化文档等。

1. 设置文档格式

在写字板中可对文档中的字体样式、大小、颜色以及段落对齐方式等属性进行设置。

实例 7-3 **设置"古诗"文档的格式**

参见光盘 光盘\素材\第 7 章\古诗 1.rtf
光盘\效果\第 7 章\古诗 1.rtf

1. 打开"古诗 1"文档，单击鼠标将文本插入点定位到"望"文本前面，拖动鼠标光标选择所有的文本后（文本呈蓝底显示）释放鼠标，选择【主页】/【段落】组，单击"居中"按钮，使所有文本居中显示在编辑区中，如图 7-10 所示。
2. 拖动鼠标选择标题和诗人名字，在【主页】/【字体】组中单击"字体"下拉列表框右侧的按钮，在弹出的下拉列表中选择"方正细珊瑚简体"选项，如图 7-11 所示。

行家提醒

如果想快速选择某段文本，只需将鼠标光标移至该段文本的开始处，连续单击鼠标 3 次即可。

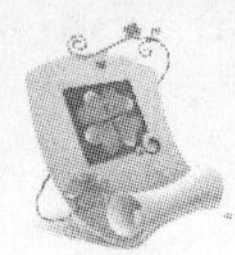

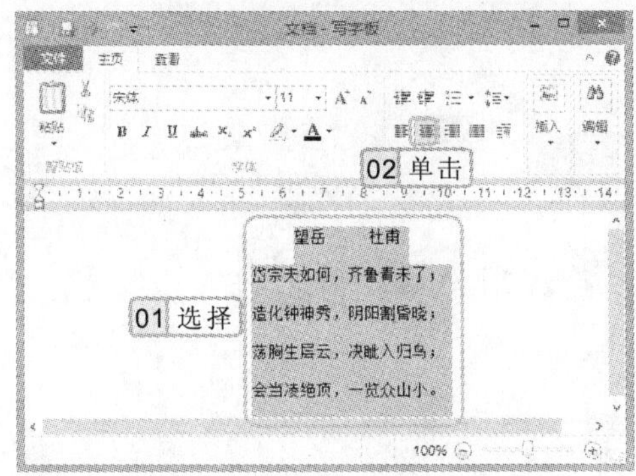

图 7-10 设置文本居中对齐

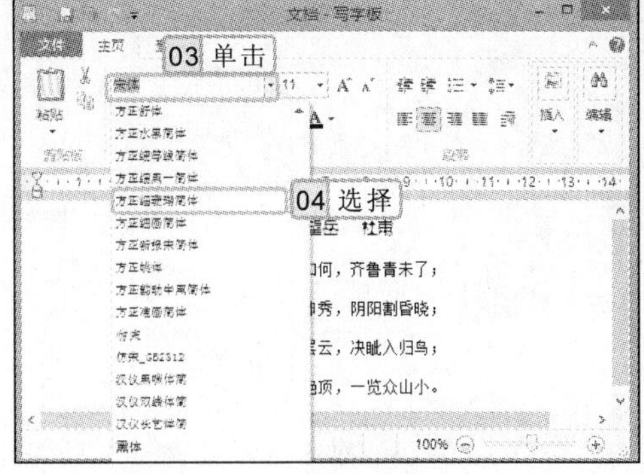

图 7-11 设置字体样式

3 选择“望岳”文本，在【主页】/【字体】组中单击“加粗”按钮B，单击“字号”下拉列表框右侧的▾按钮，在弹出的下拉列表框中选择 16 选项。

4 保持诗句的选择状态，在【主页】/【字体】组中单击“文本颜色”按钮A右侧的▾按钮，在弹出的下拉列表中选择“鲜绿”选项，如图 7-12 所示。

5 选择除标题外的所有诗句，在“字号”下拉列表框中选择 12 选项，单击“文本颜色”按钮A右侧的▾按钮，在弹出的下拉列表中选择“职业橙”选项，效果如图 7-13 所示。

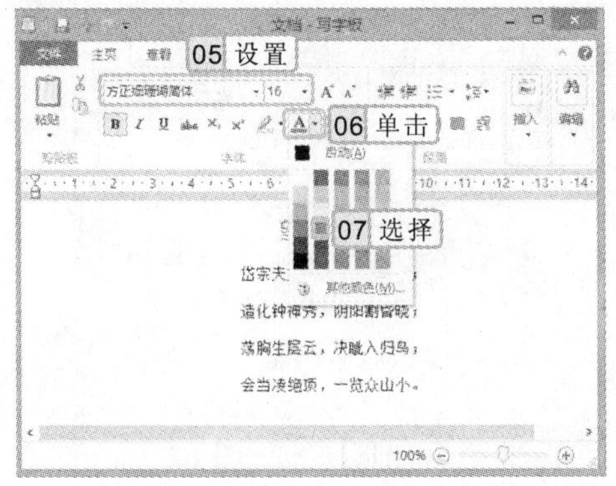

图 7-12 设置文本颜色

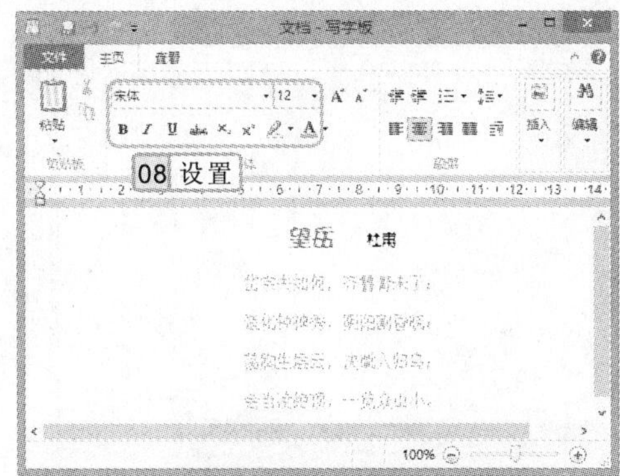

图 7-13 最终效果

2. 插入对象

为使文档更加美观，可在写字板中插入图片。其方法为：在文档中需插入对象的位置处定位插入点，在【主页】/【插入】组中单击不同的按钮，可插入不同的对象，如图 7-14 所示。各对象的插入方法介绍如下。

- **插入图片**：单击“图片”按钮下的▾按钮，在弹出的下拉列表中选择“图片”选项，在打开的“选择图片”对话框中选择图片的位置和图片文件后，单击打开(O)按钮，即可插入电脑中已保存的图形文件，如图 7-15 所示。

操作提示

将鼠标光标移至需要选择的行最左端的空白处，当其变为形状时，单击鼠标即可选择该行。

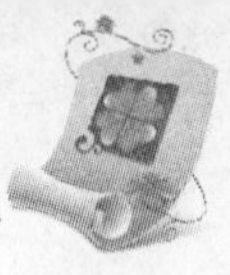

图 7-14 对象选项

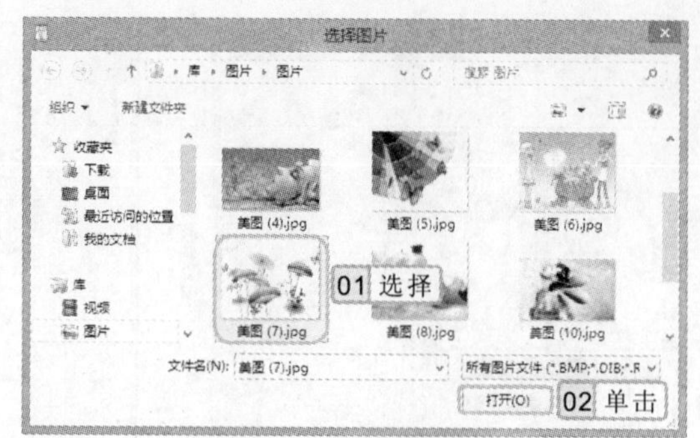

图 7-15 插入图片

- **插入绘图**：单击“绘图”按钮，将自动启动画图程序。在绘制完图形后，关闭画图程序，用户在画图程序中绘制的图形将被插入写字板文档中。
- **插入日期和时间**：单击“日期和时间”按钮，打开“日期和时间”对话框，如图 7-16 所示。在该对话框中可选择需插入的时间格式，单击确定按钮插入当前时间。
- **插入对象**：单击“插入对象”按钮，打开“插入对象”对话框，如图 7-17 所示。在“对象类型”列表框中可选择特殊图形的插入，单击确定按钮即可。

图 7-16 插入日期

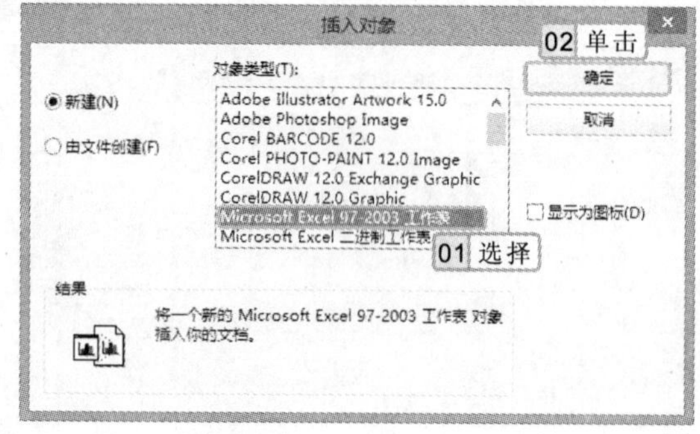

图 7-17 插入对象

7.2.4 文档的保存与打开

在设置好文本后应将其保存，以便下次进行编辑、查看。下面介绍保存和打开文档的方法。

1. 保存文档

文档编辑完成或者正在编辑文档时，应注意及时保存文档，以免因为意外情况丢失文档数据。保存文档的方法有如下几种：

- 在打开的文档中单击标题栏中的“保存”按钮，或按 Ctrl+S 键。

对于已保存过的文档，在编辑完成后执行保存操作，将直接保存在原位置，而不会打开“保存为”对话框。

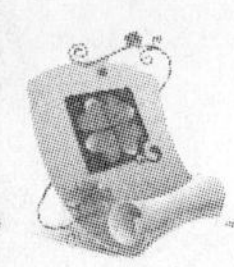

- 在打开的文档中单击 文件 按钮，在弹出的下拉列表框中选择“另存为”选项。

若是第一次保存该文档，执行以上保存操作后，将打开如图 7-18 所示的“保存为”对话框，在其中设置文档的保存位置、文件名及其保存类型后，单击 保存(S) 按钮即可。

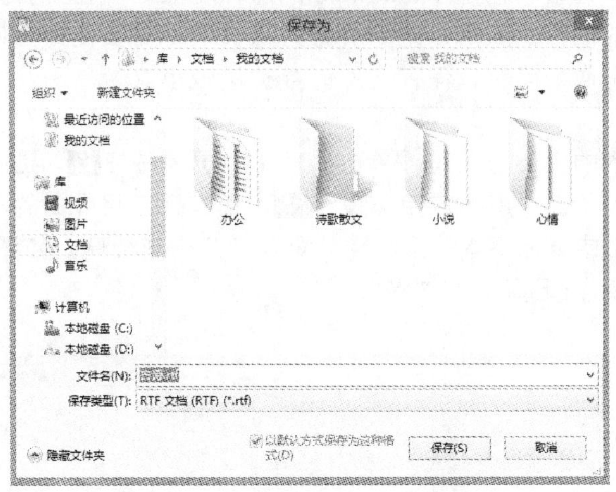

图 7-18 “保存为”对话框

2. 打开文档

要对写字板程序制作的文档进行查看与编辑，需先打开该文档。打开文档的方法有以下两种。

- **通过快捷菜单打开**：在电脑中找到需打开的文档，并在其上单击鼠标右键，在弹出的快捷菜单中选择【打开方式】/【写字板】命令，如图 7-19 所示，即可启动写字板程序，并打开选择的文档。
- **通过对话框打开**：在写字板中选择【文件】/【打开】命令，在打开的“打开”对话框中选择要打开的文档，单击 打开(O) 按钮，如图 7-20 所示。

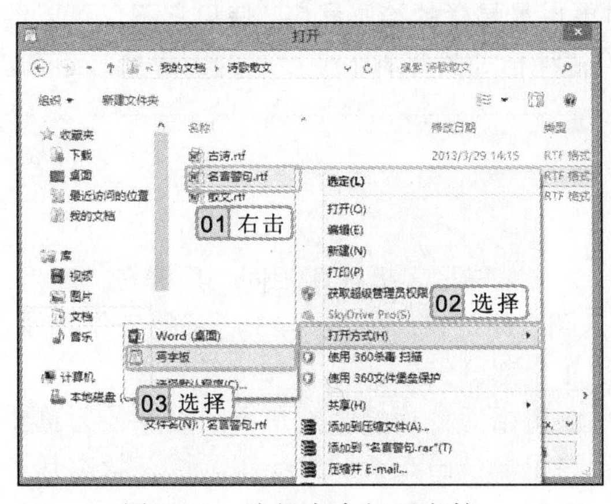

图 7-19 选择命令打开文档

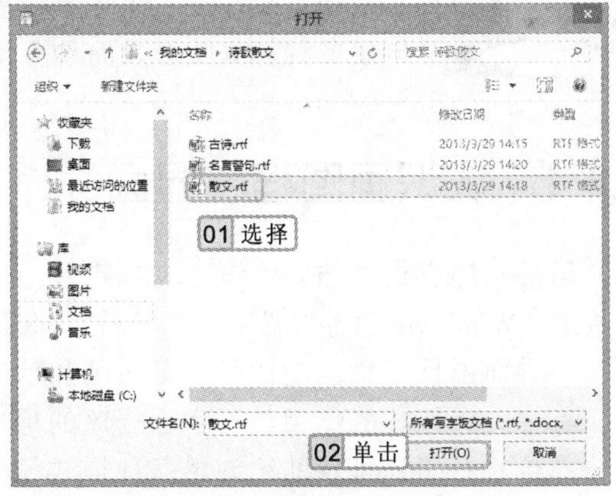

图 7-20 通过对话框打开文档

若文档是以写字板格式（.rtf）存储的，则只需在电脑中找到该文档，双击即可将其打开。

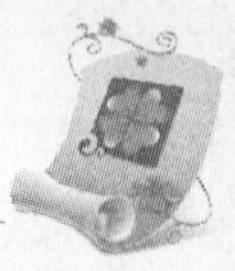

7.3 便签与记事本的使用

便签和记事本也是 Windows 8 的附件功能之一，它们都具有备忘录的特点。便签的最大优点是以电脑屏幕为媒介，不需要使用任何纸张。而记事本则格式页面最简单，保存文件时数据量较小。

启动便签和记事本的主要方法是：单击“开始”屏幕按钮，进入“开始”屏幕，在空白处单击鼠标右键，单击“所有应用”按钮，在打开应用界面的“Windows 附件”栏中单击“便签”图标或“记事本”图标，即可打开相应程序。如图 7-21 所示为便签工作界面；如图 7-22 所示为记事本工作界面。

图 7-21 便签工作界面

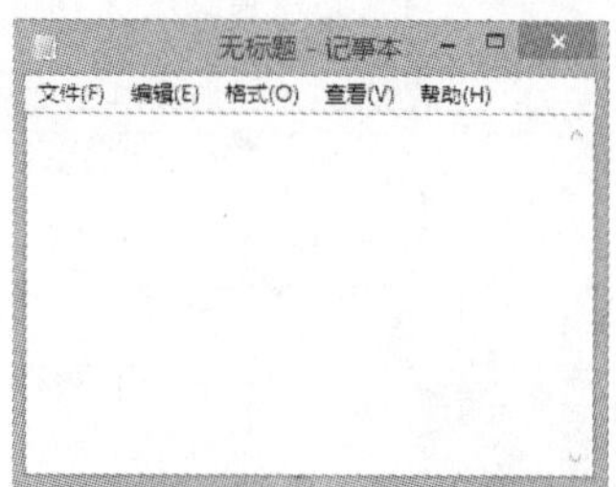

图 7-22 记事本工作界面

单击便签或记事本中间的空白区域即可在该区域输入文字。在其中不仅可以输入汉字、英文和标点符号，还可以输入 Windows 8 自带的特殊字符，其操作方法与写字板相似，这里不再赘述。

7.4 画图程序

在 Windows 8 中，用户除了能对文字进行编辑外，还能对图形图像进行绘制和编辑。画图程序是电脑中最简单也最易学的绘画程序，使用它不仅可以绘制出各种基本图形，而且可使用各种样式的笔刷，使绘制的图形更加生动。

7.4.1 认识画图程序界面

画图程序界面简洁，操作也非常简单，其启动方法与写字板程序相同，只需在“应用”面板的“Windows 附件”栏中单击“画图”磁贴应用，即可打开如图 7-23 所示的工作界面。该工作界面由标题栏、功能区、画布区和状态栏 4 个部分组成。

其中，标题栏的作用与写字板程序的标题栏作用相同；功能区则是画图程序最为重要的一部分，利用它可辅助绘制出各种样式和色彩的图像；画布区即为绘图区域；状态栏可显示当前画布大小，并能控制画布显示比例。

使用便签后，只要不删除它，则关闭或重启电脑后便签仍会一直出现在电脑桌面上。

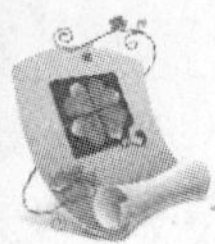

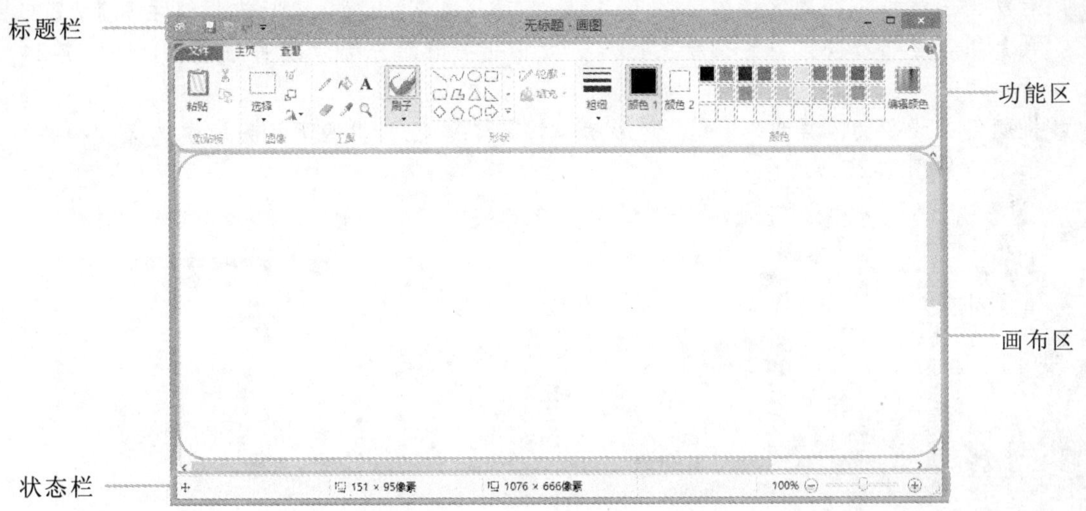

图 7-23　画图程序工作界面

使用画图程序绘制图像时，需要借助画图程序中自带的工具。画图程序中的所有绘制命令都集成在“主页”选项卡中，下面介绍功能区中各组工具的特点和用途。

- **“剪贴板”组**：主要用于对选择的图形对象进行移动或复制操作。
- **“图像”组**：主要用于选择、剪切、缩放、旋转和翻转图形对象。
- **“工具”组**：提供了绘制图形时所需的各种常用工具，包括铅笔、颜色填充、文本、橡皮擦、颜色选取器和放大镜等工具，分别用于绘制任意线条、填充颜色、输入文本、擦除图形、吸取颜色和放大图形等。
- **“刷子”组**：单击“刷子”按钮下方的 ▾ 按钮，在弹出的下拉列表中可选择各种笔刷样式。
- **“形状”组**：在“形状”选项中可选择各种需绘制的图形，并可对该图形的轮廓和填充样式进行设置。
- **“粗细”组**：用于设置所有绘制工具的粗细程度，单击“粗细”按钮下方的 ▾ 按钮，在弹出的下拉列表中可选择各种粗细样式。
- **“颜色”组**：在其中可选择绘制图形的颜色，其中“颜色 1”按钮■表示前景色、“颜色 2”按钮□表示背景色。

7.4.2　绘制图形

在了解各工具的作用之后，就可发挥想象进行图形绘制了。绘制图形时，需注意各工具的配合使用，这样将会产生意想不到的效果。

实例 7-4　**绘制 HELLO KITTY 图形**

参见光盘　光盘\效果\第 7 章\绘制 HELLO KITTY.png

操作提示

在绘制图形时，可以设置图形的边框线和填充颜色，其方法为：在“颜色”组中分别单击“颜色 1”和“颜色 2”按钮，然后再在调色板中选择轮廓线颜色和填充色。

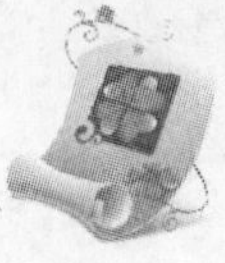

1. 启动画图程序，在颜色栏中将颜色 1 设置为“淡青绿色”，然后选择【主页】/【工具】组，单击按钮，再在绘图区单击鼠标将背景填充为“淡青绿色”，如图 7-24 所示。
2. 将颜色 1 设置为“黑色”，单击“形状”按钮，在弹出的下拉列表中选择“椭圆”选项，如图 7-25 所示。

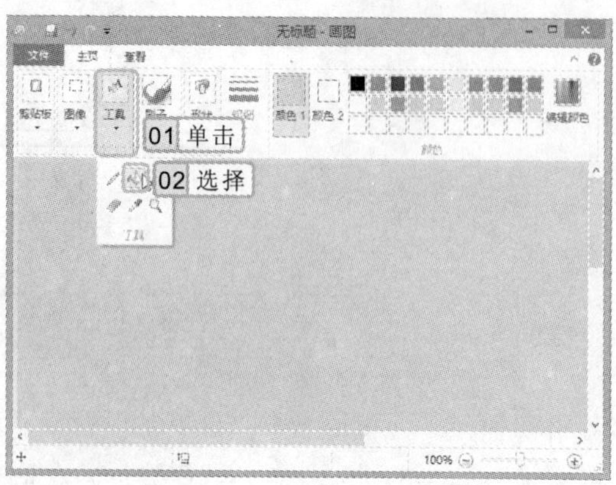

图 7-24　填充背景

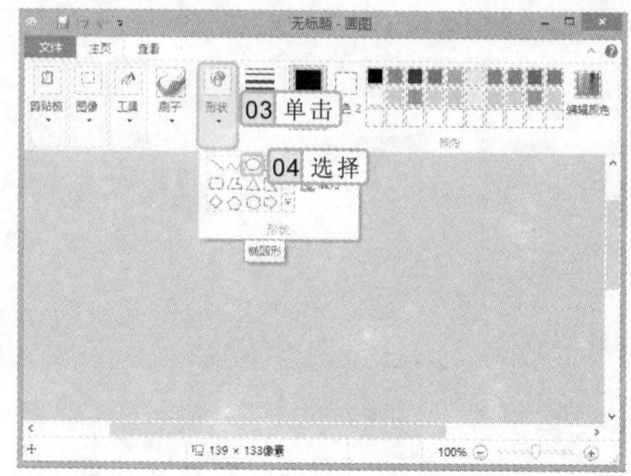

图 7-25　选择椭圆形状

3. 将鼠标光标移动到绘图区，鼠标光标变成形状时，按住鼠标左键不放进行拖动，绘制一个圆形，再使用相同的方法绘制 5 个小圆，然后单击“形状”按钮，在弹出的下拉列表中选择“直线”选项，如图 7-26 所示。
4. 在图像中拖动鼠标绘制如图 7-27 所示的效果。单击“形状”按钮，在弹出的下拉列表中选择“三角形”选项。

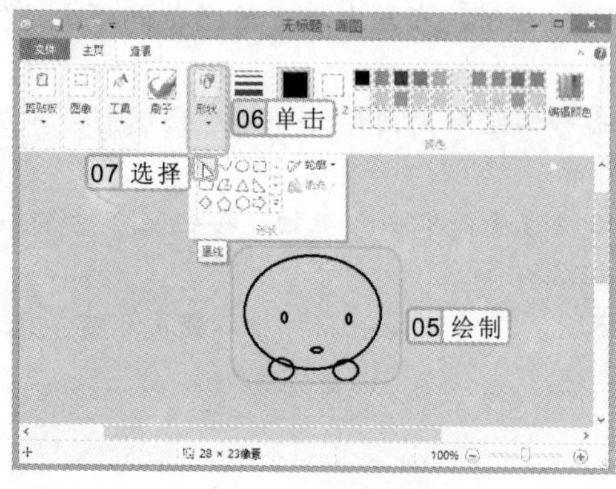

图 7-26　绘制圆形图像

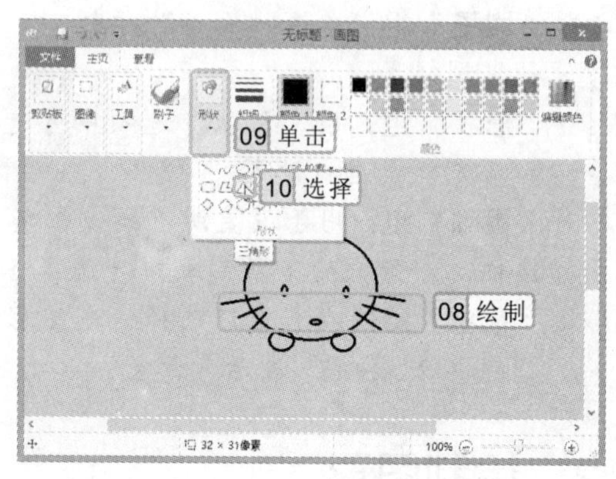

图 7-27　绘制直线

5. 在图像中拖动鼠标绘制猫的耳朵，如图 7-28 所示。单击“工具”按钮下方的下拉按钮▾，在弹出的下拉列表中选择“填充”选项。
6. 将颜色 1 设置为“白色”，在猫的脸部单击鼠标，填充白色，如图 7-29 所示。
7. 使用相同的方法将绘制的图像填充为如图 7-30 所示的效果。

行家提醒

若画图程序的窗口在打开时未呈最大化显示，则可能有些工具按钮或其他设置选项无法显示出来，此时将窗口最大化即可显示。

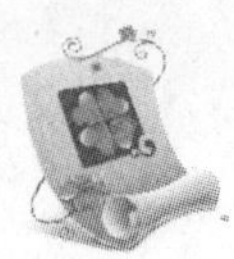

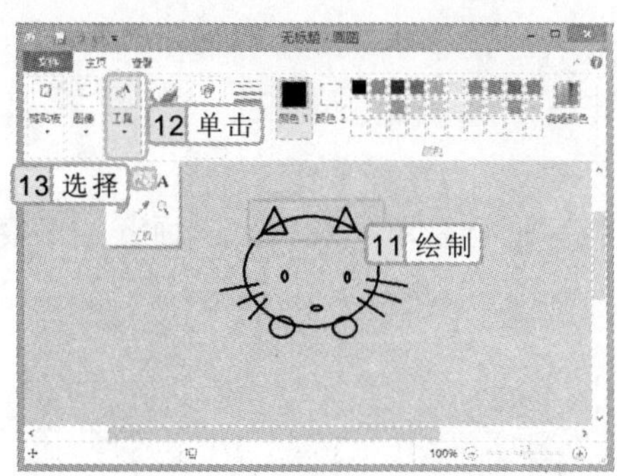

图 7-28 绘制三角形形状

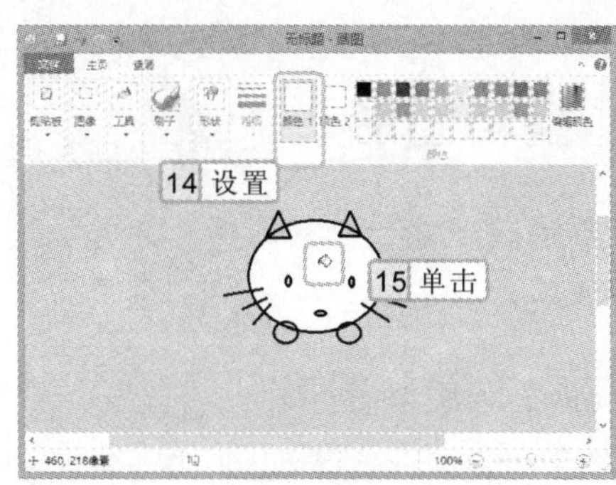

图 7-29 填充颜色

8 单击“工具”按钮下方的下拉按钮，在弹出的下拉列表中选择“橡皮擦”选项，此时，鼠标光标变成□形状，拖动鼠标擦除图形中重合的线条，如图 7-31 所示。

图 7-30 为其他形状填充颜色

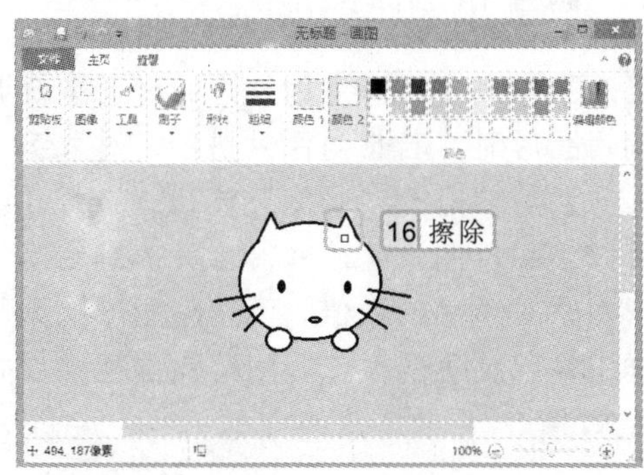

图 7-31 使用橡皮擦工具

9 单击“刷子”按钮下方的下拉按钮，在弹出的下拉列表中选择“喷枪”选项，此时，鼠标光标变成形状，拖动鼠标绘制如图 7-32 所示的蝴蝶结。

10 单击“工具”按钮下方的下拉按钮，在弹出的下拉列表中选择“文本”选项，将光标移动至绘图区域，此时，光标将变为I形状，单击鼠标绘制一个文本区域并输入“HELLO KITTY”文本，在显示的“文本”选项卡中将文本格式设置为“方正少儿简体”、“28”，如图 7-33 所示。

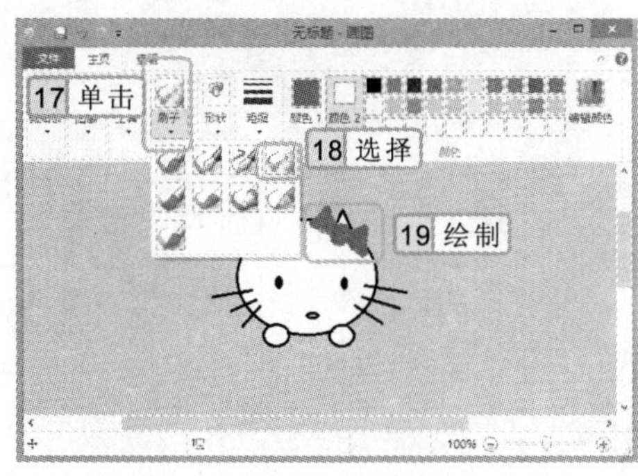

图 7-32 使用喷枪绘制蝴蝶结

图 7-33 输入文字

单击“颜色”组中的编辑颜色选项，可自定义更多的颜色，新添加的颜色将自动添加到默认颜色块下方的空白颜色块中。

7.4.3 编辑图形

画图程序除了能绘制基本图形之外，还能对图片进行简单的编辑。下面介绍画图程序常用的编辑方式。

1. 翻转与旋转图形

若打开的图形显示角度不对，可使用画图程序中的旋转命令进行调整。其方法为：打开“画图”窗口，选择【主页】/【图像】组，单击旋转按钮，在弹出的下拉列表中选择需旋转的方向和角度即可翻转与旋转图像。

2. 调整和扭曲图形

当对图像大小不满意时，可通过“重新调整大小”命令，对图像进行放大或缩小图形。而在编辑图形时，若想对图片进行一些特殊的处理，可将图片设置为扭曲效果。

其方法为：打开“画图”窗口，选择【主页】/【图像】组，单击重新调整大小按钮，打开“调整大小和扭曲”对话框，如图 7-34 所示。在“重新调整大小”栏的“水平”和“垂直”文本框中输入精确的数值，可调整图形的大小，在“倾斜(角度)”栏的“水平”和“垂直”文本框中输入精确的数值，则可完成扭曲图像操作。如图 7-35 所示为倾斜(角度)为水平 15 度的效果。

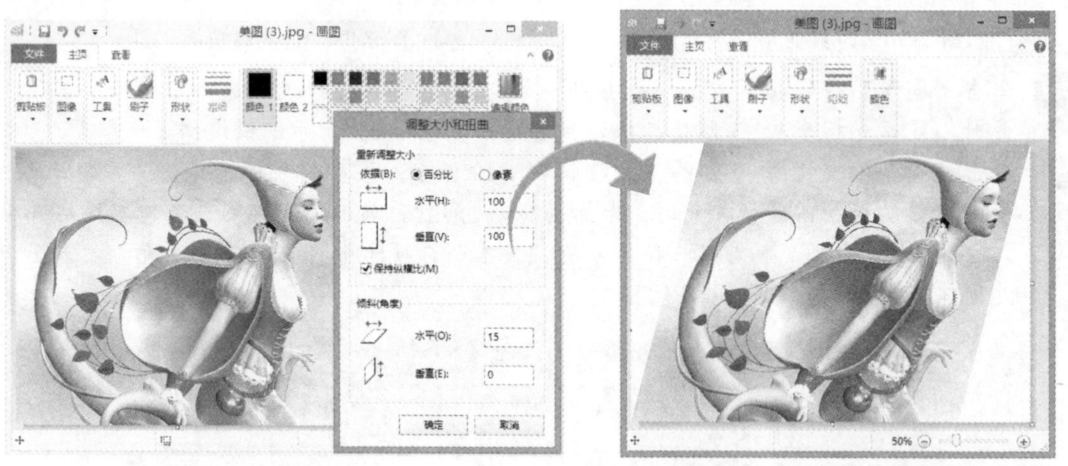

图 7-34 调整图形　　图 7-35 水平倾斜 15 度的效果

3. 移动和裁剪图形

画图程序不但能对图形进行整体处理，还能对其进行局部处理，如移动和裁剪等操作，其方法分别如下。

- **移动图像**：单击“选择”按钮下方的下拉按钮，在弹出的下拉列表中选择需

在单击“选择”按钮弹出的下拉列表中选择“全选”选项后，将自动在整个图形的边缘创建一个虚线框选区，不再需要手动绘制选区。

要的选项，在图像中拖动鼠标绘制一个形状，形状周围将变成一个虚线框选区，如图 7-36 所示，将鼠标光标放在矩形框中间，当鼠标光标变成形状时，按住鼠标左键不放左右拖动，即可完成移动，如图 7-37 所示。

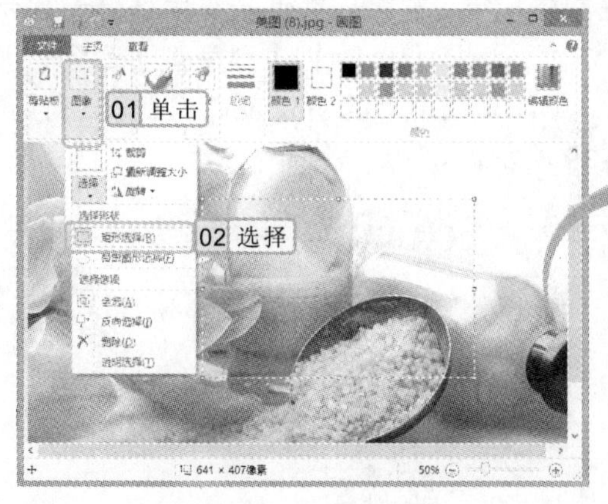

图 7-36　选择图像

图 7-37　移动图像

- **裁剪图像**：在“图像”组中单击“选择”按钮下方的下拉按钮，在弹出的下拉列表中选择“矩形选择”或“自由图形选择”选项，在需要保留的部分创建虚线框选区，此时，图像组中的“裁剪”功能将被激活，单击 裁剪 按钮，程序将自动裁剪掉虚线框外的部分。

7.5　使用计算器

当需要计算大量数据而周围又没有合适的计算工具时，可以使用 Windows 8 中自带的计算器功能。该计算器中除了有适合大多数人使用的标准计算模式以外，还有适合特殊情况的科学计算模式。

7.5.1　标准型计算器

标准型计算器是计算器程序默认的计算方式，也是最常用的。标准型计算器与现实中计算器的使用方法基本相同，通过它可以完成基本的加减乘除四则混合运算和数据存储等工作。

其方法为：单击“开始”屏幕按钮，进入“开始”屏幕，在空白处单击鼠标右键，单击“所有应用”按钮，在打开应用界面的“Windows 附件”栏中单击“计算”图标，打开计算器程序，单击操作界面中相应的“数字”和“运算符”按钮，即可计算出运算结果，如图 7-38 所示。

启动计算器程序后，按 Alt+2 键可切换到科学型计算器；按 Alt+3 键可切换到程序员计算器；按 Alt+4 键可切换到统计信息计算器；按 Alt+1 键可切换到标准型计算器。

7.5.2 科学型计算器

当需要计算复杂的公式，如数据统计、进制转换等，需将标准型计算器转换为科学型计算器，其计算方法与标准型相似。其转换方法为：选择【查看】/【科学型】命令，即可将计算器转换为科学型计算器窗口，在该窗口中可计算数学上的 sin、cos、tan 等三角函数，也可进行平方和平方根等复杂的计算，如图 7-39 所示。

图 7-38 标准型计算器

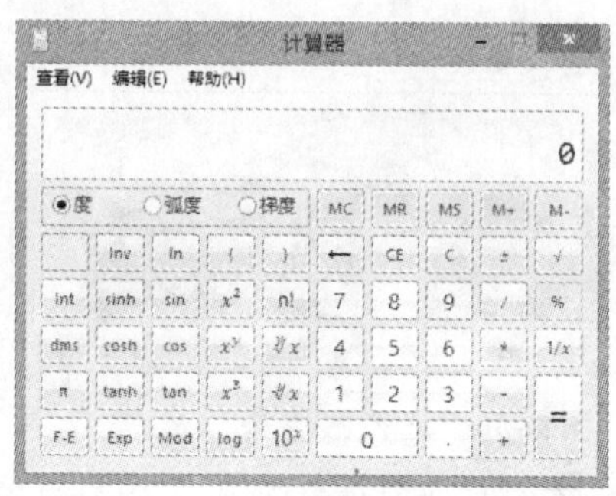

图 7-39 科学型计算器

7.6 使用截图工具

截图工具是系统中非常实用的一个附件工具，使用它可快速、精确地将桌面上显示的图像截取下来并保存为图片文件，以便于在其他应用程序中使用。

7.6.1 任意截图

任意截图适用于仅需要部分窗口、元素或者在图中需要特别标注就能说明的情况。任意截图不但能对图像进行矩形截图，还能进行不规则形状格式的截图，其操作方法相同，下面以矩形截图方式为例进行介绍。

实例 7-5 截取图片保存为 jpg 格式

下面使用任意截图方式截取画图程序中打开的图片，并将其以“面具.jpg”的格式保存在电脑中。

参见光盘 光盘\效果\第 7 章\面具.jpg

1 选择需截取的图片，单击鼠标右键，在弹出的快捷菜单中选择【打开方式】/【画图】命令，打开“画图”窗口，在“开始”屏幕空白区域单击鼠标右键，在弹出的快捷工具栏中单击“所有应用”按钮，在打开面板的“Windows 附件”栏中单击“截

行家提醒

选择了图片的截取命令后，若要取消此次操作，可按 Esc 键进行取消。

图工具”磁贴应用。

2 打开“截图工具”窗口，单击“新建”按钮右侧的按钮，在弹出的下拉列表中选择“任意格式截图”选项，如图 7-40 所示。

3 此时，鼠标光标变成形状，将鼠标光标移到所需截图的位置，按住鼠标不放拖动鼠标，被选中的区域白色半透明效果消失，图像变得清晰，选择框成红色实线显示，如图 7-41 所示。

图 7-40　选择截图方式

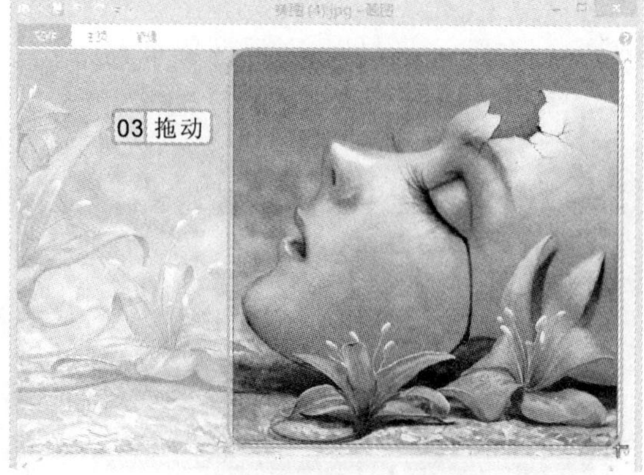

图 7-41　拖动鼠标截图

4 释放鼠标完成截图，打开“截图工具”窗口，显示截取的图形部分，如图 7-42 所示。

5 单击按钮，打开“另存为”对话框，在地址栏中选择保存位置，在“文件名”下拉列表框中输入图片名称“面具”，在“保存类型”下拉列表框中选择保存图片文件的类型，单击保存(S)按钮即可，如图 7-43 所示。

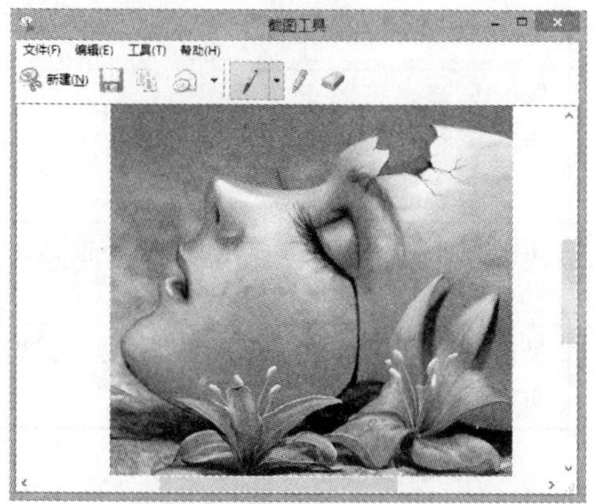

图 7-42　显示截取的图形

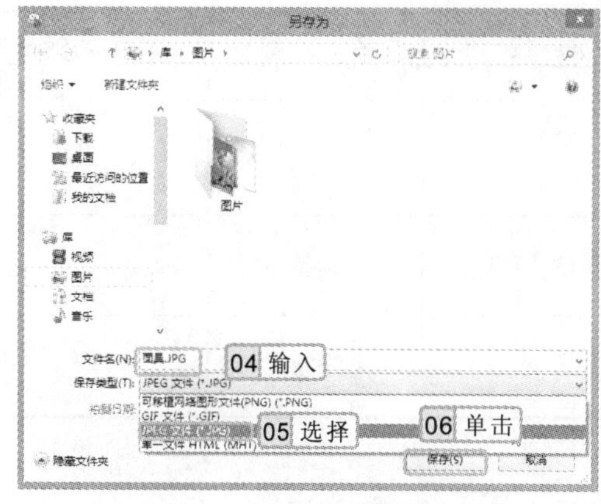

图 7-43　设置保存参数

7.6.2　窗口截图和全屏截图

窗口截图和全屏截图的方法与任意截图的方法相似，不同的是窗口截图能快速地截取

在“截图工具”窗口中，还可使用“笔”和“荧光笔”工具，在截取的图片上写字或画图等。

整个窗口的信息，而全屏截图则是将当前桌面上的所有信息都作为截取内容。

其方法为：打开截图程序，单击“新建”按钮右侧的下拉按钮▼，在弹出的下拉列表中选择“窗口截图”或“全屏截图”选项，此时当前窗口周围将出现红色边框，表示该窗口为截图窗口，单击鼠标确定截图即可，如图 7-44 所示分别为窗口截图和全屏截图的效果。

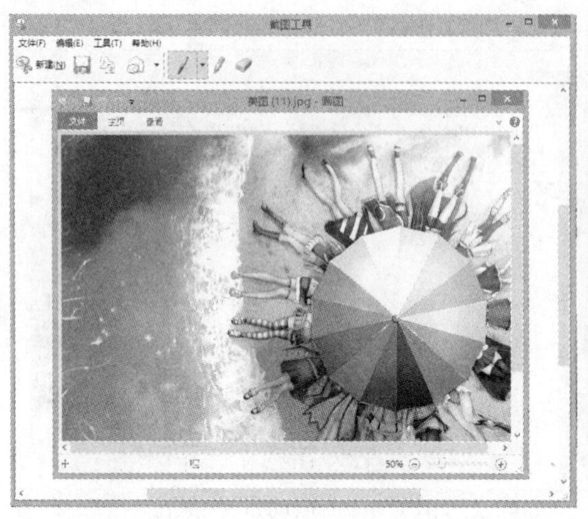

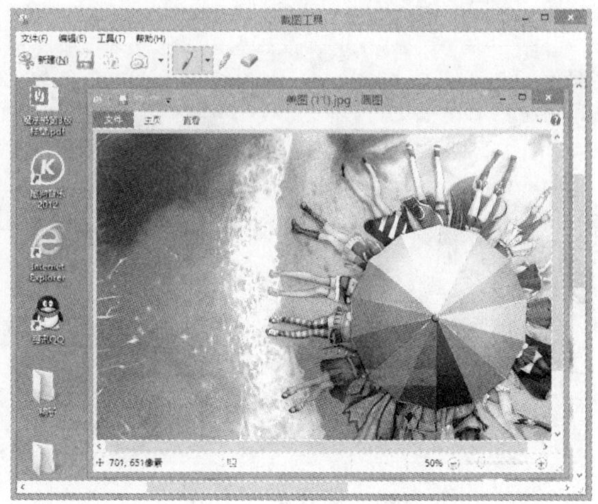

图 7-44　窗口截图和全屏截图的效果

完成截图后可对其进行编辑，如勾画重点、备注等。截图工具中的编辑工具与画图程序中的工具相似，如表 7-1 所示为截图工具中的编辑工具及其作用。

表7-1　截图工具中编辑工具的作用

工具按钮	名　称	鼠标光标形状	作　用
	笔	⊡	像一只笔，可随意在截图上绘画。单击旁边的▼按钮可对“笔”工具进行编辑，如更换笔的颜色、形状等
	荧光笔		和现实中的荧光笔效果相同，不能改变颜色和形状
	橡皮擦		仅能擦除新编辑的效果，不能改变截图的初始效果

7.7　使用轻松访问中心

Windows 8 的人性化设计，主要体现在 Windows 8 为特殊人群开发了轻松访问中心，且在轻松访问中还提供了放大镜、讲述人和屏幕键盘等辅助工具。

在截图工具编辑窗口中选择【编辑】/【复制】命令，或者按 Ctrl+C 键，可将所截内容复制到剪贴板中，以便粘贴使用。

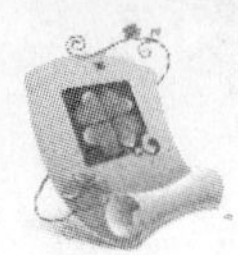

7.7.1 放大镜

放大镜主要用于需将屏幕放大观察的人。其操作方法为：在“开始”屏幕空白区域单击鼠标右键，在弹出的快捷工具栏中单击“所有应用”按钮，在打开面板的“Windows 轻松使用”栏中单击“放大镜”磁贴应用，打开其操作界面且进入放大状态，此时鼠标光标将变为形状，只需移动鼠标至需要查看的位置即可，如图 7-45 所示。若需退出放大模式，可将鼠标光标移动到放大镜图标的镜片中间并单击镜片即可，如图 7-46 所示。

图 7-45　放大镜界面

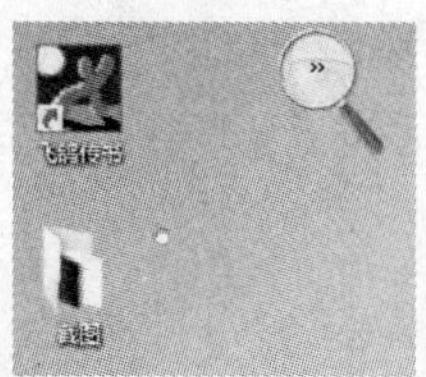

图 7-46　退出放大镜模式

单击“视图”按钮右侧的下拉按钮，其下拉列表中各选项的作用分别介绍如下。

- **全屏**：屏幕中的所有信息将全部放大。
- **镜头**：屏幕中将出现一个矩形放大区，且矩形放大区跟随鼠标光标移动。
- **全停靠**：程序将在屏幕上方呈一个独立的矩形放大区，但矩形放大区不跟随鼠标，始终停留在屏幕上方。

7.7.2 讲述人

使用讲述人程序可朗读出屏幕上用户执行的操作。启动讲述人程序的方法与启动放大镜程序的方法相同，如图 7-47 所示为打开的“‘讲述人’设置”窗口。在该窗口中选择相应的选项，可以完成讲述人的大部分设置。如需对讲述人的语速、声音等进行设置，可直接单击“语音”选项，在打开的如图 7-48 所示的对话框中进行设置。

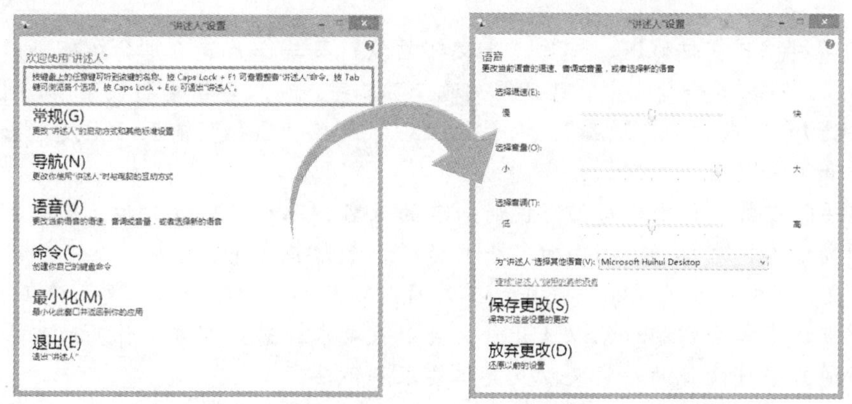

图 7-47　“‘讲述人’设置”窗口　　　图 7-48　设置语速和声音

放大镜的放大倍数不宜超过 500%，否则查看对象将会变得不方便。

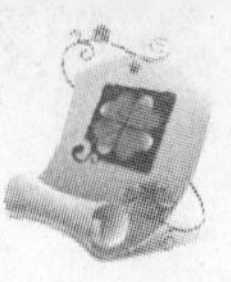

7.7.3　屏幕键盘

在没有键盘或是键盘损坏的情况下，可使用屏幕键盘程序来实现键盘的操作，它是一种由程序模拟而成的虚拟键盘。其使用方法为：只需在“应用”面板的“Windows 轻松使用”栏中单击“屏幕键盘”磁贴应用，打开如图 7-49 所示的操作界面，此时用鼠标单击“屏幕键盘”上的按钮即可实现字符的输入。

图 7-49　“屏幕键盘”操作界面

7.8　基础实例——制作“通知”文档

本章实例将通过使用写字板程序制作“通知”文档，通过制作，练习输入文字、编辑文本格式和段落格式的各项操作，进一步熟悉写字板程序的使用方法。

7.8.1　行业分析

本例将制作一篇“通知”文档。在各种法定公文中，通知的使用频率较高、时效性强，且使用范围较广。通知一般采用条款式行文，应简明扼要，使被通知者一目了然，便于遵照执行。

通知的常见格式包括标题、称呼、正文和落款，其写作方式分别介绍如下。

- **标题**：写在第一行正中。可只写“通知”二字，如果事情重要或紧急，也可写“重要通知 ”或“紧急通知”，以引起注意，或在“通知”前面写上发通知的单位名称和通知的主要内容。
- **称呼**：在第二行顶格写，写被通知者的姓名、职称或单位名称（有时，因通知事项简短和内容单一，书写时可省略称呼，直起正文）。
- **正文**：另起一行空两格写正文。正文因内容而异。开会的通知要写清开会的时间、地点、参加会议的对象以及开什么会以及要求。若是布置工作的通知，则要写清所通知事件的目的、意义以及具体要求和做法。
- **落款**：分两行写于正文的右下方，一行署名，一行写日期。

单击“屏幕键盘”上的“选项”按钮，在打开的“选项”对话框中可以对屏幕键盘进行设置，如选中 ☑打开数字小键盘(D) 复选框，单击 确定 按钮后，在屏幕键盘操作界面中会多出一个数字小键盘区。

7.8.2 操作思路

为更快完成本例的制作，并且尽可能运用本章讲解的知识，本例的操作思路如下。

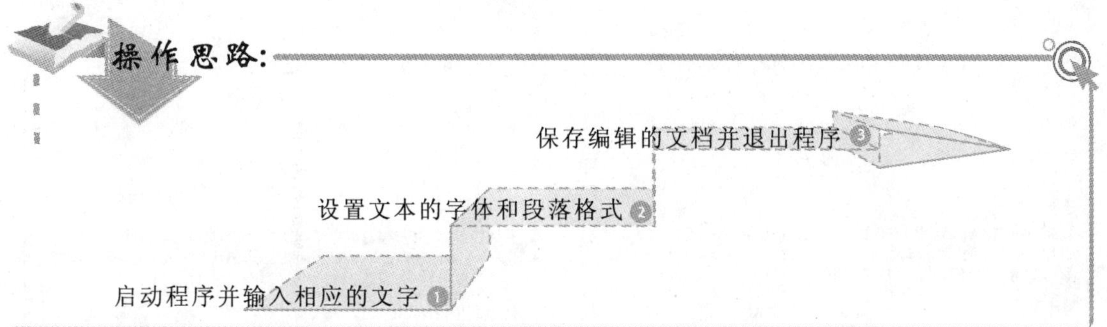

7.8.3 操作步骤

下面将在写字板程序中制作“通知”文档，操作步骤如下：

参见光盘 光盘\效果\第 7 章\通知.rtf
光盘\实例演示\第 7 章\制作“通知”文档

1. 启动写字板程序，并切换到合适的输入法，在文本插入点处输入文档标题“通知”，如图 7-50 所示。
2. 按 Enter 键换行，继续输入文档的其他内容，如图 7-51 所示。

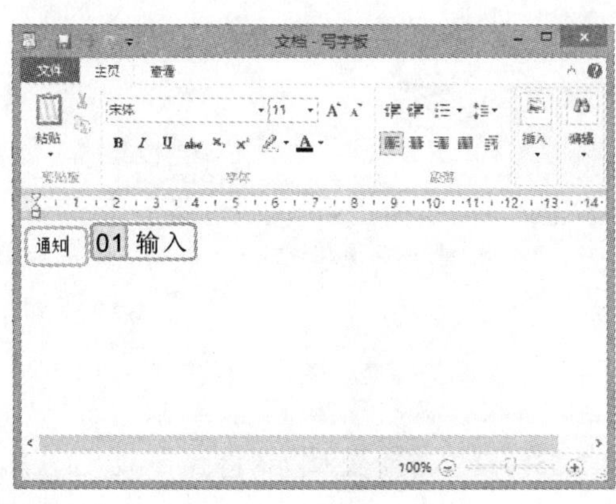

图 7-50 输入文档标题

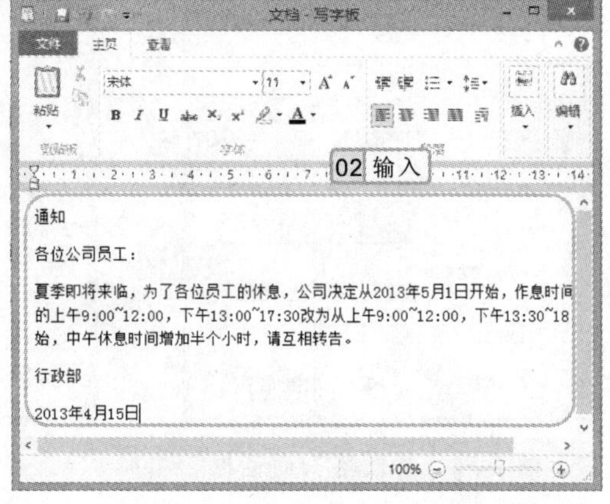

图 7-51 输入文档其他内容

3. 选择文档标题，选择【主页】/【字体】组，将字体设置为“楷体”，字号设置为 20，再单击“加粗”按钮 **B** 加粗文本；选择【主页】/【段落】组，单击“居中”按钮 ☰，

在写字板程序中单击 文件 按钮，在弹出的下拉列表中选择“新建”选项，可新建一篇文档。

使文本居中对齐，效果如图 7-52 所示。

4 选择称呼和正文文本，在“字体”栏中将其字体设置为“宋体”，字号设置为 12 号，选择所有正文文本，并单击工具栏中的“段落”按钮，如图 7-53 所示。

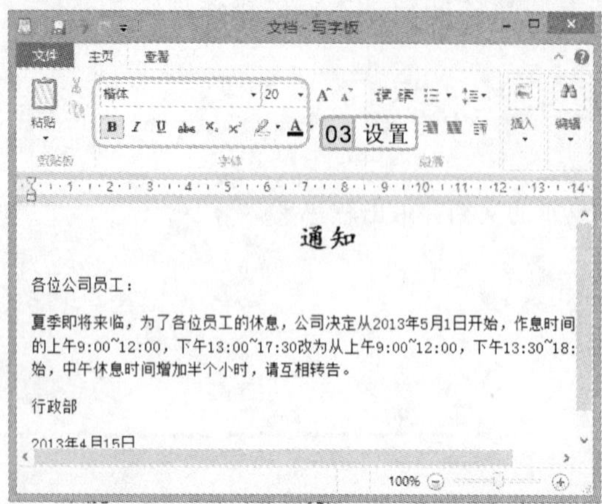

图 7-52　设置标题字体和段落格式

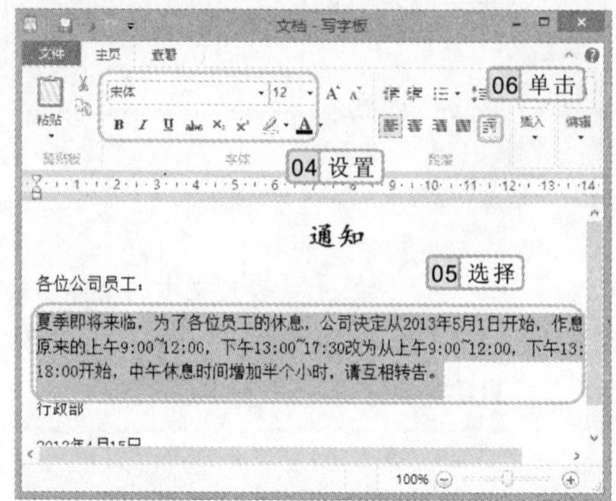

图 7-53　设置正文字体格式

5 打开“段落”对话框，在“缩进”栏的“首行”文本框中输入“1 厘米”，然后单击“间距”栏下的“行距”下拉列表框，在弹出的下拉列表中选择 1.50 选项，再单击 确定 按钮，如图 7-54 所示。

6 选择落款文本，在“段落”组中单击“右对齐”按钮，使文本靠右对齐，如图 7-55 所示。

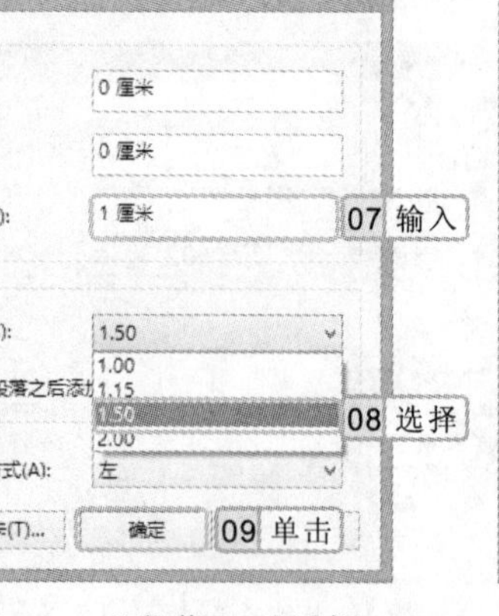

图 7-54　“段落”对话框

图 7-55　设置落款文本段落格式

7 完成文档的编辑，单击 文件 按钮，在弹出的下拉列表中选择“另存为”选项，打开“保存为”对话框，在地址栏中设置文档的保存位置，在“文件名”列表框中输入“通知”，单击 保存(S) 按钮，如图 7-56 所示。

在写字板程序中选择文本后，单击鼠标右键，在弹出的快捷菜单中选择“段落”命令，在打开的“段落”对话框中可设置段落缩进、段落间距以及段落对齐方式等。

8　此时，写字板标题栏中的标题将根据保存时设置的文件名而发生变化，效果如图 7-57 所示。单击 × 按钮，退出写字板程序。

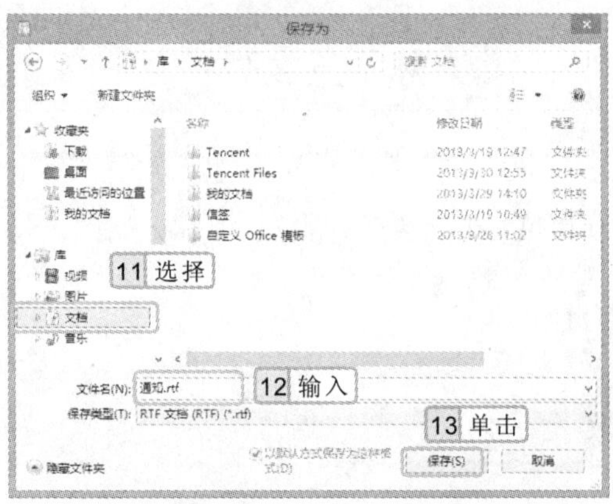

图 7-56　设置文档保存参数

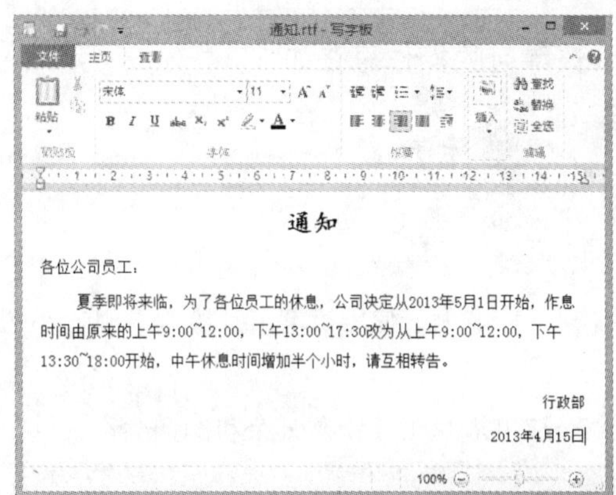

通知.rtf - 写字板

通知

各位公司员工：

夏季即将来临，为了各位员工的休息，公司决定从2013年5月1日开始，作息时间由原来的上午9:00~12:00，下午13:00~17:30改为从上午9:00~12:00，下午13:30~18:00开始，中午休息时间增加半个小时，请互相转告。

行政部

2013年4月15日

图 7-57　文档效果

7.9　基础练习

本章主要介绍了 Windows 8 中附件的组成和使用方法，通过下面的练习可以进一步巩固对附件工具的认识和操作。

7.9.1　手绘卡通

本次练习将使用画图程序绘制如图 7-58 所示的卡通效果，绘制中主要运用了形状工具、铅笔工具和填充工具等。

图 7-58　绘制的效果

打开绘图程序，选择【主页】/【剪贴板】组，单击“粘贴”按钮下方的下拉按钮 ▾，在弹出的下拉列表中选择“粘贴来源”选项，在打开的对话框中选择图片，单击 打开(O) 按钮即可粘贴到绘图区中。

参见光盘 光盘\效果\第 7 章\手绘卡通.png
光盘\实例演示\第 7 章\手绘卡通

该练习的操作思路如下。

操作思路:

使用填充工具填充颜色 ③

使用铅笔工具绘制太阳、小树和动物 ②

使用形状工具绘制云朵和脚印 ①

7.9.2 使用计算器计算员工工资

本次练习将使用计算器程序计算记事本中的员工工资，如图 7-59 所示。通过练习进一步熟悉计算器程序和记事本程序的操作方法。

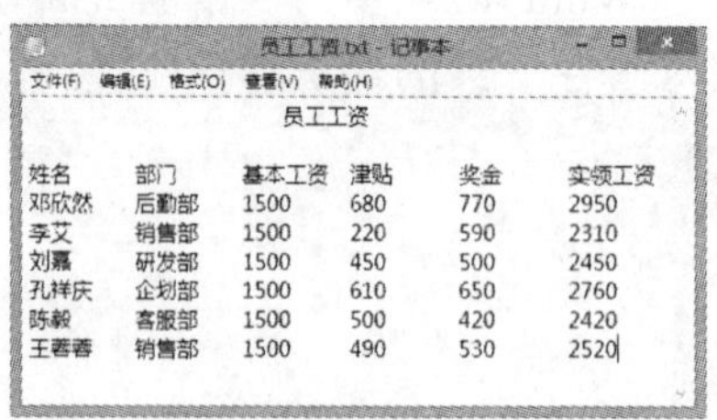

员工工资.txt - 记事本

文件(F) 编辑(E) 格式(O) 查看(V) 帮助(H)

员工工资

姓名	部门	基本工资	津贴	奖金	实领工资
邓欣然	后勤部	1500	680	770	2950
李艾	销售部	1500	220	590	2310
刘嘉	研发部	1500	450	500	2450
孔祥庆	企划部	1500	610	650	2760
陈毅	客服部	1500	500	420	2420
王蓉蓉	销售部	1500	490	530	2520

图 7-59 计算结果

参见光盘 光盘\实例演示\第 7 章\使用计算器计算员工工资

该练习的操作思路如下。

操作思路:

查看结果、保存文档并退出程序 ③

使用计算器对基本工资、津贴和奖金求和 ②

启动程序并输入员工工资信息 ①

行家提醒

在使用计算器程序时，若数据输入错误，可按←键删除一位数值；若需重新计算，则可按 Esc 键，即将计算器归零。

7.10 知识问答

在使用 Windows 8 自带的附件工具时，难免会遇到一些问题，如写字板文本超出显示器、快速替换错误文本等。下面将介绍使用附件工具过程中常见的问题及解决方案。

问：在写字板中文本显示超出了显示器，查看、编辑起来很麻烦，怎样才能不让文本超出屏幕呢？

答：出现这样的情况是因为没有将写字板调整成自动换行模式，可以在“查看”工具选项卡“设置”栏的“自动换行”下拉列表中进行设置，来打开自动换行模式。

问：利用写字板程序制作文档后，发现其中一个词组输入错误，并且多次出现在文档中，有没有什么方法可以一次性更改完呢？

答：通过写字板程序提供的替换功能，可快速更改错误的文本。在写字板程序中选择【主页】/【编辑】组，单击“替换”按钮，打开“替换”对话框，在“查找内容”文本框中输入错误的文本，在“替换为”文本框中输入正确的文本，单击 全部替换(A) 按钮，可将文档中错误的文本全部替换为正确的文本。若单击 替换(R) 按钮，则只能替换当前查找的一处错误文本。

问：在画图程序中可以直接粘贴文本吗？

答：在画图程序中直接进行粘贴操作，所复制的文本将直接以图片的格式显示在图形中。

图像的相关知识

像素是组成图像的最小单位，它的存在就像是把图形平均地划分成了一个个的颜色小格子。位图图像的处理软件中常用到像素单位，而与之相对的则是矢量图像处理软件，下面将介绍位图和矢量图的特点。

- **位图图像**：受像素的限制，但能表现丰富的颜色。像素值越大，颜色小格子也就越多，颜色越丰富，清晰度也就越高。
- **矢量图像**：其中的图形元素称为对象。单个对象具有自己的颜色、形状、轮廓和大小等属性，可以进行单个编辑。矢量图像与像素无关。

位图和矢量图最大的区别就是，即使矢量图无限放大，对象的属性也不会发生改变，而位图图像放大到一定程度时会开始失真、变形。

Windows 8 中用于绘制图形的工具是画图程序。除此之外，还可使用其他安装的应用程序绘制和编辑图形，如 Photoshop、CorelDRAW 等。

第 8 章

Windows 8 中的多媒体应用

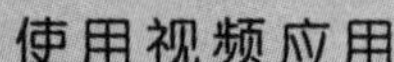
使用视频应用

轻松玩游戏

使用照片应用

使用 Windows Media Player

使用音乐应用

本章导读

在 Windows 8 中提供了多种多媒体应用，只要在电脑中安装了该操作系统，便可实现看电影、听音乐、玩游戏和查看照片等操作。本章将详细介绍通过 Windows Media Player、音乐应用和视频应用来播放音乐和视频等媒体文件的操作方法。

8.1 使用 Windows Media Player

Windows Media Player 是 Windows 8 中自带的多媒体播放器，不仅可以播放各种格式的音乐文件，还可以连接到网络播放网络电视、音乐或广播等，下面将进行详细讲解。

8.1.1 认识 Windows Media Player

在“开始”屏幕空白区域单击鼠标右键，在弹出的快捷工具栏中单击“所有应用”按钮，在“应用”面板中单击 Windows Media Player 磁贴应用，即可启动 Windows Media Player 程序，打开如图 8-1 所示的工作界面。

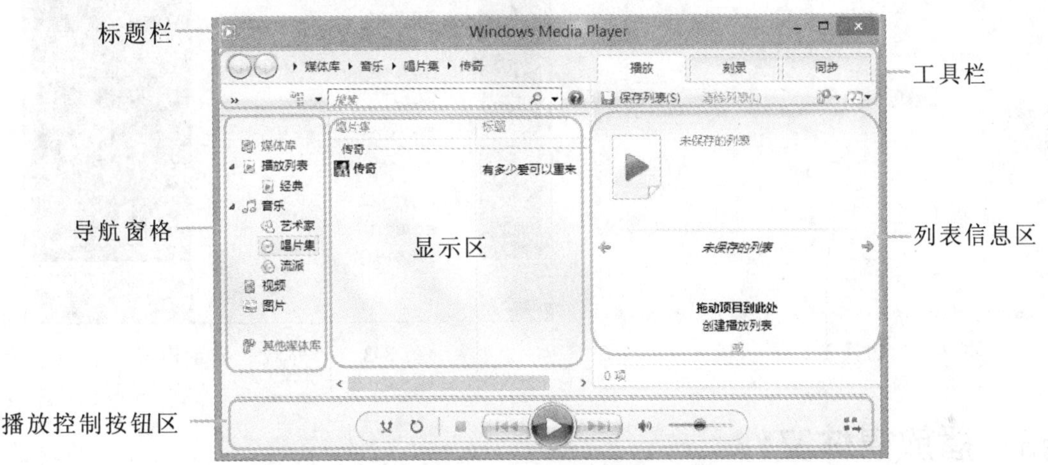

图 8-1　Windows Media Player 工作界面

该工作界面主要由标题栏、工具栏、导航窗格、显示区、列表信息区和播放控制按钮区等部分组成。各组成部分的作用介绍如下。

- **标题栏**：用于显示播放器的名称。
- **工具栏**：其中包含各种工具按钮、切换按钮和下拉菜单，可用于当前窗口操作、窗口切换操作以及对文件的搜索操作等。
- **导航窗格**：用于切换显示媒体信息类别。
- **显示区**：用于显示当前媒体类别的详细信息，并对这些信息进行管理以及部分操作。
- **列表信息区**：用于显示播放对象的列表，双击不同的列表选项可切换到不同的播放内容。
- **播放控制按钮区**：用于控制音乐或电影播放的按钮集合，分别是“无序播放”按钮、“重复播放”按钮、“停止”按钮、“上一个”按钮、“播放”按钮、下一个”按钮、“静音”按钮、“音量”控制滑块和“切换视图”按钮，其用法和作用与生活中的录音机以及随身听等相似。

第一次使用 Windows Media Player 时，首先打开的是一个对话框，在其中选中 推荐设置(R) 单选按钮，单击 完成(F) 按钮后才能启动 Windows Media Player。

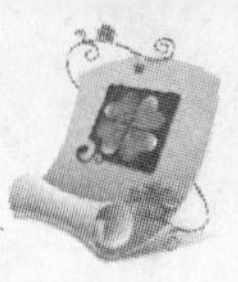

8.1.2 切换窗口显示模式

默认的 Windows Media Player 播放器窗口是以“库”模式显示的，根据需要可以在“库”和“外观”显示模式之间进行切换。

其切换方法为：在工具栏上单击鼠标右键，在弹出的快捷菜单中选择【视图】/【外观】命令或按 Ctrl+2 键，如图 8-2 所示，打开 Windows Media Player 播放器窗口的“外观”显示模式。如果需要返回到默认的显示模式，只需单击菜单栏中的“查看”命令，在弹出的菜单列表中选择“库”命令，如图 8-3 所示。

图 8-2 切换窗口显示模式

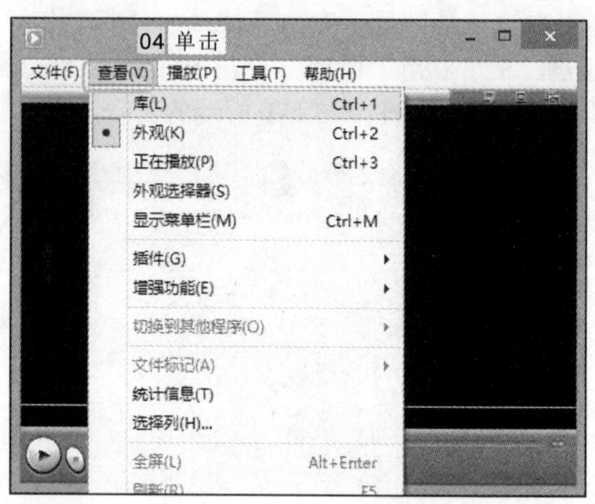

图 8-3 “外观”显示模式

8.1.3 播放媒体文件

打开 Windows Media Player 播放器，便可播放存储在电脑磁盘中的音乐和视频媒体文件。

1. 播放音乐

播放音乐文件，可以通过多种方法进行，下面介绍播放音乐的常用方法。

- **通过双击播放**：双击要播放的音乐文件，即可打开该文件并播放音乐。
- **通过快捷菜单播放**：选择要播放的音乐文件，单击鼠标右键，在弹出的快捷菜单中选择“播放”或“全部播放”命令。
- **通过播放控制区播放**：将音乐文件添加至 Media Player 播放器中，再选择要播放的音乐文件，单击播放控制区的“播放”按钮播放该音乐。

2. 播放视频

Windows Media Player 支持多种视频文件格式，如 VCD、DVD、.avi、.mov、.mpeg、.wmv

用户也可将保存在电脑中的音频和视频文件分别放到电脑媒体库的“音乐”和“视频”文件夹中，这样在 Windows Media Player 的媒体库中将会显示添加到电脑媒体库中的音频和视频文件。

和.rm 等，利用它可以播放各种视频文件。

实例 8-1　播放“超人.wmv”视频文件

下面使用 Windows Media Player 播放保存在 G 盘中的视频文件“超人.wmv”。

1. 启动 Windows Media Player，打开其工作界面，在工具栏空白区域单击鼠标右键，在弹出的快捷菜单中选择【文件】/【打开】命令，如图 8-4 所示。
2. 在打开的“打开”对话框地址栏的下拉列表框中选择视频保存的位置，在中间列表框中选择需要打开的视频文件，这里选择“超人.wmv”，单击 打开(O) 按钮，如图 8-5 所示。

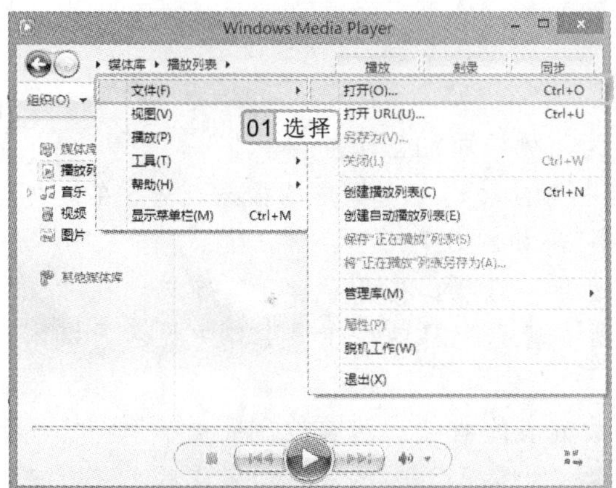

图 8-4　选择“打开”命令

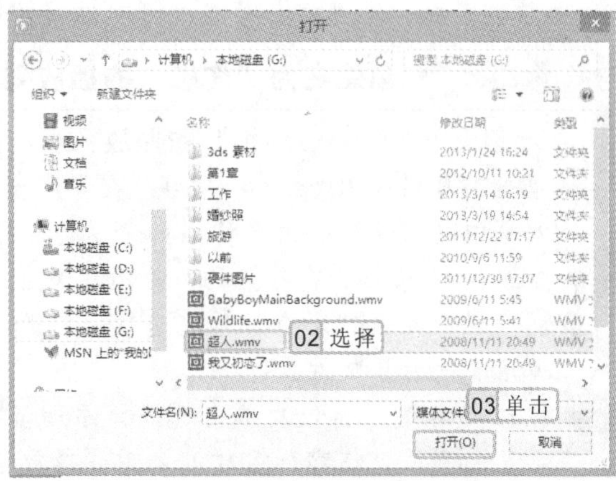

图 8-5　选择视频文件

3. 此时，Windows Media Player 开始播放视频文件，如图 8-6 所示。

图 8-6　播放视频

使用 Windows Media Player 播放音乐或视频时，单击⏸按钮可暂停播放，当变为▶按钮时，单击该按钮，可继续播放。

8.1.4 使用媒体库

媒体库集合了 Windows Media Player 播放器中的所有媒体文件，在其中可创建播放列表、浏览媒体文件和添加媒体文件。

1. 创建播放列表

Windows Media Player 还为用户提供了创建播放列表功能，用户可根据需要进行创建。创建播放列表后，便可将音频或视频文件按照不同的类别分别存放在创建的播放列表中。

实例 8-2 创建名为“伤感”的播放列表

下面创建一个名为“伤感”的播放列表，并为该列表添加音乐曲目。

1. 单击工具栏中的按钮，在导航窗格中将自动建立无标题的播放列表，在该文本框中输入该列表的名称，如命名为“伤感”，如图 8-7 所示。
2. 单击按钮，在打开的列表框中双击“音乐”选项，打开“音乐”窗口，在“视图”栏中双击“所有音乐”选项，打开“所有音乐”窗口，在该窗口中显示了媒体库所有的音乐文件。
3. 按住 Ctrl 键，再依次单击选择需添加至播放列表的曲目，然后按住鼠标不放将其拖动至左侧的“伤感”播放列表后，释放鼠标，如图 8-8 所示。添加完成后，双击该播放列表，即可播放该列表中的音乐文件。

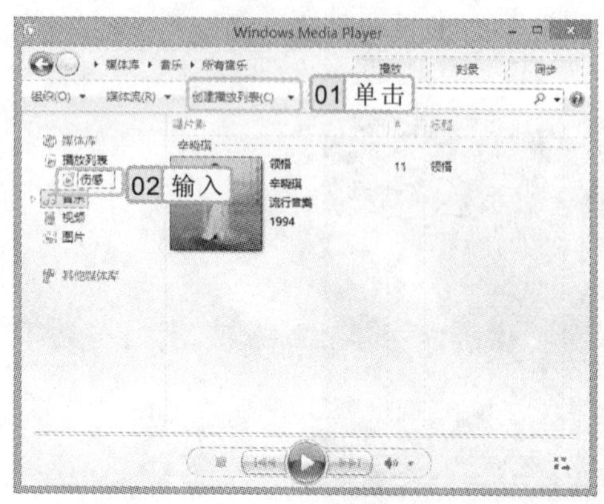

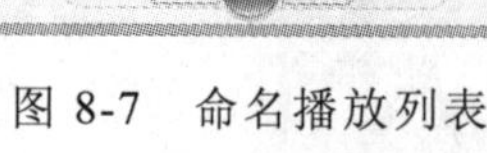
图 8-7 命名播放列表

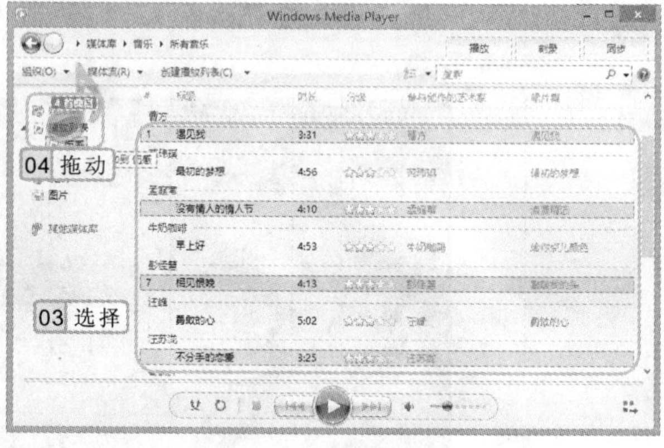

图 8-8 添加音乐曲目

2. 编辑播放列表

创建播放列表后，在“播放”选项卡中可编辑该播放列表，其方法如下。

- **编辑整个列表**：单击“列表选项”按钮，弹出如图 8-9 所示的下拉列表，选择其中的命令可对整个列表进行编辑，如选择“隐藏播放列表”命令可将该播放列表

当选择了播放的音乐之后，在列表信息区中也可创建并保存播放列表。

隐藏起来。

- **编辑单个文件**：选择播放列表中的某首音乐曲目，单击鼠标右键，在弹出的如图 8-10 所示的快捷菜单中对该首歌曲进行设置，在弹出的子菜单中可选择相应命令，如选择"添加到"命令，可将选中的歌曲添加至其他播放列表中。

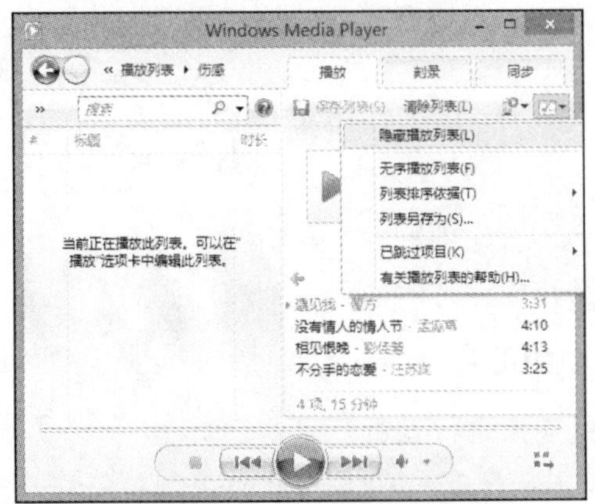

图 8-9 编辑播放列表

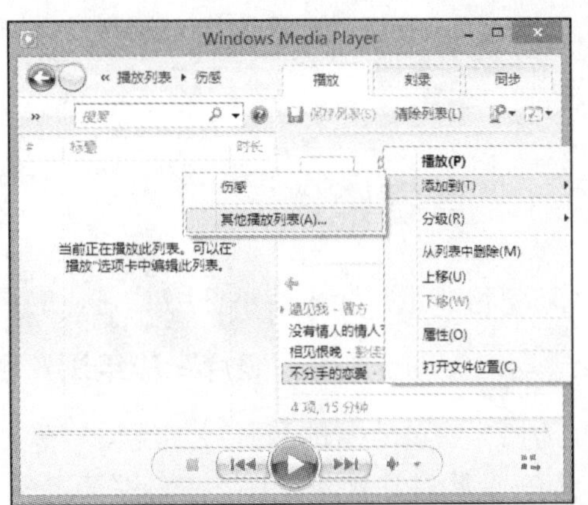

图 8-10 编辑音乐文件菜单

3. 自定义导航窗格

自定义导航窗格可设置导航窗格中的显示内容，从而方便在导航窗格中分类查看媒体文件。其方法为：单击工具栏中的组织(O)按钮，在弹出的下拉列表中选择"自定义导航窗格"命令，打开"自定义导航窗格"对话框，如图 8-11 所示。选中需要添加的复选框，单击确定按钮，返回 Windows Media Player 窗口，在导航窗格中已显示出添加的选项，如图 8-12 所示。

图 8-11 "自定义导航窗格"对话框　　图 8-12 显示添加的选项

单击组织(O)按钮，在弹出的下拉列表中选择【布局】/【显示播放列表】选项，可隐藏播放列表。

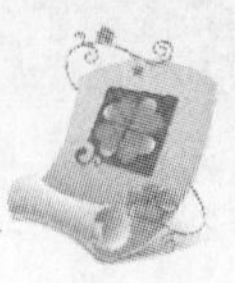

8.2 使用“照片”应用

“照片”应用是 Windows 8 自带的专门用于浏览图片的功能，与专业的图片浏览器相比，其操作方法更加简单。下面将详细介绍使用“照片”应用查看图片的方法。

8.2.1 查看照片

在使用“照片”应用浏览图片前，需要先将图片或照片添加到图片库中。

实例 8-3 使用“照片”应用浏览图片库中的图片

下面先将要查看的照片添加至图片库，再通过应用进行查看。

1. 在电脑磁盘或外接设备中选择需要查看的图片，再按 Ctrl+C 键进行复制，然后打开“计算机”窗口，
2. 在左侧列表的“库”栏中单击“图片”选项，打开图片库，然后按 Ctrl+V 键进行粘贴，即将需要查看的图片或照片添加到库中的“图片”文件夹中，如图 8-13 所示。
3. 按键盘上的 Win 键，切换到“开始”屏幕，单击“照片”磁贴，如图 8-14 所示。

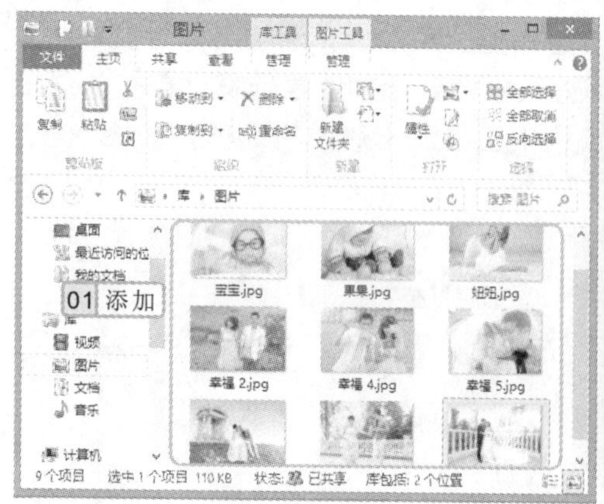

图 8-13 添加图片到图片库

图 8-14 单击“照片”磁贴

4. 在打开的“照片”面板中选择“图片库”选项，如图 8-15 所示。
5. 打开“图片库”面板，添加到“图片”文件夹中的图片都显示在该面板中，拖动下方的滚动条或滚动鼠标滚轮，即可依次查看每张图片的效果，如图 8-16 所示。

在“图片库”面板中单击浏览的图片，可全屏显示单击的图片。在查看图片时，单击右下角的▬按钮将以缩略图的方式显示“图片库”中的所有图片，单击✚按钮可放大当前浏览的图片。

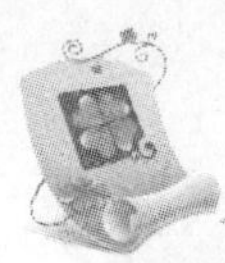

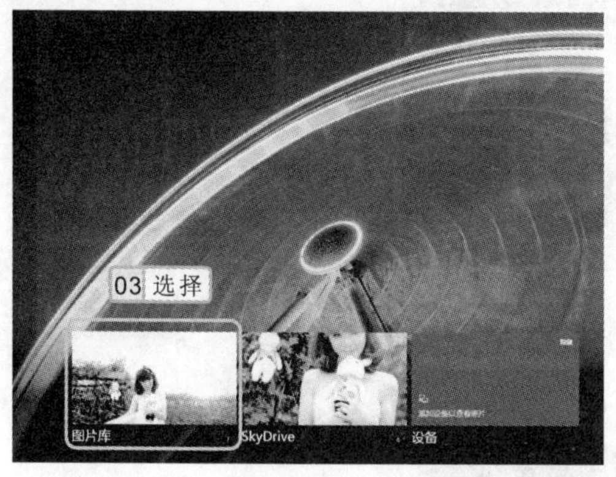

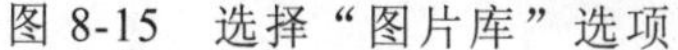
图 8-15 选择“图片库”选项

图 8-16 浏览图片

8.2.2 以特定方式浏览照片

在照片应用中，不仅可随意地查看图片，还可按一定的方式进行浏览，如按日期浏览方式、幻灯片放映方式和全屏查看方式，其方法分别介绍如下。

- **按日期浏览**：打开“图片库”面板，在面板空白处单击鼠标右键，在弹出的快捷工具栏中单击“按日期浏览”按钮，如图 8-17 所示，即可在打开的面板中按日期的方式浏览照片，如图 8-18 所示。

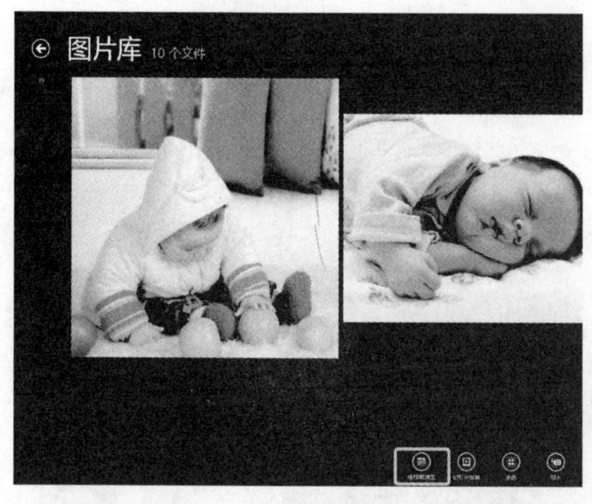

图 8-17 “图片库”面板

图 8-18 按日期浏览照片

- **幻灯片放映**：打开“图片库”面板，在面板空白处单击鼠标右键，在底部弹出的快捷工具栏中单击“幻灯片放映”按钮，此时，若“图片库”中有多张照片，照片将以每 5 秒自动循环变换的幻灯片方式播放。
- **全屏查看**：与幻灯片查看效果相似，不同之处在于全屏查看多张照片时不会自动播放，需手动设置。其查看方法为：在“图片库”面板中双击要查看的照片，照片即铺满整个屏幕，如图 8-19 所示。

在 Windows 8“照片”应用界面中单击鼠标右键，在右下角将显示“导入”按钮，如果 Windows 8 设备中接入了外接存储设备，如 U 盘、移动硬盘、数码相机以及存储卡等，单击“导入”按钮，即可弹出“选择要从中导出照片的设备”面板，选择图片所在的存储设备。

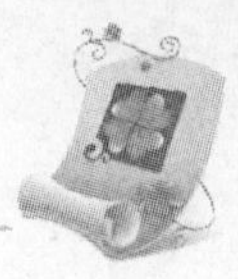

图 8-19 全屏查看

8.3 使用“音乐”应用

“音乐”应用是 Windows 8 全新的应用功能之一，与传统的音乐程序或播放器相比，其最大的特点是实现了无窗口式的播放模式。它的使用方法也非常简单，下面将详细介绍使用“音乐”应用播放音乐的方法。

8.3.1 播放音乐

在 Windows 8 系统中，MP3 等歌曲文件会默认启用 Windows 8“开始”屏幕中的“音乐”应用，点击播放的歌曲时就会自动启用进行播放。其方法为：先将音乐添加到“音乐库”中，然后在“开始”屏幕中单击“音乐”磁贴，在打开的面板中将显示添加的音乐，在需要播放的音乐上单击鼠标右键，即可选择要播放的歌曲，如图 8-20 所示。然后在下方的快捷工具栏中单击播放曲目，则可打开全屏播放界面播放音乐，如图 8-21 所示。

图 8-20 播放音乐

图 8-21 全屏播放音乐

行家提醒

如果要播放外部存储（如存储在 USB 闪存盘或外部硬盘上）中的音乐，可以将内容复制或移动到“库的位置”字段中的任何文件夹内，“音乐”应用程序可从中获取内容。

8.3.2 快进/暂停音乐

在播放音乐时，可以看到歌曲的总时长和实际播放时间，将鼠标光标停留到播放界面时，还可以显示向左或向右的箭头来控制播放进度。例如，单击向右的箭头〉则可快进播放歌曲；若不想听时，则可以单击“暂停”按钮⏸，以暂停播放歌曲，如图 8-22 所示分别为播放和暂停时的效果。

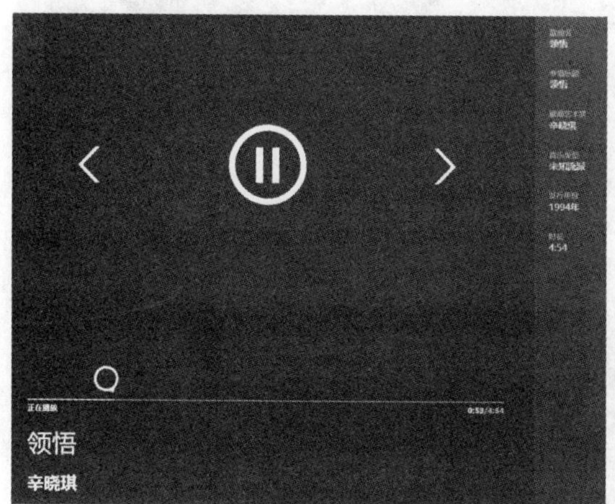

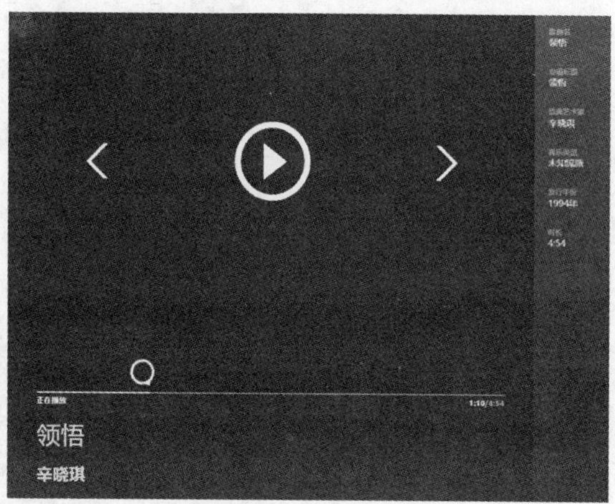

图 8-22 播放和暂停播放

8.3.3 创建并查看播放列表

“音乐”应用也具有播放列表功能，用户可根据不同类型的歌曲创建不同的播放列表，以方便歌曲的管理。

实例 8-4 创建“小情歌”播放列表并添加歌曲

1. 在“音乐”面板左侧的列表中选择“播放列表”选项，再单击 新建播放列表 按钮，在弹出对话框的文本框中输入列表名称，这里输入“小情歌”，单击 保存 按钮，如图 8-23 所示。
2. 此时，在其下方将自动创建一个名为“小情歌”的播放列表，如图 8-24 所示。

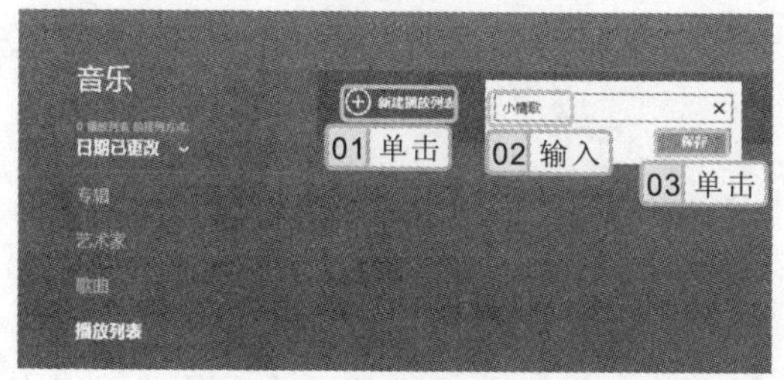

图 8-23 为播放列表命名

图 8-24 创建的播放列表

要想将本地音乐添加到“音乐”应用中，首先需要将其添加到音乐库中。其方法为：打开资源管理器并找到音乐库，右击音乐库，在弹出的快捷菜单中选择“属性”命令，然后选择添加需要加入音乐库的文件夹。

3 选择左侧列表中的“歌曲”选项，在打开的歌曲列表中选择需要添加的歌曲，在下方单击“添加到播放列表”按钮，在弹出的列表中选择“小情歌”选项，如图 8-25 所示。

4 选择“播放列表”选项，即可查看到添加歌曲的数量，选择“小情歌”列表，在打开的列表中可看到歌曲数量和播放总时长，如图 8-26 所示。

图 8-25 选择音乐文件

图 8-26 播放列表

8.4 使用“视频”应用

观看视频已经成为日常生活中非常重要的学习和娱乐方式之一，在 Windows 8 系统的“开始”屏幕中就提供了系统自带的“视频”应用。下面将详细介绍使用“视频”应用播放视频的方法。

8.4.1 播放视频

使用“视频”应用播放电脑中的视频也非常简单，单击“开始”屏幕中的“视频”磁贴即可进入“视频”应用操作界面，下面介绍在“视频”应用中播放视频的方法。

实例 8-5 播放电影

1 单击“开始”屏幕中的“视频”磁贴进入“视频”应用操作界面，单击“打开或播放内容”选项，如图 8-27 所示。

2 打开“文件”面板，单击“文件”右侧的按钮，在弹出的下拉列表中选择“计算

单击播放窗口右上角的按钮，将返回保存视频文件的窗口，将不显示播放画面，但是在该窗口的播放控制区显示了播放进度。

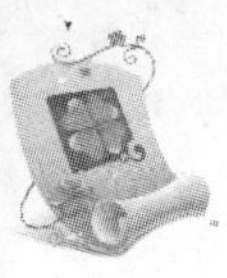

机”选项，如图 8-28 所示。

图 8-27 “视频”应用界面

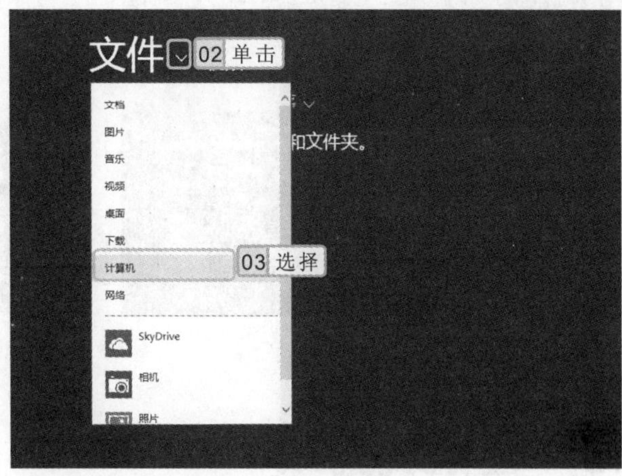

图 8-28 查找视频文件

3 在打开的“计算机”磁盘列表中单击 G 盘，在打开的文件列表中选中需要播放的视频文件，然后单击右下角的 打开 按钮，如图 8-29 所示。

4 即可开始播放视频文件，且自动以全屏方式播放，如图 8-30 所示。

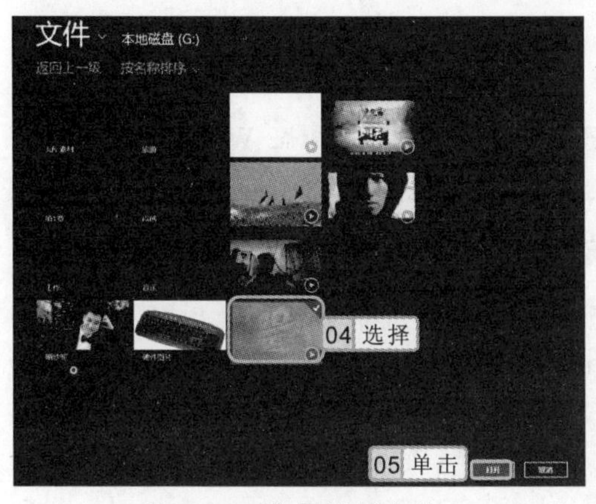

图 8-29 选择视频文件

图 8-30 全屏播放视频

8.4.2 操作播放过程

Windows 8“视频”应用中的播放操作也比较简单。在视频播放过程中，将鼠标光标移动至播放界面，即可查看播放的时间进度、播放时长和视频文件名称等，同时播放界面中间会显示“暂停”按钮，可以对视频播放进行暂停操作，如图 8-31 所示。进入视频暂停状态之后，视频中间的“暂停”按钮将会变成“播放”按钮。

若用鼠标右键单击视频播放界面，在界面右下方会显示重复、上一个、暂停和下一个等操作按钮，用户可以根据需要选择相应的操作，如图 8-32 所示。

在播放视频的过程中，除了使用“快进”按钮操作视频播放过程外，还可使用鼠标拖动播放屏幕中的图标来控制播放过程。

图 8-31　播放视频

图 8-32　单击鼠标右键

8.5　轻松玩游戏

在 Windows 8 中集合了多款游戏，让用户能够在工作之余或休闲时轻松地玩这些小游戏来增添乐趣。下面将在“游戏”应用中以几个小游戏为例介绍游戏的玩法。

8.5.1　安装游戏

玩游戏前，需要先安装相应的游戏软件，其安装方法非常简单，可在 Windows 8 的“游戏”应用中选择需安装的游戏，按提示操作即可。

实例 8-6　安装水果忍者（Fruit Ninja）游戏

1. 在“开始”屏幕中单击“游戏”磁贴，打开“游戏”应用界面，如图 8-33 所示。
2. 单击想玩的游戏磁贴，这里单击 Fruit Ninja 游戏磁贴，在弹出的面板中单击“开始游戏”按钮，在弹出的提示框中选择“从应用商店获取‘Fruit Ninja’”选项，如图 8-34 所示。

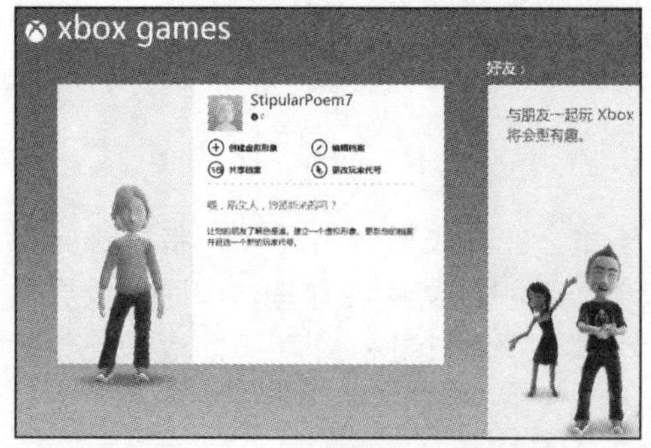

图 8-33　“游戏”应用界面

图 8-34　从应用商店获取游戏

3. 此时，该游戏的信息面板将在“应用商店”中打开，单击试用按钮，如图 8-35 所示。

行家提醒

人生可以适当游戏，但不可以游戏人生，适当游戏放松，玩家切勿沉迷。

4 返回应用商店界面，在界面右上角将显示“Fruit Ninja 已经安装”，表示该游戏已安装完成，如图 8-36 所示，且安装后的游戏将在“开始”屏幕中显示。

5 使用前面相同的方法安装其他游戏程序。

图 8-35　Fruit Ninja 信息面板

图 8-36　安装 Fruit Ninja

8.5.2　水果忍者

安装完游戏后，便可打开该游戏进行操作。水果忍者（Fruit Ninja）是一款简单的休闲游戏。该游戏的玩法主要是屏幕上不断跳出各种水果，如西瓜、凤梨、猕猴桃、草莓、香蕉、石榴、杨桃、苹果、火龙果等，在水果掉落之前快速地将其全部切掉。切水果时需注意千万别切到炸弹，不然游戏就结束。

实例 8-7　玩切水果游戏

1 在“开始”屏幕中单击“游戏”磁贴，在打开的“游戏”应用界面中，单击“水果忍者”游戏选项，在弹出的面板中单击“开始游戏”按钮◎，如图 8-37 所示。

2 此时，将自动登录水果忍者游戏界面，使用鼠标在“新游戏”选项上划动，如图 8-38 所示。

图 8-37　安装游戏

图 8-38　游戏界面

在玩水果忍者游戏时，可使用鼠标拖动连续划破多个水果，以获得更多得分。

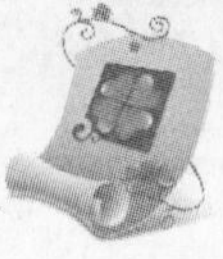

3 打开“选择模式”面板，在其中可选择任意一种模式，这里在“经典模式”上划动，选择该模式，如图 8-39 所示。

4 此时，进入游戏后，便可开始玩“水果忍者”游戏，当从界面下方跳出水果时，只需拖动鼠标在水果上划动，划破水果便可得分，效果如图 8-40 所示。

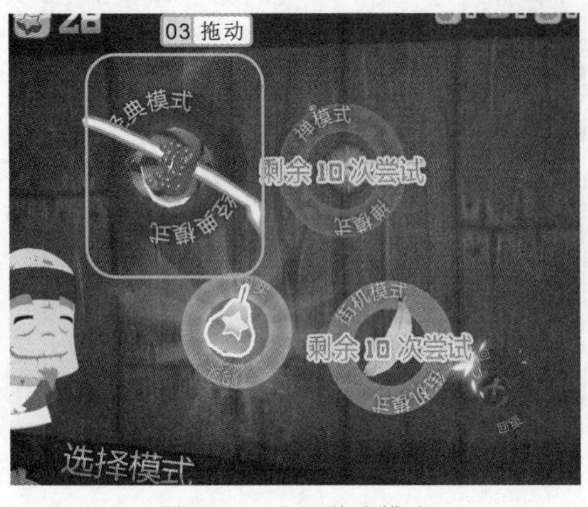

图 8-39　选择游戏模式

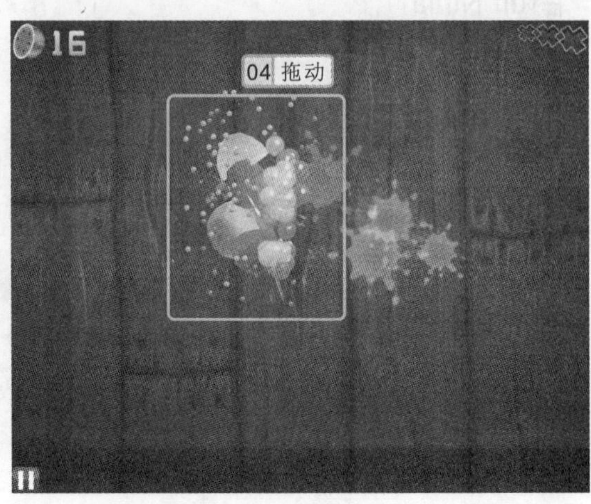

图 8-40　划破水果

5 单击游戏界面右下角的按钮，将暂停玩耍该游戏，如图 8-41 所示。

6 若想继续该游戏，可单击按钮；或想重新开始游戏，则可单击按钮，这里单击按钮。

7 继续未完的游戏，当游戏过程中有漏划掉多个水果，或划中炸弹时，游戏将会自动结束。

8 当游戏结束后，将打开如图 8-42 所示的面板，在其中显示了所得分数和游戏选项，可根据需要选择相应的选项进行再次游戏或退出游戏。

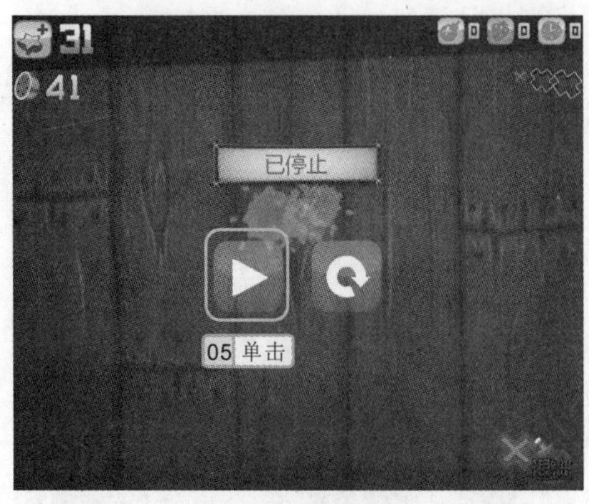

图 8-41　暂停游戏

图 8-42　游戏结束

在水果忍者的经典模式中一斩到炸弹游戏即会结束，而在街机模式中则会扣分和减时间。

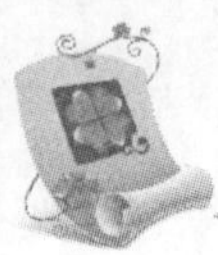

8.5.3 Microsoft Mahjong

Microsoft Mahjong 是一款全新升级的经典配对游戏，拥有精美的画面和直观的控制以及 Mahjong 游戏迷们翘首以待的应用功能。它将麻将以高低不同的层次排列成不同的图案，而玩家的目的就是将麻将牌从桌面上移走以此来获得分数。

实例 8-8 玩耍微软麻将

1. 单击桌面左下角的“开始”屏幕按钮，切换到“开始”屏幕中，单击 Microsoft Mahjong 磁贴，如图 8-43 所示。
2. 此时，系统自动登录 Microsoft Mahjong 游戏界面，在“游戏”栏中单击“选择拼图”选项，如图 8-44 所示。

图 8-43 “开始”屏幕

图 8-44 Microsoft Mahjong 游戏界面

3. 打开“选择新的拼图”面板，选择麻将牌组成的图案，这里选择“中等”栏中的“十字线”选项，如图 8-45 所示。
4. 此时，将打开该游戏的界面，选择需要匹配的麻将牌，这里选择带“二”的两张麻将牌，如图 8-46 所示。

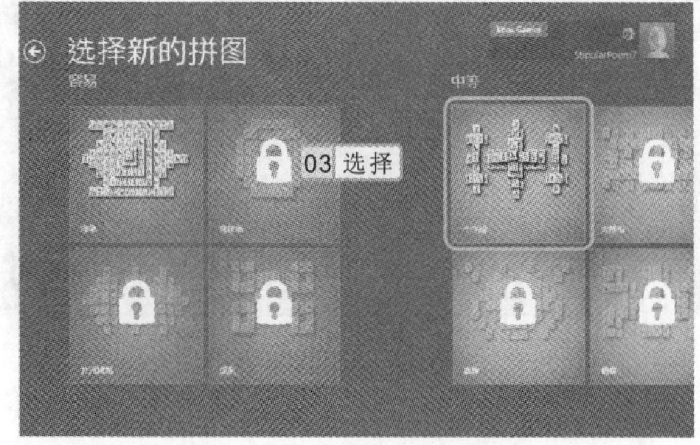

图 8-45 选择“拼图”样式

图 8-46 进入游戏

Microsoft Mahjong 是一款麻将配对的游戏，在其中任选两张相同样式且上下左右至少两个方向不受阻碍的牌即可移出。

5 当正确选择配对的麻将牌后，配对的麻将牌将自动被移出游戏界面，并置于界面右下角，如图 8-47 所示。

6 单击鼠标右键，将弹出游戏快捷工具栏，单击“提示”按钮，游戏界面中将以蓝色显示出可配对的麻将牌，如图 8-48 所示。

图 8-47 选择配对麻将牌

图 8-48 提示配对麻将牌

7 此时，单击提示的配对麻将牌即可，继续查找并配对麻将牌，若当前麻将牌不易查找，可单击界面左下角的“重新洗牌”按钮，在弹出的重新洗牌提示框中单击按钮，如图 8-49 所示。

8 此时，界面中的麻将牌将自动重新排列，且右下角将没有配对的麻将，只在界面上方显示了所得分数、游戏中可配对的数量、游戏中剩余麻将以及游戏至今所费的时间，如图 8-50 所示。

图 8-49 重新洗牌

图 8-50 退出游戏

麻将牌的左边、右边或上边没有麻将牌时，才能有效选择该麻将牌，选择的麻将牌不匹配时，窗口左下角会给出提示，要求重新选择。

8.6 基础实例

本章的两个实例使用 Windows Media Player 播放电脑中保存的音乐，然后使用“游戏”应用安装并玩耍游戏，掌握其具体操作方法。

8.6.1 使用 Windows Media Player 播放音乐文件

本例将保存在电脑中的音乐添加到 Windows Media Player 中，并为其创建音乐列表，然后使用它播放添加的音乐。

1. 操作思路

为更快完成本例的制作，并且尽可能运用本章讲解的知识，本例的操作思路如下。

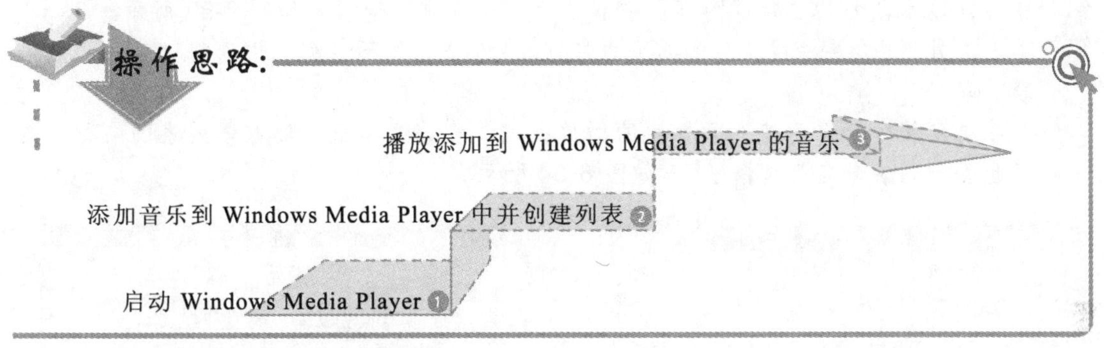

2. 操作步骤

下面在 Windows Media Player 中添加和播放音乐，操作步骤如下：

光盘\实例演示\第 8 章\使用 Windows Media Player 播放音乐

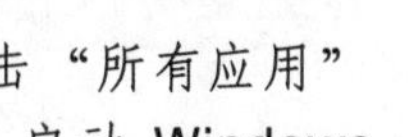

1. 在“开始”屏幕空白区域单击鼠标右键，在弹出的快捷工具栏中单击“所有应用”按钮，在“应用”面板中单击 Windows Media Player 磁贴应用，启动 Windows Media Player 程序。
2. 在电脑的 G 盘中找到保存音乐的文件夹并双击，然后选择该文件夹中需要播放的文件。
3. 按 Ctrl+C 键进行复制，在窗口导航窗格中选择“库”选项，在打开的子选项中选择“音乐”选项，如图 8-51 所示。

在 Windows Media Player 工作界面中选择需要搜索的类型后，在“搜索”文本框中输入关键字，也可进行搜索。

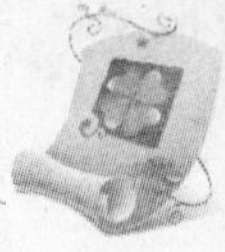

4 在打开的窗口空白区域单击鼠标右键，在弹出的快捷菜单中选择“粘贴”命令，将复制的音乐文件粘贴到“音乐库”中，然后关闭该窗口。

5 切换到 Windows Media Player 程序，单击媒体库按钮后的▸按钮，在弹出的下拉列表中选择“音乐”选项，如图 8-52 所示。

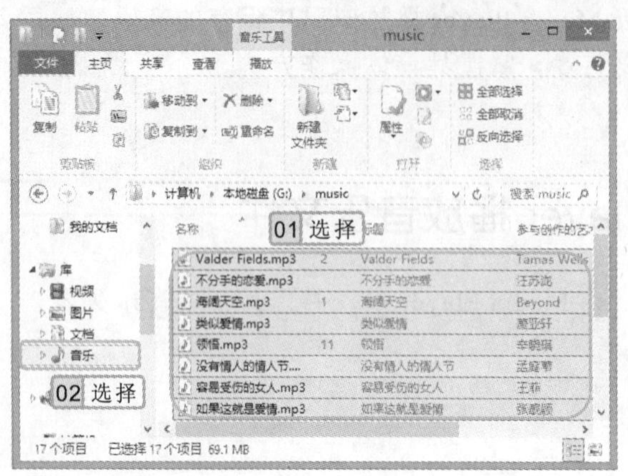

图 8-51　选择“音乐”子选项

图 8-52　选择“音乐”选项

6 在窗口显示区的“主要视图”栏中双击“所有音乐”选项，如图 8-53 所示。

7 单击工具栏中创建播放列表(C)按钮右侧的下拉按钮，在弹出的下拉列表中选择“创建播放列表”命令。

8 在导航窗格中将自动建立无标题的播放列表，在该文本框中输入该列表的名称，如将此播放列表命名为“情歌”，如图 8-54 所示。

图 8-53　打开所有音乐

图 8-54　创建播放列表

9 按住 Ctrl 键，依次单击选择需添加至播放列表的曲目，然后按住鼠标不放将其拖动至左侧的“情歌”播放列表中释放鼠标，如图 8-55 所示。

10 添加完成后，单击“情歌”播放列表，在右侧的列表框中将显示添加的所有音乐，双击需要播放的音乐文件，即可播放音乐，然后单击界面右下角的“切换到正在播放”按钮，可打开音乐播放界面，如图 8-56 所示。

在使用 Windows Media Player 播放音乐或视频时，可通过拖动“定位”滑块，自由调整视频或音乐播放的进度。

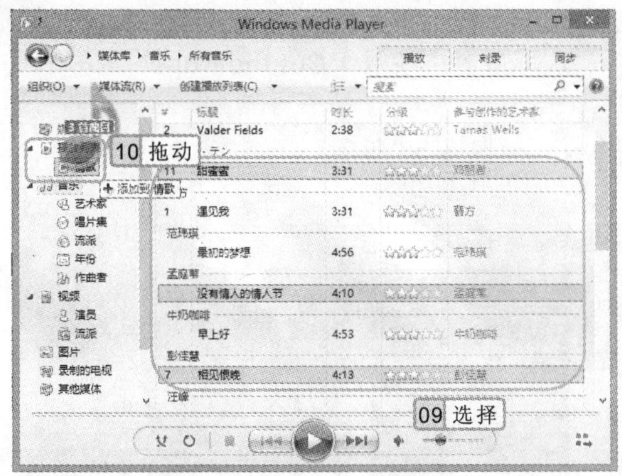

图 8-55 添加音乐

图 8-56 音乐播放界面

8.6.2 安装并玩耍“割绳子”游戏

本例首先将安装一款休闲益智类游戏——割绳子，再通过玩该游戏掌握游戏的基本规则和具体玩法。

1. 操作思路

为更快完成本例的制作，并且尽可能运用本章讲解的知识，本例的操作思路如下。

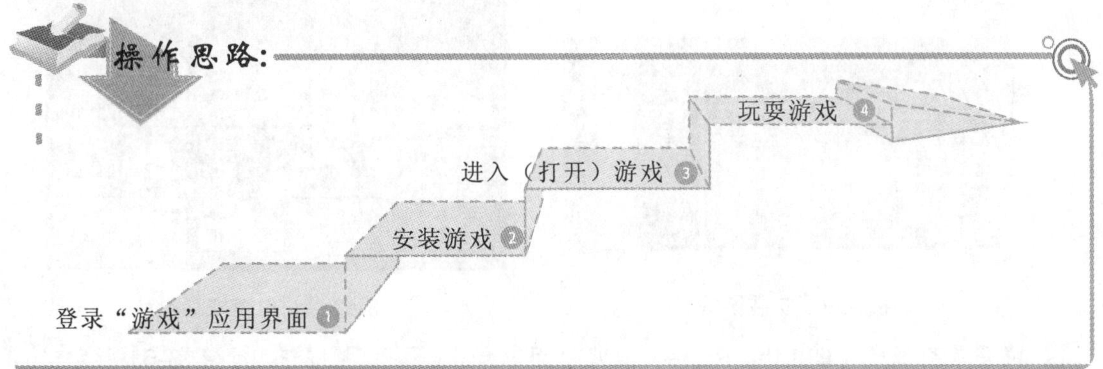

2. 操作步骤

下面介绍割绳子游戏的安装方法和玩法，操作步骤如下：

参见光盘 光盘\实例演示\第 8 章\安装并使用“割绳子”游戏

1 单击“开始”屏幕按钮，切换到“开始”屏幕，单击“游戏”磁贴。

操作提示

Windows 8 使用的是最新的 Windows Media Player 版本，它支持更多的媒体格式，包括.wmv、.wma、.AAC、.MPEG-8 等文件格式。

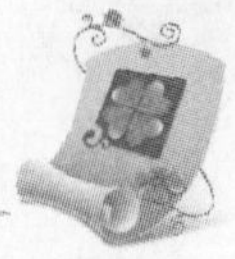

2 登录“游戏”应用界面，选择 Cut the Rope 游戏选项，在弹出的面板中单击“开始游戏”按钮，在弹出的提示框中选择“从应用商店获取‘Cut the Rope’”选项，如图 8-57 所示。

3 打开割绳子信息面板，然后单击 安装 按钮，如图 8-58 所示。

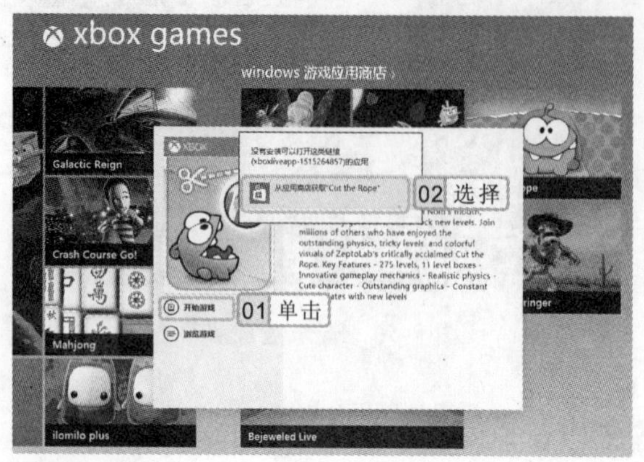

图 8-57　“游戏”应用界面

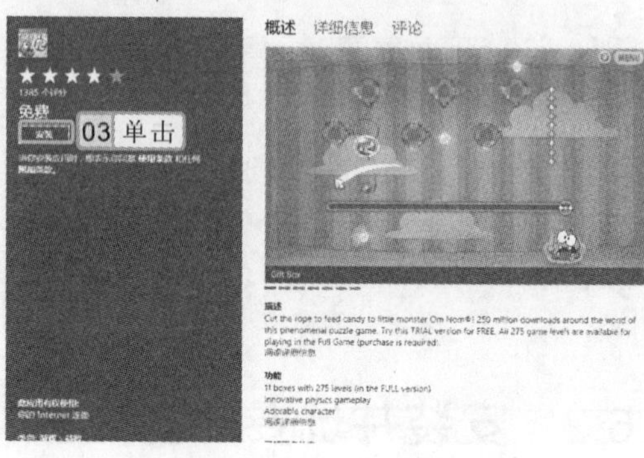

图 8-58　割绳子信息面板

4 返回“应用商店”界面，在界面右上角将显示“正在安装 Cut the Rope”，如图 8-59 所示。

5 安装完成后切换到“开始”屏幕，即可看到安装后的割绳子（Cut the Rope）游戏，单击“割绳子（Cut the Rope）”磁贴，如图 8-60 所示。

图 8-59　安装游戏

图 8-60　单击游戏磁贴

6 将登录割绳子（Cut the Rope）游戏界面，单击 Play 按钮，如图 8-61 所示。

7 此时，将进入该游戏界面，拖动鼠标划断上方吊糖果线，使糖果和星星掉入下方的青蛙嘴里，如图 8-62 所示。

8 完成后即可过关，且在打开的面板中将自动计算出游戏的得分情况。

9 单击下方的相应按钮，若单击 Replay 按钮，将继续进入下一关游戏；单击 Next 按钮，可退出该游戏，这里单击 Next 按钮，如图 8-63 所示。

安装游戏后，可登录“游戏”应用界面，在界面中单击选择要玩耍的游戏磁贴，也可进入相应的游戏。

图 8-61　进入游戏

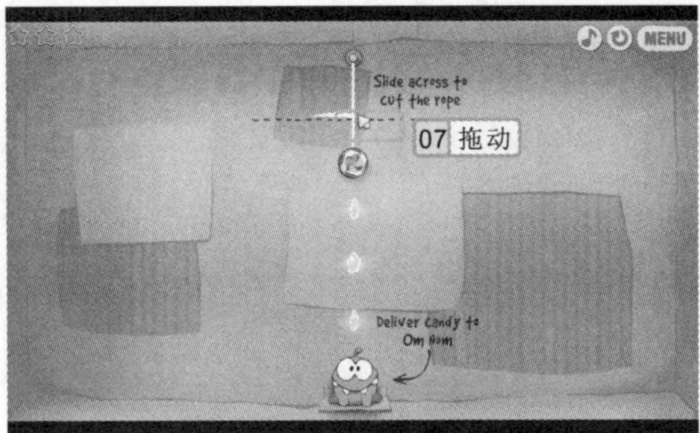

图 8-62　使用鼠标划断线条

10 在返回的面板中单击右上角的 MENU 按钮，打开如图 8-64 所示的界面，单击 Main menu 按钮，即可退出游戏。

图 8-63　显示游戏得分

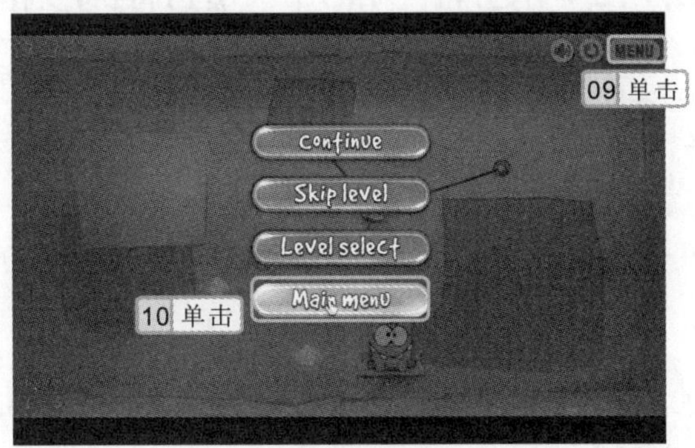

图 8-64　退出游戏

8.7　基础练习

本章介绍了使用 Windows 8 提供的功能进行多媒体、娱乐与休闲，通过下面的练习可以进一步巩固“视频”应用以及浏览图片等操作。

8.7.1　使用“视频”应用播放媒体文件

本例将在“视频”应用中播放音乐、视频，先在电脑中选择要播放的音乐或视频，再切换播放不同的音乐和视频文件，并对播放过程进行控制。

参见光盘　光盘\实例演示\第 8 章\使用“视频”应用播放媒体文件

操作提示

玩割绳子游戏需要当机立断，快速出手，很多关卡需要利用惯性使食物到达适当的位置，不然将偏离，这时需要连续操作保证食物在按预定路线移动。

该练习的操作思路如下。

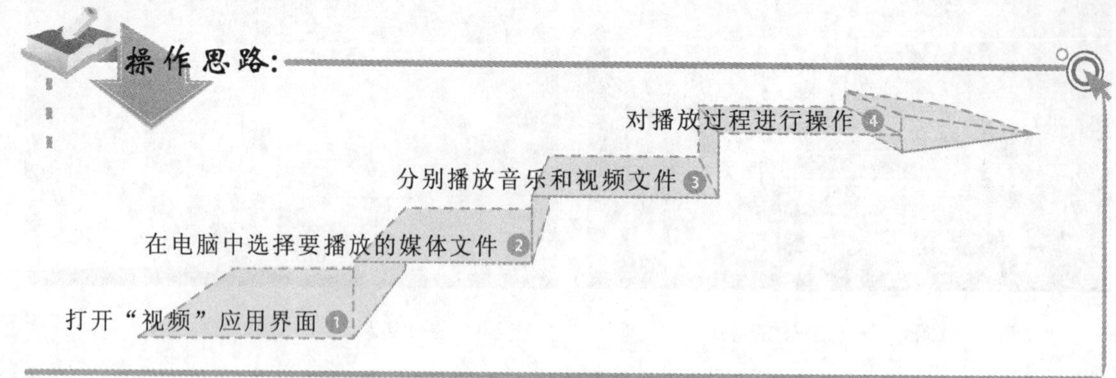

8.7.2 使用“照片”应用浏览图片

本次练习将使用“照片”应用对电脑中的图片文件进行浏览，分别进行按日期浏览、幻灯片浏览和全屏浏览，通过练习进一步熟悉“照片”应用的操作方法。

光盘\实例演示\第 8 章\使用“照片”应用浏览图片

该练习的操作思路如下。

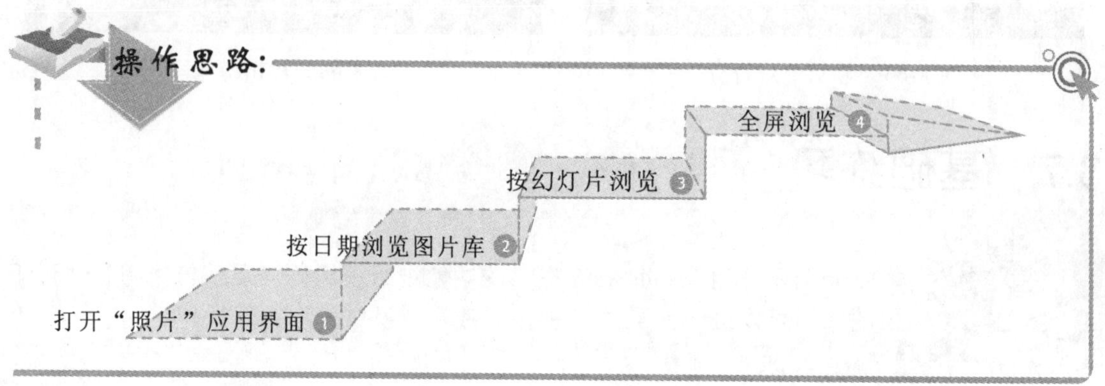

8.8 知识问答

在使用 Windows 8 自带的多媒体娱乐与休闲工具时，难免会遇到一些难题，如 Windows Media Player 的媒体文件存放位置和使用它浏览图片的方法等。下面将介绍使用多媒体娱乐与休闲工具过程中常见的问题及解决方案。

在 Windows 8 中“视频”应用主界面的“我的视频”中，可看到当前设备中的所有视频，如选择“影片”、“电视节目”以及“其他”等可以进入更多微软提供的丰富视频分类。

问：Windows Media Player 中的媒体文件默认存放的位置是在什么地方，创建播放列表后，该播放列表被存放在什么位置？

答：Windows Media Player 中的媒体文件和播放列表默认存放的位置都是在电脑的“库”文件夹中。

问：使用 Windows Media Player 能不能浏览电脑中保存的图片呢？

答：可以。将电脑中保存的图片放于电脑的图片库中，启动 Windows Media Player 程序，单击媒体库按钮后的▸按钮，在弹出的下拉列表中选择“图片”选项，在窗口显示区的“主要视图”栏中双击“所有音乐”选项，在显示区中将显示添加到图片库中的所有图片文件，双击任意一张图片后，将在打开的界面中动态播放文件夹中的所有图片。

Windows Media Player 的相关知识

使用 Windows Media Player 播放媒体文件时，会出现某些媒体文件无法播放或播放视频文件时只有声音没有画面的情况，那么导致这种情况发生的原因可能是 Windows Media Player 因缺乏相应的解码程序而不支持要播放的媒体文件格式，如.rm、.rmvb 格式的媒体文件等，这时就需要使用“暴风影音”等专用的音频、视频播放程序才能进行播放。

为了更好地利用桌面，可在听音乐的同时进行其他的操作，此时，可将 Windows Media Player 切换至精简界面模式。

提高篇

初学者要想提高对计算机系统的操作速度，不仅要掌握最基础的知识，还需不断地学习更多、更深层次的计算机知识。Windows 8操作系统是最新一代的Windows系统，要想熟练地使用该系统，不仅需掌握设置和管理系统的知识，还需要掌握Windows 8网络操作、Windows Live服务、电源、内存和硬盘管理以及Windows 8文件系统等知识的操作方法。而应用其中的网络操作，不仅可快速搜索到我们需要的资料，还可在线看视频、听歌、看小说和玩游戏等，方便了人们的生活。

<<< IMPROVEMENT

提高篇

第 9 章

网络配置与应用

网络连接配置

初识局域网

配置局域网

远程桌面连接

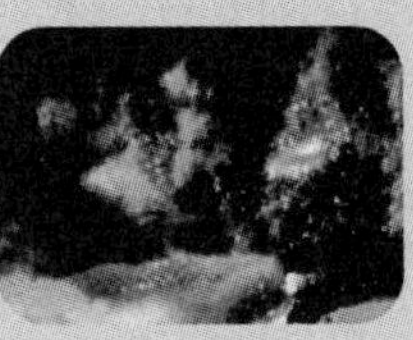

共享资源

使用家庭组实现家庭共享

本章导读

网络已成为人们生活和工作中必不可少的一部分，通过它可以实现资源的传输与共享，缩短了人与人之间的距离，为人们的工作和生活提供了方便。用户还可以通过组建局域网，实现更为方便、快捷的资源共享，如共享上网、共享文件夹、共享硬件设备等，体验现代化的办公、数字化的生活。

9.1　初识局域网

日常生活和工作中，有时需将多台电脑通过连接设备连接在一起，达到资源共享的功能，这种互相连接的电脑，就称为局域网。通过局域网可实现多台电脑共享上网、资源共享、统一管理、联机游戏等功能。

网络和共享中心是 Windows 8 中用于显示网络状态的窗口，通过该窗口用户可查看网络连接设置、诊断网络故障和配置网络属性，如图 9-1 所示。其启动方法有如下两种：

- 右击桌面上的“网络”图标，在弹出的快捷菜单中选择“属性”命令，可打开“网络和共享中心”窗口。
- 在“控制面板”窗口中单击“网络和 Internet”超级链接，在打开的窗口中单击“网络和共享中心”超级链接，也可打开“网络和共享中心”窗口。

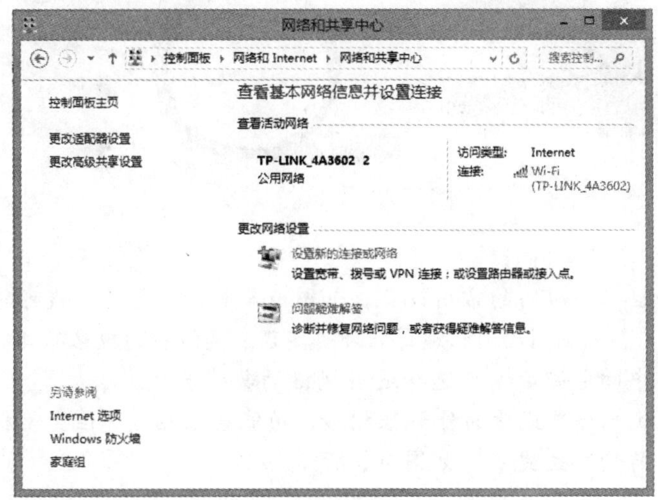

图 9-1　“网络和共享中心”窗口

9.2　配置局域网

要使用局域网的功能，首先要将需连入网络的电脑通过连接的线缆和所需的硬件设备连在一起，再正确配置局域网、设置 TCP/IP 协议，以确保各台电脑间数据的正常传输。

9.2.1　组建局域网

要组建一个局域网，需要购置必需的网络连接设备和线缆，在购买前应先计划所组建局域网的规模和用途，根据具体情况选购合适的设备。一般配置一个局域网应具备的基本

通过局域网不仅可以共享文件资料，还可以共享一些硬件设备，如打印机、扫描仪等，充分发挥了资源共享的优势。

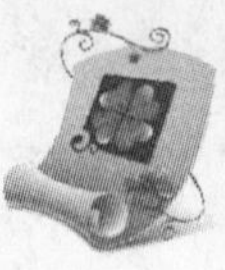

条件是：两台以上具有网卡的电脑，电脑之间要有互相连接的通信介质（如网线），以及负责数据通信的设备（如集线器）。

1. 配置局域网所需的设备

局域网中常用的设备包括网卡、网线、集线器、交换机等，其各自的作用介绍如下。

- **网卡**：又称网络适配器，安装在电脑机箱中，电脑与外界局域网的连接必须通过它与其他电脑进行数据的传输。一般主机上都有集成网卡，也可安装独立网卡，如图 9-2 所示。
- **网线**：又称双绞线，由 4 对相互缠绕且绝缘的导线组成，其两端各连接一个水晶接头，用于连接电脑或集线器，是连接局域网并进行数据传输的介质，如图 9-3 所示。

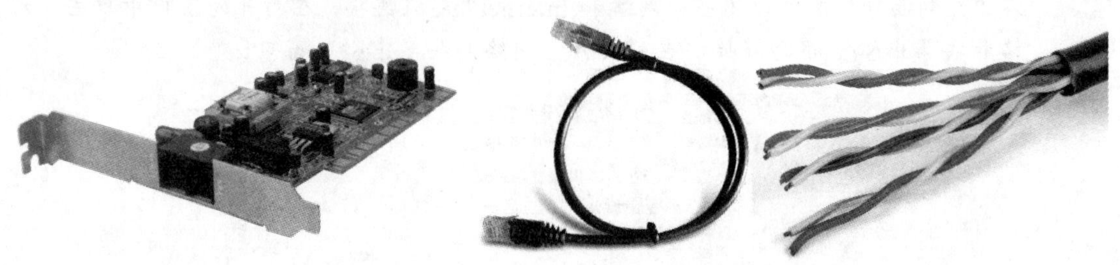

图 9-2　网卡　　　　图 9-3　网线

- **集线器**：是组建局域网的常用设备，如图 9-4 所示。通过网线可将若干台电脑连接到集线器上，各电脑间的通信通过它即可实现。集线器的规格有 4 口、8 口、16 口等，根据局域网中的电脑数量可选择适当规格的集线器。
- **交换机**：交换机与集线器的外形很相似，功能也很相近，但交换机的传输速度比集线器要快，其价格也更贵，如图 9-5 所示。

图 9-4　集线器

图 9-5　交换机

2. 连接局域网的设备

了解配置局域网所需的设备后，则可将各个设备连接，才可进行共享资源等操作。而连接局域网的设备时，应先断开电源，再进行连接。

集线器和交换机的外形非常相似，使用前应仔细辨认，集线器又叫 hub，交换机又叫 switch，一般在其外壳上会有相应字样。

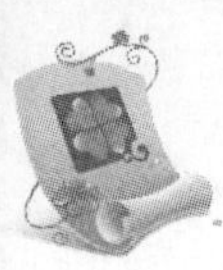

实例 9-1　连接局域网

1. 关闭电源，打开电脑机箱，将网卡插入主板的 PCI 扩展插槽上并用螺丝将其固定在机箱上，如图 9-6 所示。如使用集成网卡，则不做此步骤。
2. 将连接了水晶头的网线的一端插入电脑网卡的接口中，如图 9-7 所示。

图 9-6　安装网卡

图 9-7　连接主机

3. 将网线另一端的水晶头插入集线器的接口中，如图 9-8 所示。
4. 用同样的方法连接其他电脑，完成后接通集线器和各电脑电源，启动电脑并进入 Windows 8 操作系统，在桌面上双击“网络”图标，打开“网络”窗口，可看到当前连接在一起的电脑图标，如图 9-9 所示。

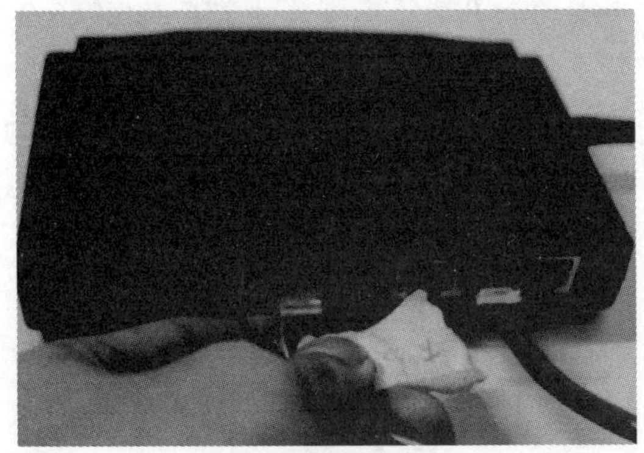

图 9-8　连接集线器

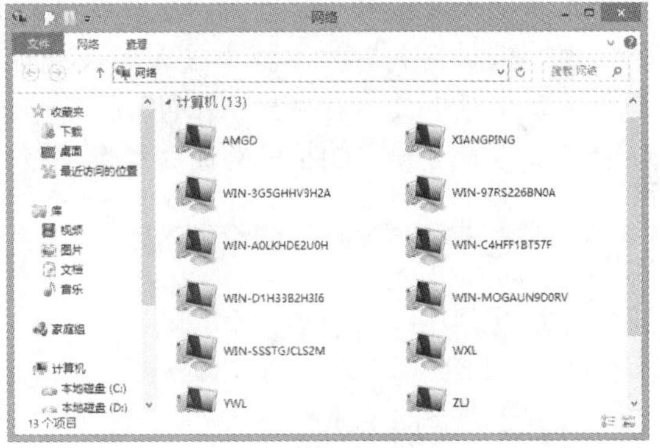

图 9-9　连接成功

9.2.2　配置 TCP/IP 协议

连接好局域网中的设备以后，还需在 Windows 8 中设置 IP 地址，才能使局域网正常工作。

实例 9-2　配置本地连接 TCP/IP 属性

1. 在桌面上双击“控制面板”图标，打开“控制面板”窗口，单击“网络和 Internet”

操作提示

制作网线的水晶接头是有固定标准的，网线包括 4 对共 8 条导线，用不同的颜色区分，常用的 EIA/TIA 568B 标准是白橙、橙、白绿、蓝、白蓝、绿、白棕、棕。

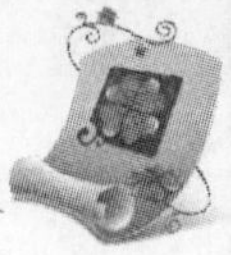

下的“查看网络状态和任务”超级链接，打开“网络和共享中心”窗口，如图 9-10 所示。

2 单击“网络和共享中心”窗口左侧窗格中的“更改适配器设置”超级链接，打开“网络连接”窗口，双击 Wi-Fi 图标，如图 9-11 所示。

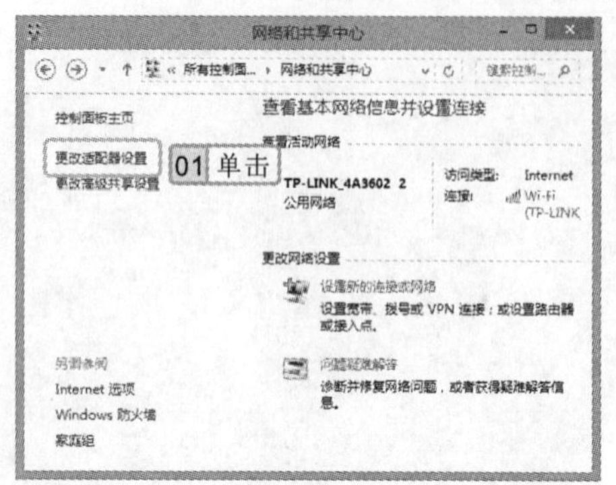

图 9-10 “网络和共享中心”窗口

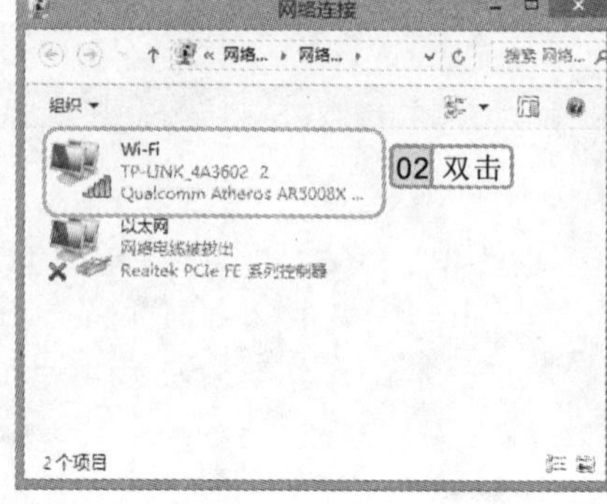

图 9-11 “网络连接”窗口

3 在打开的“Wi-Fi 状态”对话框中单击属性(P)按钮，打开“Wi-Fi 属性”对话框，在其中双击“此连接使用下列项目”列表框中的“Internet 协议版本 4（TCP/IPv4）”选项，如图 9-12 所示。

4 打开“Internet 协议版本 4（TCP/IPv4）属性”对话框，在其中选中使用下面的 IP 地址(S):单选按钮，在“IP 地址”文本框中输入 IP 地址，如 192.168.1.3。

5 单击“子网掩码”文本框，系统将根据 IP 地址自动分配子网掩码为 255.255.255.0，在“默认网关”文本框中输入网关地址，如 192.168.1.1，在“使用下面的 DNS 服务器地址”文本框中输入 DNS 服务器地址，如图 9-13 所示。依次单击确定按钮完成本地连接 TCP/IP 属性的配置。

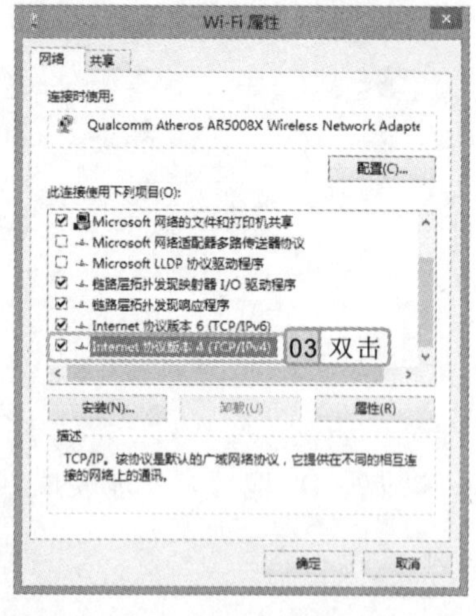

图 9-12 “Wi-Fi 属性”对话框

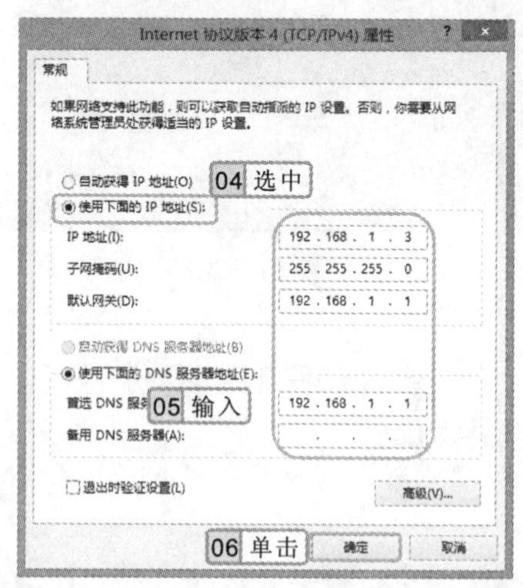

图 9-13 设置 IP 地址

专家指导

如“本地连接”图标下有红色的“×”符号，则说明网线未连接或线路故障，这时需要检查线路。

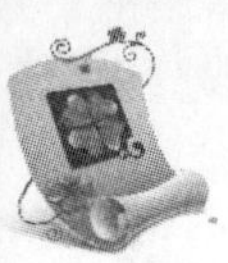

9.3 共享资源

配置好局域网中的设备和IP地址后，即可在局域网中共享各台电脑中的文件、文件夹以及打印机等资源。通过共享，可快捷地进行资源互访，大大提高了工作效率。

9.3.1 高级共享设置

要在局域网中共享网络资源，首先要进行共享设置，只有启用了相应的选项才能实现其功能。

其方法为：打开“网络和共享中心”窗口，单击左侧的“更改高级共享设置”超级链接，打开“高级共享设置”窗口，如图9-14所示，在“网络发现”栏和“文件和打印机共享”栏中选中相应的单选按钮，再单击【保存更改】按钮返回“网络和共享中心”窗口，完成高级共享设置。

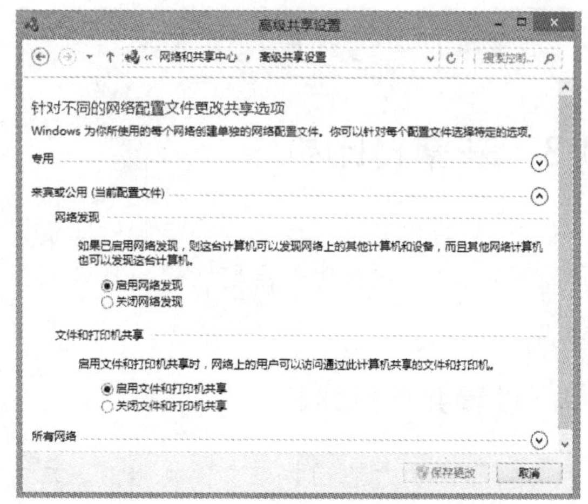

图9-14 “高级共享设置”窗口

9.3.2 共享文件夹

启动文件和打印共享后，便可设置共享文件夹使Windows 8中的某些文件能被局域网中的其他电脑所访问。

实例9-3 共享“音乐”文件夹

1. 右击需共享的项目，在弹出的快捷菜单中选择【共享】/【特定用户】命令，打开“文件共享”窗口。
2. 在“文件共享”窗口中单击文本框旁的下拉按钮，从列表中选择一个用户名称，然后单击【添加(A)】按钮，如图9-15所示。
3. 单击“权限级别”下的下拉按钮，从列表中选择访问权限，这里选中“读取/写入”选项，完成后单击【共享(H)】按钮，如图9-16所示。
4. 设置完成后将弹出文件夹已共享提示窗口，单击【完成(D)】按钮关闭窗口。此时，便可从局域网的其他电脑中访问所共享的“音乐”文件。

按Win+R键，打开“运行”对话框，在文本框中输入“\\计算机名”或“\\IP地址”可直接访问某台电脑。

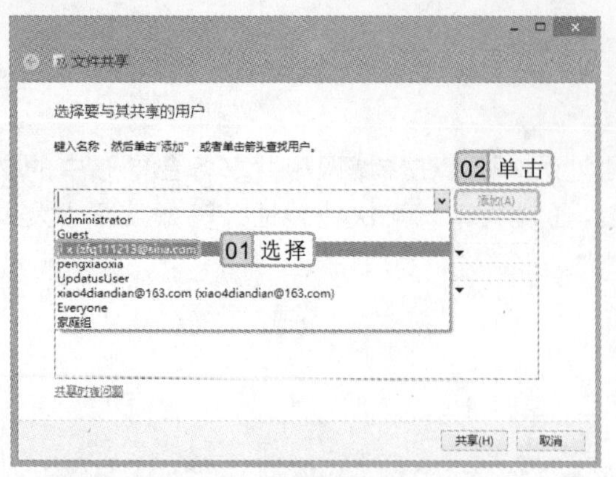

图 9-15　“文件共享”窗口

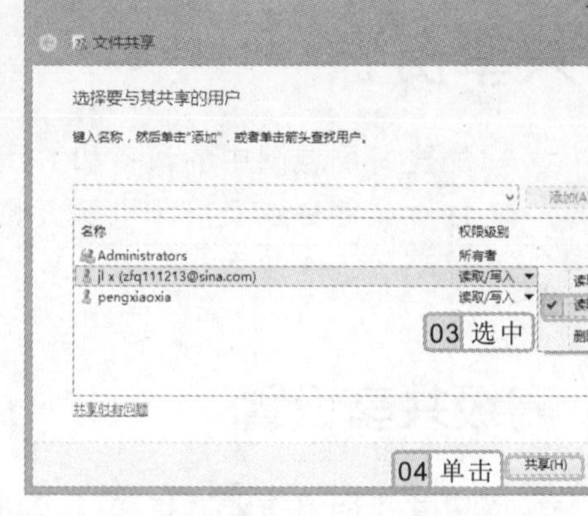

图 9-16　设置权限

9.3.3　共享打印机

在日常生活和工作中经常会使用到打印机，但是在同一局域网中，如果打印任务不是很频繁，可几台电脑共用一台打印机，不仅有效地利用了办公资源，而且减少了不必要的花费。

1．设置共享打印机

共享打印机的方法和共享文件夹相似。其方法为：打开“控制面板”窗口，单击“设备和打印机”超级链接，打开“设备和打印机”窗口，如果电脑上安装了打印机，则会在“打印机”栏中显示本机上安装的所有打印机，在需共享的打印机上单击鼠标右键，在弹出的快捷菜单中选择“打印机属性”命令，如图 9-17 所示。打开其属性对话框，选择“共享”选项卡，选中☑共享这台打印机(S)复选框，并在“共享名”文本框中输入共享打印机的名称，然后单击 确定 按钮，即可共享打印机，如图 9-18 所示。

图 9-17　“设备和打印机”窗口

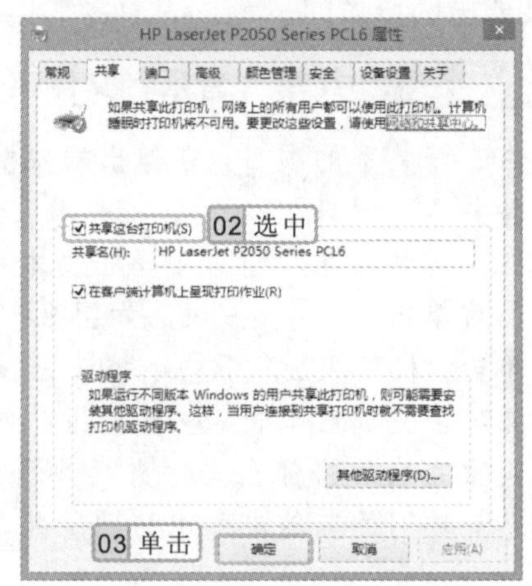

图 9-18　打印机属性对话框

要取消文件夹共享，还可通过在文件夹图标上单击鼠标右键，在弹出的快捷菜单中选择【共享】/【停止共享】命令来实现，且文件夹图标的左下角将会出现🔒标识。

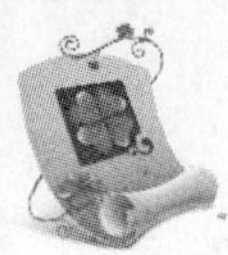

2. 添加网络打印机

设置完打印机共享后，便可在局域网中其他的电脑上添加并使用。

实例 9-4 添加网络打印机

1. 在局域网的其他电脑中打开“设备和打印机”窗口，单击工具栏上的 添加打印机 按钮，如图 9-19 所示。
2. 打开“添加打印机”对话框，在中间的列表框中选择需添加的打印机，单击 下一步(N) 按钮，如图 9-20 所示。

图 9-19 “设备和打印机”窗口

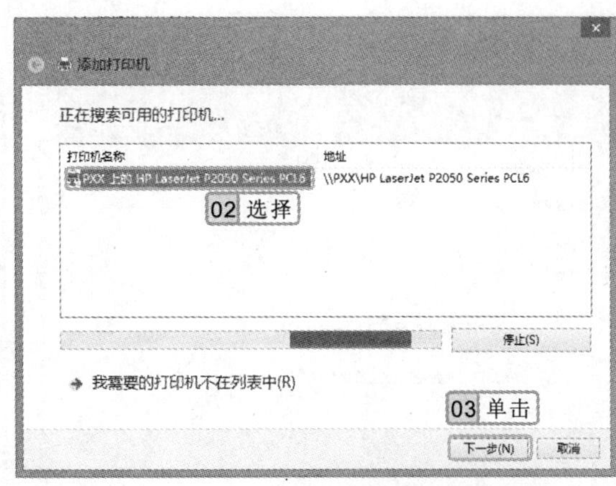

图 9-20 搜索结果

3. 系统开始连接、下载并安装打印机驱动程序。驱动程序安装完成后，打开成功添加对话框，如图 9-21 所示。
4. 单击 下一步(N) 按钮，如需测试则单击 打印测试页(P) 按钮，最后单击 完成(F) 按钮关闭该对话框，完成网络打印机的添加，如图 9-22 所示。

图 9-21 添加完毕

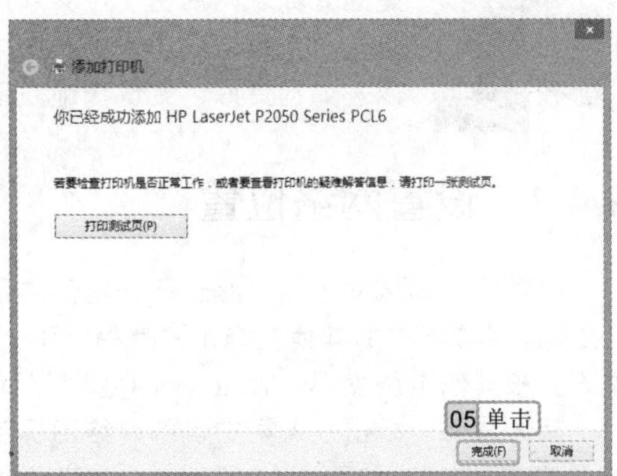

图 9-22 完成打印机的添加

在“设备和打印机”窗口的当前打印机图标上单击鼠标右键，在弹出的快捷菜单中选择“设置为默认打印机”命令，则需打印文件时，系统将默认使用该打印机打印。

9.3.4　映射网络驱动器

一些经常使用的共享文件夹，若每次通过“网络”窗口查找较为费时，用户可将其以快捷图标的方式创建在“计算机”窗口中，使用时可像打开本地磁盘一样直接访问到对应的共享文件夹。

其方法为：在“网络”窗口中找到需要映射的目标文件夹，单击鼠标右键，在弹出的快捷菜单中选择“映射网络驱动器”命令，打开“映射网络驱动器”对话框，在“驱动器”下拉列表框中选择映射网络驱动器的盘符，选中“登录时重新连接(R)”复选框，单击“完成(F)”按钮，如图 9-23 所示。再打开“计算机”窗口，即可看到共享文件夹像本地驱动器一样呈现在“计算机”窗口中，如图 9-24 所示。

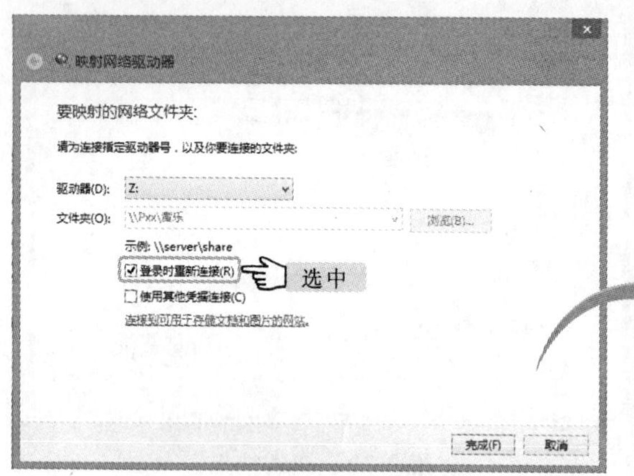

图 9-23　设置映射网络驱动器

图 9-24　设置效果

9.4　网络连接配置

建立好局域网后，便可共享局域网中各台电脑的硬件和软件资源，但是这只局限于局域网内，本节将详细介绍如何能够访问 Internet 中的网络资源，以及如何更好、更快捷地获取更多的信息。

9.4.1　设置网络位置

有时同一局域网中的电脑也不一定值得信任，例如使用掌上电脑在酒店或咖啡厅等场所上网，局域网内的其他电脑用户都相互不认识，这时可以将网络位置设置成“公用网络”，便不会被其他电脑发现，Windows 8 提供了两种网络位置供用户更换。

其方法为：单击任务栏右侧的网络图标，打开“网络”面板，选中“自动连接”复选框，单击“连接(C)”按钮，如图 9-25 所示，在打开面板的“输入网络安全密钥”文本框中输入网络连接密码，单击“下一步(N)”按钮，在打开的面板中选择需设置的选项即可，如图 9-26 所示。

在使用电脑上网时，应注意网络的安全性，设置的网络密码应为字母加数字组合。

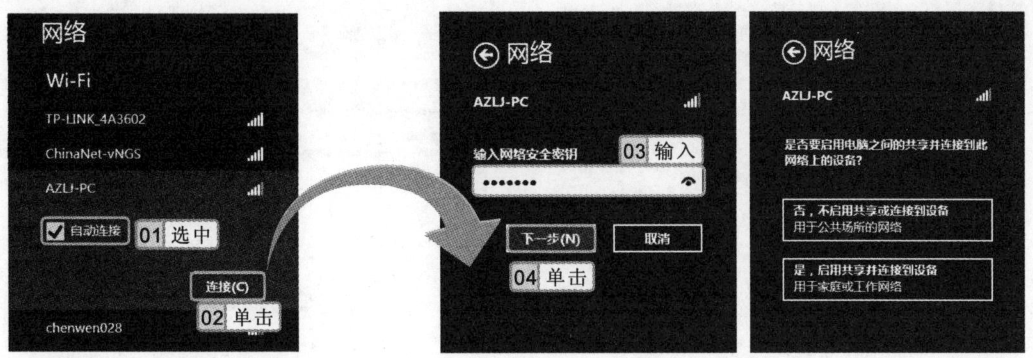

图 9-25 连接当前网络

图 9-26 选择网络位置

9.4.2 网络故障诊断和恢复

在上网的过程中，难免会遇到一些网络故障或其他问题，对于比较明显的问题，如网线断开，会很容易发现并及时解决，但对于一些隐藏的问题不能马上作出判断的，可以采用 Windows 8 操作系统自带的诊断并修复网络故障功能来进行排查。

实例 9-5 诊断“网络适配器”故障

1. 打开“网络和共享中心”窗口，单击“问题疑难解答”超级链接，打开“问题疑难解答-网络和 Internet”窗口，在列表中选择网络故障的类型，这里单击“网络适配器”超级链接，如图 9-27 所示。
2. 打开“网络适配器”窗口，单击 下一步(N) 按钮。在打开的窗口中选择要诊断的网络适配器，这里选中 Wi-Fi 单选按钮，单击 下一步(N) 按钮，如图 9-28 所示。

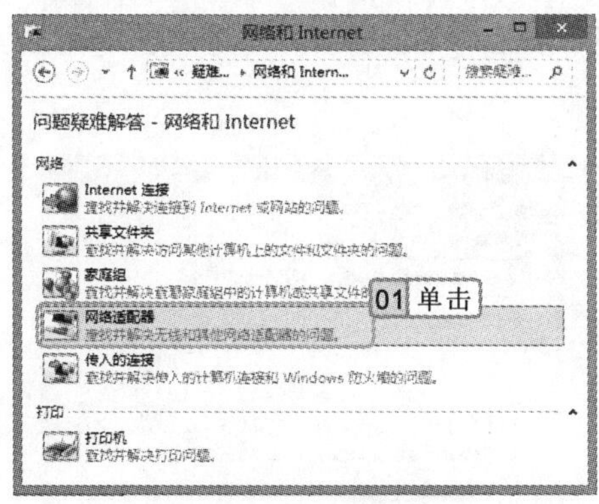

图 9-27 选择故障类型

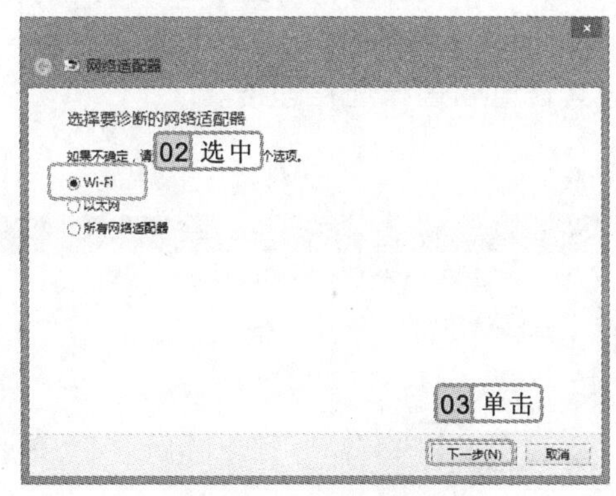

图 9-28 选择故障网络

3. 系统开始诊断故障，检查到问题并显示诊断结果，根据判断选择应用或跳过此步骤，这里选择“跳过此步骤”选项，如图 9-29 所示。
4. 系统继续诊断，直到检查完并修复所有可能的故障原因。单击 关闭 按钮，诊断完毕，如图 9-30 所示。

除了系统自带的诊断程序，用户还可以在“运行”文本框中输入一些命令（如 ping、ipconfig、netstat 等）来检查网络的各种问题。

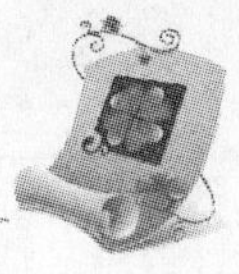

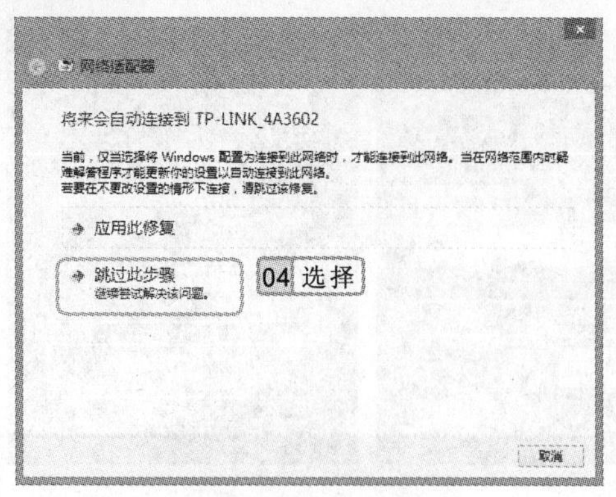

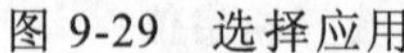
图 9-29　选择应用

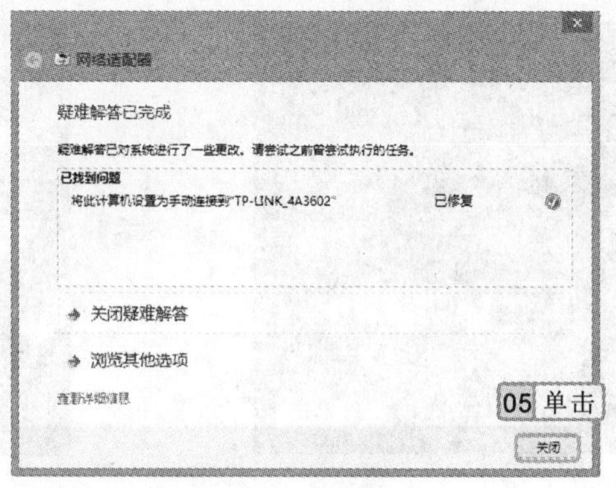

图 9-30　完成诊断

9.5　远程桌面连接

Windows 8 提供的远程桌面连接功能，是通过网络在一台电脑上远程连接并登录另一台电脑，可在当前电脑上操作其他电脑的桌面及正在运行的程序。本节将详细介绍如何使用远程桌面操作。

9.5.1　开启远程桌面

远程桌面连接组件是从 Windows 2000 Server 开始，由 Microsoft 公司开发并提供的。在 Windows 8 中，要实现远程桌面连接，首先需对电脑进行设置，使其允许桌面连接。其方法为：打开“控制面板”窗口，单击“系统”超级链接，在打开的“系统”窗口中单击“远程设置”超级链接，如图 9-31 所示。打开“系统属性”对话框，在“远程”选项卡中选中☑允许远程协助连接这台计算机(R)复选框，再单击 确定 按钮，如图 9-32 所示。此时这台电脑的桌面即可被其他电脑进行远程连接。

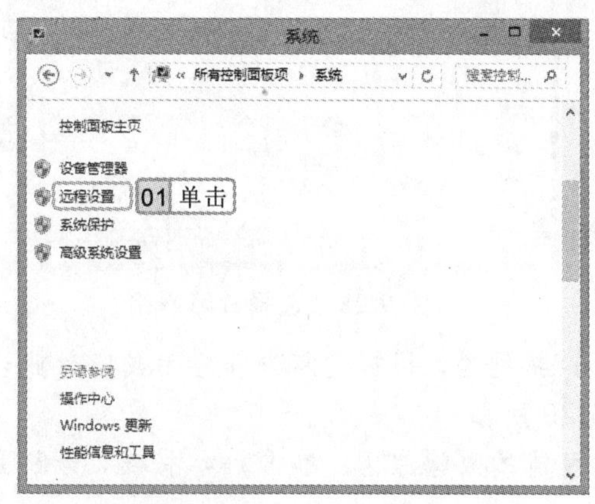

图 9-31　“系统”窗口

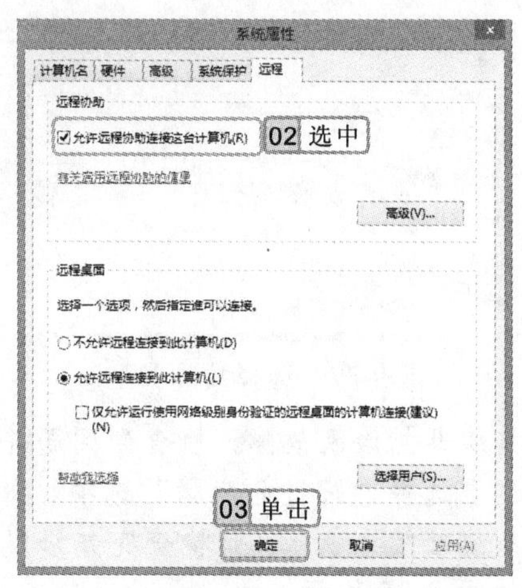

图 9-32　设置允许远程桌面

在进行远程桌面连接前，需同时将当前电脑与其他电脑远程桌面都设置为开启状态，才能进行连接与控制操作。

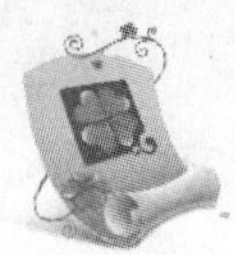

9.5.2 连接和控制远程桌面

开启远程桌面的连接后，下面介绍连接与控制远程桌面的操作方法。

实例 9-6 连接和控制 zlj-pc 远程桌面

1. 打开“开始”屏幕，单击鼠标右键，在弹出的快捷工具栏中单击“所有应用”按钮，在打开的“应用”界面的“Windows 附件”栏中单击“远程桌面连接”磁贴。
2. 打开“远程桌面连接”窗口，在文本框中输入要连接电脑的名称，然后单击 连接(N) 按钮，如图 9-33 所示。
3. 系统开始连接远程电脑，连接完成后打开“Windows 安全”对话框，在 Administrator 账户下方的文本框中输入远程电脑的密码，单击 确定 按钮，如图 9-34 所示。

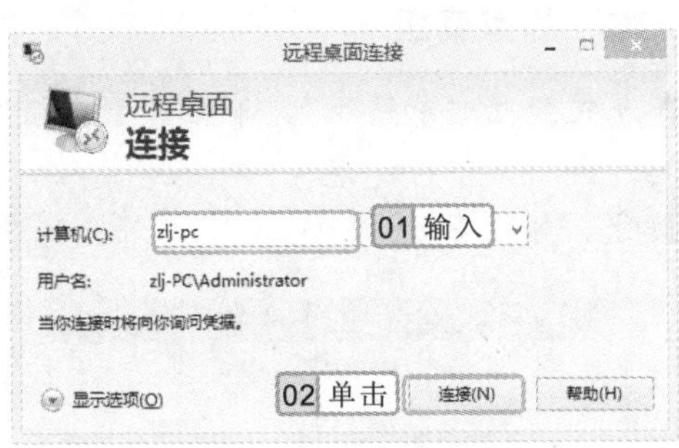

图 9-33　输入电脑名称

Windows 安全
输入你的凭据
这些凭据将用于连接 zlj-pc。
Administrator
zlj-PC\Administrator
03 输入
使用其他帐户
记住我的凭据
确定
04 单击

图 9-34　输入凭证

4. 系统开始登录远程桌面，密码验证通过后将打开“远程桌面连接”对话框，单击 是(Y) 按钮，如图 9-35 所示。
5. 等待系统连接，连接成功后，将打开“远程桌面连接”窗口，用户即可在远程桌面中对其电脑中的文件或程序进行控制并操作，如图 9-36 所示。

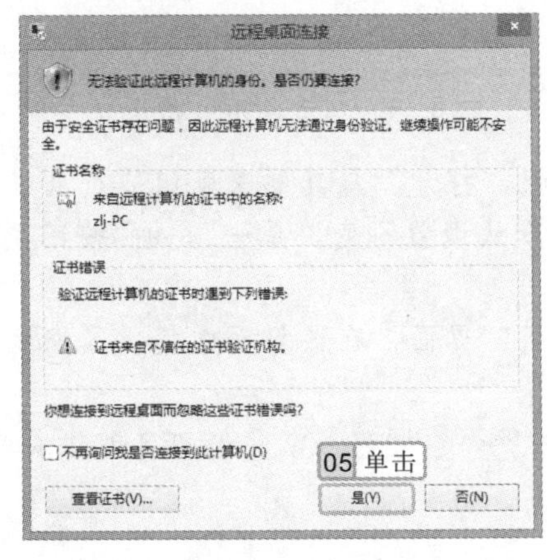

图 9-35　“远程桌面连接”对话框

图 9-36　远程桌面效果

在 Windows 8 系统中，不仅可连接 Windows 8 系统的其他电脑，还可连接当前系统为 Windows 7 的其他电脑，它们之间可相互连接与控制。

9.6 使用家庭组实现家庭共享

Windows 8 中要使用家庭组，首先需要创建一个家庭组，然后其他成员才可以加入到该家庭组中，从而实现资源共享。下面介绍家庭组的相关知识及其操作方法。

9.6.1 创建家庭组

通过 Windows 8 中的家庭共享不仅简单易行，而且安全可靠，一般在家庭成员或是小型局域网中使用，实现音乐、图片、视频、文档以及打印机的共享。想要通过家庭组共享资源，首先需要创建家庭组，下面介绍创建家庭组的操作方法。

实例 9-7 创建密码为“K8GB5G16CC”的家庭组

1. 在“控制面板”窗口中以小图标的查看方式查找“家庭组”，单击“家庭组”超级链接，如图 9-37 所示。
2. 打开“家庭组”窗口，单击 创建家庭组 按钮，如图 9-38 所示。

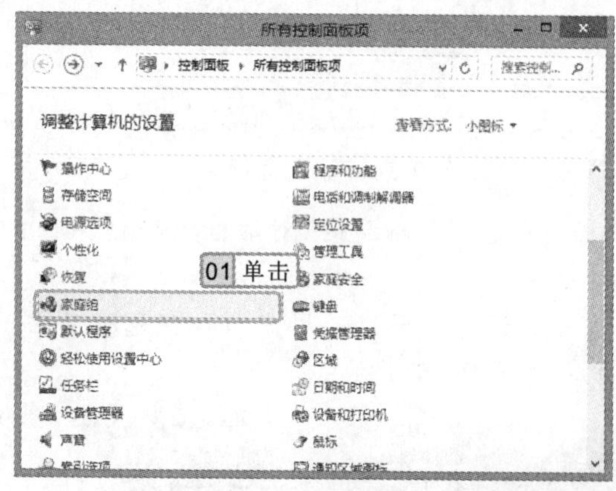

图 9-37 单击“家庭组”超级链接

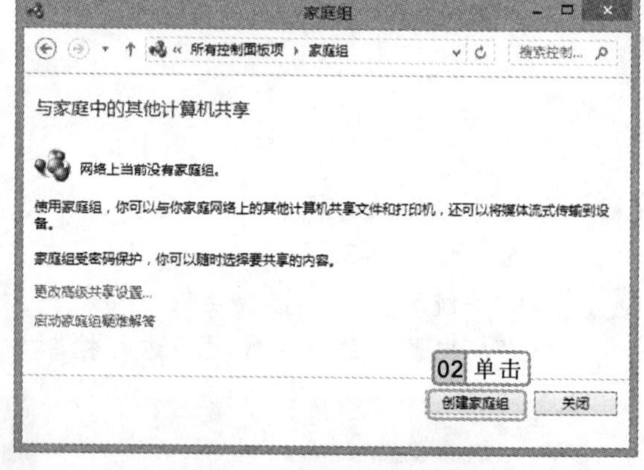

图 9-38 “家庭组”窗口

3. 在打开的“创建家庭组”窗口中单击 下一步(N) 按钮，打开“与其他家庭组成员共享”窗口，选择与其他电脑共享的项目，这里保持默认设置不变，单击 下一步(N) 按钮，如图 9-39 所示。
4. 打开“使用此密码向你的家庭组添加其他计算机”界面，在该界面中提供了家庭组的创建密码，如图 9-40 所示。
5. 使用此密码可添加其他成员到该家庭组中，单击 完成(F) 按钮，家庭组即可创建成功。

专家指导

创建家庭组，打开“使用此密码向你的家庭组添加其他计算机”窗口，在该界面中无法更改随机生成的家庭组密码。

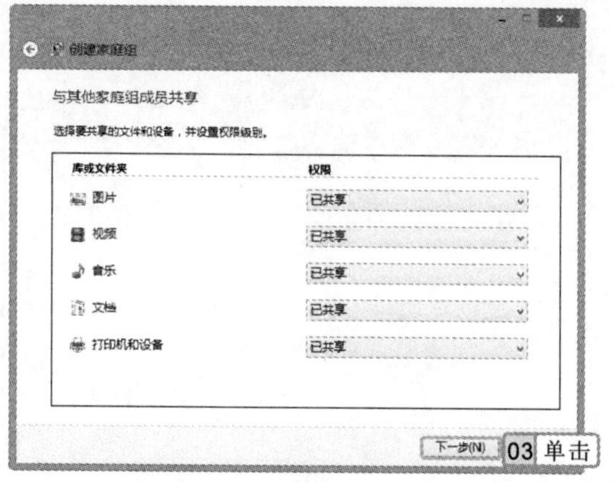

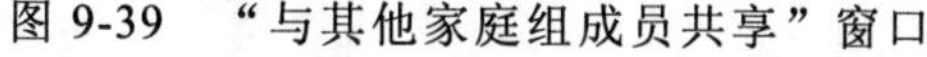
图 9-39　“与其他家庭组成员共享”窗口

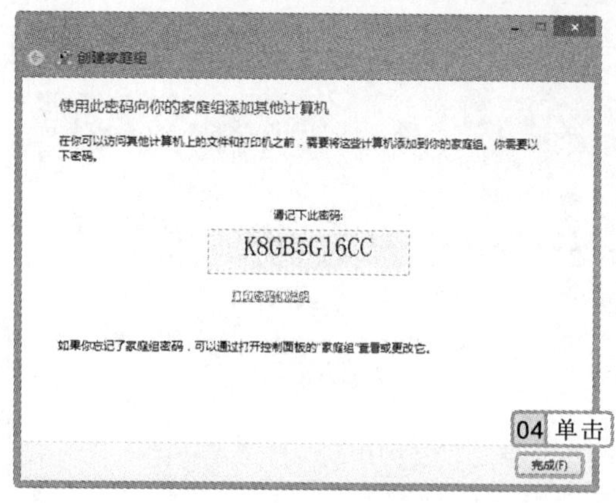

图 9-40　成功创建家庭组

9.6.2　加入家庭组

家庭组创建成功后，需要其他成员加入该家庭组，这样才能通过家庭组实现多台电脑资源共享。

实例 9-8　加入到“PXX”上的家庭组

下面将介绍其他用户加入到本地用户“PXX”的家庭组中的方法。

1. 打开“家庭组”窗口，在该窗口中显示家庭网络中已创建了家庭组，单击下方的 立即加入 按钮，如图 9-41 所示，选择加入该家庭组。
2. 在打开的窗口中直接单击 下一步(N) 按钮，在打开的“加入家庭组”窗口中选择要分享内容的权限后，单击 下一步(N) 按钮，如图 9-42 所示。

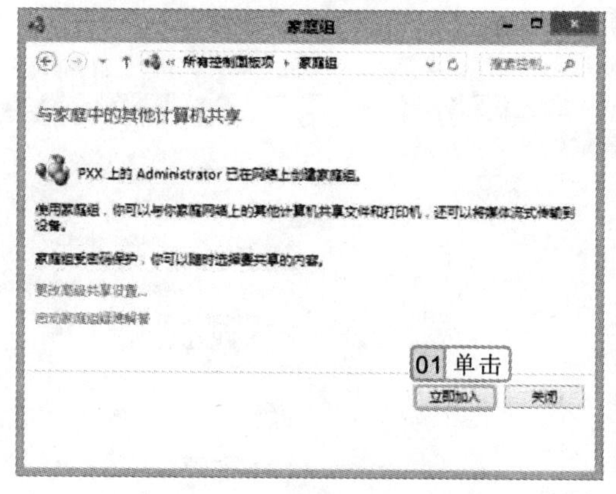

图 9-41　选择加入家庭组

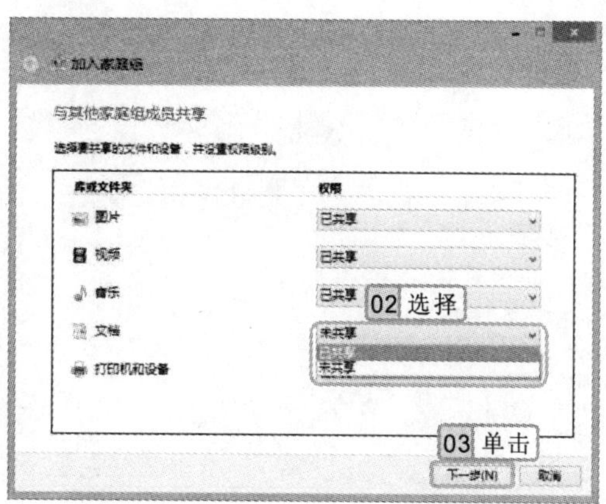

图 9-42　“加入家庭组”窗口

3. 打开“键入家庭组密码”界面，在“键入密码”文本框中输入家庭组的创建密码，如图 9-43 所示，单击 下一步(N) 按钮。
4. 如果输入的密码正确，将打开提示成功加入该家庭组的窗口，单击 完成(F) 按钮即可

打开“家庭组”窗口，单击“离开家庭组”超级链接，在打开的窗口中再次单击“离开家庭组”选项，然后单击 完成(F) 按钮可退出家庭组。

加入家庭组，如图 9-44 所示。

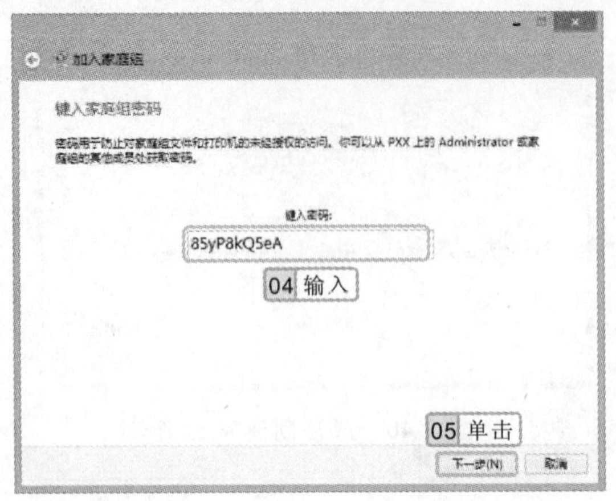

图 9-43 “键入家庭组密码”界面

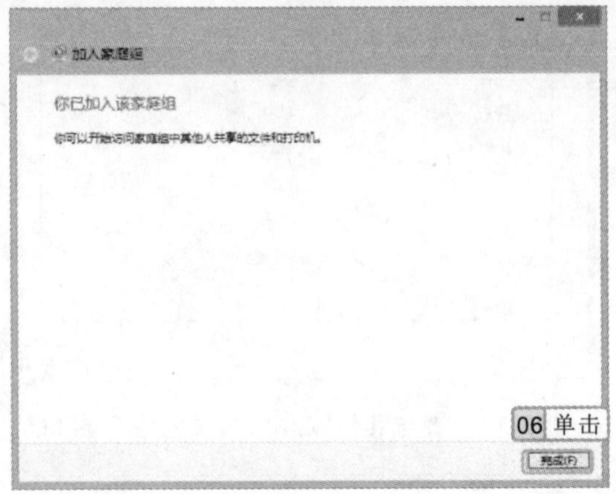

图 9-44 加入家庭组

9.6.3 通过家庭组访问共享资源

创建并加入家庭组后，家庭组中的电脑之间即可相互访问其中的共享资源，如共享文件、媒体库等，为电脑之间的数据交换提供了条件。通过家庭组网络访问共享资源与在局域网中访问共享文件的操作相同，只是不需要获得权限，只要加入了家庭组，即可直接访问共享文件。

其方法为：打开“网络”窗口，选择需要访问的家庭组成员，在打开的该家庭组成员的共享窗口中依次选择共享文件夹打开共享文件，这里选择“音乐”选项，如图 9-45 所示，在显示共享内容的窗口中选择需查看的文件，单击鼠标右键，在弹出的快捷菜单中可对文件进行打开、复制和剪切等操作，如图 9-46 所示。

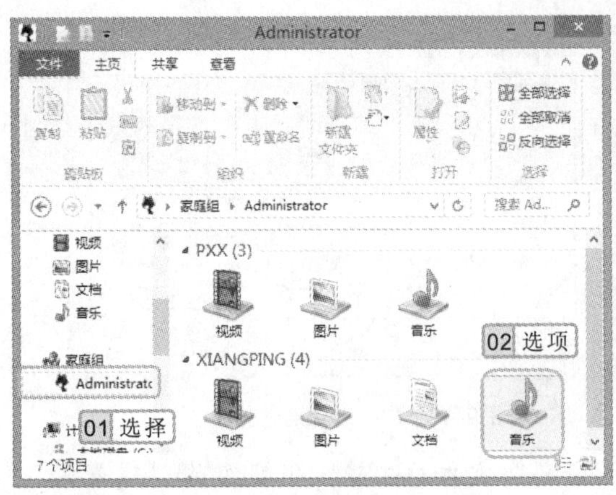

图 9-45 打开共享文件

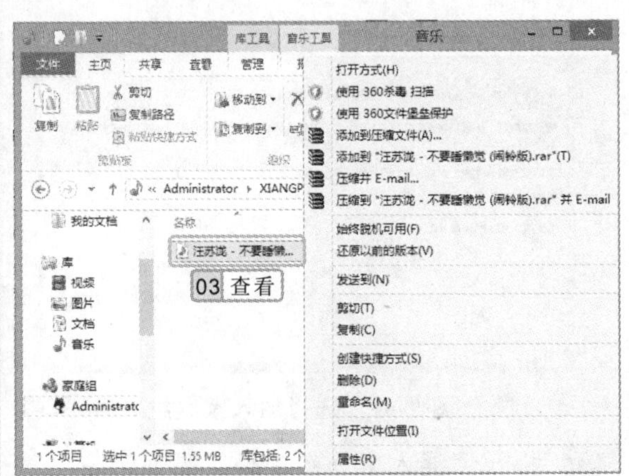

图 9-46 共享的资源

专家指导

创建家庭组前，需将当前网络设置为家庭网络，否则在“家庭组”窗口中的  按钮呈灰色不可用状态显示。

9.6.4 更改家庭组共享项目与密码

创建或加入家庭组后，创建的用户还可根据需要查看和更改家庭组的设置，如更改共享项目、查看和更改家庭组密码等。

1. 更改共享项目

组建家庭组成功后，若需要更改家庭组的共享项目，其方法为：在“控制面板”窗口中单击“家庭组”超级链接，打开“家庭组”窗口，其中显示了共享项目，单击下方的“更改与家庭组共享的内容”超级链接，如图 9-47 所示。在打开窗口的列表框的“权限”下拉列表框中选择“未共享”选项，单击 下一步(N) 按钮，在打开的已更新共享设置窗口中单击 完成(F) 按钮即可，如图 9-48 所示。

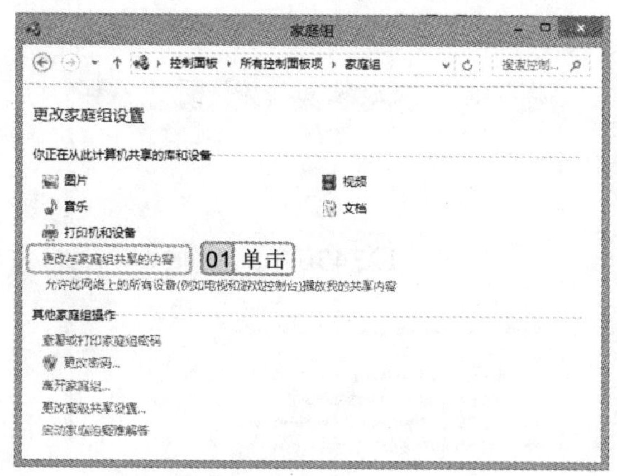

图 9-47 键入家庭组密码

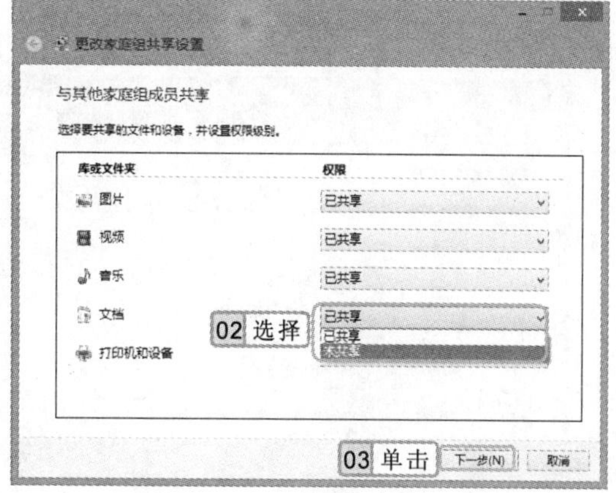

图 9-48 加入家庭组

2. 更改家庭组密码

在保证网络安全的情况下，如觉得电脑随机生成的家庭组密码太复杂，可以将其改为容易记住的新密码。

实例 9-9 将家庭组密码更改为“123456789”

1. 打开“家庭组”窗口，单击“更改密码”超级链接，在打开的窗口中单击“更改密码”选项，如图 9-49 所示。
2. 打开“键入家庭组的新密码”窗口，重新输入简单容易记住的密码，这里输入“123456789”，然后单击 下一步(N) 按钮，如图 9-50 所示。
3. 打开“更改家庭组密码成功”窗口，单击 完成(F) 按钮，如图 9-51 所示，即可成功更改家庭组密码。

在“键入家庭组的新密码”窗口中，重新输入的家庭组密码位数不能少于 8 位，否则输入的密码无效。

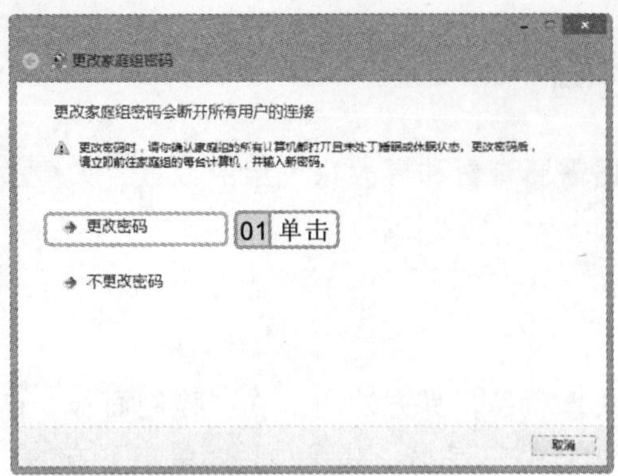

图 9-49　更改密码

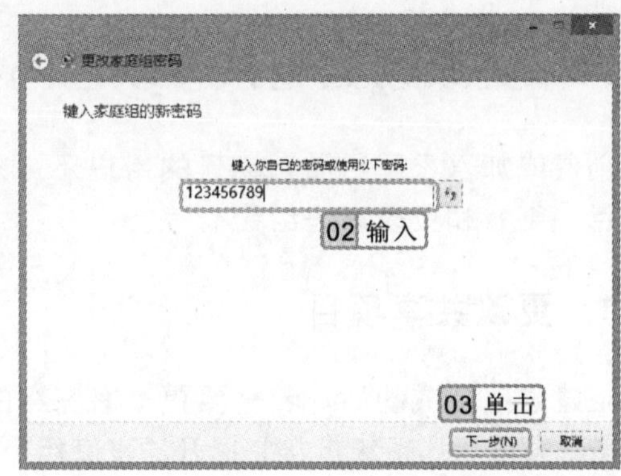

图 9-50　键入新密码

4 返回到“更改家庭组设置”窗口，单击“查看或打印家庭组密码”超级链接，打开“查看并打印家庭组密码”窗口，显示的家庭组密码为重新输入的密码，如图 9-52 所示。

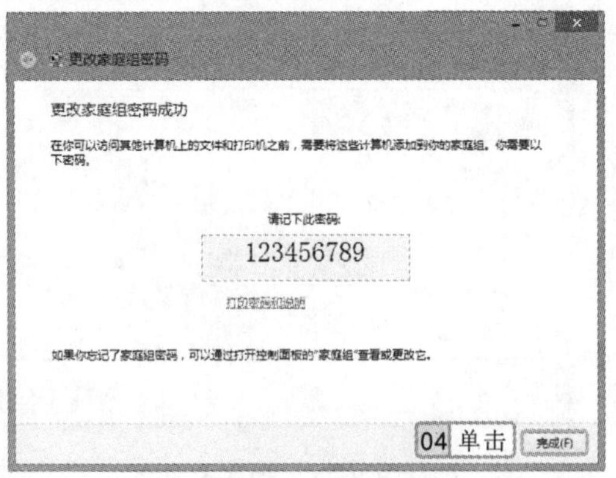

图 9-51　确认更改密码

图 9-52　查看新密码

9.7　提高实例

为巩固所学知识，本章提高实例将讲解配置一个简单的局域网并共享一个工作文件夹的方法，以及如何利用网络打印机打印文件，进一步熟练操作网络配置与应用。

9.7.1　配置局域网并设置共享文件夹

本实例配置一个局域网使几台电脑能互相共享资源，以及在局域网中共享一个工作文件夹，使大家都能访问和修改其中的文件。

在“网络和共享中心”窗口中只能打开加入家庭组或在同一个局域网中设置了共享用户成员的共享窗口。

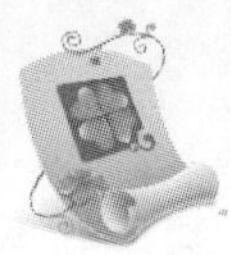

1. 操作思路

为更快完成本例的制作，并且尽可能运用本章讲解的知识，本例的操作思路如下。

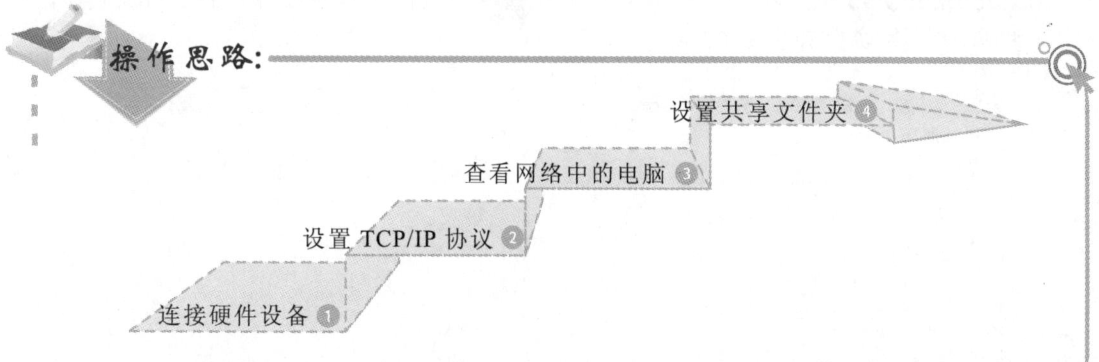

2. 操作步骤

下面介绍组建局域网和共享文件夹的方法，操作步骤如下：

光盘\实例演示\第 9 章\配置局域网并设置共享文件夹

1. 将网线一端的水晶头插入主机网卡的接口中，将网线另一端的水晶头插入集线器的接口中，并用相同的方法将其他电脑与集线器连接。
2. 连接完成后，开启电源启动集线器。启动电脑进入 Windows 8 操作界面，右击桌面上的“网络”图标，在弹出的快捷菜单中选择“属性”命令，打开“网络和共享中心”窗口，单击左侧窗格中的“更改适配器设置”超级链接，如图 9-53 所示。
3. 打开“网络连接”窗口，双击窗口中的 Wi-Fi 图标，如图 9-54 所示。

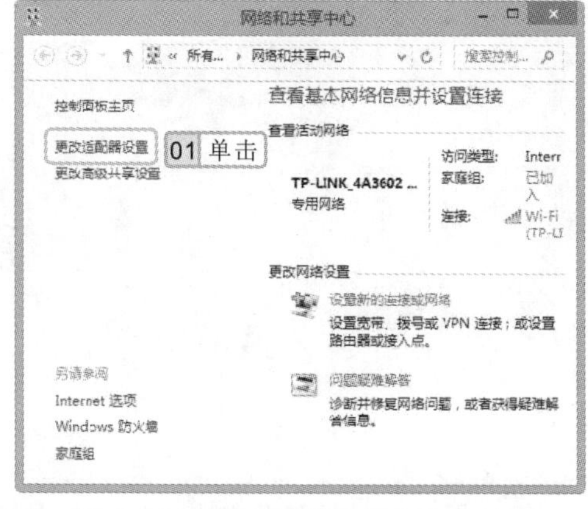

图 9-53 “网络和共享中心”窗口

图 9-54 “网络连接”窗口

4. 在打开的对话框中单击 属性(P) 按钮，打开“Wi-Fi 属性”对话框，在“此连接使用

在共享文件夹上单击鼠标右键，在弹出的快捷菜单中选择“属性”命令，在打开的对话框中选择“共享”选项卡，再单击 高级共享(D)... 按钮，在打开的对话框中可设置同时共享用户的数量。

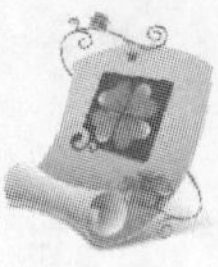

下列项目”列表框中双击☑ Internet 协议版本 4 (TCP/IPv4) 复选框，如图 9-55 所示。

5 在打开的对话框中选中 ◉使用下面的 IP 地址(S): 单选按钮，在“IP 地址”文本框中输入本机 IP 地址“192.168.1.3”，单击“子网掩码”文本框，系统根据 IP 地址自动分配为“255.255.255.0”，在“默认网关”文本框中输入网关地址，如“192.168.1.1”，单击 确定 按钮，如图 9-56 所示。

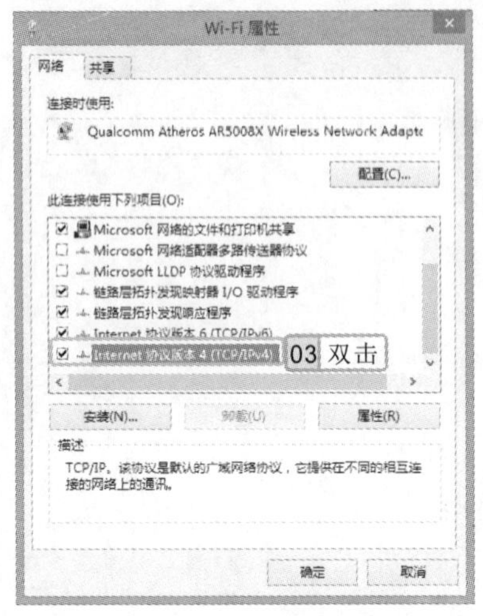

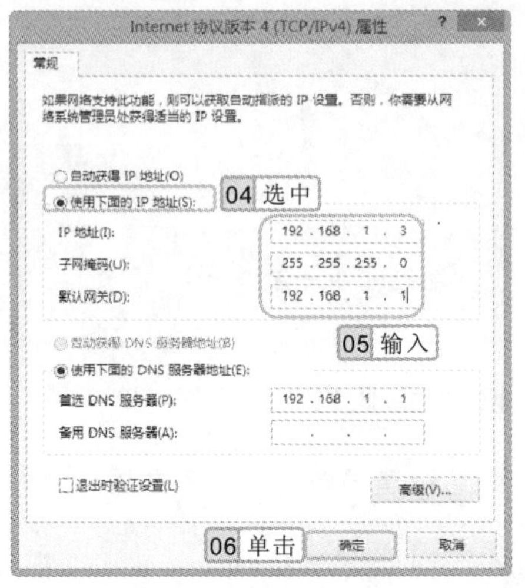

图 9-55 “Wi-Fi 属性”对话框　　　　图 9-56 设置 IP 地址

6 返回“Wi-Fi 属性”对话框，关闭该对话框，用同样方法设置其他电脑。

7 在本机的任一磁盘中新建一个文件夹并命名为“工作”，放入工作文件。右击“工作”文件夹图标，在弹出的快捷菜单中选择【共享】/【特定用户】命令。

8 打开“文件共享”窗口，单击文本框后面的下拉按钮 ⌄，在弹出的下拉列表中选择 Everyone 选项，如图 9-57 所示。

9 单击 添加(A) 按钮添加用户，选择 Everyone 选项并单击其右侧的下拉按钮 ▾，在弹出的下拉列表中选择“读取/写入”选项，如图 9-58 所示。

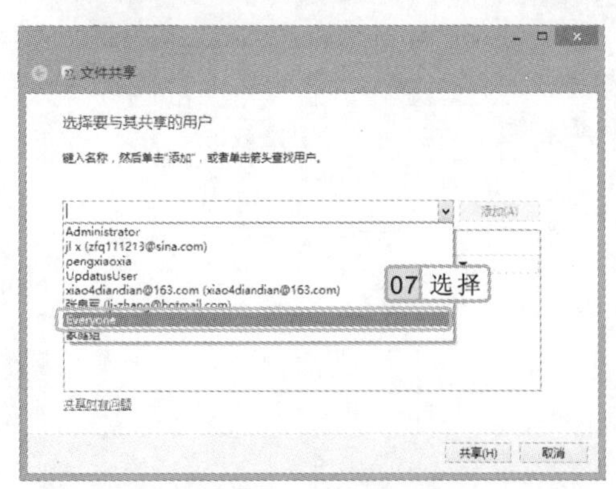

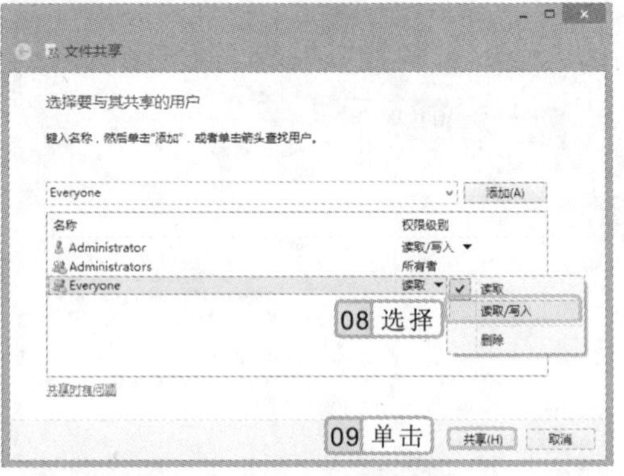

图 9-57 添加共享账户　　　　图 9-58 选择共享账户

10 单击 共享(H) 按钮，打开共享成功对话框，单击 关闭 按钮关闭对话框，完成共享。

专家指导

目前，市场上的打印机端口包括 USB、CPT 或 COM，它们各自有不同的特点。

9.7.2 利用网络打印机打印文件

本实例将介绍添加局域网中的共享打印机，然后打印文档的方法。

1. 操作思路

为更快完成本例的制作，并且尽可能运用本章讲解的知识，本例的操作思路如下。

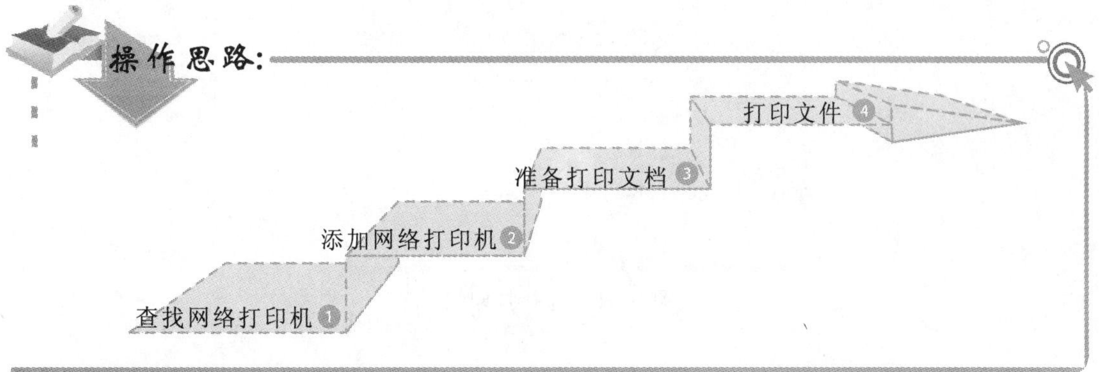

2. 操作步骤

下面介绍利用网络打印机打印文件的方法，操作步骤如下：

参见光盘 光盘\实例演示\第9章\利用网络打印机打印文件

1. 打开"控制面板"窗口，单击"设备与打印机"超级链接，在打开的窗口中单击 添加打印机 按钮。
2. 打开"添加打印机"对话框，在打开的列表框中选择需添加的打印机，单击 下一步(N) 按钮，如图 9-59 所示。
3. 打开"已成功添加"对话框，单击 下一步(N) 按钮，如图 9-60 所示。

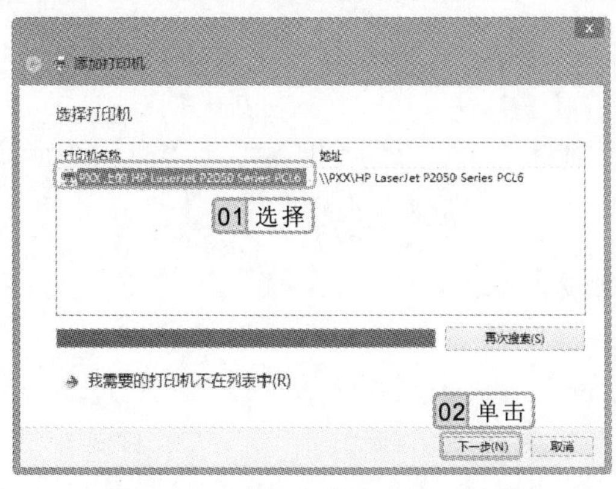

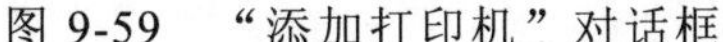

图 9-59 "添加打印机"对话框

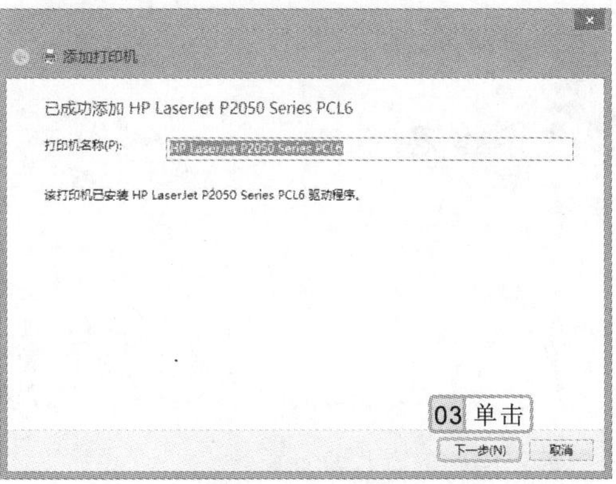

图 9-60 已添加

在"打印机共享"对话框中选中 共享此打印机以便网络中的其他用户可以找到并使用它(S) 单选按钮，可以共享该打印机。

4 打开完成对话框，单击完成(F)按钮，完成网络打印机的添加。

5 打开需要打印的文件，这里打开一个 Word 文档，选择【文件】/【打印】命令，打开“打印”对话框。

6 在“名称”下拉列表框中选择刚添加的网络打印机，其他保持默认设置，单击确定按钮开始打印文档，如图 9-61 所示。

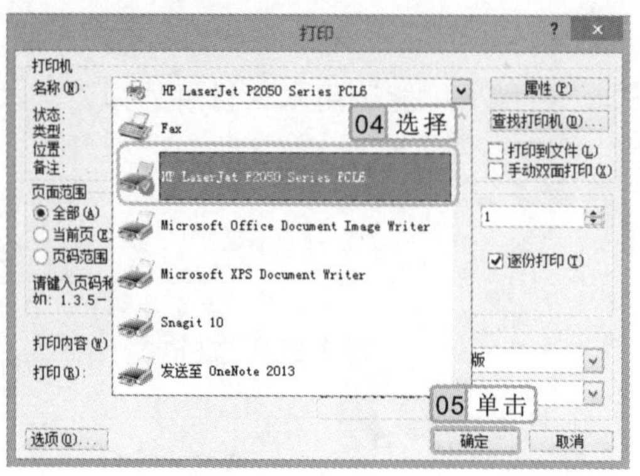

图 9-61　选择打印机

9.8　提高练习——登录远程桌面并取消文件共享

本章主要讲解了局域网的组建与配置、网络资源的共享以及远程协助与远程桌面的应用，通过下面的练习，进一步掌握有效利用共享资源的技能以及登录远程桌面的方法。

本练习要求连接远程桌面并将远程电脑上的共享文件夹取消共享，熟悉远程桌面的连接方法以及对共享文件夹的操作，通过练习将各部分知识融会贯通。

参见光盘　光盘\实例演示\第 9 章\登录远程桌面并取消文件共享

该练习的操作思路如下。

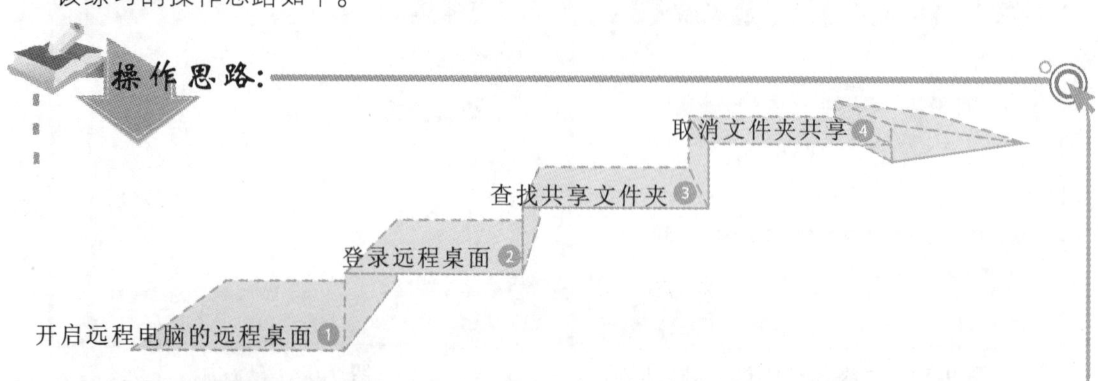

专家指导

不同的应用软件，其对应的“打印”对话框有所不同，但都需选择打印机。

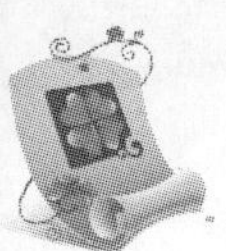

9.9 知识问答

在对网络进行配置时，难免会遇到一些难题，如设置默认的打印机、使用远程协助时连接不成功和设置 IP 地址时出现警告提示，下面将介绍网络设置时常见的问题及解决方案。

问：如何将一台已安装好的网络打印机设置为默认打印机？

答：打开“设备和打印机”窗口，选中该网络打印机，单击鼠标右键，在弹出的快捷菜单中选择“设置为默认打印机”命令即可。

问：在使用远程协助时连接不成功，关闭后再次连接时其密码和邀请文件还可以继续使用吗？

答：如果帮助方关闭程序重新连接，只要求助方一直在等待且没有关闭求助程序，其连接密码和邀请文件仍然有效，如求助方已关闭程序重新开启则需要发送新的密码和文件给帮助方。

问：在设置 IP 地址时单击 确定 按钮，为什么会打开警告窗口提示“默认网关不在由 IP 地址和子网掩码定义的同一网络段上”？

答：在设置 IP 地址时，同一个局域网中的电脑其 IP 地址数字的前 3 组数字必须相同，而最后一组数必须取 1～254 之间的数字且任意两台电脑不能相同，出现该提示则需检查 IP 地址和默认网关的前 3 组数字是否相同。

局域网的相关知识

将电脑组建成局域网，分为有线连接和无线连接，其特点分别如下。

- **有线连接**：通过网线或其他线缆连接组建局域网，是目前最为常用的办公局域网连接方式，但使用此种连接组建的局域网要使用大量的线缆，并且局域网中的电脑不能随意移动。
- **无线连接**：使用无线技术组建局域网，无线局域网中的电脑可以像手机一样在信号覆盖范围内任意移动。但由于组建大型局域网的设备较为昂贵，且覆盖范围受空间的影响较大，所以一般只使用在写字楼中。

用户可将需要共享的资源放置在“网络”窗口中的用户个人共享的文件夹中，以供家庭组中的其他成员查阅。

第10章

Internet 网上冲浪

设置IE浏览器

使用 IE 浏览器

使用无线路由器实现共享上网

Internet基础知识

使用 ADSL 接入 Internet 网络

本章导读

在生活和工作中，有时需要查阅一些资料，而身边不一定恰好有合适的图书，这时可通过上网来查找所需的信息，既方便又快捷。通过网络，还可以与亲朋好友交流，并下载一些自己喜欢的资料，丰富自己的精神生活。本章将具体介绍使用和设置 IE 浏览器的方法，以及搜索和下载网络资源的方法。

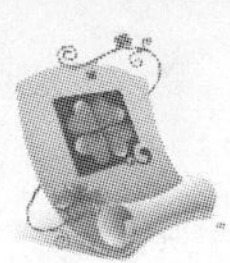

10.1　Internet 基础知识

平时所说的上网，实际上的就是 Internet（国际互联网，又称因特网），它是目前全球最大的电脑网络通信系统。Internet 连接了全球的信息资源，人们正是通过它参与并交换信息和共享网络资源。

10.1.1　Internet 简介

世界各地的电脑通过通信线路和通信设备相互连接，最终形成了庞大的 Internet 通信体系。Internet 是全球最大的电脑网络，连接在 Internet 中的电脑通过特定的协议便可互相共享信息，用户足不出户便可了解到世界各地的信息。

Internet 最早出现在美国，其最初目的只是为了满足军事和国防的需要，随后逐渐扩展到美国的学术机构内。由于其强大的功能，进而迅速覆盖了全球的各个领域，其性质也由科研、教育为主逐渐转向商业化为主。如表 10-1 所示为 Internet 的发展年代简史表。

表10-1　Internet年代简史表

时　　间	发 展 历 程
20 世纪 60 年代	出于军事方面的需要，美国国防部高级研究计划管理局建立了一个名为 ARPAnet（阿帕网）的网络，把 4 台军事电脑主机连接起来。在当时，它属于美国国防部高级机密保护的对象，还不具备向外推广的条件
1983 年	ARPAnet 和美国国防部通信局成功研制出了用于异构网络的 TCP/IP 协议，美国加利福尼亚伯克莱分校将该协议作为其 BSD UNIX 的一部分，该协议由此进入了教育领域
1986 年	美国国家科学基金会利用 TCP/IP 协议和高速通信线路将一些大学、研究机构的局域网连接起来，建立了 NSFnet 广域网。ARPAnet 的军用部门也建立了自己的网络——Milnet。ARPAnet 逐步被 NSFnet 所替代，退出了历史舞台
1989 年	欧洲高能粒子协会（CERN）成功开发了能够传递多媒体资料的分散式网络 WWW，为 Internet 实现广域超媒体信息的传送奠定了基础
1991 年	美国的 3 家公司分别利用自己的 CERFnet、PSInet 和 Alternet 网络，向客户提供 Internet 联网服务，从此 Internet 进入了商业用途
目前	Internet 连接了超过 160 个国家和地区的网络资源，是世界上信息资源最丰富的电脑网络，成为各领域必不可少的一部分

Internet 是基于 TCP/IP 协议而实现的，TCP/IP 协议由很多协议组成，不同类型的协议又处于不同的层。例如，位于应用层的协议包括 FTP、SMTP 和 HTTP 等。

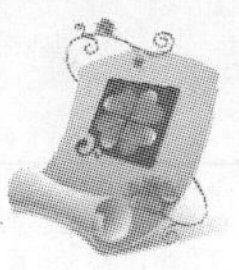

10.1.2 Internet 中的常用术语

生活中常听见或遇见一些网络术语，如 HTTP、WWW、IP 地址、域名等，这些术语有各自的含义，下面简单进行介绍。

- **WWW**：万维网，是 World Wide Web 的简称，是一种用于超文本技术的交互式信息的查询工具，通过它可以在 Internet 上浏览、传送和编辑超文本格式的文件。
- **网页**：网页是浏览 Internet 时浏览器显示出来的直观对象，它是存放在 Web 服务器上的文档，通过一些协议传送到各台发出请求的电脑上。
- **HTTP 协议**：超文本传输协议，是 Hypertext Transfer Protocol 的简称，用于将 Web 服务器上的网页代码编译成通用的网页效果，是 Internet 上应用最为广泛的一种网络协议。
- **TCP/IP 协议**：系统传输控制协议/因特网互联协议，是 Transmission Control Protocol/Internet Protocol 的简称，它是 Internet 最基本的协议。TCP/IP 协议可以实现在不同的硬件、操作系统和网络上的通信，是电脑连入 Internet 进行信息交换和传输的基础。
- **IP 地址**：IP 地址是有效区分 Internet 网络中各台电脑的有效凭证，相当于人的身份证号码。一台电脑可以拥有一个或多个 IP 地址，但是一个 IP 地址不能同时分配给多台电脑，否则会出现通信错误。通常使用的 IP 地址为 IPv4，由 4 个十进制字段组成，中间用圆点“.”隔开，如 192.168.1.1。
- **域名**：域名是 Internet 中利用形象直观、方便记忆的名称替代复杂难记的 IP 地址的一种形式。域名系统采用层次结构的行程，各层间用圆点“.”隔开，如“www.sina.com.cn”，sina 表示网站名，com 表示商业机构，cn 表示中国。
- **网址**：在 Internet 中，从一台电脑访问另一台电脑，必须知道对方的网址，它相当于现实生活中的门牌号。这里所说的网址包括两个概念，即 IP 地址和域名地址。
- **E-mail**：电子邮件，通过 Internet 给他人写信，既方便又快捷，是 Internet 上常用的通信方式。

10.1.3 认识 Internet Explorer 10.0

Internet Explorer（简称 IE）浏览器是由美国 Microsoft 公司开发并绑定到 Windows 操作系统中的一款网络浏览器软件，是上网浏览网页最常用的工具之一。

Internet Explorer 10.0 是 Windows 8 操作系统自带的网页浏览器，只需双击桌面的浏览器图标或单击任务栏左下角的 IE 图标，便可打开 IE 浏览器的工作界面。它主要由“后退”按钮和“前进”按钮、地址栏、选项卡栏、窗口控制按钮区、工具栏和网页浏览区组成，如图 10-1 所示。

通过 FTP 协议，可从本地电脑登录到 Internet 的远程电脑上，利用这个协议可以上传网页、文件或者下载免费软件等。

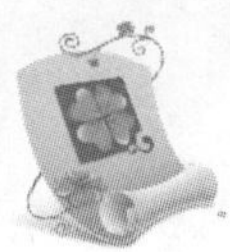

图 10-1 IE 10.0 浏览器工作界面

下面分别对 IE 10.0 浏览器的各组成部分进行介绍。

- **"后退/前进"按钮**：用于返回或前进到某一步操作。单击"后退"按钮，可快速返回到上一个浏览过的网页；单击"前进"按钮，将返回当前网页中。在未进行任何操作前，这两个按钮都呈灰色显示，即不可用状态。
- **地址栏**：用于显示当前所打开网页的地址，也就是网址。单击地址栏右边的"搜索"按钮，将弹出一个下拉列表，其中显示了输入过的网址，选择某个网址可快速打开相应的网页；单击"刷新"按钮，浏览器将重新从网上下载当前网页的内容。
- **选项卡栏**：它可使用户在单个浏览器窗口中查看多个站点，单击"新建选项卡"按钮，可新建选项卡，用于打开不同网页。当打开多个网页时，通过选择不同的选项卡轻松地从一个站点切换到其他站点。
- **窗口控制按钮区**：与"计算机"窗口中的作用相同，用于最小化、最大化/还原、关闭浏览器窗口的操作，包括"最小化"按钮、"最大化"按钮或"还原"按钮、"关闭"按钮。
- **工具栏**：列出了浏览网页时最常用的工具按钮，通过单击相应的按钮快速对浏览器以及当前网页进行相应操作。
- **网页浏览区**：所有的网页信息都显示在网页浏览区中。网页中的元素主要包括文字、图片、声音和视频等。

10.2 使用 ADSL 建立接入 Internet 的网络

若想实现电脑上网，就必须将电脑连入 Internet，也就是联网。目前，连接网络的方法很多，通过 ADSL 宽带连接上网是目前较为普遍的上网方式。下面进行详细介绍。

默认情况下，IE 10.0 浏览器的菜单栏、命令栏、收藏夹栏、状态栏等都未显示出来，在工具栏空白处单击鼠标右键，在弹出的快捷菜单中选择需要显示的部分即可将其显示出来。

10.2.1 建立 ADSL 拨号连接

ADSL 宽带上网是通过电话线进行传输，在不影响电话的接听与拨打的情况下进行网络操作，而且数据传输速率很快，只需每月固定向 ISP 服务商缴纳相应的费用，就可以全天在线，如电信、联通等提供的上网服务就属于 ADSL 宽带上网方式。

要想实现 ADSL 上网，还需到当地 ISP 营业厅办理 ADSL 开户手续，按标准缴纳相关费用后，安装人员将上门安装。安装完成后，用户即可创建 ADSL 拨号连接连接网络。

实例 10-1 创建宽带拨号连接

下面将在电脑中创建一个名为“宽带连接”的网络连接方式，讲解使用 ADSL 拨号上网的方法。

1. 在桌面“网络”图标上单击鼠标右键，在弹出的快捷菜单中选择“属性”命令，打开“网络和共享中心”窗口，单击“更改网络设置”栏中的“设置新的连接或网络”超级链接，如图 10-2 所示。
2. 在打开的“设置连接或网络”窗口中选择“连接到 Internet”选项，单击 下一步(N) 按钮，如图 10-3 所示。

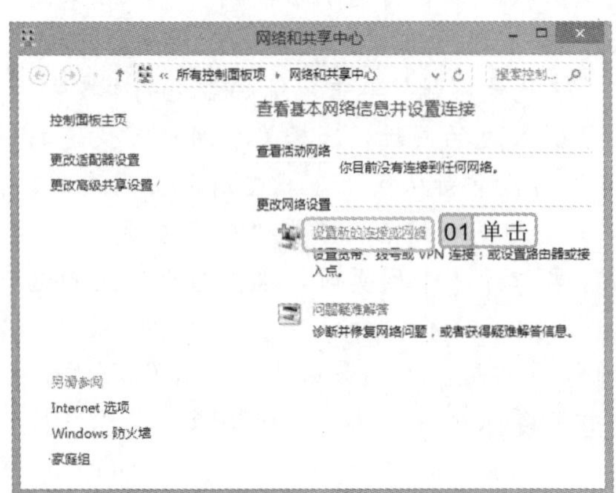

图 10-2 “网络和共享中心”窗口

图 10-3 选择“连接到 Internet”选项

3. 打开“连接到 Internet”窗口，单击“宽带（PPPoE）(R)”选项，在打开的对话框中输入用户申请 ADSL 时 ISP 提供商提供的用户名称与密码，在下面的“连接名称”文本框中为该连接命名，如图 10-4 所示。
4. 单击 连接(C) 按钮，系统自动进行连接，如图 10-5 所示。创建连接成功后即可上网。
5. 若是第一次接入 Internet，需重新启动电脑，再次输入账号信息进行连接。在“网络和共享中心”窗口中单击“更改适配器设置”超级链接，在打开的“网络连接”窗口中显示了接入 Internet 时创建的“宽带连接”图标，如图 10-6 所示。

在桌面上双击“控制面板”图标，在打开的“所有控制面板项”窗口中单击“网络和共享中心”超级链接，也可打开“网络和共享中心”窗口。

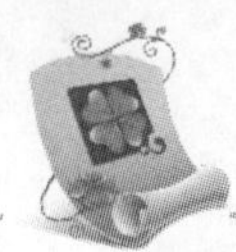

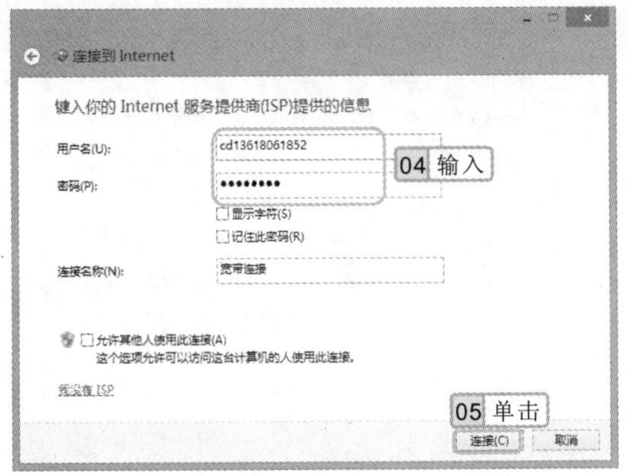

图 10-4　输入用户名和密码

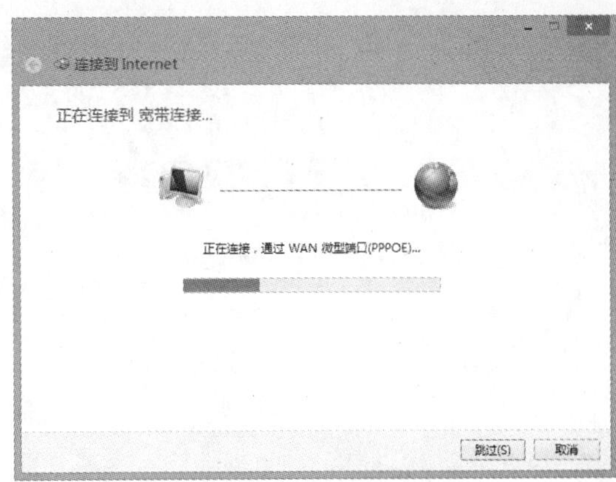

图 10-5　连接网络

6 再双击该图标，在打开的面板中双击“宽带连接”选项，打开“网络身份验证”面板，在文本框中输入上网账号和密码，如图 10-7 所示，单击确定按钮即可连接 Internet 进行上网。

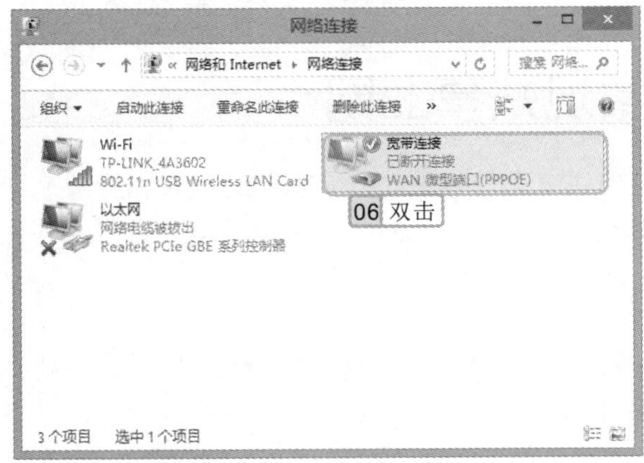

图 10-6　双击“宽带连接”选项

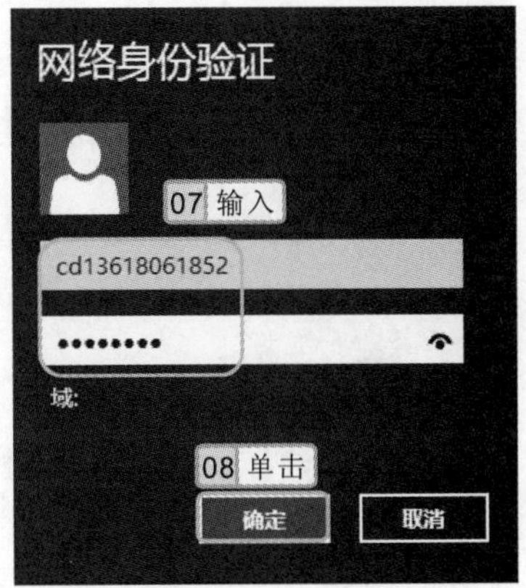

图 10-7　输入连接信息

10.2.2　ADSL 共享上网

建立好 ADSL 宽带连接后，即可将网络设置为共享上网，让多个联网的电脑一起共享上网账号和线路，这样既满足了工作需要又大幅度节约了费用。

其方法为：选择创建好的 ADSL 宽带连接，单击鼠标右键，在弹出的快捷菜单中选择“属性”命令，如图 10-8 所示。打开“宽带连接 属性”对话框，选择“共享”选项卡，在该选项卡中选中 允许其他网络用户通过此计算机的 Internet 连接来连接(N) 复选框，在弹出的“网络连接”提示框中单击确定按钮，在“家庭网络连接”下拉列表框中选择需要共享的网卡，单击确定按钮，如图 10-9 所示。返回“网络连接”窗口，即可看到所共享的宽带连接将显示为“共享”，此时即可在另一台电脑上进行上网。

使用 ADSL 宽带上网，需要购置一台 Modem，也就是调制解调器。它是电脑与电话线之间进行信号转换的装置，通过调制解调器，即可使用电话线实现电脑之间的数据通信。

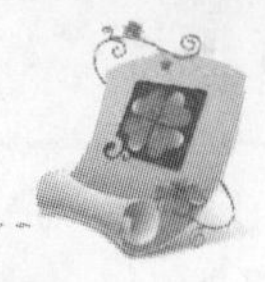

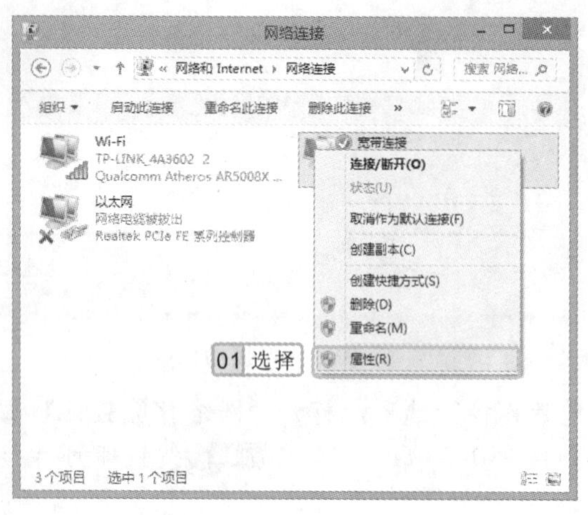

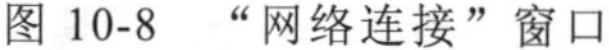
图 10-8　“网络连接”窗口

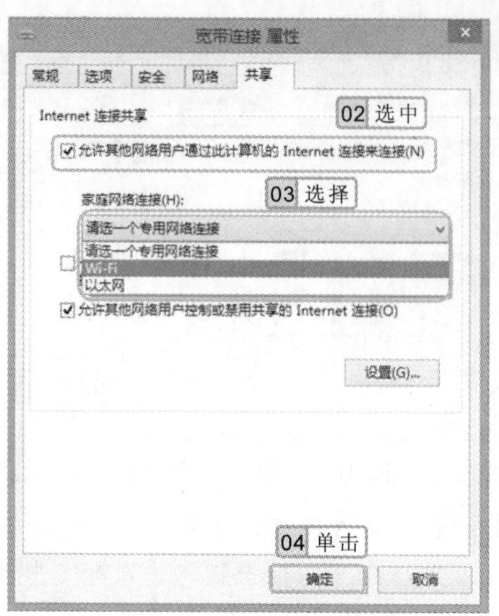

图 10-9　共享宽带连接

10.3　使用无线路由器实现共享上网

无线上网不需要通过传统的线缆进行传输，它是依靠无线传输介质来连入 Internet 中的，如红外线和无线电波。该上网方式常用于笔记本电脑的网络连接。

要想添加无线路由器的上网账号和密码，必须在 IE 浏览器中输入路由器地址（如 192.168.1.1），并正确输入路由器的用户名和密码登录路由器，在其中既可设置上网账户又可设置上网密码。

实例 10-2　在路由器中添加网络服务商账号和密码

1. 在 IE 地址栏中输入“192.168.1.1”，按 Enter 键，在打开窗口的“用户名”和“密码”文本框中分别输入“admin”，单击 确定 按钮。
2. 登录“路由器”工作界面，在左侧的列表中选择“设置向导”选项，在右侧的设置向导提示框中单击 下一步 按钮，如图 10-10 所示。
3. 打开“设置向导-上网方式”窗口，这里保持默认选择，直接单击 下一步 按钮，如图 10-11 所示。
4. 打开“设置向导”窗口，在“上网账号”和“上网口令”文本框中分别输入账号和密码，单击 下一步 按钮，如图 10-12 所示。

无线上网主要可通过无线网卡、无线路由器、3G 上网卡和 SIM 卡几种方式上网，且路由器地址、用户名和密码通常是默认的。只有极少数地址为“192.168.0.1”，它可在路由器背面进行查看。

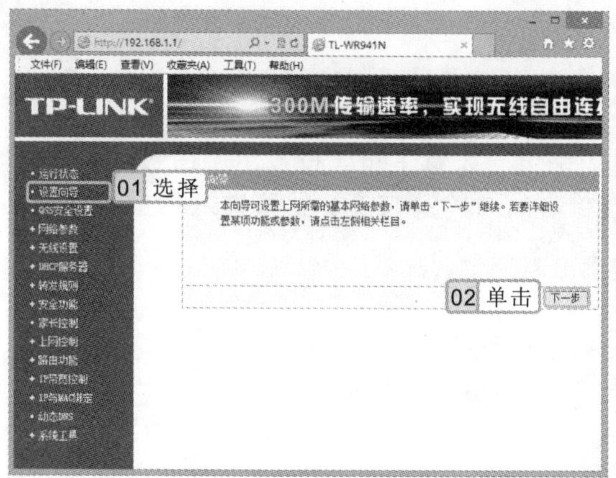

图 10-10 “路由器”工作界面

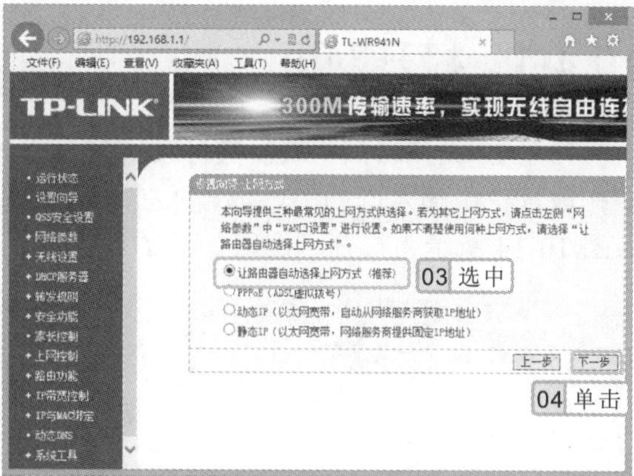

图 10-11 设置权限

5 打开“设置向导-无线设置”窗口，在“信道”和“模式”下拉列表框中选择需要的信道数和模式，在“PSK 密码”文本框中输入宽带账号密码，其他选项保持默认设置，单击下一步按钮，如图 10-13 所示。

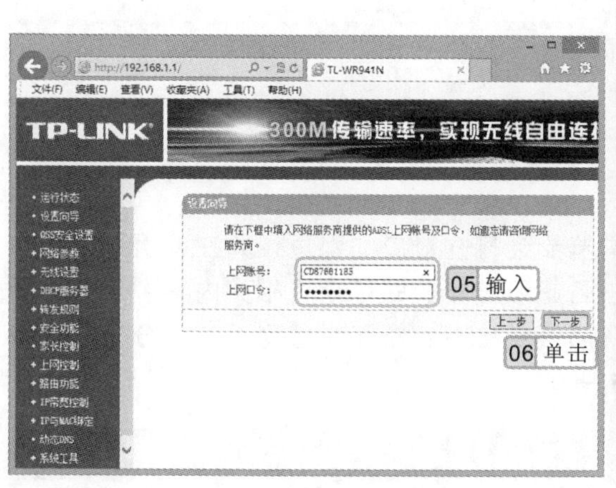

图 10-12 “设置向导”窗口

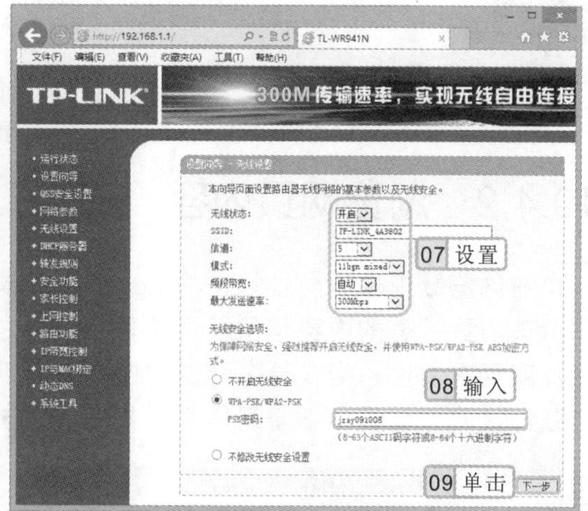

图 10-13 设置权限

6 打开“设置完成”窗口，单击完成按钮即可完成上网账号和密码的添加与设置。完成后重新启动路由器，便可尝试上网。

10.4 使用 IE 浏览器

要浏览网页，首先要打开网页。通过 IE 浏览器，便可浏览到 Internet 上的众多信息。可以说，浏览器就是网络上的“千里眼”，不管距离有多远，它都能立刻找到用户想要的信息。

除 IE 浏览器外，还有很多网页浏览器可以选择，例如“世界之窗(TheWorld)”、“傲游(Maxthon)”以及“腾讯 TT(Tencent Traveler)”等，但这些都需要用户自己下载安装。

10.4.1　打开网页

启动 IE 浏览器后，默认打开设置的主页。如果没有设置主页，将显示空白页。根据需要在地址栏中输入网站的网址，并按 Enter 键或单击后面的➔按钮，便可进入相应的网站。如图 10-14 所示为打开百度网首页的效果。

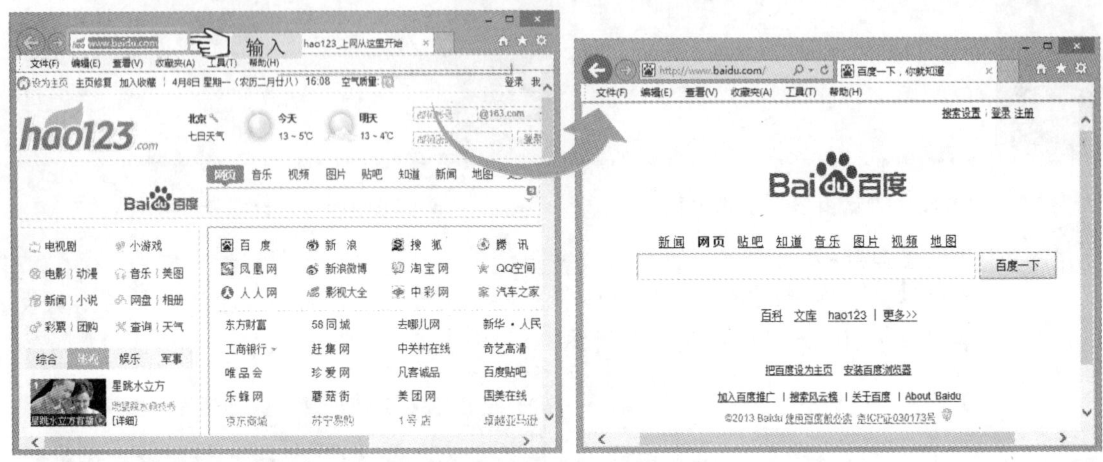

图 10-14　输入网址并打开网页

10.4.2　浏览网页内容

在浏览器中输入网址并按 Enter 键后，浏览器会打开对应的网页，并在网页浏览区中显示该网页所有的内容和超级链接。用户单击各超级链接，即可查看相关内容。例如，要在百度网中浏览新闻，单击网页中的“新闻”超级链接进入新闻专题网页，再分别单击各超级链接即可查看详细新闻信息，如图 10-15 所示。

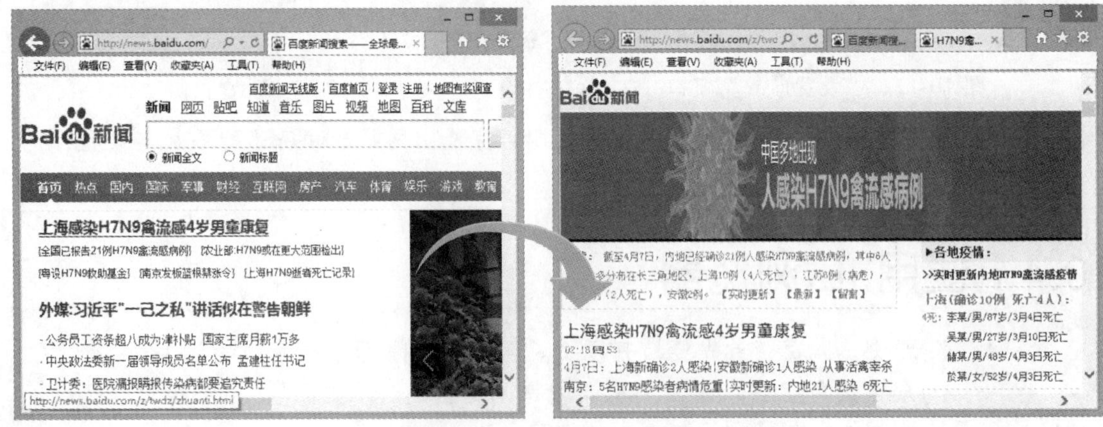

图 10-15　单击查看详细内容

通过“开始”屏幕和快速启动区打开的 IE 10.0 浏览器的工作界面虽有所不同，但其作用和使用方法都基本相同。

10.4.3 保存网页

在浏览网页的过程中，若感到某些网页很有保存价值，希望下次还能轻松找到并查看，可以将其保存下来。

1. 保存完整的网页

使用 IE 浏览器的保存网页功能即可完整地保存网页，它将网页和网页的一些文件（如图片）保存到本地电脑的指定位置上，再次浏览时不必上网就可以脱机查看。

其方法为：打开需保存的网页，在 IE 浏览器中选择【文件】/【另存为】命令，如图 10-16 所示，打开“保存网页”对话框，在左侧选择文件的保存路径，在“文件名”文本框中输入文件名称，在“保存类型”下拉列表框中选择保存网页的类型，单击 保存(S) 按钮，如图 10-17 所示。

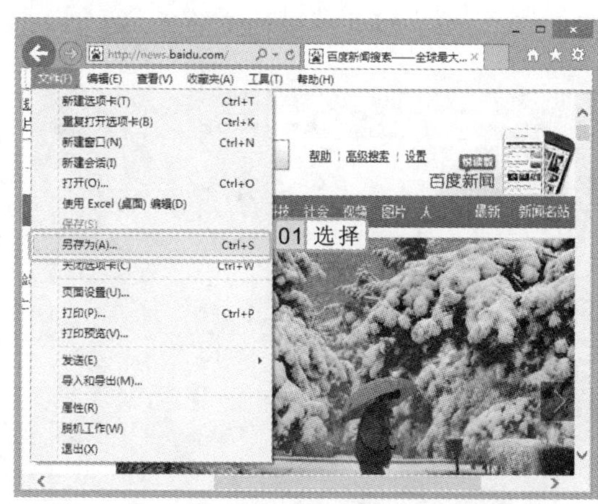

图 10-16　选择“另存为”命令

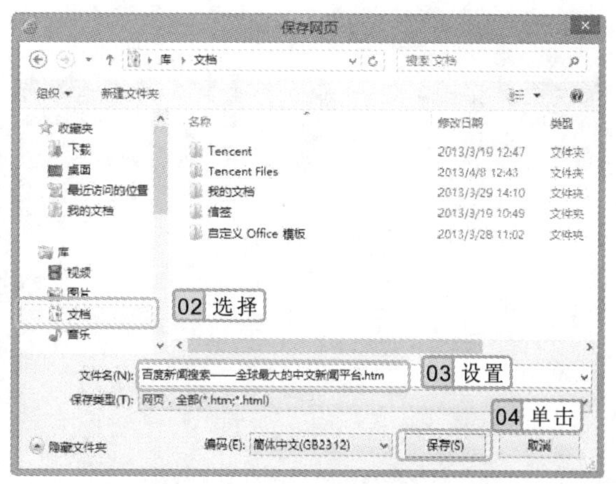

图 10-17　“保存网页”对话框

2. 保存文字资料

当在网上查看到一些感兴趣或者重要的资料，可将其保存起来以备查阅，若依照网页显示的内容逐字地录入不免费时费力，通过复制的方法可快速地将资料保存到电脑中。

其方法为：选择所需文字内容，单击鼠标右键，在弹出的快捷菜单中选择“复制”命令（也可直接按 Ctrl+C 键），新建一个空白 Word 文档或写字板，在文字输入区域单击鼠标右键，在弹出的快捷菜单中选择“粘贴”命令（或按 Ctrl+V 键）完成文字的粘贴，然后保存文档。

3. 保存图片资料

如需保存图片资料，只需将鼠标光标放到图片上，单击鼠标右键，在弹出的快捷菜单

保存的网页只能作为资料保存和查阅，它是单独存在于用户电脑中的文件，并不能更新网页内容。如要读取最新信息，还需进入其网站进行浏览。

中选择“图片另存为”命令，打开“保存图片”对话框，输入图片名称和选择保存路径后单击 保存(S) 按钮完成图片的保存。

10.4.4 搜索信息

搜索信息是上网时经常使用到的操作，在遇到一些感兴趣或不懂的问题时，通过网络搜索便可迎刃而解。通过网络不仅可以搜索到一些感兴趣的信息，还可搜索众多知识性问题和电脑上常用的程序等。

实例 10-3 搜索火车时刻表

下面以在“百度”搜索引擎中搜索 T126 次列车的时刻表为例进行讲解。

1. 启动 IE 浏览器，在地址栏中输入百度的网址“http://www.baidu.com”，并按 Enter 键。
2. 打开百度首页，选择需查询内容的选项卡，这里选择“网页”选项卡，在百度的搜索文本框中输入关键字“火车时刻表”，单击 百度一下 按钮，如图 10-18 所示。
3. 打开搜索结果并分别逐列显示，如图 10-19 所示，单击其中一项超级链接。

图 10-18 输入关键字

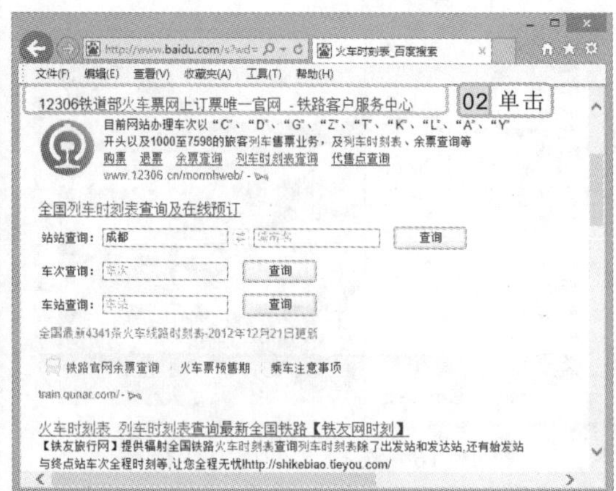

图 10-19 显示搜索结果

4. 打开对应的网站，在左侧列表中单击“旅客列车时刻表查询”选项，如图 10-20 所示。
5. 在打开的网页中提供了列车时刻的查询服务，输入关键信息，如查询“2013 年 4 月 8 日，T126/T127（成都—东莞东）”的列车，然后输入正确的验证码，单击 查询 按钮进行详细查询，如图 10-21 所示。
6. 此时，在页面下方的空白区域将显示出该次列车的详细时刻表。查询完成后，单击页面右上角的 × 按钮关闭该网页。

在查询火车时刻表或网上购买火车票时，一定要谨慎，网络上的资源多而杂，应当学会取舍，一般应到其官方网站进行查询和购买。

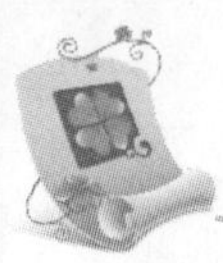

图 10-20　输入关键字

图 10-21　显示搜索结果

10.4.5　下载文件

除文字和图片资料外，有时还需要下载一些文件资料，如音乐、视频、游戏以及其他一些应用软件等。这些文件无法通过复制、粘贴得到，而必须通过网络将其复制到本地电脑上。这种通过网络复制远程服务器上文件的行为称为“下载”。

实例 10-4　下载“甜蜜蜜.mp3”音乐文件

1. 使用 10.4.4 节所学的知识打开百度首页，选择“音乐”选项卡，并在搜索文本框中输入“甜蜜蜜”，单击 百度一下 按钮，如图 10-22 所示。
2. 在打开的网页中列出了很多该音乐的链接及下载点，根据具体情况选择需要下载的音乐，这里单击第一首音乐后的“下载”按钮，如图 10-23 所示。

图 10-22　输入关键字

图 10-23　显示搜索结果

3. 打开“下载”网页页面，在“品质”栏中选中 标准品质 单选按钮，单击 下载 按钮，

下载文件时一定要谨慎，网络上的资源多而杂，应学会取舍。一般应到知名网站进行下载，新下载的文件应先杀毒再打开，以防中毒。

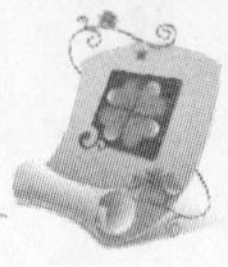

在下方弹出的提示框中单击 保存(S) 按钮右侧的下拉按钮，在弹出的下拉列表中选择“另存为”选项，如图 10-24 所示。

4 打开“另存为”对话框，选择保存路径和输入文件信息后，单击 保存(S) 按钮即可下载该文件，如图 10-25 所示。

图 10-24　下载文件

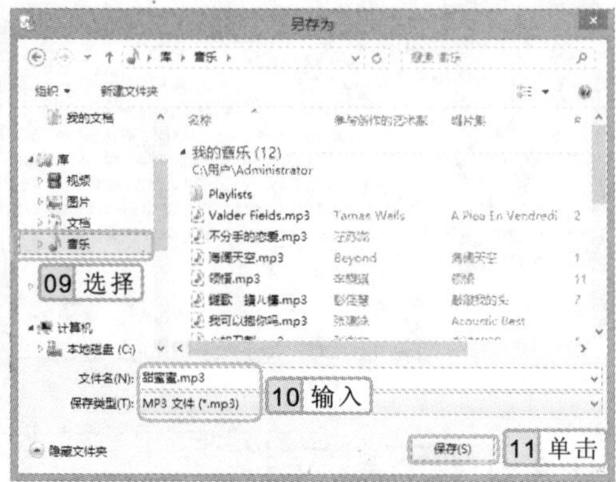

图 10-25　“另存为”对话框

5 下载完成后，打开保存文件的文件夹，可看见下载的文件已经显示在其中，表示下载成功。

10.4.6　查看历史记录

使用 IE 浏览器浏览网页后，IE 浏览器会自动记录最近一段时间浏览过的网页地址。因此，可通过历史记录快速查找浏览过的网页。

其方法为：单击右上角的☆按钮，在弹出的窗格中选择“历史记录”选项卡，在下方的列表框中单击需要查看的时间选项，便可查看近期所浏览网页的详细记录，如图 10-26 所示。选择某个日期，在展开的子列表中单击相应的网址即可快速打开该网页。

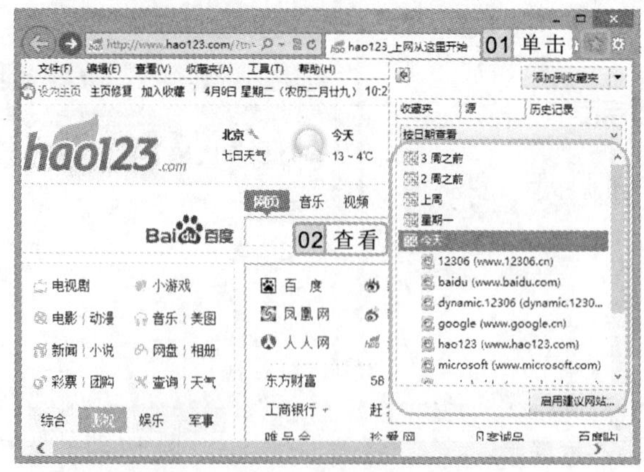

图 10-26　查看历史记录

专家指导

在网络中下载需要的资源时，除了可通过本地下载地址下载外，还可通过专门的下载工具，如迅雷、快车等进行下载。

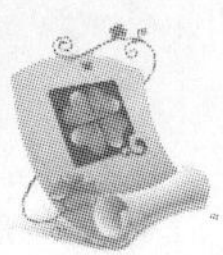

10.5 设置 IE 浏览器

为了更方便地浏览网页，用户可根据自己的喜好和习惯对 IE 浏览器进行设置，如设置主页、收藏网站、清除临时文件和历史记录等，实现个性化操作。

10.5.1 设置浏览器的主页

启动 IE 浏览器后，首先会打开 IE 浏览器的主页。如未设置主页，则打开空白页。在浏览的过程中通过单击浏览器右上角的按钮也可以快速打开设置的主页。为使用方便，建议将经常访问的网站设置为 IE 浏览器的主页。

其方法为：启动 IE 浏览器，选择【工具】/【Internet 选项】命令，如图 10-27 所示。在打开的“Internet 选项”对话框中选择“常规”选项卡，在“主页”文本框中输入主页网址，再依次单击 应用(A) 和 确定 按钮完成主页设置，如图 10-28 所示。

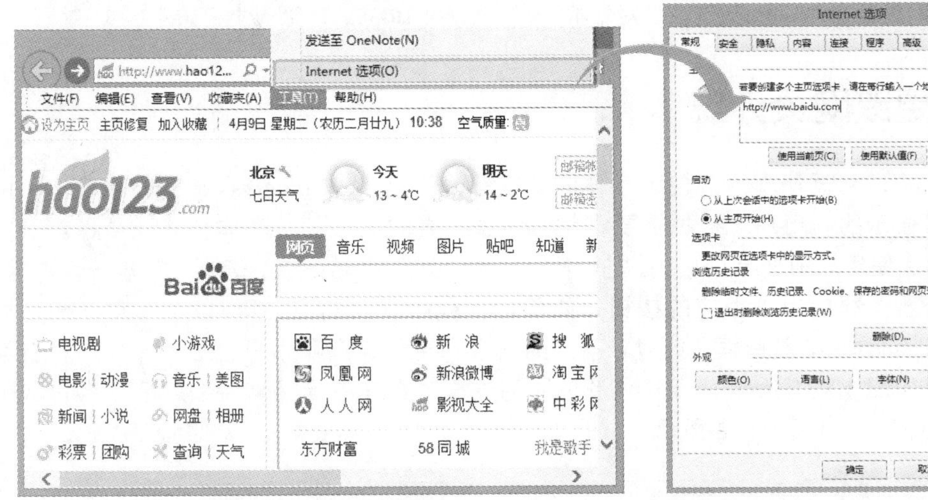

图 10-27 选择“Internet 选项”命令　　图 10-28 “Internet 选项”对话框

10.5.2 清除临时文件和历史记录

在访问网页时，系统会自动保存相关信息，以供用户在需要时查询。这些信息是以临时文件的形式保存在系统文件夹中，若数量过多，将会占用系统空间，影响系统的正常运行和上网速度；如果多人共同使用一台电脑，还有可能泄露个人隐私。这时，可以通过删除 IE 浏览器的历史记录来清除用户上网浏览的相关信息。

其方法为：选择【工具】/【Internet 选项】命令，打开“Internet 选项”对话框，选择“常规”选项卡，单击“浏览历史记录”栏中的 删除(D)... 按钮，如图 10-29 所示，打开“删

在“Internet 选项”对话框的“浏览历史记录”栏中选中 ☑退出时删除浏览历史记录(W) 复选框，可以实现即时清除浏览记录的功能。

除浏览历史记录”对话框，选中相关项目复选框，单击 删除(D) 按钮，如图 10-30 所示，返回“Internet 选项”对话框，单击 确定 按钮即可。

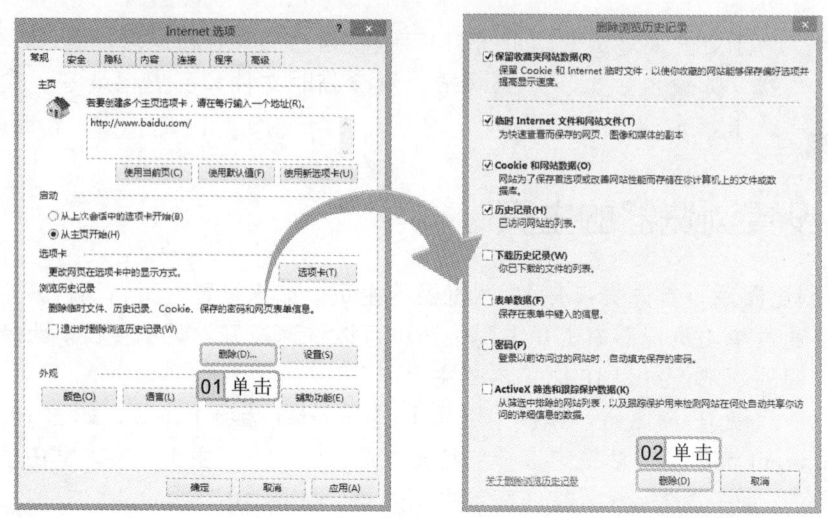

图 10-29　“Internet 选项”对话框　　　　图 10-30　删除历史记录

10.5.3　更改网页外观

默认情况下，网页外观的颜色、字体和语言等分别是以 Windows 颜色、新宋体和中文的样式设置显示的。用户可根据需要，将其设置为喜欢的颜色、字体样式及语种。

其方法为：使用与前面相同的方法打开“Internet 选项”对话框，选择“常规”选项卡，在下方的“外观”栏中单击相应的按钮，如单击 颜色(O) 按钮，打开“颜色”对话框，取消选中 □使用 Windows 颜色(W) 复选框。此时，下方的文字和背景等选项呈亮色显示，分别单击其后的颜色框，如图 10-31 所示，打开“颜色”列表框，在其中选择需要的颜色，再依次单击 确定 按钮即可，如图 10-32 所示。

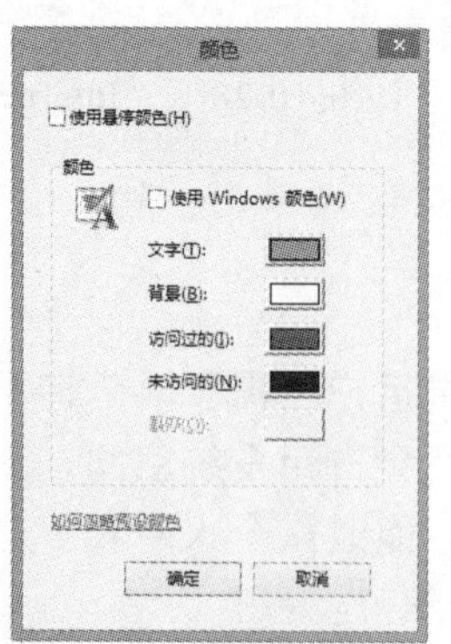

图 10-31　“颜色”对话框

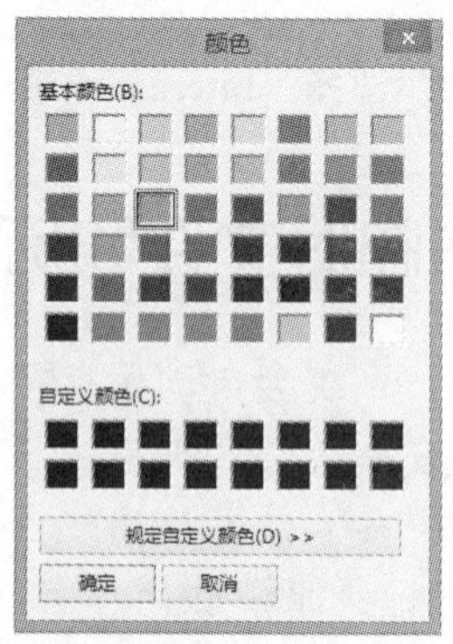

图 10-32　选择颜色

在“Internet 选项”对话框的“外观”栏中单击 字体(N) 按钮，在打开的对话框中可设置网页文体和纯文本字体的字体样式。

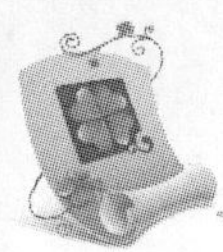

10.5.4　阻止自动弹出窗口

在浏览网页时，会突然弹出一些广告、游戏、提示信息等窗口。这些弹出窗口，不仅会影响视觉感受，还会影响用户的心情。此时，可直接借助 IE 10.0 浏览器的拦截功能，封堵这些弹出窗口。

其方法为：打开“Internet 选项”对话框，选择“隐私”选项卡，在其中选中 ☑启用弹出窗口阻止程序(B) 复选框，即可禁止网页自动弹出窗口，如图 10-33 所示。若不想阻止某个网站弹出的窗口，可单击 ☑启用弹出窗口阻止程序(B) 右侧的 设置(E) 按钮，在打开的窗口中将网页地址添加到“要允许的网站地址”文本框中，再单击 添加(A) 按钮将其添加到“允许的站点”列表中，再依次单击 应用(A) 和 确定 按钮，如图 10-34 所示。再浏览网页时，IE 10.0 就不会阻止来自这个网址的弹出窗口。

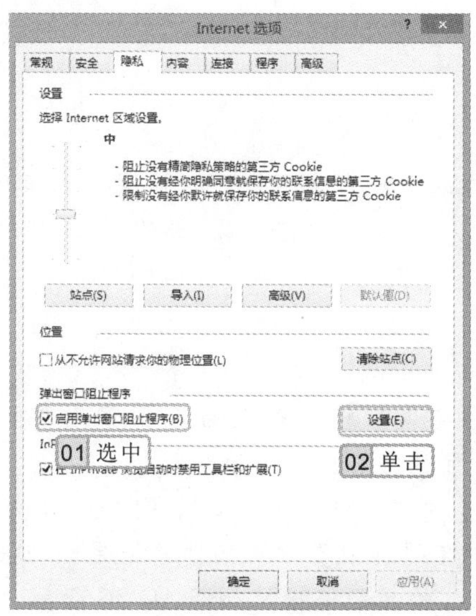

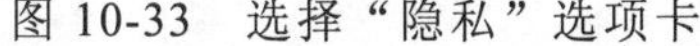
图 10-33　选择“隐私”选项卡

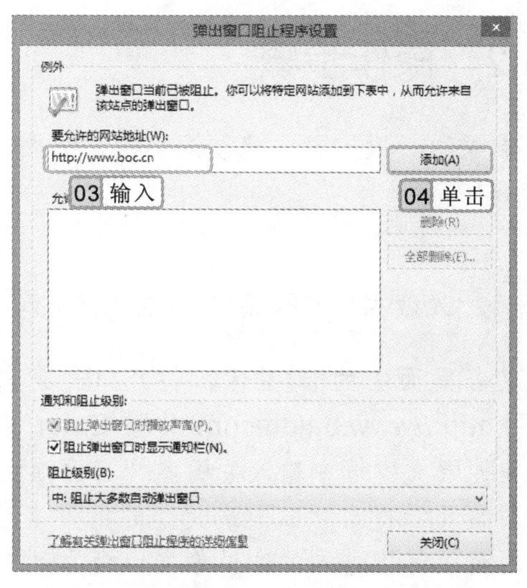

图 10-34　允许某个网页弹出窗口

10.6　提高实例——搜索并下载小说

本章的提高实例将在 Internet 中搜索并下载小说，然后设置 IE 浏览器主页。通过本实例进一步巩固 IE 浏览器的使用操作以及搜索并下载网络资源的方法。

本例将通过百度搜索引擎搜索“三国演义”小说，然后使用本地下载的方式将其下载到电脑中进行保存，通过练习巩固搜索与下载的相关知识。

IE 10.0 自带的弹出窗口拦截功能能够防止大多数网页弹出窗口。不过，如果用户经常使用网上银行、网上购物等网站，应该注意将这些网站添加到免封堵列表中，或者在访问时暂时关闭弹出窗口拦截功能，以避免由于拦截了重要的弹出窗口而影响自己的正常使用。

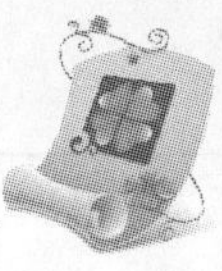

10.6.1 操作思路

为更快完成本例的制作，并且尽可能运用本章讲解的知识，本例的操作思路如下。

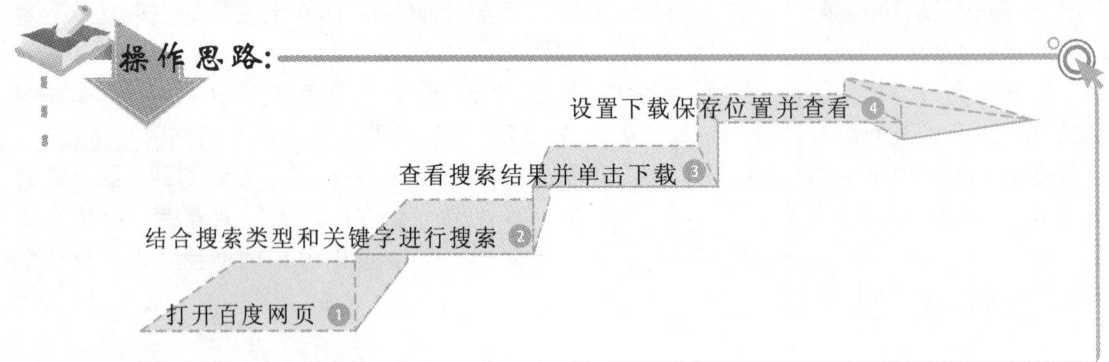

10.6.2 操作步骤

下面通过百度搜索引擎搜索小说，然后通过本地下载方式将其下载并保存到电脑中，操作步骤如下：

光盘\实例演示\第 10 章\搜索并下载小说

1. 双击桌面上的图标，打开 IE 浏览器，在地址栏中输入百度搜索引擎的网址“http://www.baidu.com”，按 Enter 键打开百度首页。
2. 在搜索文本框中输入关键字“三国演义 txt”，单击百度一下按钮，如图 10-35 所示。
3. 网站开始搜索“三国演义”的相关信息，并在网页中显示全部搜索结果，单击对应的超级链接进入，这里单击后缀为“奇书网”的超级链接，如图 10-36 所示。

图 10-35 输入关键字

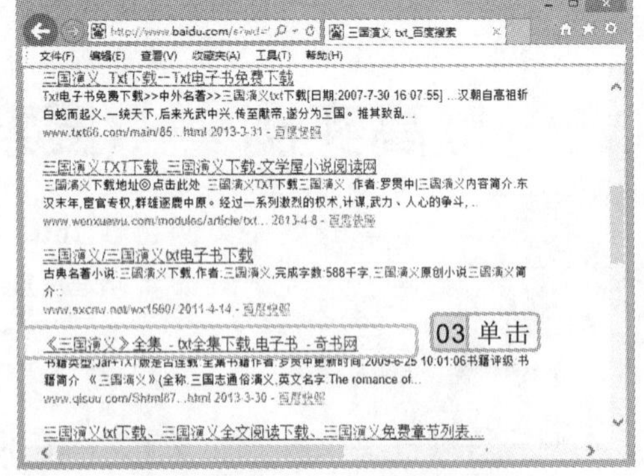

图 10-36 搜索结果

4. 打开对应的网页，在其中显示了该小说的相关信息，向下拖动右侧的滚动条，在“下

百度搜索提供了新闻、网页、贴吧、知道、MP3、图片、视频和地图等分类搜索。其中的新闻、网页和图片等分类搜索功能几乎是各大搜索网站都具有的功能。

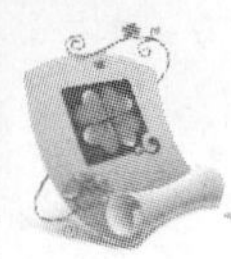

载地址”栏中单击“本站下载地址”超级链接，如图 10-37 所示。

5 在页面下方将弹出下载提示框，单击 保存(S) 按钮右侧的下拉按钮，在弹出的下拉列表中选择“另存为”选项，如图 10-38 所示。

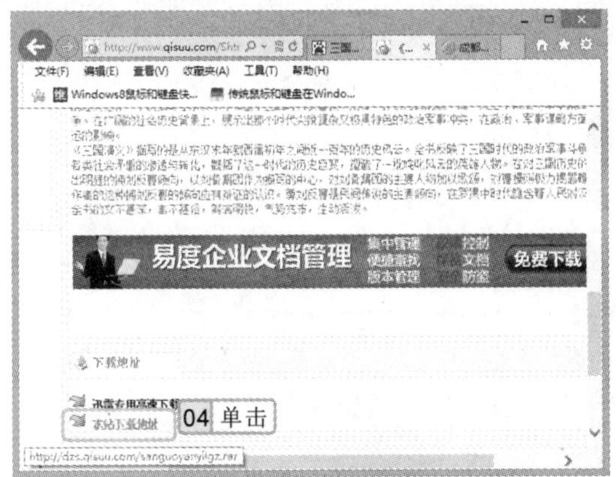

图 10-37 选择下载方式

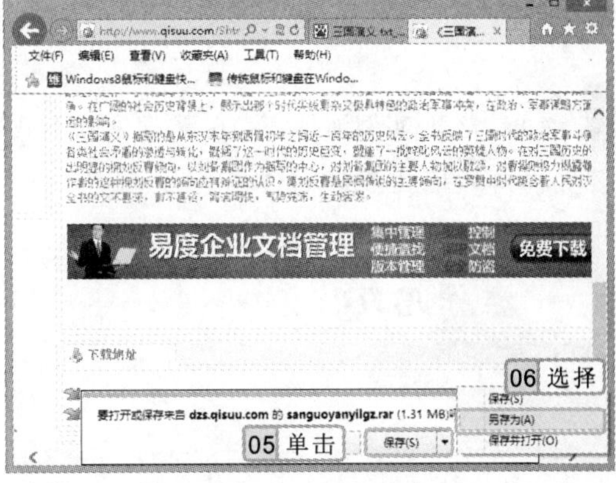

图 10-38 选择保存方式

6 打开“另存为”对话框，在左侧的列表框中选择文档要存储的位置，这里选择“库”中的“文档”选项，在“文件名”文本框中输入文档名称，这里输入“三国演义”，其他保持默认，再单击 保存(S) 按钮，如图 10-39 所示。

7 此时，系统将自动开始下载。下载完成后，再打开“库”中的“文档”选项，可在该文档中查看到下载的“三国演义”小说，如图 10-40 所示。

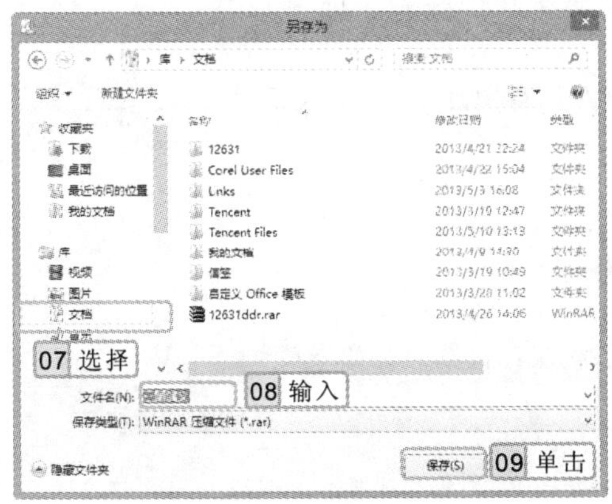

图 10-39 设置下载保存位置

图 10-40 查看下载的小说文件

10.7 提高练习

本章主要介绍了电脑连入 Internet 的方法、IE 浏览器的使用、浏览网络信息以及搜索与下载网上资源的方法，通过下面的练习可以进一步巩固上网的基本操作。

下载小说后，小说文件通常为压缩文件的格式，只需在文件上单击鼠标右键，在弹出的快捷菜单中选择“解压到当前文件夹”命令，即可将其解压为“.txt”文本文档格式，再双击打开即可阅读。

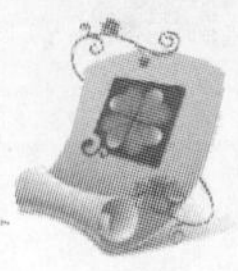

10.7.1 搜索并下载迅雷软件

本次练习通过使用搜索引擎，在网上搜索并下载“迅雷”下载工具，熟悉搜索和下载流程。

参见光盘　光盘\实例演示\第 10 章\搜索并下载迅雷软件

该练习的操作思路如下。

设置下载保存位置后开始下载 ❸

查看并单击搜索结果，在打开的页面中按提示进行下载 ❷

打开搜索网站并输入关键字进行搜索 ❶

10.7.2 在搜狐网站搜索并保存图片

本练习将在搜狐网（http://www.sohu.com）中搜索与“计算机桌面”相关的图片，在搜索结果中查看各种类型的桌面图片，并将喜欢的图片保存到本地电脑中。

参见光盘　光盘\实例演示\第 10 章\在搜狐网站搜索并保存图片

该练习的操作思路如下。

设置下载保存位置后开始下载 ❸

查看并单击结果，在打开的下载页面中按提示单击下载 ❷

在搜狐网输入关键字进行搜索 ❶

10.8 知识问答

在使用 IE 浏览器上网的过程中，难免会遇到一些难题，如设置下载文件的保存位置、设置网页中字体的大小等。下面将介绍使用 IE 浏览器上网过程中常见的问题及解决方案。

在网站中下载和保存图片时，在查找到的图片上单击鼠标右键，在弹出的快捷菜单中选择“图片另存为”命令，也可保存图片。

问：使用 IE 10.0 下载文件时，它不会像之前的 IE 版本那样弹出一个对话框，取而代之的是在浏览器下方出现一个提示栏。单击保存(S)按钮后，默认情况下它会被保存在【个人文件夹】/【下载】文件夹中，是否可以修改这个默认位置呢？

答：当然可以。只需单击浏览器右上角齿轮形状的图标⚙，在弹出的菜单中选择“查看下载”命令，在打开的对话框中单击“选项”超级链接，打开“下载选项”对话框，输入一个默认下载位置，或单击浏览(B)...按钮，选择一个文件夹作为下载位置即可。

问：浏览网页时，可能会有一些恶意病毒或黑客利用网页的不安全设置来侵入电脑。它们常通过发送电子邮件或者让用户浏览含有恶意代码的网页来达到他们的目的，那有没有什么办法来提升网页的安全等级呢？

答：有。在浏览器中选择【工具】/【Internet 选项】命令，打开“Internet 选项”对话框，选择“安全”选项卡，在下方的列表框中选择 Internet 图标，单击默认级别(D)按钮，然后在“该区域的安全级别”栏中将滑动条拖动至最高点，单击确定按钮即可。

问：设置 IE 浏览器后，若想将其恢复为默认的浏览器效果，应该怎么办？

答：打开“Internet 选项”对话框，选择“高级”选项卡，在该选项卡中单击还原高级设置(R)按钮，然后依次单击应用(A)和确定按钮，即可将浏览器恢复为默认设置。

知识关联 加快 IE 的搜索速度

许多人使用搜索引擎，都习惯于进入其网站后再输入关键词搜索，这样大大地降低了搜索的效率。实际上，IE 支持直接从地址栏中进行快速高效的搜索，也支持通过“转到/搜索”或“编辑/查找”菜单进行搜索。用户只需输入一些简单的文字或在其前面加上“go”、“find”或“?”，IE 即可直接从默认设置的 9 个搜索引擎中查找关键词并自动找到与要搜索的内容最匹配的结果，同时还可列出其他类似的站点供用户选择。

有时在打开网页时会碰到某个图片没有成功加载的情况，这时可在该图上单击鼠标右键，然后在弹出的快捷菜单中选择“显示图片”命令，即可重新加载此图，而不必重新输入 URL 将整个网页再下载一次。

操作提示

使用不同的搜索引擎可得到不同的搜索结果，这是因为各个搜索引擎所采用的搜索技术和信息处理方式不一样。因此，如果在某一搜索网站中得不到想要的结果，可以换一个网站试试。

第 11 章

使用 Windows Live 服务

添加联系人

认识Windows Live

使用Windows Live Mail

使用Windows Live Messenger

使用 Windows Live 照片库

本章导读

随着系统的更新，操作系统功能更加丰富，在 Windows 8 操作系统中提供的 Windows Live 服务，完美地体现了功能的多样性，其主要功能包括个人网站设置、电子邮件、发送接收消息、图像处理和互动交友等多种服务。本章将讲解 Windows 8 操作系统中 Windows Live 服务的 Messenger、Mail 和照片库等基本操作。

11.1 认识 Windows Live

Windows Live 是一种网络服务平台，由服务器通过互联网向用户的电脑提供应用服务。通过使用 Windows Live 可以使人与人之间的交往更加密切。下面将对 Windows Live 的安装和使用方法进行介绍。

11.1.1 什么是 Windows Live 服务

Windows Live 主要是通过互联网向电脑或者是手机等客户端提供各种应用服务，也可以说 Windows Live 是一个连接服务，它提供了个性化信息门户、简便和安全的网页浏览、电子邮箱、游戏在线服务和图片处理等，引导用户进入网络整体性和高效性的时代。

通过使用 Windows Live，可以对网站进行设置与美化、交友聊天、进行文件传送、浏览图片和相片的简单处理等。它丰富了生活，让其不再单一，促进了信息化的发展，让生活变得更加高效。

11.1.2 安装并注册 Windows Live

Windows Live 不是系统自带的功能，要通过下载、安装并注册才能使用。安装最常见的方法是在网页中下载 Windows Live 安装包，双击其安装程序进行安装。安装完成后应对 Windows Live 进行注册，下面将介绍安装并注册 Windows Live 的具体方法。

实例 11-1　安装 Windows Live 并注册 MSN 账号

1. 打开 Windows Live 安装包，双击 Messenger2011.exe 文件，如图 11-1 所示。
2. 在进入的安装界面中选中"安装 Messenger 加强版 (我已阅读并同意许可协议)"复选框，单击"快速安装"按钮，如图 11-2 所示。

图 11-1　选择安装程序

图 11-2　进行安装

在下载 Windows Live 时应选择官网进行下载，防止下载的软件中携带病毒。

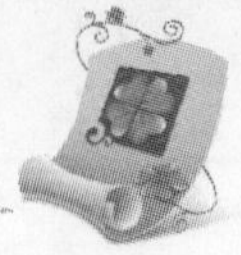

3 在安装过程中将打开“希望安装哪些程序？”对话框，选择“安装所有 Windows Live 软件包（推荐）”选项，如图 11-3 所示。

4 进行软件安装，安装完成后打开“完成”对话框，单击 稍后重新启动(L) 按钮，如图 11-4 所示。

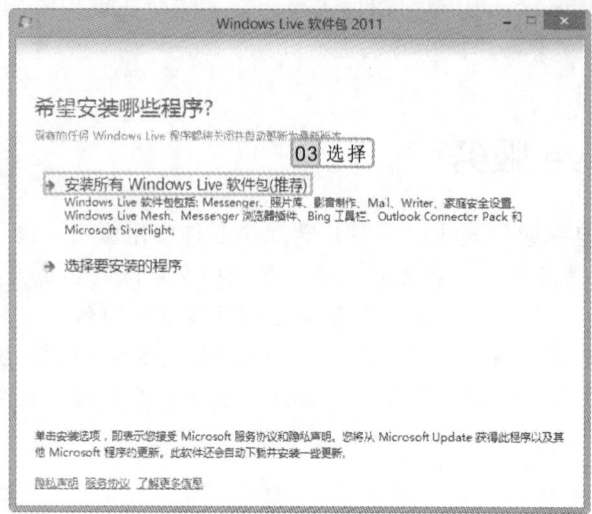

图 11-3　选择安装程序

图 11-4　完成操作

5 打开登录页面，单击 立即注册 按钮，打开注册页面，如图 11-5 所示。

6 在打开的网页中填写个人信息，如姓氏、名称、ID 号、创建密码等，完成后选中 ☑ 通过电子邮件向我发送 Microsoft 提供的促销信息。(你可以随时取消订阅。) 复选框，单击 接受 按钮完成安装，如图 11-6 所示。

图 11-5　注册账户

图 11-6　注册成功

在填写内容时应注意内容的完整性，如内容不完整或填写的格式与要求不符会导致注册不成功。

11.2 使用 Windows Live Messenger

随着社会的发展，有关电子邮件的软件层出不穷，Windows Live Messenger 就是一种发送即时消息的软件，包含了添加或删除联系人、使用图片、文本、声音和视频等功能。

11.2.1 登录 Windows Live Messenger

登录 Windows Live Messenger 的方法有 3 种，下面将分别进行介绍。

- **开机启动**：在安装完 Windows Live 所有组件后，Windows Live Messenger 会自动添加到 Windows 8 操作系统的开机启动项中，开机时 Windows Live Messenger 将自动登录。
- **单击“开始”屏幕**：打开“开始”屏幕，移动鼠标指针至 Windows Live Messenger 磁贴，双击此磁贴进入 Windows Live Messenger 登录窗口。
- **单击桌面快捷方式**：当安装完成后，桌面将会显示 Windows Live Messenger 的快捷方式图标，用鼠标左键双击此快捷方式，进入 Windows Live Messenger 登录窗口。

选择上面任意一种方式都可打开 Windows Live Messenger 登录窗口，如图 11-7 所示。在该窗口的文本框中输入注册时的 Windows Live ID 和密码等选项，单击登录(S)按钮登录 Windows Live Messenger，如图 11-8 所示。

图 11-7　登录页面

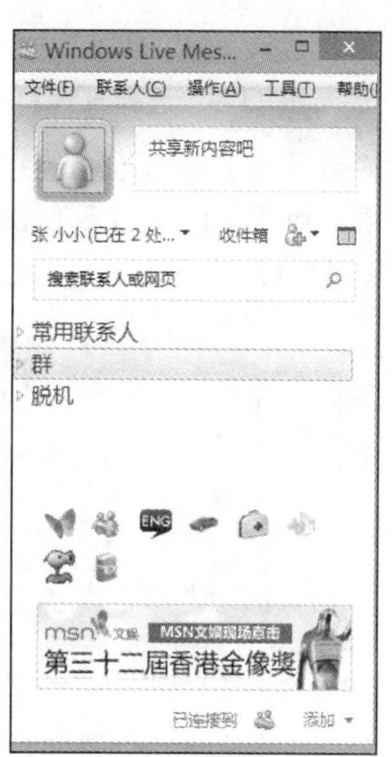

图 11-8　登录完成

操作提示

在登录界面输入用户名和密码后，选中 自动为我登录(A) 选项(O) 复选框，可方便下次 Windows Live Messenger 自动登录。

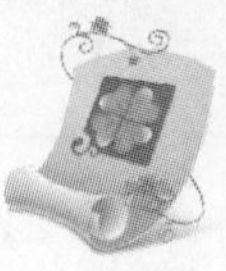

11.2.2 设置 Windows Live Messenger

若需要 Windows Live Messenger 的外观更具个性化，可对 Windows Live Messenger 进行个性化设置，如更换昵称、头像和更改主题等。

实例 11-2 更换 Windows Live Messenger 账户的昵称、头像和主题

1 在 Windows Live Messenger 窗口中单击用户名称右侧的下拉按钮▾，在弹出的下拉列表中选择“编辑您的名字”选项，如图 11-9 所示。

2 进入“编辑名称”页面，输入用户姓名，这里分别输入“小麻雀”和“笑笑”，单击 保存 按钮，如图 11-10 所示。

图 11-9 选择安装程序

图 11-10 进行安装

3 移动鼠标光标至左上角“头像”处并单击，在弹出的下拉列表中选择“更改头像”选项，如图 11-11 所示。在打开的“选择头像”对话框中选择头像，单击 确定 按钮，如图 11-12 所示。

图 11-11 选择更改头像

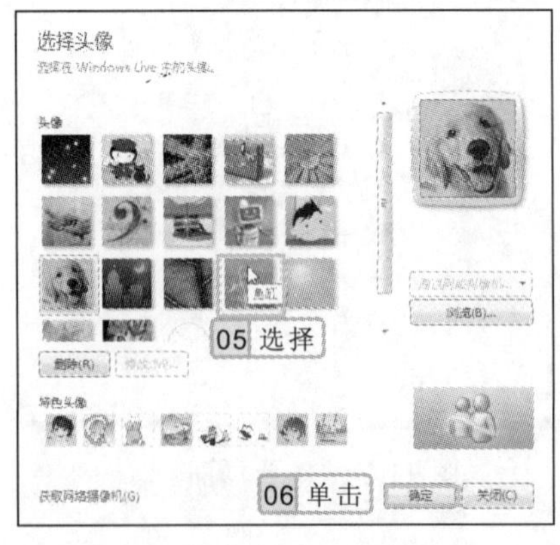

图 11-12 选择并设置头像

专家指导

在设置头像时可以单击 浏览(B)... 按钮，在打开的窗口中选择喜欢的相片或美图作头像，单击 打开(O) 按钮，完成图片选择，最后单击 确定 按钮。

4 将鼠标光标移动到 Windows Live Messenger 窗口右上角，单击鼠标右键，在弹出的快捷菜单中选择“更改主题”命令，如图 11-13 所示。打开“选择主题”对话框，在打开的中间列表框中选择界面的主题效果，单击 确定 按钮，如图 11-14 所示。

图 11-13　选择“更改主题”命令

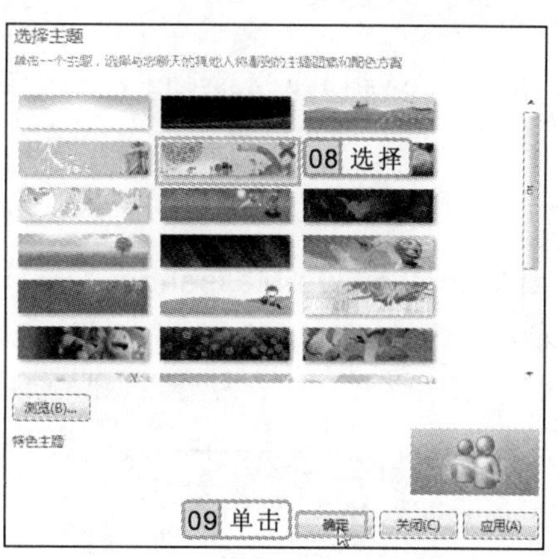

图 11-14　选择主题

11.2.3　添加联系人

Windows Live Messenger 的主要功能是发送并接收消息，发送消息的人被称为联系人。刚注册使用的 Windows Live Messenger 没有联系人，下面将介绍添加联系人的方法。

实例 11-3　添加“hani2523@yahoo.com”用户

1 登录 Windows Live Messenger，在右上角的工具栏中单击“添加好友”按钮，在弹出的下拉列表中选择“添加好友”选项，如图 11-15 所示。

2 打开“添加好友”对话框，在“输入好友的电子邮件地址”文本框中输入联系人的邮箱地址，这里输入“hani2523@yahoo.com”，单击 下一步(N) 按钮，如图 11-16 所示。

图 11-15　选择“添加好友”选项

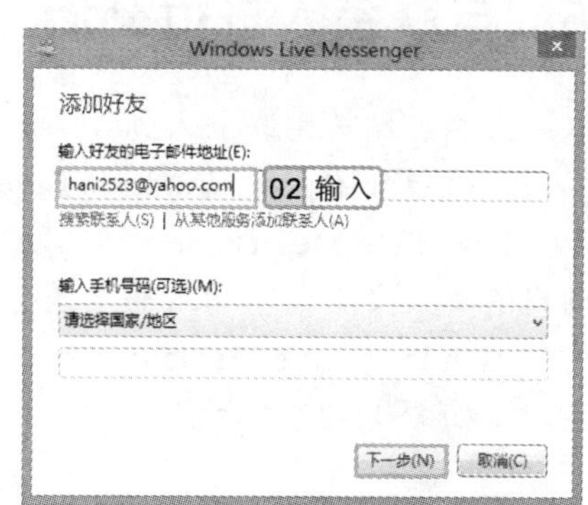

图 11-16　输入好友账号

在设置 Windows Live Messenger 的 Messenger 窗口中单击 工具(T) 按钮，在弹出的下拉列表中选择“更多选项”选项，在打开的“更多选项”对话框中可对个人、登录、联系人、消息和声音等进行设置，完成后单击 确定 按钮即可。

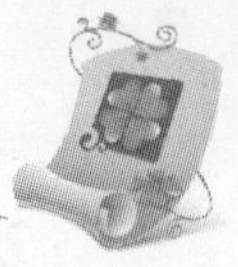

3 添加完成后打开对话框显示“您已经添加了 hani2523@yahoo.com”，单击 关闭(C) 按钮。

11.2.4 删除联系人

在使用 Windows Live Messenger 的过程中会存在一些联系较少或联系人换用新的账号的情况，这时可将不常用的联系人从列表中删除。

实例 11-4 删除不常用的联系人

1 登录 Windows Live Messenger，选择需删除的联系人并单击鼠标右键，在弹出的快捷菜单中选择“删除联系人”命令，如图 11-17 所示。

2 打开提示对话框，单击 删除(D) 按钮可删除联系人，如图 11-18 所示。

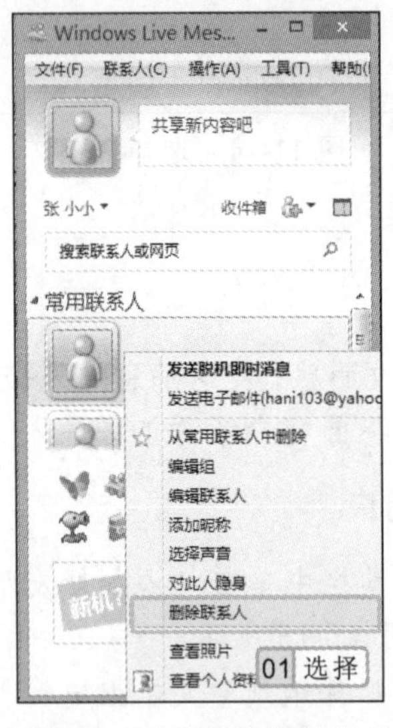

图 11-17 弹出的快捷菜单

图 11-18 提示对话框

11.2.5 与联系人进行交流

将联系人添加到常用联系人列表中即可进行交流，下面将通过文字的输入和设置以及表情的发送，简单介绍使用 Windows Live Messenger 常用的交流方法。与朋友进行交流应先登录 Windows Live Messenger，然后双击联系人选项，打开交流窗口，如图 11-19 所示。在打开窗口的聊天文本框中输入需发送的内容（如文本、表情等），按 Enter 键，消息将发送到对方的 Windows Live Messenger 中。当被联系人查看到消息并回复后，消息将会显示在交流窗口，如图 11-20 所示。

在和联系人进行交流时，不但可以发送文字性内容，还可以设置字体字号，发送表情图片，不仅方便了联系还轻松了生活。

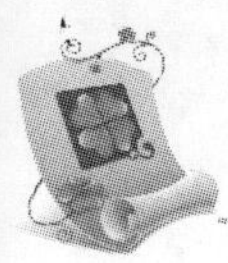

图 11-19 交流窗口

图 11-20 与联系人交流

11.2.6 文件传递

Windows Live Messenger 是一个全能性软件，不但能完成简单的文字交流，而且能传递文件和照片。

实例 11-5 与“小狐狸”互传图片

1. 双击要对其发送文件的联系人，打开交流窗口，在文本框下方单击“共享”按钮，在弹出的下拉列表中选择“本机文件”选项，如图 11-21 所示。
2. 在打开窗口的中间列表框中选择“独楼守桥.jpg”选项，单击 打开(O) 按钮，如图 11-22 所示。

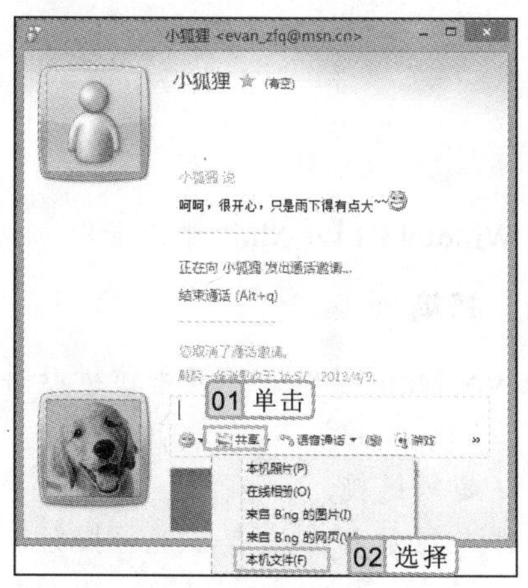

图 11-21 选择传送方式

图 11-22 打开选择图片页面

3. 要发送的图片将显示在聊天文本框中，按 Enter 键发送图片。
4. 接收图片时，可打开“小狐狸”交流窗口，将出现“接受（Alt+c）”、“另存为...（Alt+s）”

Windows Live Messenger 中不但可以传送图片，还可以传送音乐和视频文件等，其传送方法与传送图片的方法类似。

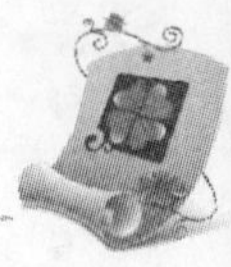

和“拒绝（Alt+d）”超级链接，这里单击“另存为...（Alt+s）”超级链接，如图 11-23 所示。

5 打开“将收到的文件另存为...”对话框，将保存位置设置为“桌面”，单击 保存(S) 按钮即可，如图 11-24 所示。

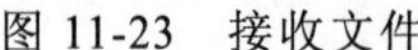

图 11-23 接收文件

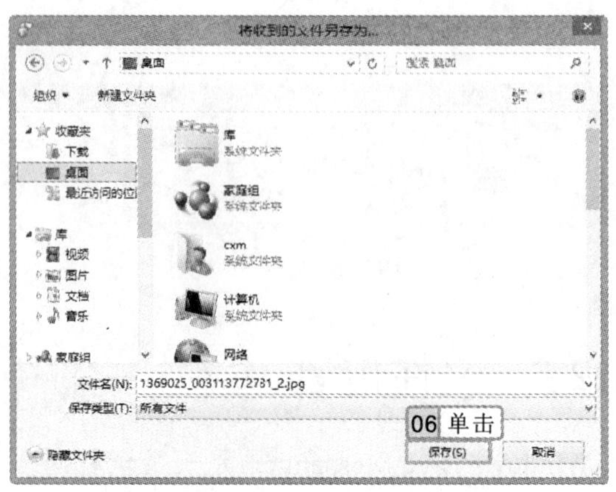

图 11-24 选择保存位置

11.3 使用 Windows Live Mail

Windows Live Mail 是一个快速查看邮箱的软件，它告别了以前查看邮箱的单一性。通过快速查看邮箱可提高工作效率，在这个信息化的时代中深受人们的喜欢。

11.3.1 创建电子邮件账户

要使用 Windows Live Mail 接收邮件，应该先注册 Windows Live Mail 邮件账户。

实例 11-6 创建“xiaoxiao2013@hotmail.com”邮箱

1 打开“开始”屏幕，移动鼠标光标至 Windows Live Mail 磁贴，并双击该磁贴进入 Windows Live Mail 登录窗口。

2 选择【账户】/【新建账户】组，单击“电子邮件”超级链接。

3 在打开的对话框中输入电子邮箱地址、密码、发件人显示名称，单击 下一步 按钮，如图 11-25 所示。

4 打开“添加您的电子邮件账户”窗口，在文本框中填写内容，单击 下一步 按钮，打开“您的电子邮件账户已添加”对话框，单击 完成(F) 按钮，如图 11-26 所示。

专家指导

如果在磁贴中查找不到 Windows Live Mail，可通过连接浏览器进行下载，因为 Windows Live Mail 不是 Windows Live 自带的软件。

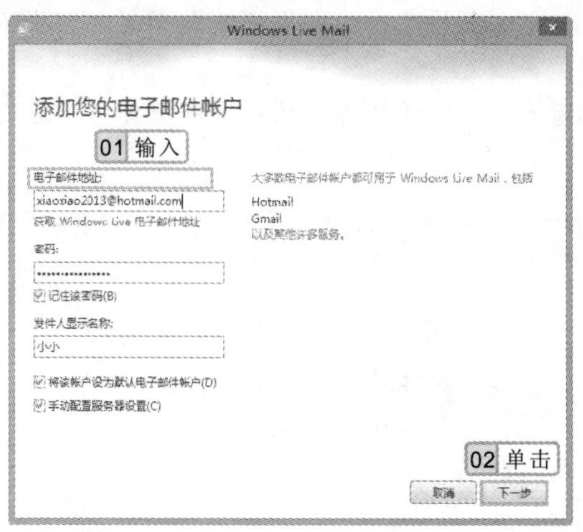

图 11-25　填写邮件账户

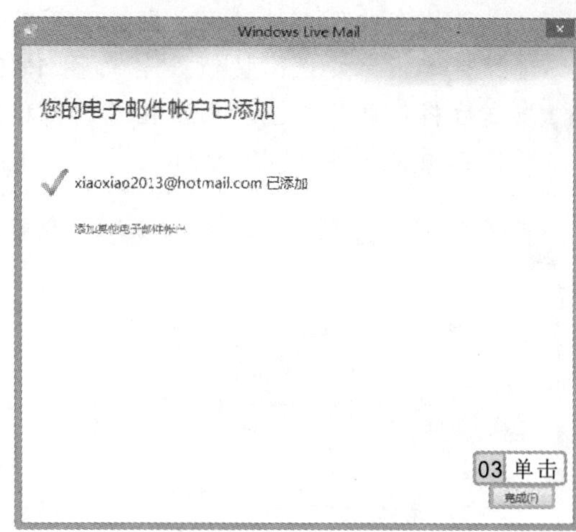

图 11-26　完成设置

11.3.2　收发电子邮件

邮件的传递是人们交流的必需品，通过邮件的交流可了解朋友的近况、公司的各种业务以及家人的欢喜悲伤，也可以在自己不开心的时候通过邮件向他人诉说。下面来了解如何使用 Windows Live Mail。

实例 11-7　接收并发送邮件

1. 登录 Windows Live Mail 邮箱，在其左侧窗格中选择“收件箱”选项，在中间的列表框中将显示出收到的所有邮件，单击需要查阅的邮件，其内容将显示在该邮件右侧，如图 11-27 所示。
2. 双击该邮件选项，将全屏显示该邮件的内容，选择【邮件】/【响应】组，单击“答复”按钮，如图 11-28 所示。

图 11-27　查看邮件

图 11-28　单击“答复”按钮

已删除的文件，将会在“已删除邮件”选项中显示。当发现删除错误时，也可打开“已删除邮件”选项进行邮件编辑。

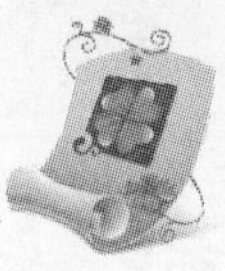

3 添加并检查收件人地址、主题是否正确，确认后在下方的文本框中输入“谢谢你的邀请!”，单击“发送”按钮，如图 11-29 所示。

4 发送后将返回邮件主界面，在左侧窗格中选择“已发送邮件”选项，将查看到发送的邮件选项，如图 11-30 所示。

图 11-29　输入回复文字

05 选择

图 11-30　查看发送邮件

11.3.3　管理联系人

联系人过多，可以通过管理联系人对所有联系人进行分类，从而提升发送电子邮箱的工作效率。管理联系人包括新建组和新建联系人、编辑和删除联系人等。

1. 新建组

管理联系人时应该先对组进行分类，如好友、朋友、家人和死党等，这样能提高查找朋友的效率。建立组的方法相对比较简单，可通过选择【开始】/【新建】组，单击“组”按钮，打开“新建组”窗口，在“输入组名称”文本框中输入需创建组的名称。在联系人列表中选择需添加的联系人姓名，单击保存(S)按钮，如图 11-31 所示。返回“联系人”窗口，可看见创建的组已被添加到“联系人”选项。

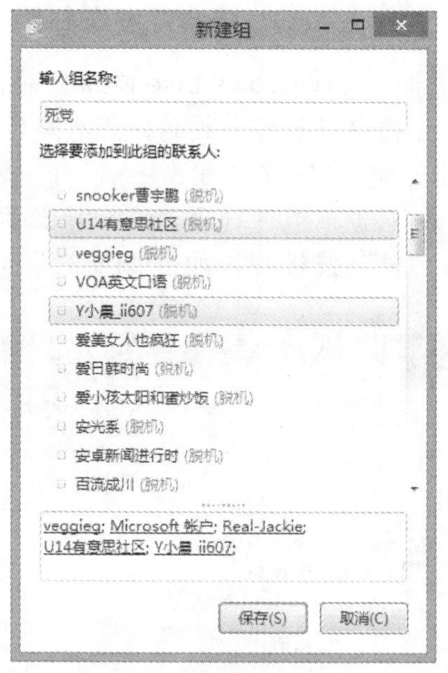

图 11-31　创建新建组

2. 新建联系人

在新建组后，则可将经常联系的用户添加到“联系人”列表中，其方法为：选择【文件】/【新建】组，单击“联系人”按钮，打开“添加联机联系人”对话框，在文本框中输入

在发送邮件时可对输入文字的颜色、字体和字形等进行设置，还可以在内容中添加图片。

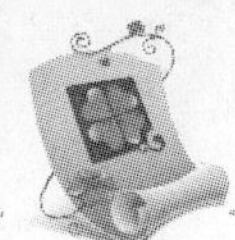

联系人的姓、名和个人电子邮件等信息，单击添加联系人(A)按钮，返回“联系人”窗口，可见新建的联系人已被添加到联系人列表中。

3. 编辑联系人

在联系过程中，朋友的名字不会一直不变，若有改变可通过使用“编辑联系人”命令修改个人信息，使形象与姓名统一。编辑联系人的方法有以下两种：

- 在需编辑的联系人选项上单击鼠标右键，在弹出的快捷菜单中选择“编辑该联系人”命令，打开编辑窗口，对姓、名和昵称等进行编辑，单击保存(S)按钮，如图 11-32 所示。
- 将鼠标光标移动到需编辑的联系人选项上，在弹出的下拉列表中选择“编辑联系人”选项，打开编辑窗口，对姓、名和昵称等进行编辑，单击保存(S)按钮。

图 11-32　编辑联系人

4. 使用联系人

在编辑信息并对信息进行回复的过程中都需要使用联系人，可以通过选择【开始】/【发送】组，单击“电子邮件”按钮，进入编辑页面，单击收件人...按钮，如图 11-33 所示，在打开的窗口中选择需联系的收件人，单击确定(O)按钮，如图 11-34 所示，返回邮件窗口，可发现“收件人”文本框中已添加联系人。

在对联系人进行删除时，应注意删除的人是否是常用联系人，因为在 Windows Live Mail 中只有常用联系人才可以删除。

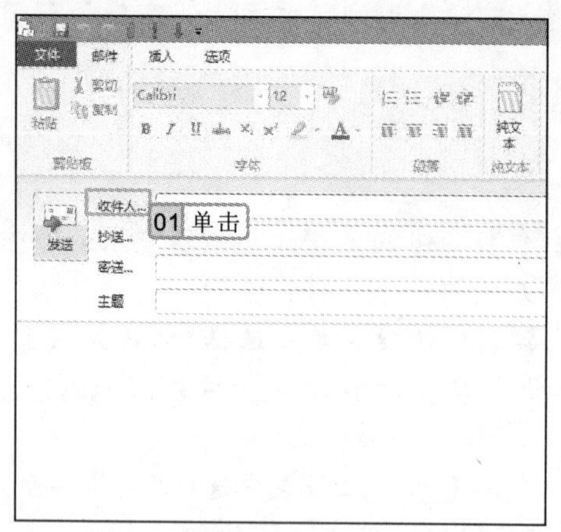

图 11-33 单击“收件人”按钮

图 11-34 添加联系人选项

5. 删除联系人

当联系人过多时，查找很不方便，此时可将不常联系的联系人删除。其方法为：在不常联系的联系人上单击鼠标右键，在弹出的快捷菜单中选择“删除联系人”命令，在打开的对话框中单击确定(O)按钮即可。

11.3.4 使用 Windows Live Mail 日历

Windows Live Mail 中的日历功能与一般日历功能有所不同，它可以通过日历将重要的时间及事件通知好友，还可以通过“新建事件”将活动通知在同一时间发送给好友。

实例 11-8 发送“夏日狂欢”活动

1. 登录 Windows Live Mail，选择【视图】/【布局】组，单击“日历窗格”按钮，右侧将出现日历列表，如图 11-35 所示。
2. 在日历中选择活动的时间为“5 月 6 日”，在其对应的数字栏上单击鼠标右键，在弹出的快捷菜单中选择“新建事件”命令，打开“新建事件”窗口，如图 11-36 所示。

图 11-35 显示日历窗格

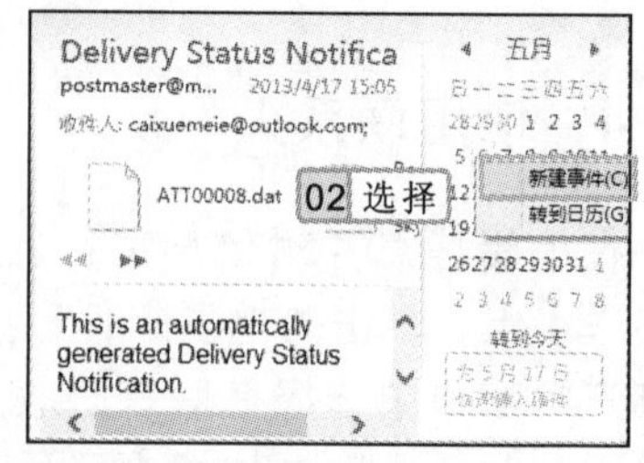

图 11-36 选择“新建事件”命令

专家指导

通过使用 Windows Live Mail 日历，不但可以在选择的时间发送邮件，还可通过预设时间定时发送，其发送方法与选择时间发送类似。

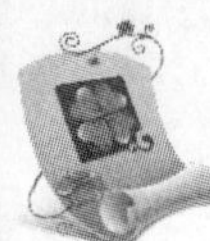

3 在文本框中输入活动的主题为“夏日狂欢”，再设置地址和内容，完成后选择【事件】/【操作】组，单击“转发”按钮，如图 11-37 所示。

4 打开“夏日狂欢”窗口，在文本框中输入收件人、抄送和密送等，单击“发送”按钮可将其发送，如图 11-38 所示。

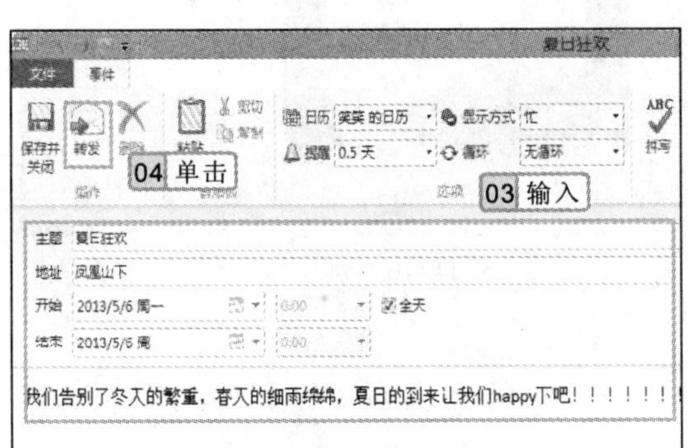

图 11-37　输入活动内容

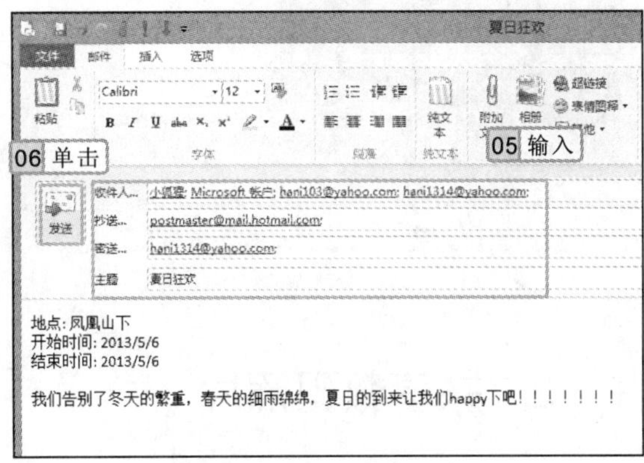

图 11-38　输入收件人名称

11.4　使用 Windows Live 照片库

Windows Live 照片库是一个存储照片的软件，它能解决照片过多造成硬盘存储不足的麻烦，方便对图片进行传输和预览，从而增进与朋友和亲人的联系。

11.4.1　浏览照片和视频

Windows Live 照片库主要的功能是浏览照片。打开“开始”屏幕，移动鼠标光标至“Windows Live 照片库”磁贴，并单击打开。在 Windows Live 照片库窗口中将显示电脑中的照片。Windows Live 照片库不但能对照片进行浏览，还可以浏览.wma 和.asf 等格式的视频。其浏览方法分别介绍如下。

- **浏览照片**：在打开的 Windows Live 照片库窗口中双击需浏览的照片，在弹出的浏览窗口中可对照片进行浏览。对照片进行左或右旋转，可单击按钮或按钮；浏览上一张或下一张照片，可单击按钮或按钮，如图 11-39 所示。
- **浏览视屏文件**：在打开的 Windows Live 照片库窗口中，双击需要浏览的视频文件，在弹出的浏览窗口中可播放视频。拖动时间轴，可选择播放的进度；单击按钮，可控制播放与暂停，如图 11-40 所示。

在 Windows Live Mail 中若同时将邮件发送给两个或两个以上的好友，需在邮箱地址中间加上分号。

图 11-39 浏览照片

图 11-40 浏览视频

11.4.2 共享数码照片

Windows Live 照片库可以上传已编辑的照片，从而达到共享的效果。

实例 11-9 通过 Windows Live 图片库上传数码照片

1 打开 Windows Live 照片库窗口，在左侧目录中单击“我的图片”选项，右侧将显示“我的图片”选项中的所有照片，如图 11-41 所示。

2 将鼠标光标移动至所选照片上，照片左上角将出现□图标，用鼠标单击该图标，图片将被选中，使用相同的方法选择多张照片，如图 11-42 所示。

图 11-41 选择照片位置

图 11-42 选中图片

3 选择【创建】/【发布】组，单击“Windows Live 群”按钮，选择要发布的群，这里选择的是“我们最爱的”群，单击下一步(N)按钮，如图 11-43 所示。

4 弹出“选择要发布到的相册”对话框，在文本框中输入“妹妹”，并在下方的下拉列表框中选择“成员可以查看”选项，单击发布(P)按钮，完成照片上传到群共享，如图 11-44 所示。

在 Windows Live 照片库中，只有选中照片，才能将其上传到网络上。

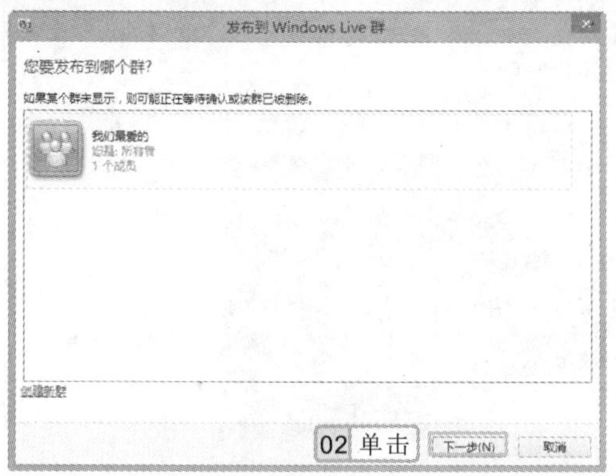

图 11-43　选择发布群

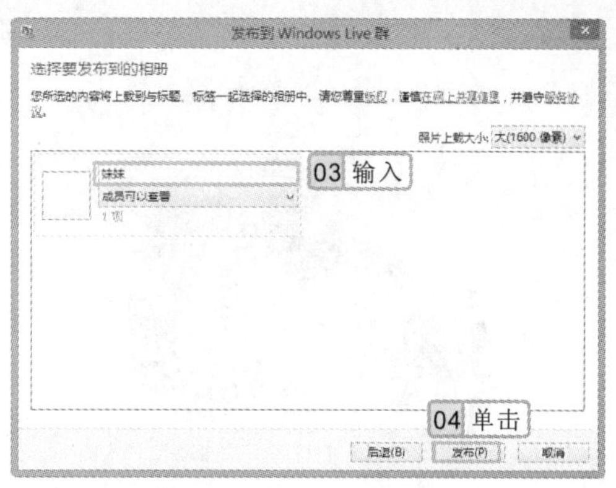

图 11-44　编辑相片名称

11.4.3　对照片进行简单处理

Windows Live 照片库不但可以浏览照片，还可以对照片进行简单处理，如剪裁照片、调整曝光度、颜色、黑白效果和人脸识别等功能。下面通过编辑照片和人脸识别来介绍照片的处理功能。

1. 编辑照片

照片是一种传播美的形式，可以通过一张张小小的照片让人们的美在一瞬间定格，通过编辑照片让定格的那一瞬间无限放大。

实例 11-10　编辑处理照片

Windows Live 照片库添加了编辑照片功能。下面以编辑“小猫.jpg”为例，讲解使用 Windows Live 照片库编辑照片的一般方法。

参见光盘　光盘\素材\第 11 章\小猫.jpg
光盘\效果\第 11 章\小猫.jpg

1. 打开“开始”屏幕，移动鼠标光标至“Windows Live 照片库”磁贴，并单击打开。
2. 选择【文件】/【包括文件夹】命令，打开“图片位置”对话框，单击  按钮，在打开的对话框中设置其位置为“桌面”，在返回的对话框中单击 确定 按钮。
3. 返回窗口，在“所有照片和视频”目录中选择“桌面”选项，双击“小猫”照片，如图 11-45 所示。
4. 选择【编辑】/【调整】组，单击“校正”按钮，在右方单击“微调”按钮，在弹出的列表框中选择“校正照片”下方的滑块并进行拖动，此时“小猫”照片随着拖动发生了变化，如图 11-46 所示。

操作提示

在 Windows Live 照片库中使用“校正”工具时，图片上出现的方格的作用是调整图片的方向。

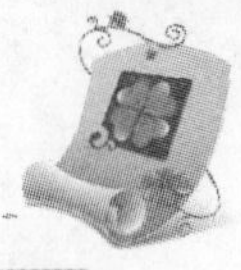

图 11-45　打开“小猫”照片

图 11-46　校正后的“小猫”照片

5 选择【编辑】/【调整】组，单击“剪裁”按钮，在照片编辑区将出现矩形框，在矩形框内的图像为保存部分，在矩形框外的图像则是裁剪部分。

6 将鼠标光标移动至正常颜色四周的白色小方格上，鼠标将变成形状，拖动鼠标可增大或缩小矩形框，从而改变剪切的大小。单击按钮，在弹出的下拉列表中选择“应用剪裁”选项，此时淡灰色部分的图像将被剪裁，如图 11-47 所示。

7 选择【编辑】/【调整】组，单击“曝光”按钮。单击“微调”按钮，在打开的列表框中选择“调整曝光”选项，将“亮度”滑块向右拖动，“对比度”滑块向右拖动，“阴影”滑块向左拖动，“突出显示”滑块向右拖动，图片编辑完成。单击按钮，将自动替换调整前的图片，如图 11-48 所示。

图 11-47　剪裁照片大小

图 11-48　曝光后的照片

2. 人脸识别

人脸识别功能也是 Windows Live 照片库中的功能之一，主要用于在不改变照片效果的前提条件下添加名字和备注等信息。

专家指导

在 Windows Live 照片库中对照片进行人脸识别时，程序会自动锁定识别人脸，不需要手动选择。

实例 11-11 对“小朋友”图片进行人脸识别

参见光盘　光盘\素材\第 11 章\小朋友.jpg
光盘\效果\第 11 章\小朋友.jpg

1 打开 Windows Live 照片库，在“所有照片和视频”目录中选择“桌面”选项，在打开的照片中找到“小朋友.jpg”并双击，如图 11-49 所示。

2 选择【编辑】/【组织】组，单击“标签和标题”按钮。在图的右侧选择“为某人添加标签”选项，此时脸部将出现矩形方块，当鼠标光标变为“十”形状时，移动光标至“小朋友.jpg”脸部，按住鼠标不放，拖动鼠标将脸全部框住，释放鼠标。

3 打开“为某人添加标签”窗格，在文本框中输入识别信息“小淘气”，按 Enter 键完成添加，如图 11-50 所示。

图 11-49 “小朋友.jpg”原图

图 11-50 编写标签

4 在窗口右侧的下拉列表框中选择“标题”选项，在文本框中输入“小淘气的艺术照!”，如图 11-51 所示。

5 在下拉列表框中选择“添加描述性标签”选项，在文本框中输入“喜欢扮酷的小大人!”，按 Enter 键。

6 编辑完成后将鼠标光标移动至照片上，即可查看编辑的信息，如图 11-52 所示。

图 11-51 编写标题内容

图 11-52 查看编辑的信息

在 Windows Live 照片库中，标签可以根据自己的喜好设置，没有特殊的规定。

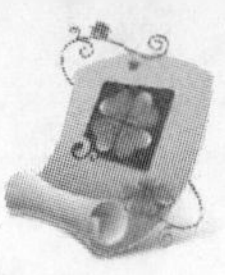

11.5 提高实例——美化 Windows Live Messenger

随着 Windows Live Messenger 软件的更新与发展，人们对美观度要求越来越高，本次实例主要练习设置 Windows Live Messenger 的外观、常用编辑和发送活动邮件给联系人。

11.5.1 操作思路

为更快完成本例的制作，并且尽可能运用本章讲解的知识，本例的操作思路如下。

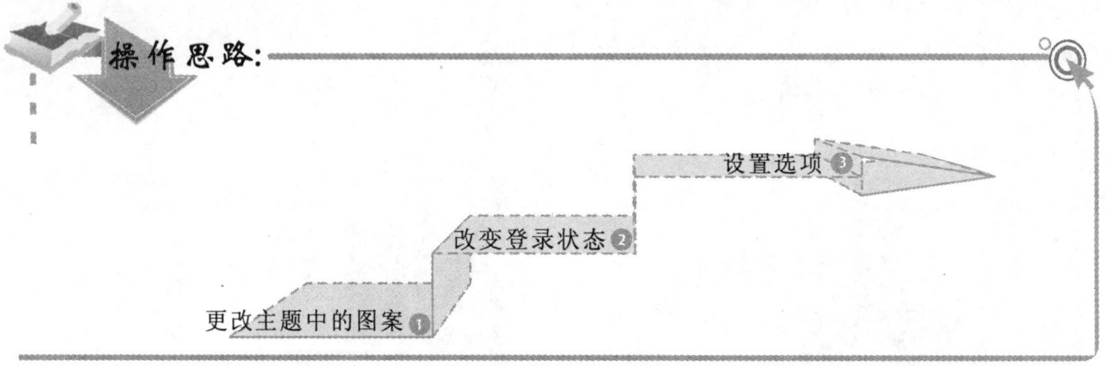

11.5.2 操作步骤

设置 Windows Live Messenger 的操作步骤如下：

光盘\实例演示\第 11 章\美化 Windows Live Messenger

1. 登录 Windows Live Messenger，将鼠标光标移动至 Windows Live Messenger 窗口右上角并单击鼠标右键，在弹出的快捷菜单中选择“更改主题”命令，打开“主题”对话框，在其中选择界面的主题效果，单击确定按钮，如图 11-53 所示。
2. 返回 Windows Live Messenger 窗口，可查看主题图案已更换。单击顶部“名称”下拉按钮▼，在弹出的下拉列表中选择“忙碌”选项，即可查看到头像边框由绿色变为了红色。
3. 在 Messenger 窗口中单击工具(T)按钮，在弹出的下拉列表中选择“更多选项”选项。
4. 打开“选项”对话框，选择“联系人”选项，在联系人中设置图标大小。一般常用联系人用大图标，其他联系人用小图标，如图 11-54 所示。

在 Windows Live Messenger 中，状态为“有空”表示可以交谈，“离开”表示使用人不在，“忙碌”表示使用人忙碌无法回复，“隐身”可隐藏在线，对方无法查看你是否在线。

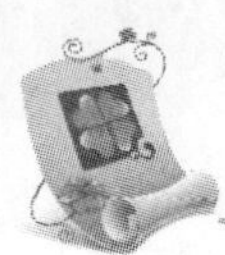

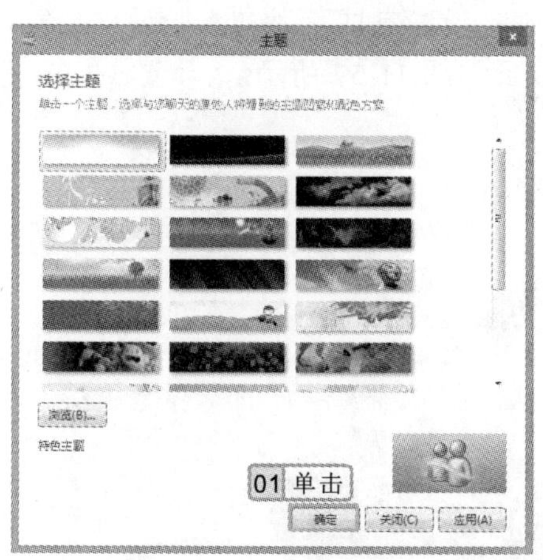

图 11-53　选择主题

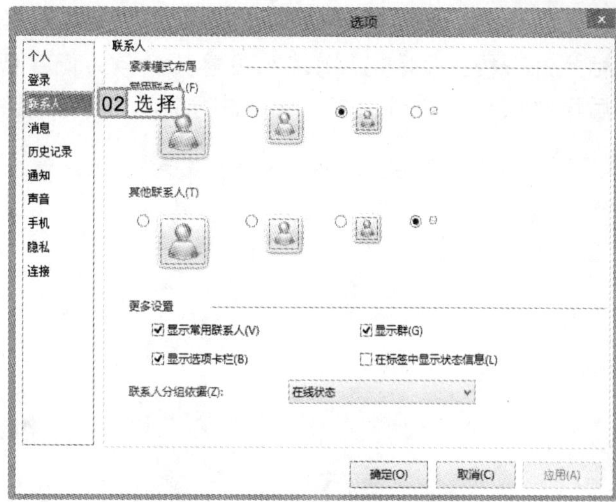

图 11-54　“选项”对话框

5 选择“消息”选项，在“常规”栏中选中 在消息上显示发送/接收时间(I) 复选框，并取消选中 语音剪辑(V) 复选框，单击 确定 按钮，如图 11-55 所示。

6 选择“声音”选项，单击“联系人登录”前的按钮，在弹出的下拉列表中选中 铜锣 单选按钮，将“新电子邮件”设置为“铜锣”提示音，如图 11-56 所示。

图 11-55　设置消息

图 11-56　设置声音

7 完成后，单击 确定 按钮，完成对 Windows Live Messenger 的设置。

11.6　提高练习——美化并上传“小熊”照片

根据前面所学知识，可以美化图片，也可以把美化后的图片传送到网络上，让更多的人欣赏，也可以传送到朋友的电子邮箱中，让朋友能及时接收。

在 Windows Live Messenger 中选择声音时，不是固定只能设置一种，也可以同时设置几种，在设置声音时还可以添加自己喜欢的音乐。

本次练习主要是通过使用 Windows Live 照片库的“编辑”功能简单处理“小熊”照片，对相片进行校正、曝光、剪裁和设置其颜色为低温低色调，设置完成后添加人脸识别功能，然后再将照片发送到好友的邮箱进行共享。照片最终效果如图 11-57 所示。

图 11-57　完成后的效果

参见光盘

光盘\素材\第 11 章\小熊.jpg
光盘\效果\第 11 章\小熊.jpg
光盘\实例演示\第 11 章\美化并上传“小熊”照片

该练习的操作思路与关键提示如下。

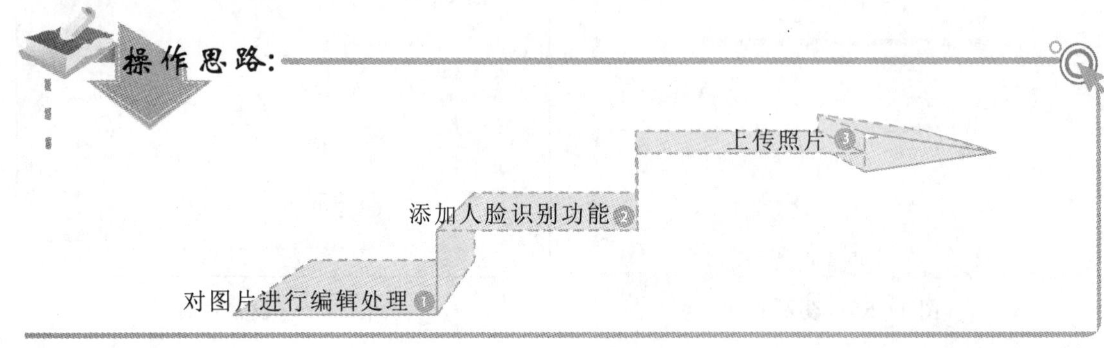

关键提示:

在使用 Windows Live 照片库时，可通过按 Enter 键结束编辑。

在结束编辑处理时，直接单击“关闭文件”按钮 ×，系统会自动进行替换处理。

在对文件进行“校正”时，可以通过“校正”达到“剪裁”的效果。

在 Windows Live 照片库中处理照片时，选择【编辑】/【快速调整】组，单击“自动调整”按钮，可以对图片进行自动调整。

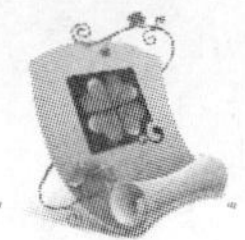

11.7 知识问答

在使用 Windows Live 的过程中，会遇到一些难题，如在下载完成后安装的压缩包内容不完整、使用自己的照片作头像和在处理照片时找不到要处理的照片。下面将介绍在操作 Windows Live 过程中常见的问题及解决方案。

问：Windows Live 不是 Windows 8 操作系统自带的软件，需要下载，下载完成后，为什么会出现下载的压缩包的内容不完整？

答：那是因为所选择下载的压缩包自带软件过少，软件缺失。可以通过在官方网址下载完整的软件包进行安装。

问：可以使用自己的照片作为 Windows Live Messenger 中的头像吗？要怎么操作呢？

答：可以。通过双击头像，在打开的对话框中单击 浏览(B)... 按钮，在打开的对话框中选择照片所在的文件夹，然后选择自己的照片并单击 打开(O) 按钮。完成后可查看显示效果，单击 确定 按钮完成操作。

问：打开 Windows Live 照片库时找不到所要处理的照片怎么办？

答：那是因为没找到图片所在的文件夹，可以通过选择【开始】/【包括文件夹】组，在打开的“图片库位置”选项中单击 添加(A)... 按钮，添加图片所在文件夹，然后单击 确定 按钮，返回窗口即可查找图片。

知识关联 回复 Windows Live Mail

回复 Windows Live Mail 的方法有两种，即选中电子邮件直接点击回复和通过编辑插入收件人进行回复，分别介绍如下。

- **直接回复**：可选择需要回复的电子邮件，选择【开始】/【响应】组，单击“答复”按钮，在弹出的窗口中进行回复编辑。
- **编辑电子邮件回复**：可选择【开始】/【新建】组，单击“电子邮件”按钮，在弹出的窗口中单击 收件人... 按钮，在打开的对话框中选择收件人姓名，单击 确定 按钮进行回复。

操作提示

Windows Live 除了以上这些功能外还可以对影音进行制作，其使用方法与以上方法类似，根据提示即可完成大部分操作。

第 12 章

电源、内存和硬盘管理

电源管理

内存管理

硬盘管理

解决内存不足的问题

定期运行磁盘清理

电脑与硬盘维护的注意事项

本章导读

在使用电脑的过程中，为了节省电能，并且能使电脑快速、稳定地运行，在 Windows 8 操作系统中提供了电源的省电计划、内存管理和硬盘的维护等功能。本章主要介绍电脑电源的省电计划、内存管理和硬盘维护的基本知识以及简单的操作方法。

12.1　电源管理

电源管理主要表现在电源的省电以及电源的一些常见问题，如果能正确地管理电源，则可提高电脑的使用寿命。下面主要介绍一些电源管理的基本内容以及电源管理的常见问题。

12.1.1　电源管理简介

为了能使用户正确地管理电源，首先需要了解一些电源的基本知识，让用户对电源有个初步认识，再逐渐深入介绍，最终达到让每个用户都能轻松自如地配置适合不同电脑的电源管理方案。

1. 几种常用的节电方式

在使用电脑的过程中，省电是用户必须考虑的一个问题，而在笔记本电脑中这一点体现得淋漓尽致，下面将介绍几种常见的节电方式。

- **使用 ACPI 电源管理功能**：ACPI 是通过设置电源计划，从而减少电脑中的电量消耗。
- **降低显示器亮度**：电脑中显示器的耗电量比硬盘和 CPU 的耗电量大，因此降低显示器亮度可减小耗电量。
- **关闭或移除未使用的设备**：使用串行总线（USB）设备、集成无线设备等都会消耗电量，因此，在不使用的情况下最好移除。

2. ACPI 电源管理功能

ACPI（Advanced Configuration and Power Interface）的中文含义为“高级配置与电源接口”，是 Windows 操作系统自带的功能，其包含内容如下。

- **自定义电源按钮**：支持 ACPI 功能的操作系统，可设置在按下电源按钮时进行的操作，例如在按下电源按钮后系统并不是关闭电脑而是转入睡眠状态。
- **管理电池**：在笔记本电脑中，通过 ACPI 功能可以直接测量电量。
- **控制 USB 和火线设备**：ACPI 可以追踪到连接电脑中的 USB 和火线设备，从而使其在未活动的状态下处于休眠或睡眠状态。
- **网络唤醒和电话唤醒**：ACPI 可以通过本地局域网或调制解调器中的信息唤醒处于睡眠或休眠的电脑。
- **多处理器**：通过 ACPI 功能可以被用于多处理器系统和处理器性能的管理。

电源是提供电脑各个部件的电能，电源的功率大小以及电流和电压是否稳定直接影响到电脑的使用寿命。

3. 电源模式

早期的 Windows 版本是通过休眠或待机模式来设置电脑的节能状态，而 Windows 8 则是通过待机、休眠和睡眠模式来设置电脑的节能状态。下面将对这几种模式分别进行介绍。

- **待机模式**：在此模式下，电脑将当前工作保存到内存中，并不会占用硬盘空间，且恢复速度快，但电脑在此模式下并不是完全处于省电节能状态。
- **休眠模式**：将当前工作保存到硬盘上，并且可以安全地关闭电脑。在此模式下电脑中不会有电量消耗，但恢复的速度较慢。
- **睡眠模式**：自 Windows Vista 版本后的新增功能，此模式融合了待机和休眠模式的优点，是电脑在通电状态下耗电量最少的一种模式。此模式不仅把当前的工作保存到硬盘中，而且在恢复时自动还原到之前的工作状态。

12.1.2 ACPI 功能与电源管理

Windows 8 与早期版本的关机方式有所不同，其关机方式是在电源按钮中进行的。本节将介绍 ACPI 功能的查看方法及电源按钮的相关操作。

1. 检查电源管理是否支持 ACPI 功能

在前面已经介绍了 ACPI 的功能对于电脑在节能和电源管理方面的优势。因此，使用电脑时可检查其电源是否支持 ACPI 功能。其查看方法为：使用鼠标右键单击“计算机”图标，在弹出的快捷菜单中选择“属性”命令，在打开的“系统”窗口中单击“设备管理器”超级链接，如图 12-1 所示。在打开的“设备管理器”窗口中双击“系统设备”，在展开的选项中查看是否有 Microsoft ACPI-Compliant System 选项，如图 12-2 所示。

图 12-1 “系统”窗口

图 12-2 查看 ACPI 功能

在台式电脑中，Windows 8 只提供睡眠模式，但此模式融合了休眠和待机的优点，实现了“快速节能”的功效，而休眠是为笔记本电脑设置的。

2. 快速关机体验

Windows 8 与早期 Windows 操作系统版本的关机方式有所不同，Windows 8 需要将鼠标光标移至屏幕的右下角，在弹出的 CHARM 菜单中单击“设置”按钮，在弹出的面板中单击“电源”按钮，在弹出的下拉列表中选择“关机”选项，如图 12-3 所示。

图 12-3 “关机”按钮

3. 设置电源按钮的功能

可以设置电源按钮在按下电源时让电脑进行相应的操作。在 Windows 8 中包含 4 种操作类型，即不采取任何操作、睡眠、休眠和关机，默认为关机。

实例 12-1 为电源按钮设置“睡眠”操作

设置电源按钮的“睡眠”操作是为了在不使用电脑时，为电脑节省电能。

1. 将鼠标光标移至桌面的右下角，在弹出的 CHARM 菜单中单击“设置”按钮，打开“设置”面板，在其中选择“控件面板”选项。
2. 打开“所有控制面板项”窗口，单击“电源选项”超级链接。
3. 打开“电源选项”窗口，在左侧窗格中单击“选择电源按钮的功能”超级链接，如图 12-4 所示。
4. 打开“系统设置”窗口，在“电源按钮设置”栏的“按电源按钮时”下拉列表框中选择“睡眠”选项，单击 保存修改 按钮，如图 12-5 所示。

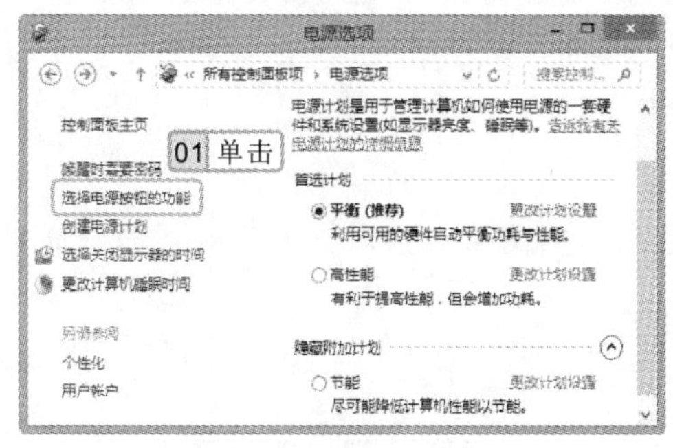

图 12-4 “电源选项”窗口

图 12-5 按电源按钮时的相应设置

12.1.3 电源计划管理

电源计划是电源硬件与系统设置的集合。Windows 8 中提供了 3 种不同方式的电源计划，用户可根据不同的习惯进行选择、修改和新建，下面将分别进行介绍。

操作提示

在 Windows 8 中，按 Alt+F4 键可打开“关机”对话框，单击 确定 按钮也可快速地关闭电脑。

1. 电源计划的类型

Windows 8 提供了“平衡”、“高性能”和“节能”3 种计划，用户可以根据需求进行不同的选择，下面将分别进行介绍。

- **平衡**：通过处理器的速度来平衡能量消耗和系统性能，在系统满足用户需求的情况下节省电能。
- **高性能**：通过处理器的速度满足用户的所有工作或状态，且系统性能达到最优，但耗电量增加，不适合笔记本电脑使用。
- **节能**：降低系统性能，达到节省电能的消耗，适合笔记本电脑使用。

2. 更改电源计划

如果系统默认的电源计划不能够满足用户的需求，可对电源计划进行更改。其方法为：打开“电源选项”窗口，在选定电源计划右侧的窗格中单击“更改计划设置”超级链接，打开“编辑计划设置”窗口，进行相应的设置后，单击保存修改按钮，如图 12-6 所示。

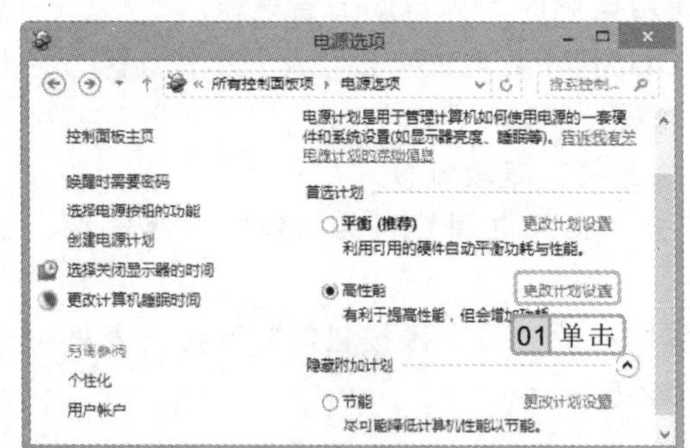

图 12-6　“更改电源计划”的相应设置

3. 创建电源计划

如果系统默认或更改过后的电源计划不能满足用户的需求，还可以在系统中自行创建电源计划。

实例 12-2　创建“省电计划”方案

创建“省电计划”方案，以达到电脑在使用时以最优的状态节省电能。

1. 打开“电源选项”窗口，在左侧窗格中单击“创建电源计划”超级链接，打开“创建电源计划”窗口，选中 平衡 (推荐) 单选按钮，并在“计划名称”文本框中输入“省电计划”，单击下一步按钮，如图 12-7 所示。
2. 打开“编辑计划设置”窗口，在“关闭显示器”下拉列表框中选择“10 分钟”选项，在“使计算机进入睡眠状态”下拉列表框中选择“10 分钟”选项，单击创建按钮，如图 12-8 所示。

专家指导

“编辑计划设置”窗口中的“关闭显示器”和“使计算机进入睡眠状态”是指在设定时间内不操作电脑的情况下，将关闭显示器或进入睡眠状态。

3 返回“电源选项”窗口，可查看到“省电计划”已在“首选计划”栏中且呈选中状态。

图 12-7 输入电源计划的名称

图 12-8 为电源计划设置相应的参数

4. 删除电源计划

用户对自己创建的电源计划不满意时，可以将其删除。其方法为：在“电源选项”窗口中使要删除的电源计划不被选中，再单击“更改计划设置”超级链接，打开“编辑计划设置”窗口，单击“删除此计划”超级链接，在打开的提示对话框中单击 确定 按钮，如图 12-9 所示。

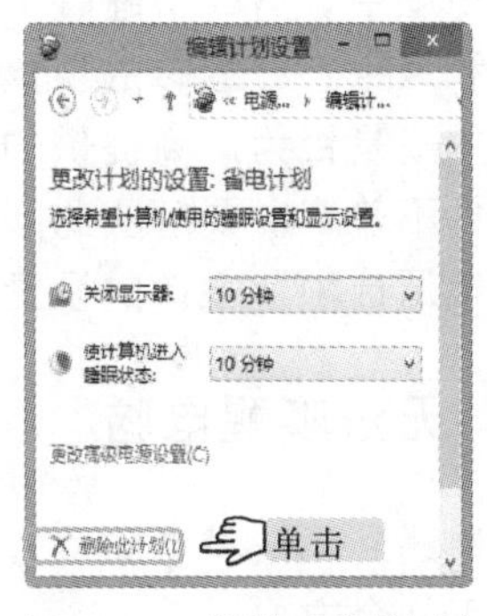

图 12-9 删除电源计划

5. 设置唤醒时的密码保护

设置唤醒时的密码保护是防止用户在离开时，电脑中的重要数据被盗，造成不必要的损失。

实例 12-3 为用户“lx”设置唤醒时的密码保护

1 打开“电源选项”窗口，单击“唤醒时需要密码”超级链接，如图 12-10 所示。

2 打开“系统设置”窗口，在“唤醒时的密码保护”栏中单击“创建或更改用户账户密码”超级链接，如图 12-11 所示。

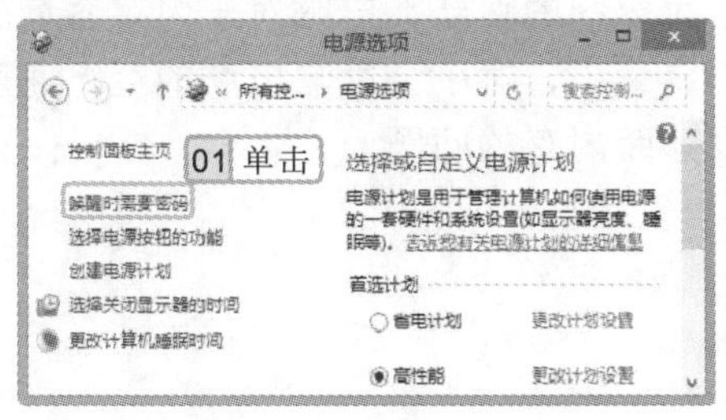

图 12-10 唤醒时需要密码

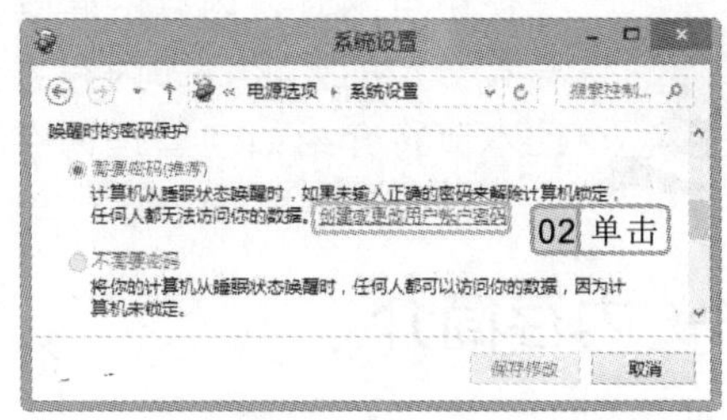

图 12-11 创建或更改用户账户密码

3 打开“用户账户”窗口，单击“在电脑设置中更改我的账户信息”超级链接。

操作提示

在设置唤醒时的密码保护时，如果用户已经设置了开机密码，则唤醒时的密码与开机密码相同。

4 打开“电脑设置”界面，单击 创建密码 按钮，打开“创建密码”面板，在其中的 3 个文本框中分别输入相应的信息，单击 下一步 按钮，提示“下次使用时，请使用新密码”信息，单击 完成 按钮。

5 返回到“电脑设置”界面，按 Win 键返回到“开始”屏幕，单击“桌面”图标，返回到“用户账户”窗口，完成操作。

12.1.4 电源管理常见问题

不同版本的操作系统，在电源方面难免会遇到一些看似无关紧要的问题，但是这些问题时常会影响操作系统的性能，本节将介绍一些常见的电源问题。

1. 无法进入睡眠模式

在电脑中，有时“睡眠”选项会呈灰色状态，而在笔记本电脑中则出现合上笔记本后指示灯和风扇却在运转的现象。出现这两种情况时，首先检查系统的显卡驱动程序是否为最新版本或是否为厂商提供的驱动程序，如果不是最新版本或厂商提供的则会出现操作系统与硬件不兼容。要解决此问题可以到官方网站下载最新版本的驱动程序进行安装，然后检查“电源选项”窗口的设置与电脑中的共享文件是否起冲突。

2. 无法唤醒电脑

如果遇到无法将电脑从省电模式中唤醒时，导致重启电脑，使数据丢失的情况，可以检查以下几个方面：

- 检查主板信息，是否有更新的 BIOS 版本未下载安装。
- 检查可唤醒电脑的设备（如集成声卡、网卡和驱动程序）是否与操作系统不兼容。
- 过高的内存频率或电压不足都会导致 Windows 无法从省电模式唤醒。

12.2 内存管理

在使用电脑时，内存的管理是不可忽视的环节，电脑对于内存容量的大小有着一定的要求，即内存容量不易过小，过小会影响电脑的运行速度，因此本节将介绍如何管理内存以及诊断内存的问题。

12.2.1 内存简介

为了方便用户准确地对数据进行保存，且快速、稳定地使用电脑，了解内存的类型、容量以及内存的释放等知识是必不可少的。下面将分别进行介绍。

内存的运行速度也会决定电脑的运行是否稳定，因为电脑在运行时，CPU 会把运算的数据调到内存中，运算完成后 CPU 再将结果传回到内存。

1. 电脑内存的类型

在电脑中内存分为随机存储器（RAM）、只读存储器（ROM）和高速缓冲存储器（Cache）3 种。下面将分别进行介绍。

- **随机存储器（RAM）**：RAM（Random Access Memory）存储的数据可读可写，断电时 RAM 存储的数据将会丢失，释放内存。
- **只读存储器（ROM）**：ROM（Read Only Memory）存储的数据只能读不能写入，当断电时 ROM 中的数据将不会丢失，占用内存。
- **高速缓冲存储器（Cache）**：Cache 位于 CPU 与内存之间，读写速度快，读取内容时不会访问内存。

2. 查看内存容量以及释放内存

在 Windows 8 中了解当前电脑的内存容量和内存的使用量，方便用户在使用电脑时关闭一些不必要的进程，加快电脑的运行速度，避免运行的进程过多而导致死机的情况。下面将对内存容量以及释放内存分别进行介绍。

- **查看内存容量**：使用鼠标右键单击“计算机”图标，在弹出的快捷菜单中选择“属性”命令，如图 12-12 所示，打开“系统”窗口，在“系统”栏中即可查看内存容量，如图 12-13 所示。

图 12-12 选择“属性”命令

图 12-13 查看内存容量

- **查看内存的使用量**：在任务栏上单击鼠标右键，在弹出的快捷菜单中选择“任务管理器”命令，打开“任务管理器”窗口，选择“性能”选项卡即可查看内存的使用量，如图 12-14 所示。

目前在市场上购买的内存条就是将 RAM 集成在一块小电路板上，这样将会减少 RAM 集成块占用的空间。

- **释放内存**：打开“任务管理器”窗口，选择“进程”选项卡，在列表框中选择要结束的任务，单击结束任务(E)按钮，如图 12-15 所示，即可释放内存。

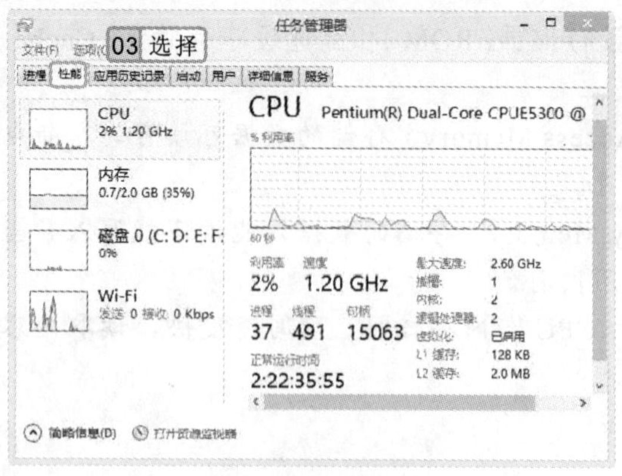

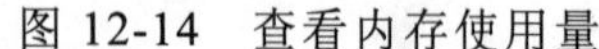

图 12-14　查看内存使用量

图 12-15　结束进程

12.2.2　解决内存不足的问题

如果电脑没有足够的内存满足当前用户所有的操作，Windows 会及时通知用户，提示用户保存当前数据，避免造成数据丢失。

1．内存不足的征兆

电脑的内存不足主要表现在性能差、内存不足的通知和显示问题 3 个方面。下面将分别进行介绍。

- **性能差**：表现在打开某个程序时，此程序响应慢或显示停止响应。
- **内存不足的通知**：表现在系统弹出提示对话框，如内容显示为：“0x084029cb”指令引用的“0x084029cb”内存，该内存不能为“read”。
- **显示问题**：表现在单击某个菜单时可能不响应或不完整显示菜单。

2．出现内存不足的原因

在操作系统中，出现内存不足的原因有：当出现运行的程序占用的空间多于电脑中 RAM 存储的空间时；没有释放程序占用的内存。这些原因都称为“内存使用过度”或“内存泄漏”。

3．如何防止内存不足

内存是稳定电脑运行的关键因素之一，防止出现内存不足需注意以下几点：

- 尽量不在同一时间运行多个程序，并观察哪些程序会经常显示内存不足，避免在同一时间运行其程序。
- 在电脑中出现过一次内存不足，Windows 会增加虚拟内存的大小，用户也可以将虚

在运行某个程序时，如果电脑出现内存不足的提示，有可能是程序中存在有内存泄露，需关闭程序，修复内存泄露，检查程序是否有更新或与软件的发布者联系。

拟内存的大小增加到由 RAM 确定的最大值，此时程序的运行速度将减慢。

- 明确电脑兼容的 RAM 型号，安装更多的 RAM。

12.2.3　诊断电脑内存问题

Windows 系统中会自动检测电脑的内存问题，如果存在问题会提示用户运行内存诊断工具，可在控制面板中单击“管理工具”超级链接，在管理工具列表中双击“Windows 内存诊断”选项，如图 12-16 所示。打开“Windows 内存诊断”对话框，如图 12-17 所示，选择“立即重新启动并检查问题”选项，电脑将自动运行内存诊断工具，诊断完成后，电脑将重新启动，并显示诊断结果。

图 12-16　双击“Windows 内存诊断”选项

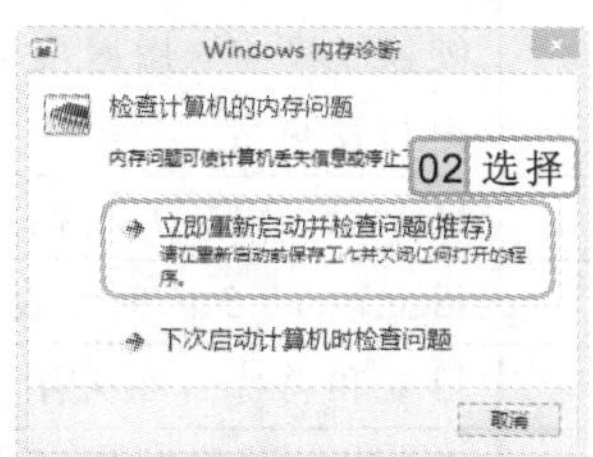

图 12-17　启动内存诊断工具

12.3　硬盘管理

硬盘是计算机中的主要存储设备，下面将认识什么是硬盘以及硬盘中分区的含义，在硬盘中如何创建、压缩以及删除硬盘分区，如何管理硬盘及维护好硬盘。

12.3.1　硬盘简介

硬盘（英文名 Hard Disc Drive，HDD），是电脑的主要存储设备之一，它由一个或多个铝制碟片组成，碟片外覆盖有铁磁性材料，一般被厂家密封固定在硬盘驱动器中。如表 12-1 所示为硬盘发展史。

表 12-1　硬盘发展史

时　间	发 展 历 程
1956 年	IBM 推出第一台磁盘驱动器“RAMAC 305”，使用 50 个 24 英寸盘片，体积庞大，只能存储 5MB 的数据
1973 年	IBM 推出拥有“温彻斯特”绰号的 3340 磁盘驱动器，它拥有两个 30MB 的储存空间。至此硬盘架构才初步确立

硬盘的容量以兆字节（MB）或千兆字节（GB）为单位，1GB=1024MB，但厂家一般是以 1GB=1000MB 来制造硬盘或其他的移动存储设备。

续表

时　间	发 展 历 程
1980 年	IBM 首次发布存储容量以 GB 为单位的磁盘，其体积有一台冰箱的大小，重 250kg，价格为 40000 美元。同年，希捷科技公司首次发布大小为 5.25 英寸，容量为 5MB 的硬盘，这是首款适用于台式机的产品
20 世纪 80 年代末	IBM 推出 MR 技术，提升了磁头灵敏度，盘片的存储密度提高了数十倍，该技术为硬盘容量提升奠定了良好的基础
1991 年	IBM 推出了首款 3.5 英寸 1GB 硬盘
1992 年	希捷科技公司发布首款采用 7200r/min 转速马达，存储容量为 2.1GB 的 Barracuda（酷鱼）磁盘
1995 年	昆腾与 Intel 携手发布 UDMA 33 接口——EIDE 标准，接口数据传输率从 16.6MB/s 提升到了 33MB/s。同年，希捷开发出液态轴承马达，将陀螺仪上的技术引进到硬盘生产中，用厚度为头发直径的十分之一的油膜取代金属轴承，减轻了硬盘噪声与发热量
2000 年	Maxtor（迈拓）收购 Quantum（昆腾）的磁盘业务，成为全球最大的磁盘制造商
2003 年	日立以 20.5 亿美元收购 IBM 数据存储部门，成立“日立环球储存科技公司”
2005 年	日立和希捷宣布采用磁盘垂直写入技术，将平行于盘片的磁场改为垂直方向
2009 年	希捷推出 2500GB 硬盘
目前	硬盘的存储容量达到 5000GB，相当于半个人脑的存储量

12.3.2　分区的含义及区别

在电脑中系统分区与启动分区很容易混淆，系统分区包含的是启动 Windows 8 的文件，而启动分区包含的则是系统文件。除此之外还有活动分区，下面将分别进行介绍。

- **系统分区**：其包含硬件文件与 Boot 文件夹，电脑可以通过 Boot 文件夹获取启动 Windows 的位置。默认情况下，在未分区的硬盘驱动器上全新安装 Windows 8，系统将创建单独的分区，其大小为 100MB 且没有分配驱动器盘符。
- **启动分区**：包含 Windows 操作系统文件，位于 Windows 文件夹中，如果是多重引导电脑，则会有多个启动分区。如果在一台电脑中安装不同的操作系统，则这两个系统位于的卷便是启动分区。
- **活动分区**：在电脑启动时用来描述当前操作系统所在的分区。

12.3.3　创建、压缩和删除硬盘分区

在电脑上安装多个操作系统，则要在硬盘上创建多个分区，在不同的分区上安装不同的操作系统。

“卷”和“分区”经常互换使用，是因为分区是硬盘上的一个区域，能进行格式化且分配有驱动器号，而卷是格式化的主分区或逻辑驱动器的统称。

1. 创建硬盘分区

在创建分区时，硬盘上必须有未分配的磁盘空间，使用“磁盘管理”可在硬盘上创建3个主分区、若干个扩展分区和逻辑驱动器。

实例 12-4 创建“娱乐”的硬盘分区

1. 打开“控制面板”窗口，单击“管理工具”超级链接，打开“管理工具”窗口，在列表中双击“计算机管理”选项，如图 12-18 所示。
2. 打开“计算机管理”窗口，在左侧的“存储”目录下单击“磁盘管理”选项，右侧将会显示所有的磁盘列表。使用鼠标右键单击可用的空间磁盘，在弹出的快捷菜单中选择“新建简单卷”命令，如图 12-19 所示。

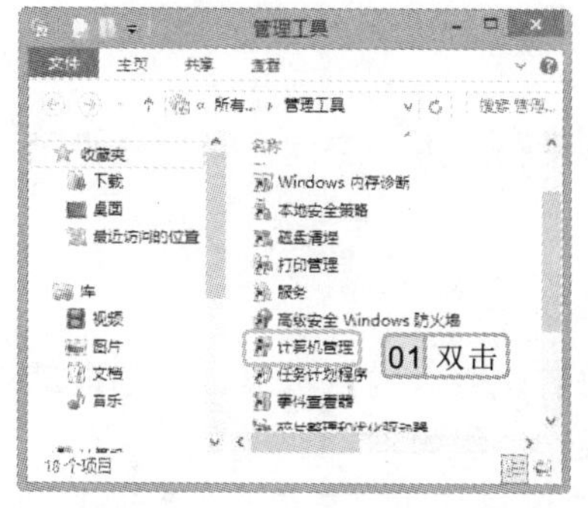

图 12-18 “管理工具”窗口

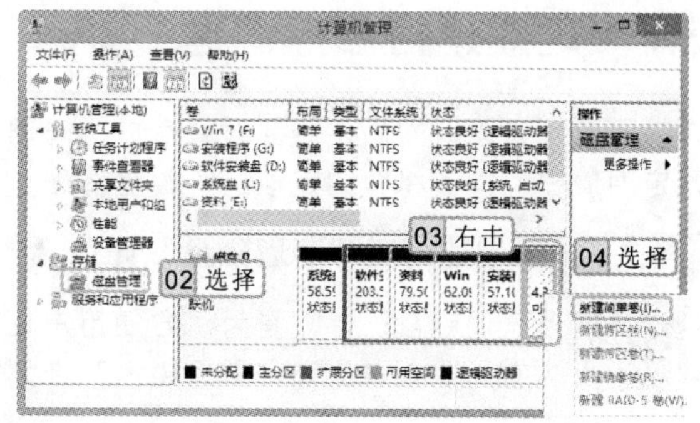

图 12-19 新建简单卷的相应操作

3. 打开“新建简单卷向导”对话框，单击 下一步(N) > 按钮，在“指定卷大小”界面中输入简单卷的大小，这里输入“520”，单击 下一步(N) > 按钮，如图 12-20 所示。
4. 打开“分配驱动器号和路径”对话框，不更改默认设置，单击 下一步(N) > 按钮。
5. 打开“格式化分区”界面，在“卷标”文本框中输入“娱乐”，如图 12-21 所示。

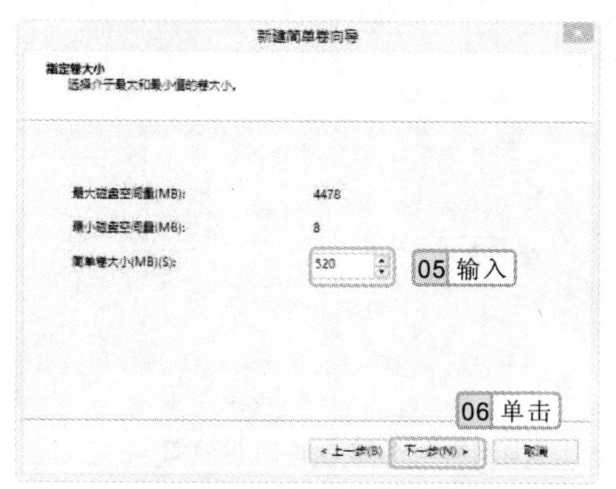

图 12-20 设置卷的大小

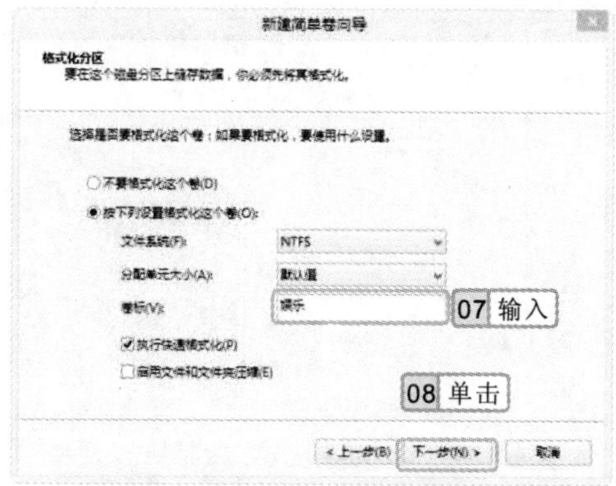

图 12-21 为新建分区命名

6. 单击 下一步(N) > 按钮后，单击 完成 按钮，关闭向导对话框。在“计算机管理”窗口中

在删除硬盘分区时，该分区上所有的数据将会全部消失，所以在删除分区前需对重要的数据进行备份。

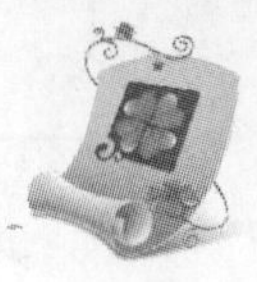

便可看到新创建的名为“娱乐”的磁盘分区。

2. 压缩和删除分区

在硬盘上找不到可用空间，是因为所有的硬盘空间都已经被分配完了，此时可以通过压缩或删除现有分区来创建空间。下面将分别进行介绍。

- **压缩分区：**在“计算机管理”窗口中，在要压缩的硬盘上单击鼠标右键，在弹出的快捷菜单中选择“压缩卷”命令，在打开的“压缩”对话框中输入压缩空间的大小，单击 压缩(S) 按钮开始压缩。
- **删除分区：**在需要删除的分区上单击鼠标右键，在弹出的快捷菜单中选择“删除卷”命令，在弹出的对话框中单击 是(Y) 按钮即可删除分区。

12.3.4 定期运行磁盘清理

在使用电脑一段时间后，需要对磁盘进行清理，以便释放磁盘空间。清理磁盘可手动或设置定期清理，本节将介绍定期运行磁盘清理。

实例 12-5 创建每周“清理磁盘”计划

创建每周“清理磁盘”计划是为了方便用户在忘记清理磁盘的情况下，电脑自动清理磁盘并释放内存空间。创建每周“清理磁盘”计划的操作步骤如下：

1. 打开“管理工具”窗口，双击“任务计划程序”选项，打开“任务计划程序”窗口，在右侧窗格中单击“创建基本任务”超级链接，如图 12-22 所示。
2. 打开“创建基本任务向导”对话框，在“名称”文本框输入“清理磁盘”，在“描述”文本框中输入“定期清理磁盘释放内存”，单击 下一步(N) > 按钮，如图 12-23 所示。

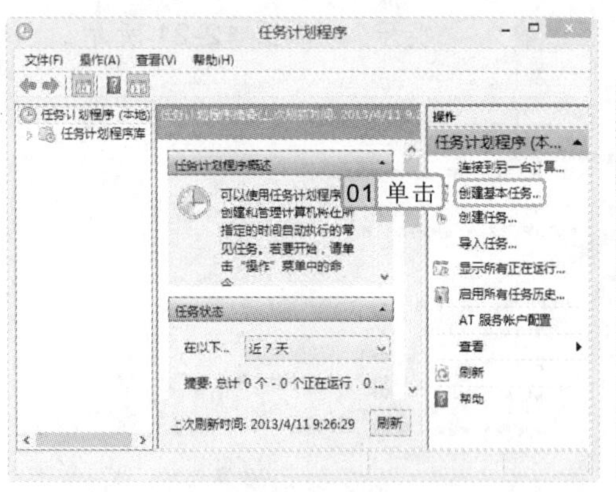

图 12-22 “任务计划程序”窗口

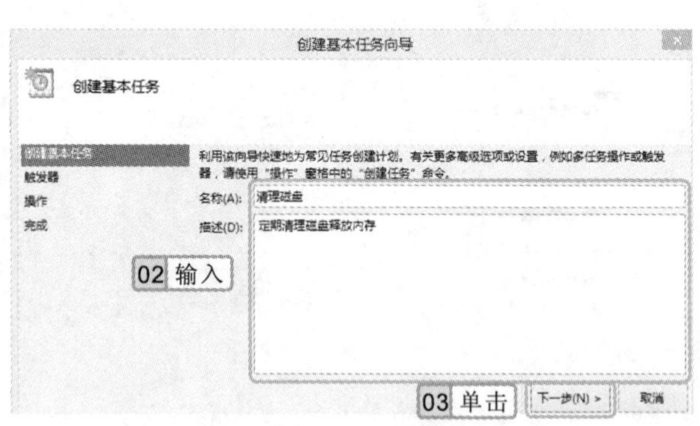

图 12-23 输入名称和描述

3. 打开“任务触发器”界面，选中 每周(W) 单选按钮，单击 下一步(N) > 按钮，如图 12-24 所示。
4. 打开“每周”界面，选中 ☑ 星期六(R) 复选框，单击 下一步(N) > 按钮，如图 12-25 所示。

专家指导

用户除了可以对磁盘进行清理外，还可以对磁盘进行碎片整理，释放更多的磁盘空间，提高电脑的运行速度和整体性能。

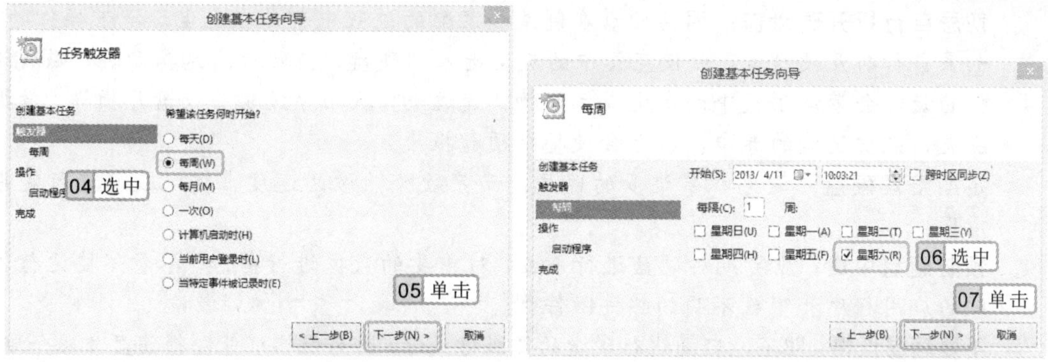

图 12-24 设置任务触发器　　　　图 12-25 “每周”界面

5 打开“操作”界面，单击 下一步(N) > 按钮。

6 打开“启动程序”界面，单击 浏览(R)... 按钮，打开“打开”对话框，在“文件名”文本框中输入“cleanmgr.exe”后单击 打开(O) 按钮，如图 12-26 所示

7 返回“启动程序”界面中，单击 下一步(N) > 按钮，如图 12-27 所示。

8 打开“摘要”界面，单击 完成(F) 按钮，完成任务计划。

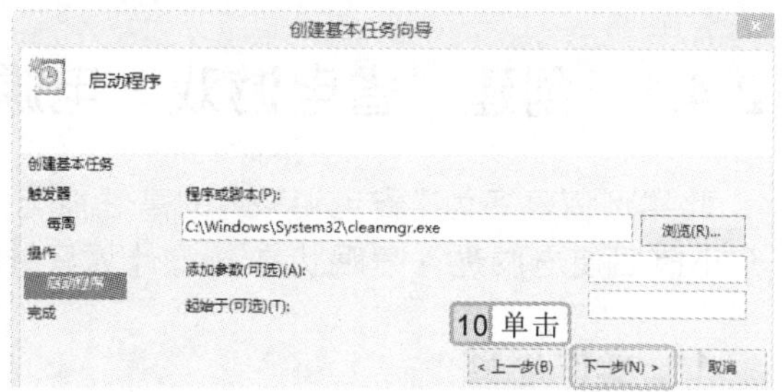

图 12-26 打开程序　　　　图 12-27 “启动程序”界面

12.3.5 电脑与硬盘维护的注意事项

对电脑以及电脑硬盘进行正确的维护，都可达到延长电脑的使用寿命，提高使用性能的作用。下面将介绍几种正确维护电脑和硬盘的方法。

- **正确的关机习惯**：关机时等到硬盘指示灯停止闪烁，硬盘读写结束后方可关机，否则可能会导致磁头与盘片猛烈摩擦而损坏硬盘或磁头不能正确复位而造成硬盘的划伤。
- **工作环境的清洁**：不宜在环境潮湿、电压不稳定、温度过高或过低的情况下使用电脑。另外也不宜处于环境灰尘严重的地方，那样会将灰尘吸附到主轴电机的内部而导致呼吸过滤器的堵塞，因此而损坏硬盘。
- **防震**：切忌在开机的状态移动硬盘或机箱，并且在硬盘的安装与拆卸过程中应轻拿轻放。

在检查硬盘时，最好除去手上的静电，防止损伤硬盘上的电子元件，切忌不能带电插拔硬盘。

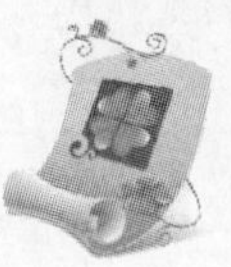

- **切忌自行拆开硬盘盖**：因为硬盘在制造和装配的过程中都是在无尘环境下操作的，如果自行拆开硬盘盖，会使空气中的灰尘进入到硬盘，当硬盘高速转动时，磁头组件的旋转会带动磁盘中的灰尘或污染物快速运动，从而导致磁头或盘片损坏，数据丢失，减少硬盘的寿命，甚至会使整个硬盘报废。
- **定期整理硬盘**：避免积累过多的碎片，而导致降低访问速度，建议最好进行定期清理。
- **预防硬盘中毒**：应定期对硬盘进行杀毒，对重要的数据进行备份，尽量不要运行不明的应用程序和下载不明的邮件附件。
- **不要轻易低格**：即不能轻易进行硬盘的低级格式化，因为低格可能会损伤盘片磁介质。
- **尽量避免频繁的高级格式化**：在不重新分区的情况下，可对硬盘进行快速格式化。

12.4 提高实例

本章对电脑的电源、内存管理和硬盘维护等知识进行了一定的讲解，用户要想灵活运用所学的知识，则需要通过做一些实际的案例来对所学的知识进行巩固。

12.4.1 创建“省电游戏”电源计划

此实例创建名为“省电游戏”的高性能电源计划，在未玩游戏 15 分钟后，关闭显示器，1 个小时后使电脑进入睡眠状态，此计划只针对使用电脑玩游戏时。

1. 操作思路

为更快完成本例的制作，并且尽可能运用本章讲解的知识，本例的操作思路如下。

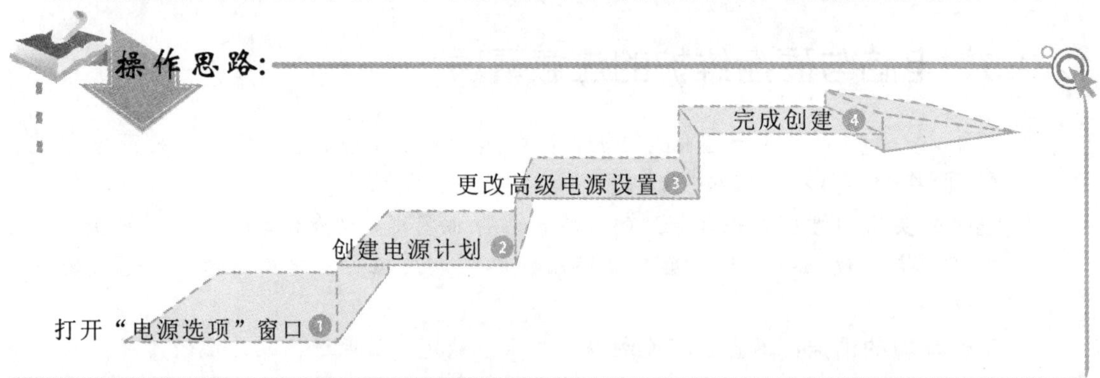

2. 操作步骤

下面将创建“省电游戏”计划，操作步骤如下：

用户刚创建的电源计划默认为选中状态，如果用户不满意可将其删除，但必须选中其他计划才能将其删除。

参见光盘 光盘\实例演示\第 12 章\创建“省电游戏”电源计划

1 打开“控制面板”窗口，单击“电源选项”超级链接，打开“电源选项”窗口，在左侧窗格单击“创建电源计划”超级链接，如图 12-28 所示。

2 打开“创建电源计划”窗口，选中 高性能 单选按钮，并在“计划名称”文本框中输入“省电游戏”，单击 下一步 按钮，如图 12-29 所示。

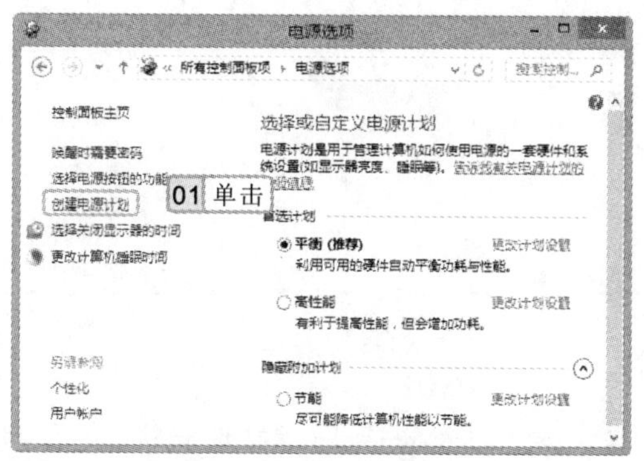

图 12-28 创建电源计划

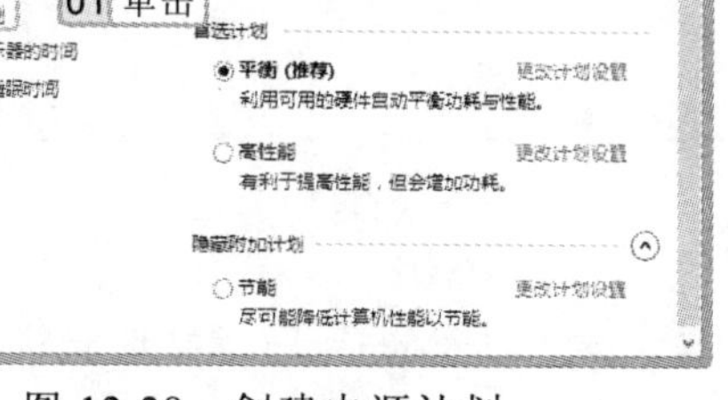

图 12-29 命名电源计划

3 打开“编辑计划设置”窗口，分别在“关闭显示器”和“使计算机进入睡眠状态”下拉列表框中选择“15 分钟”和“1 小时”选项，单击 创建 按钮，如图 12-30 所示。

4 返回“电源选项”窗口，单击“省电游戏”计划后面的“更改计划设置”超级链接。

5 打开“编辑计划设置”窗口，单击“更改高级电源设置”超级链接，打开“高级设置”窗口，对相应项目进行设置，单击 确定 按钮，完成设置，如图 12-31 所示。

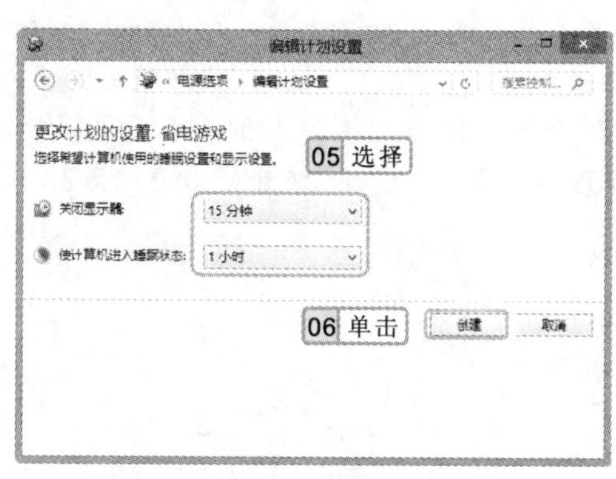

图 12-30 设置时间计划

图 12-31 更改高级设置

12.4.2 管理硬盘分区

用户使用电脑时，对其硬盘分区进行合理的分配以及使用，如对硬盘分区进行创建、压缩和删除操作，可增加硬盘分区的可用度即空间的使用量，从而有效地对数据进行存储。

操作提示

在 Windows 8 中为了更好地节能，可使用自适应显示亮度技术来降低显示器的亮度。

1. 操作思路

为更快完成本例的制作，并且尽可能运用本章讲解的知识，本例的操作思路如下。

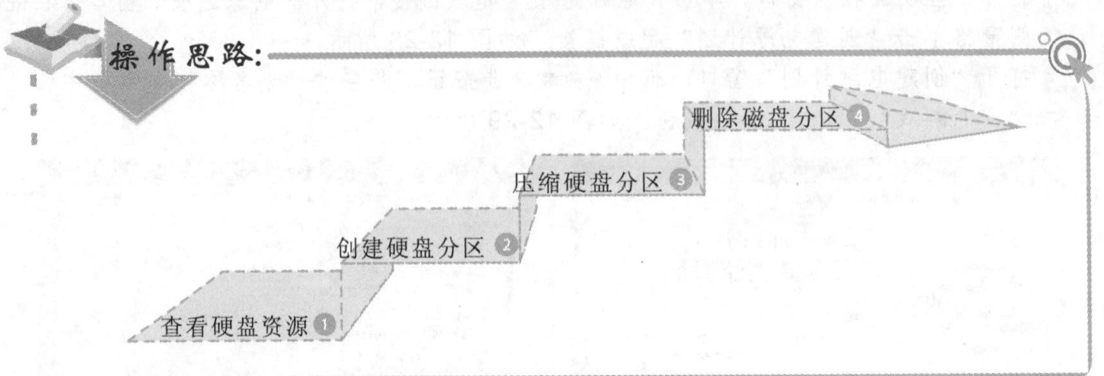

2. 操作步骤

下面将对硬盘创建名为“学习盘”的分区、对“资料”盘进行压缩并删除“娱乐”盘，操作步骤如下：

参见光盘 光盘\实例演示\第 12 章\管理硬盘分区

1 在“计算机”窗口中，查看当前电脑硬盘分区情况，以便对各个硬盘分区上的数据进行合理的移动并进行分类存放。

2 打开“计算机管理”窗口，在“存储”目录下选择“磁盘管理”选项，打开“磁盘管理”窗口。使用鼠标右键单击可用空间磁盘，在弹出的快捷菜单中选择“新建简单卷”命令，如图 12-32 所示。

3 打开“新建简单卷向导”对话框，单击 下一步(N) > 按钮，在打开的“指定卷大小”界面中的“简单卷大小”文本框中输入“1024”，单击 下一步(N) > 按钮，如图 12-33 所示。

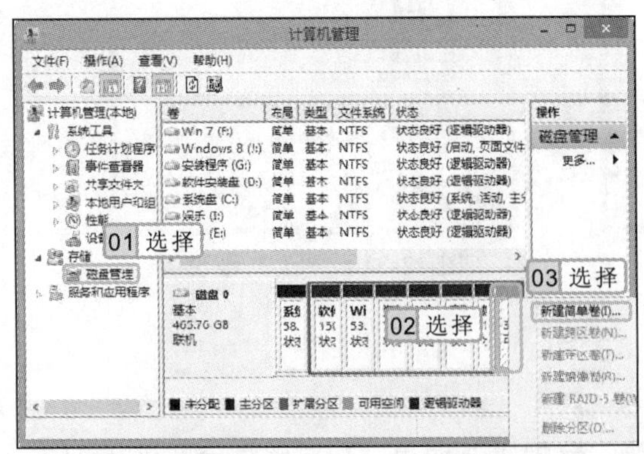

图 12-32 选择可用空间磁盘

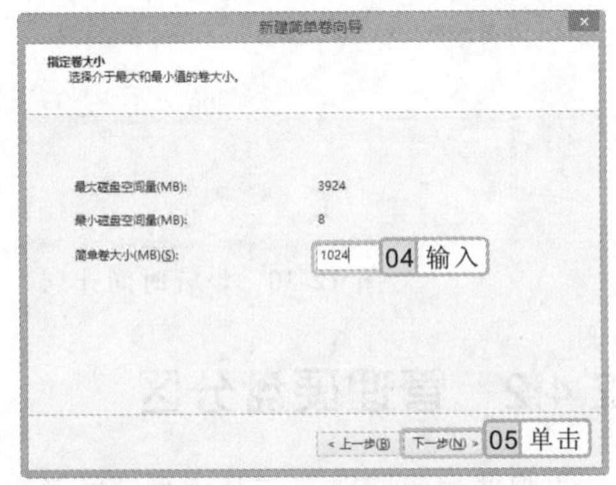

图 12-33 输入新建卷的大小

在创建硬盘分区时，如果没有可用空间，可以通过压缩的方法来获取。需要注意的是，在 Windows 8 中为了系统的安全，不能对主分区和启动分区进行格式化和删除操作。

4 打开“驱动器号和路径”对话框，保持默认设置，单击下一步(N) >按钮，打开“格式化分区”界面，在“卷标”文本框中输入“学习盘”，单击下一步(N) >按钮，如图 12-34 所示。

5 打开“正在完成新建简单卷向导”对话框，单击完成按钮，返回到“计算机管理”窗口，可以查看到刚创建的硬盘分区，如图 12-35 所示。

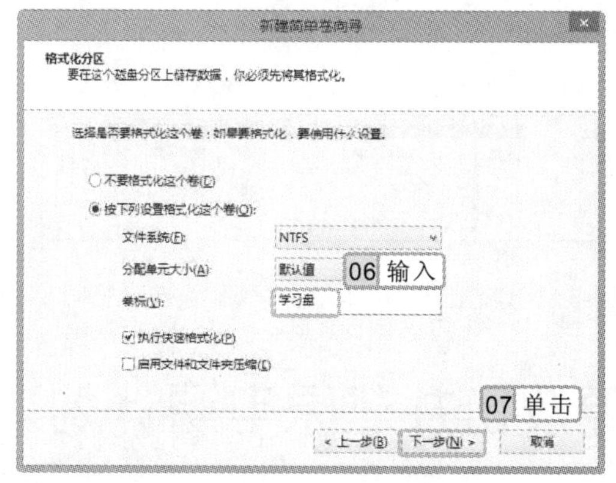

图 12-34 输入卷标

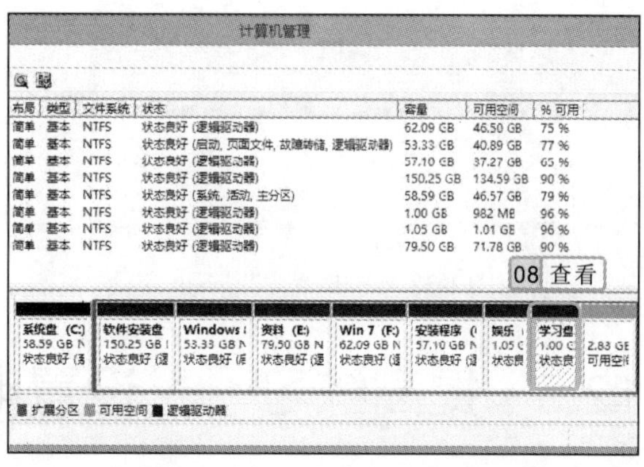

图 12-35 查看新建的硬盘分区

6 在“计算窗管理”窗口中选择“资料”盘，使用鼠标右键单击，在弹出的快捷菜单中选择“压缩卷”命令，打开“压缩 E:”对话框，在“输入压缩空间量”数值框中输入“4060”，单击压缩(S)按钮，如图 12-36 所示。

7 压缩完成，以备以后对其他数据进行存储。在“计算机管理”窗口中选择“娱乐”盘，使用鼠标右键单击，在弹出的快捷菜单中选择“删除卷”命令，如图 12-37 所示。

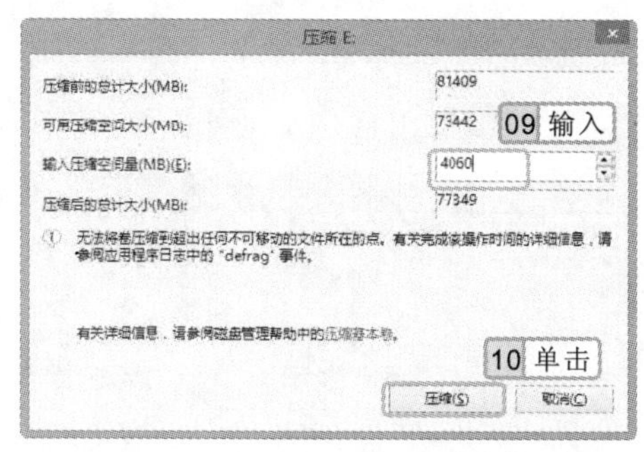

图 12-36 输入压缩空间

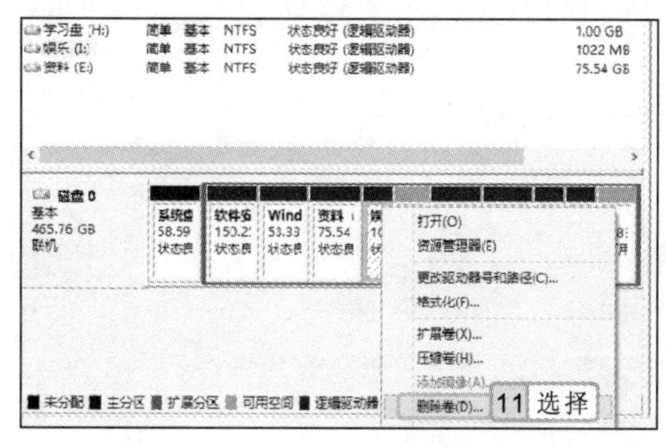

图 12-37 选择“删除卷”命令

8 打开“删除简单卷”对话框，单击是(Y)按钮，如图 12-38 所示。如果有数据或没有清除干净硬盘分区，则会打开“磁盘管理”对话框，提示强制删除的后果，直接单击是(Y)按钮，完成删除。

9 返回到“计算机管理”窗口，可查看释放的空间，如图 12-39 所示。对多余空间的磁盘进行压缩和不用的磁盘分区进行删除操作后，会释放出更多的磁盘空间，以便存放有用的数据。

在笔记本电脑上设置电源计划，直接单击任务栏的通知区域中的“电池”图标，进行相应的设置即可。

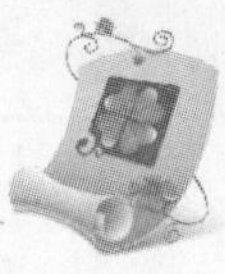

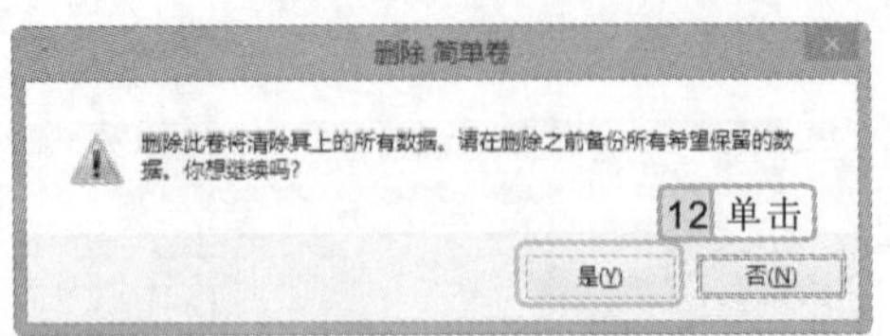

图 12-38　单击“是”按钮

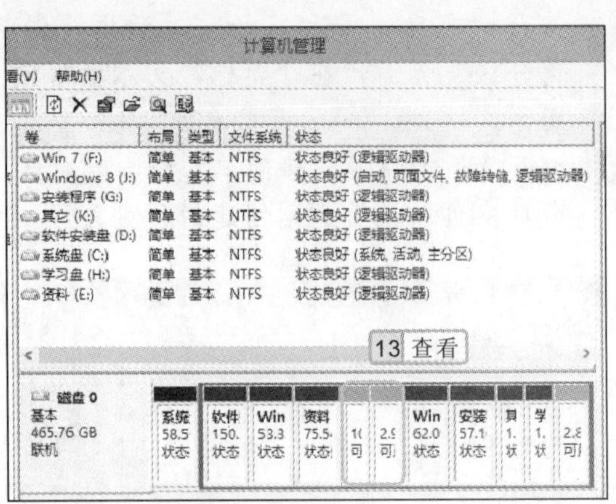

图 12-39　查看压缩和删除分区后释放的空间

12.5　提高练习——设置电源按钮并还原电源计划

本章主要讲解了电源管理的基本知识以及技巧，同时还讲解了内存和硬盘的知识以及维护，为了让用户更加熟练地掌握所学知识，下面将通过一个练习来进行巩固。

在电脑中设置电源按钮的作用为“睡眠”，并且将系统中的 3 个电源计划还原成默认值。提示步骤分别如图 12-40 和图 12-41 所示。

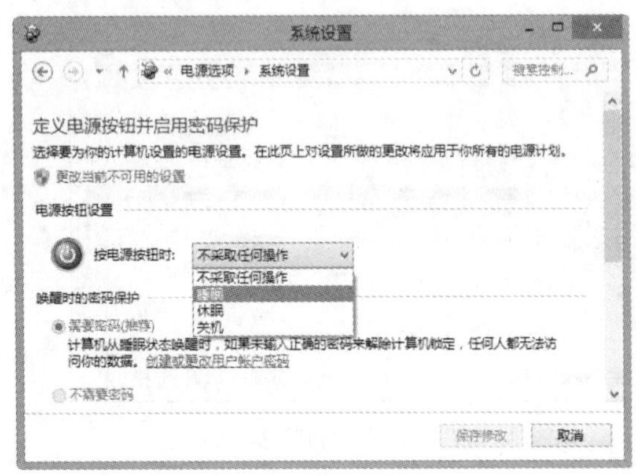

图 12-40　设置电源按钮

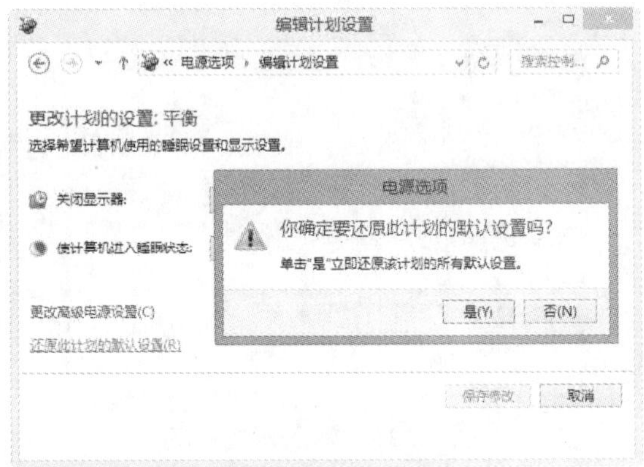

图 12-41　还原电源计划

参见光盘　光盘\实例演示\第 12 章\设置电源按钮并还原电源计划

该练习的操作思路如下。

专家指导

常见的磁盘格式有 FAT、FAT16、FAT32、NTFS、EXT2（Linux）、EXT3（Linux）、JFS（Aix）和 XFS（Aix）。

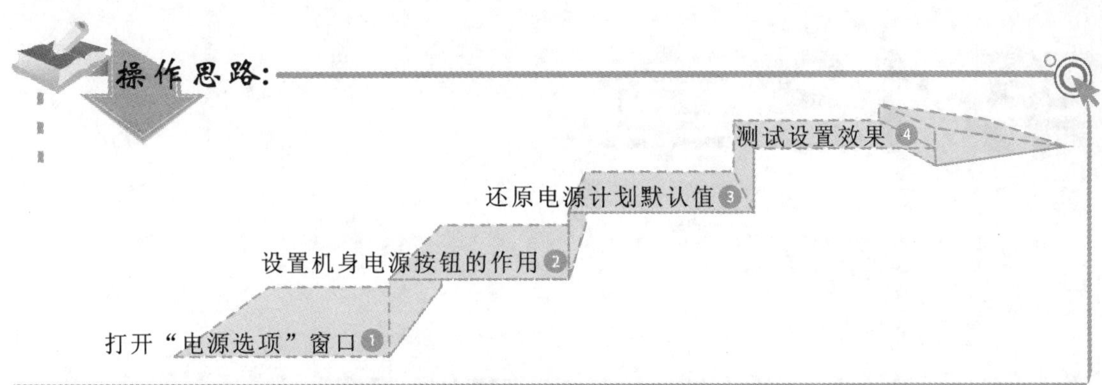

12.6 知识问答

学习了本章的知识后，在实际操作中对电脑的电源和硬盘进行管理时，或多或少都会遇到一些难题，下面将介绍一些常见问题并对其进行解答。

问：BOIS版本如何升级？

答：首先查看电脑的主板生产厂商，再登录厂商的官方网站查找与主板型号匹配的BIOS版本，下载安装即可。

问：什么是快速格式化？

答：快速格式化能够在硬盘上创建新文件表，但不会完全覆盖或删除磁盘中的内容，且格式化的速度很快。

问：当电脑的机身电源按钮设置为“不采取任何操作”时，出现死机现象，除拔电源外，还有其他方法吗？

答：可以直接按住电源按钮不放，即可达到关机的作用。

知识关联 使 Windows 8 达到最大节能状态

在 Windows 8 中，系统达到最优的节能状态，主要是通过以下几个方面实现的：

- Windows 8 集成了最新的电源管理技术，让系统根据当前的负载情况来调节CPU的性能。
- Windows 8 中的大部分系统服务和应用程序只会在某个事件触发后启动。
- 在 Windows 8 中，当某个硬件在一定时间处于停止状态时，系统将会让其进入低功耗状态。

操作提示

对于电源、内存和硬盘的管理，有些操作要有管理员权限的用户才能进行，否则会提示输入管理员密码。

第 13 章

Windows 8 的文件系统

文件系统简介

文件加密

恢复加密密钥

转换文件系统

使用磁盘配额功能

创建用户配额项

本章导读

在早期 Windows 操作系统中，用户可对电脑中的文件进行权限设置、加密以及磁盘配额等文件系统的相关操作。在 Windows 8 中也提供了这些功能，要学习这些知识，应先认识文件系统。本章将详细讲解转换文件系统、设置文件的权限以及使用文件加密和磁盘配额功能等知识。

13.1　文件系统简介

文件系统是一种存储和组织电脑数据的方法，使用文件和树形目录的抽象逻辑概念，替代了硬盘和光盘等物理设备使用数据块的概念。下面将对文件最常用的类型以及 Windows 8 中的 NTFS 文件系统进行介绍。

13.1.1　文件系统基本类型

文件系统是指文件命名、存储和组织的总体结构，是对应硬盘的分区，而不是整个硬盘，不同的分区可有不同的文件系统。下面介绍几种常用的文件系统。

- FAT：是 File Allocation Table（文件分配表）的缩称，常被应用于许多系统的内存模块管理中。FAT12、FAT16、FAT32 均是 FAT 文件系统。FAT 系列曾是个人电脑应用最广泛的文件系统，是数据存储卡、U 盘中常见的文件系统，它规定了单个硬盘分区最大不能超过 2GB，在 DOS、Windows 98 和 Windows XP 等中都支持该文件系统。
- NTFS：是 New Technology File System（新技术文件系统）的缩称，是 Windows NT、Windows XP、Windows 7 和 Windows 8 等的标准文件系统。NTFS 是为网络和磁盘配额、文件加密等管理安全特性设计的磁盘格式。NTFS 以簇为单位来存储数据文件，其簇的大小并不依赖于磁盘或分区的大小。与 FAT16 相比，簇尺寸的缩小不但降低了磁盘空间的浪费，还减少了产生磁盘碎片的可能。
- ReFS：是 Resilient File System（弹性文件系统）的缩称，是基于 NTFS 构建而成的，ReFS 除增加了新一代的存储技术和应用架构调整外，还对目前最主流、最广泛的 NTFS 文件系统有着很大的兼容性。其设计目标是接替 NTFS 文件系统。因此，目前非服务器版本的 Windows 8 将不会支持 ReFS 文件系统。

13.1.2　NTFS 文件系统的优点

由于 ReFS 文件系统的不完善，Windows 8 中默认的文件系统仍是 NTFS。基于 NTFS 是对 FAT 和 HPFS（高性能文件系统）作了若干改进而诞生的文件系统，因此其优点很多，分别进行如下介绍：

- NTFS 支持的分区大小可达到 2TB，且随着磁盘容量的增大，NTFS 的性能不会像 FAT 那样随之降低。
- NTFS 是可恢复的文件系统。通过使用标准的事务处理日志和恢复技术来保证分区的一致性。NTFS 的事件日志功能可监督操作系统的操作，不会因为突发事件使系统发生紊乱，降低了破坏性。
- NTFS 是基于安全性的文件系统，在 NTFS 分区上，可为共享资源、文件夹以及文件设置访问许可权限。支持活动目录和域，其特性使用户方便灵活地查看和控制网

NTFS 文件系统使用一个“变更”日志来跟踪记录文件所发生的变更。

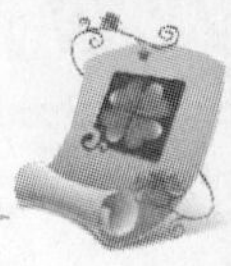

络资源。

- NTFS 支持对分区、文件和文件夹的压缩，且 NTFS 系统的压缩机制可直接读写压缩文件，无须使用解压软件将这些文件展开。
- NTFS 文件夹的 B-Tree 结构使用户在访问较大文件夹中的文件时，速度甚至比访问卷中较小的文件夹中的文件还快。

13.2 转换文件系统

Windows 8 中只能在 NTFS 文件系统中操作许多高级的安全功能，实现这些操作前需将所有硬盘分区文件系统转换为 NTFS，下面将对转换文件系统的常用方法进行介绍。

13.2.1 通过格式化磁盘转换

使用 NTFS 分区，可更好地管理磁盘及提高系统的安全性，硬盘为 NTFS 格式时碎片整理也很快。

实例 13-1 将 F 盘转换为 NTFS

1. 双击“计算机”图标，在打开的“计算机”窗口中将需要进行转换文件系统的硬盘分区中的文件复制到其他磁盘，进行备份。
2. 选择 F 盘，单击鼠标右键，在弹出的快捷菜单中选择“格式化”命令。
3. 在打开的“格式化 本地磁盘 (F:)”对话框的“文件系统”下拉列表框中选择“NTFS (默认)”选项，在“卷标”文本框中输入新的硬盘分区名称为“格式化磁盘转换”，选中 快速格式化(Q) 复选框，如图 13-1 所示，单击 开始(S) 按钮。
4. 在打开的对话框中单击 确定 按钮，文件系统开始转换，如图 13-2 所示。

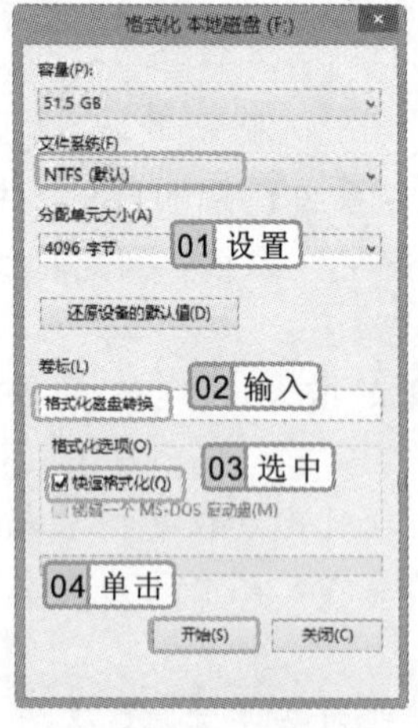

图 13-1　“格式化 本地磁盘（F:）”对话框

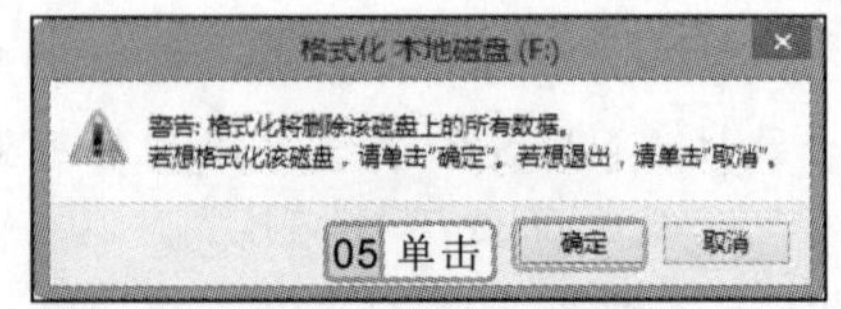

图 13-2　警告对话框

专家指导

在格式化磁盘之前，需将其磁盘中的资料数据备份到其他磁盘，避免资料数据丢失。

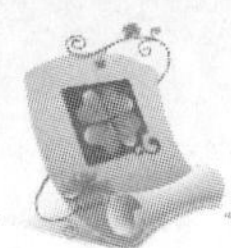

13.2.2 通过 Convert 命令转换

文件系统的转换也可在命令提示符中使用 Convert 命令完成，通过使用命令提示符中的文件系统修改命令 Convert，可快速完成文件系统的转换。

实例 13-2 使用 Convert 命令将 D 盘转换为 NTFS

1. 按 Win+R 键，在打开的“运行”对话框中输入“cmd”命令，单击确定按钮。
2. 打开“命令提示符”窗口，在光标处输入“convert d:/fs:ntfs”命令，按 Enter 键，如图 13-3 所示。
3. 系统开始进行转换，且在“命令提示符”窗口中显示最终结果，如图 13-4 所示。

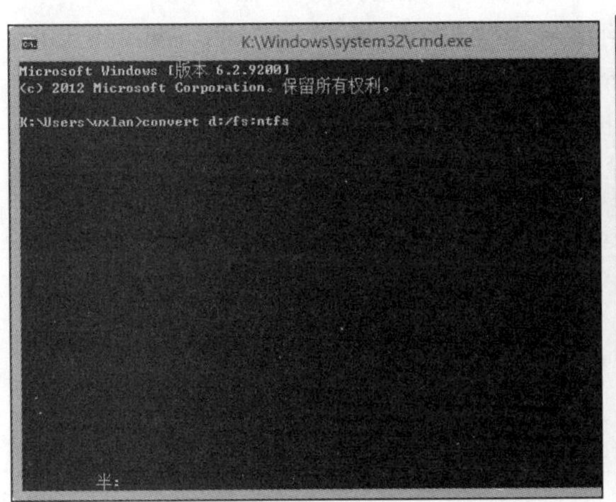
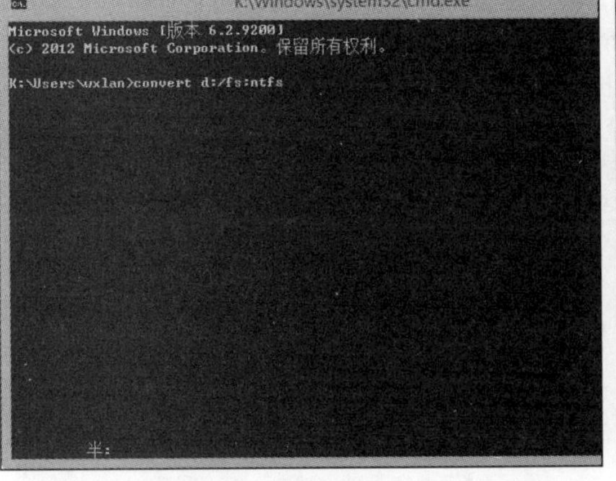

图 13-3　输入“convert d:/fs:ntfs”命令

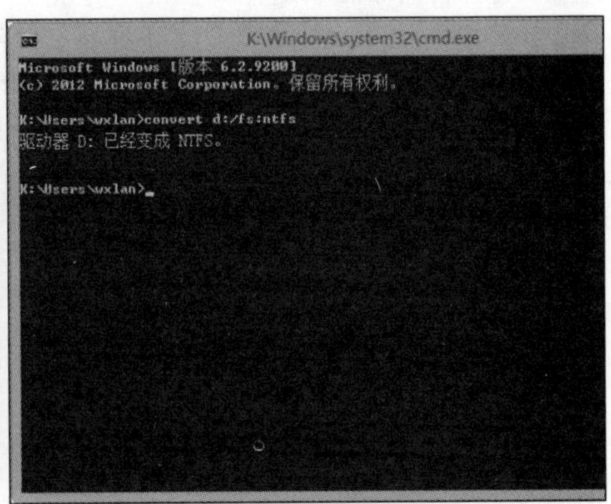

图 13-4　完成磁盘转换

13.3 设置权限

通过为不同的账户设置权限，可防止重要文件被其他用户所查看和修改，有效提升资源的安全性以及避免系统崩溃。下面将对文件权限的设置进行介绍。

13.3.1 什么是权限

权限（Permission）指的是不同账户对文件、文件夹和注册表等的访问能力。设置权限只能以资源为对象，即设置某个文件夹有哪些用户可拥有相应的权限，而不是以用户为主，即设置某个用户可对哪些资源拥有权限。因此在提到权限的具体实施时，某个资源是必须存在的，且在 Windows 8 中，管理员可为各个用户进行分配权限的操作。

使用 Convert 命令转换磁盘格式，正常情况下不会丢失其磁盘中的数据。

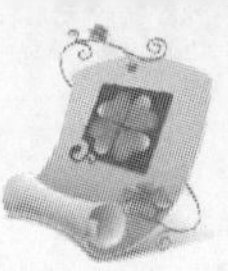

13.3.2　设置文件权限

Windows 8 系统对权限控制做得相当到位，对系统文件更呵护有加，默认情况下系统文件是不允许修改的，要修改某个文件的权限必须先使用管理员账户登录系统。

实例 13-3　设置“通知.doc”文档的权限

参见光盘　光盘\素材\第 13 章\通知.doc

1 在“通知.doc”文档上单击鼠标右键，在弹出的快捷菜单中选择“属性”命令。

2 在打开的对话框中选择“安全”选项卡，单击编辑(E)...按钮，如图 13-5 所示。

3 打开“通知.doc 的权限”对话框，在“组或用户名”列表框中选择“Administrators（pxx\ Administrators）”选项，在“Administrators 的权限”列表框中将“读取”选项设置为“拒绝”，单击确定按钮，如图 13-6 所示。

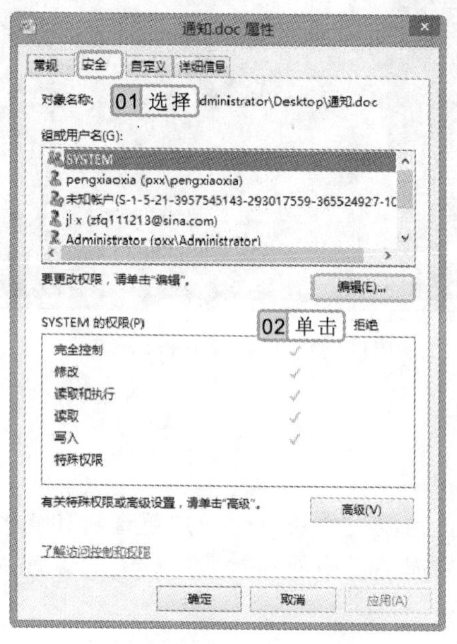

图 13-5　单击“编辑”按钮

图 13-6　设置管理员账户权限

4 打开“Windows 安全”对话框，单击是(Y)按钮，如图 13-7 所示。返回“通知.doc 属性”对话框，单击确定按钮。

5 使用鼠标左键双击设置权限后的“通知.doc”文件，系统将不会打开“通知.doc”文件，且弹出 Microsoft Office Word 对话框提示无法访问该文件，如图 13-8 所示。

在“通知.doc 的权限”对话框的“Administrators 的权限”列表框中选中“允许”和“拒绝”选项下的复选框，可允许或拒绝用户进行相应的操作。

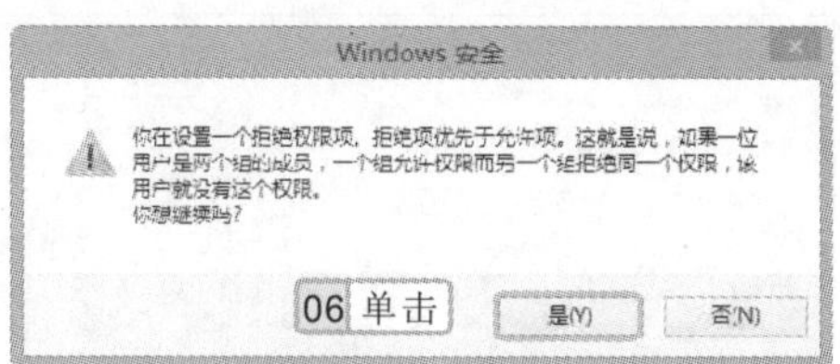

图 13-7　确认设置的权限

图 13-8　查看设置效果

13.3.3　设置文件的高级权限

权限是通过账户来控制实现的，一台电脑可设置多个账户，分别对这些账户设置不同的权限级别，从而更好地分享资源以及保护资源安全。

实例 13-4　设置账户拥有对文件“完全控制”的权限

下面将添加 BATCH 账户，使用 BATCH 对“成绩表”文件设置完全控制权限。

参见光盘　光盘\素材\第 13 章\成绩表.xls

1. 在“成绩表.xls”文件上单击鼠标右键，在弹出的快捷菜单中选择“属性”命令。
2. 打开“成绩表 属性”对话框，选择“安全”选项卡，单击 高级(V) 按钮，如图 13-9 所示。
3. 在打开的“成绩表的高级安全设置”窗口中选择“权限”选项卡，单击 添加(D) 按钮，如图 13-10 所示。

图 13-9　“成绩表 属性”对话框

图 13-10　选择“权限”选项卡

4. 打开“成绩表 的权限项目”窗口，单击“选择主体”超级连接，如图 13-11 所示。
5. 打开“选择用户或组”对话框，保持默认设置的对象类型和位置不变，单击 高级(A)... 按钮，如图 13-12 所示。

操作提示

复制资源时，原资源的权限不会发生变化，而新生成的资源，将继承其目标位置父级资源的权限。

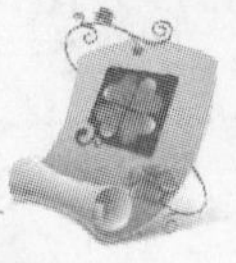

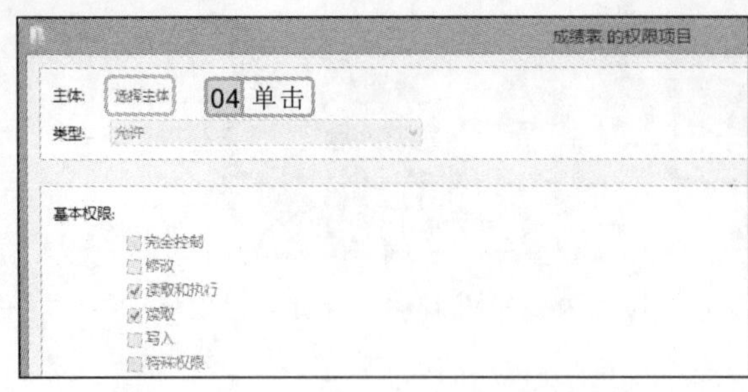

图 13-11 “成绩表 的权限项目”窗口

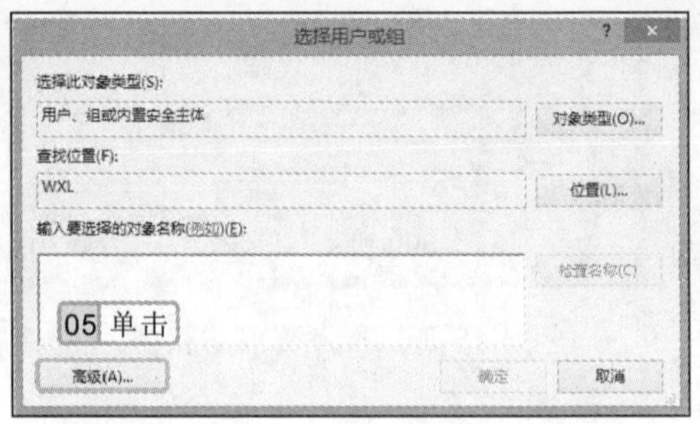

图 13-12 “选择用户或组”对话框

6 在打开的对话框中将显示“搜索结果”列表框，在其中没有任何内容，单击立即查找(N)按钮，如图 13-13 所示。

7 在“搜索结果”列表框中将显示出搜索结果，选择 BATCH 选项，单击确定按钮，如图 13-14 所示。

图 13-13 “搜索结果”列表框

图 13-14 选择 BATCH 用户

8 在返回对话框的“输入要选择的对象名称”列表框中将显示添加的 BATCH 选项，单击确定按钮，如图 13-15 所示。

9 返回“成绩表 的权限项目”窗口，在“基本权限”栏中选中☑完全控制 复选框，系统自动选中其他所有的权限复选框，单击确定按钮，如图 13-16 所示。

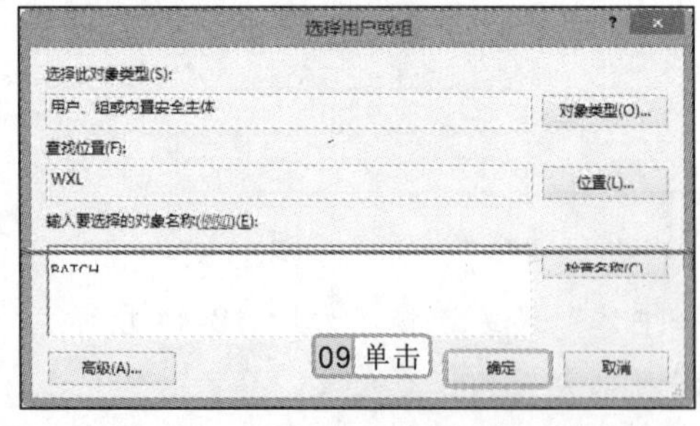

图 13-15 “选择用户或组”对话框

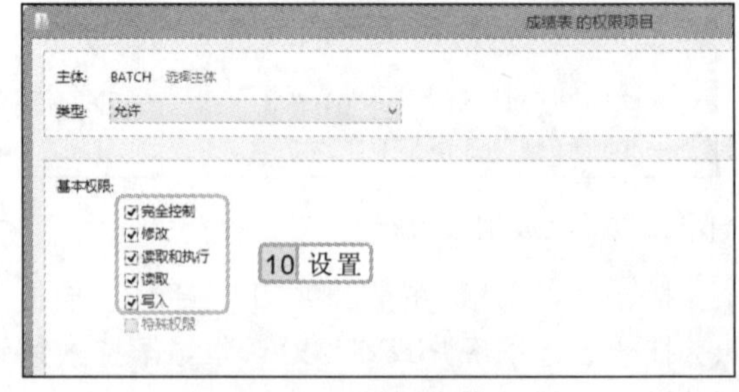

图 13-16 设置权限

在“运行”对话框中输入 cacls 命令也可设置文件及其文件夹权限。

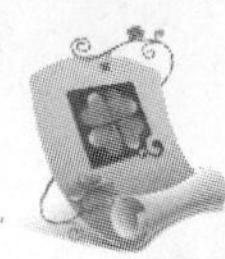

10 在返回的对话框中单击 确定 按钮。返回“成绩表 属性”对话框，在“组或用户名”列表框中选择 BATCH 选项，单击 编辑(E)... 按钮。

11 打开“成绩表 的权限”对话框，将“BATCH 的权限”列表框中的“写入”选项设置为“拒绝”，如图 13-17 所示，单击 确定 按钮。

12 打开“Windows 安全”对话框，单击 是(Y) 按钮，如图 13-18 所示。返回 “成绩表 属性”对话框，单击 确定 按钮完成所有操作。

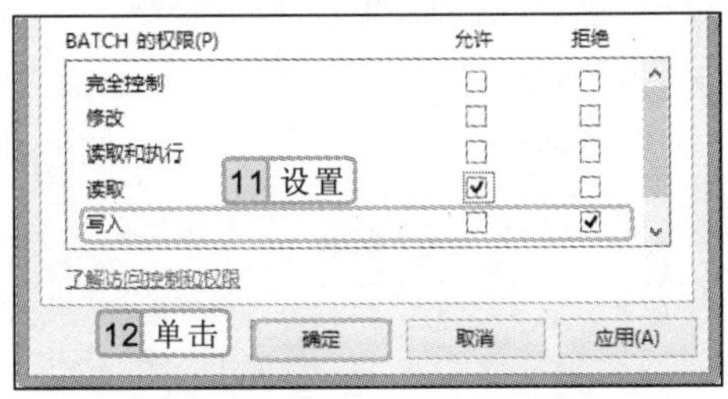

图 13-17　设置 BATCH 的权限

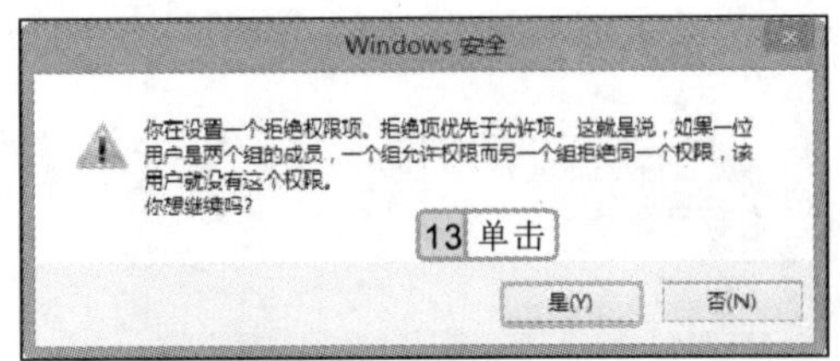

图 13-18　“Windows 安全”对话框

13.4　使用文件加密功能

在 Windows 8 中，还可使用文件加密功能保护重要文件，设置加密的文件，只有设置密码的用户才能顺利打开文件，阻止其他用户访问该文件，所以加密文件对所有权限的用户都具有有效的限制。

13.4.1　加密文件并备份密钥

加密文件是一种根据要求在操作系统层自动地对写入存储介质的数据进行加密的技术。文件加密功能强大且简单易用，其设置过程主要为文件加密和密钥备份，主要可通过属性对话框或使用 MMC 命令对加密文件进行密钥备份。下面将分别对其进行介绍。

1. 通过属性对话框对加密文件备份密钥

通过文档的高级属性对文件进行加密，加密完成后，将打开其属性对话框，对其加密文档备份密钥。

实例 13-5　加密 Word 文件并备份密钥

参见光盘　光盘\素材\第 13 章\公司简介.doc

1 在“公司简介.doc”文档上单击鼠标右键，在弹出的快捷菜单中选择“属性”命令，在打开的“公司简介 属性”对话框中选择“常规”选项卡，单击 高级(D)... 按钮。

操作提示

默认情况下，系统文件管理员 Administrators 只有写入和读取执行的权限，没有完全控制的权限，只有 TrustedInstaller 才有完全控制的权限。

2 打开“高级属性”对话框，选中☑加密内容以便保护数据(E)复选框，单击 确定 按钮，如图 13-19 所示。

3 在返回的对话框中单击 确定 按钮，打开“加密警告”对话框，选中◉只加密文件(E)单选按钮，单击 确定 按钮，如图 13-20 所示。

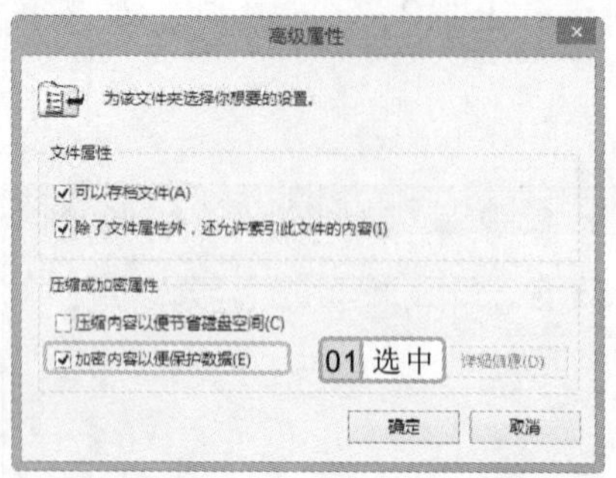

图 13-19 “高级属性”对话框

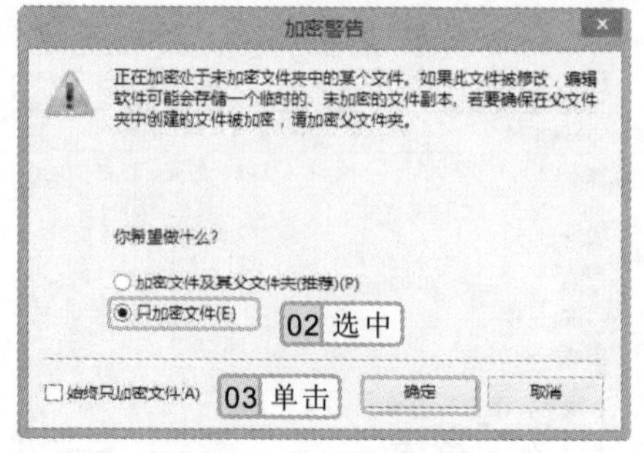

图 13-20 “加密警告”对话框

4 按照相同的方法再次打开“高级属性”对话框，单击 详细信息(D) 按钮，打开“用户访问 公司简介.doc”对话框，在“用户”列表框中选择“Administrator(Administrator@pxx)”选项，单击 备份密钥(B)... 按钮，如图 13-21 所示。

5 打开“证书导出向导”界面，保持默认设置，依次单击 下一步(N) 按钮，打开“安全”界面，选中☑密码(P):复选框，在“密码”和“确认密码”文本框中输入加密密钥，单击 下一步(N) 按钮，如图 13-22 所示。

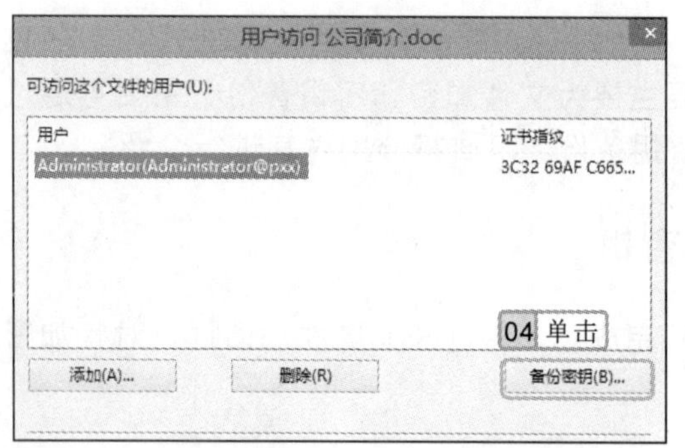

图 13-21 “用户访问 公司简介.doc”对话框

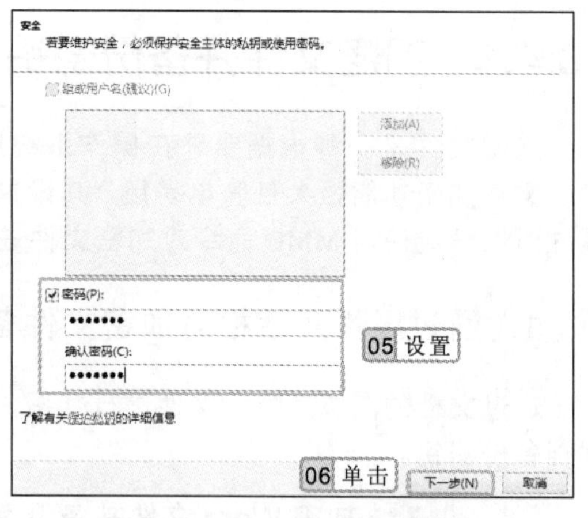

图 13-22 “安全”界面

6 单击“文件名”文本框后的 浏览(R)... 按钮，在打开的对话框中选择导出文件的路径，返回到当前对话框，单击 下一步(N) 按钮，如图 13-23 所示。

7 打开“正在完成证书导出向导”界面，单击 完成(F) 按钮，在打开的对话框中单击 确定 按钮完成高级权限的设置，如图 13-24 所示。

在“安全”对话框中，设置的密码最好包含字母和符号，使密码不会被其他用户轻易破解，从而达到对文件的保密。

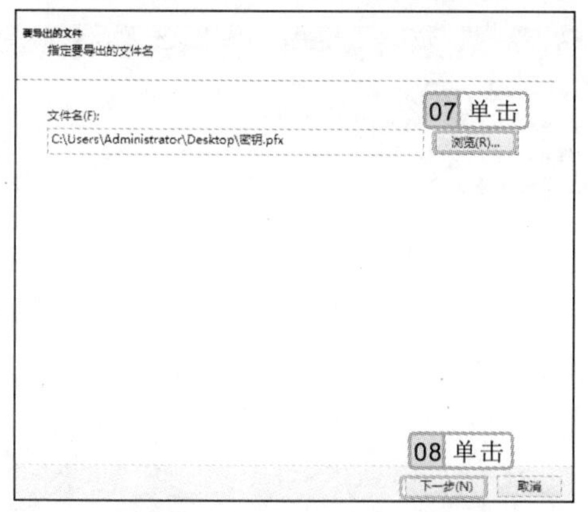

图 13-23　“要导出的文件”界面

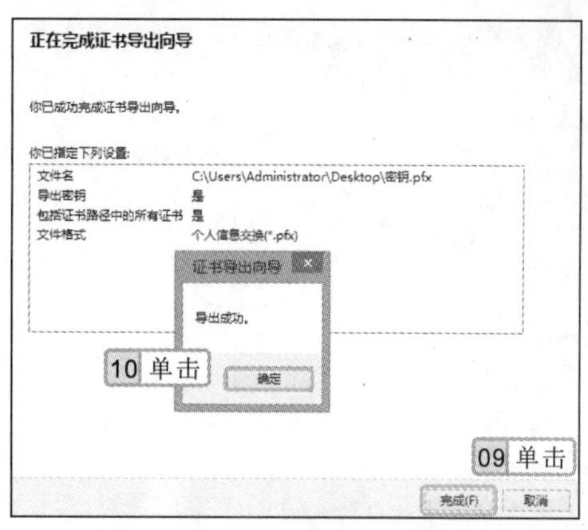

图 13-24　提示导出成功

2. 使用 MMC 命令对加密文件夹备份密钥

除了以上方法可对加密文件和文件夹备份密钥外，还可使用 MMC 命令打开“控制台 1-【控制台根节点】”窗口来对加密文件或文件夹备份密钥。

实例 13-6 为加密“实验”文件夹备份密钥

下面使用相同的方法对“实验”文件夹加密，再使用 MMC 命令对其文件夹进行密钥的备份。

参见光盘　光盘\素材\第 13 章\实验

1. 通过高级属性对“实验”文件夹加密。按 Win+R 键，打开“运行”对话框，在其中输入“MMC”命令，单击 确定 按钮。
2. 打开“用户账户控制”对话框，单击 是(Y) 按钮，打开“控制台 1-[控制台根节点]”窗口，选择【文件】/【添加/删除管理单元】命令，如图 13-25 所示。
3. 打开“添加或删除管理单元”对话框，在“可用管理单元”列表框中选择“证书”选项，单击 添加(A) > 按钮。
4. 在打开的“证书管理单元”对话框中选中 ◉我的用户帐户(M) 单选按钮，单击 完成 按钮，如图 13-26 所示。
5. 返回“添加或删除管理单元”对话框，在“所选管理单元”列表框中查看添加的内容，单击 确定 按钮，如图 13-27 所示。
6. 返回“控制台 1-[控制台根节点]”窗口，双击“证书-当前用户”，打开“个人”文件夹中的子文件夹“证书”。在“颁发给”栏中的 wxlan 选项上单击鼠标右键，在弹出的快捷菜单中选择【所有任务】/【导出】命令。
7. 打开“证书导出向导”对话框，单击 下一步(N) 按钮，打开“私钥保护”对话框，保持默认状态，单击 下一步(N) 按钮。

操作提示

在“运行”对话框中，单击“打开”下拉列表框中的下拉按钮 ⌄，即可找到以前输入的命令。

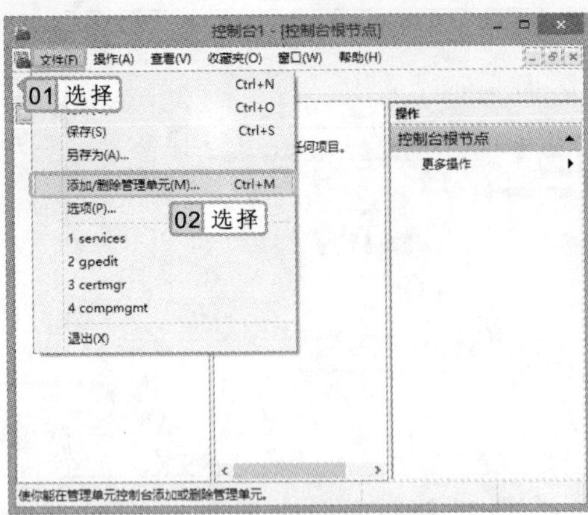

图 13-25 选择“添加/除管理单元”命令

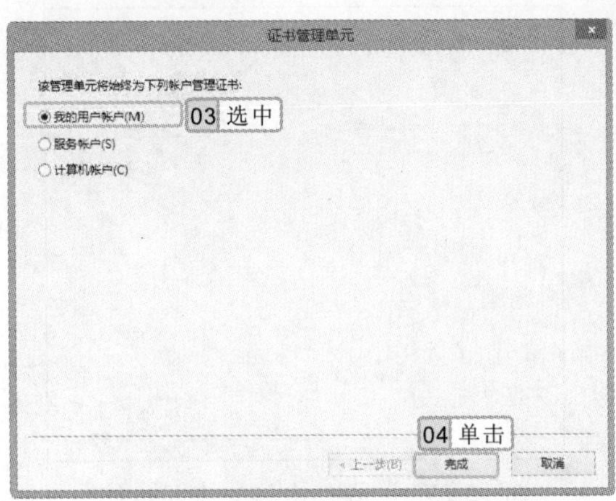

图 13-26 设置管理证书的账户

8. 打开“导出文件格式”对话框，选中 加密消息语法标准 - PKCS #7 证书(.P7B)(C) 单选按钮，单击 下一步(N) 按钮，打开“要导出的文件”界面，在“文件名”文本框中输入“G:\实验\MIMA.txt”，单击 下一步(N) 按钮。
9. 打开“正在完成证书导出向导”界面，单击 完成(F) 按钮，打开“证书导出向导”对话框，提示导出成功，单击 确定 按钮，如图 13-28 所示。

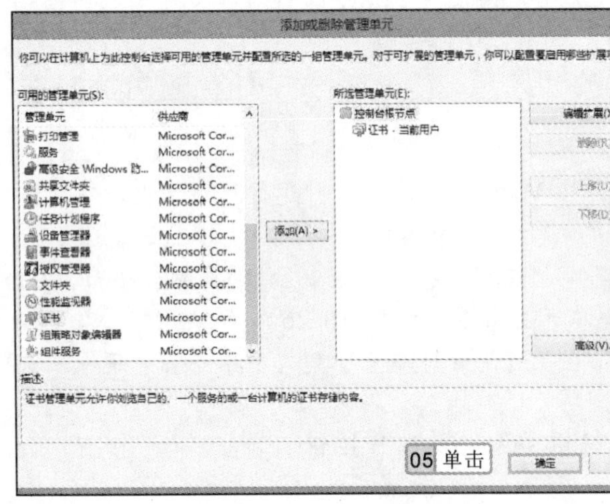

图 13-27 添加证书

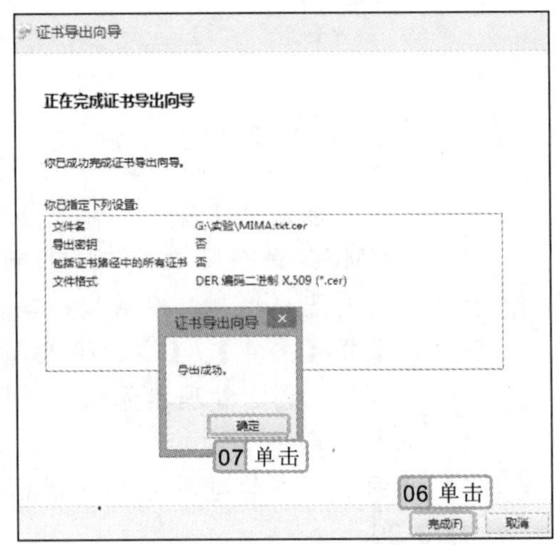

图 13-28 导出成功

13.4.2 授权其他用户

为保证信息的安全使用，可为文件设置加密，同时在各用户之间产生了信息孤岛。此时，不用改变该文件的加密属性，只需授予指定用户访问加密文件的权利，即可访问加密文件。

MMC 是基于 Windows 的多文档界面（MDI）应用程序，并着重使用了 Internet 技术。通过编写 MMC 插件（它执行管理任务），微软和 ISV 扩展了控制台。

实例 13-7 授权 wxlan 用户访问“一家人.doc”加密文档

参见光盘 光盘\素材\第 13 章\一家人.doc

1 在“一家人.doc”加密文档上单击鼠标右键，在弹出的快捷菜单中选择“属性”命令。

2 在打开的“一家人 属性”对话框中选择“常规”选项卡，单击 高级(D)... 按钮，打开“高级属性”对话框，单击 详细信息(D) 按钮。

3 打开“用户访问 一家人”对话框，单击 添加(A)... 按钮，如图 13-29 所示。在打开的“加密文件系统”界面中选择 wxlan 选项，如图 13-30 所示，单击 确定 按钮。

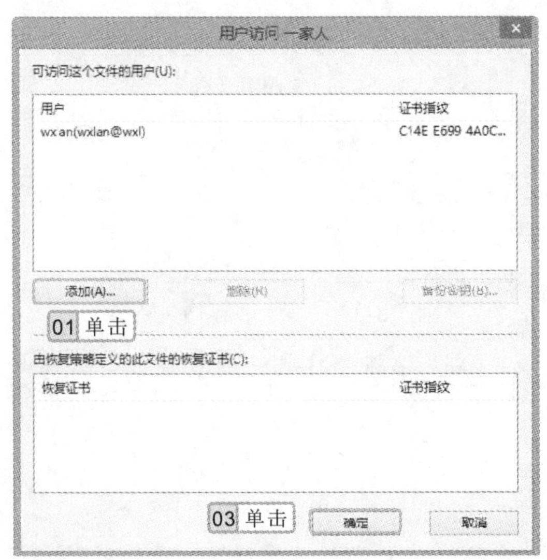

图 13-29 “用户访问 一家人”对话框

图 13-30 “加密文件系统”界面

4 依次单击返回对话框中的 确定 按钮，使 wxlan 用户也可访问“一家人.doc”加密文件。

13.4.3 恢复加密密钥

重装系统后，加密文件在默认情况下将无法被访问，可使用备份的加密密钥证书和导入密钥证书恢复加密文件的访问权限。

实例 13-8 恢复“一家人密钥.pfx”加密文档的密钥

参见光盘 光盘\素材\第 13 章\一家人密钥.pfx

1 双击在桌面上的“一家人密钥.pfx”文档，打开“证书导入向导”对话框，在“存储位置”栏中选中 ◉当前用户(C) 单选按钮，单击 下一步(N) 按钮。打开“要导入的文件”界面，保持默认状态，单击 下一步(N) 按钮。

Windows 8 自带 BitLocker 驱动器加密工具，启动其加密工具可给文件夹加密。

2 打开“私钥保护”界面，在“密码”文本框中输入之前设置的密码，单击 下一步(N) 按钮，如图 13-31 所示。

3 打开“证书存储”界面，选中 ◉将所有的证书都放入下列存储(P) 单选按钮，设置路径为“个人”，单击 下一步(N) 按钮，如图 13-32 所示。

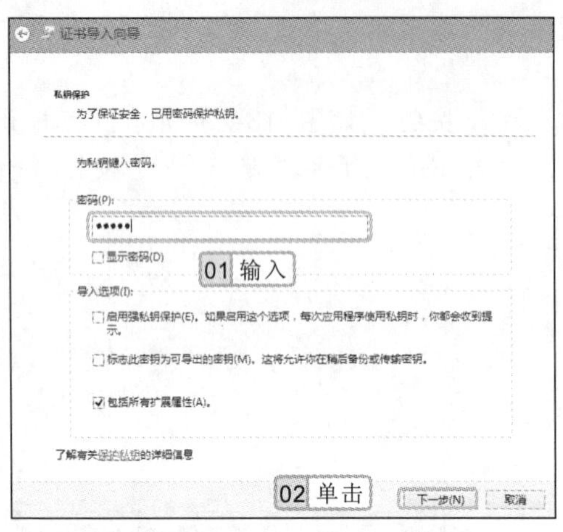

图 13-31 “私钥保护”界面

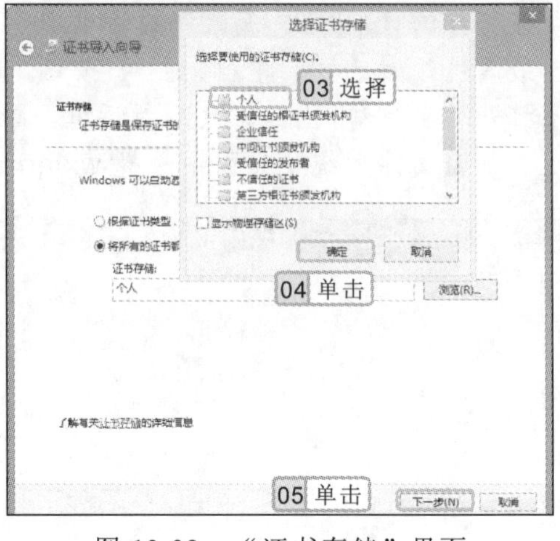

图 13-32 “证书存储”界面

4 打开“正在完成证书导入向导”界面，单击 完成(F) 按钮，在打开的“证书导入向导”对话框中提示导入成功，单击 确定 按钮。

13.5 使用磁盘配额功能

使用磁盘配额功能可避免某个用户过度使用磁盘空间，保证其他用户能正常工作以及系统正常运行，在服务器管理中此功能非常重要。

13.5.1 启用磁盘配额

在默认情况下，系统关闭了磁盘配额功能。用户收到来自 Windows 的“磁盘空间不足”错误信息时，可分配和限制磁盘使用空间，此时需启用磁盘配额功能。

实例 13-9 启用 H 盘的磁盘配额

1 在 H 盘上单击鼠标右键，在弹出的快捷菜单中选择“属性”命令。

2 在打开的“本地磁盘（H:）属性”对话框中选择“配额”选项卡，单击 显示配额设置(S) 按钮，如图 13-33 所示。

3 打开“本地磁盘（H:）的配额设置”对话框，选中 ☑启用配额管理(E) 复选框，单击 确定 按钮启用磁盘配额，如图 13-34 所示。

在“运行”对话框中执行 certmgr.msc 命令，在打开窗口的左侧窗格中展开【个人】/【证书】选项，在右侧窗格的 wxlan 选项上单击鼠标右键，在弹出的快捷菜单中选择【所有任务】/【导出】命令可将其证书导出。

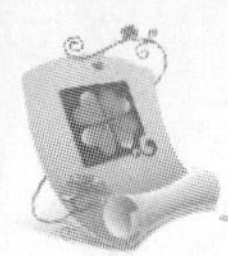

图 13-33　选择“配额”选项卡

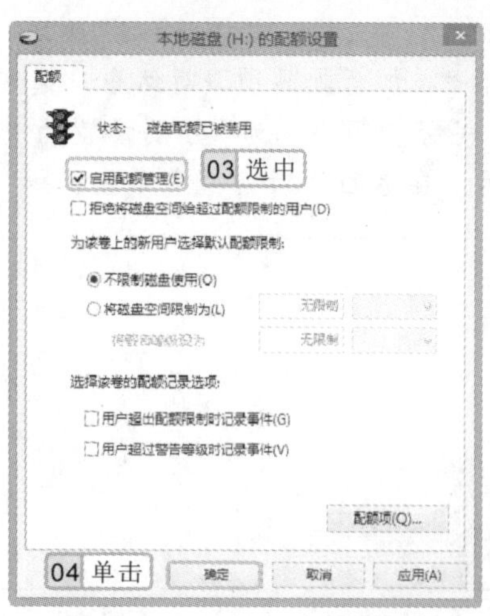

图 13-34　选中“启用配额管理”复选框

13.5.2　创建用户配额项

对某个用户的存储空间进行管理操作时，可单独对该用户创建配额项，合理地分配存储资源，避免由于磁盘空间使用的失控造成的系统崩溃，提高了系统的安全性。

实例 13-10　在 H 盘中创建 wxlan 用户配额项

1 在 H 盘上单击鼠标右键，在弹出的快捷菜单中选择“属性”命令，打开“本地磁盘（H:）属性”对话框，选择“配额”选项卡，单击 显示配额设置(S) 按钮。

2 打开“本地磁盘（H:）的配额设置”对话框，选中 ☑启用配额管理(E) 复选框，单击 配额项(Q)... 按钮。

3 打开“本地磁盘（H:）的配额项”对话框，选择【配额】/【新建配额项】命令，如图 13-35 所示。

4 打开“选择用户”对话框，单击 高级(A)... 按钮，如图 13-36 所示，在打开的对话框中单击 立即查找(N) 按钮。

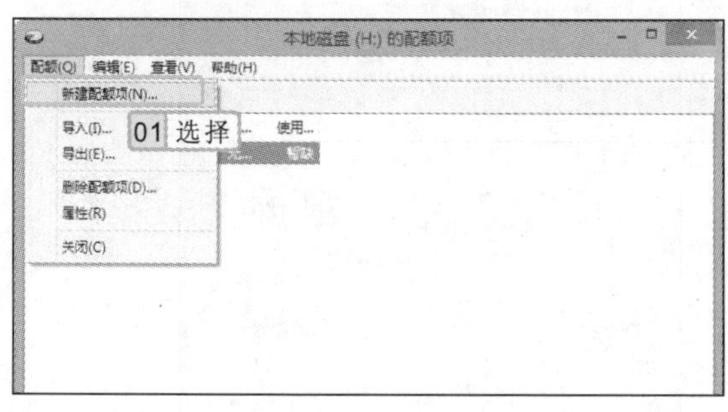

图 13-35　“本地磁盘（H:）的配额项”对话框

图 13-36　“选择用户”对话框

5 在“搜索结果“栏的列表框中选择 wxlan 选项，单击 确定 按钮，在返回的对话框中

启用配额，则只要用户超过其配额限制，事件就会写入到本地电脑的系统日志中，可以通过筛选磁盘事件类型来查看这些事件。

单击确定按钮，如图 13-37 所示。

6 打开“添加新配额项”对话框，选中将磁盘空间限制为(L)单选按钮，将“将磁盘空间限制为”和“将警告等级设为”分别设置为“35MB”和“20MB”，单击确定按钮，如图 13-38 所示。在返回的对话框中单击确定按钮完成设置。

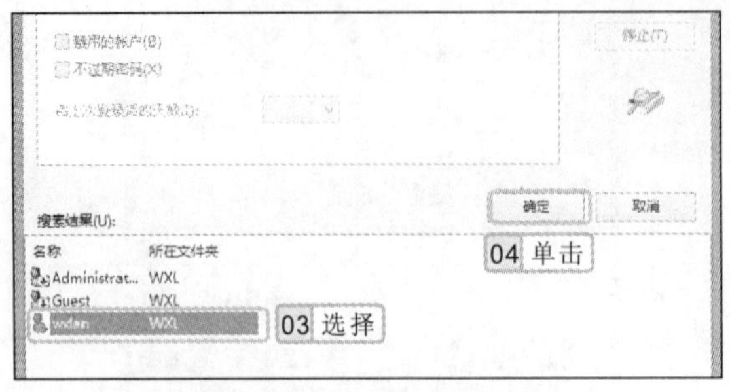

图 13-37　选择 wxlan 用户

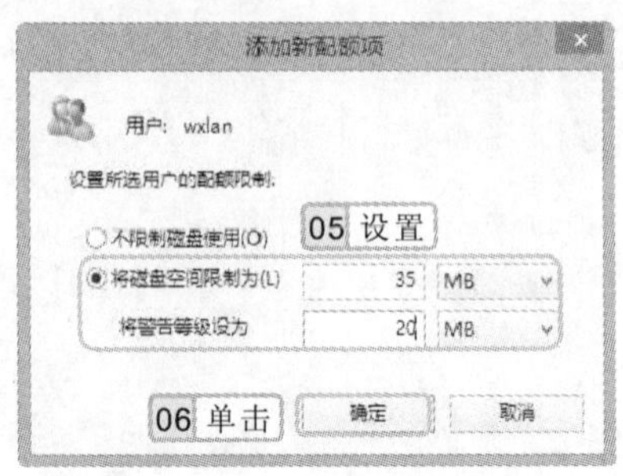

图 13-38　“添加新配额项”对话框

13.5.3　巧用磁盘配额

根据用户在 Windows 8 系统中的权限和使用情况，巧用磁盘配额可有效地防范黑客通过远程登录系统的方式植入木马程序，提升了系统整体的安全性。其原理为：由于木马一般很小，当磁盘分区中被载入一个大于 1KB 的文件时，那么该文件将遭到系统拒绝，无法顺利载入到受保护的磁盘分区中，从源头防止木马。其操作步骤为：在需要设置的磁盘上单击鼠标右键，在弹出的快捷菜单中选择“属性”命令，在打开对应的属性对话框中选择“配额”选项卡，单击显示配额设置(S)按钮。将打开对应的配额设置对话框，选中启用配额管理(E)复选框和将磁盘空间限制为(L)单选按钮，将“将磁盘空间限制为”和“将警告等级设为”分别设置为“1KB”和“1KB”，单击确定按钮，如图 13-39 所示。

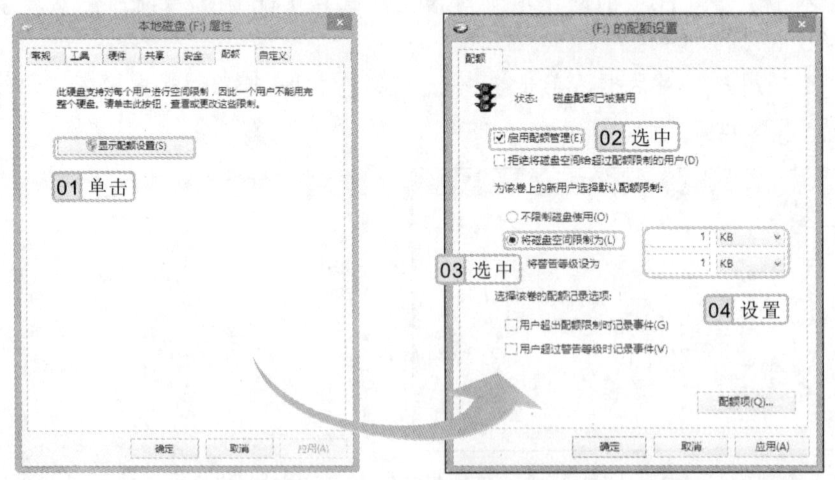

图 13-39　启用配额管理

通过设置磁盘配额，系统将把其他用户超出了分区的警告等级和配额设置事件记录到系统日志中，有利于管理员对系统分区空间的监控。

13.6 提高实例——设置文件夹的共享权限

本章的提高实例中将对文件夹的共享权限以及磁盘空间的配额进行设置，从而掌握设置权限和磁盘配额的方法，保护文件安全以及合理安排磁盘的使用空间。

本例将 G 盘转换为 NTFS 文件系统，再对 G 盘中的“笔记记录”文件夹的共享权限以及磁盘空间的配额进行设置，同时使用了转换系统文件、设置文件权限、加密文件和磁盘配额等知识。

13.6.1 操作思路

为更快完成本例的制作，并且尽可能运用本章讲解的知识，本例的操作思路如下。

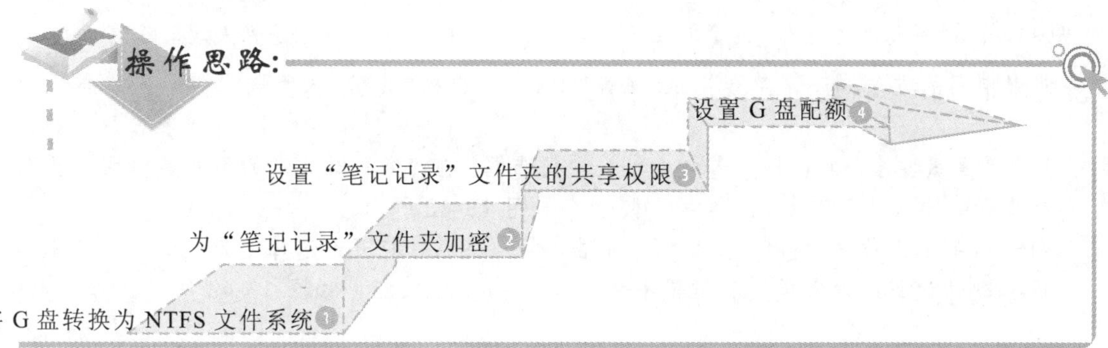

13.6.2 操作步骤

下面介绍设置“笔记记录”文件夹的共享权限和磁盘空间配额的方法，操作步骤如下：

参见光盘　光盘\素材\第 13 章\笔记记录
光盘\实例演示\第 13 章\设置文件夹的共享权限

1. 按 Win+R 键，在打开的“运行”对话框中输入“cmd”命令，单击 确定 按钮。
2. 打开“命令提示符”窗口，在鼠标光标处输入“convert g:/fs:ntfs”命令，按 Enter 键。
3. 系统将进行转换，且在“命令提示符”窗口中显示最终结果，完成后关闭“命令提示符”窗口。
4. 将 F 盘中的“笔记记录”文件夹复制到 G 盘。
5. 在打开的“笔记记录 属性”对话框中选择“常规”选项卡，单击 高级(D)... 按钮，打开“高级属性”对话框，选中 ☑加密内容以便保护数据(E) 复选框，单击 确定 按钮。

共享权限应用于通过网络连接到共享文件夹的用户，它不会影响本地登录或使用远程桌面登录的用户。

6 返回“笔记记录 属性”对话框，单击 确定 按钮。在打开的“确认属性更改”对话框中选中 ◉将更改应用于此文件夹、子文件夹和文件 单选按钮，单击 确定 按钮，如图 13-40 所示。

7 将 G 盘中的“笔记记录”文件夹加密后，显示为草绿色，如图 13-41 所示。

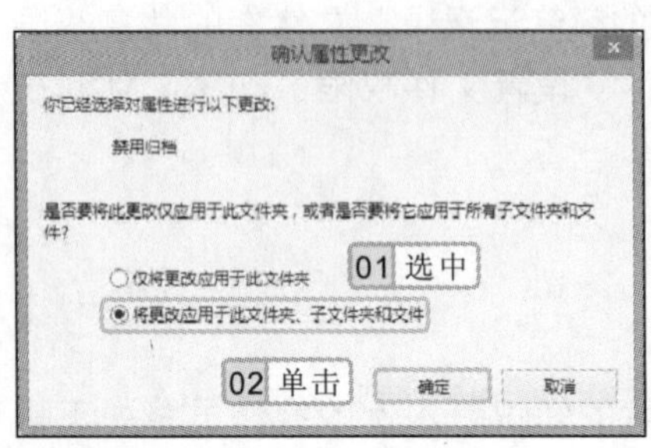

图 13-40 “确认属性更改”对话框

图 13-41 加密文件夹效果图

8 使用相同的方法，打开“笔记记录 属性”对话框，选择“共享”选项卡，单击 高级共享(D)... 按钮。

9 打开“高级共享”对话框，选中 ☑共享此文件夹(S) 复选框，在“将同时共享的用户数量限制为”数值框中输入“20”，单击 权限(P) 按钮，如图 13-42 所示。

10 打开“笔记记录 的权限”对话框，单击 添加(D)... 按钮，打开“选择用户或组”对话框，保持默认设置的对象类型和位置不变，单击 高级(A)... 按钮，如图 13-43 所示。

图 13-42 “高级共享”对话框

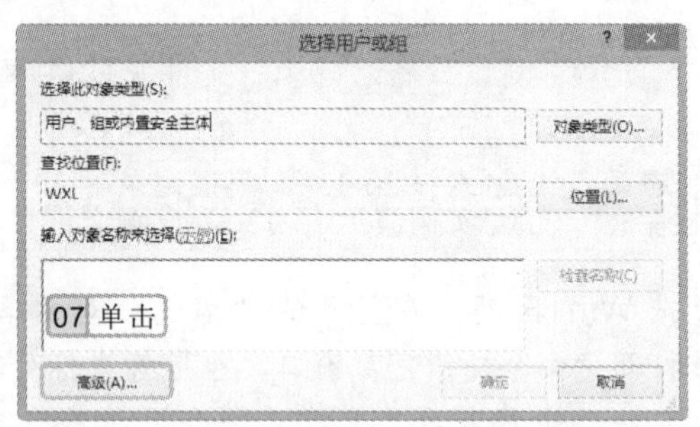

图 13-43 “选择用户或组”对话框

11 打开“选择用户或组”对话框，此时在“搜索结果”列表框中没有任何内容，单击 立即查找(N) 按钮。

12 在“搜索结果”列表框中显示出搜索结果，选择名为 BATCH 的用户，单击 确定 按钮。按以上方法，依次添加 IUSR、SYSTEM 用户，单击 确定 按钮，如图 13-44

打开“应用”屏幕，在“搜索”文本框中输入“cmd”，在应用搜索结果中单击“命令提示符”按钮，也可打开“命令提示符”窗口。

所示。

13 返回“笔记记录 的权限”对话框，在“组或用户名”列表框中选择 BATCH 用户，将“BATCH 的权限”列表框中的“列出文件夹内容”选项设置为“允许”，如图 13-45 所示。

14 使用相同的方法，依次对 IUSR、SYSTEM 用户进行权限设置，单击 确定 按钮。

图 13-44　添加 IUSR、SYSTEM 用户

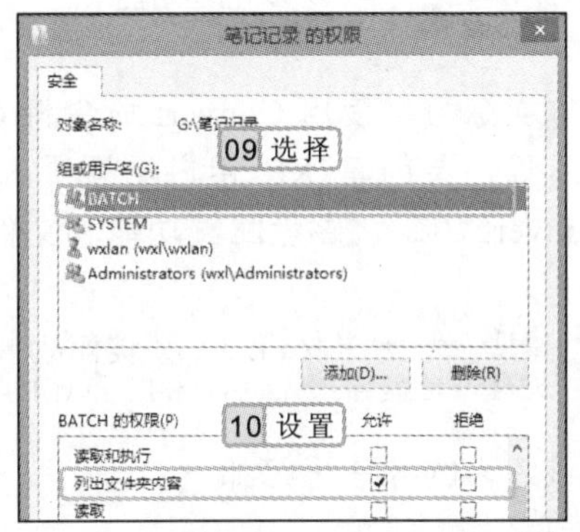

图 13-45　设置 BATCH 用户的权限

15 在返回的对话框中依次单击 确定 按钮，完成“笔记记录”文件夹的共享权限设置。

16 打开“本地磁盘（G:）属性”对话框，选择“配额”选项卡，单击 显示配额设置(S) 按钮，如图 13-46 所示。

17 打开“（G:）的配额设置”对话框，选中 启用配额管理(E)、用户超出配额限制时记录事件(G) 和 用户超过警告等级时记录事件(V) 复选框且选中 将磁盘空间限制为(L) 单选按钮，将“将磁盘空间限制为”和“将警告等级设为”分别设置为“23GB”和“11GB”，单击 确定 按钮启用磁盘配额，如图 13-47 所示。

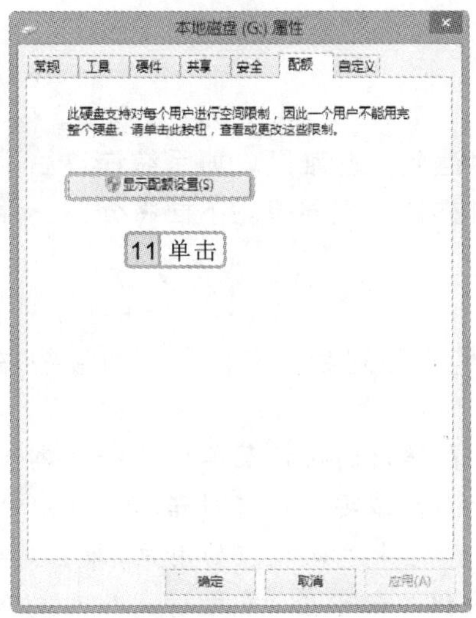

图 13-46　“本地磁盘（G:）属性”对话框

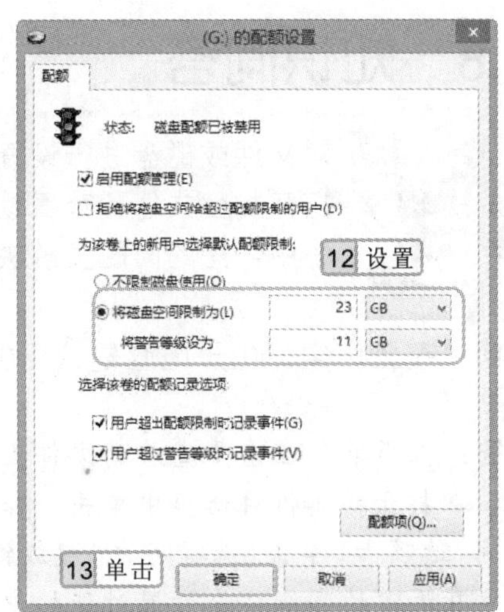

图 13-47　配额设置

可使用 iCacls.exe 或 Cacls.exe 系统工具在命令行设置文件系统级别权限，这两个工具仅在 NTFS 文件系统上运行。

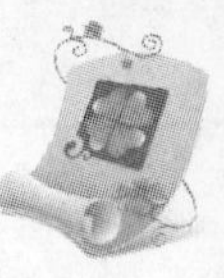

13.7 提高练习——创建 XL 用户配额项

本章主要介绍了文件系统的知识及其应用，下面将通过创建“好好学习”用户配额项进行练习，进一步巩固文件加密功能、磁盘配额功能和文件权限设置的应用。

本次练习将使用 Convert 命令将 G 盘转换为 NTFS 文件系统，且设置其磁盘配额防止病毒入侵，再创建 XL 用户配额项，使其对“美丽故事.doc”文档拥有修改权限。其中运用 Convert 命令、磁盘配额功能和文件权限设置。

参见光盘　光盘\素材\第 13 章\美丽故事.doc
光盘\实例演示\第 13 章\创建 XL 用户配额项

该练习的操作思路如下。

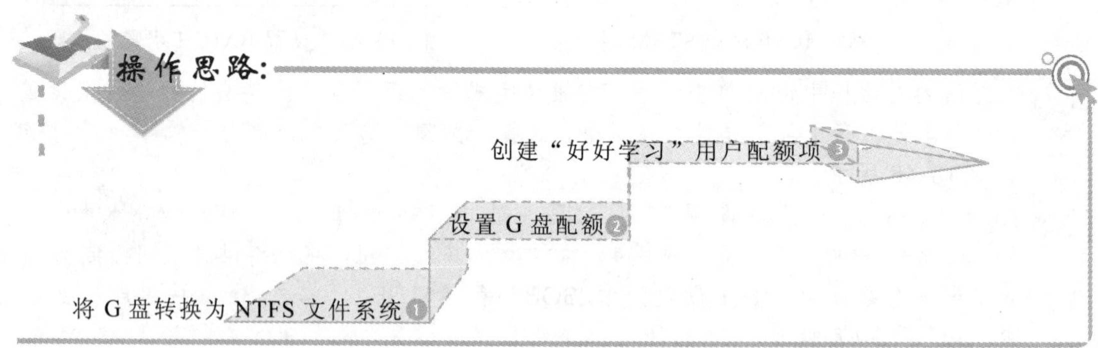

13.8 知识问答

对文件或磁盘进行设置操作时，难免会遇到一些难题，如系统崩溃后不能打开加密文件和查看或设置其他用户对文件的权限等。下面将介绍文件系统中常见的问题及解决方案。

问：在工作中，由于电脑是公用的，我想知道其他用户对我的文件具体有哪些操作权限？

答：很简单。在需要查看的文件上单击鼠标右键，在弹出的快捷菜单中选择“属性”命令，在打开的属性对话框中单击 高级(V) 按钮，将打开其高级安全设置对话框，选中“有效访问”选项卡，单击“选择用户”超级链接，在打开的对话框中输入相应的用户，单击 确定 按钮，在返回的高级安全设置对话框中单击 查看有效访问(F) 按钮，即可在“有效访问”列表框中查看其用户对此文件拥有的权限。

专家指导

磁盘配额设置空间限制不是对所有的用户都有效，对 Administrator 这个超级管理员用户无效。

问：对加密文件进行备份密钥操作的过程中，不能选中**“是，导出私钥”**选项，但我想导出私钥，有什么方法？

答：在“运行”对话框中输入“certmgr.msc”命令，在打开的“证书/当前用户”窗口中，使用鼠标左键双击【受信任人】/【证书】文件夹，在右栏的wxlan 图标上单击鼠标右键，在弹出的快捷菜单中选择【所有任务】/【导出】/【标志此密钥为可导出密钥】命令，打开“证书/当前用户”窗口，展开【个人】/【证书】选项，并在“证书”选项上单击鼠标右键，在弹出的快捷菜单中选择【所有任务】/【导出】命令，此时“导出私钥”选项已可选。

知识关联　文件逻辑结构

文件的逻辑结构是用户可见结构。逻辑文件从结构上分成两种形式，一种是无结构的流式文件，是指对文件内信息不再划分单位，它是一串字符流构成的文件。另一种是有结构的记录式文件，是用户把文件内的信息按逻辑上独立的含义划分信息单位，每个单位称为一个逻辑记录（简称记录）。常用的记录式结构文件有连续结构、多重结构、转置结构和顺序结构 4 种。所有记录通常都是描述一个实体集的，有着相同或不同数目的数据项，记录的长度可分为定长和不定长记录两类。

打开“证书/当前用户”窗口，双击相应的证书文件夹，即可在右栏查看其中所有的证书文档。

精通篇

随着电脑使用时间的增长，系统会出现不少问题，此时系统安全就非常重要，为了避免系统或重要数据的丢失和损坏，可对系统进行备份。当系统遇到问题时，可对系统进行维护与优化，或重新安装操作系统等。本篇就将介绍安装操作系统、数据和系统的备份、维护与优化操作系统的操作，以及一些排除安装与重装系统故障和数据急救与恢复的常用方法。此外，用户还可掌握一些排除电脑系统故障的方法，及时解决电脑在使用过程中出现的问题。

<<< PROFICIENCY

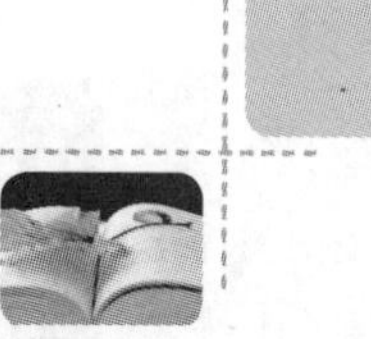

精通篇

第14章 Windows 8 的安装与备份

全新安装Windows 8

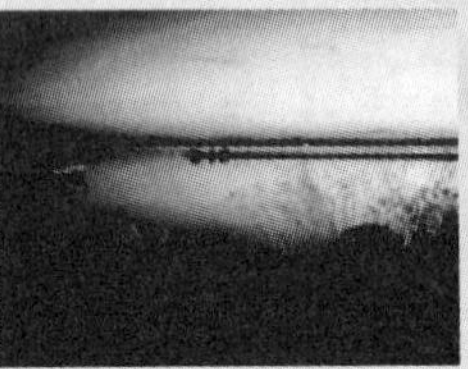

升级系统

双系统管理

使用还原点还原与备份系统

创建并恢复完整的系统映像

使用Ghost备份并还原系统

本章导读

根据前面几章讲解的知识，相信用户对 Windows 8 的基本使用方法已经有了一个基本的了解。但究竟该如何安装 Windows 8 相信仍然是大多数用户心头的疑问。同时，为了避免系统出现难以修复的问题，还应对系统进行备份，以保证重要信息在意外故障情况下可以得到恢复。下面将对 Windows 8 操作系统的安装与备份进行讲解，使用户更充分了解安装 Windows 8 的基本方法及备份和还原系统的基本操作。

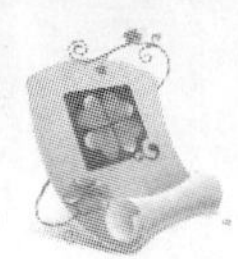

14.1　全新安装 Windows 8

要学习 Windows 8 操作系统，必须对其进行安装。安装 Windows 8 操作系统的方法很简单，与其他系统的安装方法较为类似。下面对 Windows 8 的安装准备工作和安装方法进行介绍。

14.1.1　安装前的准备工作

要安装 Windows 8 操作系统，需要进行一定的准备工作，如了解 Windows 8 的安装流程、安装 Windows 8 的硬件环境等。下面分别进行介绍。

1．了解 Windows 8 的安装流程

安装 Windows 8 操作系统前，需对其安装流程进行一定的了解，以熟悉安装过程，提高安装的成功率。安装 Windows 8 的流程如图 14-1 所示。

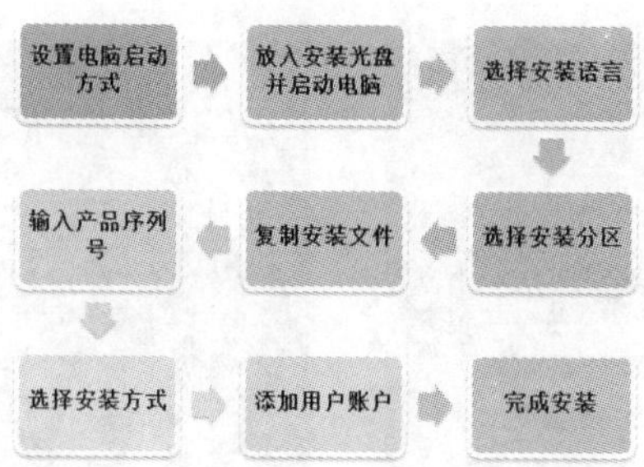

图 14-1　安装 Windows 8 的流程

2．了解 Windows 8 的安装环境

要保证能正常安装 Windows 8，并使安装的系统能正常运行，需要对 Windows 8 的安装环境进行了解。如表 14-1 所示即为 Windows 8 操作系统的基本安装环境和推荐安装环境。

表14-1　Windows 8的安装环境

Windows 8 基本安装环境		Windows 8 推荐安装环境	
CPU	1.2GHz 或更高主频的处理器	CPU	2GHz 或更高主频的处理器
内存	1G DDR2 代内存	内存	4G DDR3 代内存
硬盘	20GB 以上可用空间	硬盘	25GB 以上可用空间
显示器	800×600 分辨率以上	显示器	1024×768 分辨率以上
显卡	WDDM 1.0 或更高版本的 DirectX 9 显卡	显卡	512MB 或以上独立显卡
光驱	DVD R/RW 驱动器	光驱	DVD R/RW 驱动器

安装操作系统的方法有多种，如通过 U 盘安装、通过映像文件安装等，但最常用的则是通过光盘进行安装。

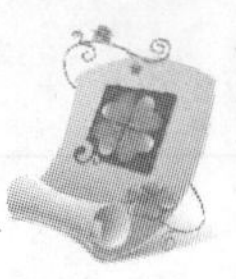

14.1.2 安装 Windows 8

了解 Windows 8 的安装流程，并确保已达到安装 Windows 8 的条件后，即可开始安装 Windows 8 操作系统。

实例 14-1 全新安装 Windows 8 专业版

Windows 8 有多个版本，但其安装方法基本类似，下面将以安装 Windows 8 专业版为例，讲解安装 Windows 8 操作系统的一般方法。

1. 在 BIOS 中将电脑的第一启动设备设置为 CD-ROM，保存 BIOS 设置并重启电脑，并将 Windows 8 的安装光盘放入光驱，开始载入安装时需要的文件。
2. 文件复制完成后将打开“Windows 8 安装程序”窗口，在其中选择安装语言，这里在“要安装的语言”、“时间和货币格式”和“键盘和输入方法”下拉列表框中分别选择“中文（简体，中国）”、“中文（简体，中国）”和“微软拼音简捷”选项，单击 下一步(N) 按钮继续安装，如图 14-2 所示。
3. 在打开的窗口中单击 现在安装(I) 按钮，如图 14-3 所示，开始安装 Windows 8 操作系统。

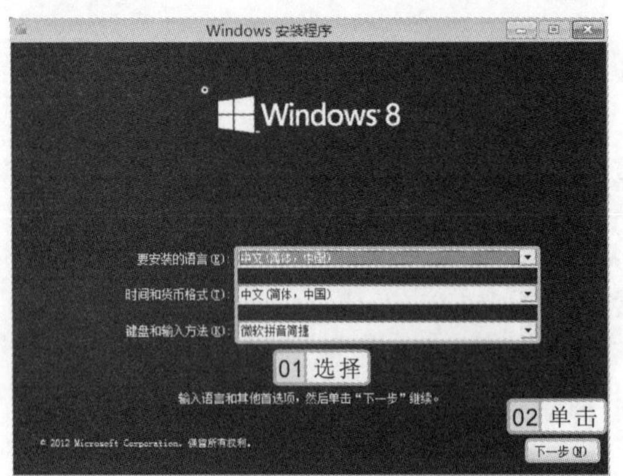

图 14-2 设置安装语言

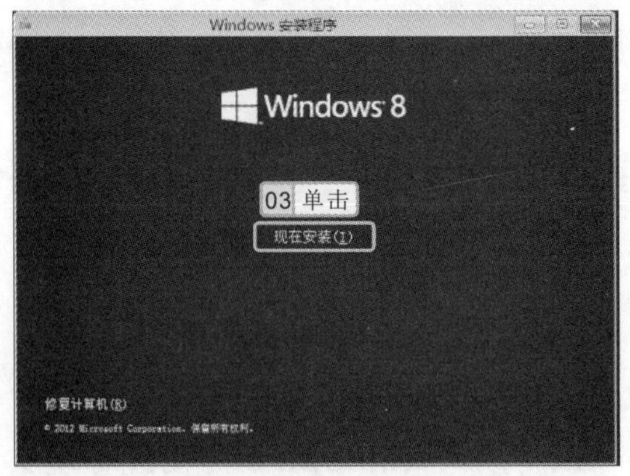

图 14-3 开始安装

4. 系统将自动从光盘启动并加载安装所需的文件，如图 14-4 所示。
5. 稍等一段时间后，将打开“许可条款”对话框，阅读其中的内容，选中 ☑ 我接受许可条款(A) 复选框，单击 下一步(N) 按钮，如图 14-5 所示。
6. 打开“您想执行哪种类型的安装？”界面，选择“自定义：仅安装 Windows（高级）”选项，如图 14-6 所示。

图 14-4 启动安装程序

Windows 8 的各个版本其安装方法都相同，用户可参考该例的方法进行安装。

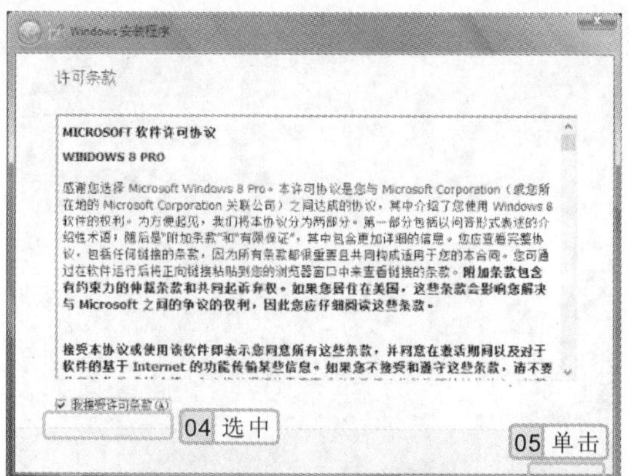

图 14-5　接受许可条款

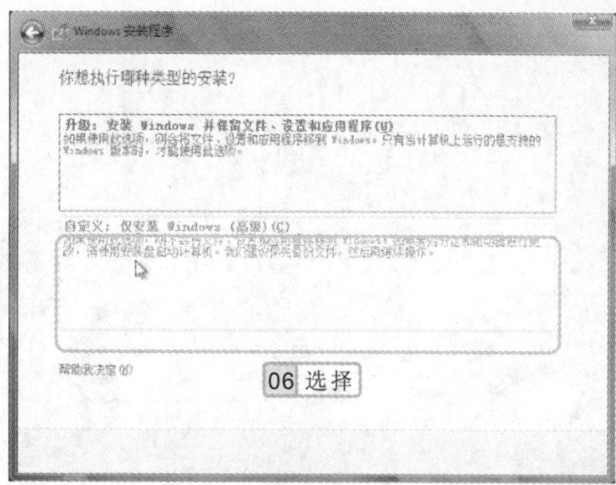

图 14-6　选择自定义安装

7 打开“您想将 Windows 安装在哪里？”界面，在其中的列表框中选择安装位置，这里选择“驱动器 0 分区 2”选项，然后单击 下一步(N) 按钮，如图 14-7 所示。

8 打开“正在安装 Windows”界面，开始安装 Windows 8，并显示其安装进度，如图 14-8 所示。此时系统将自动复制安装 Windows 8 需要的文件，然后安装系统和更新。

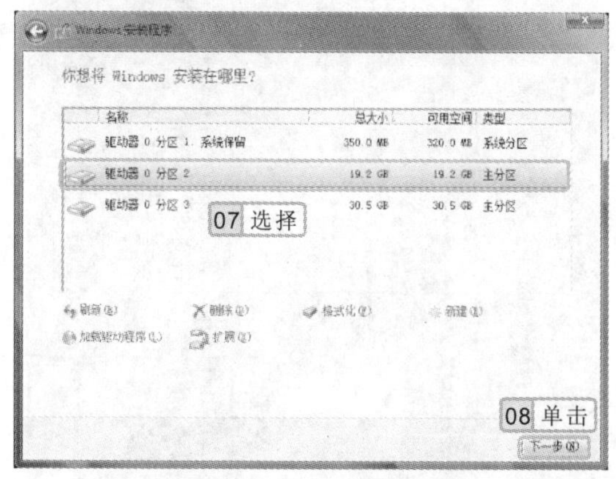

图 14-7　选择安装分区

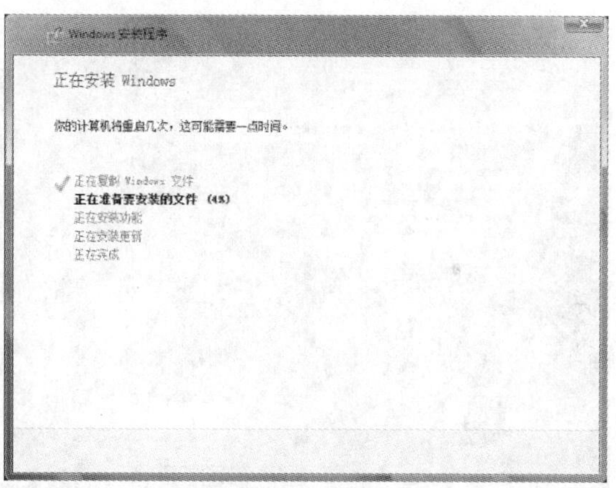

图 14-8　开始安装 Windows 8

9 安装完成后，提示安装程序将在重启电脑后继续。重启电脑，在打开的界面中提示要求在电脑中完成一些基本设置，此时选择“个性化”选项，如图 14-9 所示。

10 在打开的界面根据提示设置一种颜色，作为“开始”屏幕的背景色彩，这里保持默认设置不便，然后在“电脑名称”文本框中输入电脑名称，这里输入“PXX”，完成后单击 下一步(N) 按钮，如图 14-10 所示。

在“您想将 Windows 安装在哪里？”对话框中单击 格式化(F) 按钮，可对选择的硬盘分区进行格式化操作。

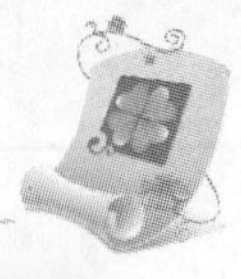

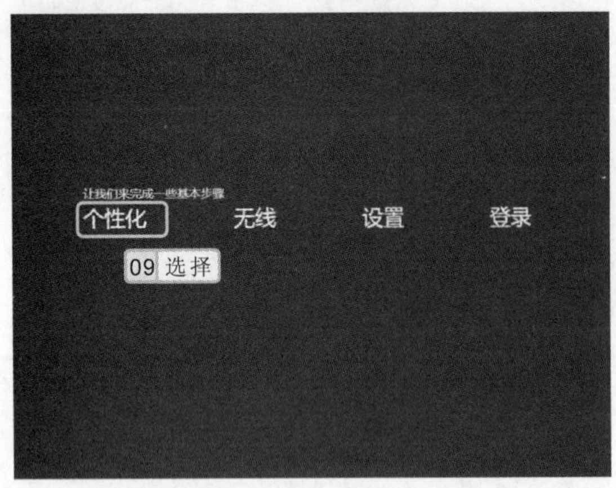

图 14-9　选择“个性化”选项

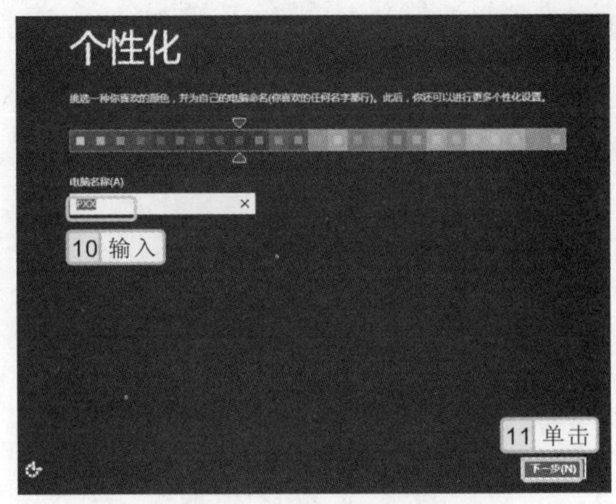

图 14-10　个性化设置

11 打开“设置”界面，在其中显示了设置说明信息，这里直接单击“使用快速设置(E)”按钮进行快速设置，如图 14-11 所示。

12 打开“登录到电脑”界面，在其中单击“不使用 Microsoft 账户登录”超级链接，如图 14-12 所示。

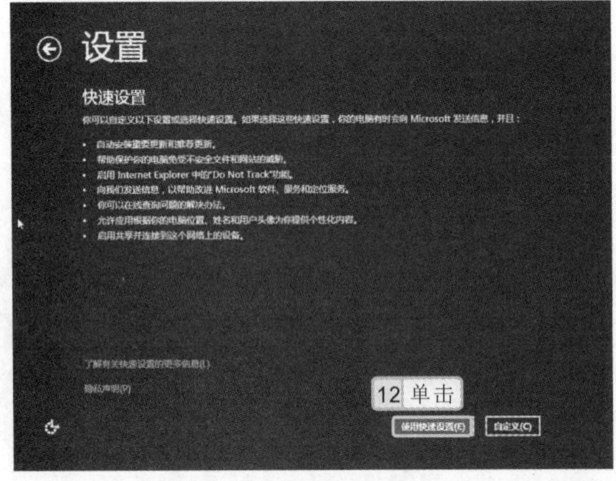

图 14-11　快速设置

图 4-12　选择账户登录方式

13 打开“可以使用两种方式方法登录”界面，在其中单击“本地帐户(L)”按钮，选择以本地账户进行登录。

14 在打开界面的“用户名”文本框中输入用户名，在“密码”和“重新输入密码”文本框中输入登录密码，在“密码提示”文本框中输入密码提示信息，然后单击“完成(F)”按钮，如图 14-13 所示。

15 系统开始准备应用设置，并在准备完成后，演示 Windows 8 的使用方法。然后再安装应用设置，完成后即可登录到 Windows 8 操作系统，如图 14-14 所示。

如果用户有 Microsoft 账户，还可通过 Microsoft 账户进行登录，但在登录时需要输入 Microsoft 账户的名称和密码进行确认。

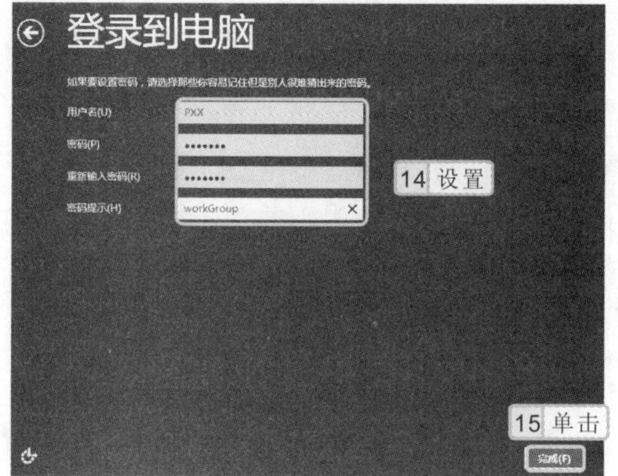

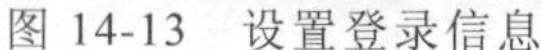
图 14-13　设置登录信息

图 14-14　完成安装

14.2　升级安装 Windows 8

升级安装 Windows 8 是指从 Windows 系列的低版本升级到 Windows 8。它能够保留原操作系统的系统属性和应用软件，从而减少全新安装 Windows 8 时全新配置系统属性和重新安装应用程序的工作量。

14.2.1　适合升级为 Windows 8 的系统

并不是任何系统都能升级到 Windows 8，因此在进行升级前，需要确定原操作系统是否适合进行升级。可升级到 Windows 8 系统的系统有如下几个：

- Windows 7 Starter（初级版）、Windows 7 Home Basic（家庭普通版）和 Windows 7 Home Premium（家庭高级版）可升级至 Windows 8 标准版，且能够保留现有的系统设置、个人文件和应用程序。
- Windows 7 Starter（初级版）、Windows 7 Home Basic（家庭普通版）和 Windows 7 Home Premium(家庭高级版)、Windows 7 Professional(专业版)可升级至 Windows 8 Pro 专业版，并能保留现有的系统设置、个人文件和应用程序。
- Windows 7 Professional（专业版）、Windows 7 Enterprise（企业版）可升级至 Windows 8 Enterprise 企业版，并能保留现有的系统设置、个人文件和应用程序。
- Windows Vista SP1 可升级至 Windows 8 标准版，且能保留个人数据和系统设置。但未安装 SP1 的则只能保留个人数据。
- Windows XP SP3 可升级至 Windows 8 普通版，但仅能保留个人数据。

除了以上讲解的各种操作系统能升级为 Windows 8 外，还要注意升级的系统能不能跨构架升级。例如，32 位的 Windows XP、Vista 和 Windows 7，只能升级到 32 位的 Windows 8。当用户进行跨语言安装时，无法保留系统设置和应用程序，不过个人数据不会丢失。

如果用户对设置的名称不满意，还可在系统安装完成后，返回控制面板中进行修改。

14.2.2 检查兼容性

确定自己的系统能升级为 Windows 8 后，还需要对电脑进行兼容性检测，以确保电脑硬件能支持 Windows 8 系统。用户可在 Microsoft 公司的官方网站中下载 Windows 8 对应版本的兼容性检测程序，如 Windows 8 Pro 专业版即为 Windows14-UpgradeAssistant。下载完成后双击该程序，将打开“Windows 8 升级助手”窗口，稍等一段时间后，将自动对当前系统进行检测，并显示出检测结果，单击“查看兼容性详细信息”超级链接可查看具体的兼容情况，如图 14-15 所示。

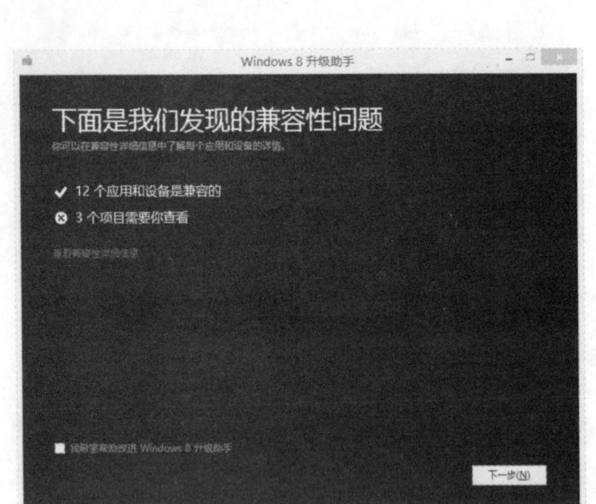

图 14-15 检查兼容性

14.2.3 升级安装 Windows 8

了解了哪些版本适合升级为 Windows 8 后，用户就可以开始在自己的系统基础上进行升级，并保留当前操作系统的信息。

实例 14-2 从 Windows 7 升级安装 Windows 8

1. 启动 Windows 7 操作系统，将 Windows 8 的安装光盘放入光驱，在打开的“Windows 安装程序”窗口中单击 现在安装(I) 按钮，开始运行安装程序，如图 14-16 所示。
2. 在打开的“获取 Windows 安装程序的重要更新”界面中选中 ☑ 我希望帮助改进 Windows 安装(I) 复选框，然后选择“立即在线安装更新（推荐）”选项，如图 14-17 所示。

在“Windows 8 升级助手”窗口中单击 保存(S) 按钮，可将兼容性信息保存下来，以便以后观看。

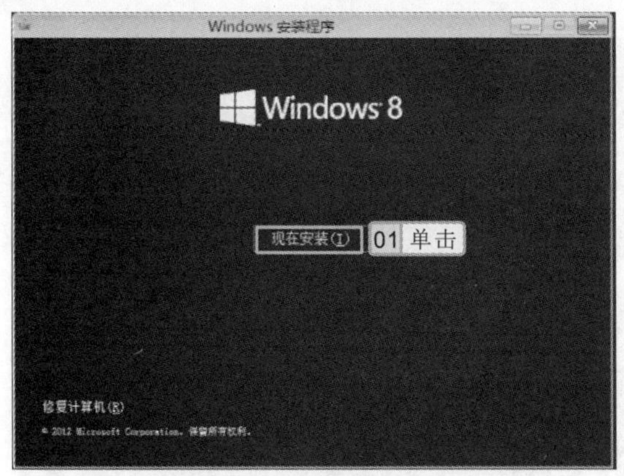

图 14-16 开始准备升级安装

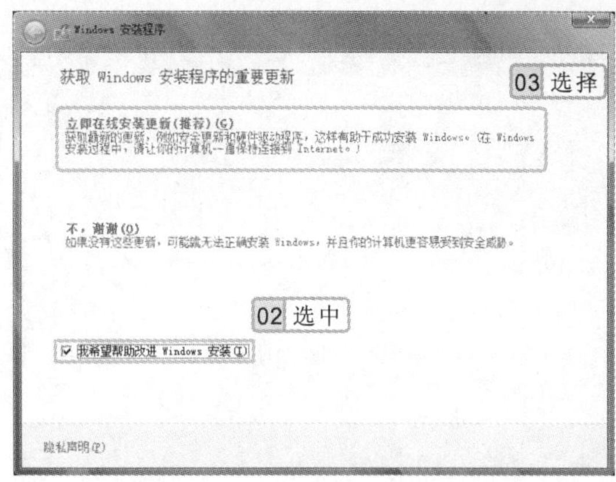

图 14-17 选择是否获取更新

3 打开“正在搜索更新”界面，系统将自动搜索网络上的更新文件，如图 14-18 所示。

4 打开“许可条款”界面，阅读对话框中的内容，并选中☑我接受许可条款(A)复选框，单击下一步(N)按钮，如图 14-19 所示。

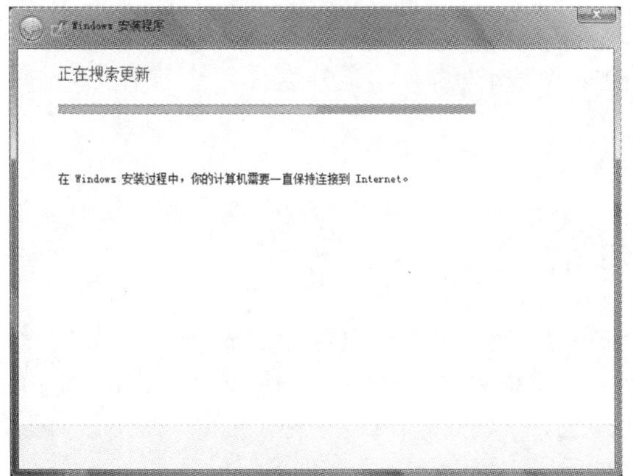

图 14-18 搜索更新

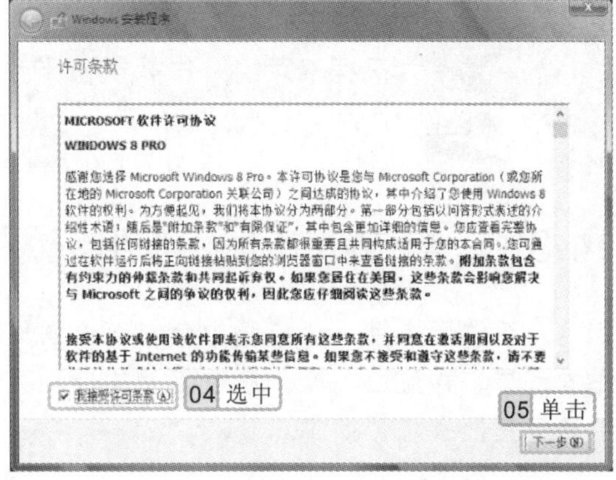

图 14-19 接受许可条款

5 打开“您想执行哪种类型的安装？”界面，选择“升级：安装 Windows 并保留文件、设置和应用程序”选项，如图 14-20 所示。

6 选择升级选项后，打开“正在检查兼容性”对话框，对电脑的兼容性进行检查。检查完成后便会开始安装 Windows 8。

7 安装完成后，将打开“设置”界面，在其中单击使用快速设置(E)按钮，此时系统进行快速设置。

8 在打开的界面中，使用与全新安装相同的设置方法来进行操作，完成后即可进入 Windows 8 操作系统的界面，完成升级操作，如图 14-21 所示。

升级安装 Windows 8 与全新安装 Windows 8 不同的是，在选择安装选项时，需要选择“升级”选项，而不是“自定义”选项。

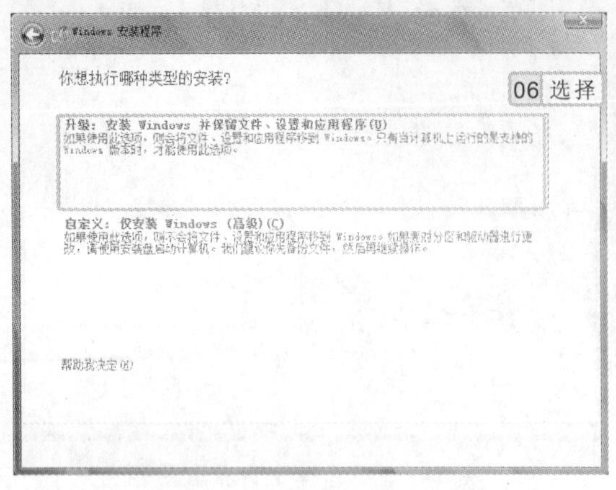

图 14-20　选择升级安装方式

图 14-21　升级完成

14.3　双系统管理

如果用户的电脑磁盘空间足够大，还可以安装双操作系统，以方便用户，根据不同的工作需要和特点随时切换操作系统，充分发挥每个操作系统的优点。

14.3.1　与 Windows 7 组成双系统

双系统是指同一台电脑中存在两个操作系统，用户可在启动电脑时，选择需要进行操作的系统，并且每个操作系统之间的启动、运行互不影响。因此，用户也可在 Windows 8 中安装其他系统，如 Windows 7。

实例 14-3　在 Windows 8 中安装 Windows 7

1. 将电脑设置为从光盘启动，将 Windows 7 的安装光盘放入光驱，重启电脑，屏幕中将显示安装程序正在加载安装时需要的文件。
2. 文件复制完成后将运行 Windows 7 的安装程序，在打开的窗口中选择安装语言，这里保持“要安装的语言”、“时间和货币格式”和“键盘和输入方法”下拉列表框中的值不变，单击 下一步(N) 按钮继续进行安装。
3. 在打开的窗口中单击 现在安装(I) 按钮，如图 14-22 所示，启动安装程序。
4. 打开“请阅读许可条款”界面，选中 我接受许可条款(A) 复选框，单击 下一步(N) 按钮，如图 14-23 所示。

双系统安装与一般系统的安装方法类似，同时用户既可以在低版本的系统中安装高版本，也可以在高版本的系统中安装低版本。

图 14-22　开始安装

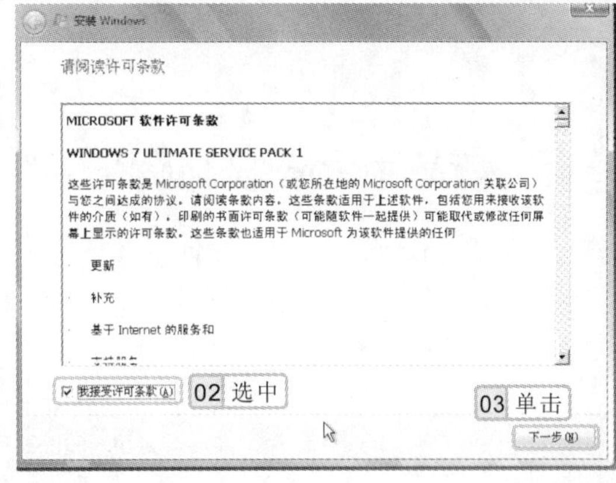

图 14-23　接受许可条款

5 打开“您想进行何种类型的安装？”界面，选择“自定义（高级）”选项，如图 14-24 所示。

6 在打开的“您想将 Windows 安装在何处？”界面中选择“磁盘 0 分区 2”选项，单击 下一步(N) 按钮，如图 14-25 所示。

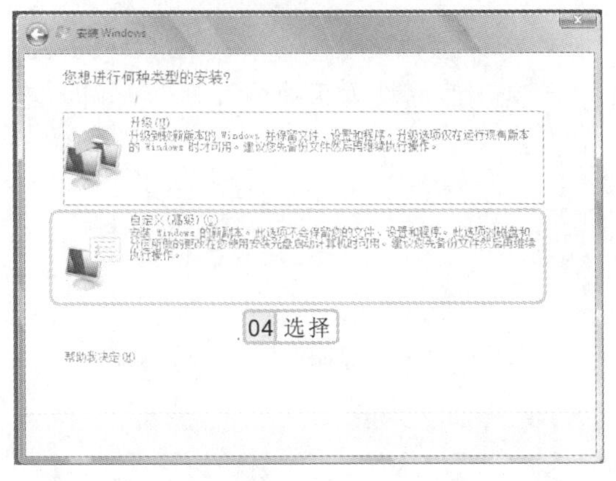

图 14-24　选择自定义安装

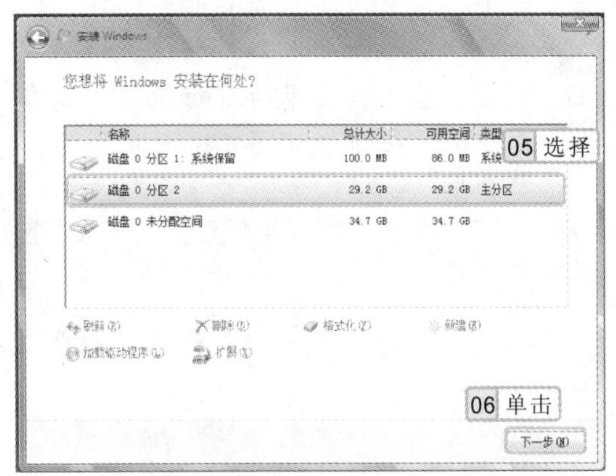

图 14-25　选择安装分区

7 在打开的“正在安装 Windows”界面中显示了安装进度，并将显示一些安装信息，包括更新注册表设置、正在启动服务等，用户只需等待继续自动安装即可。

8 同时，在安装复制文件的过程中，系统将要求进行重启，并在重启后继续进行安装，当安装完成后，将再次提示电脑进行重启。

9 重启电脑后，将打开设置用户名的对话框，在“键入用户名”文本框中输入用户名，在“键入计算机名称”文本框中输入该电脑在网络中的标识名称，单击 下一步(N) 按钮，如图 14-26 所示。

10 在打开的“为账户设置密码”界面的“键入密码”、“再次键入密码”和“键入密码提示”文本框中输入用户密码和密码提示，单击 下一步(N) 按钮，如图 14-27 所示。

该方法同样适用于在其他的系统中进行安装，如 Windows 7 操作系统。

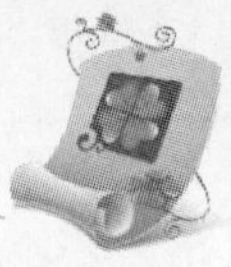

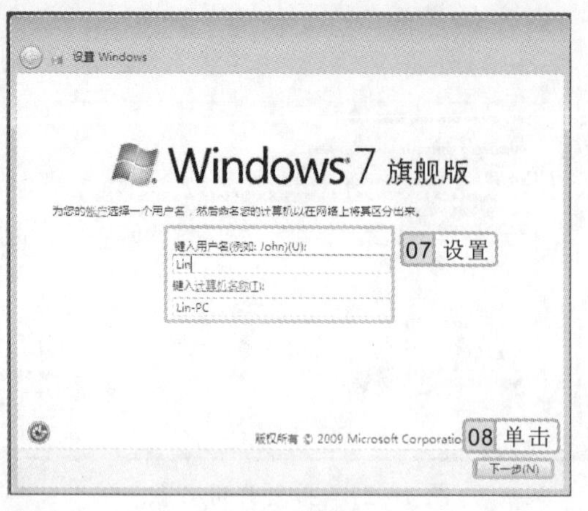

图 14-26　输入用户名和计算机名称

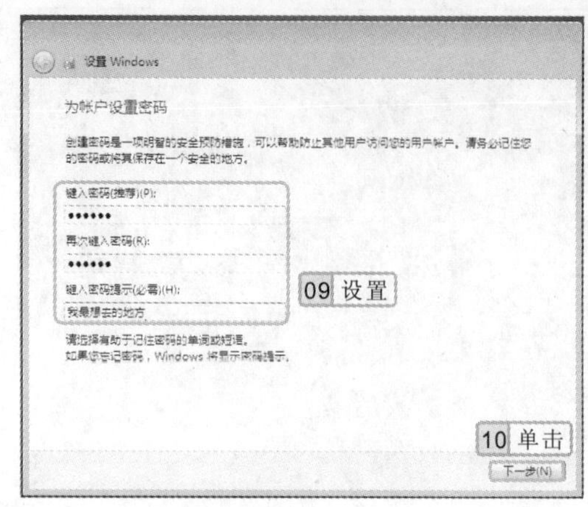

图 14-27　输入用户密码

11 打开“键入您的 Windows 产品密钥”界面，在“产品密钥”文本框中输入产品密钥，选中 当我联机时自动激活 Windows(A) 复选框，单击 下一步(N) 按钮，如图 14-28 所示。

12 在打开的“帮助您自动保护计算机以及提高 Windows 性能”界面中设置系统保护与更新，这里选择“使用推荐设置”选项。

13 打开“查看时间和日期设置”界面，在“时区”下拉列表框中选择“(UTC+08:00)北京，重庆，香港特别行政区，乌鲁木齐”选项，然后设置正确的日期和时间，单击 下一步(N) 按钮，如图 14-29 所示。

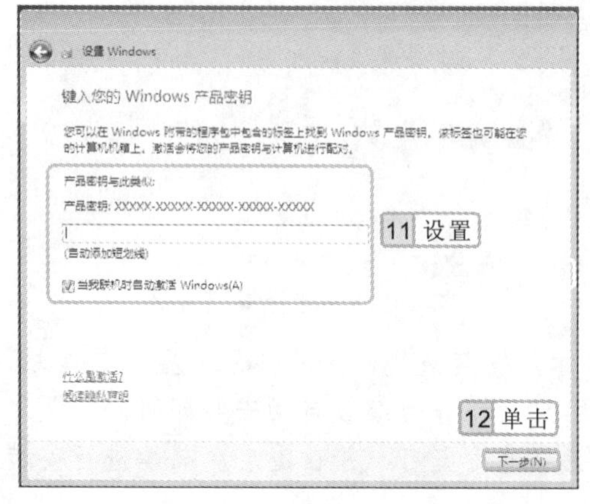

图 14-28　输入产品密钥

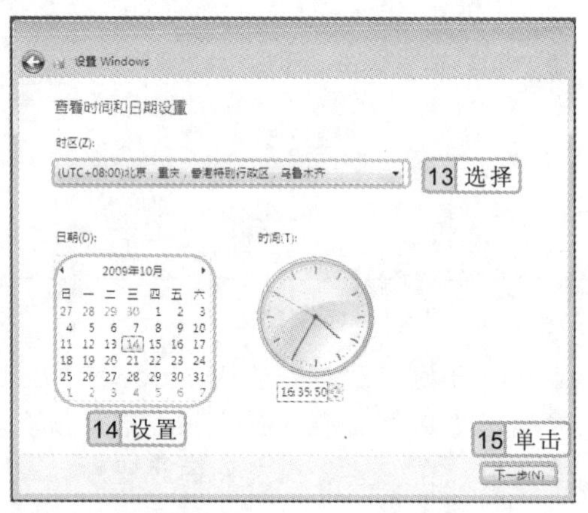

图 14-29　设置时间和日期

14 在打开的“请选择计算机当前的位置”界面中设置电脑当前所在的位置，这里选择“家庭网络”选项，如图 14-30 所示。

15 在打开的“非常感谢”对话框中，提示完成 Windows 7 的设置，此时将登录 Windows 7 并显示正在进行个性设置，如图 14-31 所示，稍后即可进入系统。

选中 当我联机时自动激活 Windows(A) 复选框，当电脑连入 Internet 便可自动弹出激活向导，按照提示进行激活即可。

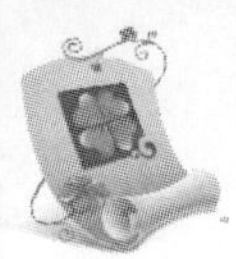

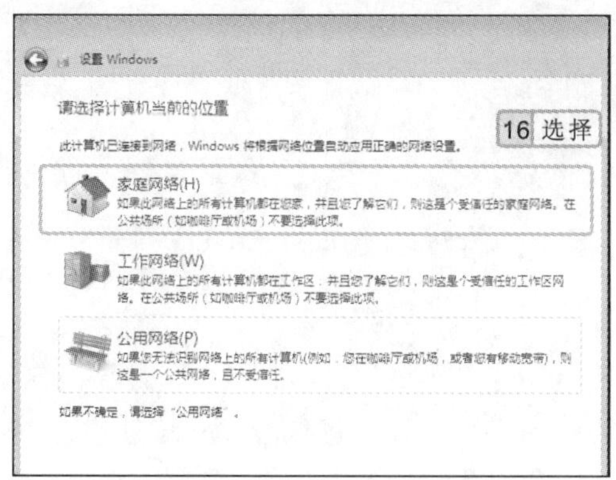

图 14-30 设置网络位置

图 14-31 登录 Windows 7

16 在登录 Windows 7 操作系统时若设置了用户密码，则在登录界面中输入用户密码，如图 14-32 所示，按 Enter 键或单击按钮登录。

17 显示出 Windows 7 的桌面，如图 14-33 所示，至此完成 Windows 7 的安装操作。

图 14-32 输入登录密码

图 14-33 Windows 7 的桌面

14.3.2 管理系统启动项

安装多系统后，只要启动电脑就会进入“启动管理”界面，在其中可以选择需要进入的系统。为了使用户能快速启动目标系统，还可将经常使用的系统设置为默认启动。

实例 14-4 在 Windows 8 中设置默认启动为 Windows 7

下面启动 Windows 8，进入“启动管理”界面，将默认启动项设置为 Windows 7 操作系统，并设置其默认等待时间为“5 秒”。

1 启动电脑，进入 Windows 8 的“启动管理”界面，通过键盘方向键选择“更改默认值或选择其他选项”选项，按 Enter 键进行确认，如图 14-34 所示。

2 进入“选项”界面，选择“更改计时器”选项，按 Enter 键进行确认，如图 14-35 所示。

在 Windows 8 的桌面上使用鼠标右键单击“计算机”图标，在弹出的快捷菜单中选择“属性”命令，在打开的窗口中单击“高级系统设置”超级链接，在打开的对话框中单击“启动和故障恢复”栏中的 设置(T)... 按钮，在打开的对话框中同样可进行默认启动的设置。

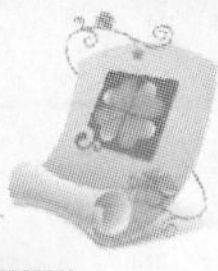

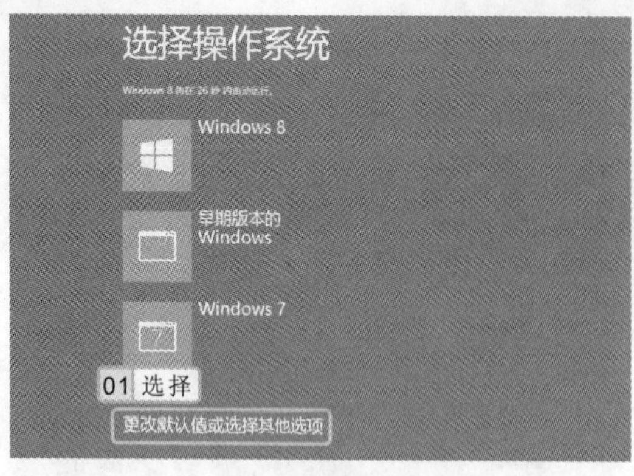

图 14-34 选择选项

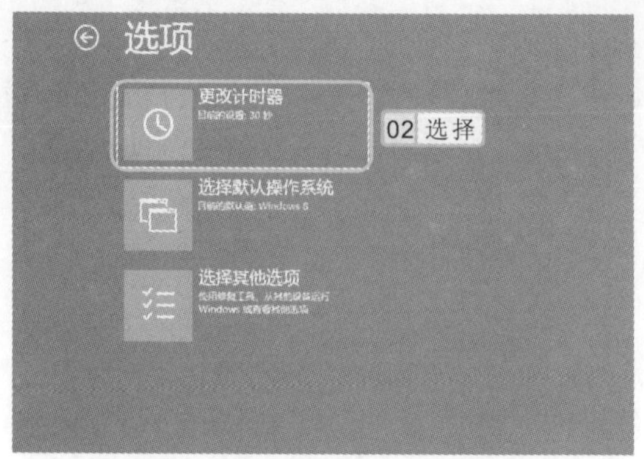

图 14-35 选择“更改计时器”选项

3. 进入“更改计时器”界面，选择“5 秒”选项，按 Enter 键，如图 14-36 所示。
4. 返回“选项”界面，选择“选择默认操作系统”选项，按 Enter 键，进入“选择默认操作系统”界面后选择 Windows 7，按 Enter 键，如图 14-37 所示。

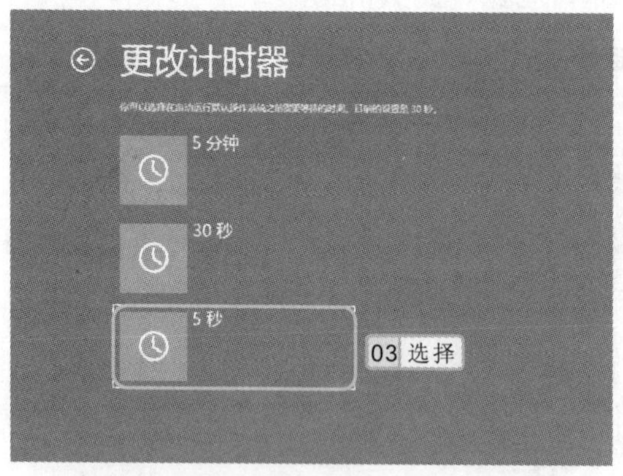

图 14-36 设置进入系统的等待时间

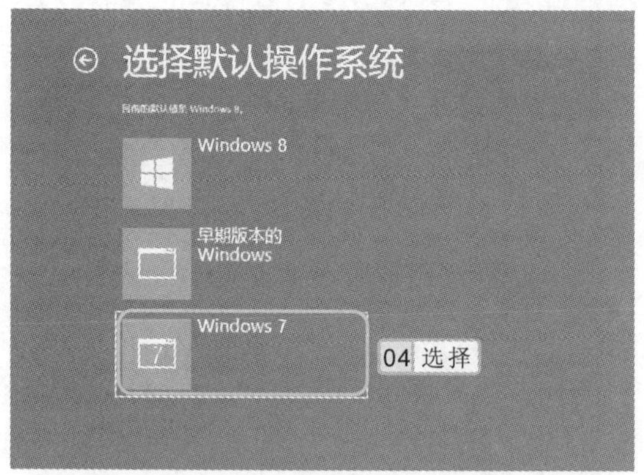

图 14-37 选择默认启动系统

14.3.3 修复启动菜单

在电脑中安装双系统后，系统的启动菜单可能会被损坏，此时在“启动管理”界面中将不能进行双系统的选择。因此，需要对系统的启动菜单进行修复。这里主要通过 BCDautofix 工具对其进行修复。

实例 14-5 在 Windows 8 中恢复 Windows 7 系统启动菜单

1. 在 Windows 8 操作系统中双击 BCDautofix 工具软件，打开其工作界面，如图 14-38 所示。
2. 按任意键，开始进行操作。此时软件将自动搜索电脑中安装的操作系统，并提示找到安装的 Windows 7 操作系统，如图 14-39 所示。

在安装 Windows 8 操作系统后，系统默认从高版本 Windows 8 启动，且默认进入系统等待时间为 30 秒。

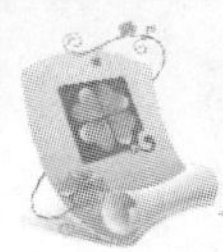

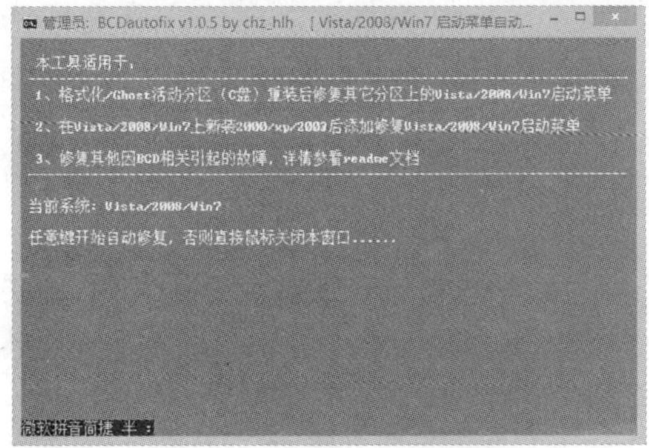

图 14-38　打开工作界面

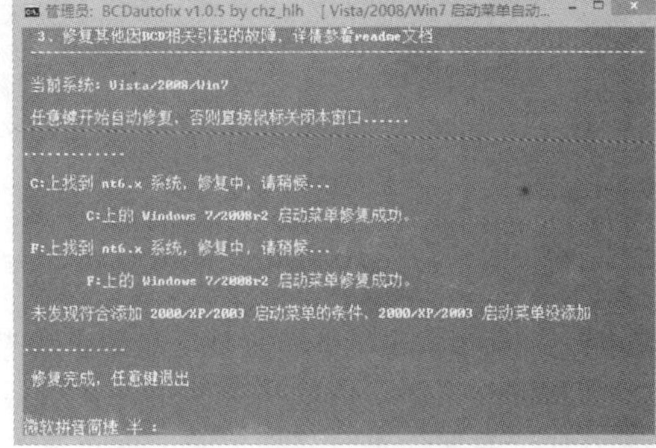

图 14-39　搜索电脑中的系统

3. 搜索到系统后，软件即自动修复启动菜单。完成后，将提示按任意键退出，如图 14-40 所示。

4. 重新启动系统，即可看到丢失的 Windows 7 启动项将出现在启动菜单中，如图 14-41 所示。

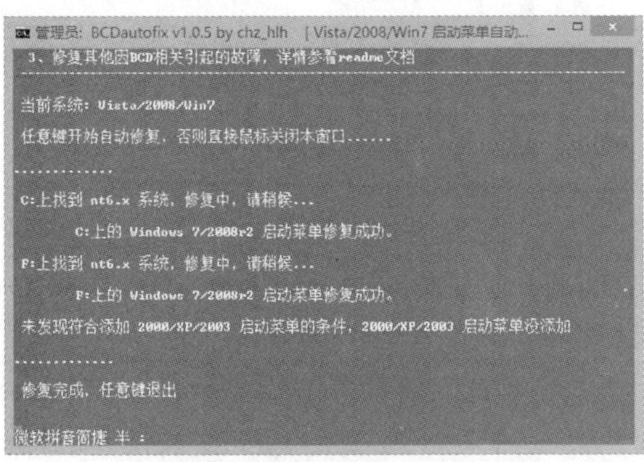

图 14-40　完成修复

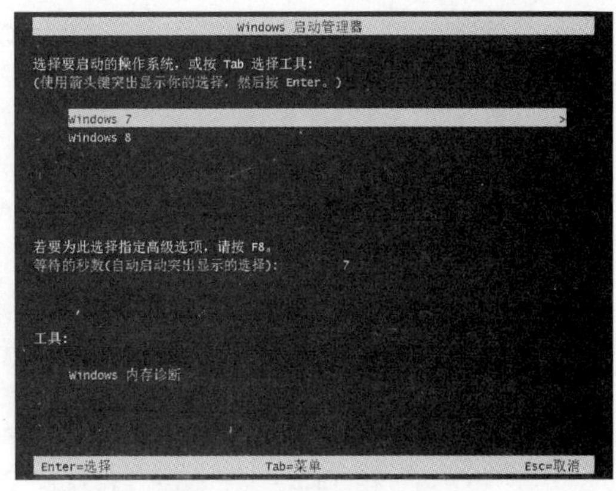

图 14-41　查看启动菜单

14.4　系统备份与还原

使用操作系统一段时间后，会在其中安装很多软件并进行过很多设置，为了保存电脑中的重要内容，避免系统发生问题时电脑无法使用的情况出现，可对操作系统进行备份。当需要时，再对其进行还原即可。

14.4.1　使用还原点

在 Windows 8 中，可以使用还原点来对系统进行恢复，使用户在不重装操作系统的前提下，恢复到正常的工作状态。使用还原点分为创建还原点和恢复还原点两个步骤，分别介绍如下。

用户可以在当前系统中创建多个还原点，当进行还原操作时，只需选择需要的时间点即可。

1. 创建还原点

在系统中可以创建包含当前时间的系统注册表、本地配置文件和驱动程序等数据内容的还原点。

实例 14-6 在 Windows 8 中创建还原点

1. 进入 Windows 8 操作系统，在系统正常运行状态下，在“计算机”图标上单击鼠标右键，在弹出的快捷菜单中选择“属性”命令。
2. 打开“系统”窗口，在左侧导航窗格中单击“系统保护”超级链接，如图 14-42 所示。
3. 打开“系统属性”对话框，选择“系统保护”选项卡，单击 创建(C)... 按钮，如图 14-43 所示。

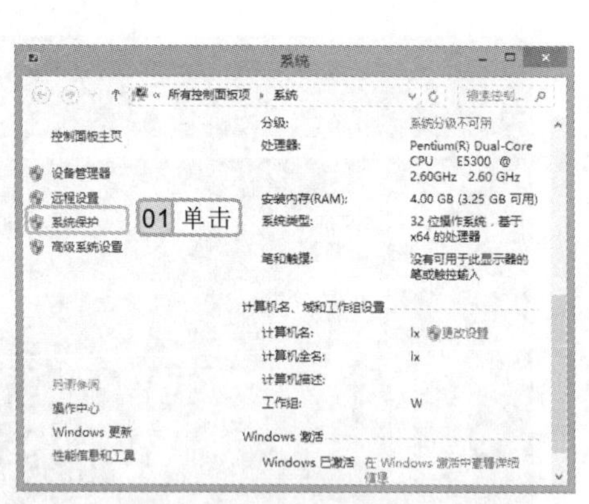

图 14-42 “系统”窗口

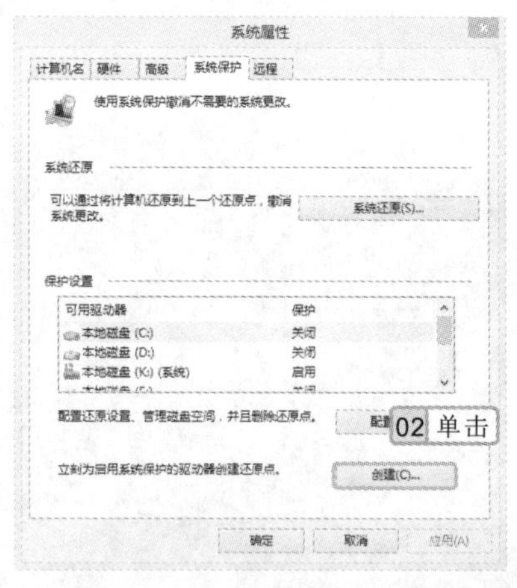

图 14-43 “系统属性”对话框

4. 打开“系统保护”对话框，在该对话框的文本框中输入还原点的名称，这里输入“还原系统”，然后单击 创建(C) 按钮，创建系统还原点，如图 14-44 所示。
5. 创建完成后，将打开提示对话框提示已成功创建还原点，单击 关闭(O) 按钮关闭对话框，如图 14-45 所示。

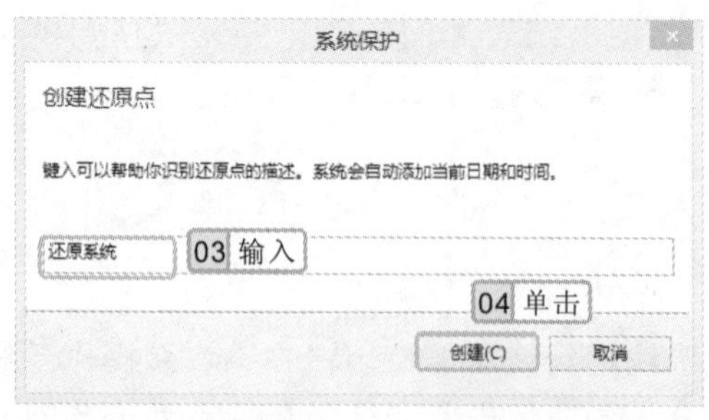

图 14-44 创建还原点

图 14-45 成功创建还原点

通过还原点来还原系统，必须保证能正常进入操作系统，该方法适用于某个软件重装后不能正常使用或系统不能正常运行的状态下使用。

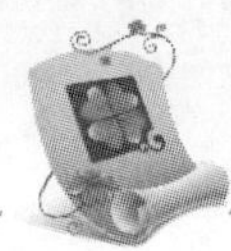

2. 恢复还原点

在系统中对注册表进行了错误操作或安装了错误的软件导致系统运行不正常时，即可通过恢复还原点的方法来恢复系统，使其回到正常的工作状态。

实例 14-7 使用还原点还原 Windows 8 操作系统

1. 在 Windows 8 操作系统中，打开“系统属性”对话框，选择“系统保护”选项卡，单击 系统还原(S)... 按钮，如图 14-46 所示。
2. 打开“系统还原”对话框，直接单击对话框中的 下一步(N) > 按钮，如图 14-47 所示。

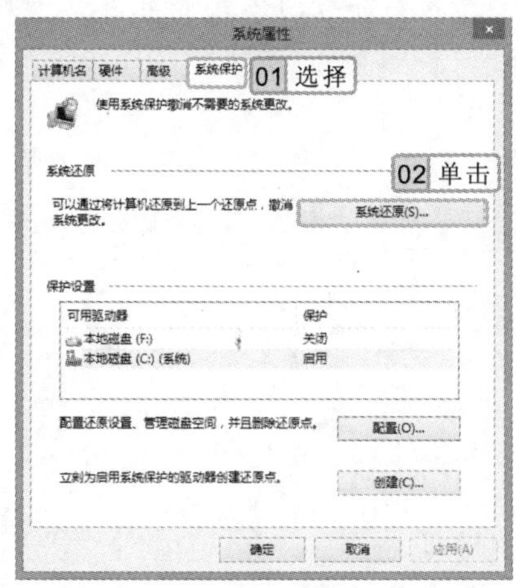

图 14-46 单击“系统还原”按钮

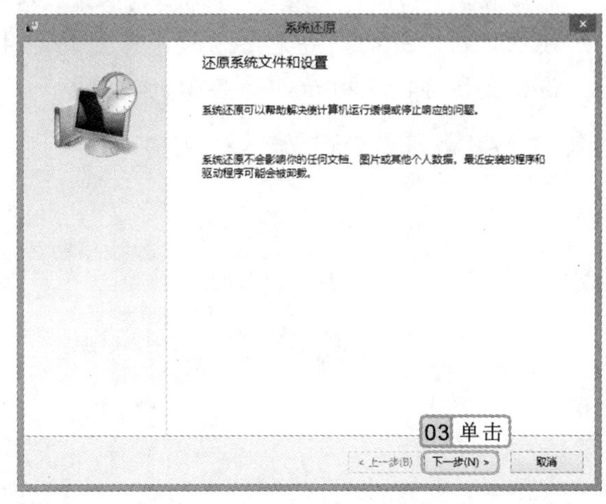

图 14-47 开始还原

3. 打开“将计算机还原到所选事件之前的状态”界面，选择还原点，这里选择“系统还原”选项，然后单击 下一步(N) > 按钮，如图 14-48 所示。
4. 打开“确认还原点”界面，单击 完成 按钮，如图 14-49 所示。在打开的提示对话框中单击 是 按钮，然后系统将重新启动，并在重启过程中进行还原操作。

图 14-48 确认还原

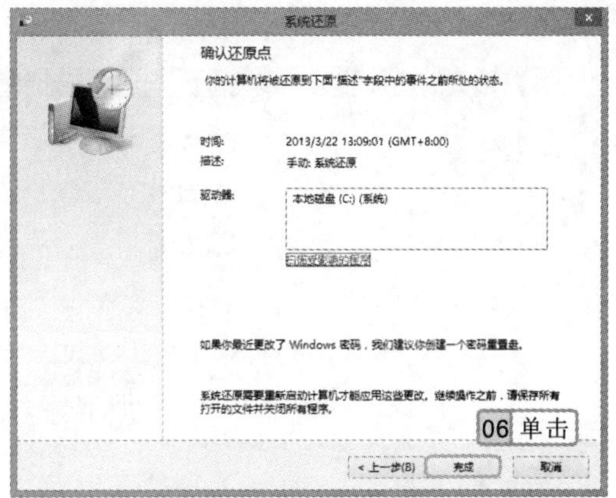

图 14-49 还原系统

进行还原操作后，系统将回到创建还原点时的状态。

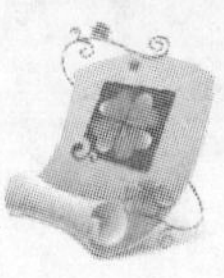

14.4.2 备份和还原系统

系统还原点只能对系统的部分设置及注册表等内容进行还原，如果想恢复系统中的所有内容，可通过 Windows 操作系统自带的备份功能进行系统恢复。当电脑发生问题时，则可通过“Windows 7 文件恢复”功能对其进行还原操作，其操作方法分别介绍如下。

- **备份系统**：在“控制面板”窗口中单击“Windows 7 文件恢复”超级链接，打开“Windows 7 文件恢复”窗口，单击“设置备份”超级链接，如图 14-50 所示。打开“选择要保存备份的位置”界面，在其中选择保存的位置，单击 下一步(N) 按钮，然后在打开的“你希望备份哪些内容？”界面中设置需要备份的方式并单击 下一步(N) 按钮，在打开的“查看备份设置”对话框中单击 保存设置并运行备份(S) 按钮即可自动进行备份，如图 14-51 所示即为备份的进度。

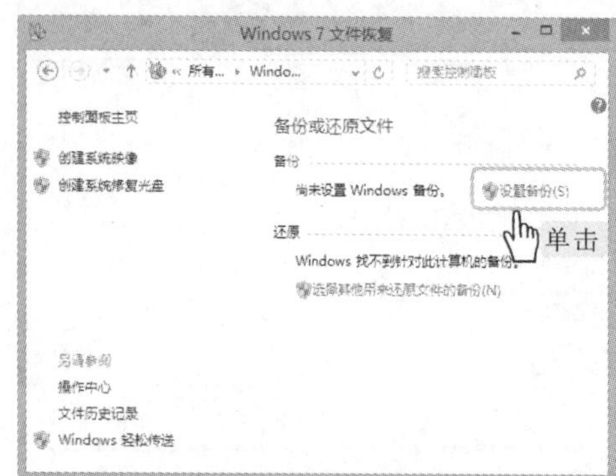

图 14-50 开始进行备份

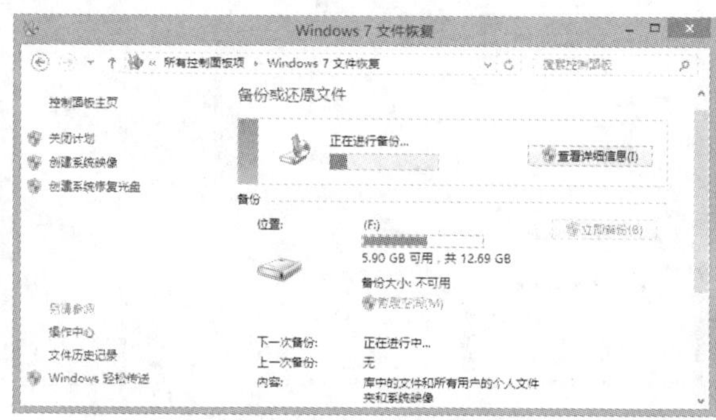

图 14-51 查看备份进度

- **还原系统**：当系统中存在备份文件时，可打开“Windows 7 文件恢复”窗口，在“还原”栏中单击 还原我的文件(R) 按钮，如图 14-52 所示，打开“还原文件”对话框。在其中选择备份记录，单击 下一步(N) 按钮，如图 14-53 所示，在打开的对话框中设置文件的还原位置，然后单击 还原(R) 按钮即可。

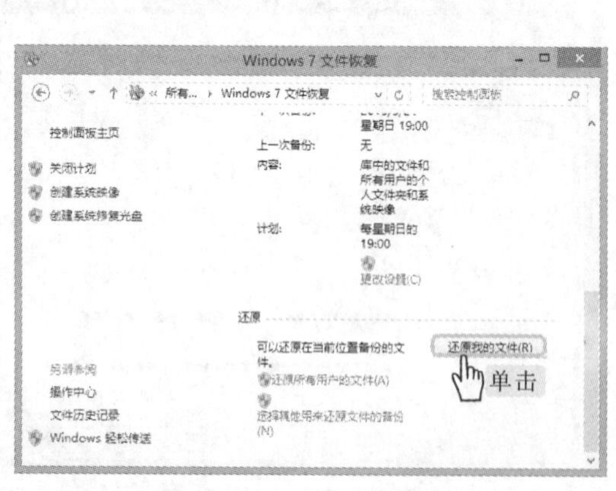

图 14-52 启动还原程序

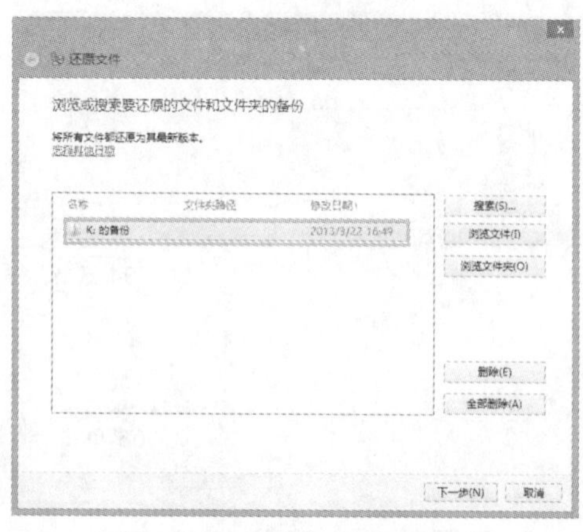

图 14-53 添加备份文件夹

在设置备份的保存位置时，要选择安装操作系统以外的磁盘分区，并且要有足够大的可用空间，否则备份将不能成功。

14.4.3 创建并恢复完整的系统映像

在 Windows 8 中，还可以通过创建系统映像的方法来备份并恢复系统，其方法与通过“Windows 7 文件恢复”功能类似。只要在“Windows 7 文件恢复”窗口中单击“创建系统映像”超级链接，打开“创建系统映像”窗口，在其中选择需要存放系统映像的位置，然后按照提示进行即可。当完成创建后，即可在其中单击按钮，在打开的对话框中对其进行恢复。

14.4.4 使用 Ghost 备份并还原系统

除了使用系统自带的功能进行备份和还原外，还可使用其他工具对系统进行备份。而 Ghost 就是众多工具中最为常用的一种，它可以将一个分区或整个硬盘上的数据进行备份，当需要时，只需花几分钟的时间即可将其还原到原来的分区或硬盘上。

1. 使用 Ghost 备份系统

在使用 Ghost 进行备份和还原操作前，需要先下载并安装一个 DOS 软件——MaxDOS，通过它能在启动电脑时方便地进入 DOS，并且该软件自带了 Ghost。

实例 14-8 使用 MaxDOS 内置的 Ghost 工具备份 Windows 8

1. 安装 MaxDOS 软件后，重启电脑，在出现启动菜单时，按键盘上的↓键，选择“MaxDOS 8”选项，然后按 Enter 键，启动 MaxDOS 软件。
2. 在 MaxDOS 的界面中按↓键选择“全自动备份还原系统”选项，然后按 Enter 键，如图 14-54 所示。
3. 在打开的界面中输入安装 MaxDOS 时设置的密码，然后按 Enter 键，在打开的对话框中选择“GHOST 手动操作”选项，然后按 Enter 键，如图 14-55 所示。

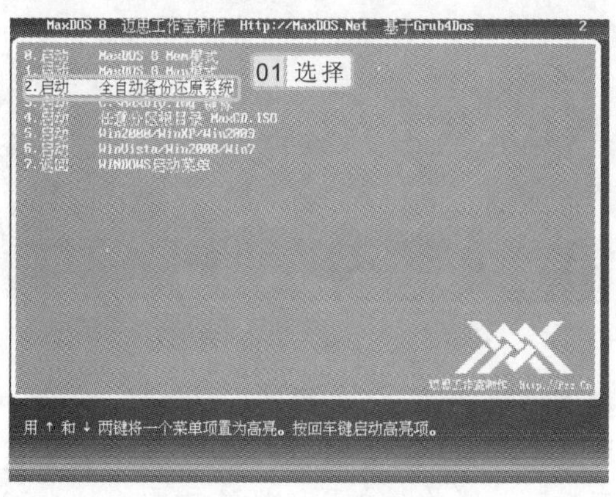

图 14-54 选择“全自动备份还原系统”选项

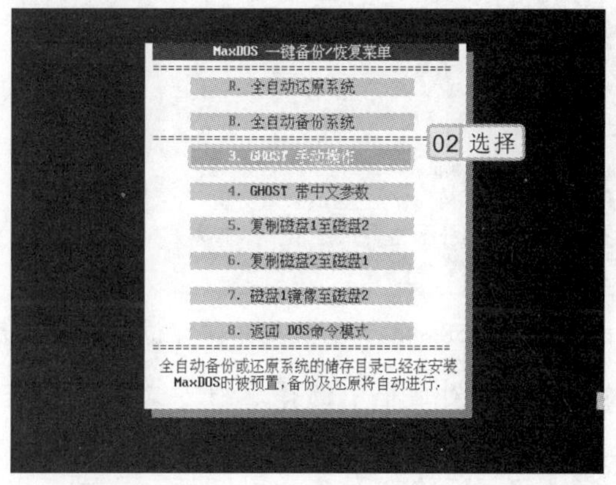

图 14-55 选择“GHOST 手动操作”选项

操作提示

系统映像占用的磁盘空间一般较大，它包含了系统运行所需的驱动器、Windows 的账户系统设置、安装程序及文件信息等。

4 启动 Ghost 软件，在打开的对话框中单击 OK 按钮，在显示的界面中选择【Local】/【Partition】/【To Image】命令。

5 在显示的界面中选择需备份的磁盘分区所在的硬盘（若电脑中有多个硬盘时需选择），然后单击 OK 按钮，如图 14-56 所示。

6 在打开的界面中选择需备份的分区，这里选择第 2 个分区，然后单击 OK 按钮，如图 14-57 所示。

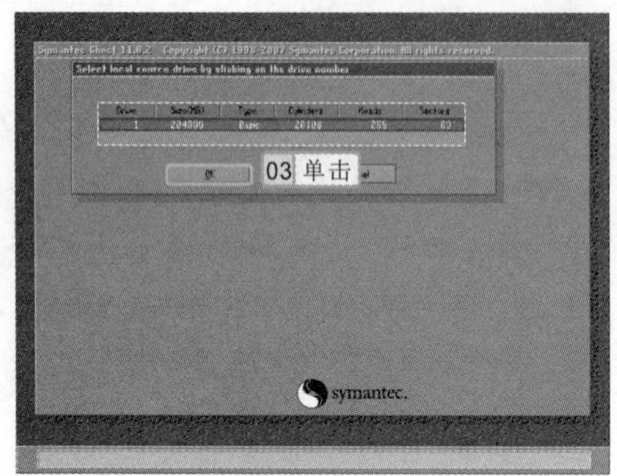

图 14-56　选择硬盘

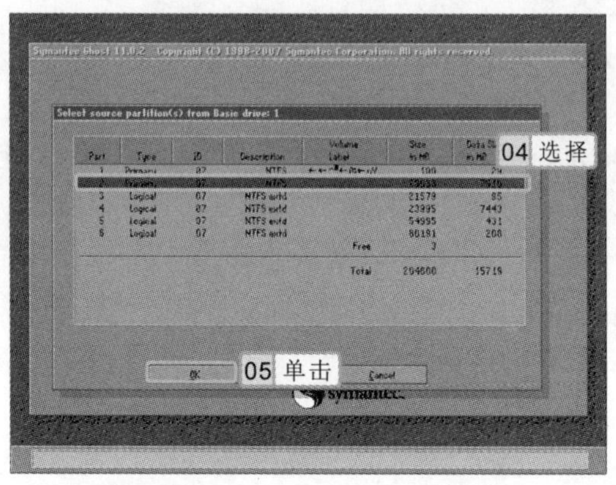

图 14-57　选择备份的分区

7 在打开的对话框中要求设置保存的位置，通过按 Tab 键选择地址栏下拉列表框，按 Enter 键，展开下拉列表框，然后选择较大的分区，这里选择“1.6:[]NTFS drive”选项，如图 14-58 所示。

8 选择保存位置后，按 Tab 键，在 File name 文本框中输入备份的名称，这里输入“beifen Win8”，按 Enter 键，如图 14-59 所示。

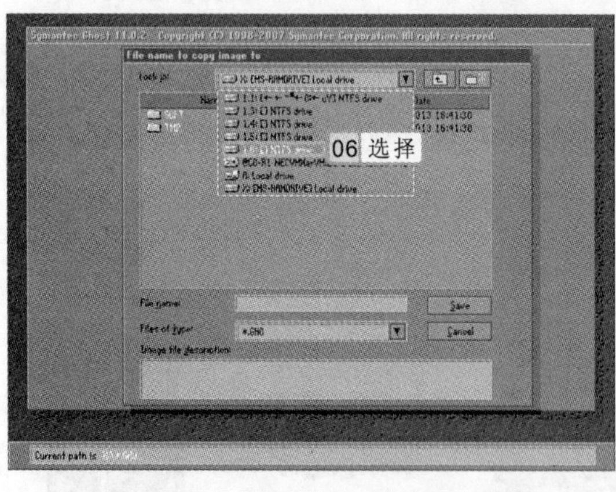

图 14-58　设置备份文件保存位置

图 14-59　输入备份的名称

9 在打开对话框中选择压缩方式，这里按→键激活 High 按钮，再按 Enter 键。

10 在打开的对话框中单击 Yes 按钮，确认进行备份操作，如图 14-60 所示。

11 打开显示备份进度的对话框，完成后重启电脑完成备份，如图 14-61 所示。

对于 Windows 8 操作系统来说，在 DOS 下使用 Ghost 软件可以直接使用鼠标进行操作，设置相关选项，然后单击对应按钮。

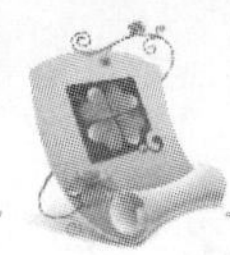

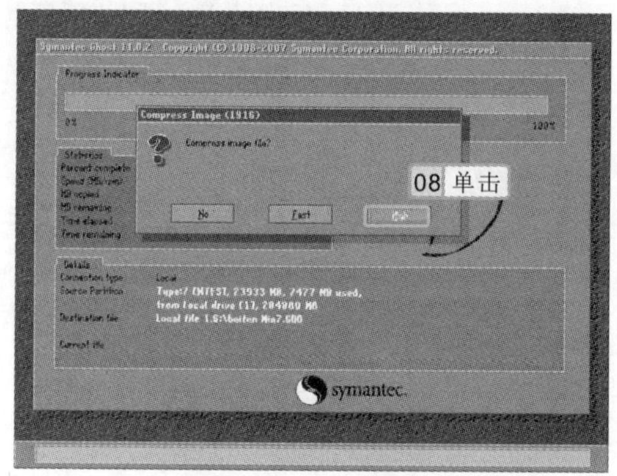

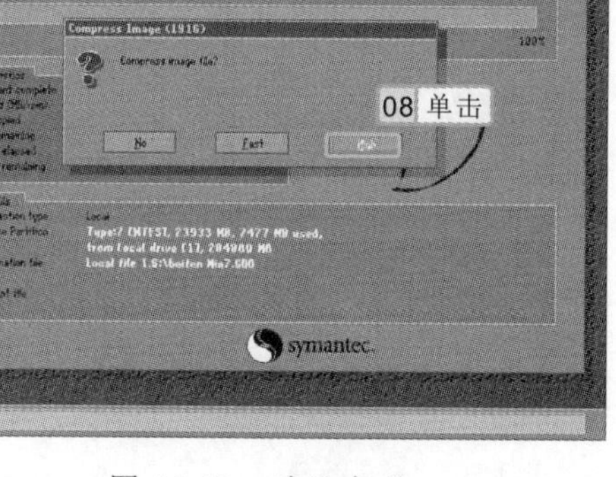

图 14-60　确认备份

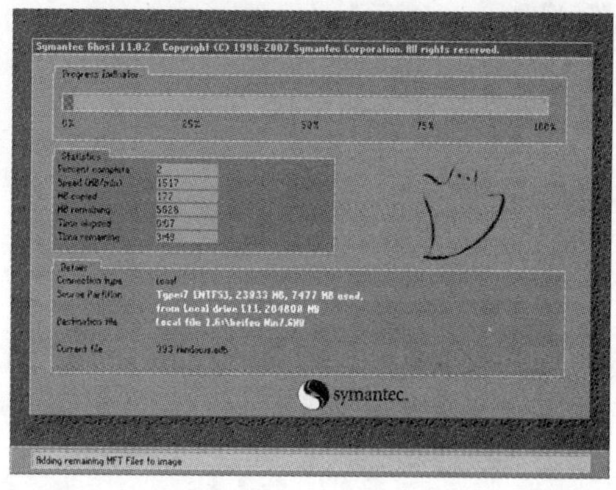

图 14-61　完成备份

2. 使用 Ghost 还原系统

当系统出现问题或不能正常进入系统时，可通过 Ghost 的备份文件对系统进行还原。

实例 14-9 快速还原通过 Ghost 备份的 Windows 8

1. 使用与备份时相同的操作，打开 Ghost 主界面，并单击其中的 OK 按钮，按 Enter 键，在打开的界面中选择【Local】/【Partition】/【From Image】命令。
2. 在打开的对话框中选择备份的映像文件，单击 Open 按钮，如图 14-62 所示。
3. 在打开的对话框中显示了该映像文件的大小及类型等相关信息，按 Enter 键确认。在打开的对话框中选择需要恢复到的硬盘，这里保持默认，直接按 Enter 键。
4. 在打开的对话框中选择需要恢复到的磁盘分区，这里选择恢复到第 1 分区，单击 OK 按钮，如图 14-63 所示。

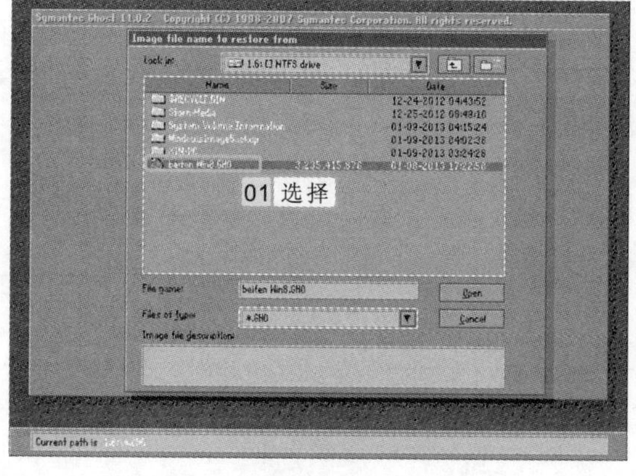

图 14-62　确认恢复的备份文件

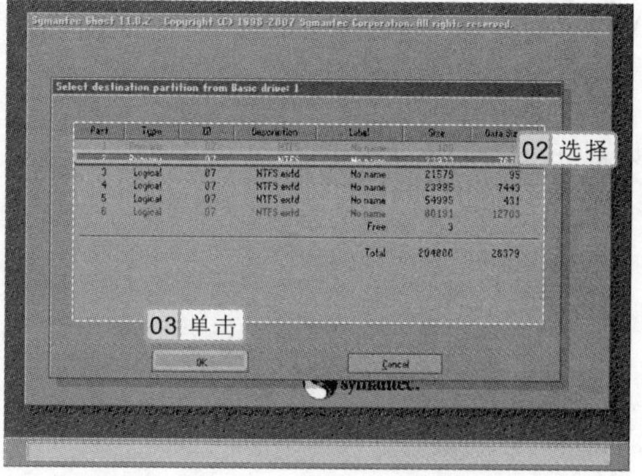

图 14-63　确认恢复到的硬盘

5. 在打开的对话框中询问是否需要恢复，单击 Yes 按钮。Ghost 开始恢复该映像文件到系统盘，并显示恢复速度、进度和还需要的时间等信息，如图 14-64 所示。
6. 恢复完成后，在打开的对话框中单击 Reset Computer 按钮，如图 14-65 所示，最后重启电脑。

使用 Ghost 还原时，若备份的是 C 盘，则只能还原到 C 盘，否则系统会出错。

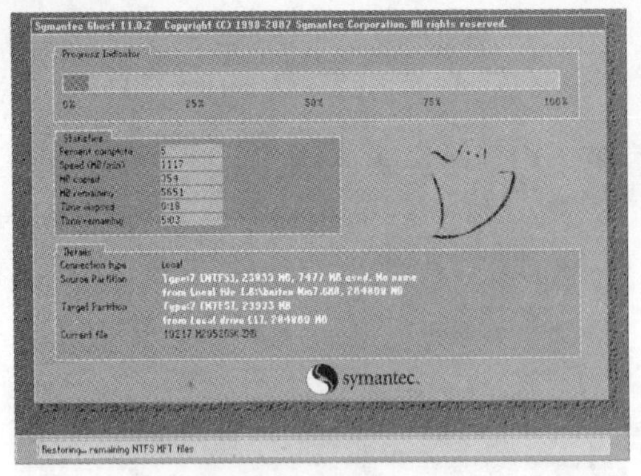

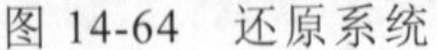
图 14-64　还原系统

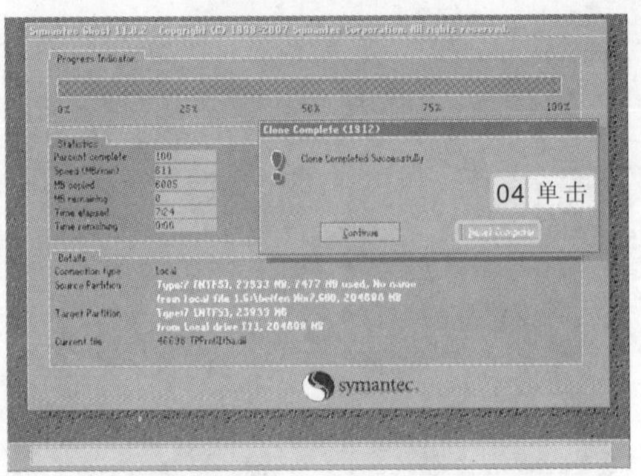

图 14-65　完成还原操作

14.5　精通实例——安装双系统并设置启动菜单

本例将在电脑中安装 Windows 8 和 Windows XP 双操作系统。首先安装 Windows XP 操作系统，然后在 Windows XP 的基础上安装 Windows 8 操作系统，使其组成双系统环境，并对启动菜单进行设置。

14.5.1　行业分析

双操作系统是指在同一个硬盘中安装两个操作系统，使用户能更加便利地选择需要使用的工作环境，充分发挥各个系统的特点。安装双系统时，须先安装一个操作系统，然后在该系统的基础上再安装另一个操作系统，但如果安装的方法不当，容易造成某个操作系统无法正常启动。在进行本例的制作时，应先安装 Windows XP 操作系统，然后再安装 Windows 8 操作系统。需要注意的是，电脑需同时满足 Windows XP 与 Windows 8 的最低安装要求。

14.5.2　操作思路

为更快完成本例的制作，并且尽可能运用本章讲解的知识，本例的操作思路如下。

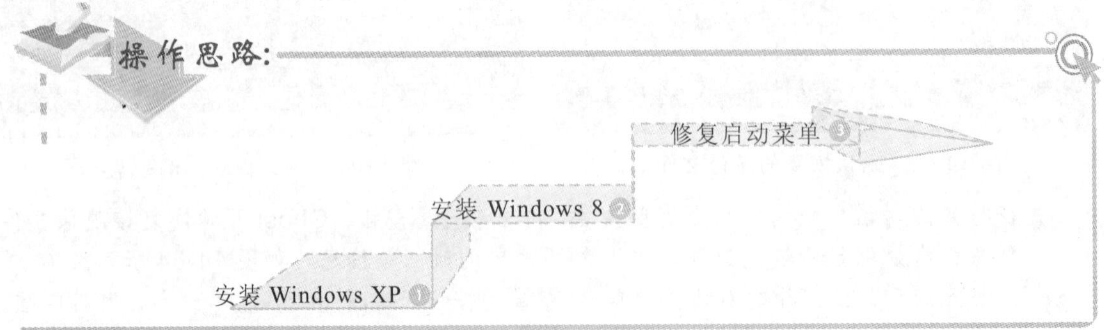

在进行 Ghost 备份时，要耐心等待一段时间。在这段时间中，不要轻易进行其他操作，以免造成备份错误。

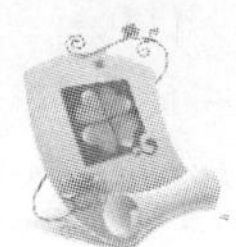

14.5.3　操作步骤

下面将在电脑中安装 Windows XP 操作系统，在其基础上安装 Windows 8 操作系统，并对安装后的启动菜单进行设置，使其能正常进行引导，操作步骤如下：

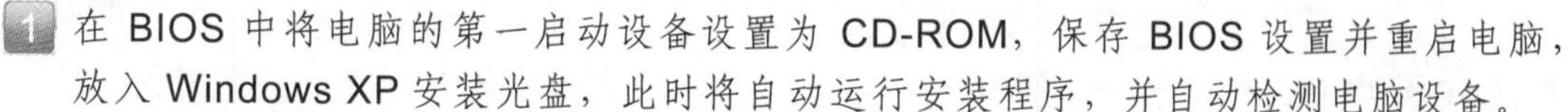

参见光盘　光盘\实例演示\第 14 章\安装双系统并设置启动菜单

1. 在 BIOS 中将电脑的第一启动设备设置为 CD-ROM，保存 BIOS 设置并重启电脑，放入 Windows XP 安装光盘，此时将自动运行安装程序，并自动检测电脑设备。
2. 检测完成后出现“Window XP Professional 安装程序”界面，按 Enter 键，如图 14-66 所示。
3. 进入“Windows XP 许可协议”界面，根据左下方的提示，按 F8 键继续安装。
4. 这时将提示选择安装分区，一般选择安装在 C 分区，按 Enter 键进行安装，如图 14-67 所示。

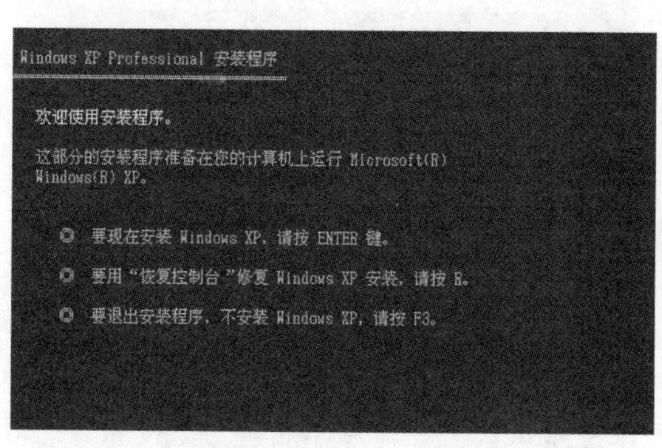

图 14-66　Windows XP 安装程序界面

图 14-67　选择安装分区

5. 在打开的界面中选择文件系统格式，这里选择“保持现有文件系统（无变化）”选项，按 Enter 键继续进行安装。
6. 安装程序开始检查磁盘，检查完毕后，开始复制文件并显示其进度。安装文件复制完成后，系统提示重启电脑，按 Enter 键重启电脑，重启后将进入 Windows XP 安装界面，开始检测并安装硬件设备的驱动程序。
7. 稍后打开“区域和语言选项”界面要求选择区域与语言，保持默认设置不变，直接单击 下一步(N) > 按钮，如图 14-68 所示。
8. 打开“自定义软件”界面，在其中输入姓名和单位，单击 下一步(N) > 按钮，如图 14-69 所示。

操作提示

在安装 Windows XP 时，重启电脑后要按任意键才能进入光盘。

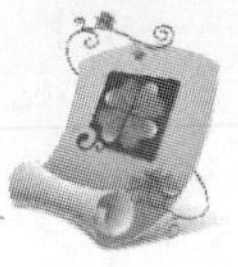

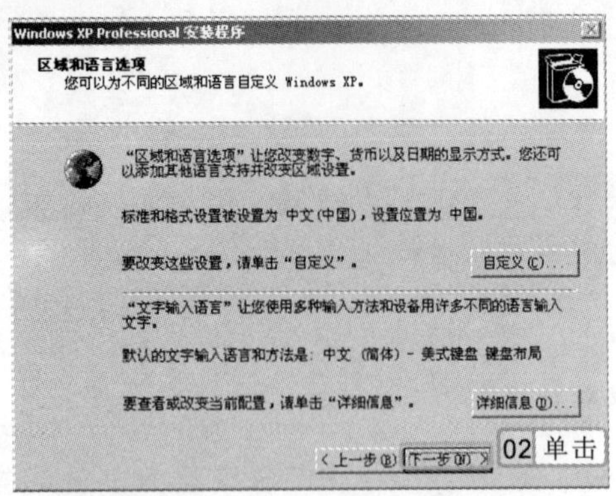

图 14-68 检测并安装硬件设备

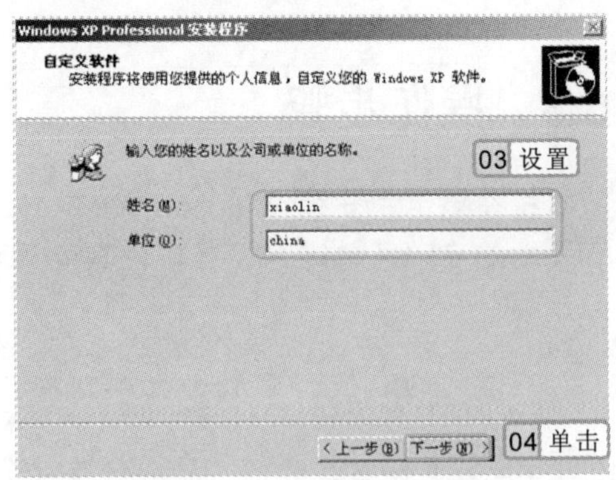

图 14-69 输入姓名和单位

9 在打开的对话框中输入安装光盘包装盒上的产品密钥，输入后单击下一步(N) >按钮，如图 14-70 所示。

10 在打开的"计算机名和系统管理员密码"界面中设置计算机名和系统密码，然后单击下一步(N) >按钮，如图 14-71 所示。

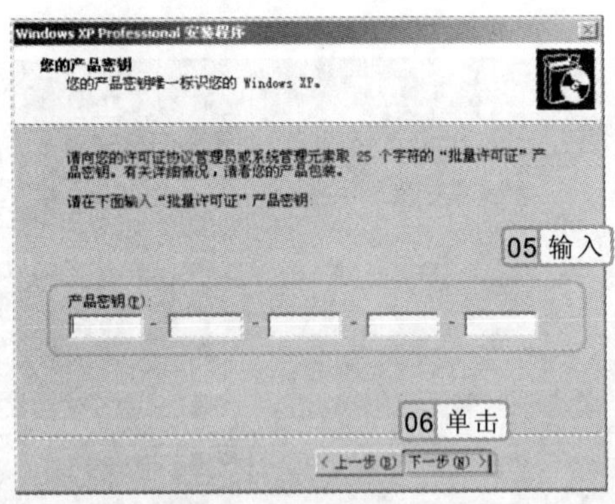

图 14-70 输入产品密钥

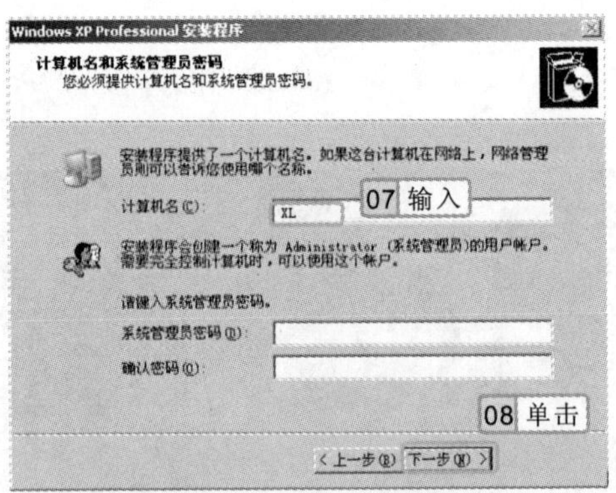

图 14-71 设置用户名和密码

11 在打开的对话框中设置时间和时区，这里保持默认设置，然后单击下一步(N) >按钮。此时将返回安装界面，开始安装网络并显示剩余时间等信息。稍候在打开的对话框中进行网络设置，这里保持默认设置，单击下一步(N) >按钮。

12 在打开的对话框中设置电脑的工作组或域等信息，这里保持默认设置，单击下一步(N) >按钮。返回安装界面，安装程序开始向 C 盘中复制文件，完成后重启电脑。

13 重启后打开"欢迎使用 Microsoft Windows"界面，单击下一步(N) →按钮继续进行安装。

14 在打开的界面中选择是否启动自动更新，选中"现在通过启用自动更新帮助保护我的电脑(H)"单选按钮，然后单击下一步(N) →按钮，如图 14-72 所示。

15 系统自动检测电脑与 Internet 的连接，可在此设置，也可登录系统后再进行设置，这里单击跳过(S) ▶▶按钮跳过此步设置。

16 在打开的界面中要求激活 Windows，这里选中"否，请每隔几天提醒我(O)"单选按钮，单击下一步(N) →按钮，如图 14-73 所示。

在安装系统的过程中，应一直保持通电状态，以避免断电造成磁盘损坏。

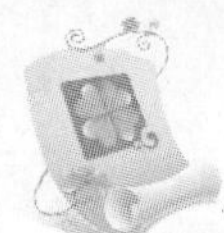

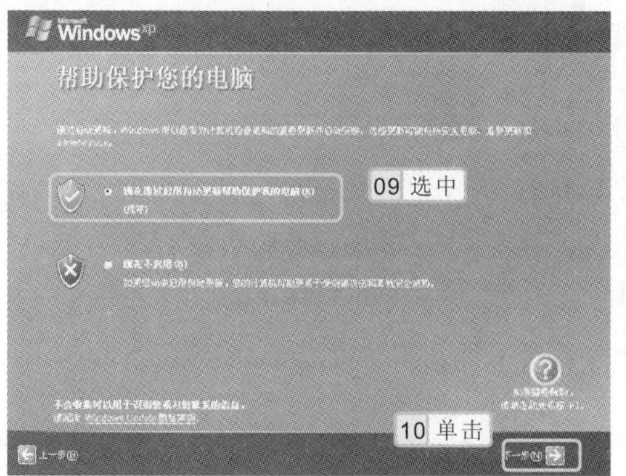

图 14-72　跳过 Internet 连接设置

图 14-73　选择是否激活

17 在打开的界面中要求建立用户账户，在“您的姓名”文本框中输入用户名称，单击下一步(N)按钮，如图 14-74 所示。

18 在打开的界面中提示 Windows XP 已经成功安装，单击完成(F)按钮。稍候自动登录 Windows XP，完成安装，如图 14-75 所示。

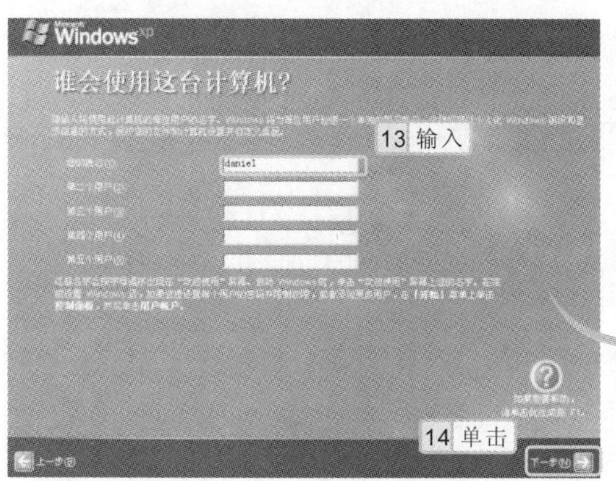

图 14-74　设置用户账户

图 14-75　完成安装

19 完成 Windows XP 的安装后，稍等一段时间后重启电脑，将 Windows 8 的安装光盘放入光驱，开始载入安装时需要的文件。

20 文件复制完成后将打开“Windows 8 安装程序”窗口，保持该窗口中的默认设置不变，单击下一步(N)按钮继续安装。

21 在打开的对话框中单击现在安装(I)按钮，如图 14-76 所示，开始安装 Windows 8 操作系统。

22 系统将自动从光盘启动并加载安装所需的文件，稍等一段时间后，将打开“请阅读许可条款”对话框，阅读其中的内容，选中我接受许可条款(A)复选框，单击下一步(N)按钮，如图 14-77 所示。

系统自动更新功能可以使系统自动下载最新的补丁来修复漏洞，保证系统安全。

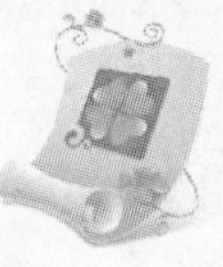

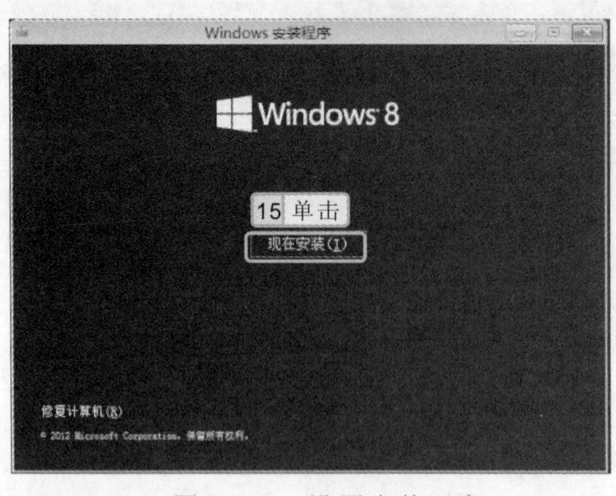

图 14-76 设置安装语言

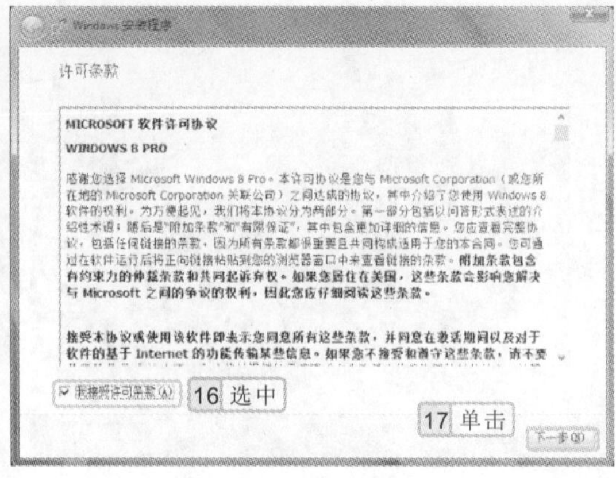

图 14-77 开始安装

23 打开“你想执行哪种类型的安装？”界面，选择“自定义：仅安装 Windows（高级）”选项，如图 14-78 所示。

24 打开“你想将 Windows 安装在哪里？”界面，在其中的列表框中选择安装位置，这里选择“驱动器 0 分区 2”选项，然后单击 下一步(N) 按钮，如图 14-79 所示。

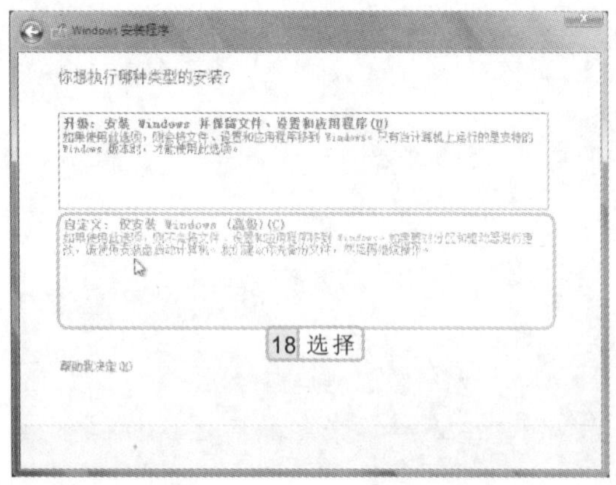

图 14-78 选择自定义安装

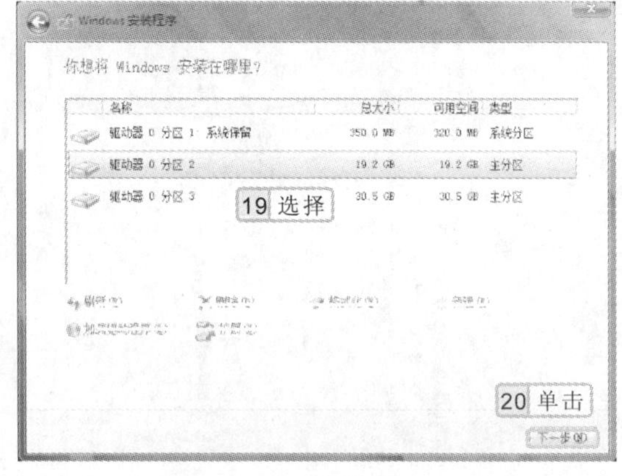

图 14-79 开始安装 Windows 8

25 打开“正在安装 Windows”界面，开始安装 Windows 8，并显示其安装进度。此时系统将自动复制安装 Windows 8 需要的文件，然后安装系统和更新。

26 安装完成后，提示安装程序将在重启电脑后继续。重启电脑，在打开的界面中提示要求在电脑中完成一些基本设置。这里保持默认设置不变，然后在“电脑名称”文本框中输入电脑名称，这里输入“PXX”，完成后单击 下一步(N) 按钮，如图 14-80 所示。

27 打开“设置”界面，在其中显示了设置说明信息，这里直接单击 使用快速设置(E) 按钮进行快速设置，如图 14-81 所示。

28 打开“登录到电脑”界面，单击“不使用 Microsoft 账户登录”超级链接，打开“可以使用两种方式方法登录”界面，在其中单击 本地帐户(L) 按钮，选择以本地账户进行登录。

不管安装哪个操作系统，用户账户、密码都不是必须设置的，用户可根据需要进行设置。

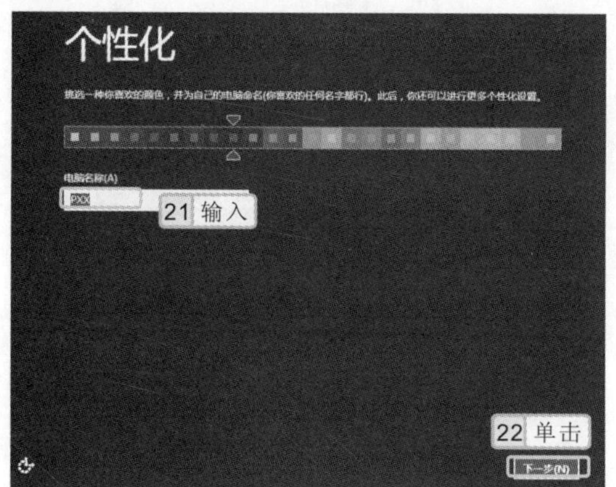

图 14-80 选择设置选项

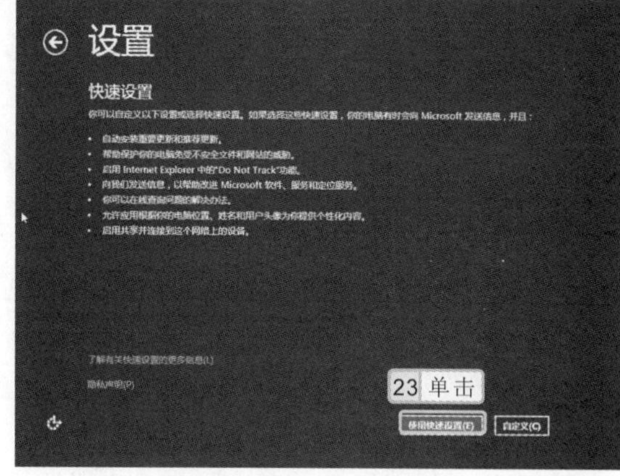

图 14-81 个性化设置

29 在打开界面的"用户名"文本框中输入用户名，在"密码"和"重新输入密码"文本框中输入登录密码，在"密码提示"文本框中输入密码提示信息，然后单击完成(F)按钮，如图 14-82 所示。

30 系统开始准备应用设置，并在准备完成后演示 Windows 8 的使用方法。然后再安装应用设置，完成后即可登录到 Windows 8 操作系统，如图 14-83 所示。

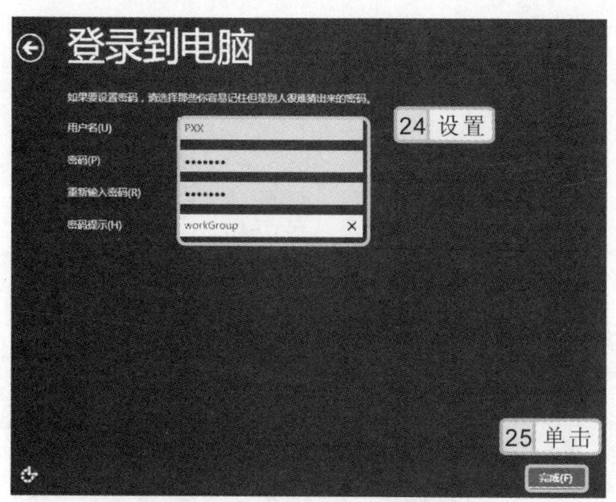

图 14-82 设置登录信息

图 14-83 完成安装

31 进入 Windows 8 桌面，在桌面空白处单击鼠标右键，在弹出的快捷菜单中选择"个性化"命令，在打开的窗口中单击"更改桌面图标"超级链接，在打开的对话框中选中☑计算机(M)复选框，单击确定按钮，如图 14-84 所示。

32 返回桌面，在"计算机"图标上单击鼠标右键，在弹出的快捷菜单中选择"属性"命令，在打开的窗口中单击"系统高级设置"超级链接。

33 打开"系统属性"对话框，在"高级"选项卡中单击"启动和故障恢复"栏中的设置(T)...按钮，如图 14-85 所示。

安装 Windows 8 后，系统默认以当前选择的方式登录系统。若要进行更改，可在电脑右侧的菜单中单击"更改电脑设置"超级链接进行设置。

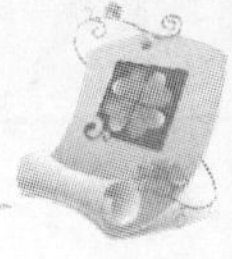

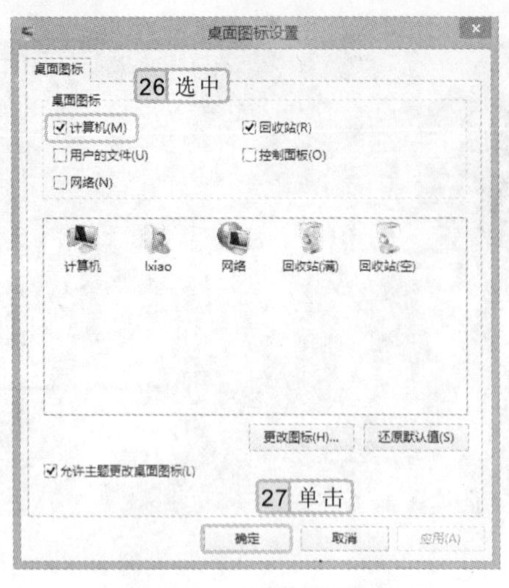

图 14-84　设置桌面图标

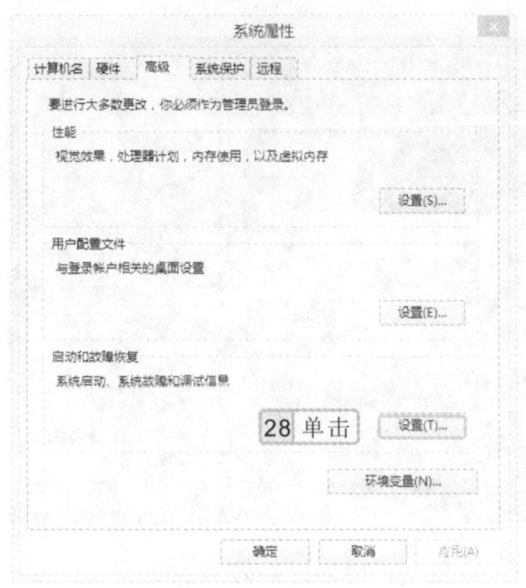

图 14-85　"系统属性"对话框

34 打开"启动和故障恢复"对话框，在"默认操作系统"下拉列表框中选择"Windows 8"选项，在其下的数值框中输入"10"，单击 确定 按钮，如图 14-86 所示。

35 返回"系统属性"对话框，单击 确定 按钮进行确认，重新启动操作系统后，可看到系统的启动界面，如图 14-87 所示。在不进行选择的情况下，10 秒后将默认进入 Windows 8 操作系统。

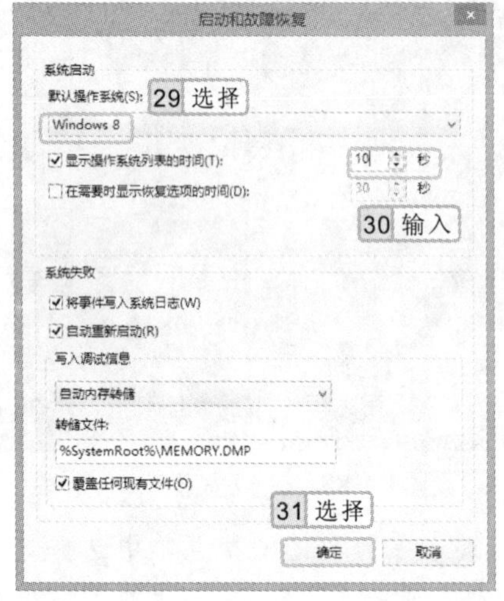

图 14-86　设置默认操作系统和等待时间

图 14-87　启动菜单

14.6　精通练习——备份和还原 Windows 8

本章主要介绍了全新安装 Windows 8、升级安装 Windows 8、双系统管理和备份与还原系统等知识，下面将通过练习进一步巩固这些知识，使用户能熟练地掌握系统的安装与管理操作。

如果安装双系统后，"启动管理"界面中没有两个启动菜单，可通过修复工具进行修复。

在 Windows 8 操作系统中通过还原点、备份和映像文件对系统进行备份，然后再分别对其进行还原，比较每种方法的特点。

参见光盘 光盘\实例演示\第 14 章\备份和还原系统

该练习的操作思路如下。

操作思路:

通过系统映像备份和还原系统 3

通过系统备份功能备份和还原系统 2

使用还原点备份和还原系统 1

知识关联 其他的系统备份与还原工具

除了通过 Ghost 进行系统的备份与还原外，还可通过其他工具软件来进行，如一键还原精灵、影子魔都等。它们的操作界面较 Ghost 简单，可以直接通过界面的提示来进行系统的备份与还原等操作。

对于 Windows 8 和 Windows 7 操作系统来说，在 DOS 下使用 Ghost 软件可以通过鼠标进行操作。而在 Windows XP 操作系统中，则需使用方向键、Tab 键来进行操作。

第15章

Windows 8 的系统安全

本章导读

为避免病毒或间谍软件侵入电脑损坏文件、破坏系统，Windows 8 提供了很多防护功能，用于及时检查并修复系统漏洞。本章将详细介绍保护系统安全的功能，包括认识电脑病毒、使用杀毒软件查杀病毒、设置 Windows 8 防火墙、使用 Windows Defender 扫描系统、使用 Windows Update 更新系统和使用操作中心等知识，下面将分别进行讲解。

15.1 操作中心

在 Windows 8 操作系统中，为用户提供了操作中心，通过它能够跟踪监控系统安全防护组件和维护功能的运行状态，使用户能时刻了解系统目前的状态，防止危害的产生。

15.1.1 认识“操作中心”窗口

用户只需在“控制面板”中单击“操作中心”超级链接，打开“操作中心”窗口，在其中单击“安全”和“维护”栏中的⌄按钮，在展开的列表中即可查看系统当前的安全状况和维护状况，如图 15-1 所示。

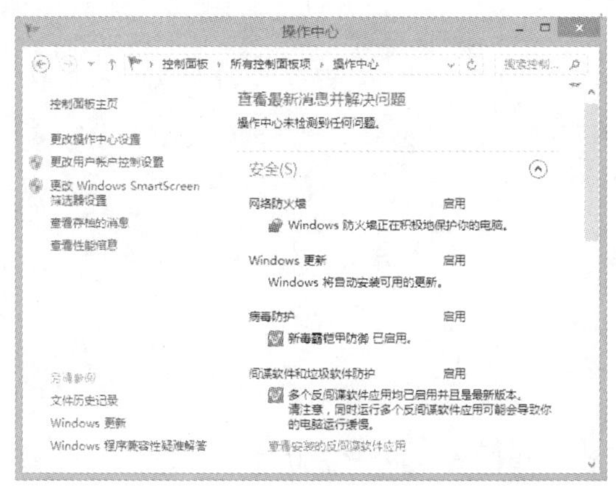

图 15-1　“操作中心”窗口

15.1.2 操作中心信息提示

当用户在进行其他操作，不便通过“操作中心”窗口进行实时监测时，可通过操作中心的信息提示功能来解决问题。当出现问题时，系统会对紧要的消息通过浮动提示界面的形式进行提示，但该提示框只会出现一次，以避免干扰用户的其他操作。

实例 15-1　通过操作中心的信息提示解决问题

下面以查看“检查病毒防护”信息为例，介绍通过操作中心提示信息进行查看并解决问题的方法。

1. 当电脑中存在紧要问题时，系统将自动通过操作中心，在系统桌面右下角的“操作中心”图标处显示出具体的问题，如图 15-2 所示。
2. 一段时间后，该提示消失不见，但操作中心的图标由变为了，单击该图标，在弹出的列表框中选择“检查病毒防护（重要信息）”选项，如图 15-3 所示。

用户也可在系统的任务栏上单击“操作中心”图标，在弹出的列表框中选择“操作中心”选项，打开“操作中心”窗口进行查看。

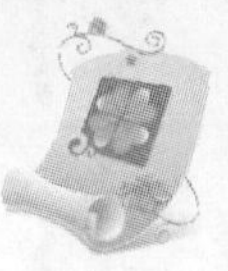

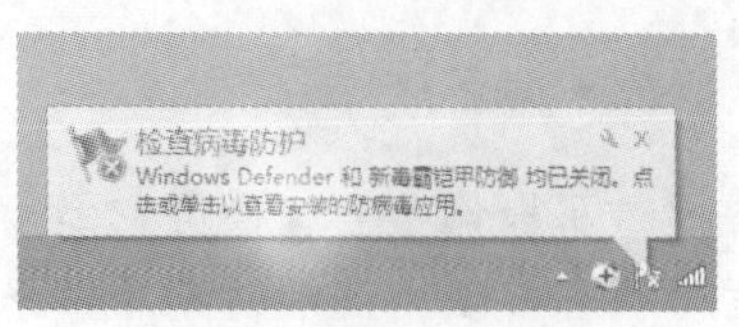

图 15-2　显示提示信息

图 15-3　选择需要解决的问题

3 打开“操作中心”对话框，在“安装的病毒防护应用”列表框中选择需要进行的操作，这里选择“新毒霸铠甲防御”选项，单击 启用(T)... 按钮，如图 15-4 所示。

4 在打开的提示对话框中选择“是，我信任这个发布者，希望运行此应用”选项，启动应用程序解决问题，如图 15-5 所示。

图 15-4　“操作中心”对话框

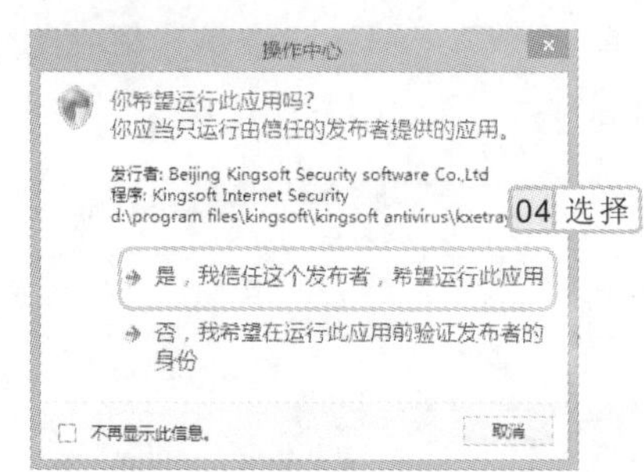

图 15-5　提示对话框

15.1.3　设置操作中心选项

通过设置操作中心的选项，能启动或关闭操作中心的安全和维护功能，以增加系统安全和稳定性或屏蔽某些监控功能。用户只需打开“操作中心”窗口，单击导航窗格中的“更改操作中心设置”超级链接，打开“更改操作中心设置”窗口，取消选中需进行设置选项前的复选框，单击 确定 按钮即可，如图 15-6 所示。

图 15-6　设置操作中心选项

精讲笔录

单击“操作中心”窗口中的“疑难解答”超级链接，可在打开的窗口中查看更多疑难问题的解决方法。

15.2 防范电脑病毒

当在网络中浏览网页信息或进行其他操作时，电脑很可能被病毒侵害，导致系统和个人信息（如银行账号、密码等）泄漏，为上网和日常生活带来了不便。因此用户应对电脑病毒进行防范，减少病毒对自身的危害。

15.2.1 认识病毒

电脑病毒是一些为了牟取暴利的人编写的电脑程序，它是一段可执行代码，拥有独特的可复制能力，能把自身附着在各种类型的文件上，通过移动存储器、光盘或网络进行传播，使电脑无法正常使用或损坏整个操作系统甚至电脑硬盘。电脑病毒通常具有以下特点。

- **隐蔽性**：电脑病毒通常会伪装成其他有益软件，或其他软件的某一部分代码，从而欺骗电脑用户甚至用户设置的防火墙。
- **传染性**：电脑病毒不但本身具有破坏性，而且具有传染性。它会自动寻找适合其传染的对象作为保护壳，并将自己的信息复制到里面，从而达到扩散传播的目的。
- **潜伏性**：当电脑感染病毒之后，不一定会马上发作。如有些病毒会隐藏在电脑中，然后根据程序的设定在预定的日期或在应用到某类程序时才发作，使电脑遭到突然攻击。
- **破坏性**：电脑一旦感染上病毒，将影响其正常运行，并破坏电脑中存储的数据。一般的电脑病毒将修改用户设置、更改键盘输入和破坏某种格式的文件，导致电脑运行速度下降；严重的还将使操作系统瘫痪，无法正常开机或关机，以及删除用户的文件，盗取用户的密码和资料等重要信息。

而当电脑中存在病毒时，通常可表现为以下几种常见现象：

- 电脑运行速度变慢，反应缓慢，甚至出现蓝屏和死机。
- 程序载入的时间变长。
- 启动电脑后，频繁出现陌生的声音、画面或提示信息，以及不寻常的错误信息或乱码。
- 系统内存或硬盘的容量突然大幅减少。
- 可执行程序文件的大小被修改。
- 文件名称、扩展名、日期、属性等被更改。
- 没有存取磁盘，但磁盘指示灯却一直处于闪亮状态。

15.2.2 使用杀毒软件

杀毒软件是一类专门针对电脑病毒开发的软件，通过杀毒软件可以扫描并清除电脑中感染的病毒。目前主流的杀毒软件有很多，如 360 杀毒、瑞星、卡巴斯基、诺顿和金山毒

使用杀毒软件进行病毒的查杀前，应先下载杀毒软件，并保证下载的杀毒软件是目前的最新版本。

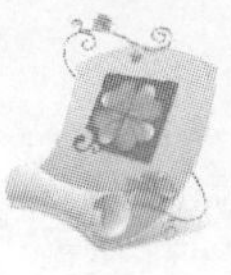

霸杀毒软件等，其使用方法基本类似，下面以金山毒霸杀毒软件为例进行讲解。

1. 使用杀毒软件查杀病毒

杀毒软件一般为用户提供了几种查杀病毒的方法，如一键云查杀、全盘查杀和指定位置查杀等，只要选择对应的方式即可对电脑进行扫描并清除其中的病毒。

实例 15-2 使用新毒霸全盘查杀病毒

1 在网上下载并安装新毒霸后，在系统桌面上双击新毒霸的快捷启动图标，启动软件，并选择“电脑杀毒”选项卡，在打开的界面中选择“全盘查杀”选项，如图 15-7 所示。

2 此时系统将自动开始进行扫描，并显示出扫描进度，如图 15-8 所示。

图 15-7　选择全盘扫描方式

图 15-8　查看扫描进度

3 扫描完成后，将在软件界面中显示出扫描的结果，选中需要进行处理的选项前的复选框，单击 立即处理 按钮进行处理，如图 15-9 所示。

4 处理完成后，单击 返回 按钮返回软件界面，再单击 × 按钮关闭软件完成病毒的查杀，如图 15-10 所示。

图 15-9　处理查杀的病毒

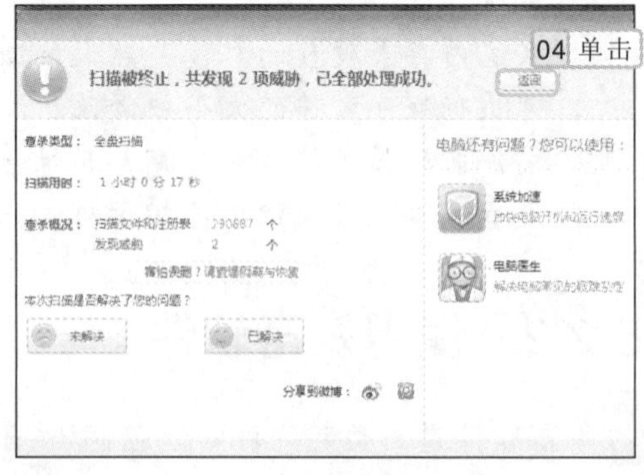

图 15-10　完成病毒清除

精讲笔录

新毒霸是金山杀毒软件的最新版本，其全盘查杀方式与其他查杀方式相比，查杀的时间一般较长。

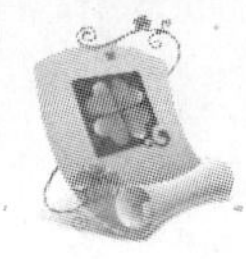

2．升级杀毒软件

电脑病毒会不断进行升级和更新，为了保证电脑的安全，应及时对杀毒软件进行更新，以避免杀毒软件版本过低，检测不出其他病毒，对电脑造成危害。

实例 15-3 升级金山毒霸杀毒软件

1 启动金山毒霸杀毒软件，在软件主界面右下角单击“立即升级”超级链接，打开“毒霸在线升级程序”对话框，如图 15-11 所示。

2 单击 立即升级 按钮，系统将自动联网检查杀毒软件是否存在更新，如图 15-12 所示。

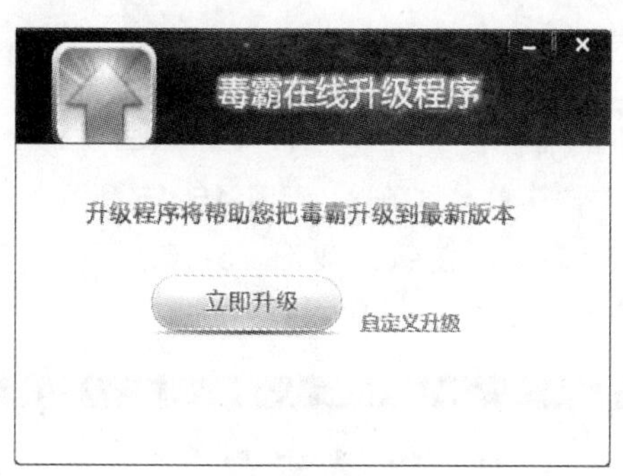

图 15-11　打开对话框

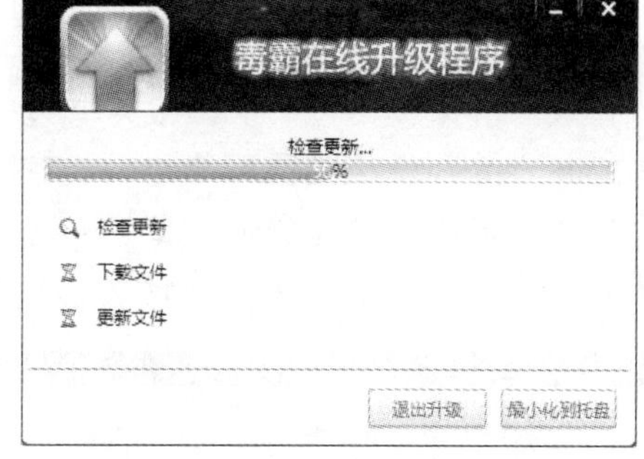

图 15-12　检查更新

3 如果杀毒软件不是最新版本，系统将自动下载更新，并对杀毒软件进行升级，完成后单击 完成 按钮即可。

3．设置杀毒软件

在默认情况下，只有用户手动启动杀毒软件，杀毒软件才会对系统进行检测，而为了能及时地发现病毒并对电脑进行检测，用户可对杀毒软件进行一些设置，如每隔一段时间自动检测系统、自动处理查杀的病毒等，使用户在执行时更加方便，并提高电脑的防护能力。

实例 15-4 设置金山毒霸杀毒软件

下面将对金山毒霸杀毒软件进行设置，设置其开机自动启动、自动处理查杀的病毒、自动升级、自动删除上网时拦截的病毒等。

1 启动金山毒霸杀毒软件，在软件主界面右上角单击“主菜单”按钮，在弹出的子菜单中选择“设置”命令。

2 打开“新毒霸-综合设置”对话框，在“基本设置”选项卡中选中 开机时自动运行新毒霸 复选框和 自动升级 单选按钮，如图 15-13 所示。

3 选择“病毒查杀”选项卡，在其中选中 全盘查杀时进入压缩包扫描 和 指定位置查杀时进入压缩包扫描 复选框，然后选中 自动处理 单选按钮，如图 15-14 所示，使杀毒软件自动处理查杀结果。

设置杀毒软件的升级方式为自动升级，在以后的使用中，用户将不用再进行手动升级，而是软件自动进行检测并升级。

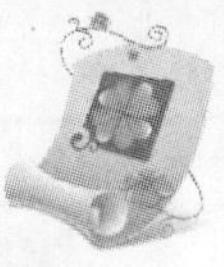

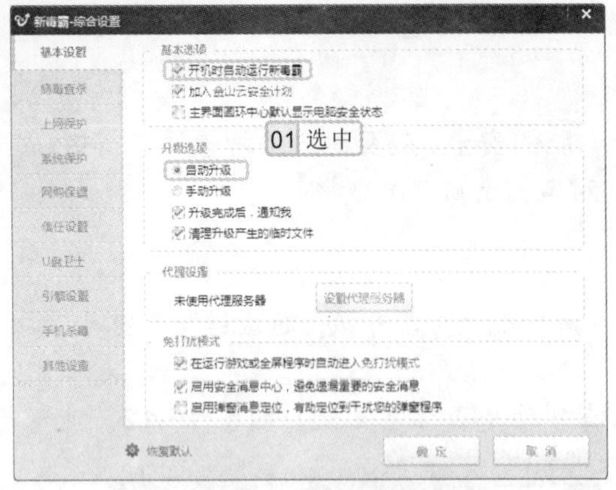

图 15-13　基本设置

图 15-14　病毒查杀

4 选择“上网保护”选项卡，在其中选中“下载保护设置”栏中的 ◉自动删除至恢复区(推荐) 单选按钮和“看片安全设置”栏中的 ◉自动清除看片痕迹(推荐) 单选按钮，如图 15-15 所示。

5 选择“系统保护”选项卡，在其中选中 ◉自动处理 单选按钮，如图 15-16 所示。使用相同的方法，进行其他选项的设置，完成后单击 确定 按钮即可。

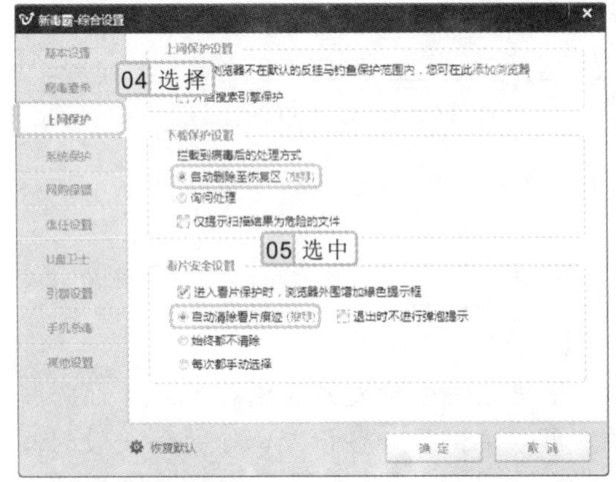

图 15-15　设置上网保护

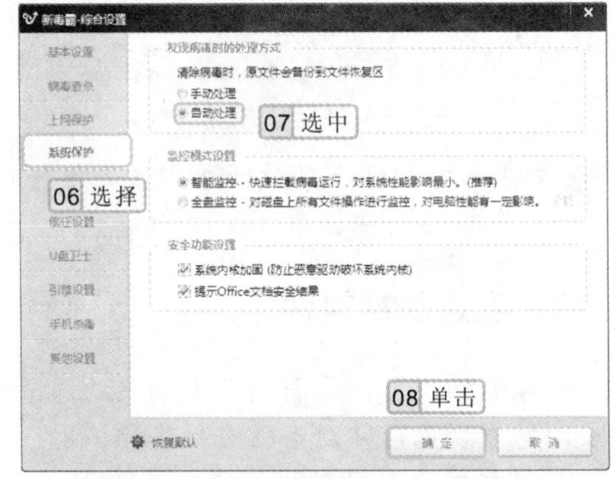

图 15-16　设置系统保护

15.3　设置 Windows 8 防火墙

防火墙是指由软件和硬件设备组合而成、在内部网和外部网之间、专用网与公共网之间的界面上构造的保护屏障。通过它可以防范网络中的危险，保护电脑的安全。下面对防火墙的相关知识和操作方法进行介绍。

15.3.1　启用防火墙

安装 Windows 8 后系统会默认启用防火墙，如果因为某些原因发现防火墙被关闭，可

在“U 盘卫士”选项卡中可以对 U 盘的查杀方式进行设置，避免电脑通过 U 盘而传播病毒。

手动启动防火墙，使电脑处于监控状态，增加电脑的网络安全。

实例 15-5 启动 Windows 8 防火墙

1 打开“控制面板”窗口，单击“Windows 防火墙”超级链接，打开“Windows 防火墙”窗口。

2 在窗口左侧单击“启动或关闭 Windows 防火墙”超级链接，打开“自定义设置”窗口，如图 15-17 所示。

3 在“专用网络设置”栏中选中 ◉启用 Windows 防火墙 单选按钮，在“公用网络设置”栏中选中 ◉启用 Windows 防火墙 单选按钮，完成后单击 确定 按钮即可启用，如图 15-18 所示。

图 15-17　单击超级链接

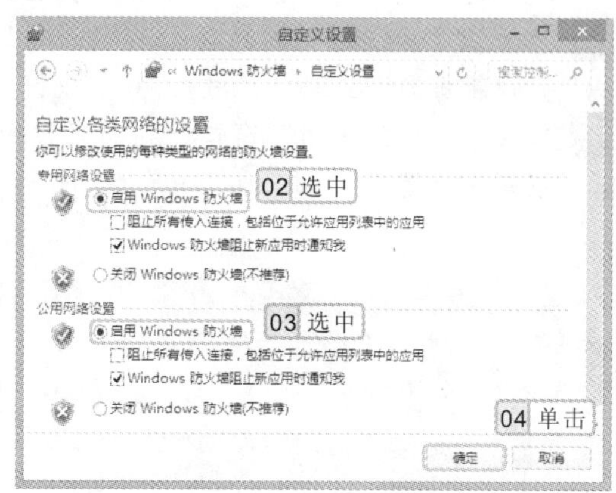

图 15-18　启动防火墙

15.3.2　管理电脑的连接

电脑病毒、间谍软件等恶意程序都可通过网络来感染电脑，使系统安全受到威胁。因此应对电脑与 Internet 的连接进行严格管理，保证电脑处于安全的网络环境中。

1. 启用内置访问规则

Windows 防火墙内置了绝大多数日常使用中可能会用到的访问规则，只需选择启用其中某个需要的功能即可正常使用。其方法为：打开“Windows 防火墙”窗口，在其中单击“允许应用或功能通过 Windows 防火墙”超级链接，打开“允许的应用”窗口，单击其中的 更改设置(N) 按钮，激活对应用的修改权限，然后在窗口的列表框中选中需要启动的内置访问规则前的复选框即可，如图 15-19 所示。

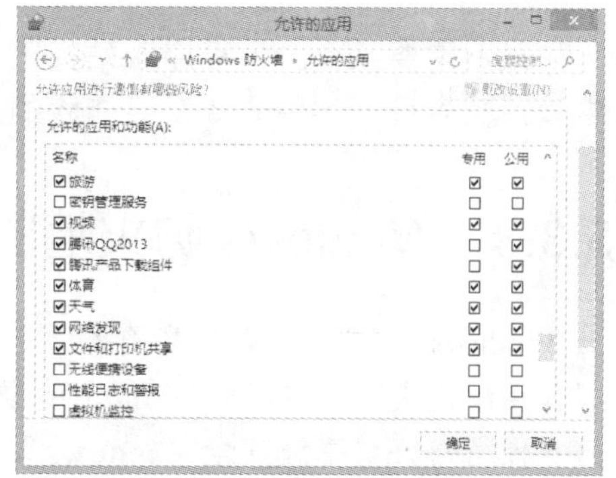

图 15-19　启动内置规则

单击“Windows 防火墙”窗口导航窗格中的“还原默认值”超级链接，可对防火墙的设置进行还原。

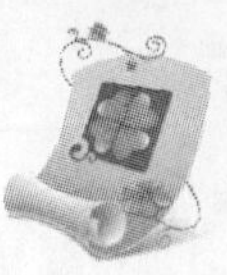

2. 添加应用程序入站规则

如果用户需要启动的内置规则并不在“允许的应用”窗口中，还可对其进行手动添加，使其更符合用户的需要。

实例 15-6 添加程序入站规则

下面将以介绍添加“新毒霸”应用程序为例，讲解添加应用程序入站规则的一般方法。

1. 打开“允许的应用”窗口，单击 更改设置(N) 按钮，激活“允许应用进行通信有哪些风险”列表框中的设置，并单击列表框底部的 允许其他应用(R)... 按钮，如图 15-20 所示。
2. 打开“添加应用”对话框，在“应用”列表框中选择需要添加的应用程序，这里选择“新毒霸”选项，单击 添加 按钮，如图 15-21 所示。
3. 返回“允许的应用”窗口，在列表框中即可看到添加的应用程序，然后单击 确定 按钮确认设置。

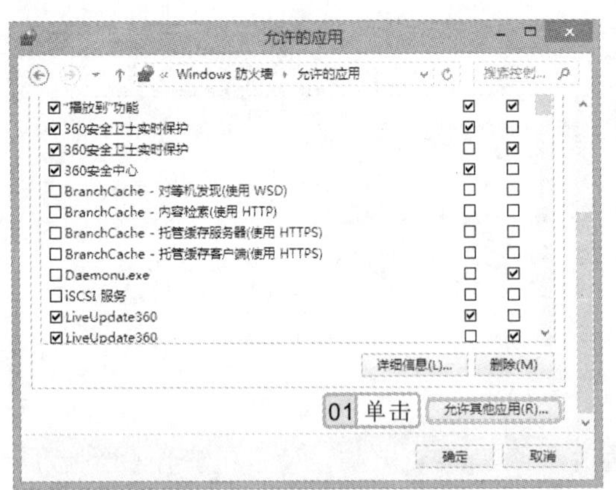

图 15-20 “允许的应用”窗口

图 15-21 添加应用程序

3. 删除入站规则

如果不需要某个应用程序入站规则，可对其进行删除操作。只需在“允许的应用”窗口中激活列表框，然后选择需要删除的规则，单击 删除(M) 按钮即可。

15.3.3 Windows 防火墙的配置文件

Windows 7 的防火墙提供了 3 种安全配置文件，即“域配置文件”、“专用配置文件”和“公用配置文件”。打开“Windows 防火墙”窗口，单击导航窗格中的“高级设置”超级链接，便可打开“高级安全 Windows 防火墙”窗口，当电脑连接到不同类型的网络时，防火墙将自动启用与当前网络类型相对的安全配置文件，如电脑连接的网络是“家庭”或“工

选择一个规则后，单击 详细信息(L)... 按钮可在打开的对话框中查看应用的详细信息。

作”网络，在“高级安全 Windows 防火墙”窗口将显示为“专用配置文件是活动的”，如图 15-22 所示。选择导航窗格中的“监视”选项，可查看防火墙状态、常规设置和日志设置等信息，如图 15-23 所示。

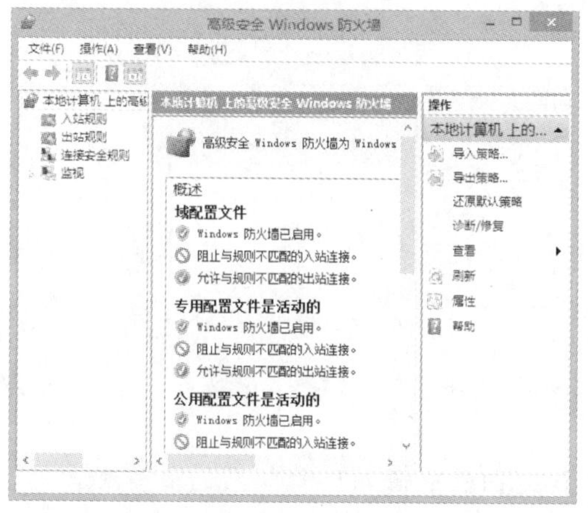

图 15-22　“高级安全 Windows 防火墙”窗口

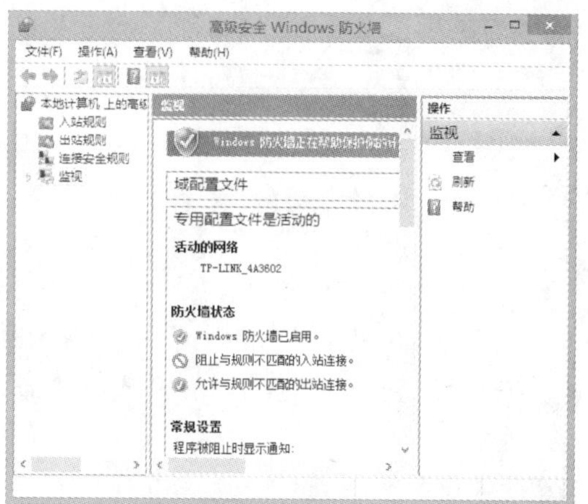

图 15-23　显示当前活动网络

15.3.4　设置防火墙的出站规则

出站规则指管理所有出站连接的规则。为了不干扰用户的网络应用，在 Windows 8 中，所有的出站规则都是默认允许的。此时应该对出站规则进行设置，以避免电脑病毒、恶意插件等通过 Windows 防火墙进入电脑，危害用户的上网安全。

1. 添加新的出站规则

保持防火墙默认设置的出站规则不变，可以为其添加其他程序或功能的出站规则。

实例 15-7　添加新的出站规则

1. 在“Windows 防火墙”窗口的导航窗格中单击“高级设置”超级链接，在打开的“高级安全 Windows 防火墙”窗口中选择“出站规则”选项，然后在打开的窗口右侧单击“新建规则”超级链接，如图 15-24 所示。
2. 打开“新建出站规则向导”对话框，选择要创建的规则类型，这里保持默认选中的 ◉ 程序(P) 单选按钮，创建应用程序的出站规则，单击 下一步(N) > 按钮。
3. 打开“程序”界面，选择程序的文件路径，这里选中 ◉ 此程序路径(T): 单选按钮，在“此程序路径”文本框中输入程序的路径，单击 下一步(N) > 按钮，如图 15-25 所示。
4. 打开“操作”界面，保持默认设置不变，单击 下一步(N) > 按钮，阻止该程序的网络通信。

操作提示

选择一个出站规则，在其右侧列表框中单击“查看”超级链接，还可查看关于该出站规则的具体信息。

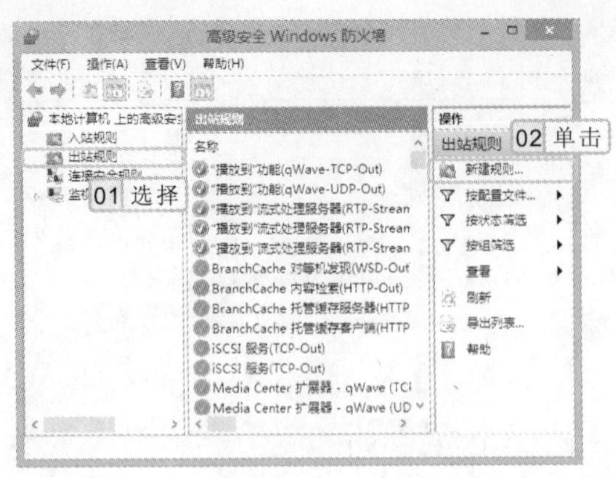

图 15-24　单击“新建规则”超级链接

图 15-25　设置程序的路径

5 打开“配置文件”界面，取消选中□域(D)和□专用(P)复选框，单击 下一步(N) > 按钮，如图 15-26 所示。

6 打开“名称”界面，在“名称”和“描述”文本框中输入出站规则的名称和内容，单击 完成(F) 按钮完成操作，如图 15-27 所示。

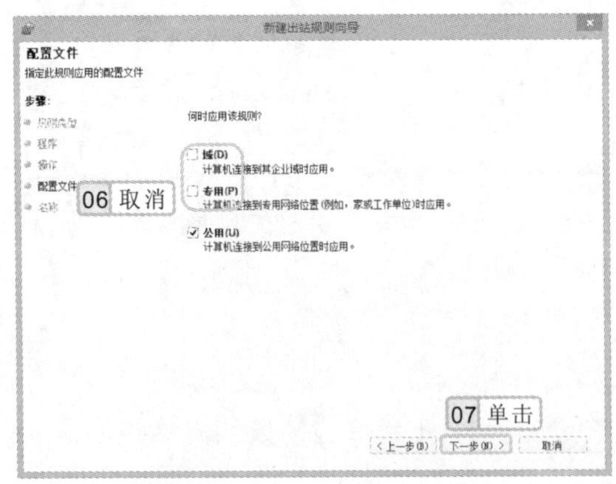

图 15-26　“配置文件”界面

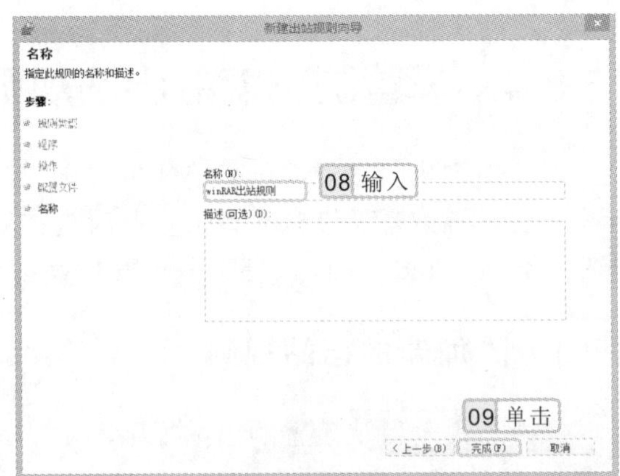

图 15-27　“名称”界面

2. 禁用或启用出站规则

除了设置新的出站规则，还可以禁用不需要使用的出站规则，或启用已有的出站规则，使其符合用户的具体需求。禁用和启用出站规则的方法介绍如下。

- **禁用出站规则：**在“高级安全 Windows 防火墙”窗口中选择“出站规则”选项，在中间的列表框中选择需要禁用的出站规则，单击右侧的“禁用规则”超级链接即可，如图 15-28 所示。
- **启用出站规则：**在“高级安全 Windows 防火墙”窗口中选择“出站规则”选项，在中间的列表框中选择需要启用的出站规则，单击右侧的“启用规则”超级链接即可，如图 15-29 所示。

新建完成出站规则后，用户还可通过设置其属性来进行更改。

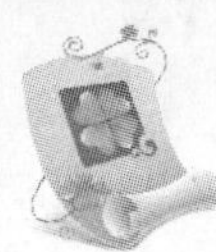

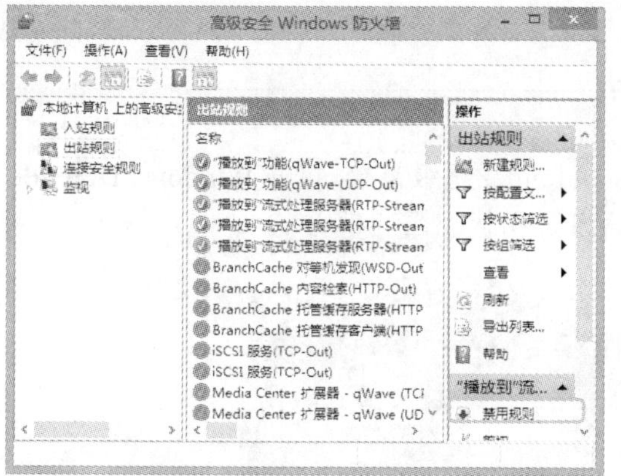

图 15-28 禁用出站规则

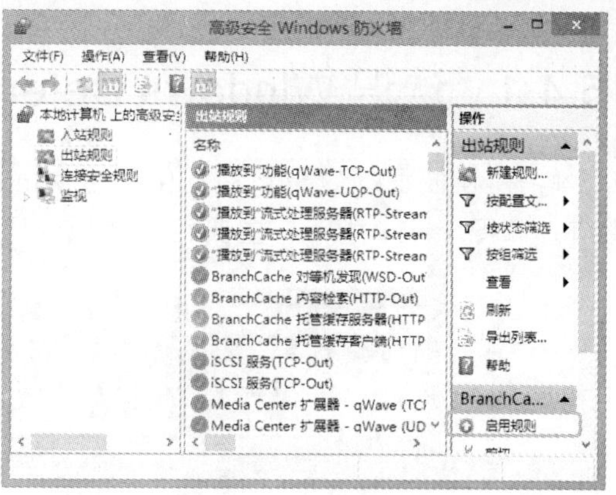

图 15-29 启用出站规则

3. 更改已有规则属性

对“高级安全 Windows 防火墙”窗口中已有的出站规则，可以通过其属性对话框更改该属性。在“高级安全 Windows 防火墙”窗口中选择需要进行更改的出站规则，单击右侧的“属性”超级链接，打开其对应的属性对话框，在其中可进行常规、程序和服务、远程计算机、协议和端口、作用域、高级和本地主体等属性的设置，如图 15-30 所示。

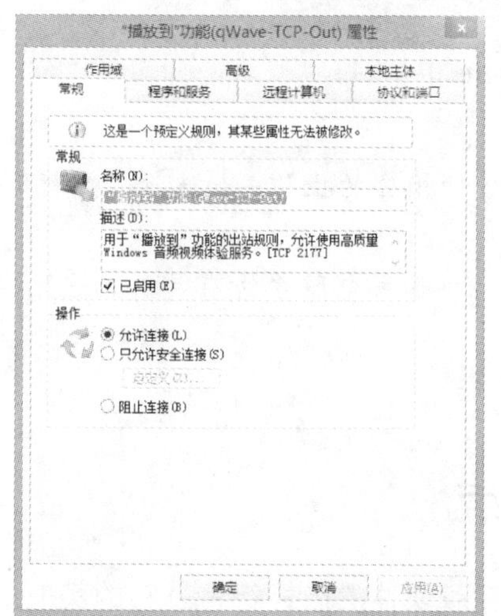

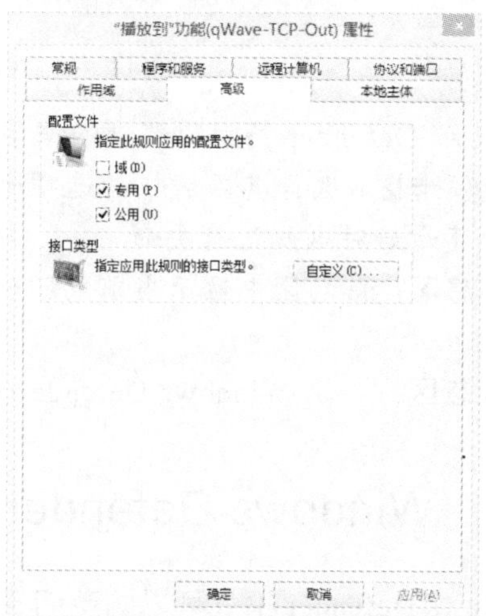

图 15-30 更改已有规则的属性

15.4 使用 Windows Defender

Windows Defender 是一款间谍软件防护工具，通过它能有效防止间谍软件、恶意软件破坏电脑的系统安全。下面将对 Windows Defender 的基本含义、优点、使用方法和配置等进行讲解。

出站规则的某些属性是系统预定义的规则，不能进行更改。

15.4.1 认识 Windows Defender

打开"控制面板"窗口，在其中单击 Windows Defender 超级链接，打开 Windows Defender 窗口，如图 15-31 所示，主要包括选项卡区、信息区和状态区 3 部分。

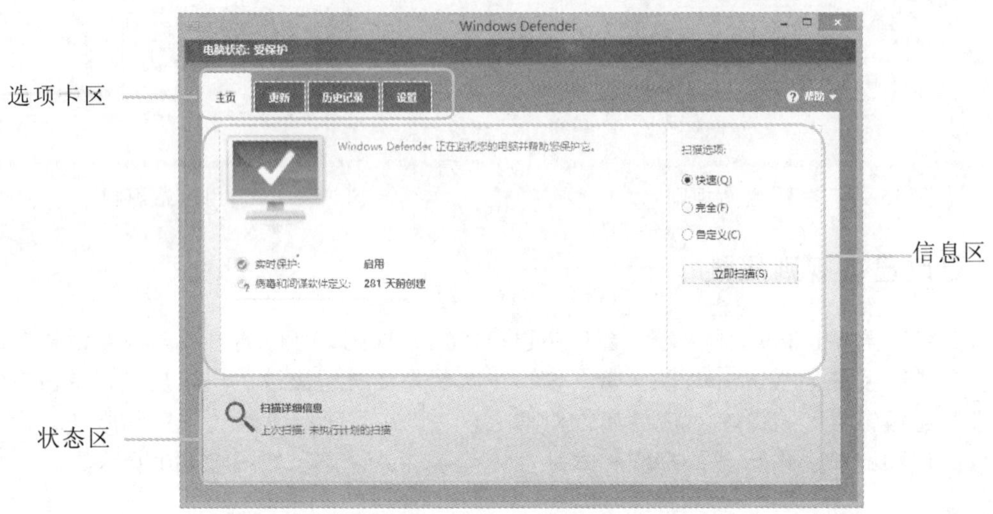

图 15-31　Windows Defender 窗口

Windows Defender 各组成部分的作用介绍如下。

- **选项卡区**：选择其区域中的选项卡，即可进行相应的操作，如选择"更新"选项卡，即可开始对电脑进行更新。
- **信息区**：信息区中显示当前电脑的系统情况，如果电脑系统有异样，这里会以红色显示。
- **状态区**：显示 Windows Defender 的工作状态。

15.4.2 Windows Defender 的优点

Windows Defender 不仅可以防范间谍软件或恶意软件的破坏行为，它的实时监控防护功能会在第一时间通知用户并提供建议采用何种方法解决问题。Windows Defender 反间谍软件具有如下优点。

- **实时监控间谍软件**：Windows Defender 能够实时监控和查找间谍软件或影响系统运行速度、更改 Internet 设置等有害软件，防护网页浏览的安全性。
- **轻松删除间谍软件**：当检测到间谍软件时，单击弹出的通知浮动界面，在"Windows Defender 警报"对话框中便可轻松地将检测到的间谍软件彻底删除。
- **快速扫描**：Windows Defender 通过监视文件索引快速判断程序或文件发生的改变，其扫描速度被大大提升。

Windows Defender 是一个独立的安全工具，它以 Windows 8 附带工具的形式存在，而不像杀毒软件那样是以一个独立的应用程序的形式存在。

- **自动更新**：Windows Defender 自动定义更新，以识别新的威胁并将其删除。

15.4.3　使用 Windows Defender 进行手动扫描

除了 Windows Defender 的自动防护扫描功能，根据需要还可以手动启动 Windows Defender 进行扫描，其中提供了“快速扫描”、“完全扫描”和“自定义扫描”3 种扫描方式。

实例 15-8　使用 Windows Defender 进行自定义扫描

下面以使用 Windows Defender 进行自定义扫描为例，介绍其手动扫描的方法。

1. 在“控制面板”窗口中单击 Windows Defender 超级链接，打开 Windows Defender 窗口，在其中选中 ◉自定义(C) 单选按钮，单击 立即扫描(S) 按钮，如图 15-32 所示。
2. 打开 Windows Defender 对话框，在其中选择需要进行扫描的磁盘路径，这里选中 ☑本地磁盘 (F:) 复选框，单击 确定(O) 按钮，如图 15-33 所示。

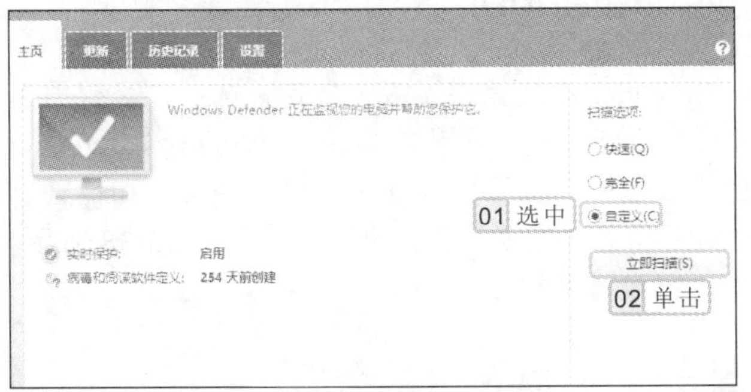

图 15-32　选择扫描的方式

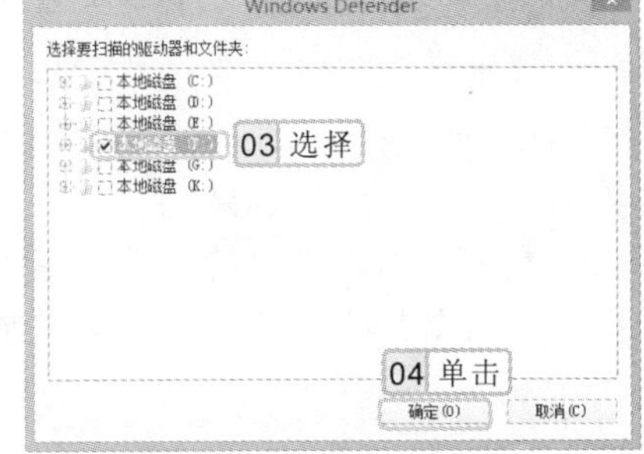

图 15-33　开始进行扫描

3. 系统自动进行扫描，并显示出其扫描进度，如图 15-34 所示。
4. 扫描完成后将显示出扫描的结果，如果存在威胁，则单击 清理电脑 按钮进行清理，如图 15-35 所示。

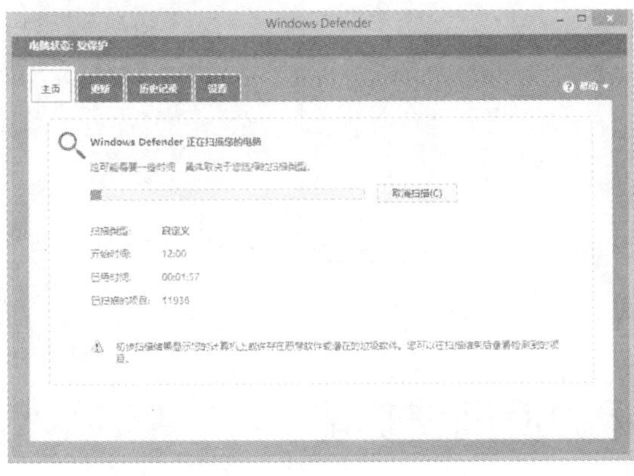

图 15-34　查看扫描进度

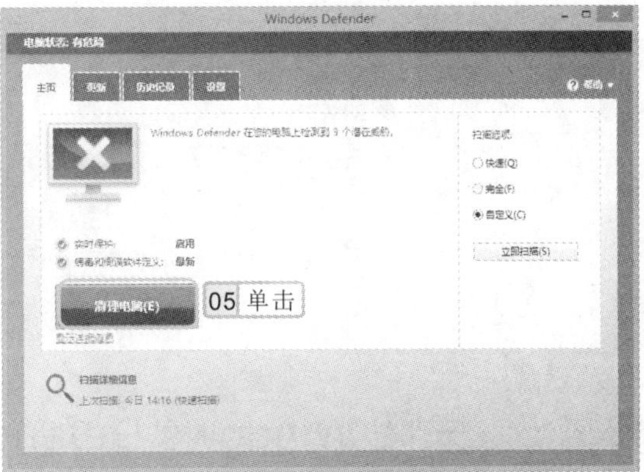

图 15-35　清理电脑

操作提示

在启动 Windows Defender 扫描时，单击 取消扫描(C) 按钮可以立即取消扫描过程。

5 Windows Defender 将自动清除检测到的项目，并显示其进度，如图 15-36 所示。

6 完成后可看到“已成功应用您的操作”提示信息，且对话框上方变为绿色，单击 关闭(C) 按钮关闭对话框，如图 15-37 所示。

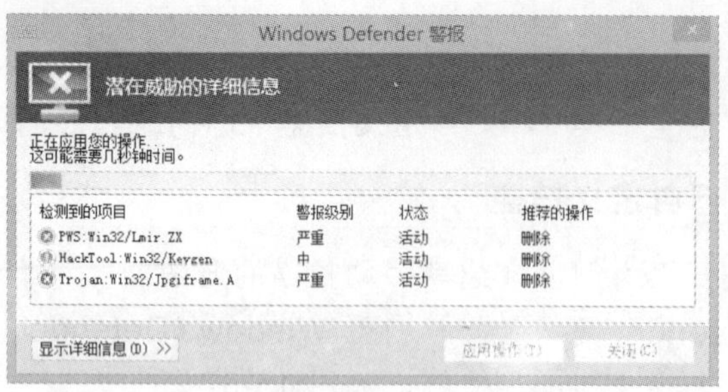

图 15-36 查看清理进度

图 15-37 完成清理

15.4.4 自定义配置 Windows Defender

与其他的反间谍软件一样，Windows Defender 中也提供了多个自定义选项，可根据需要对 Windows Defender 进行自定义配置，以达到最佳的防范效果。在 Windows Defender 的界面中选择“设置”选项卡，在打开的界面左侧包含了实时保护、排除的文件和位置、排除的文件类型、排除的进程、高级、MAPS 和管理员 7 个自定义设置，如图 15-38 所示。只要选择需要的选项卡，在打开的界面中进行设置即可。

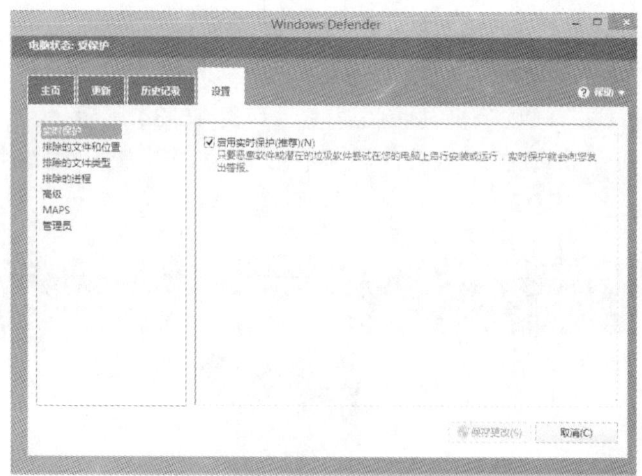

图 15-38 自定义配置 Windows Defender

15.4.5 关闭 Windows Defender 的反间谍功能

目前大多杀毒软件都自带有类似 Windows Defender 的反间谍功能，如果在电脑中启用

“快速”扫描指扫描电脑中最有可能感染间谍软件的硬盘；“全盘”扫描指扫描硬盘上所有文件和当前运行的所有程序。

了杀毒软件的防护功能，可能造成系统冲突，此时可在 Windows Defender 中手动关闭该软件。其方法为：启动 Windows Defender，在其界面中选择“设置”选项卡，在左侧选择“管理员”选项，在其中取消选中 □启用 Windows Defender(U) 复选框，单击 保存更改(S) 按钮即可。

15.5　使用 Windows 更新来更新系统

任何一款操作系统都会存在漏洞和缺陷，而随着使用系统的时间越长，这些漏洞和缺陷就会暴露出来。Windows 8 提供的 Windows Update 自动更新功能可检索发现漏洞并将其修复，从而修复系统自身的缺陷。

15.5.1　设置更新

Windows 8 默认自动下载并安装更新，根据需要，也可以自定义设置 Windows 更新的功能。只要在“控制面板”窗口中单击“Windows 更新”超级链接，打开“Windows 更新”窗口，单击导航窗格中的“更改设置”超级链接，打开“更改设置”窗口，在该窗口可以设置更新的类型、更新的时间以及选择可使用更新的用户等内容，如图 15-39 所示。

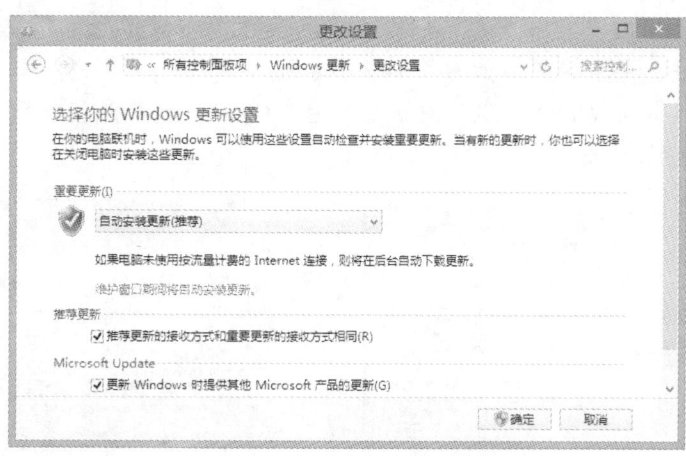

图 15-39　设置 Windows 更新

15.5.2　检查并安装更新

检查更新是指通过 Windows 更新检索更新程序，在 Windows Update 窗口中显示更新的内容，再根据提示下载并安装更新程序。通过安装更新，可使系统更加完善，防止病毒的侵害。

实例 15-9　检查并安装更新

1 打开“Windows 更新”窗口，单击导航窗格中的“检查更新”超级链接，系统开始

关闭 Windows 更新后，系统将不会自动检测并下载当前更新。

检查更新，如图 15-40 所示。

2 检查更新完成后，将在该窗口中显示检查更新之后的内容，然后单击“安装已经下载的更新”栏中的“2 个重要更新可用”超级链接，如图 15-41 所示。

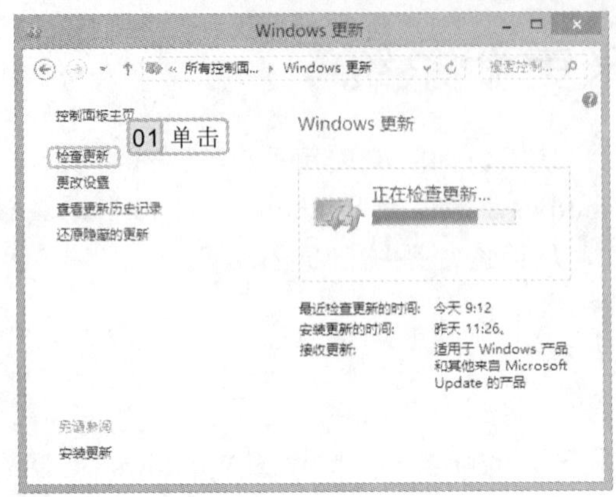

图 15-40　检查更新

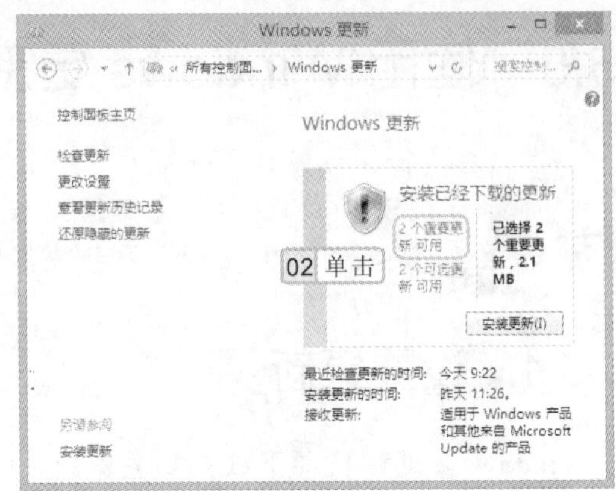

图 15-41　查看检查结果

3 打开“选择要安装的更新”窗口，在“重要”选项卡中选中需要更新选项前的复选框，选择“可选”选项卡，在其中选中需要更新的选项前的复选框，这里保持“重要”选项卡中的内容不变；在“可选”选项卡中选中 Microsoft Silverlight (KB2636927) 6.6 MB 复选框，然后单击 安装 按钮，如图 15-42 所示。

4 打开“请阅读并接受许可条款”对话框，选中 我接受许可条款(A) 单选按钮，单击 下一步(N) 按钮，如图 15-43 所示。

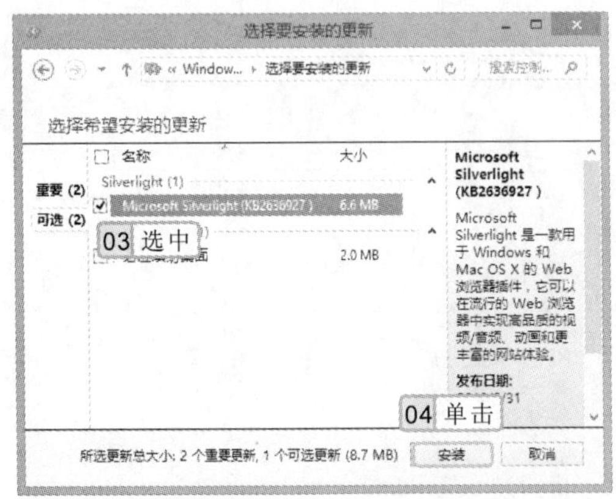

图 15-42　选择要安装的更新

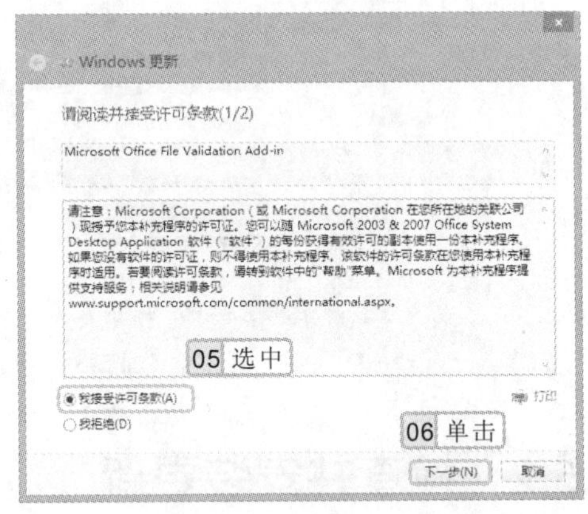

图 15-43　接受许可条款

5 再在打开的对话框中选中 我接受许可条款(A) 单选按钮，单击 完成(F) 按钮，完成许可条款的设置，此时系统将自动开始下载并安装更新，如图 15-44 所示。

6 更新完成后，在“Windows 更新”窗口中将显示“已安装更新”信息，如图 15-45 所示。

一般来说，重要的更新需全部进行安装，而可选更新，则可根据用户的具体需要进行选择。

图 15-44　下载并安装更新

图 15-45　完成更新

15.5.3　查看更新历史记录

如果需要查看 Windows 更新中的更新记录，只需打开“Windows 更新”窗口，单击左侧的“查看更新历史记录”超级链接，打开“查看更新历史记录”窗口进行查看，如图 15-46 所示。

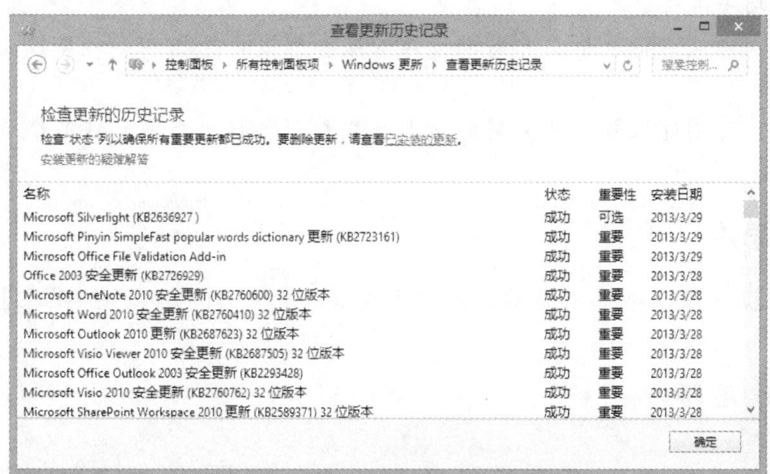

图 15-46　“查看更新历史记录”窗口

15.6　精通实例

本例将通过为防火墙新建规则和为 Windows 更新设置自动扫描为例，进一步巩固保护系统安全的方法，使用户通过这两个实例，熟练掌握其操作方法。

下载并安装完更新后，在关闭和重启电脑时，系统将提示正在进行更新。

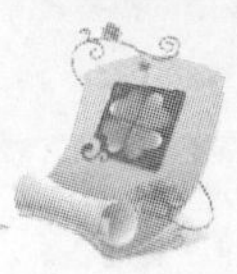

15.6.1 为防火墙新建规则

本例将在“高级安全 Windows 防火墙”窗口中新建出站规则，然后再更改某项出站规则的属性。

1. 行业分析

为防火墙新建规则属于“Windows 防火墙”的高级安全设置，通过它可以创建允许或拒绝某个程序通过 Windows 防火墙连接电脑。用户在创建规则时，可对规则的属性进行设置，以确定防火墙规则的内容。当创建防火墙规则后，还可以对任何防火墙规则的设置进行更改。新建防火墙规则主要有以下几种类型，下面分别对其进行介绍。

- **程序**：可根据正在尝试连接的程序允许某个连接。设置此类防火墙时，只需指定程序的可执行文件（.exe）路径即可。默认情况下，系统允许程序接受任何端口上的连接。若要对其进行限制，可创建规则后，通过“协议和端口”选项卡进行更改。
- **端口**：使用此类型的防火墙规则可以允许和指定基于 TCP 或 UDP 端口号与本地端口的连接，其端口号可以指定多个。默认情况下，当前电脑上运行的任何程序均可接受此类型规则。如果要指定打开该端口的程序，可创建规则后，通过“程序和服务”选项卡进行更改。
- **预定义**：可从当前电脑上可用的程序和服务列表中选择一个程序或服务允许某个连接。
- **自定义**：可创建未被其他类型的防火墙规则所包括的标准允许某个连接的防火墙规则。

2. 操作思路

为更快完成本例的制作，并且尽可能运用本章讲解的知识，本例的操作思路如下。

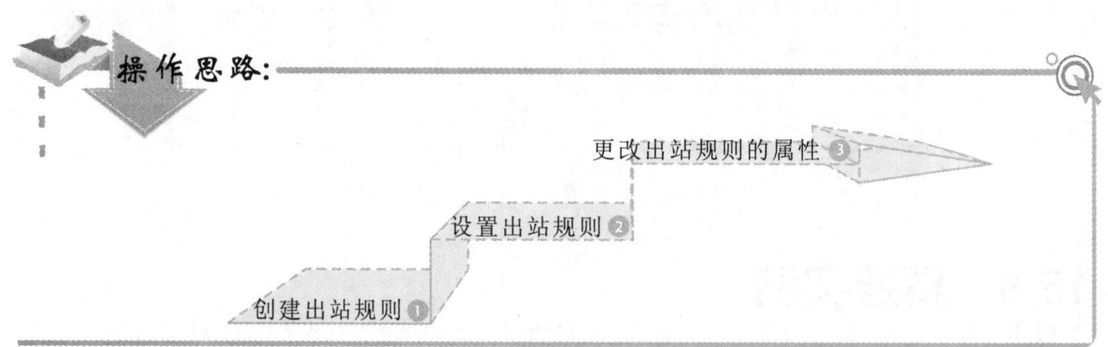

3. 操作步骤

下面将为所有应用程序新建出站规则，并对其属性进行更改，操作步骤如下：

新建规则时，在“新建出站规则向导”对话框中即可看到出站规则的 4 种类型。

光盘\实例演示\第 15 章\为防火墙新建规则

1. 在“控制面板”窗口中单击“Windows 防火墙”超级链接，打开“Windows 防火墙”窗口，单击“高级设置”超级链接。
2. 打开“高级安全 Windows 防火墙”窗口，在左侧的导航窗格中选择“出站规则”选项，单击右侧导航窗格中的“新建规则”超级链接。
3. 打开“新建出站规则向导”对话框，选中需新建的规则类型前的单选按钮，这里保持默认设置不变，进行程序类型规则的设置，单击 下一步(N) > 按钮，如图 15-47 所示。
4. 打开“程序”界面，选中 ◉ 所有程序(A) 单选按钮，单击 下一步(N) > 按钮，如图 15-48 所示。

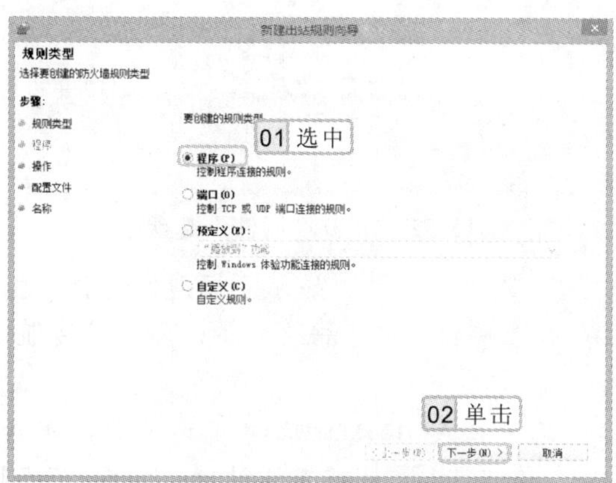

图 15-47　选择规则类型

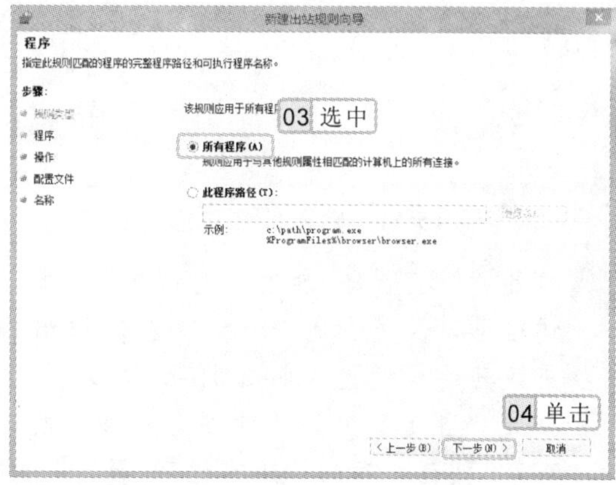

图 15-48　设置所有程序

5. 打开“操作”界面，选中 ◉ 允许连接(A) 单选按钮，设置其连接属性，然后单击 下一步(N) > 按钮，如图 15-49 所示。
6. 打开“配置文件”界面，取消选中 ☐ 公用(U) 复选框，将配置文件设置为“域”和“专用”类型，然后单击 下一步(N) > 按钮，如图 15-50 所示。

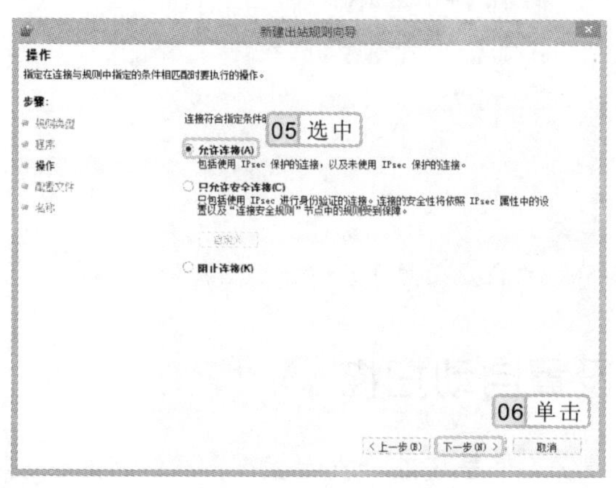

图 15-49　设置连接属性

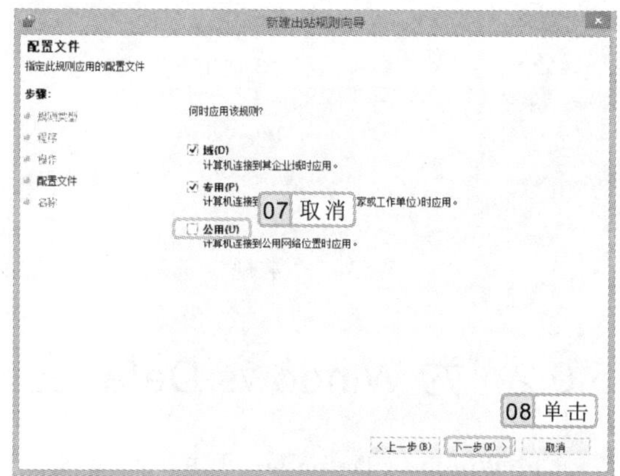

图 15-50　设置配置文件

选中 ☑ 公用(U) 复选框，则可在公用网络中允许程序进行连接。

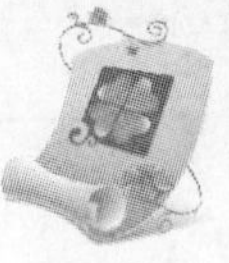

7 打开“名称”界面，在“名称”文本框中输入“所有程序”，在“描述”文本框中输入对规则的描述，完成后单击完成(F)按钮，如图 15-51 所示。

8 返回“高级安全 Windows 防火墙”窗口，在右侧选择“所有程序”出站规则选项，单击“属性”超级链接，如图 15-52 所示。

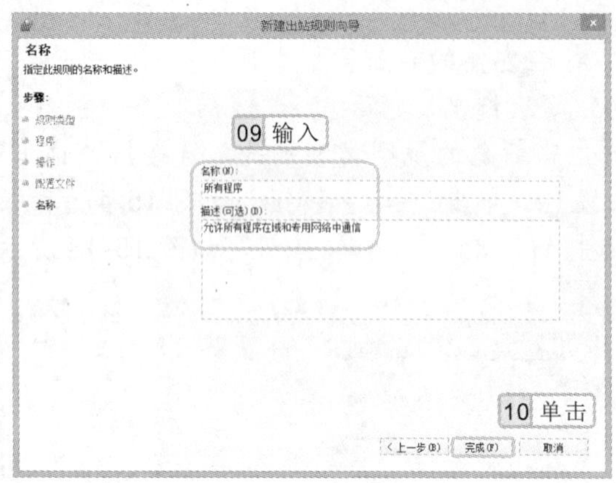
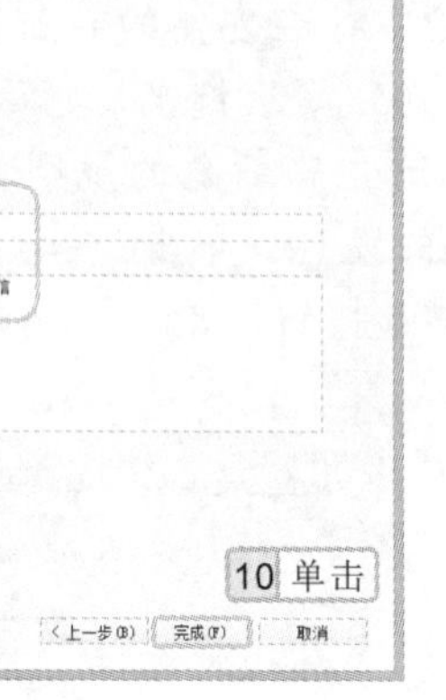

图 15-51　输入姓名和描述

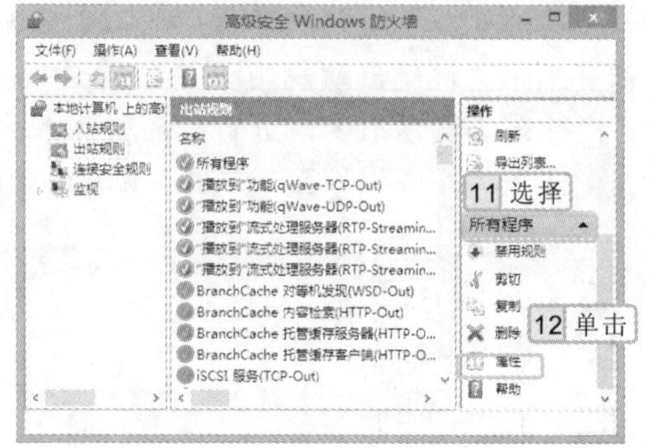

图 15-52　单击“属性”超级链接

9 打开“所有程序 属性”对话框，选择“常规”选项卡，其中显示了规则的名称、描述信息以及是否允许连接，选中◉只允许安全连接(S)单选按钮，再单击下方的自定义(Z)...按钮，更改其连接设置，如图 15-53 所示。

10 打开“自定义允许条件安全设置”对话框，选中◉**要求对连接进行加密(E)**单选按钮，单击确定按钮，返回“所有程序 属性”对话框，单击确定按钮完成设置，如图 15-54 所示。

图 15-53　“常规”选项卡

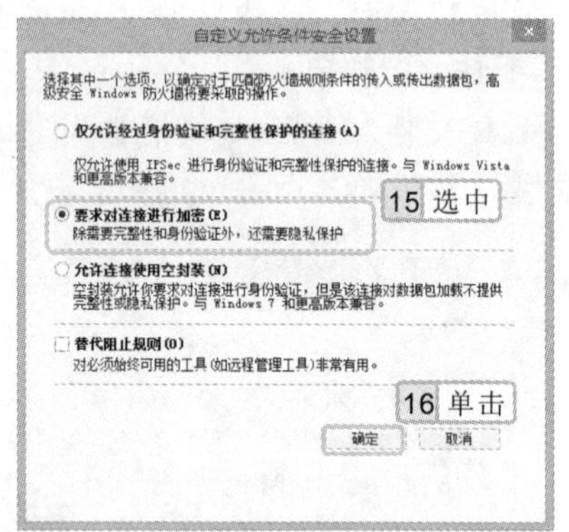

图 15-54　“自定义允许条件安全设置”对话框

15.6.2　为 Windows Defender 设置自动扫描

通过 Windows Defender 可防止间谍软件的侵害，使系统处于安全状态。下面将通过设置 Windows Defender 的自动扫描选项巩固其知识。

精讲笔录

当设置为“只允许安全连接”时，该出站规则的图标将由✅变为🔒。

1. 行业分析

间谍软件能在用户不知情的情况下进入电脑，获取用户的隐私数据和重要信息并返回其开发者，当电脑被间谍软件入侵后，很难将其清除，并可能出现弹出广告、更改系统设置、在浏览器上加载工具或使电脑运行速度变慢等现象，甚至会使电脑系统崩溃。为了使用户更好地对电脑进行保护，可通过设置 Windows Defender，使系统运行更加顺畅。

2. 操作思路

为更快完成本例的制作，并且尽可能运用本章讲解的知识，本例的操作思路如下。

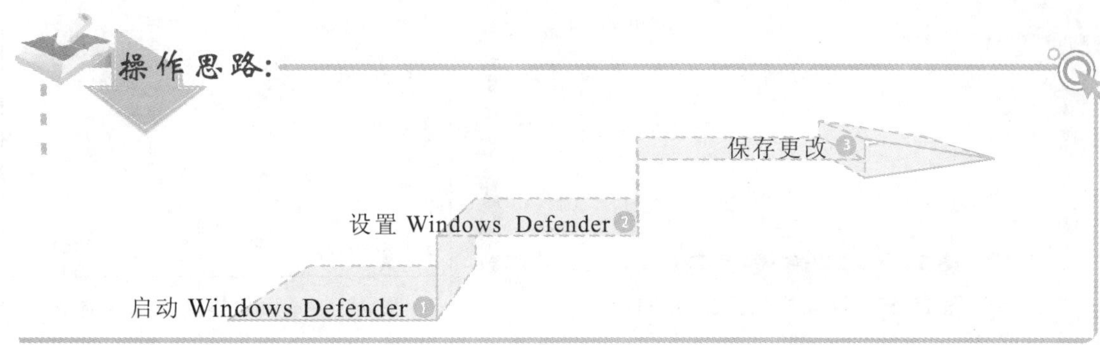

3. 操作步骤

下面将对 Windows Defender 进行自定义设置，操作步骤如下：

光盘\实例演示\第 15 章\为 Windows Defender 设置自动扫描

1. 启动 Windows Defender，在软件界面中选择“设置”选项卡，在打开的“实时防护”界面中选中 ☑启用实时保护(推荐)(N) 复选框，如图 15-55 所示。
2. 选择“排除的文件和位置”选项卡，在右侧单击 浏览(B) 按钮，打开“选择要排除的文件或位置”界面，在其中选择需要排除的选项，这里选择“常用软件”文件夹，单击 确定(O) 按钮，如图 15-56 所示。

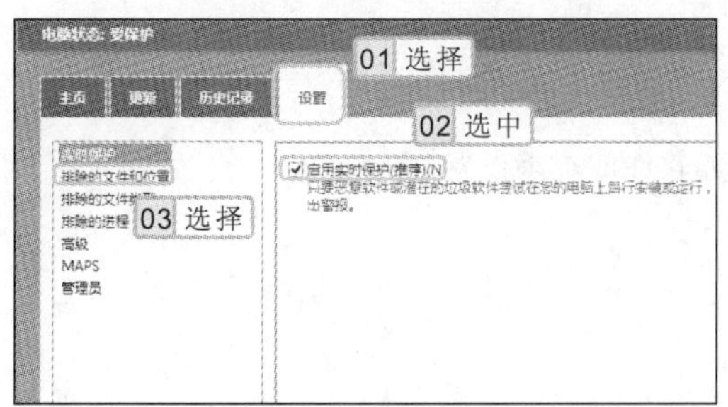

图 15-55 设置实时防护

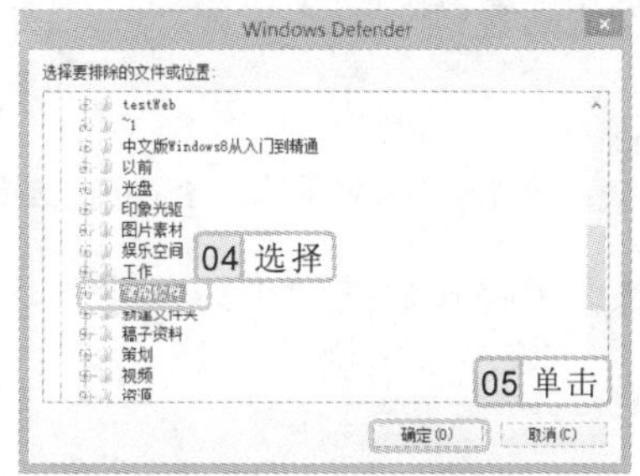

图 15-56 选择要排除的文件

如果系统被间谍软件入侵，并不断弹出广告窗口，此时不要随意浏览信息或输入任何信息，否则有可能会遭到病毒或恶意程序的侵害，对电脑系统造成损害。

3 返回 Windows Defender 窗口中，此时在“文件位置”列表框中将显示出添加的文件，单击 添加(A) 按钮进行添加，此时该文件将显示在“名称”列表框中，如图 15-57 所示。

4 选择“排除的文件类型”选项卡，在右侧的“文件扩展名”文本框中输入“.docx”，系统自动将其添加到“文件类型”列表框中，如图 15-58 所示。

5 完成后选择其他的选项卡，使用类似的方法进行设置，完成后单击 保存更改(S) 按钮即可。

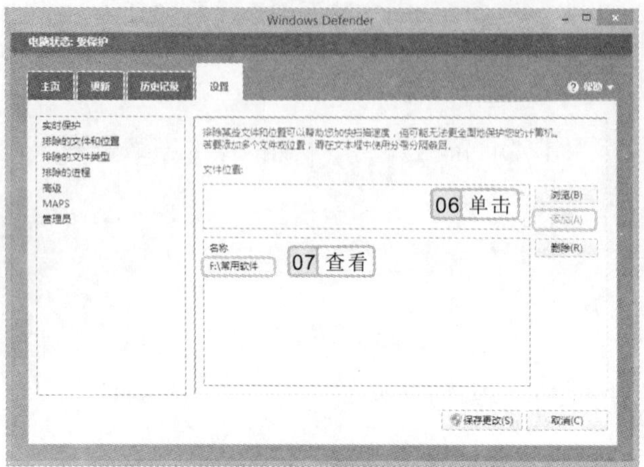

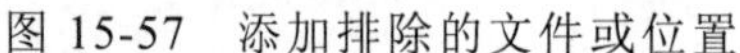
图 15-57 添加排除的文件或位置

图 15-58 添加排除的文件类型

15.7 精通练习

本章主要认识了电脑病毒、使用杀毒软件查杀病毒、设置 Windows 8 防火墙、使用 Windows Update 更新系统以及操作中心等知识。下面将通过练习进一步巩固这些知识，使用户对所学知识的操作更加熟练。

15.7.1 新毒霸杀毒软件的查杀设置

启动新毒霸杀毒软件，对其进行查杀设置，使其在开机时自动启动，并设置为自动升级，在“上网保护”中设置拦截到病毒的处理方式为“自动删除至恢复区”，在“系统保护”中设置发现病毒的处理方式为“手动处理”。

参见光盘 光盘\实例演示\第 15 章\新毒霸杀毒软件的查杀设置

该练习的操作思路如下。

如果用户的电脑中安装了其他的杀毒软件，则可使用对应的软件进行病毒查杀设置。

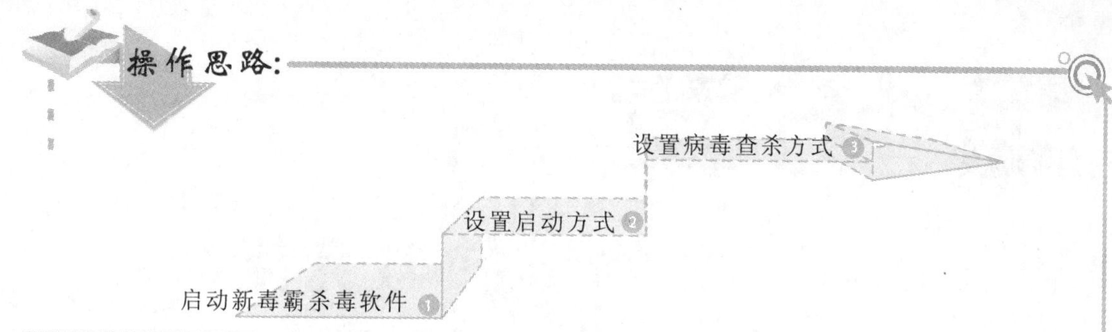

15.7.2　使用 Windows Update 更新系统

在 Windows 8 操作系统中通过 Windows Update 检查系统更新，并下载安装最新更新，完成后查看当前电脑的更新历史记录，最后关闭 Windows Update。

参见光盘　光盘\实例演示\第 15 章\使用 Windows Update 更新系统

该练习的操作思路如下。

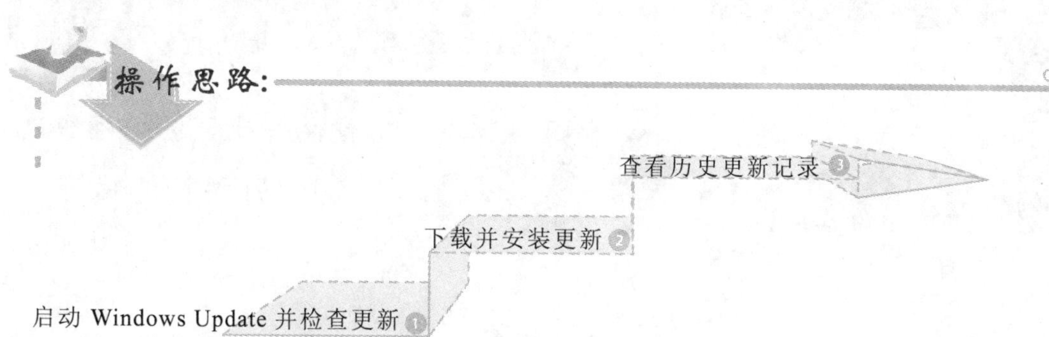

通过 Windows 更新卸载更新

打开“Windows 更新”窗口，单击“查看更新历史记录”超级链接，打开“查看更新历史记录”窗口，单击该窗口上方的“已安装的更新”超级链接，选择“卸载更新”界面中已安装更新的选项，单击鼠标右键，在弹出的快捷菜单中选择“卸载”命令。

在“Windows 更新”窗口的导航窗格中单击“更改通知设置”超级链接，在打开的窗口中可对专用和公用网络进行自定义设置。

第16章

Windows 8 的维护与优化

磁盘维护

优化大师

优化开机速度

监视电脑运行状态

使用注册表优化系统

加快开关机的速度

本章导读

当电脑运行太慢或系统经常提示出错时，可能是因为系统中存在过多的系统碎片、垃圾和不良设置造成的。这时可以使用 Windows 8 自带的一些程序或其他的系统优化软件对系统进行维护、优化，或通过一些小技巧来提高电脑的运行速度，使电脑性能更加优化。下面就来学习维护和优化系统的相关操作。

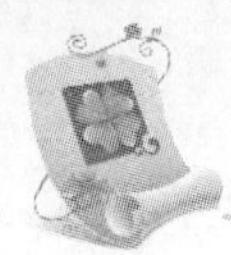

16.1　磁盘维护

通过对系统磁盘进行维护，可以提高电脑的性能；对硬盘的存储空间进行整理，可以提高系统的运行速度。磁盘维护一般包括磁盘清理、磁盘碎片整理和磁盘检查等操作。下面分别进行介绍。

16.1.1　磁盘清理

用户在使用电脑的过程中，会产生很多临时文件，如果这些临时文件不能及时被删除，将占用磁盘存储空间，并影响系统的运行速度，通过“磁盘清理”功能可将这些多余的临时文件删除。

实例 16-1　清理“本地磁盘（F:）”

1. 在控制面板中单击“管理工具”超级链接，打开“管理工具”窗口，双击“磁盘清理”选项。
2. 打开“磁盘清理:驱动器选择”对话框，在“驱动器”下拉列表框中选择“本地磁盘（F:）”选项，单击 确定 按钮，如图 16-1 所示。
3. 打开“本地磁盘（F:）的磁盘清理”对话框，在“要删除的文件”列表框中选中需要进行清理的选项前的复选框，这里选中 ☑ Office 安装文件和 ☑ 回收站 复选框，单击 确定 按钮。
4. 打开“磁盘清理”对话框，单击 删除文件 按钮开始进行清理，如图 16-2 所示。完成清理后，系统自动关闭该对话框。

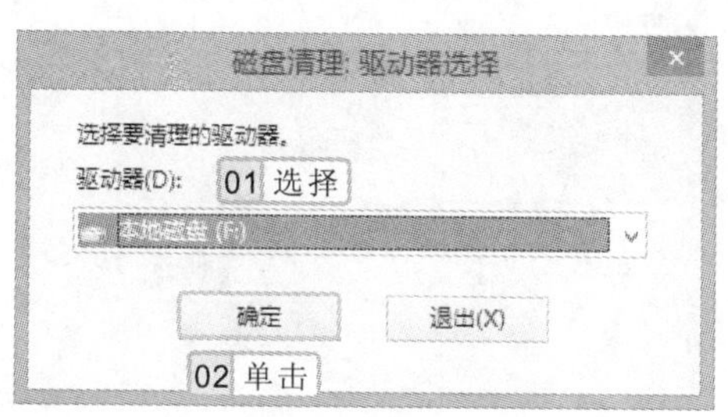

图 16-1　选择需要进行清理的磁盘

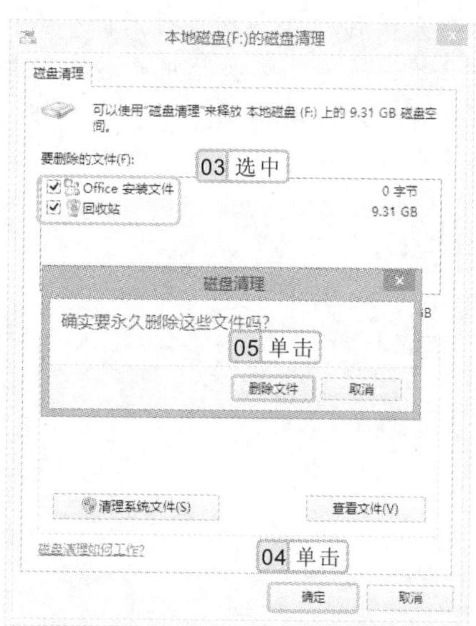

图 16-2　清理磁盘

操作提示

在“磁盘清理”选项卡中单击  按钮，可在打开的对话框中对系统文件进行清理。

16.1.2　磁盘碎片整理

系统中存在很多分散的文件，通过磁盘碎片整理，可以将其集中排列在一起，以提高系统的运行速度。在 Windows 8 操作系统中不仅能对电脑中的任一磁盘进行整理，而且还能对系统进行时间设置，使其每隔一段时间开始进行整理。

实例 16-2　整理“本地磁盘（F:）”中的碎片并进行设置

1. 在“管理工具”窗口中双击“碎片整理和优化驱动器”选项，如图 16-3 所示。
2. 打开“优化驱动器”窗口，在“驱动器”栏中选择“本地磁盘（F:）”选项，单击 分析(A) 按钮进行分析，如图 16-4 所示。

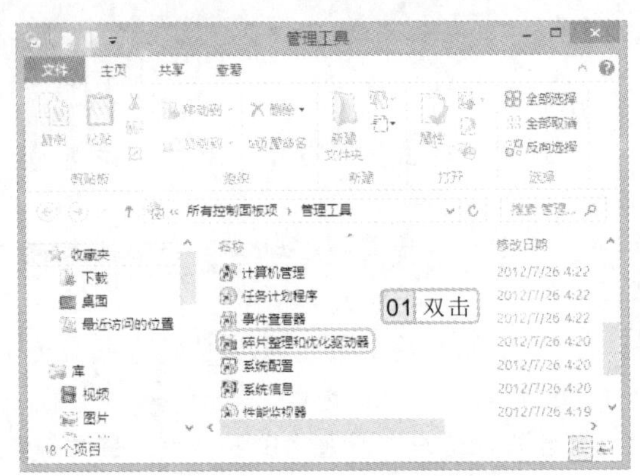

图 16-3　“管理工具”窗口

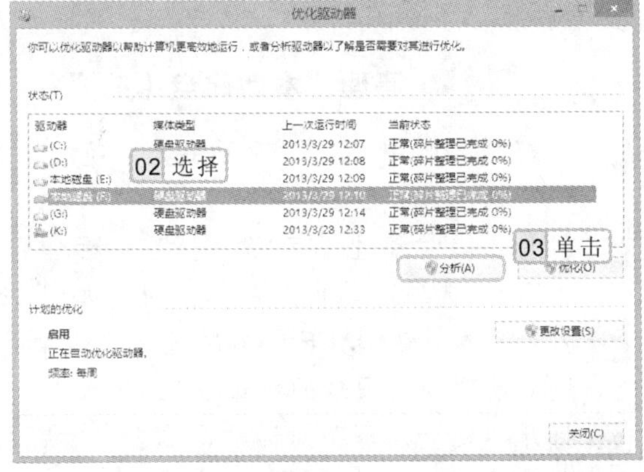

图 16-4　选择需要进行分析的磁盘

3. 分析完成后，“上一次运行时间”栏中的时间将对应为当前时间，然后单击 优化(O) 按钮开始进行碎片整理，并显示其进度，如图 16-5 所示。
4. 完成优化后，单击 更改设置(S) 按钮，在打开“优化计划”界面的“频率”下拉列表框中选择“每月”选项，单击 选择(H) 按钮，如图 16-6 所示。

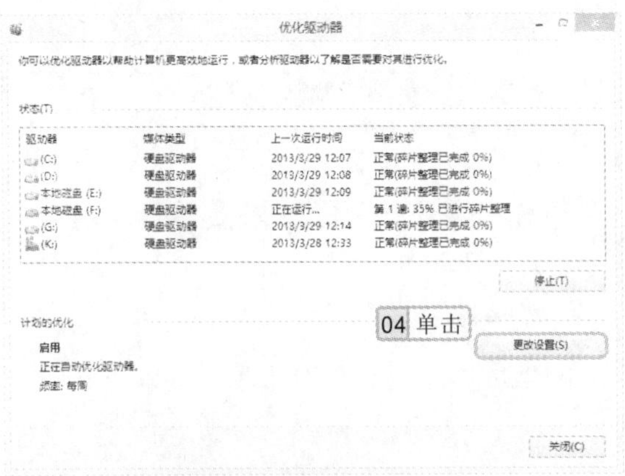

图 16-5　整理磁盘碎片

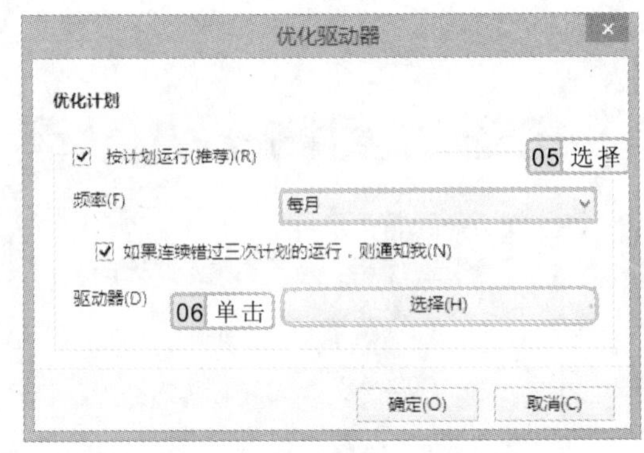

图 16-6　设置优化计划

系统盘经常执行浏览、安装或卸载程序等操作，所以很容易产生临时文件，应经常对系统盘进行清理。

5 在打开对话框的“选择要定期优化的驱动器”栏中选中需要进行定期清理的磁盘前的复选框，单击 确定 按钮，如图 16-7 所示。

6 返回“优化计划”界面，单击 确定 按钮，返回“优化驱动器”窗口，在左下角即可看到修改后的信息，如图 16-8 所示。

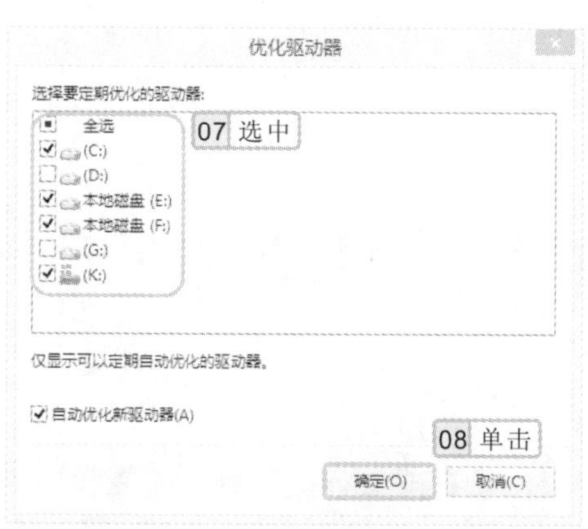

图 16-7 选择需要进行自动优化的磁盘

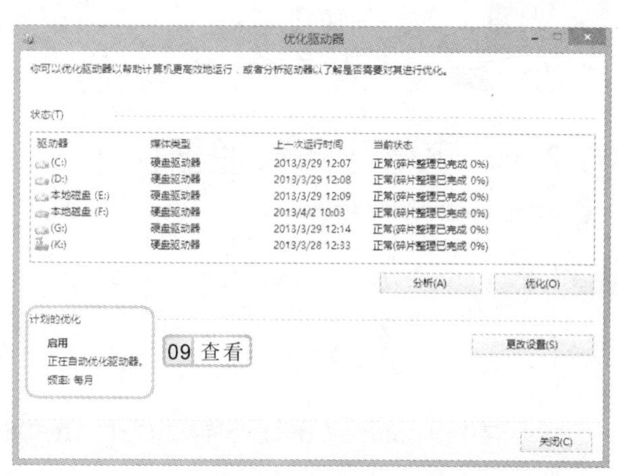

图 16-8 查看修改后的信息

16.1.3 磁盘检查

当电脑出现频繁死机、蓝屏或系统运行速度变慢等现象时，可能是由于磁盘上出现了逻辑错误。这时可以使用 Windows 8 自带的磁盘检查程序检查系统中是否存在逻辑错误，当磁盘检测程序检查到逻辑错误时，还可以使用该程序对逻辑错误进行修复。其方法为：在需要进行检查的磁盘上单击鼠标右键，在弹出的快捷菜单中选择“属性”命令，打开磁盘对应的属性对话框，在其中选择“工具”选项卡，单击“查错”栏中的 检查(C) 按钮，系统将自动对磁盘进行检查并显示出当前进度，如图 16-9 所示，当检查到错误后，即可对其进行修复。

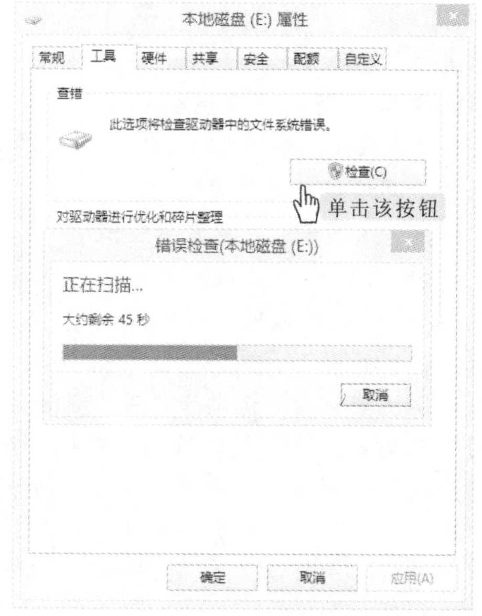

图 16-9 检查磁盘

进行磁盘整理的时间不宜太为频繁，可设置为每月一次，以避免造成磁盘损坏。

16.2 监视电脑运行状态

查看电脑的运行状态是维护电脑最基础的工作之一，可通过该操作查看系统当前的状态，以及时发现和解决问题。在 Windows 8 中监视电脑运行状态可使用任务管理器或资源监视器，下面分别进行介绍。

16.2.1 使用任务管理器监视

为了更快地了解当前电脑的使用状况，如正在运行的程序、服务、CPU 使用率或内存使用率等信息，可使用任务管理器进行查看。

1. 认识任务管理器

在电脑中按 Shift+Ctrl+Esc 键、Ctrl+Alt+Delete 键，或右击任务栏空白处，在弹出的快捷菜单中选择“任务管理器”命令，将打开“任务管理器”窗口，在该窗口中有“进程”、“性能”、“应用历史记录”、“启动”、“用户”、“详细信息”和“服务”等选项卡，如图 16-10 所示。

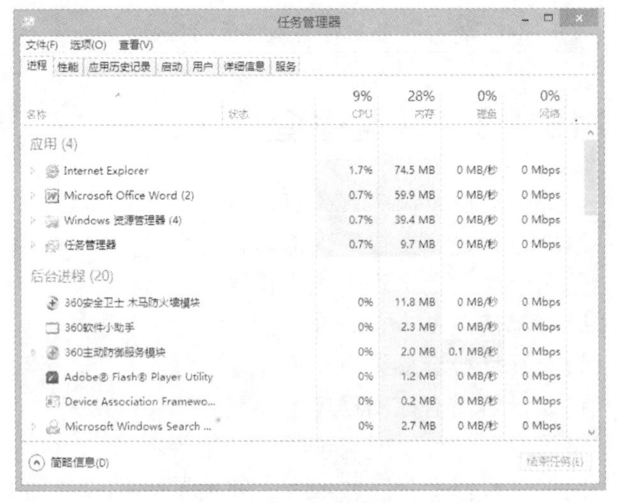

图 16-10　“任务管理器”窗口

“任务管理器”窗口中各选项卡的作用分别如下。

- **“进程”选项卡**：用于显示当前电脑中所有用户正在运行的应用程序和系统服务的 CPU、内存、磁盘和网络等相关信息。
- **“性能”选项卡**：用于显示当前系统的 CPU 和内存使用率等相关信息，通过该选项卡可大致了解电脑运行有无异常。
- **“应用历史记录”选项卡**：用于显示系统之前进行过的操作，在其中单击“删除使用情况历史记录”超级链接，可删除历史记录。
- **“启动”选项卡**：用于显示当前系统的开启启动程序。
- **“用户”选项卡**：用于显示当前登录到电脑中的所有用户列表，在其中选择某个用户，单击 断开(C) 按钮可取消用户的登录状态。
- **“详细信息”选项卡**：用于显示当前系统中所有进程和服务的运行状态，包括当前用户、CPU 使用率、内存使用率和描述信息等。
- **“服务”选项卡**：用于显示当前系统承载运行的所有服务。

在“任务管理器”窗口中单击 简略信息(D) 按钮，可简化“任务管理器”窗口，使其只显示当前系统正在运行的程序。

2. 结束没有响应的程序

当电脑运行正常，但某个应用程序出现“没有响应”的状况时，可使用任务管理器结束该程序，然后再重新开启程序进行使用。其方法是：按 Ctrl+Alt+Delete 键，打开“任务管理器”窗口，在“进程”选项卡中选择没有响应的程序，单击窗口右下角的 结束任务(E) 按钮即可结束程序。

16.2.2 使用资源监视器监视

Windows 任务管理器只能对电脑情况进行大概了解，而无法进行细致的监视工作。为了即时监视电脑的 CPU、内存和网络等活动，可使用 Windows 8 自带的资源监视器程序。

1. 启动资源监视器

要使用资源监视器首先要启动它，启动资源监视器的方法有以下几种：

- 在“计算机”图标上单击鼠标右键，在弹出的快捷菜单中选择“管理”命令，打开“计算机管理”窗口，选择【系统工具】/【性能】选项，在窗口中间的“性能监视器概述”窗格中单击“打开资源监视器”超级链接，如图 16-11 所示。
- 在“任务管理器”窗口中选择“性能”选项卡，单击“打开资源监视器”超级链接，如图 16-12 所示。

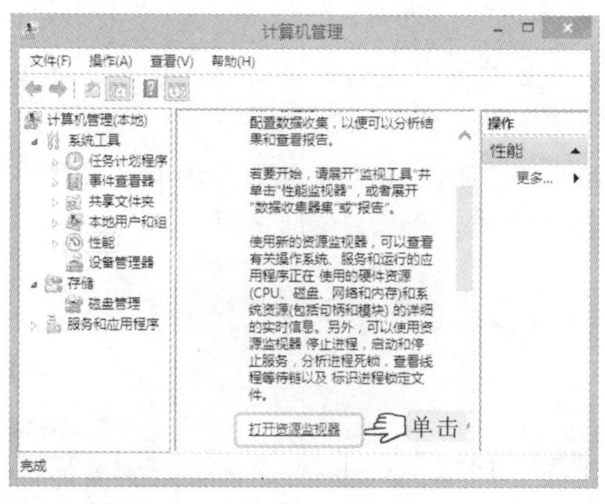

图 16-11　“计算机管理”窗口

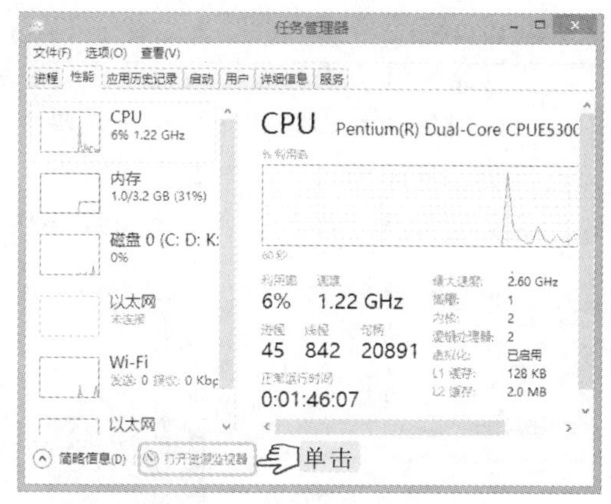

图 16-12　“任务管理器”窗口

2. 在资源监视器中查看电脑状态

启动资源监视器后将打开“资源监视器”窗口，在其中以选项卡的形式列出了 CPU、内存、磁盘和网络的详细统计情况。下面分别对各选项卡进行介绍。

- **CPU 选项卡**：选择该选项卡，可在窗口左侧的列表框中查看当前电脑的所有进程、

操作提示

在“资源监视器”窗口中还有“概述”选项卡，综合显示了系统的 CPU、内存、磁盘和网络的使用情况。

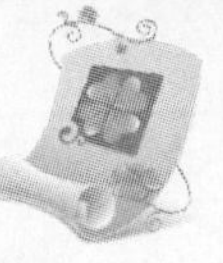

服务、关联句柄和模块等数据信息。在窗口右侧的图表中可查看 CPU 的详细信息，其中蓝色的线条表示 CPU 当前的运行频率和标准频率的百分比，绿色的线条则是当前系统的 CPU 占用率，如图 16-13 所示。

- **“内存”选项卡**：选择该选项卡，可在窗口左侧查看当前运行程序的内存使用情况、内存错误、提交或工作集等信息；在窗口右侧的图表中可查看电脑使用的物理内存、内存使用和硬中断/秒的百分比情况，如图 16-14 所示。

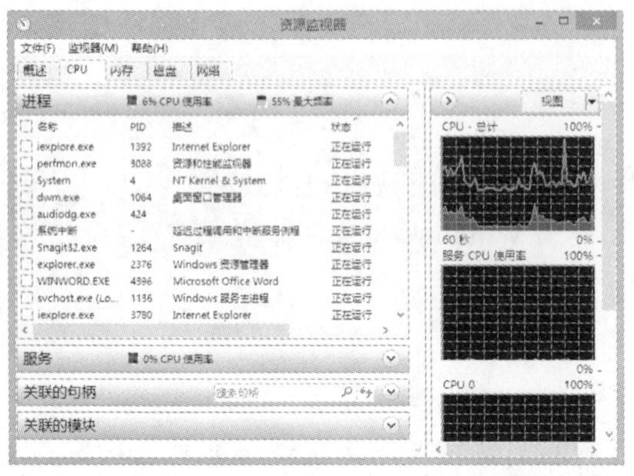

图 16-13　CPU 选项卡

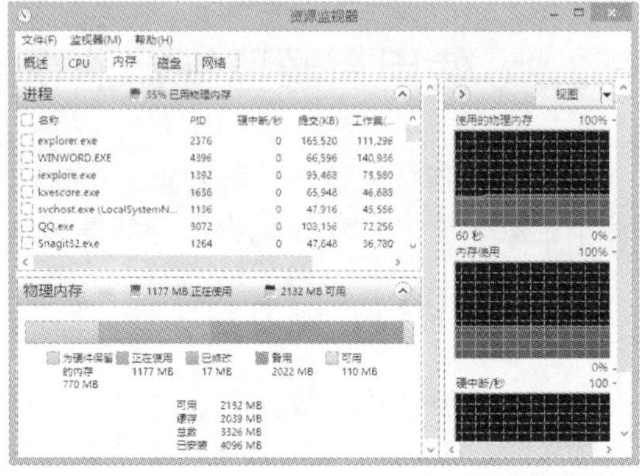

图 16-14　“内存”选项卡

- **“磁盘”选项卡**：选择该选项卡，在窗口左侧可查看当前磁盘的读写速度、优先级、响应时间和空间利用度等详细信息；在窗口右侧的图表中可查看磁盘的重点监视对象，其中蓝色线条表示磁盘最长的活动时间，绿色线条表示当前磁盘的活动情况，如图 16-15 所示。
- **“网络”选项卡**：选择该选项卡，在窗口左侧可查看当前网络活动的进程、进程访问的网络地址、发送和接收的数据包、进程使用的端口以及进程使用的协议等详细信息。在窗口右侧的图表中可查看网络的重点监视对象，其中蓝色线条表示使用网络带宽的百分比，绿色线条表示当前网络的流量，如图 16-16 所示。

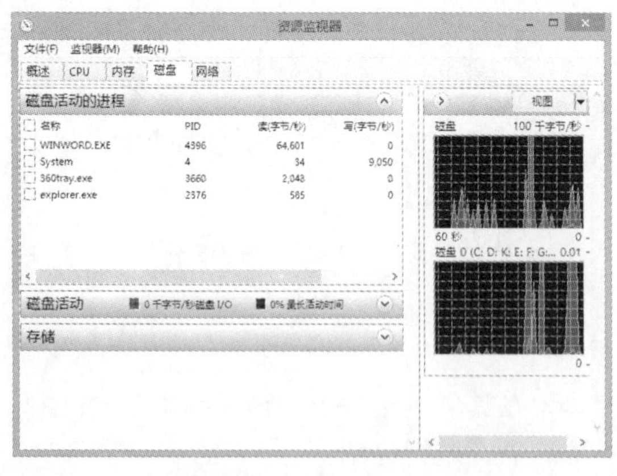

图 16-15　“磁盘”选项卡

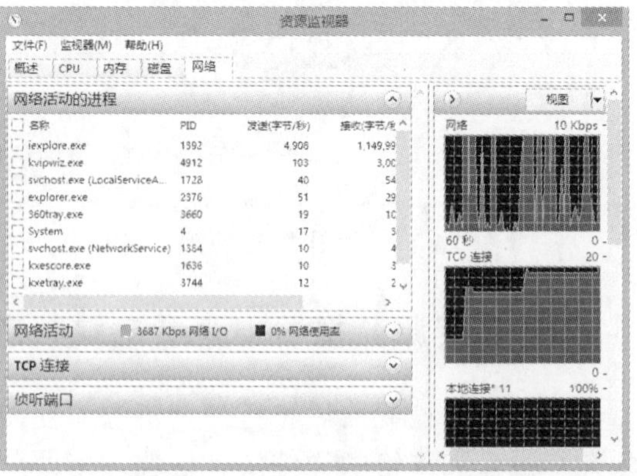

图 16-16　“网络”选项卡

在“资源监视器”窗口的每个选项卡中都列有多个选项，选择每个选项，即可在打开的列表中查看对应的信息。

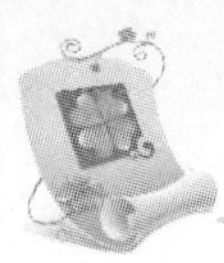

16.3　Windows 8 自带的优化设置

造成系统运行速度过慢的原因并不仅仅是磁盘的问题，还可能是开机加载程序过多或虚拟内存太小等。下面就对优化开机速度、增大有限内存空间、优化视觉效果和优化系统服务等知识进行讲解，以提高电脑的运行速度。

16.3.1　优化开机速度

当系统中安装了某些应用程序后，应用程序会自动加载到系统启动项，导致开机启动项的内容越来越多，影响 Windows 的开机速度。因此，应当将不需要开机运行的程序进行禁用，以提高电脑的开机速度。其方法为：在任务栏空白处单击鼠标右键，在弹出的快捷菜单中选择“任务管理器”命令，打开“任务管理器”窗口。选择“启动”选项卡，在其中选择需要禁用的选项，这里选择“七彩盒”选项，单击下方的禁用(A)按钮，如图 16-17 所示。

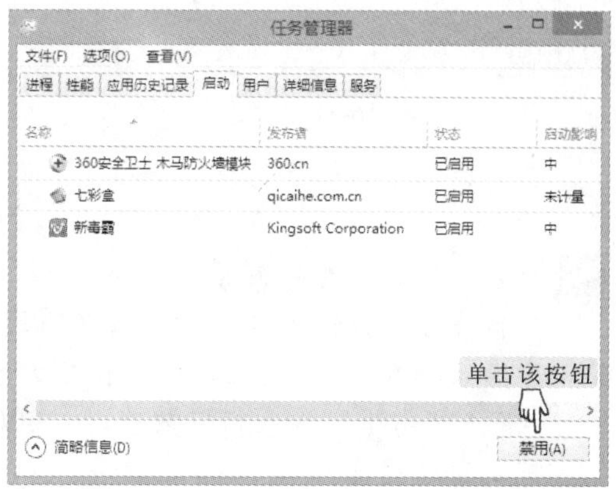

图 16-17　禁用开机启动项

16.3.2　增大有限的内存空间

当运行过多的应用程序或需运行耗费大量内存的应用程序时，系统会提示虚拟内存空间不足。此刻可对内存空间进行设置，以提高临时存储缓存数据并与内存进行交换的速度。

1．设置虚拟内存

虚拟内存就是硬盘中的一块空闲空间，用于临时存储缓存数据并与内存进行交换。设置合适的虚拟内存大小，可有效地提高系统运行速度。

实例 16-3　增加 C 盘的虚拟内存

1. 在“计算机”图标上单击鼠标右键，在弹出的快捷菜单中选择“属性”命令，打开“系统”窗口，单击“高级系统设置”超级链接，如图 16-18 所示。
2. 打开“系统属性”对话框，选择“高级”选项卡，单击“性能”栏中的设置(S)...按钮，打开“性能选项”对话框，如图 16-19 所示。

禁用开机启动项后，再次选择该启动项，单击窗口下方的启用(N)按钮可恢复其开机启动。

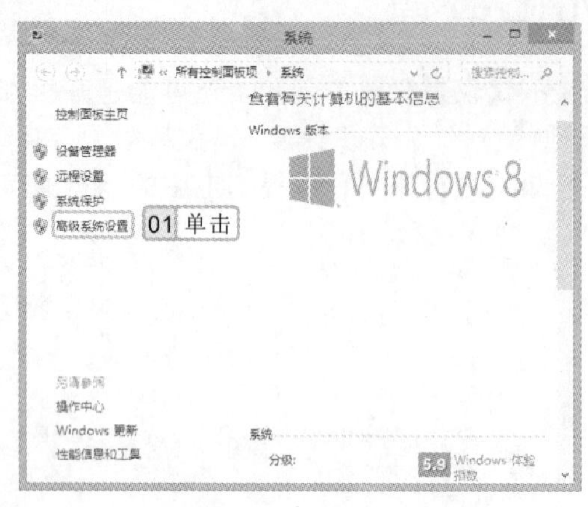

图 16-18　“系统”窗口

图 16-19　“系统属性”对话框

3 在对话框中选择“高级”选项卡，单击“虚拟内存”栏中的 更改(C)... 按钮，如图 16-20 所示。

4 打开“虚拟内存”对话框，取消选中 □自动管理所有驱动器的分页文件大小(A) 复选框，在“每个驱动器的分页文件大小”栏中选择需设置虚拟内存的盘符，这里选择“C:”选项。选中 ◉自定义大小(C): 单选按钮，在“初始大小”文本框中输入相应数值，如 1000，在“最大值”文本框中输入相应数值，如 6000，如图 16-21 所示，依次单击 设置(S) 和 确定 按钮完成设置。

5 重启电脑，使设置生效，即可在以后使用电脑的过程中提高速度。

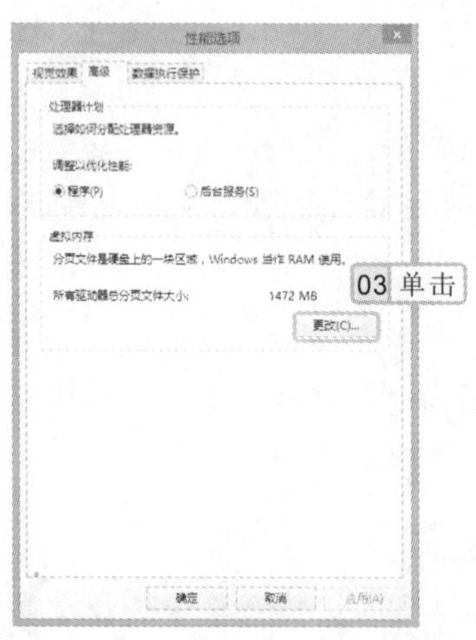

图 16-20　“性能选项”对话框

图 16-21　“虚拟内存”对话框

2. 使用 ReadyBoost 为内存加速

ReadyBoost 是 Windows 8 提供的新功能，它是一种将 U 盘、SD 卡等移动存储设备临

虚拟内存的最大值不能超过磁盘的可用剩余空间。

时充当系统缓存，用以弥补物理内存不足的技术。通过它可以将移动存储设置为缓存，以提高系统的运行速度。

实例 16-4　设置 U 盘为系统缓存

1. 将 U 盘连接到电脑上，打开"计算机"窗口，在 U 盘的盘符名称上单击鼠标右键，在弹出的快捷菜单中选择"属性"命令，打开磁盘对应的属性对话框。
2. 选择 ReadyBoost 选项卡，系统自动开始检索磁盘，然后选中 ◉使用这个设备(U) 单选按钮，拖动该对话框中的滑块或直接在数值框中设置用于加速系统所保留的空间，如图 16-22 所示。
3. 单击 确定 按钮应用设置，打开 U 盘，在其中即可看到一个名为 ReadyBoost 的文件，其占用磁盘空间为设置的大小，如图 16-23 所示。

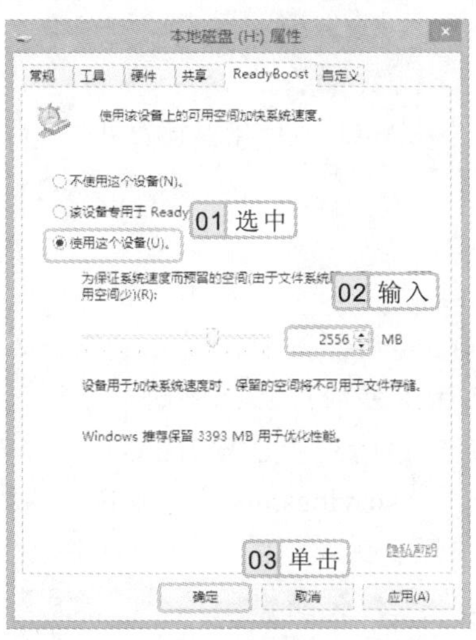

图 16-22　设置缓存的大小

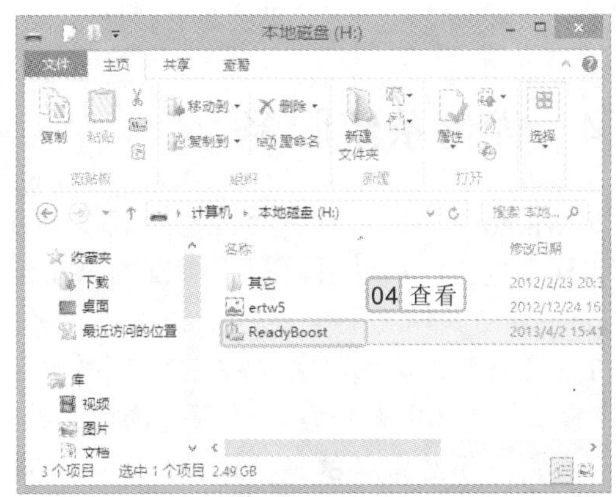

图 16-23　查看设置的缓存

16.3.3　优化视觉效果

Windows 8 默认的视觉效果，如透明按钮、显示缩略图和显示阴影等都会耗费掉大量的系统资源。当电脑资源不足或运行速度不理想时，可关闭不必要的视觉效果，以提高系统的运行速度。

实例 16-5　设置 Windows 8 的最佳性能效果

1. 在"计算机"图标上单击鼠标右键，在弹出的快捷菜单中选择"属性"命令，打开"系统"窗口，在其中单击"高级系统设置"超级链接。
2. 打开"系统属性"对话框，在"高级"选项卡中单击"性能"栏中的 设置(S)... 按钮，如图 16-24 所示，打开"性能选项"对话框。
3. 选择"视觉效果"选项卡，选中 ◉调整为最佳性能(P) 单选按钮，单击 确定 按钮进行确定，如图 16-25 所示。

在磁盘图标上单击鼠标右键，在弹出的快捷菜单中选择"属性"命令，打开其属性对话框，然后选择 ReadyBoost 选项卡，在打开的界面中选中 ◉不使用这个设备(N) 单选按钮，单击 确定 按钮，可删除已经添加的缓存文件。

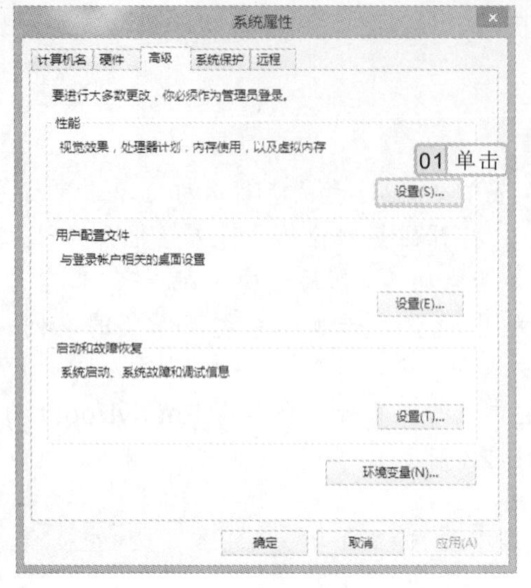

图 16-24　“系统属性”对话框

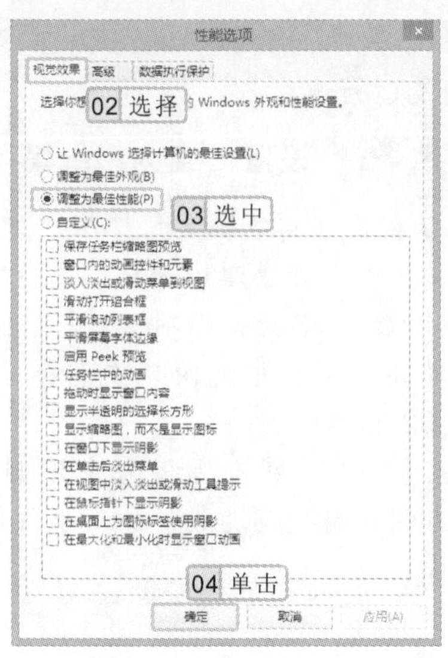

图 16-25　优化视觉效果

16.3.4　优化系统服务

启动 Windows 8 时，系统会自动加载很多服务，而使用设置开机启动项的方法，只能设置应用程序的开机启动项，却不能设置 Windows 8 自带的系统服务。这时可以通过运行 services.msc 命令来禁用不需要的系统服务，以提高系统的运行速度。其方法为：按 Win+R 键，打开“运行”对话框，在“打开”下拉列表框中输入“services.msc”，按 Enter 键打开“服务”窗口，在其中选择需要禁用的选项，单击鼠标右键，在弹出的快捷菜单中选择“属性”命令，打开系统服务的属性对话框，在“启动类型”下拉列表框中选择“禁用”选项后单击“确定”按钮即可，如图 16-26 所示。

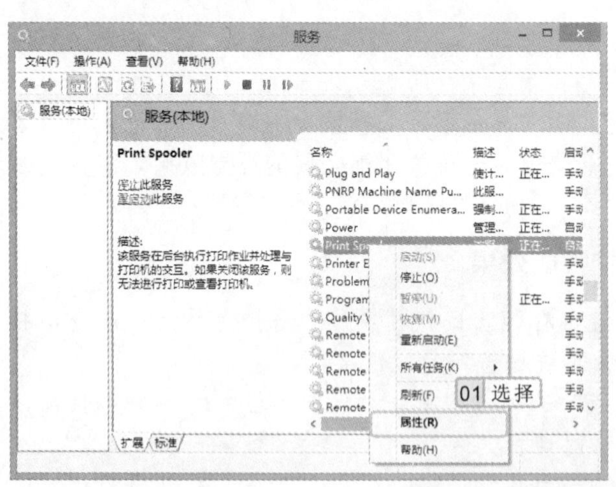

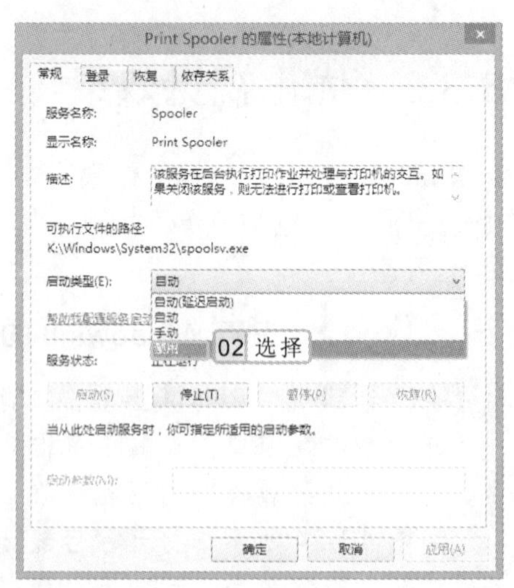

图 16-26　禁用系统服务

在“性能选项”对话框中选中 ◉ 自定义(C): 单选按钮，可在下方的列表框中选择需要设置的视觉效果选项，对其进行自定义设置。

16.4 使用注册表优化系统

注册表在 Windows 8 中好比一个系统的专用记事本，它记录了系统软件、硬件的所有信息和参数。修改注册表中的参数也是提高系统运行速度的一个常用方法。

16.4.1 启动注册表编辑器

注册表实质是一个数据库，要对其内部的参数进行编辑，必须使用注册表编辑器。启动注册表编辑器的方法是：按 Win+R 键，在打开的“运行”对话框中输入“regedit”，按 Enter 键打开“注册表编辑器”窗口。注册表编辑器主要由根键、子键、键值项及键值组成。它们都是成树形排列的，也就是说根键下有若干个子键，每个子键下又有若干个键值项，但是每个键值项只有一个键值，如图 16-27 所示。

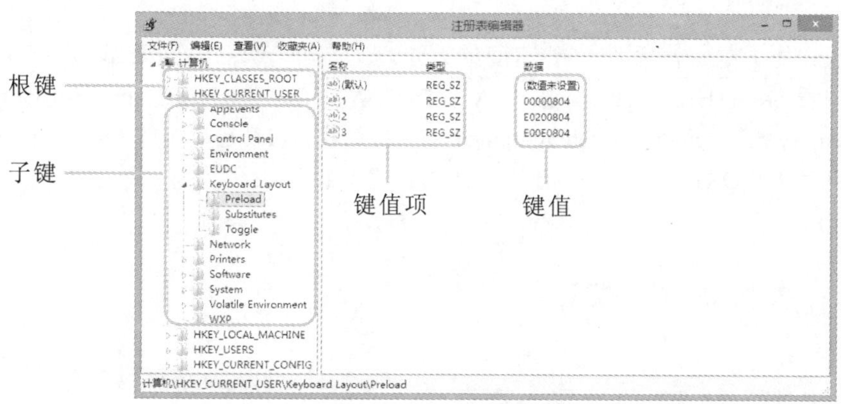

图 16-27　“注册表编辑器”窗口

16.4.2 加快关机速度

在正常情况下执行关机操作后需要等待十多秒钟才能完全关闭电脑，通过注册表优化，可以加快电脑关闭的速度。

实例 16-6　修改注册表加快系统关机速度

1. 打开“注册表编辑器”窗口，单击窗口左侧的列表，展开[HKEY_LOCAL_MACHINE\SYSTEM\CurrentControlSet\Control]子键。
2. 此时，右击右侧窗口空白处，在弹出的快捷菜单中选择【新建】/【字符串值】命令，如图 16-28 所示，并将其命名为 FastReboot。
3. 双击 FastReboot 键值项，在打开的对话框中将键值设置为 1，单击 确定 按钮，如

在 Windows 8 操作系统中，注册表一共有 5 个根键，分别为 HKEY_CLASSES_ROOT、HKEY_CHRRENT_USER、HKEY_LOCAL_MACHINE、HKET_USERS 和 HKEY_CURRENT_CONFIG。

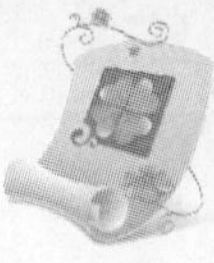

图 16-29 所示。

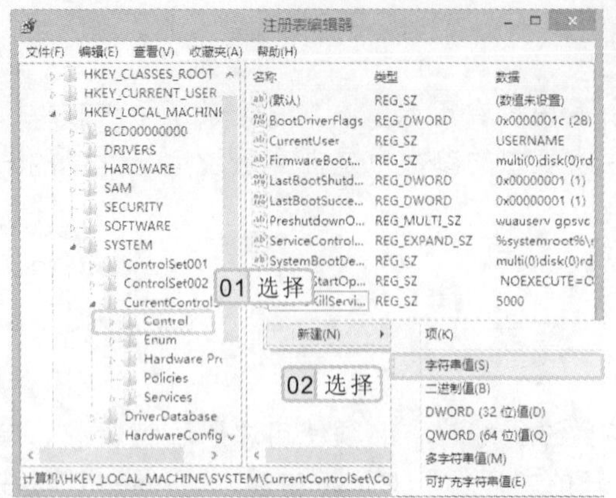

图 16-28　新建字符串值

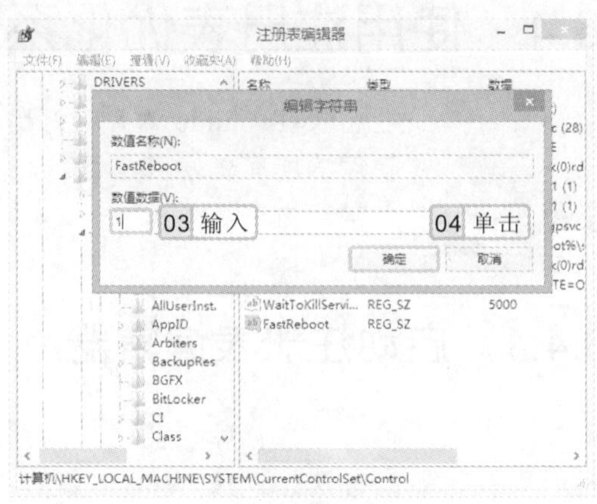

图 16-29　设置键值项

16.4.3　加快系统预读能力

加快系统的预读能力是提高系统启动速度的方法之一，可打开“注册表编辑器”窗口，单击窗口左侧的列表，展开[HKEY_LOCAL_MACHINE\SYSTEM\CurrentControlSet\Control\SessionManager\MemoryManagement\PrefetchParameters]子键，双击右侧窗口中的 EnablePrefetcher 键值项，打开“编辑 DWORD（32 位）值”对话框，将其键值设置为 4，单击 确定 按钮即可，如图 16-30 所示。

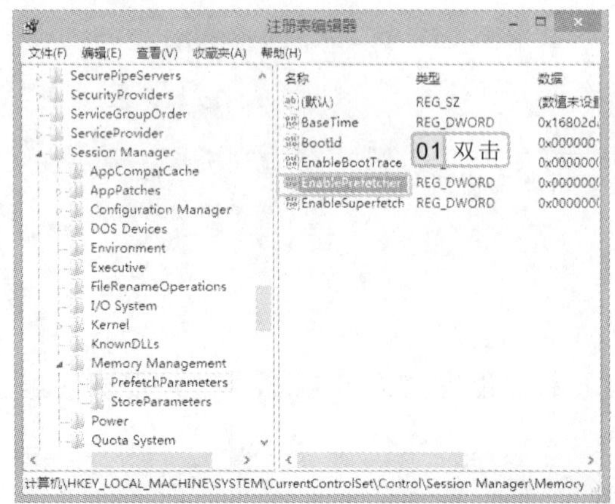

图 16-30　加快系统预读能力

16.4.4　加速关闭应用程序

缩短关闭应用程序的等待时间，可以实现快速关闭应用程序，以节省操作时间。

在键值项上单击鼠标右键，在弹出的快捷菜单中选择“删除”命令，可删除不需要的注册表信息。

实例 16-7　修改注册表提高关闭应用程序的速度

1. 打开“注册表编辑器”窗口，单击窗口左侧的列表，展开[HKEY_CURRENT_USER\Control Panel\Desktop]子键，在右侧窗格中的 WaitToKillAppTimeOut 选项上单击鼠标右键，在弹出的快捷菜单中选择“修改”命令，如图 16-31 所示。
2. 打开“编辑字符串”对话框，在“数值数据”文本框中输入“1000”，如图 16-32 所示，完成后单击 确定 按钮。

图 16-31　选择“修改”命令

图 16-32　修改键值

16.5　使用 Win8 优化大师

认为手动逐一管理系统太麻烦，可使用 Win8 优化大师帮助管理系统。Win8 优化大师是一款专门针对 Win8 的系统优化工具，只需简单的操作就能将系统管理得井井有条。

16.5.1　使用优化向导

安装好 Win8 优化大师后，就可以使用优化大师对系统进行优化。当第一次启动 Win8 优化大师时，将打开优化向导，用户可通过向导对优化大师进行设置，以了解其使用方法。

实例 16-8　设置 Win8 优化大师的向导

1. 在“开始”屏幕中单击“软媒-Windows 8 优化大师”磁贴，启动 Win8 优化大师，打开“安全加固”对话框。
2. 单击“当前状态”栏中的 未禁止 和 未显示 按钮，启动相应的服务，此时按钮将自动变为 已禁止 和 已显示 状态，然后取消选中 启动时运行优化向导 复选框，单击 下一步 按钮，如图 16-33 所示。

用户可到 Windows 8 的官方网站中下载优化大师，其下载地址为：http://www.win8china.com/windows8master。

3 打开“个性设置”对话框，单击“删除文件到回收站时打开确认提示框”栏中的未打开按钮，此时按钮将自动变为已打开状态，单击下一步按钮，如图 16-34 所示。

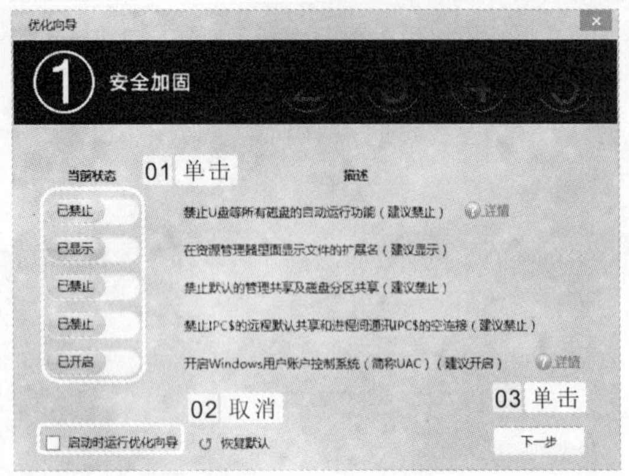

图 16-33 “安全加固”对话框

图 16-34 “个性设置”对话框

4 打开“网络优化”对话框，在“浏览器主页”栏中选中保持原有单选按钮，在“浏览器搜索引擎”栏中选中百度搜索单选按钮，在“同时连接的最大线程数”数值框中输入“5”，选中“IE 右键菜单项”栏中的所有复选框，单击下一步按钮，如图 16-35 所示。

5 打开“开机加速”对话框，保持其中的默认设置不变，单击下一步按钮。

6 打开“易用性改善”对话框，在“在 Windows 任务栏右下角时间处显示星期几”栏中单击未显示按钮，此时按钮变为已显示状态；再单击“开启 Win8 系统离开模式，边睡边下载”栏中的未开启按钮，使其变为已开启状态，单击下一步按钮，如图 16-36 所示。

7 在打开的对话框中取消选中添加IT之家到任务栏复选框，单击完成按钮完成设置。

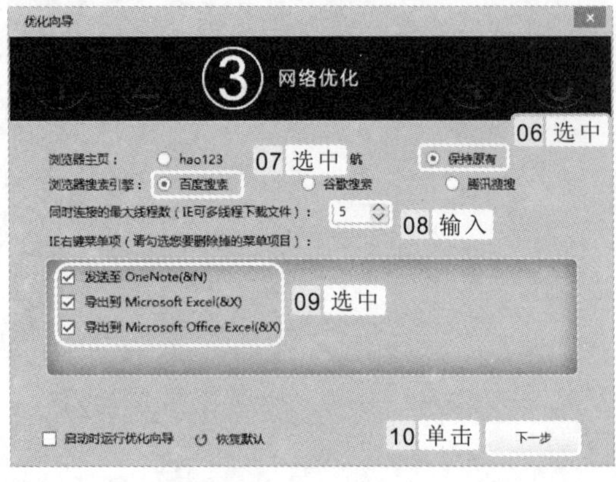

图 16-35 网络优化

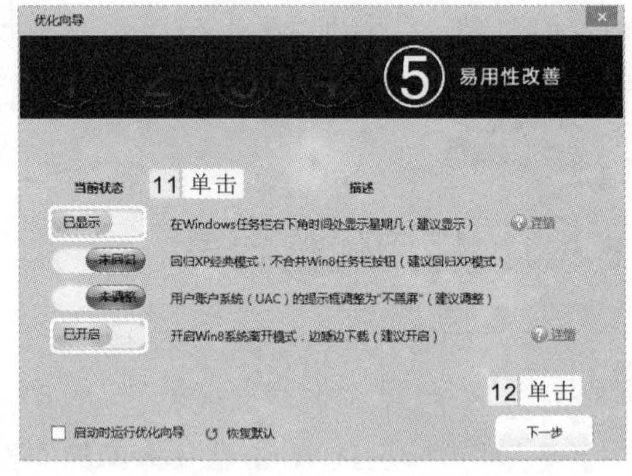

图 16-36 易用性改善

16.5.2 自定义右键菜单

使用 Win8 优化大师的右键菜单快捷组功能可以将用户经常使用的命令或程序组合在

精讲笔录

在进行优化向导的过程中，用户可根据自己的需要进行设置。

一起，并将其添加到右键快捷菜单中，以提高用户操作电脑的速度。

实例 16-9　自定义右键快捷菜单

1. 启动 Win8 优化大师，在主界面中选择“右键菜单快捷组”选项，如同 16-37 所示。
2. 在打开的界面中可查看默认的快捷菜单组，单击 按钮进行添加，如图 16-38 所示。

图 16-37　选择“右键菜单快捷组”

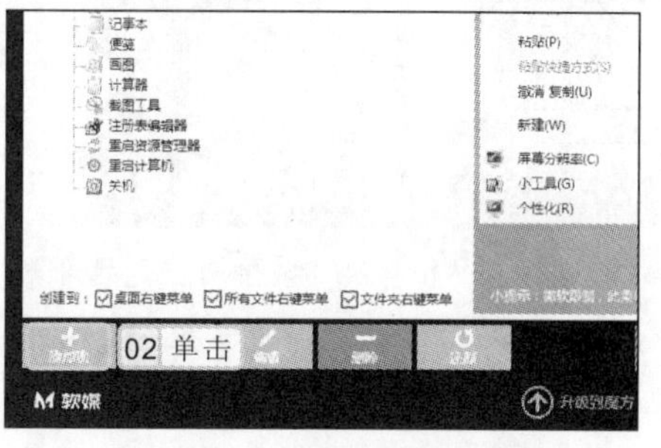

图 16-38　准备添加菜单项

3. 打开“新建菜单”对话框，在其中设置快捷菜单的名称、执行命令的文件路径和图标路径，单击 按钮完成设置。然后返回“右键菜单快捷组”界面，在“创建”栏中设置需要创建快捷菜单组的位置，单击 按钮进行创建，如图 16-39 所示。
4. 在打开的提示对话框中单击 按钮，返回桌面即可进行查看，如图 16-40 所示。

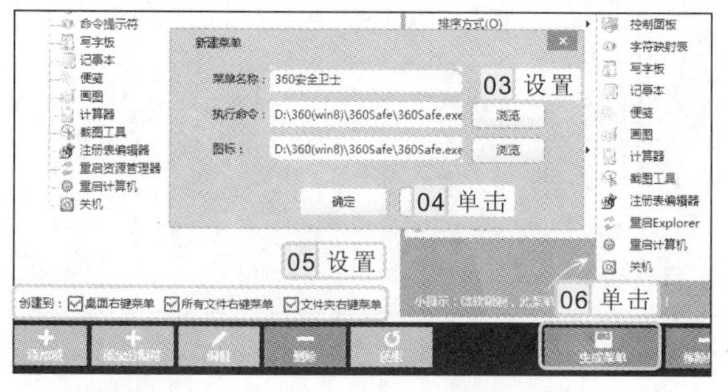

图 16-39　选择添加到快捷菜单的程序

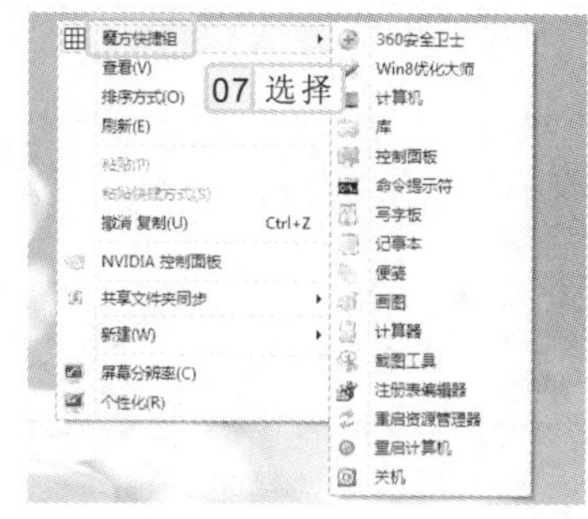

图 16-40　查看添加后的效果

16.5.3　清理应用缓存

用户在使用应用软件或上网的过程中，将产生很多缓存文件，使用 Win8 优化大师的应用缓存清理功能可以快速对其进行清理，释放系统资源。

实例 16-10　使用 Win8 优化大师清理缓存

1. 启动 Win8 优化大师，在其主界面中选择“Win8 应用缓存清理”选项，如图 16-41 所示。
2. 打开“Win8 应用缓存清理”界面，在“Win8 Modern 应用产生的缓存文件”列表框中选中所有的复选框，单击 按钮开始进行扫描，如图 16-42 所示。

如果用户没有 Microsoft 账户，可直接在“登录”对话框中单击“立即注册”超级链接进行注册。

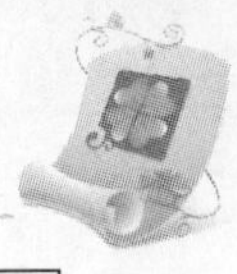

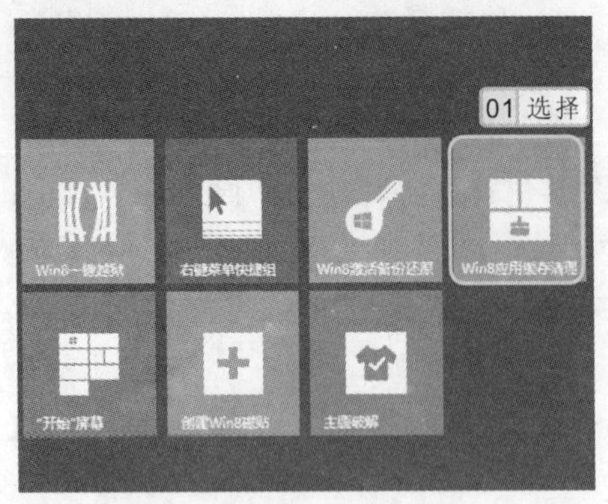

图 16-41　选择“Win8 应用缓存清理”选项

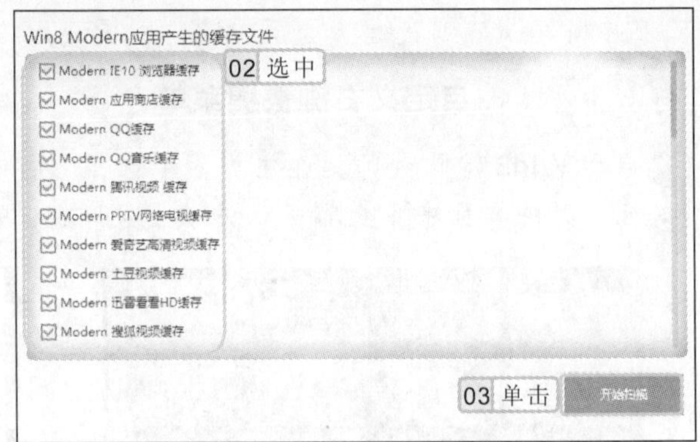

图 16-42　选择需要进行扫描的选项

3 系统自动开始进行扫描，并将扫描结果显示在“Win8 Modern 应用产生的缓存文件”列表框中，在列表框中选中需要进行清理的选项前的复选框，单击立刻清理按钮进行清理，如图 16-43 所示。

4 系统自动开始进行清理，并显示清理成功的信息，如图 16-44 所示。然后关闭 Win8 优化大师，完成清理操作。

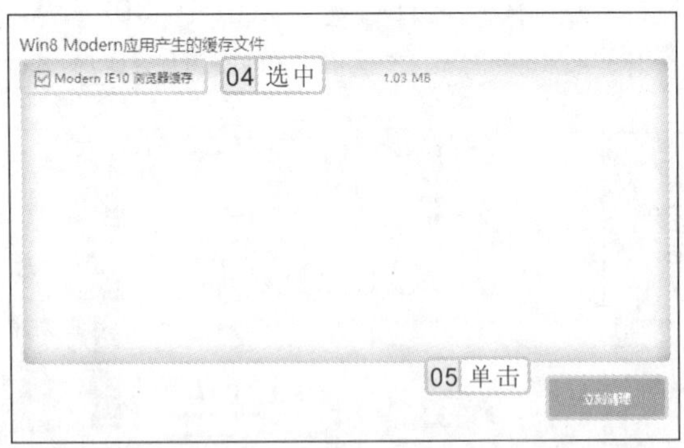

图 16-43　选择进行清理的选项

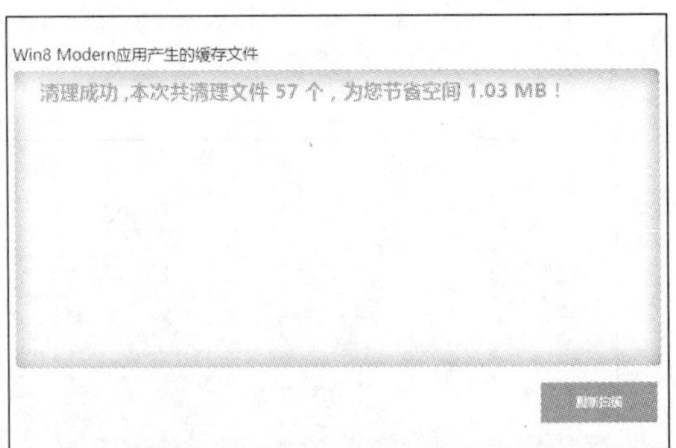

图 16-44　完成清理

16.5.4　Win+X 菜单管理

在 Win8 优化大师的主界面中选择“Win+X 菜单管理”选项，可在打开的界面中对菜单命令进行管理，包括添加组、添加快捷方式、添加关机组、重命名、移除和还原等操作，如图 16-45 所示。其中各选项的含义介绍如下。

- **添加组**：Win8 优化大师中默认包含 3 个组，单击“添加组”按钮，将添加一个名为 group4 的组，可在组中添加需要的快捷菜单。
- **添加快捷方式**：用于添加快捷方式，只要选择需要的组，然后单击“添加快捷方式”按钮，打开“请选择要添加的快捷方式”对话框，选择需添加的快捷方式（其扩展名为.lnk），单击打开(O)按钮即可。
- **添加关机组**：单击按钮可新建一个组，其中包括“重启进入高级启动选项”、“休

对菜单进行设置后，需要单击“保存”按钮对操作后的设置进行保存。

眠”、“切换用户”、“注销”、“重新启动”、“睡眠”和“关机”7 个快捷方式。

- **重命名**：选择列表框中的快捷方式，单击“重命名”按钮即可对其进行重命名操作。
- **移除**：选择列表框中的快捷方式或组，单击“移除”按钮可对其进行删除操作。
- **还原**：单击“还原”按钮可使菜单恢复默认值。

图 16-45　Win+X 菜单管理

16.5.5　桌面显示图标管理

在 Win8 优化大师的主界面中选择“桌面显示图标”选项，在打开的界面中可对常用的桌面图标进行设置，包括“计算机”、“控制面板”、“用户文件”、“回收站”、“网络”、“IE 浏览器”、“关机”、“重启”和“睡眠”，只需单击 显示 按钮即可显示图标；单击 隐藏 按钮隐藏图标。

16.5.6　创建 Win8 磁贴

在 Win8 优化大师的主界面中选择“开始屏幕磁贴”选项，在打开的界面中可新建“开始”屏幕中显示的磁贴，其方法为：在“磁贴名称”文本框中输入磁贴名称，分别在“文件路径”和“自定义磁贴图片”文本框中输入相应的路径，在“自定义磁贴文字颜色”色块中设置文本颜色，选中 ☑创建后以管理员身份运行 复选框，单击 创建 按钮进行创建即可，如图 16-46 所示。

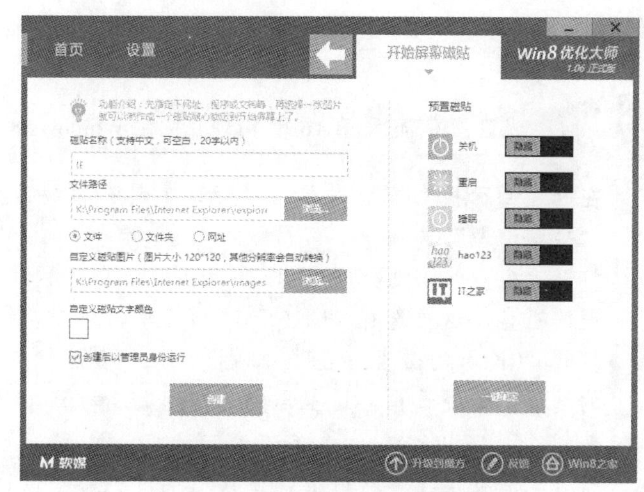

图 16-46　创建 Win8 磁贴

操作提示

在“开始屏幕磁贴”界面的右侧窗格中可以对预置的“关机”、“重启”和“睡眠”等磁贴进行设置，使其显示在“开始”屏幕中，方便用户操作。

16.6 精通实例——清理并优化 Windows 8

本章主要介绍了维护和优化 Windows 8 的一系列方法。下面将综合利用这些知识，对当前系统进行彻底的清理，并使用 Win8 优化大师对系统进行优化，使用户能进一步掌握其操作。

16.6.1 操作思路

为更快完成本例的制作，并且尽可能运用本章讲解的知识，本例的操作思路如下。

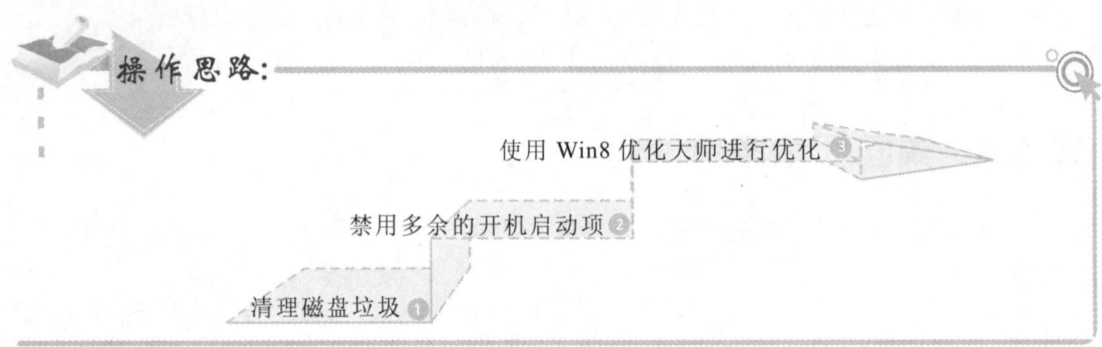

16.6.2 操作步骤

下面将对 Windows 8 操作系统进行磁盘清理、禁用开机启动项和优化等操作，操作步骤如下：

光盘\实例演示\第 16 章\清理并优化 Windows 8

1. 在“控制面板”窗口中单击“管理工具”超级链接，打开“管理工具”窗口，双击“磁盘清理”选项。
2. 打开“磁盘清理:驱动器选择”对话框，在“驱动器”下拉列表框中选择需要进行清理的磁盘，这里选择“(K:)”选项，单击 确定 按钮，如图 16-47 所示。
3. 打开“(K:) 的磁盘清理”对话框，在“要删除的文件”列表框中选中需要进行清理的选项前的复选框，这里取消选中 已下载的程序文件 和 Office 安装文件 复选框，单击 确定 按钮。
4. 打开“磁盘清理”对话框，在其中单击 删除文件 按钮开始进行清理，如图 16-48 所示。完成清理后，系统自动关闭该对话框。

磁盘碎片整理程序不能对正在运行的文件进行整理，所以进行磁盘整理时，尽可能地不要使用电脑或者打开不需要的文件。

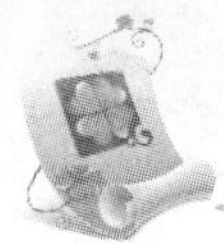

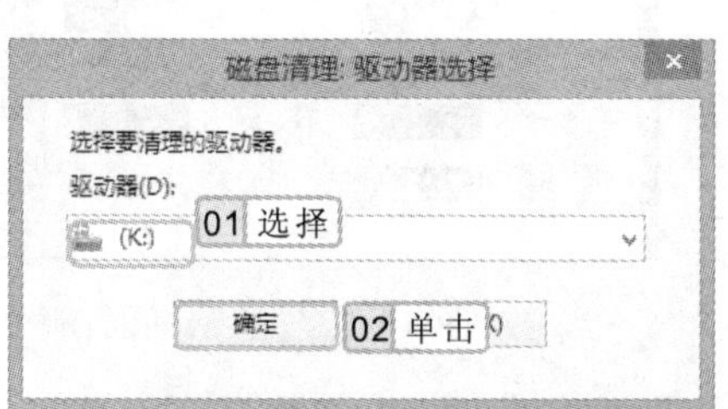

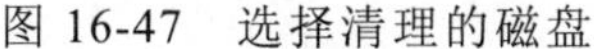
图 16-47　选择清理的磁盘

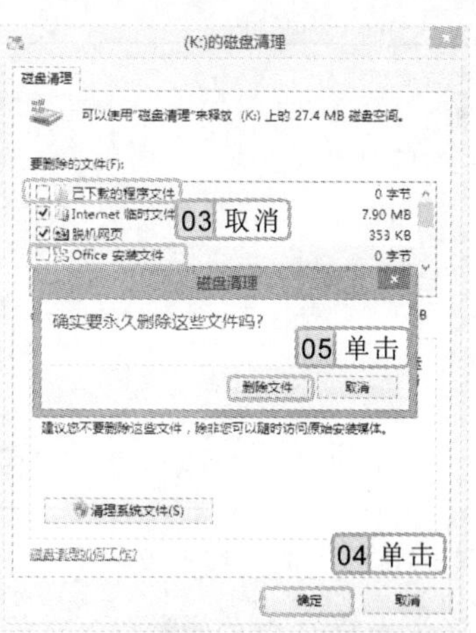

图 16-48　进行清理

5 在任务栏空白处单击鼠标右键，在弹出的快捷菜单中选择“任务管理器”命令，打开“任务管理器”窗口。选择“启动”选项卡，在其中选择需要禁用的选项，这里选择“微软拼音输入法安装工具”选项，单击禁用(A)按钮进行禁用，如图 16-49 所示。

6 启动 Win8 优化大师，在主界面中选择“Win 应用缓存清理”选项，在打开的界面中选中“Win8 Modern 应用产生的缓存文件”列表框中所有的复选框，单击开始扫描按钮，如图 16-50 所示。

图 16-49　禁用开机启动项　　图 16-50　选择“Win 应用缓存清理”选项

7 系统自动开始进行扫描，并将扫描结果显示在“Win8 Modern 应用产生的缓存文件”列表框中，在列表框中选中需要进行清理的选项前的复选框，单击按钮进行清理，如图 16-51 所示。

8 系统自动开始进行清理，并显示清理成功的信息。然后单击首页按钮，返回 Win8 优化大师主界面，选择“显示桌面图标”选项，在打开的界面中单击“网络”和“IE 浏览器”中的隐藏按钮，使其变为显示按钮，让其显示在桌面，如图 16-52 所示。

在 Win8 优化大师中单击主界面中的设置按钮，可在打开的界面中对 Win8 优化大师是否开机启动和关闭 Win8 优化大师窗口后是否最小化到通知区域进行设置。

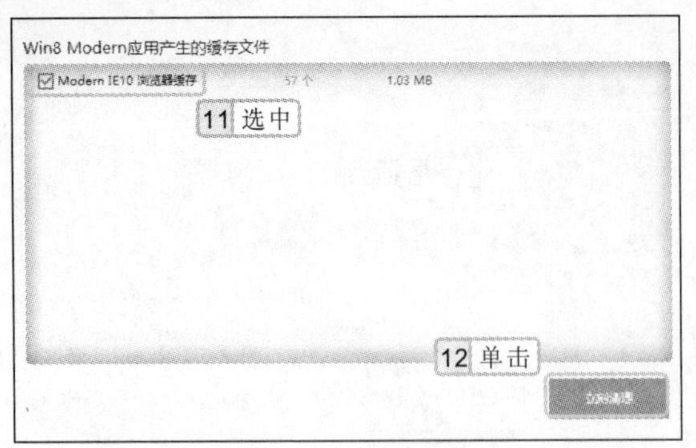

图 16-51　清理缓存文件

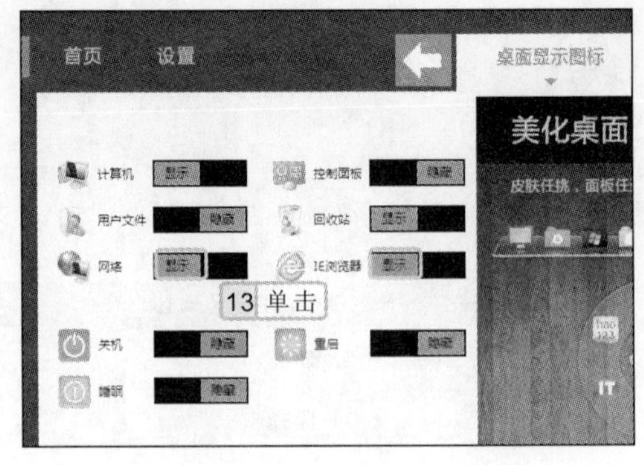

图 16-52　显示桌面图标

9 完成后单击窗口中的 × 按钮关闭 Win8 优化大师，完成优化操作。

16.7　精通练习

本章主要学习了维护和优化磁盘的各种操作。下面将通过清理并整理磁盘碎片和设置优化向导并创建磁贴两个练习来进一步巩固所学知识。

16.7.1　清理并整理磁盘碎片

启动“磁盘清理”功能，在其中选择 C 盘进行磁盘清理，完成后再启动“碎片整理和优化驱动器”，对磁盘进行碎片分析和优化，如图 16-53 所示。

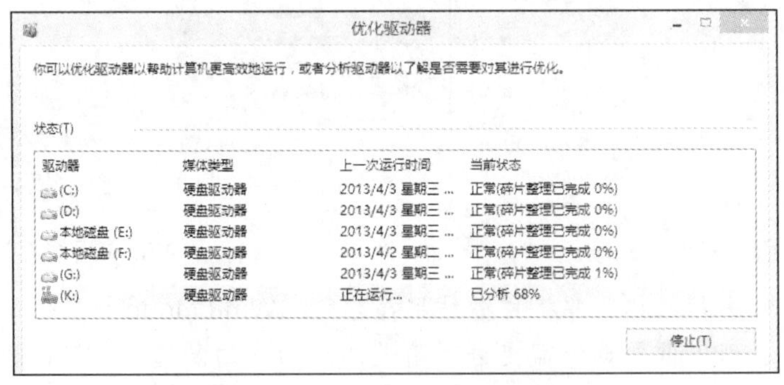

图 16-53　清理并整理磁盘碎片

参见光盘　光盘\实例演示\第 16 章\清理并整理磁盘碎片

精讲笔录

删除 Internet 临时文件，会删除电脑中保存的网站账户和密码。

该练习的操作思路如下。

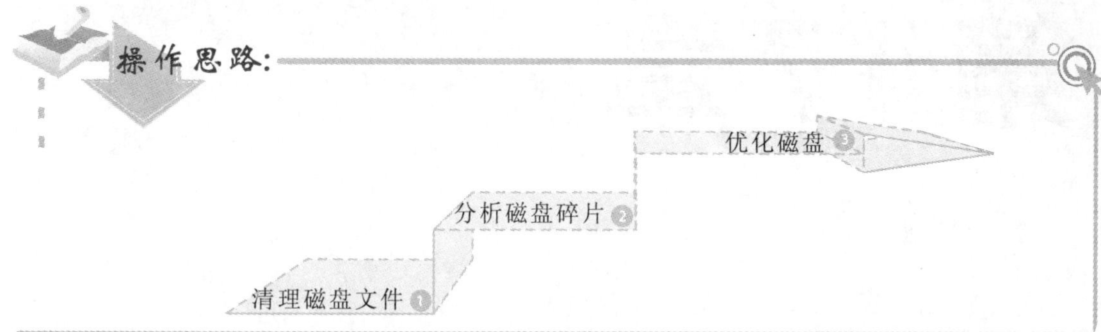

16.7.2　设置优化向导并创建磁贴

启动 Win8 优化大师，在其主界面中选择“优化向导”选项，对 Win8 优化大师进行设置，并选择“创建 Win8 磁贴”选项创建“开始”屏幕中的磁贴。

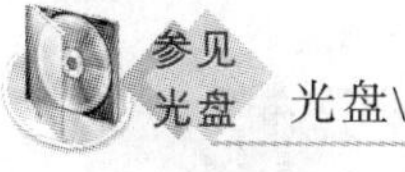

光盘\实例演示\第 16 章\设置优化向导并创建磁贴

该练习的操作思路如下。

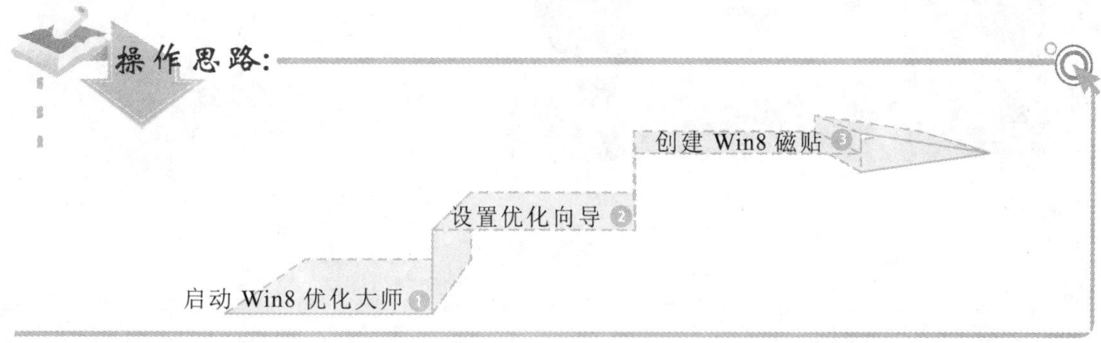

知识关联　使用其他的软件优化系统

除了使用 Win8 优化大师来进行系统的优化外，还可通过其他软件进行类似的操作，使系统性能得到优化，如超级兔子、鲁大师、QQ 电脑管家、魔方大师、360 安全卫士和金山卫士等，其操作方法都较为类似，只需安装软件后，选择对应的选项进行优化操作即可。

用户可在启动电脑时，按 F8 键进入“安全模式”，在其中使用“磁盘碎片和优化驱动器”功能整理碎片，使其更彻底地对磁盘碎片进行整理，但要注意整理时不能对电脑有任何操作。

第17章 计算机安全管理

本地安全策略

驱动器加密

用户操作安全防护机制

使用组策略进行安全设置

本章导读

为避免用户个人信息或重要数据等丢失，Windows 8 提供了很多的安全管理功能，并且可及时进行防护。本章将详细介绍保护计算机安全的功能，包括文件的审核策略、BitLocker 的使用、本地安全策略、使用组策略进行安全设置和用户操作安全防护机制等知识。下面就来学习计算机安全管理的相关操作知识。

17.1 设置文件的审核策略

默认状态下，Windows 操作系统的审核机制并没有启动，需要用户手动启用审核策略来监控电脑中的敏感文件。下面将分别介绍文件和文件夹审核策略的设置。

Windows 8 可以使用审核策略跟踪用于访问文件或其他对象的用户账户、登录尝试、系统关闭或重新启动以及类似的事件，而审核文件则可以保证文件和文件夹的安全。

实例 17-1 文件设置审核

1. 按 Win+R 键，打开“运行”对话框，在“打开”文本框中输入“gpedit.msc”，单击 确定 按钮，如图 17-1 所示。
2. 打开“本地组策略编辑器”窗口，在左侧的列表框中选择“计算机配置/Windows 设置/安全设置/本地策略/审核策略”选项，然后在右侧的列表框中双击“审核对象访问”选项，如图 17-2 所示。

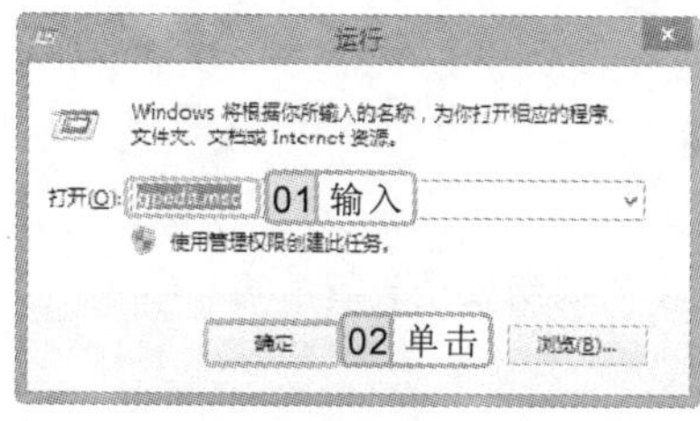

图 17-1 “运行”对话框

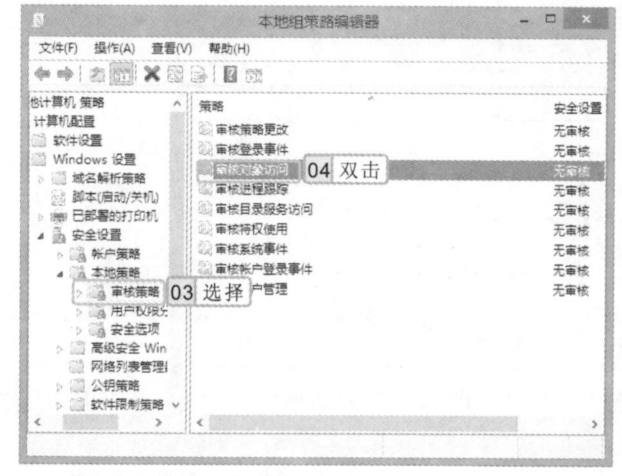

图 17-2 “本地组策略编辑器”窗口

3. 打开“审核对象访问 属性”对话框，选中 ☑成功(S) 和 ☑失败(F) 复选框，单击 确定 按钮，如图 17-3 所示。
4. 使用鼠标右键单击想要审核的文件或文件夹，这里选择“工作”文件夹，在弹出的快捷菜单中选择“属性”命令，如图 17-4 所示。
5. 打开“工作 属性”对话框，选择“安全”选项卡，单击 高级(V) 按钮，如图 17-5 所示。

只有管理员组成员或在组策略中被授予“管理审核和安全日志”权限的用户才可以审核文件或文件夹。

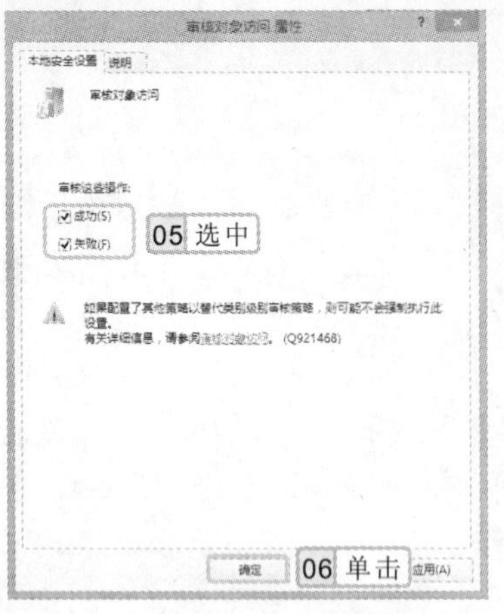

图 17-3　“审核对象访问 属性”对话框

图 17-4　选择“属性”命令

6 打开“工作的高级安全设置”窗口，选择“审核”选项卡，单击 添加(D) 按钮，并在“名称”文本框中输入新用户名，单击 确定 按钮，如图 17-6 所示。

图 17-5　“工作 属性”对话框

图 17-6　“工作的高级安全设置”窗口

17.2　BitLocker 驱动器加密

简单地说，BitLocker 驱动器加密就是为磁盘添加密码，从而使磁盘信息得到保护。下面就对启用 BitLocker、管理 BitLocker 和恢复密钥的使用等知识进行讲解，以提高电脑中文件和信息的保护。

17.2.1　启用 BitLocker

通过加密 Windows 操作系统卷上存储的所有数据可以更好地保护计算机中的数据。因

在 Windows 8 审核文件和文件夹之前，用户必须启用组策略中“审核策略”的“审核对象访问”，否则，设置完文件、文件夹审核时会返回一个错误消息，并且文件、文件夹都没有被审核。

此，应先启用 BitLocker。需要注意的是，在启用前要在“本地组策略编辑器”中启用“启动时需要附加身份验证”选项。

实例 17-2 启用 BitLocker 并加密 U 盘

1. 按 Win+R 键，打开“运行”对话框，在“打开”文本框中输入“gpedit.msc”，单击 确定 按钮，如图 17-7 所示。
2. 打开“本地组策略编辑器”窗口，在左侧的列表框中选择“计算机配置/管理模板/系统/所有设置”选项，在右侧的列表框中双击“启动时需要附加身份验证”选项，如图 17-8 所示。

图 17-7　“运行”对话框

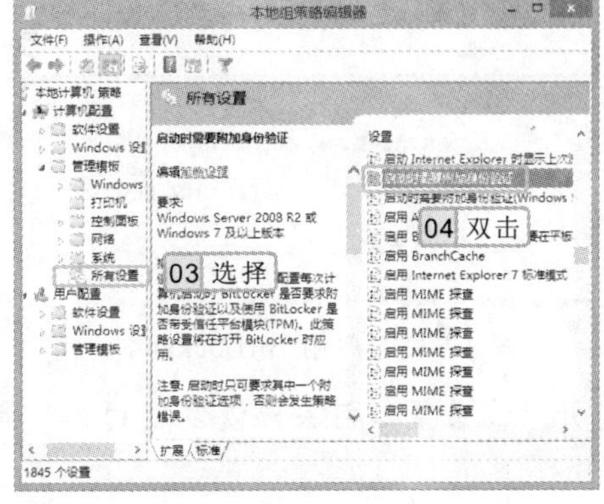

图 17-8　双击选项

3. 打开“启动时需要附加身份验证”窗口，选中 ◉已启用(E) 单选按钮，在“选项”栏中选中 ☑没有兼容的 TPM 时允许 BitLocker(在 U 盘上需要密码或启动密钥) 复选框，单击 确定 按钮，如图 17-9 所示。
4. 将 U 盘插入到电脑接口上，双击桌面上的“控制面板”图标，打开“所有控制面板项”窗口，单击“BitLocker 驱动器加密”超级链接，如图 17-10 所示。

图 17-9　启用选项

图 17-10　“所有控制面板项”窗口

BitLocker 主要有两种工作模式：TPM 模式和 U 盘模式，为了实现更高程度的安全，还可以同时启用这两种模式。

5 打开“BitLocker 驱动器加密”窗口，单击“可移动数据驱动器”栏中的“启用 BitLocker”超级链接，如图 17-11 所示。

6 稍等片刻，将打开“选择希望解锁此驱动器的方式”界面，在“输入密码”文本框中输入密码，在“重复输入密码”文本框中再次输入相同的密码，单击 下一步(N) 按钮，如图 17-12 所示。

图 17-11 启用 BitLocker

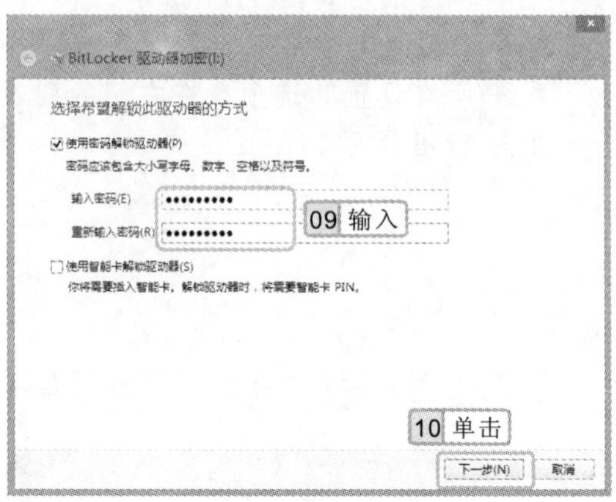

图 17-12 设置密码

7 打开“你希望如何备份恢复密钥？”界面，选择“保存到文件”选项，如图 17-13 所示。

8 打开“将 BitLocker 恢复密钥另存为”对话框，在左侧的窗格中选择文件存储的位置，在“文件名”下拉列表框中输入文件名称，单击 保存(S) 按钮，如图 17-14 所示。

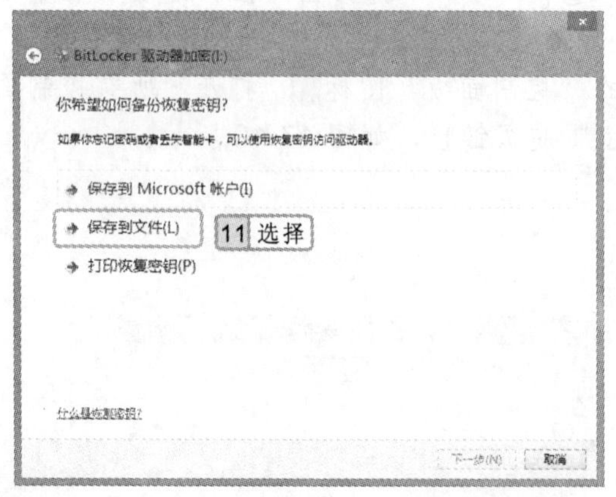

图 17-13 选择备份恢复密钥存储的类型

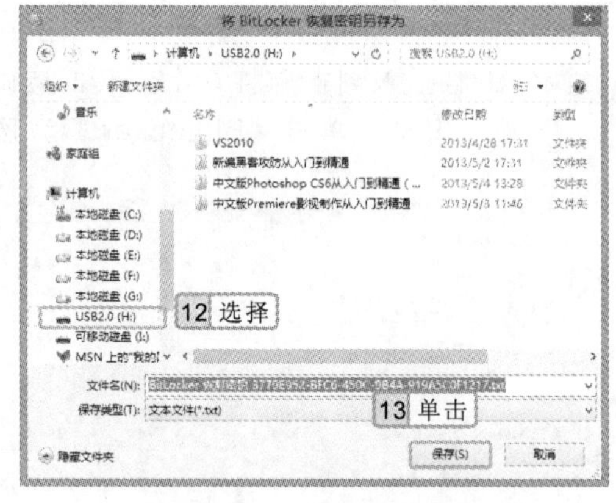

图 17-14 选择存储位置

9 返回“你希望如何备份恢复密钥？”界面，单击 下一步(N) 按钮，如图 17-15 所示。

10 打开“选择要加密的驱动器空间大小”界面，在其中可选择要加密的已用磁盘或整个驱动器选项，这里选中 ◉ 仅加密已用磁盘空间(最适合于新电脑或新驱动器，且速度较快)(U) 单选按钮，单击 下一步(N) 按钮，如图 17-16 所示。

在使用 U 盘模式时，则需要电脑上有 USB 接口，而且还需要一个专用的 U 盘来保存密钥文件。使用 U 盘模式后，用于解密系统盘的密钥文件会被保存在 U 盘上，每次重启系统时必须在开机之前将 U 盘连接到计算机上。

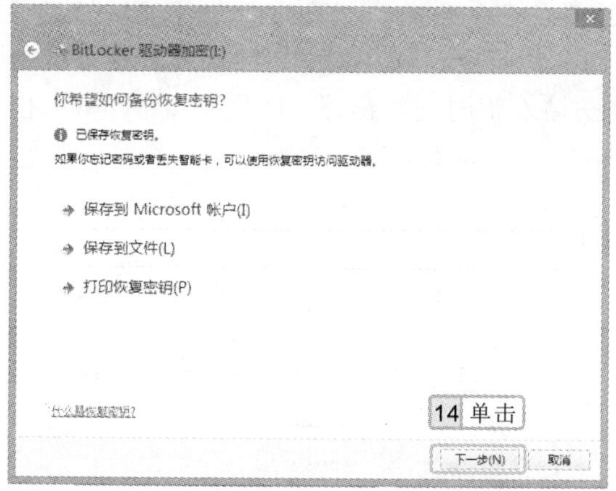

图 17-15　单击“下一步”按钮

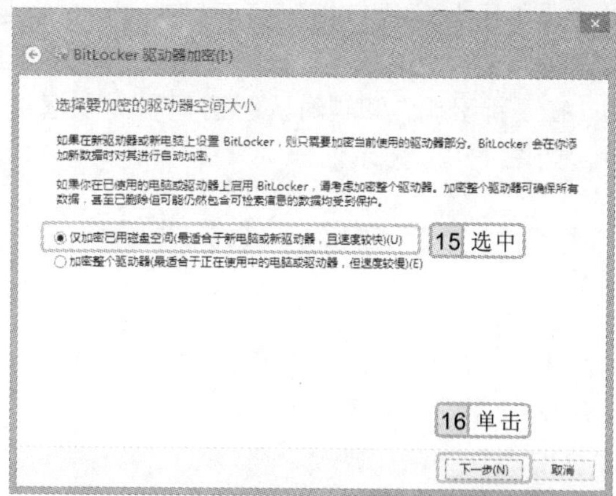

图 17-16　选择要加密的驱动器空间大小

11 打开“是否准备加密该驱动器？”界面，单击开始加密(E)按钮即可加密成功，如图 17-17 所示。

12 此时，系统将自动弹出“正在加密”提示框，并显示加密进度，如图 17-18 所示。加密完成后，直接单击关闭(C)按钮。

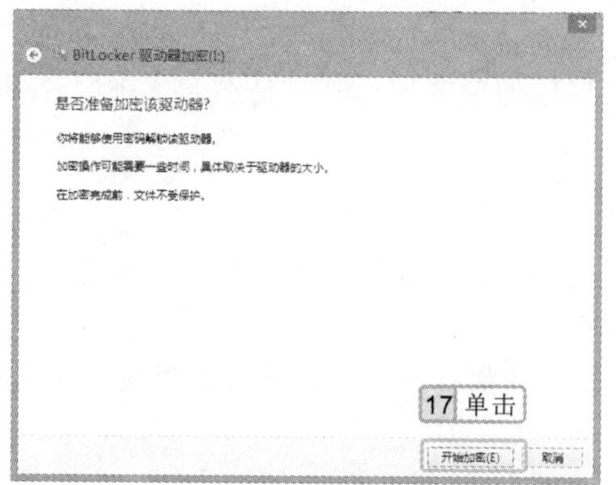

图 17-17　开始加密

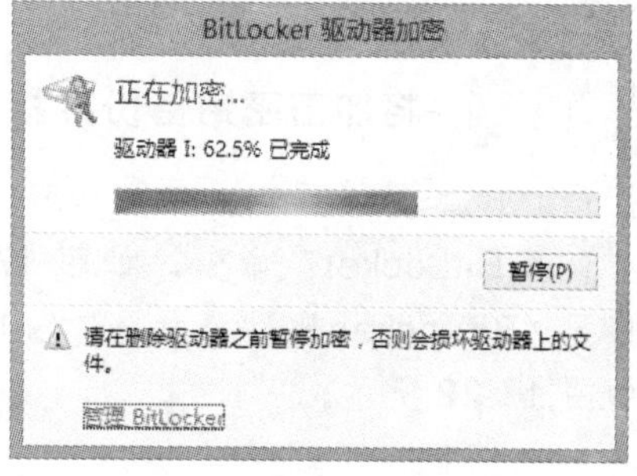

图 17-18　加密进度

17.2.2　管理 BitLocker

管理 BitLocker 主要包括更改密码、备份加密密钥和关闭 BitLocker 等操作。下面分别进行详细介绍。

1. 更改密码

如果想取消 U 盘的加密功能，或者更改解锁密码，同样可以在“BitLocker 驱动器加密”窗口中进行相应操作。其方法为：打开“所有控制面板项”窗口，单击“BitLocker

若要对安装了 Windows 的驱动器加密，计算机必须具有两个分区：系统分区和操作系统分区。操作系统分区会被加密，而系统分区将保持未加密状态，以便可以启动计算机。

驱动器加密”超级链接，打开“BitLocker 驱动器加密”窗口，单击“更改密码”超级链接，如图 17-19 所示。打开“更改密码”界面，在“旧密码”文本框中输入需要更改的密码，在“新密码”和“确认新密码”文本框中分别输入相同的新密码，然后单击 更改密码(P) 按钮，如图 17-20 所示。

图 17-19　单击“更改密码”超级链接

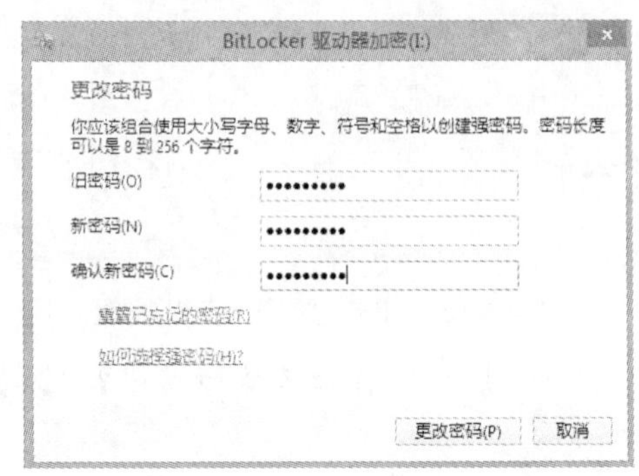

图 17-20　更改密码

2. 备份加密密钥

在完成文件加密操作任务后，用户要及时备份加密密钥，特别在对重要文件进行加密后，一定要记得对加密密钥进行及时备份。

实例 17-3　将加密密钥备份并打印

1. 打开“计算机”窗口，在已加密的磁盘上单击鼠标右键，在弹出的快捷菜单中选择“管理 BitLocker”命令，如图 17-21 所示。
2. 打开“BitLocker 驱动器加密”窗口，单击该磁盘右侧的“备份恢复密钥”超级链接，如图 17-22 所示。

图 17-21　“计算机”窗口

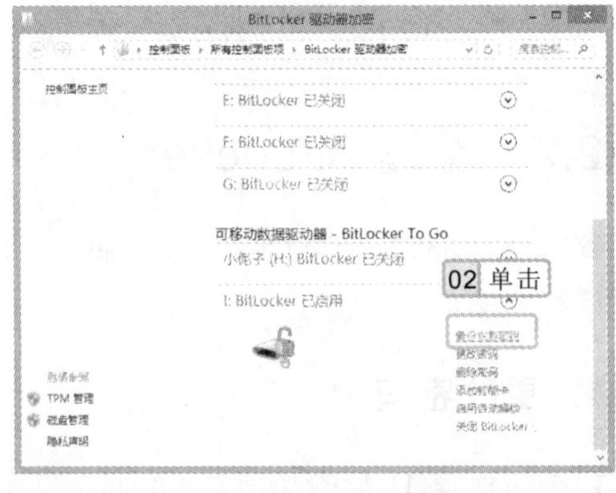

图 17-22　备份加密密钥

加密是通过对内容进行编码来增强消息或文件的安全性的一种方式，这样只有那些拥有解密该消息或文件的正确加密密钥的用户才能读取该消息或文件。

3 打开“你希望如何备份恢复密钥？”对话框，可根据需要选择恢复密钥备份的方式和位置，这里选择“打印恢复密钥”选项，如图 17-23 所示。

4 打开“打印”对话框，在其中选择已连接的打印机设备，并根据需要设置打印范围及打印份数等，单击 打印(P) 按钮，即可将恢复密钥打印出来进行备份保存，如图 17-24 所示。

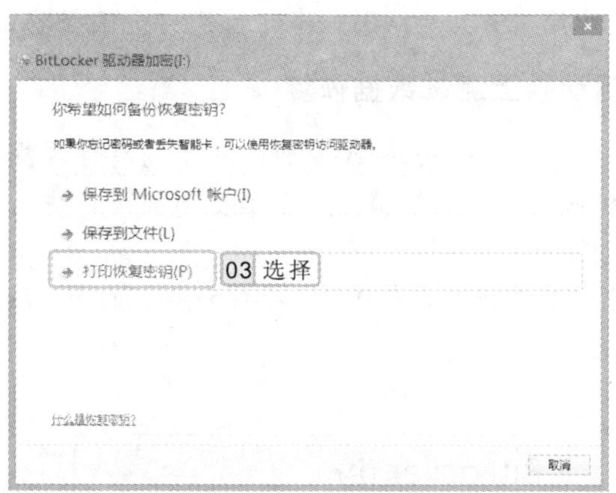

图 17-23　选择“打印恢复密钥”选项

图 17-24　设置打印选项

3. 关闭 BitLocker

关闭 BitLocker 相当于解密 BitLocker，其方法非常简单，只需在“BitLocker 驱动器加密”窗口中单击“关闭 BitLocker”超级链接，在弹出的关闭 BitLocker 提示框中直接单击 关闭 BitLocker 按钮，如图 17-25 所示。打开“正在解密”界面，并显示解密进度，如图 17-26 所示。解密完成后，在弹出的提示框中单击 关闭(C) 按钮即可。

图 17-25　关闭 BitLocker

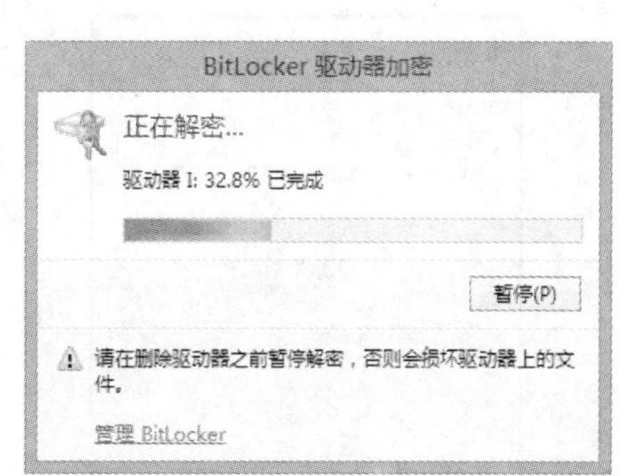

图 17-26　解密进度

如果对数据驱动器（固定或可移动）加密，还可以使用密码或智能卡解锁加密的驱动器，或者设置驱动器在登录计算机时自动解锁。

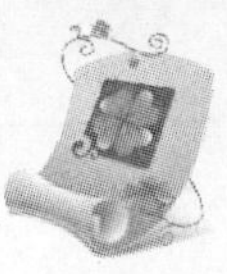

17.2.3　恢复密钥的使用

如果忘记了使用“BitLocker 驱动器加密”加密的驱动器密码，或者电脑出现一些问题而无法访问加密的驱动器，用户仍可以使用恢复密钥（由 48 个随机数字组成的字符串）重返该驱动器。在对每个加密的驱动器第一次启用 BitLocker 时，将会创建一个恢复密钥。

实例 17-4　在受密码保护的固定数据驱动器上测试数据恢复

1. 将经过 BitLocker 加密的 U 盘插入电脑接口，Windows 8 界面的右上角将浮现提示信息，提示用户这个驱动器受 BitLocker 保护，需要解锁。然后单击通知可以进入解锁界面，如图 17-27 所示。
2. 打开 BitLocker 解锁界面，如忘记这个密码，单击“更多选项”超级链接，如图 17-28 所示。

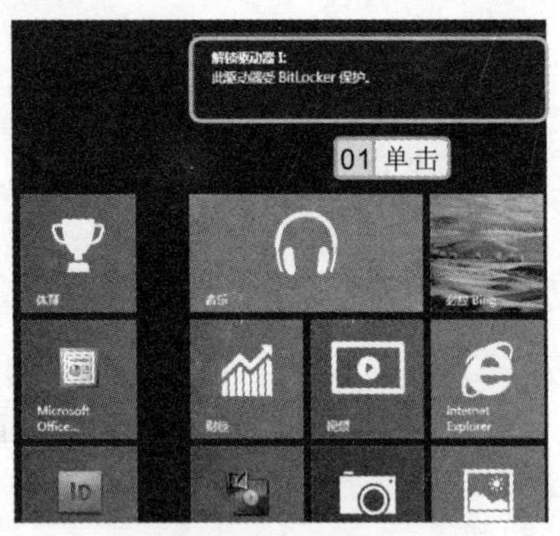

图 17-27　单击通知

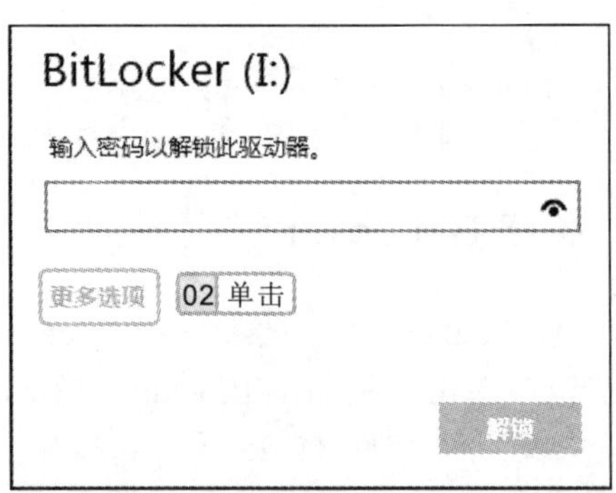

图 17-28　BitLocker 解锁界面

3. 在打开的界面中直接单击“输入恢复密钥”超级链接，如图 17-29 所示。
4. 打开“恢复密钥”界面，系统将自动给出密钥 ID，第一次启用 BitLocker 时，创建并保存密钥文本文件，如图 17-30 所示。

图 17-29　单击“输入恢复密钥”超级链接

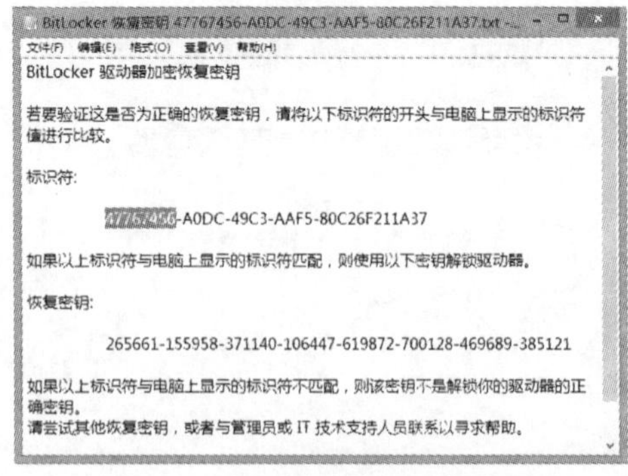

图 17-30　打开保存的恢复密钥

如果对操作系统驱动器进行加密，BitLocker 将在启动过程中检查计算机是否存在任何可能具有安全风险的情况。如果检测到潜在的安全风险，BitLocker 将锁定操作系统驱动器，并且需要特殊的 BitLocker 恢复密钥才能对其解锁。

5 确认好密钥 ID 一致之后，在下方的文本框中输入由 48 个数字和字母组成的恢复密钥，然后单击 解锁 按钮，如图 17-31 所示。

6 自动解锁成功后，打开对应的磁盘，如图 17-32 所示。

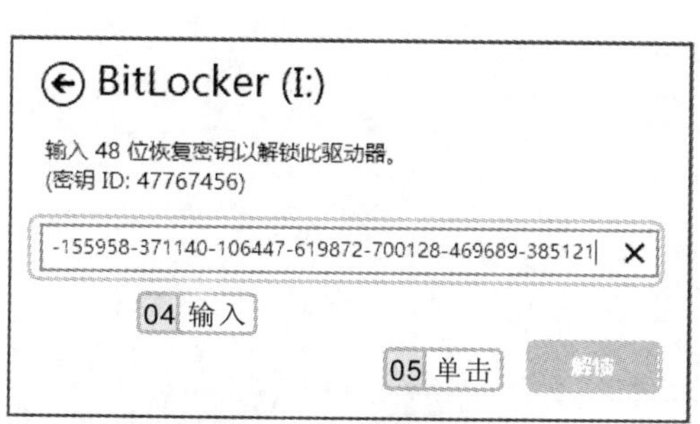

图 17-31 输入恢复密钥

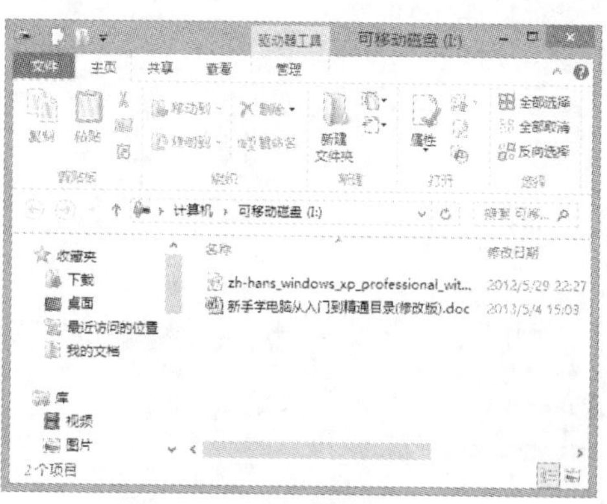

图 17-32 解锁 BitLocker（I:）

17.3 本地安全策略

本地安全策略主要是对登录到计算机上的账号定义一些安全设置。如设置不显示最后登录的用户名、调整账户密码的使用期限和更改密码的通知时间等以确保计算机的安全。

17.3.1 不显示最后登录的用户名

用户在登录 Windows 8 时，Windows 8 会自动在登录对话框中显示出上次登录的用户名称，如果这是一台公共计算机，就有可能造成用户名的泄露，从而给一些不怀好意的人以可乘之机。此时，可以采用下面的方法将在登录对话框中显示上次登录用户名的功能取消，以提高计算机的使用安全性。

实例 17-5 设置登录系统时不显示最后登录的用户名

1 按 Win+R 键，打开“运行”对话框，在“打开”文本框中输入“gpedit.msc”，单击 确定 按钮。

2 打开“本地组策略编辑器”窗口，在左侧的列表框中选择“计算机配置/Windows 设置/安全设置/本地策略/安全选项”选项，然后在右侧的列表框中双击“交互式登录：不显示最后的用户名”选项，如图 17-33 所示。

3 打开“交互式登录：不显示最后的用户名 属性”对话框，选中 ◉已启用(E) 单选按钮，单击 确定 按钮，如图 17-34 所示。

加密后，通常用以下方式存储恢复密钥：打印恢复密钥、将恢复密钥保存在可移动媒体上，或者将恢复密钥以文件形式保存在计算机上其他未加密驱动器的某个文件夹中。

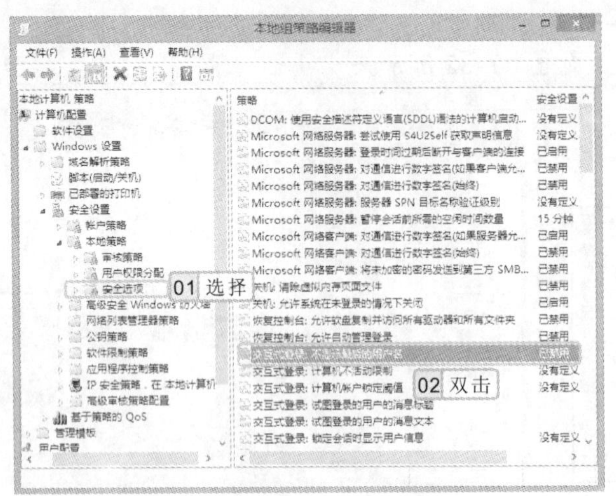

图 17-33 “本地组策略编辑器”窗口

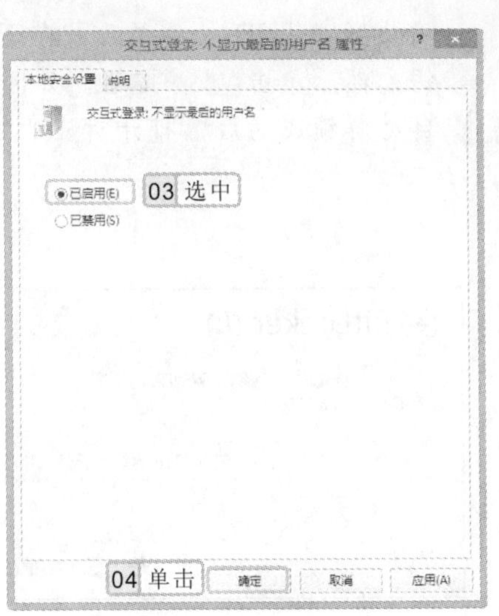

图 17-34 选中“已启用”单选按钮

17.3.2 调整账户密码的最长使用期限

默认情况下，用户可以在任何时间修改账户密码，因此，用户也可以调整账户密码的使用期限，这更有利于保护计算机的安全。其方法为：打开“本地组策略编辑器”窗口，在左侧的列表框中选择“计算机配置/Windows 设置/安全设置/账户策略/密码策略”选项，然后在右侧的列表框中双击“密码最长使用期限”选项，如图 17-35 所示。在打开对话框的数值框中输入密码过期时间值，再单击 确定 按钮即可，如图 17-36 所示。

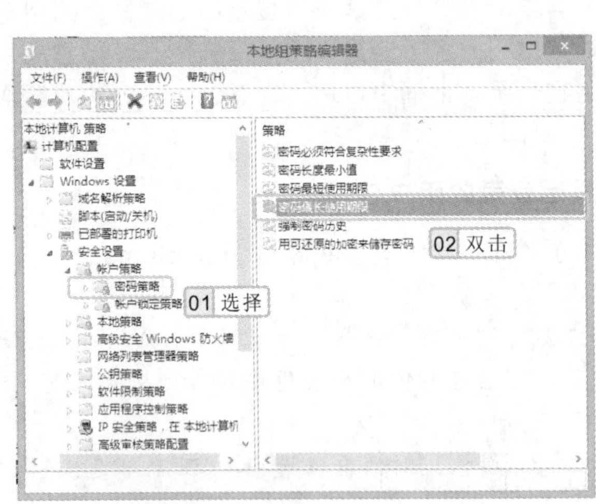

图 17-35 调整密码最长使用期限

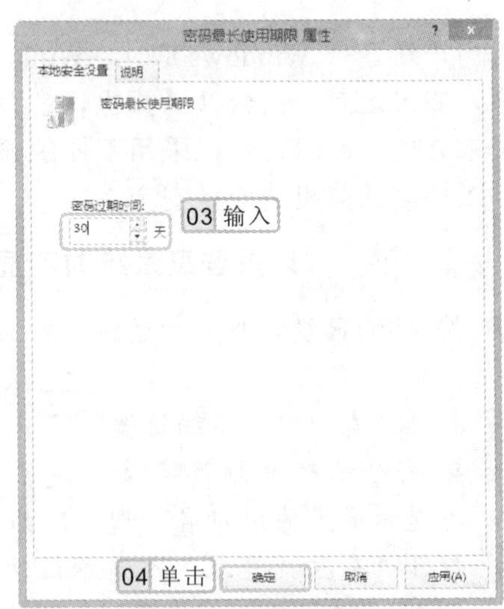

图 17-36 输入密码过期时间

“本地组策略编辑器”窗口中“密码策略”主要的作用是对系统登录密码的一些安全性进行相应设置。

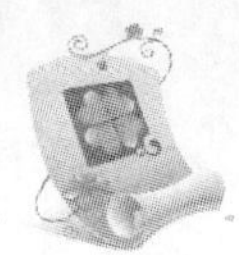

17.3.3 调整更改密码的通知时间

在 Windows 8 中，如果设置了账号的密码过期时间为 30 天，那么当离密码过期还有 14 天时，系统就会通知用户更改账号的密码。有时用户可能会觉得系统提前 14 天通知自己更改密码太早或太晚，那么，用户可以修改这个值以适合自己的需要。其修改方法有两种，下面分别进行介绍。

1. 通过“注册表编辑器”调整

通过“注册表编辑器”来调整更改密码的通知时间，其方法非常简单，也是使用较多的方法之一。

实例 17-6 设置提前通知用户更改密码的时间为 3 天

1 按 Win+R 键，打开“运行”对话框，在“打开”文本框中输入“regedit.msc”，单击 确定 按钮，如图 17-37 所示。

2 打开“注册表编辑器”窗口，在左侧的列表框中选择[HKEY_CURRENT_USER\Software\Microsoft\WindowsNT\CurrentVersion\Winlogon]子键。

3 在右侧的列表框中单击鼠标右键，在弹出的快捷菜单中选择【新建】/【DWORD（32 位）值】命令，如图 17-38 所示。

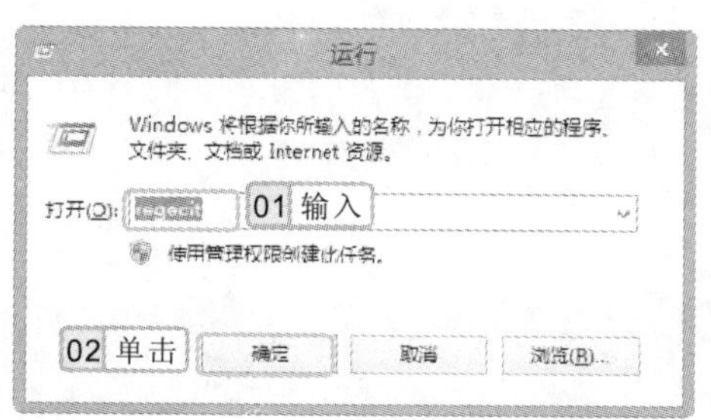

图 17-37 “运行”对话框

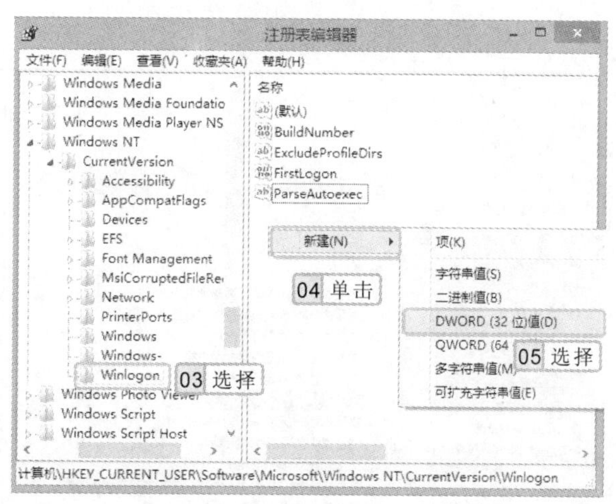

图 17-38 “注册表编辑器”窗口

4 新建一个双字节值选项，并重命名为 PasswordExpiryWarning，然后双击该选项，如图 17-39 所示。

5 打开“编辑 DWORD（32 位）值”对话框，在“数值数据”文本框中输入“3”，单击 确定 按钮，如图 17-40 所示。

“本地组策略编辑器”窗口中“安全选项”主要的作用是控制一些和操作系统安全的策略内容以及对这些选项设置策略的“启用”或“停用”等。

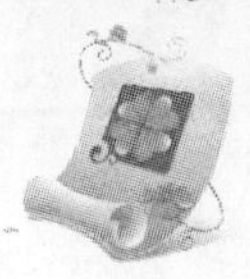

图 17-39 新建并重命名双字节值选项

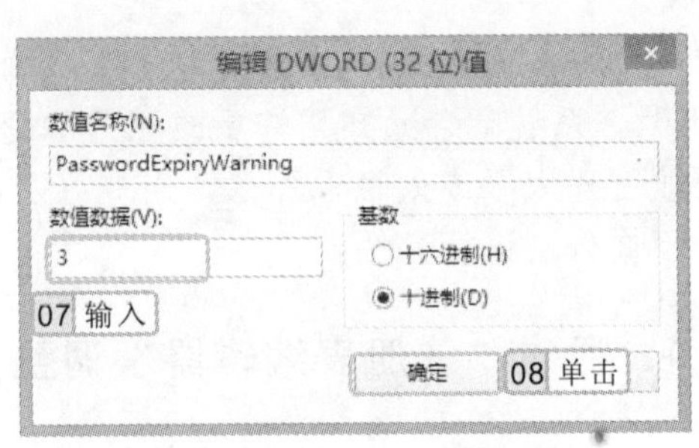

图 17-40 设置数值数据

2. 通过“本地组策略编辑器”调整

通过“本地组策略编辑器”窗口调整提前通知用户更改密码的时间与调整账户密码的最长使用期限的方法基本相似，不同的是在“本地组策略编辑器”窗口中选择的选项不尽相同。其方法为：打开“本地组策略编辑器”窗口，在左侧列表框中选择“计算机配置/Windows 设置/安全设置/本地策略/安全选项”选项，在右侧的列表框中双击“交互式登录：提示用户在过期之前更改密码”选项，如图 17-41 所示。在打开的属性对话框的数值框中输入需要的数值，再单击 确定 按钮即可，如图 17-42 所示。

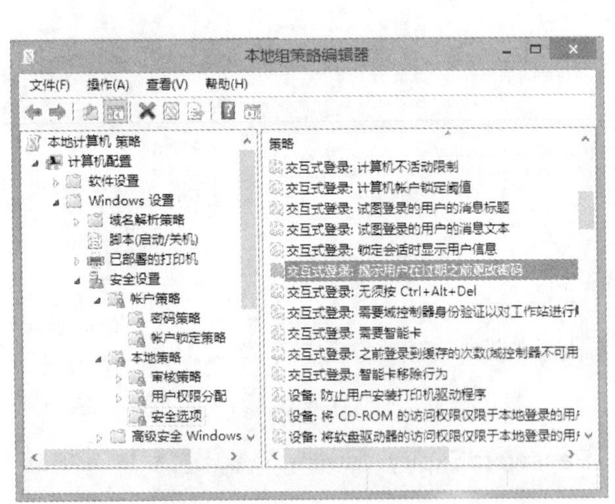

图 17-41 调整过期之前提示更改密码的时间

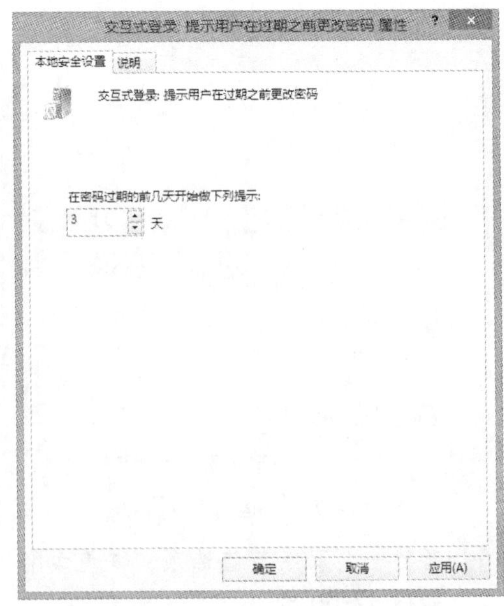

图 17-42 设置密码过期提示时间

在“本地组策略编辑器”窗口的“安全选项”下可对本地策略安全选项进行设置，如交互式登录、设备、关机和开机等选项。

17.3.4　重命名系统管理员账户和来宾账户

当计算机中有多个用户时，可以为每个账户分别定义不同的名称。默认情况下，Windows 8 操作系统中管理员账户的名称为 Administrator，来宾用户为 Guest，要想重命名可以执行以下操作。

1. 重命名管理员账户

在 Windows 系统中 Administrator 作为内置的默认管理员账户，即所谓的“超级用户”，由于名称过长，很多用户往往记不住，导致很多的麻烦，下面以不同方法介绍如何重命名系统管理员账户。

- **通过“计算机管理”窗口：**在桌面上的“计算机”图标上单击鼠标右键，在弹出的快捷菜单中选择“管理”命令，在打开的“计算机管理”窗口的左侧列表框中选择“本地用户和组”选项。在右边窗口的 Administrator 账户上单击鼠标右键，在弹出快捷菜单中选择“重命名”命令，如图 17-43 所示。输入新的名称，按 Enter 键即可，如图 17-44 所示。

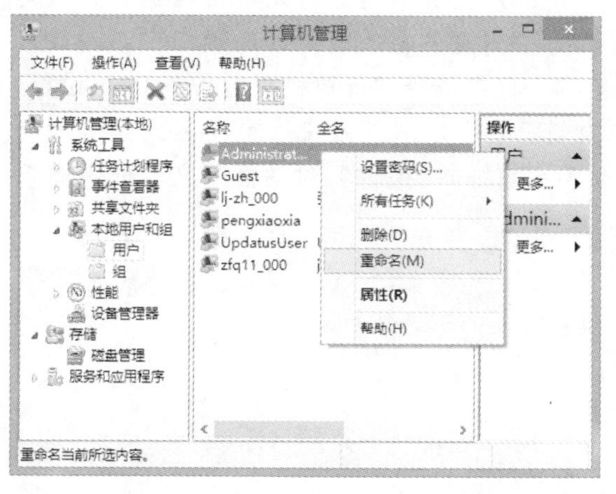

图 17-43　“计算机管理”窗口

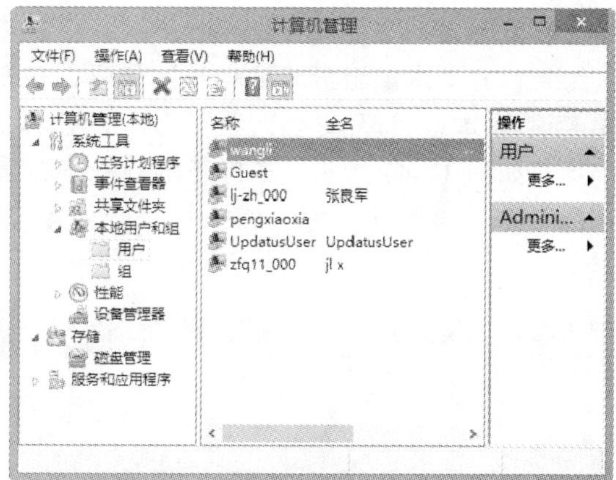

图 17-44　重命名管理员账户

- **通过“本地组策略编辑器”窗口：**按 Win+R 键，打开“运行”对话框，在“打开”文本框中输入“gpedit.msc”，单击 确定 按钮，在打开的“本地组策略编辑器”窗口左侧列表框中选择“计算机配置/Windows 设置/安全设置/本地策略/安全选项”选项，在右侧列表框中双击“账户：重命名系统管理员账户”选项，如图 17-45 所示。在打开的“账户：重命名系统管理员账户 属性”对话框的文本框中输入新的名称，再单击 确定 按钮即可，如图 17-46 所示。

为了防止入侵者利用漏洞登录计算机，用户可通过“账户管理”来设置重命名系统管理员账户或禁用来宾账户等。

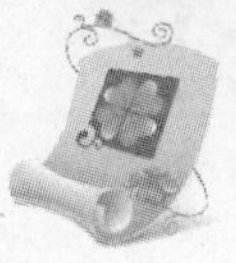

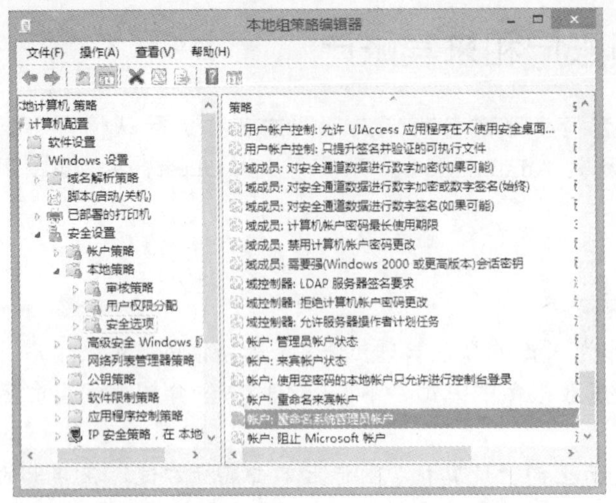

图 17-45　通过“本地组策略编辑器”窗口重命名

图 17-46　输入新的名称

2. 重命名来宾账户

由于病毒的入侵，用户通常将 Guest 账户禁用，那么其他用户将无法正常访问你的文件夹。此时，可以重命名 Guest 账户名，其操作方法与重命名系统管理员账户相似。其方法为：打开“本地组策略编辑器”窗口，在左侧列表框中选择“计算机配置/Windows 设置/安全设置/本地策略/安全选项”选项，在右侧的列表框中双击“账户：重命名来宾账户”选项，如图 17-47 所示。在打开的“账户：重命名来宾账户 属性”对话框的文本框中输入新的名称，再单击 确定 按钮即可，如图 17-48 所示。

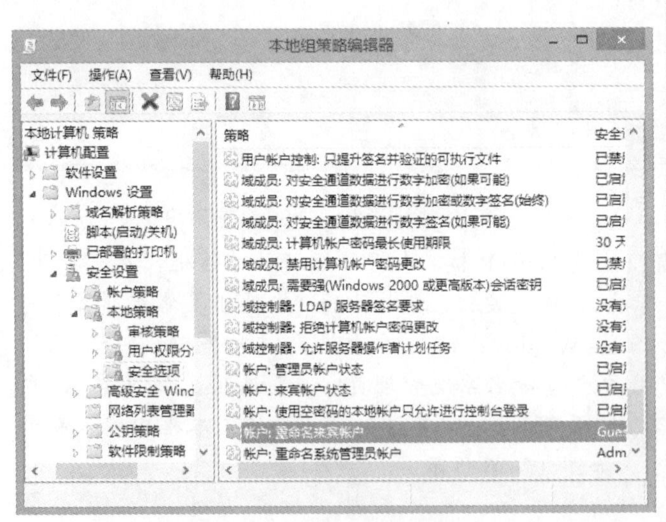

图 17-47　重命名来宾账户

图 17-48　输入新的名称

通过设置“本地组策略编辑器”窗口中的“账户锁定策略”可将系统中的一些账户锁定，使用户不能登录系统，而且还可以设置系统锁定时间的长短。

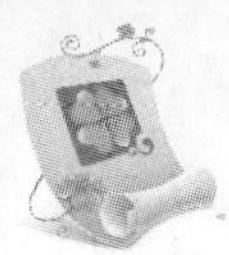

17.4 使用组策略进行安全设置

组策略在网络中的应用十分广泛，它也是维护系统网络安全的有效工具之一。在组策略对象（GPO）中包含成百上千个安全设置，使用组策略对象是非常有效且自动化的安全保护方式。

17.4.1 禁止访问注册表编辑器

为了防止他人修改注册表，可以在组策略中禁止访问注册表编辑器。其方法为：打开“本地组策略编辑器”窗口，在左侧的列表框中选择“用户配置/管理模板/系统”选项，在右侧的列表框中双击“阻止访问注册表编辑工具”选项，如图 17-49 所示。在打开的窗口中选中 ◉已启用(E) 单选按钮（用户尝试启动注册表编辑器时，系统将提示：注册编辑已被管理员停用），然后单击 确定 按钮即可，如图 17-50 所示。

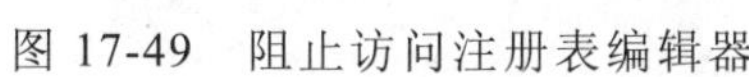

图 17-49 阻止访问注册表编辑器

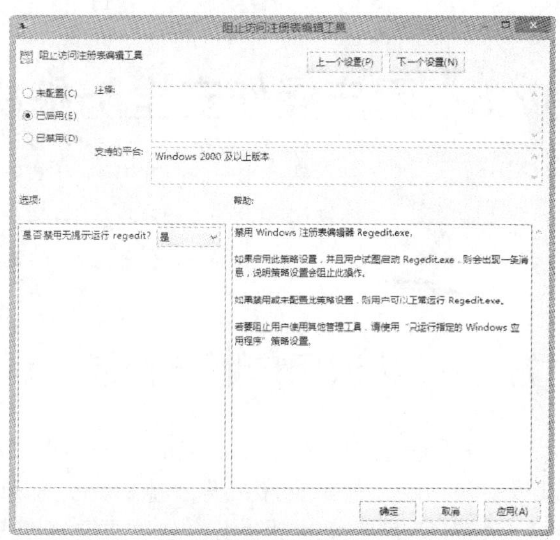

图 17-50 停用注册表编辑器

17.4.2 不添加最近打开的共享文档到“网络位置”

设置不将最近打开的共享文档添加到“网络位置”，可以保护用户个人隐私和信息外泄的可能。设置该选项后，不管何时在共享文件夹中打开文档，都不会将此共享文件夹添加到“网络位置”。其方法为：打开“本地组策略编辑器”窗口，在左侧的列表框中选择“用户配置/管理模板/桌面”选项，在右侧的列表框中双击“不要将最近打开的文档的共享添加到‘网络位置’”选项，如图 17-51 所示。在打开的窗口中选中 ◉已启用(E) 单选按钮，然后单

如果要防止用户使用其他注册表编辑工具打开注册表，请双击启用“只运行许可的 Windows 应用程序”，这样用户只能运行你所指定的程序。

击 确定 按钮即可，如图 17-52 所示。

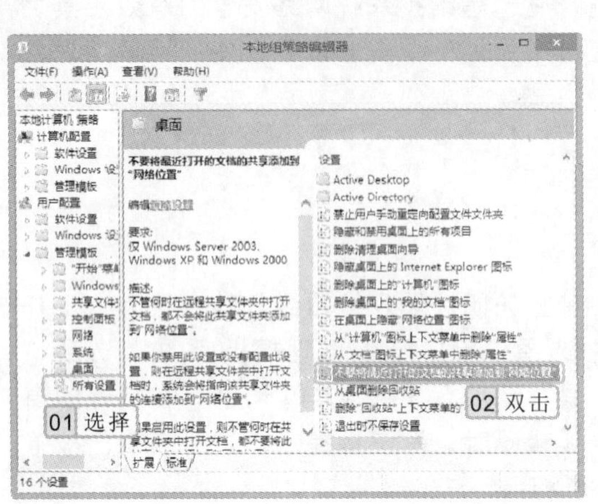

图 17-51　“本地组策略编辑器”窗口

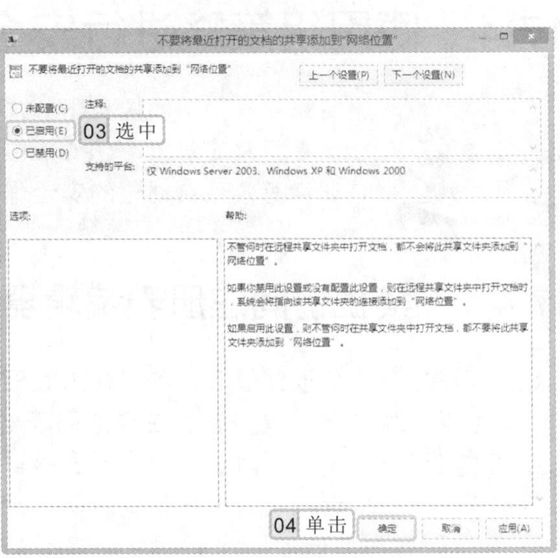

图 17-52　选中“已启用”单选按钮

17.5　用户操作安全防护机制

用户账户控制可用于控制不同类型用户账户的权限，但是在使用过程中会频繁弹出提示。因此，许多用户都选择了直接关闭。其实，Windows 8 的用户账户控制有很多新特性和安全功能，下面进行详细介绍。

17.5.1　认识用户账户控制

用户账户控制（User Account Control，UAC）可以帮助用户阻止恶意程序（有时也称为“恶意软件”）损坏系统，同时也可以帮助组织部署更易于管理平台。使用 UAC，应用程序和任务总是在非管理员账户的安全上下文中运行，但管理员专门给系统授予管理员级别的访问权限时除外。UAC 会阻止未经授权应用程序的自动安装，防止无意中对系统设置进行更改。

在 Windows 8 中，用户账户控制功能大有不同，其工作原理也更加科学，具有更智能的判断机制，在最大限度上减少了弹出提示，不影响用户的正常操作。如图 17-53 所示为用户账户控制的工作原理结构示意图。

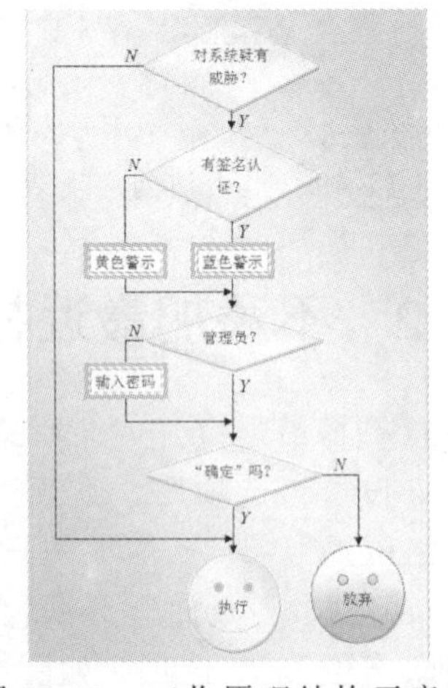

图 17-53　工作原理结构示意图

用户账户控制是 Windows 的核心安全功能，也是最常被人误解的众多安全功能的一种。

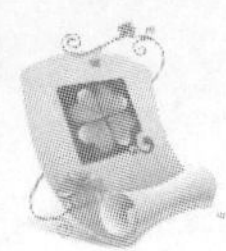

17.5.2 更改用户账户控制的保护级别

Windows 8 对用户账户控制进行了改进，一方面加强了它对运行程序检测的准确性，并努力减少了 UAC 提示窗口的弹出次数；另一方面，在 Windows 8 当中的用户账户控制则包含了 4 个不同的安全级别，通过更改其保护级别能让用户的操作更灵活、系统更安全。

实例 17-7 更改用户账户控制的保护级别为“始终通知”

1 在桌面上双击“控制面板”图标，打开“所有控制面板项”窗口，单击“用户账户”超级链接，如图 17-54 所示。

2 打开“用户账户”窗口，单击“更改用户账户控制设置”超级链接，如图 17-55 所示。

图 17-54 “所有控制面板项”窗口

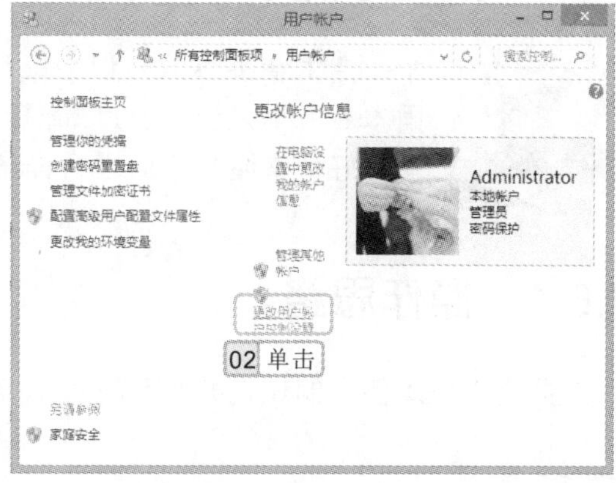

图 17-55 “用户账户”窗口

3 打开“用户账户控制设置”窗口，拖动其中的控制方块至最上方（始终通知），单击 确定 按钮，如图 17-56 所示。

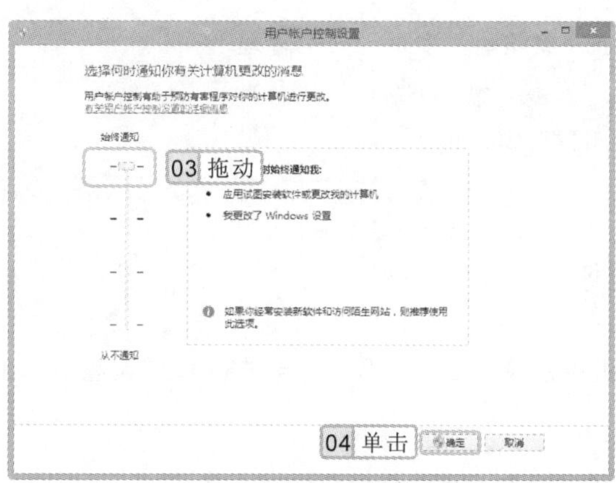

图 17-56 “用户账户控制设置”窗口

在“本地组策略编辑器”窗口中选择“计算机配置/Windows 配置/安全设置/本地策略/安全选项”选项，再双击“用户账户控制：在管理审批模式下管理员的提升提示行为”选项，在打开的对话框中也可设置用户账户控制。

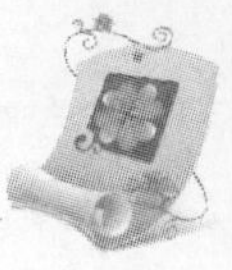

“用户账户控制设置”窗口中各级别的含义分别介绍如下。

- **始终通知**：对每个系统变化进行通知。任何系统级别的变化（Windows 设置、软件安装等）都会出现用户账户控制的提示窗口。
- **默认设置**：仅当程序试图改变计算机时发出提示。当用户更改 Windows 设置时（如控制面板和管理员任务时）将不会出现提示信息。
- **不降低桌面亮度**：仅当程序试图改变计算机时发出提示，不使用安全桌面（即降低桌面亮度）。这与默认设置有些类似，但是用户账户控制提示窗口仅出现在一般桌面，而不会出现在安全桌面。这对于某些视频驱动程序是有用的，因为这些程序让桌面转换很慢，请注意安全桌面对于试图安装响应的软件而言是一种阻碍。
- **从不通知**：从不提示，相当于完全关闭用户账户控制功能。

17.6 精通实例——对计算机进行安全设置

学习完本章讲解的知识——计算机安全管理后，下面将通过一个实例来巩固本章所学知识。通过本例的学习与操作，让用户对计算机安全管理知识能更好地掌握。下面进行详细讲解。

17.6.1 操作思路

为更快完成本例的制作，并且尽可能运用本章讲解的知识，本例的操作思路如下。

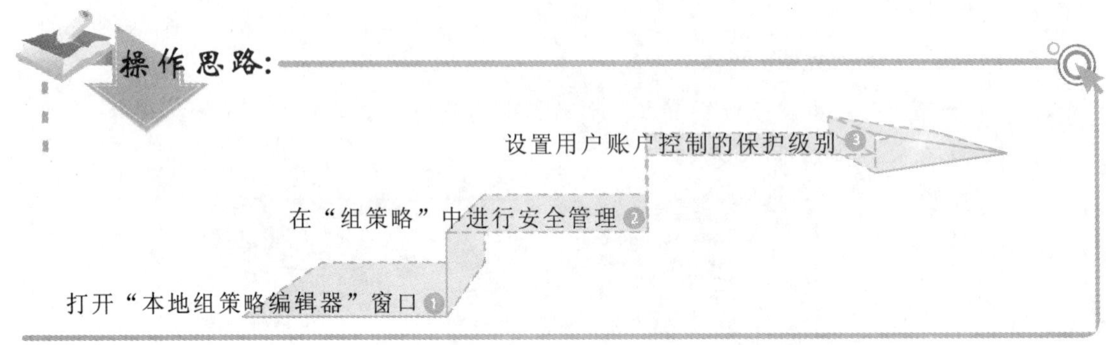

17.6.2 操作步骤

下面将对个人计算机中的文件或账户等安全进行管理设置，操作步骤如下：

光盘\实例演示\第 17 章\对计算机进行安全设置

1 按 Win+R 键，打开“运行”对话框，在“打开”文本框中输入“gpedit.msc”，再单

计算机安全主要可从病毒防护、安全处理和账号安全 3 个方面来着手设置。

击 确定 按钮，如图 **17-57** 所示。

2 打开“本地组策略编辑器”窗口，在左侧的列表中选择“用户配置/管理模板/系统”选项，在右侧的列表框中双击“阻止访问注册表编辑工具”选项，如图 **17-58** 所示。

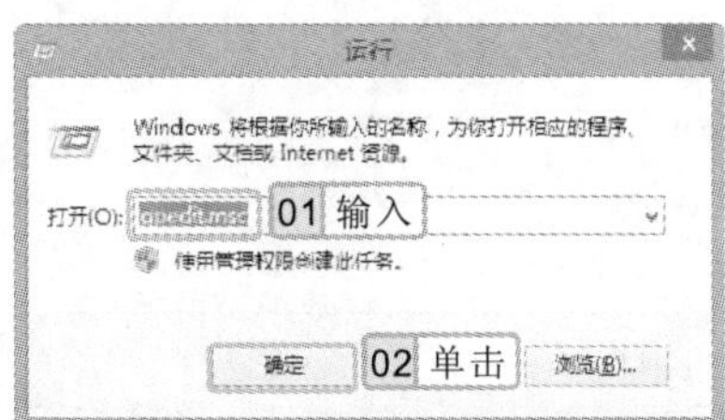

图 17-57　“运行”对话框

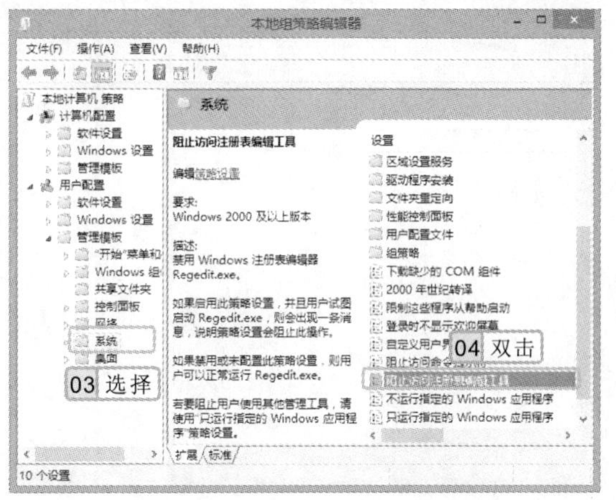

图 17-58　双击“阻止访问注册表编辑工具”选项

3 在打开的窗口中选中 已启用(E) 单选按钮，单击 确定 按钮锁定注册表编辑器，如图 **17-59** 所示。

4 在左侧的列表框中选择“计算机配置/**Windows** 设置/安全设置/账户策略/密码策略”选项，然后在右侧的列表框中双击“密码最短使用期限”选项，如图 **17-60** 所示。

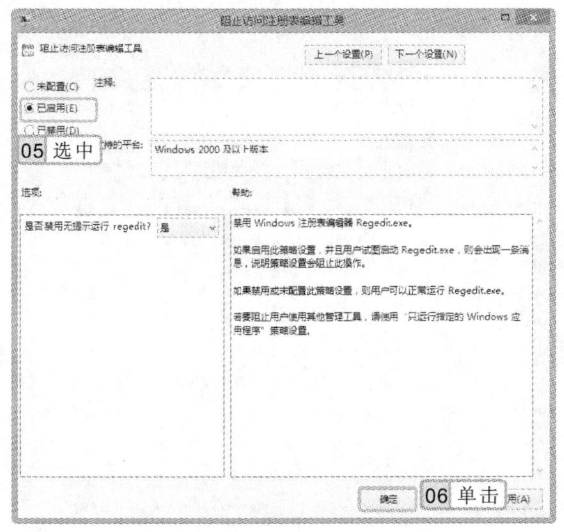

图 17-59　锁定注册表编辑器

图 17-60　设置密码最短使用期限

5 在打开对话框的数值框中输入密码使用期限值，这里输入“**60**”，单击 确定 按钮，如图 **17-61** 所示。

6 在左侧的列表框中选择“计算机配置/**Windows** 设置/安全设置/本地策略/安全选项”

在对账户密码进行设置时，其原则通常是保持密码的复杂性，且密码长度最好超过 8 位数，由字母、数字和特殊符号混合组成。

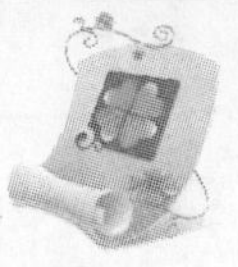

选项，在右侧的列表框中双击“交互式登录：提示用户在过期之前更改密码”选项，如图 17-62 所示。

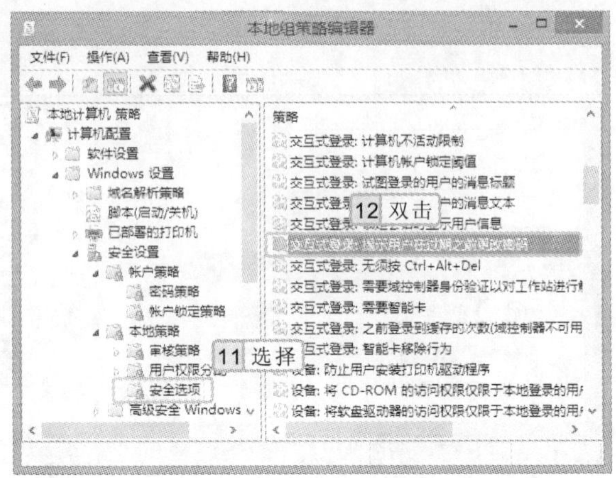

图 17-61　设置密码最短使用期限　　　　图 17-62　选择“安全选项”选项

7. 在打开对话框的数值框中输入需要的数值，单击 确定 按钮，如图 17-63 所示。
8. 在左侧的列表框中选择“计算机配置/Windows 设置/安全设置/本地策略/安全选项”选项，在右侧的列表框中双击“交互式登录：不显示最后的用户名”选项，如图 17-64 所示。

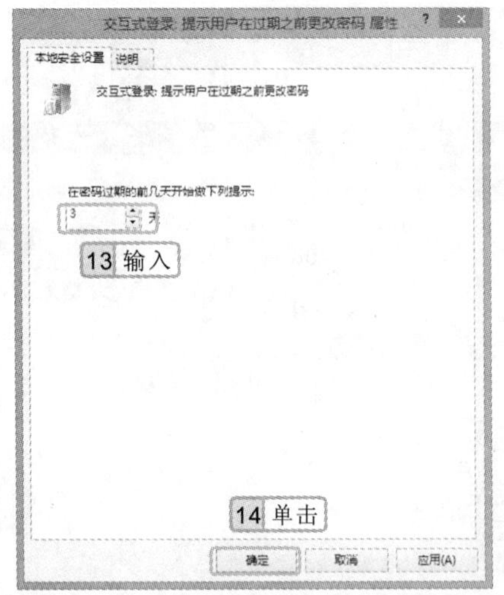

图 17-63　设置密码过期提示时间　图 17-64　双击“交互式登录：不显示最后的用户名”选项

9. 打开“交互式登录：不显示最后的用户名 属性”对话框，选中 ◉已启用(E) 单选按钮，单击 确定 按钮，如图 17-65 所示。
10. 在左侧的列表框中选择“计算机配置/Windows 设置/安全设置/本地策略/安全选项”

本地计算机组策略中主要包含了“计算机配置”和“用户配置”两个分支。管理员可通过“计算机配置”来设置应用到计算机的策略，而不管谁登录到了计算机。

选项，在右侧的列表框中双击“关机：清除虚拟内存页面文件”选项，如图 17-66 所示。

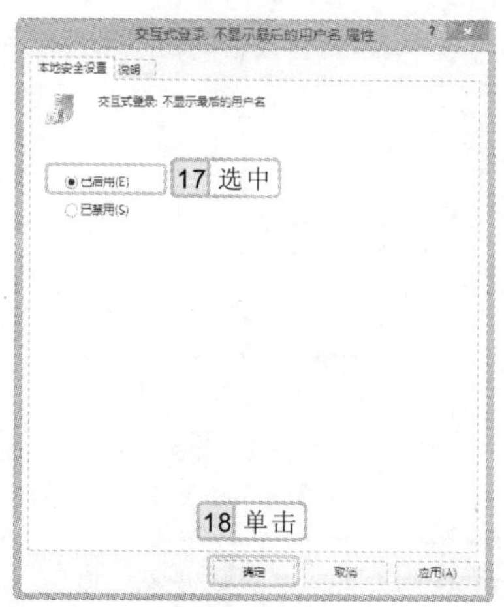

图 17-65　选中“已启用”单选按钮

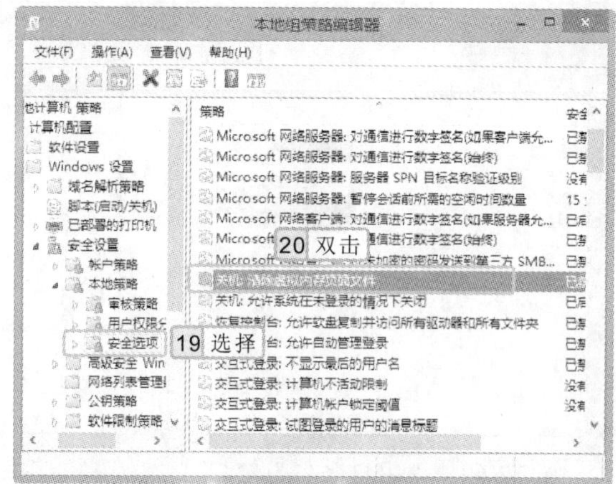

图 17-66　双击“关机：清除虚拟内存页面文件”选项

11 在打开的对话框中选中 ◉已启用(E) 单选按钮，单击 确定 按钮，关闭对话框，如图 17-67 所示。

12 在桌面上双击“控制面板”图标，打开“所有控制面板项”窗口，单击“用户账户”超级链接，如图 17-68 所示。

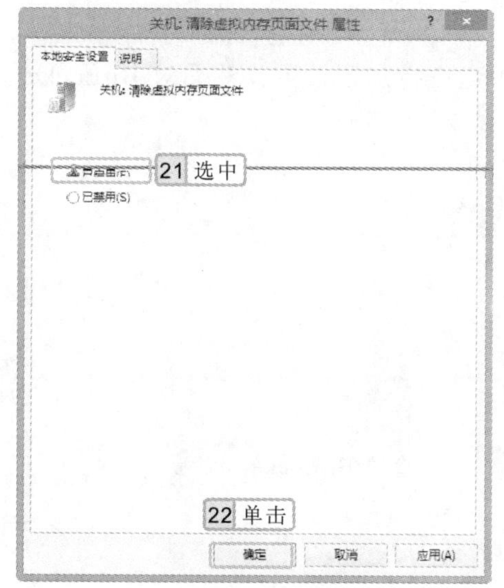

图 17-67　选中“已启用”单选按钮

图 17-68　“所有控制面板项”窗口

13 打开“用户账户”窗口，单击“更改用户账户控制设置”超级链接，如图 17-69 所示。

“计算机配置”和“用户配置”中都包含了软件设置、Windows 设置以及管理模板的子项。

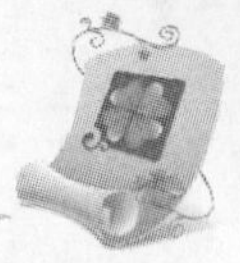

14 打开“用户账户控制设置”窗口，拖动其中的控制方块至最上方（始终通知），再单击 确定 按钮，如图 17-70 所示。

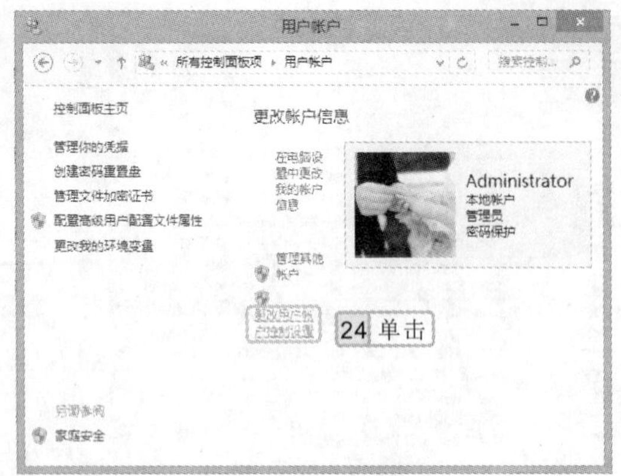

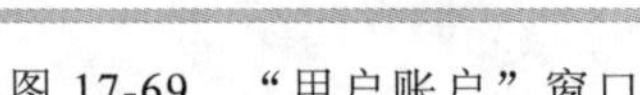

图 17-69 “用户账户”窗口

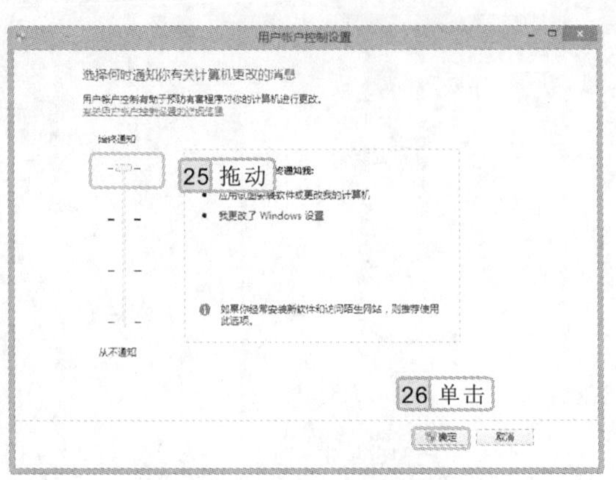

图 17-70 “用户账户控制设置”窗口

17.7 精通练习——启用 BitLocker 并加密 C 盘

本章主要介绍了计算机的安全管理功能，如 BitLocker 的使用、文件的审核策略和本地安全策略等。下面将通过练习对所学的知识进行巩固，使用户能灵活应用。

本节练习将启用 BitLocker，并对系统盘（C:）盘进行加密设置，然后对 BitLocker 驱动器进行管理。

参见光盘 实例演示\第 17 章\启用 BitLocker 并加密 C 盘

该练习的操作思路如下。

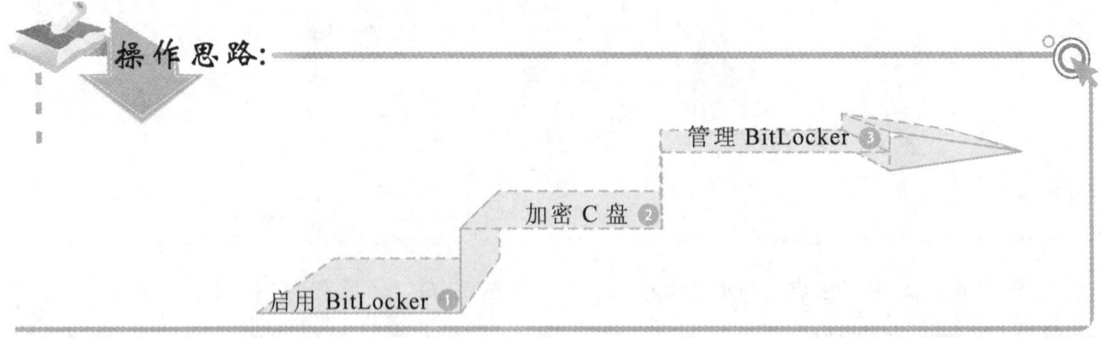

精讲笔录

用户在隐藏文件夹后，其他用户只需在文件夹选项中显示所有文件，即可看见隐藏的文件夹。此时，在“本地组策略编辑器”窗口中选择“用户配置/管理模板/Windows 组件/Windows 资源管理器”选项，然后进行删除，即可隐藏驱动器。

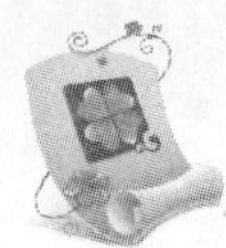

知识关联 使用计算机上网的安全知识

对于日常上网应注意提高安全常识，下面介绍几个安全注意事项：

- 在需要密码的地方要尽可能设置复杂些并且不要相同，而且还要定期更换。
- 一定要经常更新防火墙和反病毒等需要频繁更新的安全防护类软件，定期进行 Windows Update（建议一周一次）。
- 不要轻易运行来历不明的程序，即使要运行，也要先用反病毒软件进行检查（防毒软件没有查出安全威胁也不一定代表此程序就是安全的）。
- 浏览网页、下载文件和接收 E-mail 时要确保打开了反病毒软件的实时监控功能。
- 不要在公众场所尤其是网吧的计算机上使用你的个人信息，如对网银的使用。
- 任何未经确认并向你索要账号等重要信息的请求都要拒绝。
- 要学会清理计算机上留下的重要信息，如 Cookie、历史记录等。
- 遇到蓝屏死机、程序运行缓慢、系统自动重启等不正常情况时要尽快检查。

在“组策略”中，用户可禁用 SHS、MSI、BAT、CMD、COM、EXE 等程序文件，且保证不影响系统正常运行的情况下。

第18章

数据备份与故障修复

管理备份

修复 Windows 系统

Windows 故障排除

用户数据的备份和还原

本章导读

电脑的硬件是有价的，而硬盘中的数据却是无价的。因此，怎样才能保护好自己的数据是所有电脑用户共同关注的话题。而使用电脑的过程中，能否保证电脑安全顺利地运行，也关系着整台电脑数据的安危。本章将重点介绍电脑中数据和系统的备份以及常见的系统故障修复，使用户在使用电脑时能摆脱系统故障带来的困扰。

18.1 用户数据的备份和还原

硬盘上的数据对于很多用户来说非常重要，一旦数据丢失，可能多年的心血就都付之东流了，所以数据的备份是每个用户都必须重视的事情。

18.1.1 备份用户数据

相信很多用户备份数据的方法都是反复地复制和粘贴，这样不仅费时费力，而且人的记忆总会有疏忽的时候，难免有时会忘记备份。

1. 定期备份数据

从数据备份方面讲，要实现经常性、频繁地备份也有些困难，并且重复备份相同的内容还会占用大量的磁盘空间。基于这些考虑，Windows 8 提供了定期备份功能，并且在备份时会跳过已经备份的相同数据而只增加更改和添加的内容，既安全，又省时、省力、省空间。

实例 18-1 让系统定期对磁盘或文件夹进行备份

1. 打开“所有控制面板项”窗口，切换到“大图标”视图模式，单击“Windows 7 文件恢复”超级链接，如图 18-1 所示。
2. 打开“Windows 7 文件恢复”窗口，第一次操作时“备份”栏下会提示“尚未设置 Windows 备份”，单击“设置备份”超级链接，如图 18-2 所示，启动 Windows 备份。

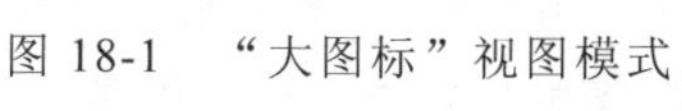

图 18-1 “大图标”视图模式

图 18-2 “Windows 7 文件恢复”窗口

3. 打开“选择要保存备份的位置”界面，选择备份文件的磁盘，这里选择 G 盘，单击 下一步(N) 按钮，如图 18-3 所示。

操作提示

为安全起见，最好将保存备份的位置设为另一个磁盘或移动存储设备，而不要保存在同一个物理磁盘分区上，以避免整个硬盘坏掉而无法恢复的局面出现。

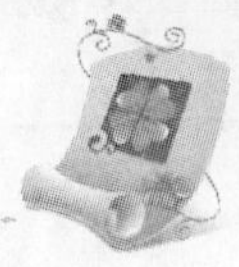

4 打开“你希望备份哪些内容？”界面，选择需要备份的内容，这里选中 ◉让我选择 单选按钮，单击 下一步(N) 按钮，如图 18-4 所示。

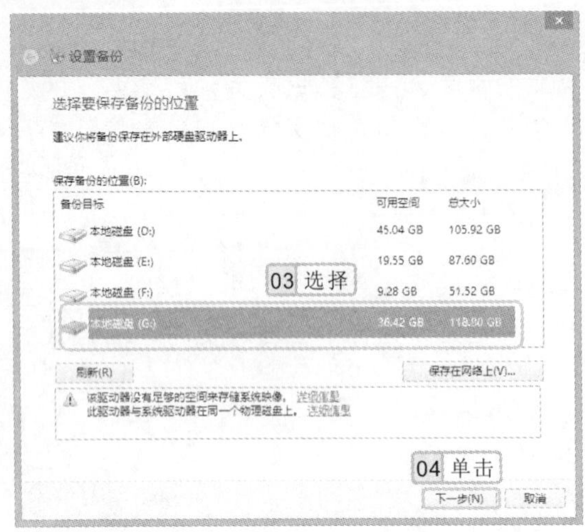

图 18-3　选择保存位置

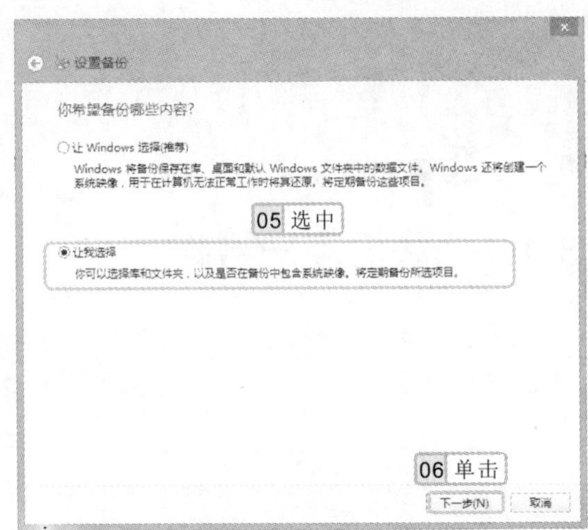

图 18-4　选择备份方式

5 打开“你希望备份哪些内容？”界面，选中需要备份的内容，单击 下一步(N) 按钮，如图 18-5 所示。

6 打开“查看备份设置”界面，查看备份信息是否准确，单击“计划”栏中的“更改计划”超级链接，如图 18-6 所示。

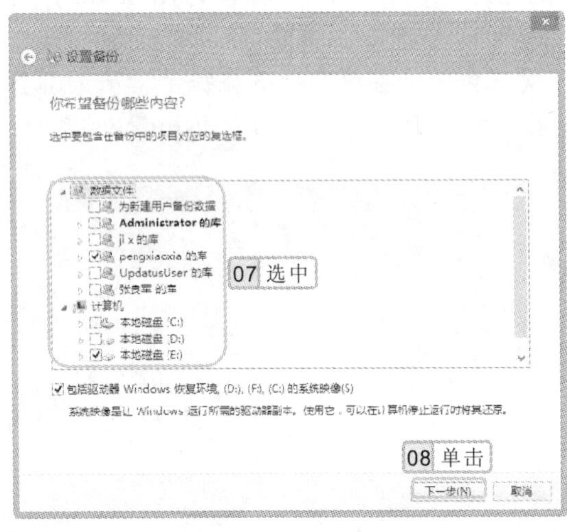

图 18-5　选择备份内容

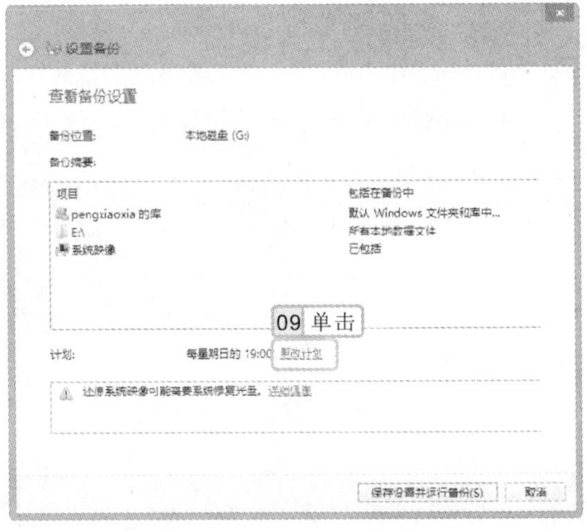

图 18-6　查看备份设置

7 打开“你希望多久备份一次”界面，选中 ☑ 按计划运行备份(推荐)(S) 复选框，并设置具体的备份计划，如“每周，星期一，18：00”，设定时间后单击 确定 按钮，如图 18-7 所示。

8 返回“查看备份设置”界面，单击 保存设置并运行备份(S) 按钮，系统开始第一次备份数据，

第一次备份时用的时间会长一些，因为所有数据都要进行全新备份。再次备份时，速度就快很多了，系统将跳过相同的数据，只备份更改和添加的内容。

如图 18-8 所示。

9 关闭“所有控制面板项”窗口，完成备份设置，Windows 将在设定的时间进行定期的数据备份。

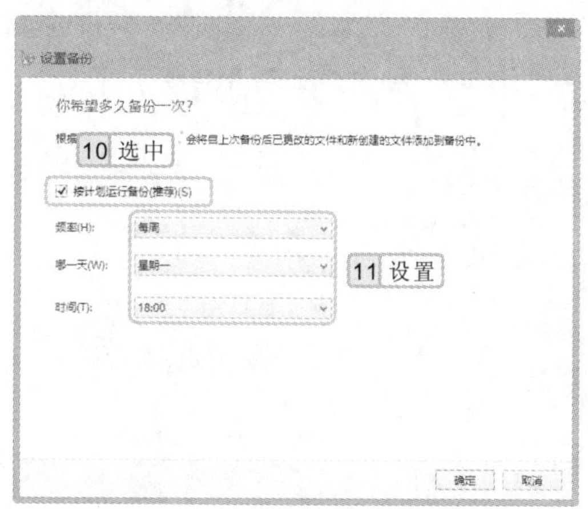

图 18-7　设置备份时间

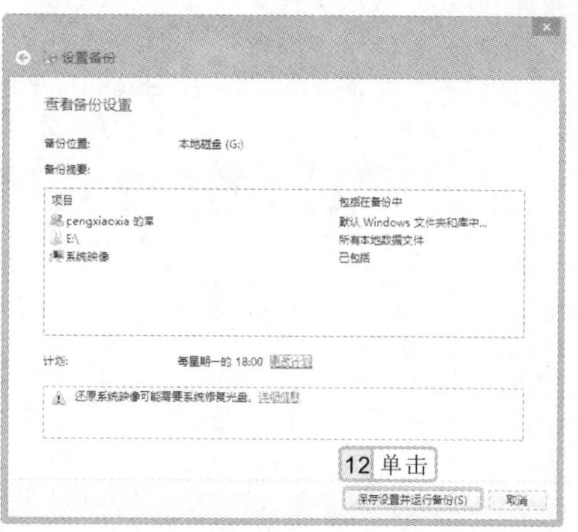

图 18-8　开始备份

2．手动备份数据

如果设置的备份间隔时间较长，当临时需要备份时，可打开“Windows 7 文件恢复”窗口，单击“备份”栏中的“立即备份”按钮进行手动备份，如图 18-9 所示。当然，还可以禁用自动备份功能，而通过手动备份实现数据备份。

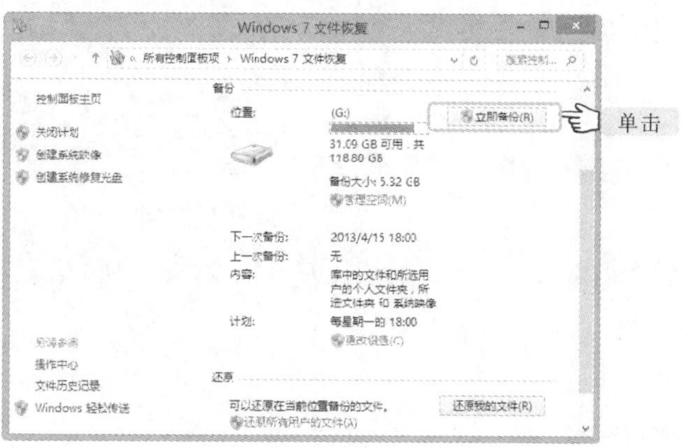

图 18-9　手动备份

18.1.2　还原用户数据

做好备份工作后，即使原来的数据丢失，通过还原备份位置上的数据，可以轻松找回丢失的所有数据。

单击“Windows 7 文件恢复”窗口左侧的“关闭计划”超级链接，计划将停止执行。关闭后如需再次启用，单击“计划”栏下新增的“启用计划”超级链接，可再次启用备份计划。

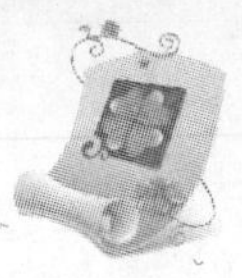

实例 18-2　还原单个文件夹

1 打开“Windows 7 文件恢复”窗口，可以发现“还原”栏中增加了一些可操作项目。可单击 还原我的文件(R) 按钮，如图 18-10 所示。

2 打开“还原文件”对话框，如需还原单个文件，则单击 浏览文件(I) 按钮；如需还原整个文件夹，则单击 浏览文件夹(O) 按钮。这里单击 浏览文件(I) 按钮，如图 18-11 所示。

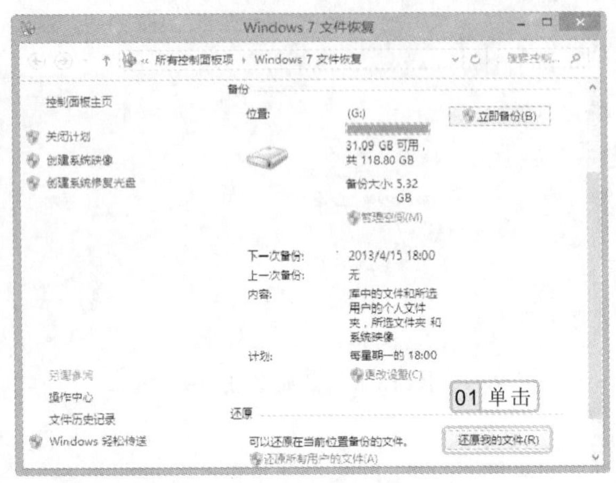

图 18-10　“Windows 7 文件恢复”窗口

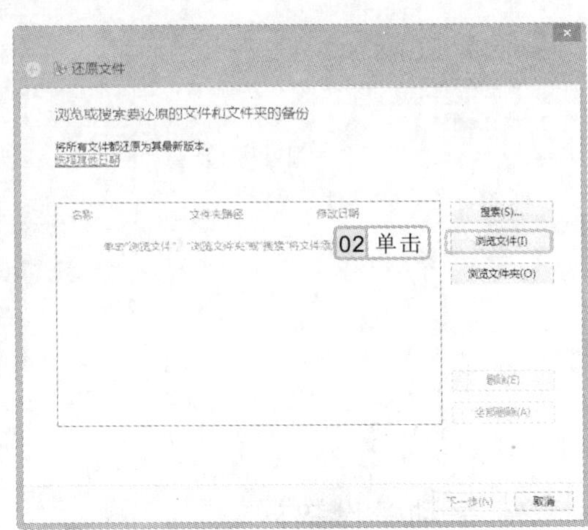

图 18-11　“还原文件”对话框

3 打开“浏览文件的备份”对话框，从备份文件中找到需还原的文件，单击 添加文件(F) 按钮，如图 18-12 所示。

4 用同样的方法可添加多个文件，添加完成后，返回“还原文件”对话框，单击 下一步(N) 按钮，如图 18-13 所示。

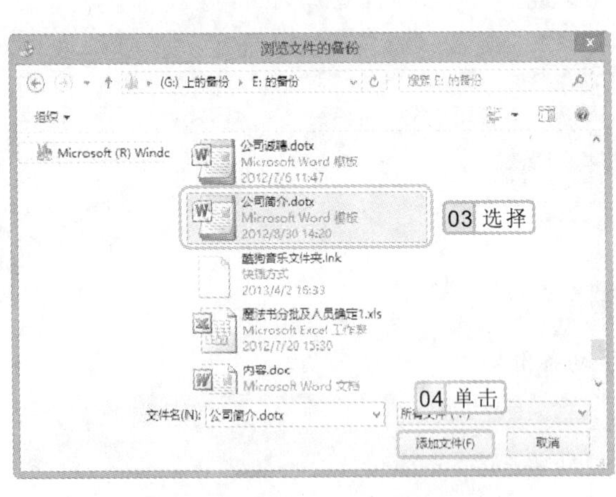

图 18-12　“浏览文件的备份”对话框

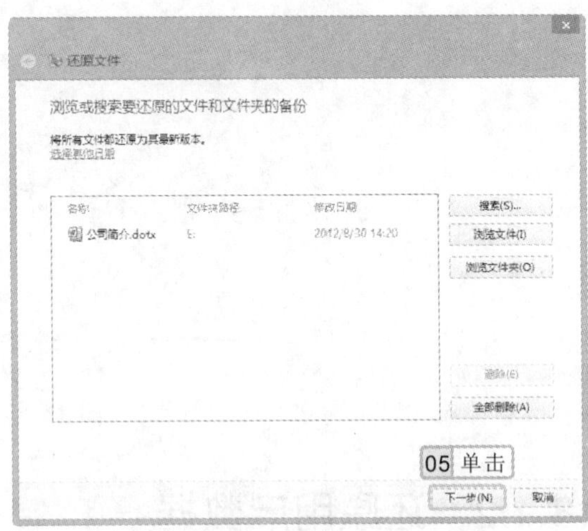

图 18-13　“还原文件”对话框

精讲笔录

单击“还原”栏下的另外两个还原超级链接，可打开不同的“还原文件（高级）”对话框，设置一些高级还原选项。

5 打开“你想在何处还原文件？”界面，可将文件存放在原始位置，也可放到其他位置，这里选中 ◉ 在原始位置(O) 单选按钮，单击 还原(R) 按钮，如图 18-14 所示。

6 系统开始还原文件，完成后单击 完成(F) 按钮关闭对话框，如图 18-15 所示。此时，丢失的文件即可又回到电脑中。

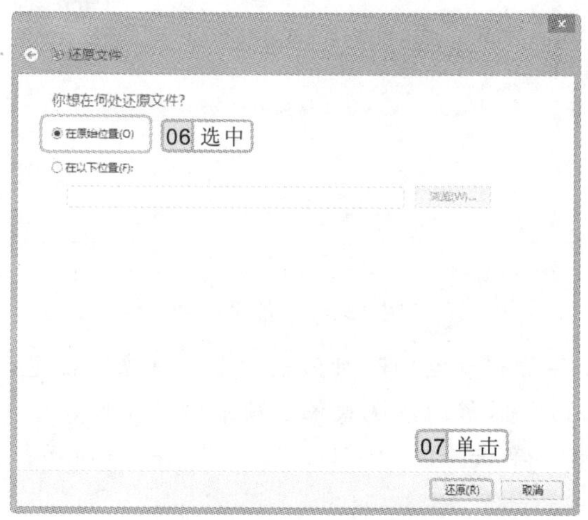

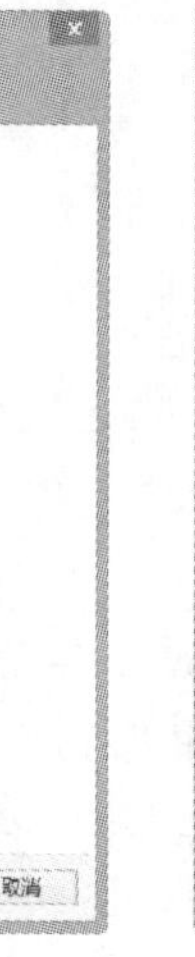

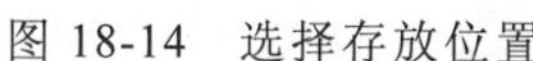

图 18-14　选择存放位置

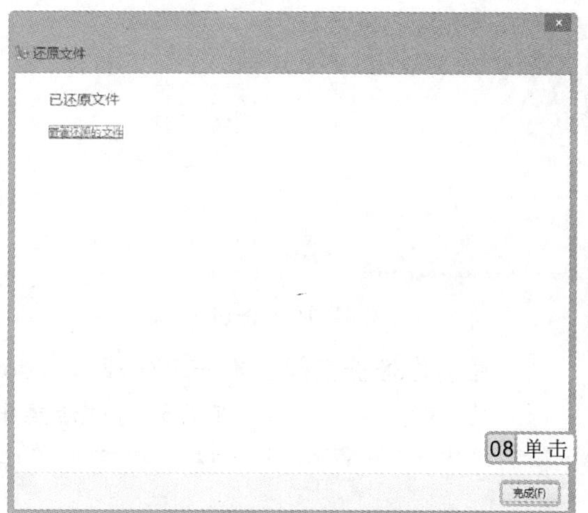

图 18-15　成功还原文件

18.1.3　管理备份

设置了备份之后，并不是就固定不变了，用户可通过“Windows 7 文件恢复”窗口对备份进行管理，如删除备份、更改备份设置以及进行计划外的备份等操作。

1. 管理备份空间

打开“Windows 7 文件恢复”窗口，在“备份”栏中可看到当前备份的一些信息，如备份位置、备份大小、上次备份时间、下次备份时间以及备份计划等，如图 18-16 所示。其设置的方法分别如下。

- **查看备份**：在“Windows 7 文件恢复”窗口中单击“管理空间”超级链接，在打开的“管理 Windows 备份磁盘空间”对话框中可查看详细的备份信息，如图 18-17 所示。
- **删除备份**：通过“管理 Windows 备份磁盘空间”对话框，还可以删除一些数据备份或系统映像来释放磁盘空间。其方法很简单，单击“数据文件备份”栏中的 查看备份(V)... 按钮，在打开的“选择要删除的备份期间”界面中可看到电脑上的数据文件备份资料，选中需删除的备份数据，单击“删除”按钮即可对已备份的数据进行删除操作，如图 18-18 所示。

还可以尝试从以前版本还原该文件。以前版本是 Windows 作为还原点一部分自动保存的文件和文件夹的副本，有时也被称为“卷影副本”。

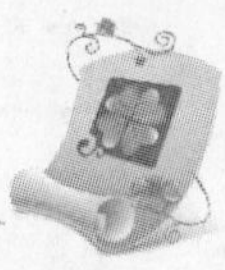

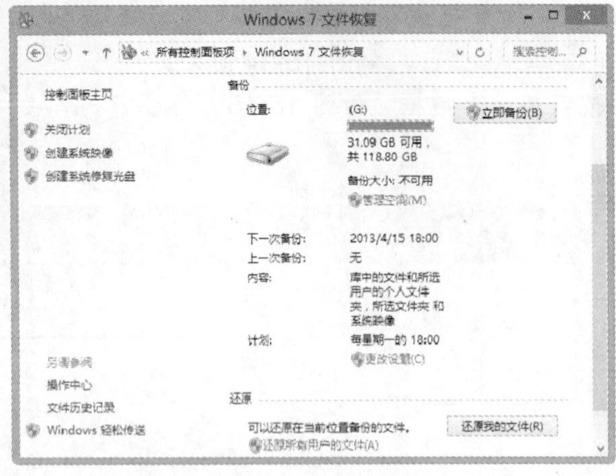

图 18-16　备份信息

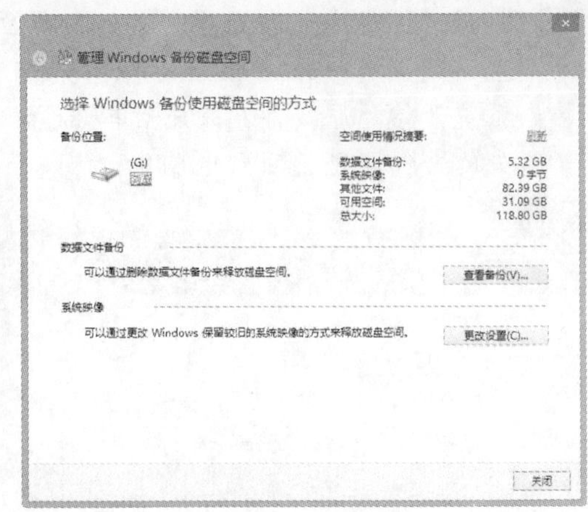

图 18-17　备份空间

- **最小化备份空间**：单击"管理 Windows 备份磁盘空间"对话框"系统映像"栏中的 更改设置(C)... 按钮，在打开的对话框中选择需保留的系统映像选项来释放空间，如选中 ◉仅保留最新的系统映像并最小化备份所用的空间 单选按钮，单击 确定 按钮即可，如图 18-19 所示。

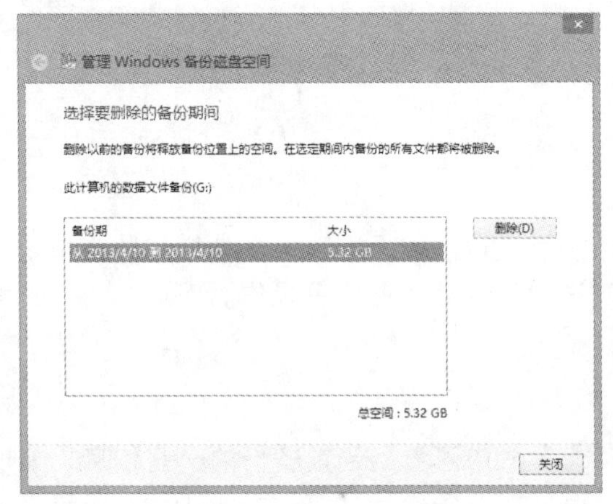

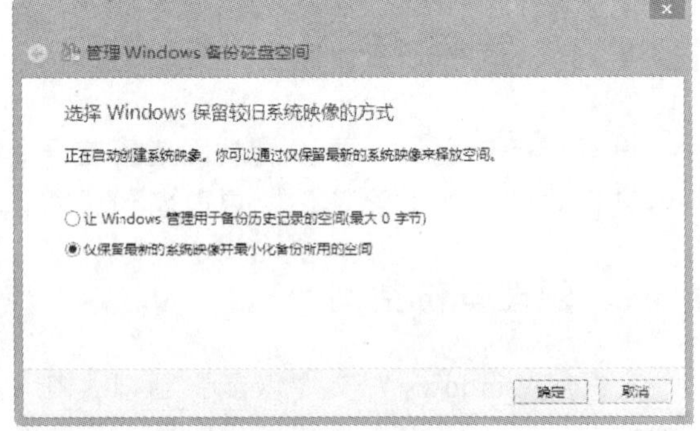

图 18-18　删除数据备份　　　图 18-19　最小化备份空间

2．更改备份设置

如果想改变备份计划的某些设置，如备份位置、备份时间等，可通过更改备份设置来实现。其方法为：打开"Windows 7 文件恢复"窗口，单击"计划"栏中的"更改设置"超级链接，打开"设置备份"窗口，与第一次设置备份的步骤一样，逐步进行设置即可对现有备份计划做详细的更改。设置完成后单击 保存设置并退出(S) 按钮，即可完成备份设置的更改。

精讲笔录

数据备份是数据提高可用性的最后一道防线，其目的是为了保证系统崩溃时能够快速地恢复数据。

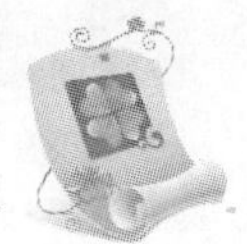

18.2　备份和还原注册表

注册表是 Windows 系统管理所有软硬件的核心，其中包含了每个用户的配置文件以及有关系统硬件和属性设置等重要信息。因此，注册表出现错误往往会导致系统崩溃，所以需对其进行备份与还原操作。

18.2.1　备份注册表

注册表对于操作系统而言，非常重要，它可以使用注册表编辑器将整个或部分注册表文件导出，在电脑中生成一个扩展名为.reg 的文本文件，该文件包含了导出注册表的全部内容。

实例 18-3　导出注册表中的子键

1. 按 Win+R 键，打开“运行”对话框，在“打开”文本框中输入“regedit”，单击 确定 按钮，如图 18-20 所示。
2. 打开“注册表编辑器”窗口，在左侧选中要导出的子键，然后选择【文件】/【导出】命令，如图 18-21 所示。

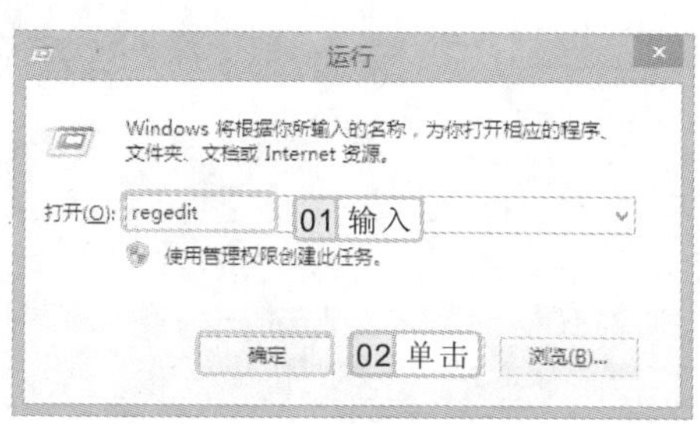

图 18-20　“运行”对话框

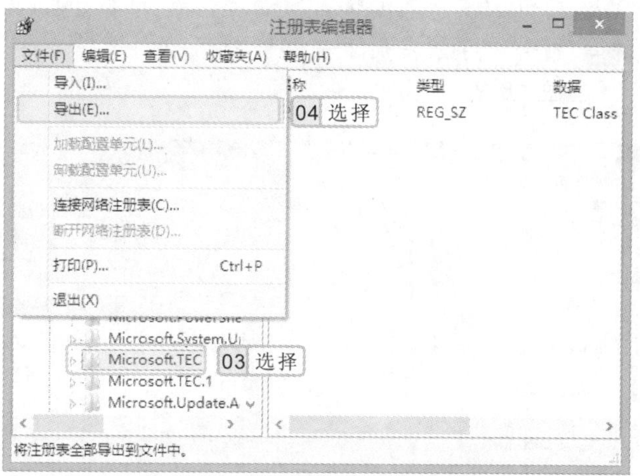

图 18-21　“注册表编辑器”窗口

3. 在打开的“导出注册表文件”对话框中设置导出文件的保存位置和文件名，单击 保存(S) 按钮，如图 18-22 所示。
4. 注册表编辑器将指定子键导出为扩展名为.reg 的文件，并保存在指定位置，如图 18-23 所示。

注册表信息对于操作系统而言非常重要。备份后，最好将备份的注册表文件直接复制到光盘或 U 盘中进行保存。

图 18-22 “导出注册表文件”对话框

图 18-23 备份注册表

18.2.2 还原注册表

在对注册表进行修改后，当需要将注册表恢复到导出前的状态时，即需要还原注册表。

实例 18-4 导入注册表文件

1. 打开“注册表编辑器”窗口，选择【文件】/【导入】命令，如图 18-24 所示。
2. 打开“导入注册表文件”对话框，选择要导入的注册表文件，单击 打开(O) 按钮，如图 18-25 所示。

图 18-24 导入文件

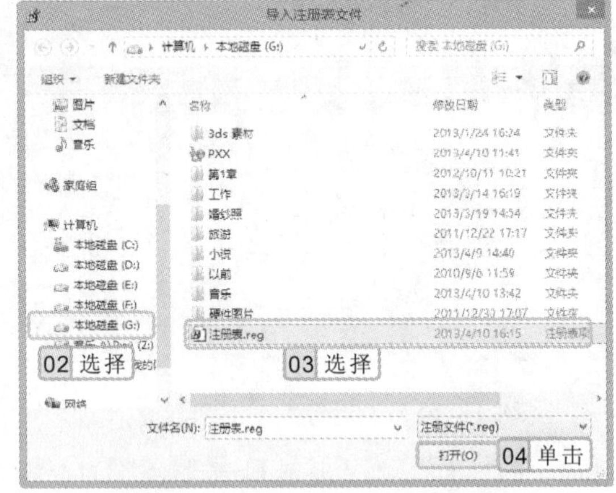

图 18-25 选择需导入的注册表文件

3. 打开“注册表编辑器”提示对话框，提示文件导入完成，单击 确定 按钮即可。

在“我的电脑”窗口中找到要导入的注册表文件后，直接双击该文件，也可以将其导入到注册表中。

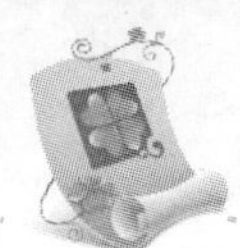

18.3 备份和还原其他软件数据

用户通常会按照个人习惯和需要对常用软件进行设置，但重装系统后，软件也需要重装和重新设置，非常麻烦。可对这些软件参数进行备份，重装时再进行还原，以提高操作效率。

18.3.1 备份聊天信息

使用 QQ 在网上聊天几乎是所有会上网用户都能完成的操作。对于一些利用聊天工具进行业务交流或咨询的用户来说，聊天信息显得至关重要，此时可对聊天记录进行备份。

实例 18-5 备份用户 QQ 聊天信息

1. 登录到 QQ 界面窗口，单击左下方的“主菜单”按钮，选择【工具】/【消息管理器】命令，如图 18-26 所示。
2. 打开“消息管理器”窗口，在右侧选择需备份的聊天记录对象，这里选择“群”选项，备份群的聊天记录，然后在下方群名称上单击鼠标右键，在弹出的快捷菜单中选择“导出消息记录”命令，如图 18-27 所示。
3. 打开“另存为”对话框，在其中选择聊天记录保存的位置，单击保存(S)按钮，完成聊天记录的备份操作。

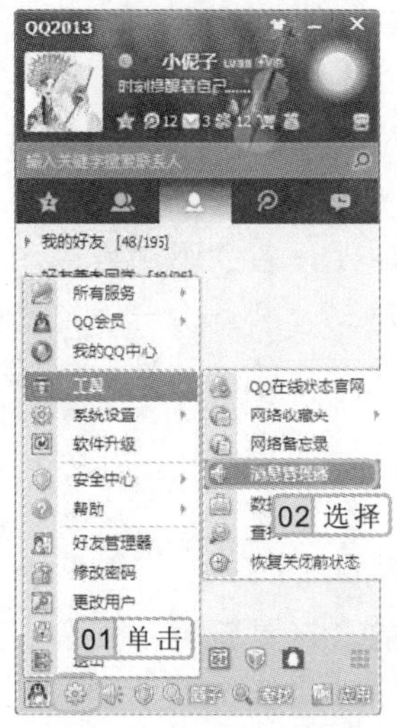

图 18-26 选择“消息管理器”命令

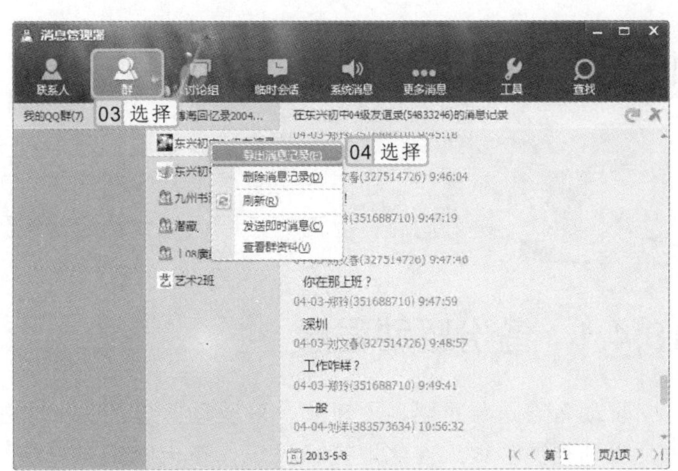

图 18-27 导出消息记录

18.3.2 还原聊天信息

如果 QQ 聊天信息中有重要的交流或咨询信息，在重装系统或 QQ 软件后，可以将备

操作提示

在还原聊天信息时，如果知道备份的确切位置，可在文本框中直接输入保存备份文件的文件夹路径。

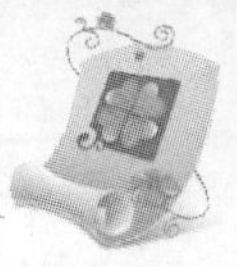

份信息还原到 QQ 中。

实例 18-6 还原用户 QQ 聊天信息

1. 单击 QQ 主界面下方的“主菜单”按钮，选择【工具】/【消息管理器】命令。
2. 打开“消息管理器”窗口，选择【工具】/【导入消息记录】命令。
3. 打开“数据导入工具”对话框，选中 消息记录 复选框，单击 下一步 按钮，如图 18-28 所示。
4. 在打开对话框的“请选择导入消息记录的方式”栏中选中 从指定文件导入 单选按钮，单击 浏览 按钮，在打开的对话框中选择相应的文件，再依次单击 打开(O) 和 导入 按钮即可，如图 18-29 所示。

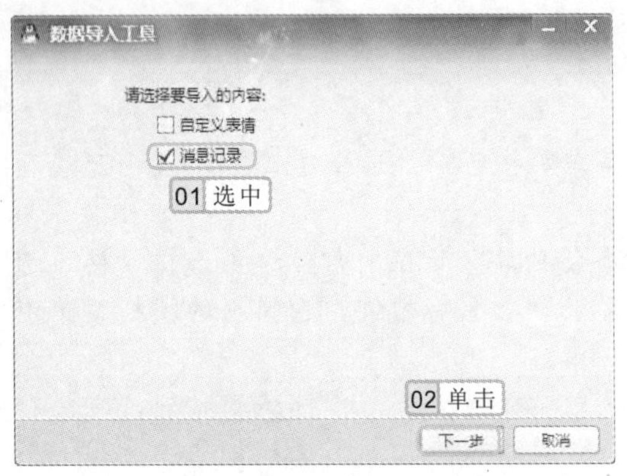

图 18-28 开始导入消息记录

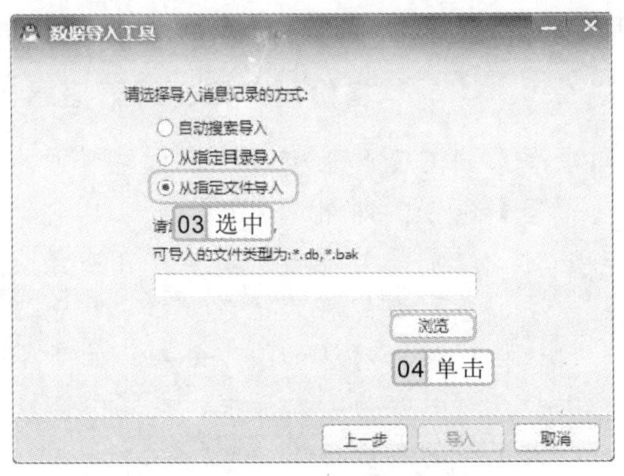

图 18-29 选择导入方式

18.4 备份和还原驱动程序

安装系统后，通常会使用驱动管理工具安装各硬件设备的驱动程序。重装系统后，还要一一重装这些驱动程序。因此，建议大家备份一下自己的驱动。同时，驱动的还原也是我们经常遇到的问题，下面分别进行讲解。

18.4.1 备份驱动程序

驱动备份是除了驱动更新外，对驱动管理的另一个主导功能。在更新驱动安装完成之后，驱动精灵会很人性化地提醒用户，在电脑中有一个驱动程序需要备份。

实例 18-7 使用驱动精灵备份 Windows 系统驱动程序

1. 在桌面上双击“驱动精灵”快捷图标，启动“驱动精灵”程序，如图 18-30 所示。

除了通过驱动程序备份和还原系统、数据和驱动外，还可以通过其他软件进行备份和还原，如鲁大师等。

图 18-30 “驱动精灵”工作界面

2 单击“驱动程序”按钮，选择“驱动管理”选项卡，选中驱动备份单选按钮，在窗口左侧展开“需要备份的驱动”选项，选中该选项下需要备份的复选框，然后在右下角单击开始备份按钮，如图 18-31 所示。

3 此时，系统将会自动对选中的驱动程序选项进行备份，并显示备份进度条。稍等片刻，即可看到进度条下方显示备份完成，即表示完成驱动程序的备份，如图 18-32 所示。

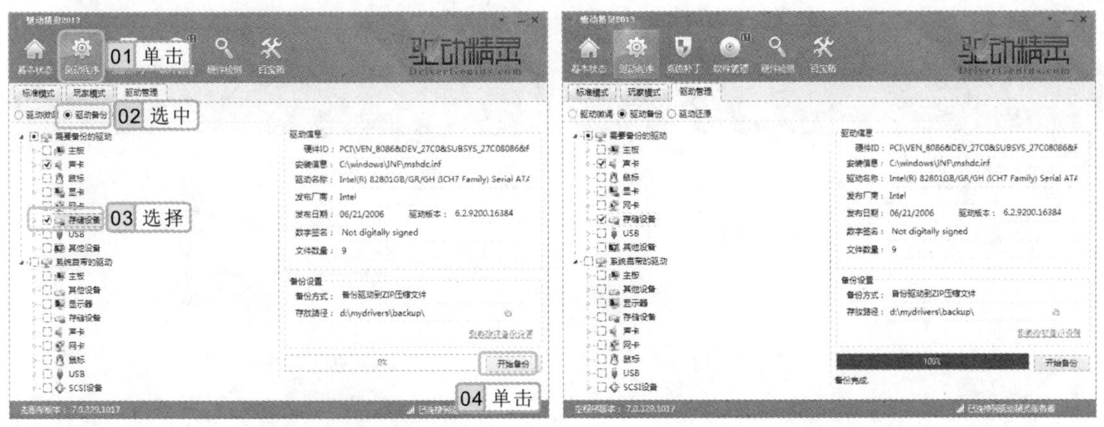

图 18-31 选择要备份的驱动程序　　图 18-32 完成驱动程序的备份

18.4.2 还原驱动程序

备份驱动程序后，当电脑出现故障而需重装系统时，使用驱动精灵的驱动程序还原功能，便可节省许多驱动程序安装的时间，并且能快速地找到驱动程序。

从理论上讲，所有的硬件设备都需要安装相应的驱动程序才能正常工作。如显卡、声卡和网卡等一定要安装驱动程序，否则便无法正常工作。

实例 18-8 还原备份的驱动程序

1. 关闭所有应用程序，启动“驱动精灵”程序，单击“驱动程序”按钮，选择“驱动管理”选项卡，选中 ◉驱动还原 单选按钮。
2. 单击右侧“还原文件选择”栏中“文件路径”后的 按钮，如图 18-33 所示。
3. 打开“打开”对话框，在其中找到备份的驱动文件，单击 打开(O) 按钮，如图 18-34 所示。

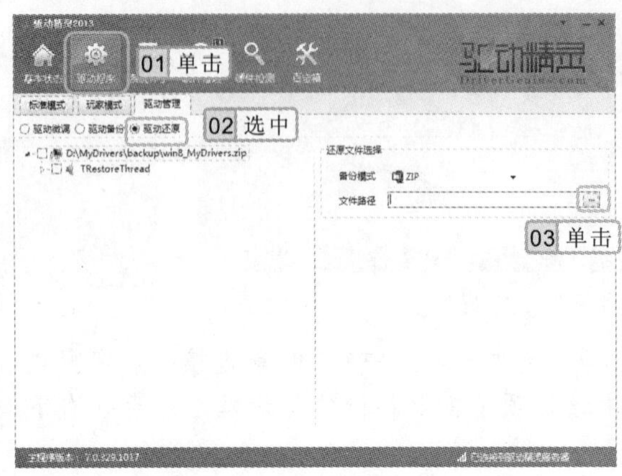

图 18-33　“驱动管理”选项卡

图 18-34　选择备份驱动文件

4. 返回“驱动管理”选项卡，在左侧的列表中选中要还原的备份驱动，单击 开始还原 按钮，如图 18-35 所示。
5. 将弹出“安装驱动”进度提示框，如图 18-36 所示。

图 18-35　选择需还原的备份驱动

图 18-36　安装驱动

6. 稍等片刻后，在弹出的“驱动精灵”提示框中提示驱动程序更新完成，是否重新启动电脑，这里直接单击“是”按钮，如图 18-37 所示。

用驱动精灵备份的驱动程序存放在驱动精灵安装目录下的 Backup 文件夹中，在其中将为每个备份的硬件创建一个文件夹，其中存放的就是该硬件的驱动程序文件。

图 18-37　更新驱动程序

18.5　修复 Windows 系统

系统故障是令很多用户头疼的一件事，如何处理各种系统故障也就成了很多人关注的话题。本节将介绍如何更方便、更快捷地解决系统问题的操作方法。

18.5.1　创建系统修复光盘

运行 Windows 中的系统修复程序，需要在能正常进入启动管理器的前提下进行。如果系统启动管理器被损坏或丢失，就只能通过安装光盘引导进行文件恢复了。为了防止意外，最好提前制作一张系统修复光盘。Windows 8 提供了制作系统修复光盘的功能，只要电脑上配置有刻录光驱，并拥有一张空白 CD 光盘，即可通过简单的操作创建一张系统修复光盘。其方法为：打开“Windows 7 文件恢复”窗口，单击左侧窗格中的“创建系统修复光盘”超级链接，如图 18-38 所示，按照系统提示，选择一个光盘驱动器并放入空白光盘，单击“创建光盘”按钮，系统即开始光盘内容的写入，如图 18-39 所示。完成后关闭对话框，一张系统修复光盘就制作好了。

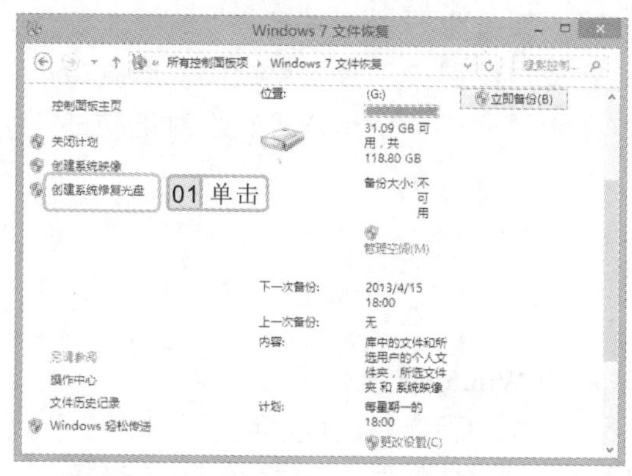

图 18-38　“Windows 7 文件恢复”窗口

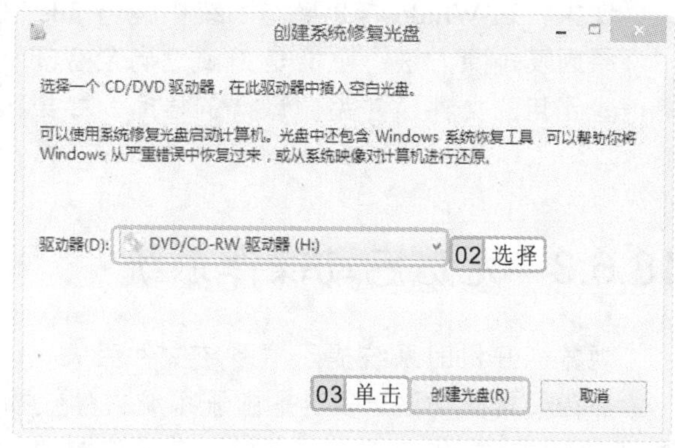

图 18-39　创建光盘

如果在安装 Windows 8 的过程中突然断电，Windows 8 将尝试还原到原先的操作系统。用户开机后可以继续使用原先版本的操作系统。

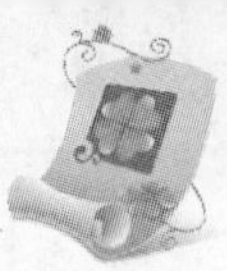

18.5.2　修复启动故障

如果引导文件丢失或损坏，将无法正常启动电脑。很多用户面对无法启动这类问题时，除了重装系统外，都不知道该从何下手。其实在 Windows 8 中，针对无法引导系统启动这种问题都可通过安装光盘或修复光盘启动电脑并进行修复，而无须重装系统。其方法与修复其他系统故障一样，将安装光盘或修复光盘放入光驱，并从光盘引导电脑启动，单击安装程序界面中的“修复计算机”选项进入修复界面，选择“启动修复”选项，Windows 8 会自动修复启动问题。

18.6　Windows 8 常见故障排除

在使用电脑的过程中，难免会遇到一些故障。如何在最短时间里判断出故障原因并予以排除，将直接影响到用户的工作和学习效率。本节就 Windows 8 中常见的一些故障及其排除方法进行详细讲解。

18.6.1　Windows 8 安装后不能从光驱引导安装系统

现象：安装 Windows 8 操作系统后，系统盘放进光驱安装系统不能实现，开机直接进入 Windows 8 操作系统。

原因及排除方法：该故障是由于电脑直接从硬盘启动导致的，解决方法是将光驱设置为第一启动设备。可在开机出现第一画面时，按 F2 键进入 BIOS 界面，将光驱设为第一启动设备，即在其中找到“first boot”选项，将其设置为光驱启动即可解决该问题。

18.6.2　Windows 8 运行应用程序时提示内存不足

现象：在 Windows 8 操作系统中运行 3ds Max 时，系统提示内存不足。

原因及排除方法：可能是由磁盘剩余空间不足，或电脑感染了病毒引起的。删除磁盘中一些无用的文件，并关闭运行的程序，如果该故障依然存在，使用杀毒软件对电脑进行杀毒。

18.6.3　无法启动操作系统

现象：开机时系统提示“系统文件丢失，无法启动 Windows 操作系统”。

原因及排除方法：多半是由于系统文件被损坏引起的。而系统文件损坏的原因有很多，最可能的就是用户不小心删除了系统中某个至关重要的文件，或操作错误破坏了如.dll、.vxd 等系统文件。通常可以采用 DOS 命令检查系统文件，但这种方法的前提条件

当 Windows 8 操作系统出现故障时，最简单的方法是创建修复光盘，利用系统修复功能将损坏的文件修复。

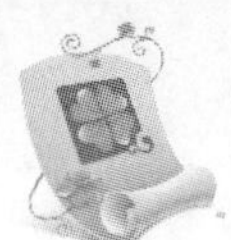

是能够进入 Windows 操作系统。如果无法进入操作系统，则可利用安装光盘通过修复系统来解决问题。

18.6.4 Windows 8 无法打开“开始”屏幕中的磁贴

现象：在电脑中安装 Windows 8 后，“开始”屏幕中的磁贴无法打开。

原因及排除方法：可能是 UAC 被完全关闭或使用了管理员账户。打开控制面板，单击“用户账户和家庭安全”超级链接，在打开的窗口中单击“用户账户”超级链接，再在打开的对话框中单击“更改用户账户控制设置”超级链接，在打开的对话框中将其恢复到默认设置即可。

18.6.5 Windows 8 操作系统中安装的软件出现乱码

现象：在 Windows 8 操作系统中安装的软件出现乱码现象。

原因及排除方法：该故障可能是由于设置不正确造成的。在“控制面板”选项为大图标显示状态下，单击“语言”超级链接，打开“语言”窗口，在左下角单击“位置”超级链接，如图 18-40 所示。在打开对话框的“位置”选项卡的“当前位置”下拉列表框中选择“中国”选项，单击 确定 按钮，如图 18-41 所示。然后重启电脑即可排除故障。

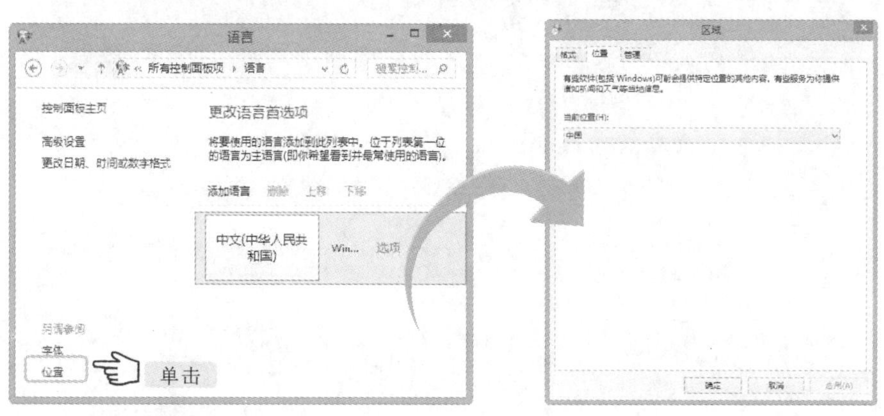

图 18-40 “语言”窗口　　　图 18-41 设置区域

18.6.6 “开始”屏幕磁贴丢失

现象：使用 Windows 8 操作系统的过程中，发现“开始”屏幕中出现磁贴丢失的现象。

原因及排除方法：可能是因为操作不当导致磁贴丢失。打开“搜索”面板，在“应用”栏下的文本框中直接输入“控制”，Windows 8 操作系统会自动启动搜索程序，在界面左侧将显示搜索的结果，单击鼠标右键选择“控制面板”选项，如图 18-42 所示，并在底部弹出的快捷工具栏中单击“所有应用”按钮，即可排除故障，如图 18-43 所示。

BIOS 程序也可进行升级，但需要获取正规的升级程序，并按指示一步步地进行，否则会出现许多严重问题。

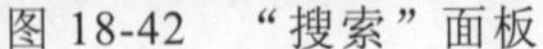
图 18-42 “搜索”面板

图 18-43 单击“所有应用”按钮

18.7 精通实例——使用鲁大师备份和还原驱动

本章主要介绍了备份与恢复各种对象的方法和技巧，下面使用鲁大师软件备份声卡和显卡驱动，然后还原声卡驱动。通过本次练习，进一步巩固通过软件备份和还原驱动程序的方法。鲁大师的主界面如图 18-44 所示。

图 18-44 鲁大师

18.7.1 操作思路

为更快完成本例的制作，并且尽可能运用本章讲解的知识，本例的操作思路如下。

对用户数据进行备份时，通常保持默认设置的备份文件名称即可。

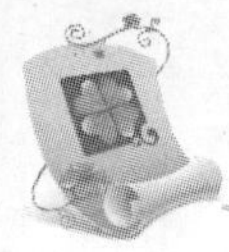

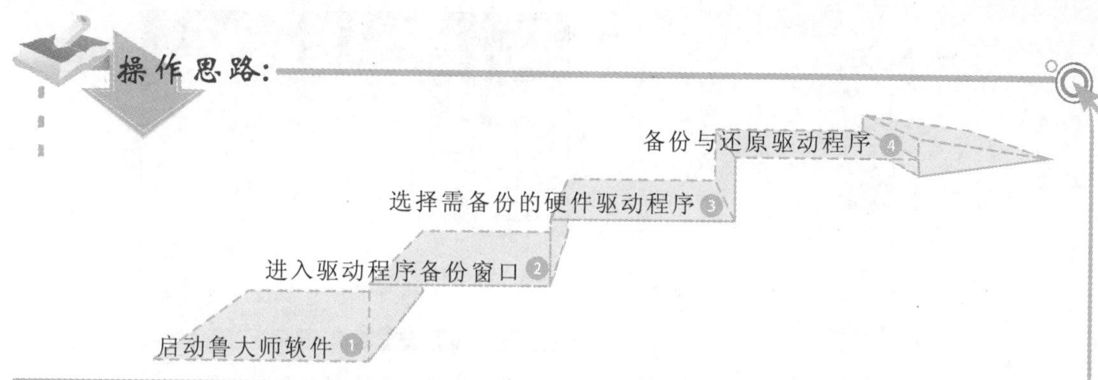

18.7.2 操作步骤

下面使用鲁大师备份声卡和显卡驱动程序，操作步骤如下：

参见光盘　光盘\实例演示\第 18 章\使用鲁大师备份声卡和显卡驱动

1. 启动鲁大师，在其主界面中单击“驱动管理”按钮，进入“驱动管理”界面。
2. 在“驱动管理”界面中选择“驱动备份”选项卡，单击右侧的“设置驱动备份目录”超级链接，如图 18-45 所示。
3. 打开“鲁大师 设置”对话框的“其他”选项卡，单击“驱动备份目录”栏中的选择目录按钮，如图 18-46 所示。

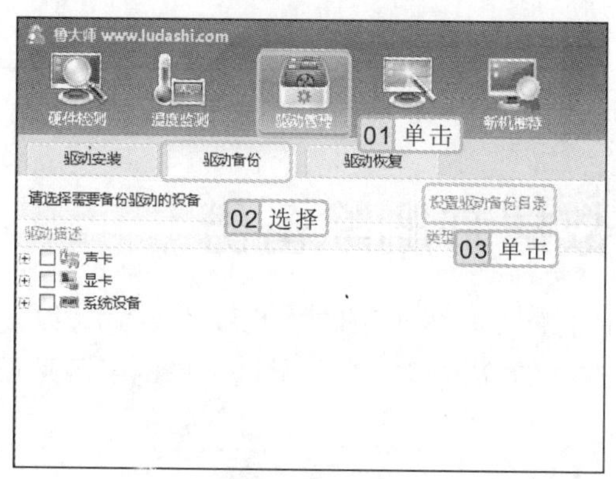

图 18-45　单击“设置驱动备份目录”超级链接

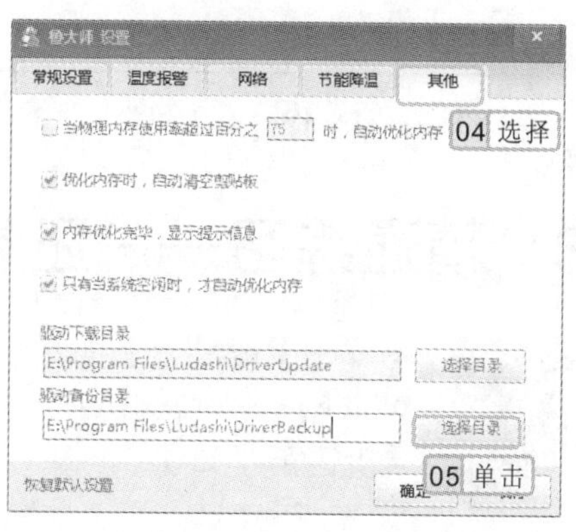

图 18-46　单击“选择目录”按钮

4. 打开“浏览文件夹”对话框，单击▷按钮，展开 E 盘，选择“鲁大师驱动备份”文件夹选项，设置备份文件的保存位置，然后单击确定按钮，如图 18-47 所示。
5. 返回“鲁大师 设置”对话框，单击确定按钮，返回“驱动管理”界面，在左侧选中☑声卡和☑显卡复选框，单击备份已选的驱动按钮，如图 18-48 所示。

在电脑中玩大型游戏或长时间观看影片时，可开启鲁大师的温度检测功能，实时查看硬件设备的温度。当温度过高时，应暂停使用电脑。

图 18-47　选择备份目录

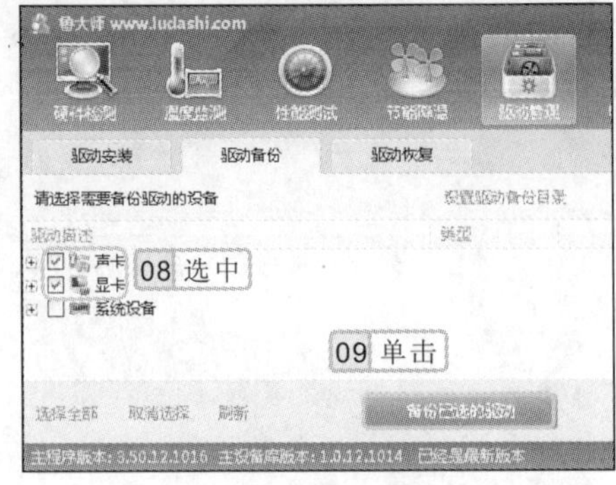

图 18-48　备份声卡和显卡驱动

6 开始备份选择的驱动选项，并显示备份进度，如图 18-49 所示。

7 在“驱动管理”界面中选择“驱动恢复”选项卡，单击⊞按钮，展开以日期进行命名的备份目录，然后选择声卡选项对应的复选框，单击[恢复已选的驱动备份]按钮，还原声卡驱动，如图 18-50 所示。

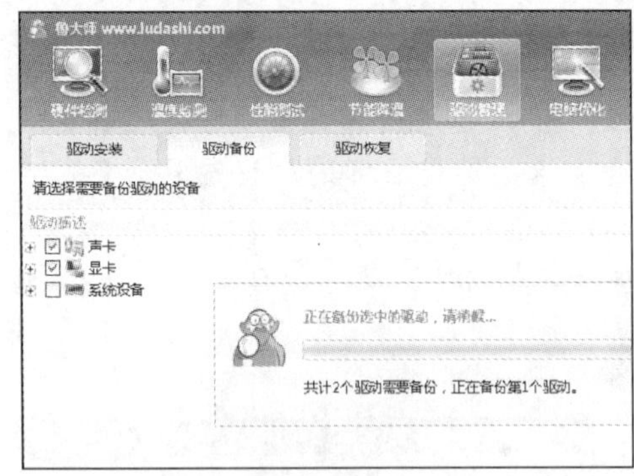

图 18-49　正在备份

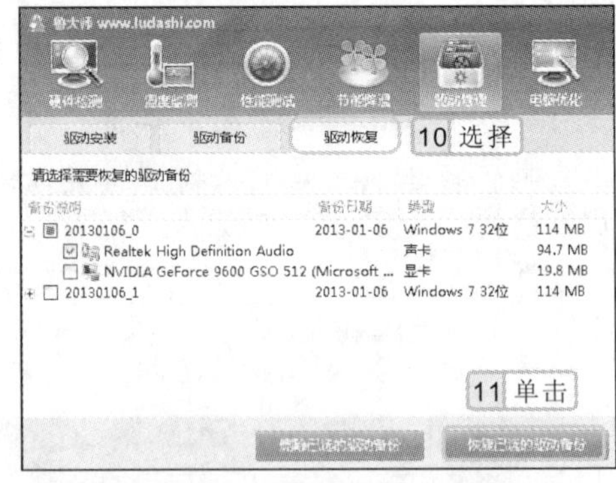

图 18-50　还原声卡驱动

18.8　精通练习——还原数据并删除备份

本章主要介绍了数据的备份与还原、操作系统的几种修复方法以及使用 Windows 8 时常遇到的一些故障的分析和排除，通过下面的练习可以进一步巩固所学知识。

本节练习将通过备份空间来还原用户数据，并将较早的备份删除以释放磁盘空间。

参见光盘　实例演示\第 18 章\还原数据并删除备份

该练习的操作思路如下。

“鲁大师 设置”对话框中的“驱动下载目录”文本框用于设置保存下载或更新的驱动程序的保存位置。

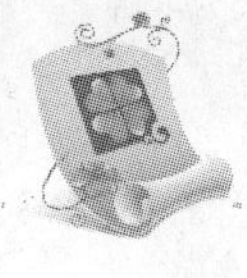

操作思路：

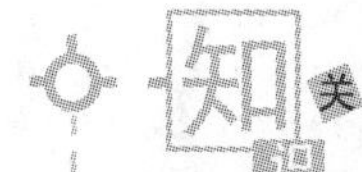

知识关联　排除故障的基本原则

排除故障的方法有很多，但不可盲目操作。首先应冷静分析，再动手处理。在排除故障的过程中，应遵循以下基本原则。

- **先软后硬**：电脑故障包括硬故障和软故障。由于软故障的处理比硬故障更容易，所以，排除故障应遵循先软后硬的原则。
- **先假后真**：有时电脑不能正常工作，并不是故障，或许是由于电源没开、数据线没有连接等原因造成的。因此，应先检查各硬件之间的连线是否可靠，安装是否正确，在排除假故障后再将其作为真故障处理。
- **先外后内**："先外后内"是指检修电脑故障时，应先检查外部是否存在故障，然后再检查内部是否存在故障，最后才能准确地进行故障处理。
- **先一般后特殊**：在遇到故障时，应尽量考虑最可能出现故障的原因，排除了一般故障后，再考虑一些特殊原因的故障。

操作提示

硬盘出现错误时，使用分区软件重新分区或格式化硬盘是一个比较简单而实用的方法，但是需要先对硬盘中的数据进行备份。

实战篇

要想熟练操作电脑，除了要掌握前面讲解的知识与操作方法外，还需多进行实践操作，这样不仅可巩固所学的知识，还能帮助记忆。本篇将讲解安装并组建双系统和管理并优化操作系统两个综合实例，以帮助用户提高在实际运用或工作中的动手操作能力，巩固所学知识。本篇内容包括安装系统、安装硬件驱动程序、安装软件、查杀病毒、安全防护、清理系统、优化系统以及组建多系统等操作。

<<< PRACTICALITY

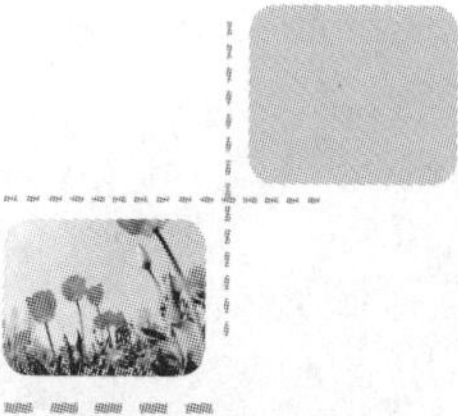

实战篇

第 19 章

安装并组建为双系统

注册表和系统备份

使用光盘安装 Windows 8

双系统的安装注意事项

在Windows 7上安装Windows 8

本章导读

学习完系统安装、重装、备份与还原等知识后，本章将通过实例巩固所学操作知识。实例主要在个人电脑中安装 Windows 8 操作系统，安装各项驱动程序和必要的系统基本操作，当一切完成后，系统中创建一个备份系统，用于在电脑出现问题时恢复电脑以正常使用。

19.1 实例说明

本例将在个人电脑上安装多操作系统，然后对其进行一系列的操作，如显示桌面图标、设置桌面背景、网络连接和共享设置等，如图 19-1 所示。最后对电脑系统进行备份，便于系统出现问题后进行恢复。

图 19-1　系统桌面

19.2 行业分析

多系统指在一台电脑中存在两个或两个以上的操作系统，用户在启动电脑时可根据需要选择进入不同的操作系统，而每个操作系统之间的启动和运行互不影响。在安装前，首先要了解安装多系统的基础知识。

安装多操作系统可以在保留原有系统的基础上，另外安装一个独立的操作系统。多操作系统在运行时基本互不干扰，并且稳定性较高，用户可根据需要自由切换所需的系统。多操作系统的优势主要体现在：在安装多系统后，若一款软件不能在一个操作系统中顺畅运行，此时可进入到另一个操作系统中运行该软件；而不同的操作系统其功能和特点都不相同，可在不同的工作或学习中，根据需要选择合适的操作系统；还可在一个系统中扫描并清除另一个系统中的病毒，以帮助维护系统安全。

而在安装多操作系统时也需谨慎，若是安装多操作系统的方法不当，容易造成其中某个操作系统无法正常启动。因此，在安装操作系统前应该注意以下几个方面。

如果对产品说明书的格式和内容不了解，可在百度首页的文本框中输入关键字“产品说明书”进行搜索，在打开的页面中单击相应的文本超级链接，对其内容进行浏览。

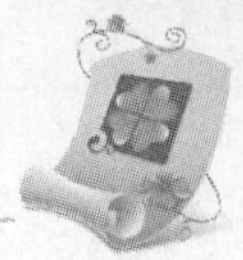

- **操作系统必须安装在不同的分区中**：Windows 系列操作系统的目录结构有许多是重复的，后安装的操作系统会覆盖同名的文件和文件夹，致使先安装的操作系统无法正常运行，并且引导管理程序也无法判断应该启动哪个操作系统，因此多操作系统必须安装在不同的分区中。
- **注意分区的文件格式**：Windows 7、Windows 8 操作系统要求安装在 NTFS 文件格式下，在 FAT32 格式下则不能进行安装，而对于 Windows XP 操作系统，则支持 FAT32 和 NTFS 两种文件格式。
- **最好按先低后高的版本顺序安装**：安装多操作系统时尽量遵循先安装低版本，再安装高版本的顺序，如 Windows 7 与 Windows 8 共存时，应先安装 Windows 7，再安装 Windows 8，否则 Windows 7 的引导文件会覆盖 Windows 8 的引导文件，造成 Windows 8 无法启动的故障。
- **先安装 Windows 操作系统再安装其他操作系统**：由于 Windows 操作系统不对其他操作系统提供支持，所以后安装 Windows 操作系统会造成先安装的其他操作系统无法启动。

19.3　操作思路

本例主要是帮助用户独立完成安装操作系统的操作，并在安装操作系统后对一些常规且实用的操作组件进行设置，为系统打造一个安全优化的环境。

为更快地完成本例的制作，并且尽可能运用本书讲解的知识，本例的操作思路如下。

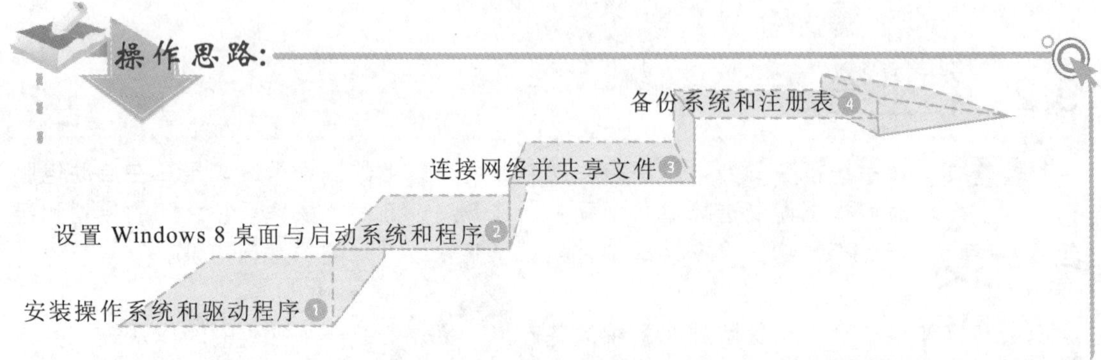

19.4　操作步骤

本例的制作首先设置从光驱启动安装 Windows 7，并在 Windows 7 系统中安装 Windows 8 操作系统，然后对系统进行优化设置等，使用户快速掌握安装多系统及设置系统基本操作组件的方法。下面进行详细介绍。

安装多操作系统不仅限于 Windows 操作系统之间，Windows 和 Linux 等也可以组成多操作系统。

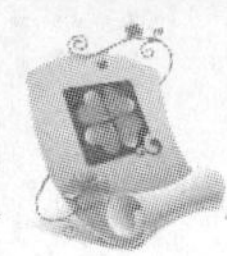

19.4.1 安装 Windows 8 操作系统

下面首先启动 Windows 7 操作系统，然后在 Windows 7 中安装 Windows 8，具体操作步骤如下：

光盘\实例演示\第 19 章\安装 Windows 8 操作系统

1 进入 Windows 7 操作系统，在“计算机”窗口查看磁盘的文件格式和可用空间大小，这里选择将 Windows 8 安装到“本地磁盘（F:）”中，如图 19-2 所示。

2 将 Windows 8 的安装光盘放入光驱，运行安装程序，在打开的对话框中单击 现在安装(I) 按钮，如图 19-3 所示，开始安装。

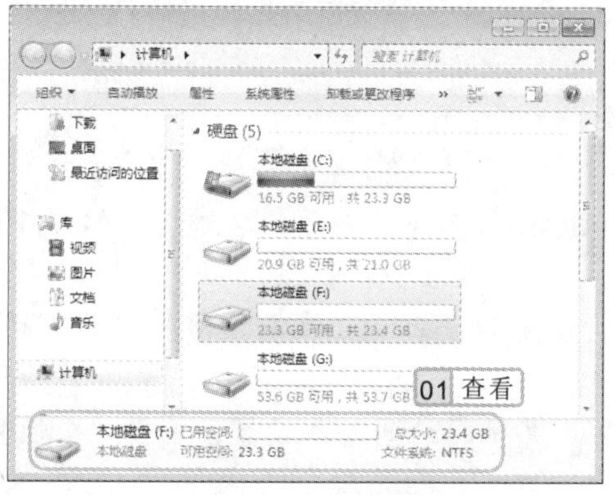

图 19-2 查看磁盘信息

图 19-3 开始安装

3 打开“获取 Windows 安装程序的重要更新”界面，选择“不，谢谢”选项，如图 19-4 所示。

4 打开“许可条款”界面，选中 ☑我接受许可条款(A) 复选框，单击 下一步(N) 按钮，如图 19-5 所示。

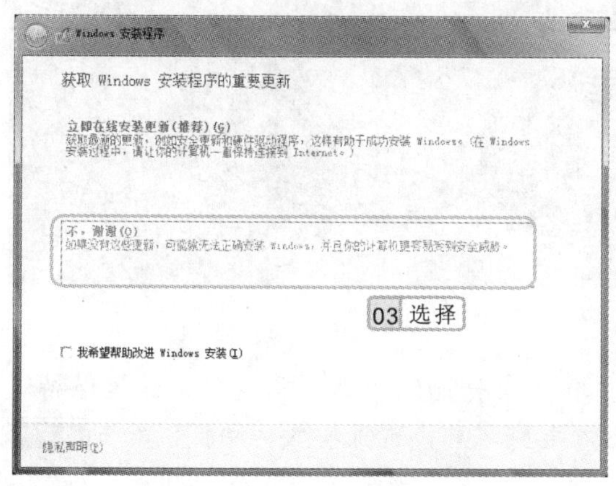

图 19-4 选择是否安装更新

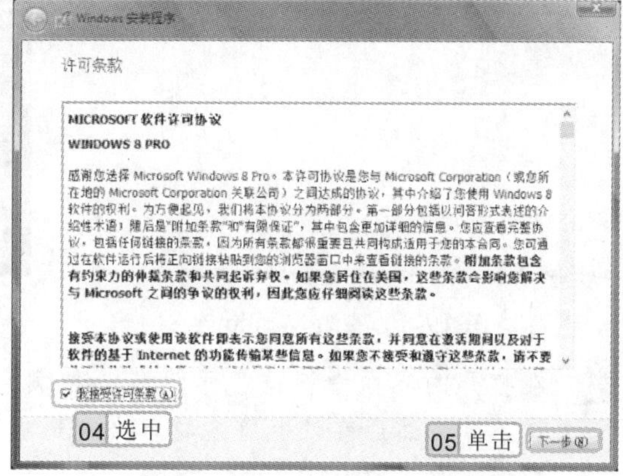

图 19-5 接受许可条款

当用户将系统光盘放入光驱后，电脑在读取光盘时用户应按任意键以读取光盘，若用户无任何操作，那么安装过程将被跳过。

5 打开“你想执行哪种类型的安装？”界面，选择“自定义：仅安装 Windows（高级）”选项，如图 19-6 所示。

6 打开“你想将 Windows 安装在哪里？”界面，在下面的列表框中选择安装位置，这里选择 F 盘分区，然后单击 下一步(N) 按钮，如图 19-7 所示。

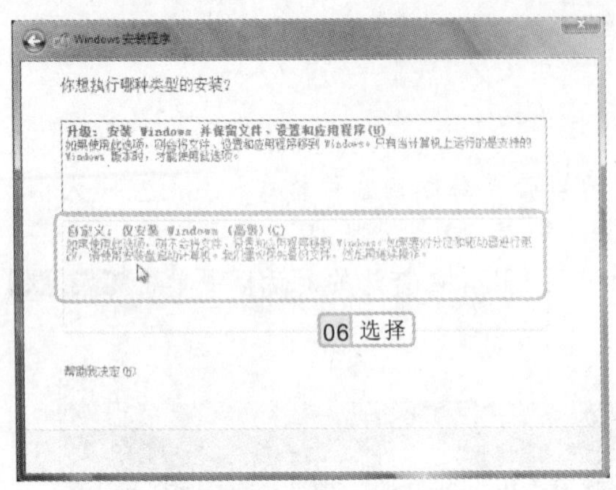

图 19-6　选择自定义安装

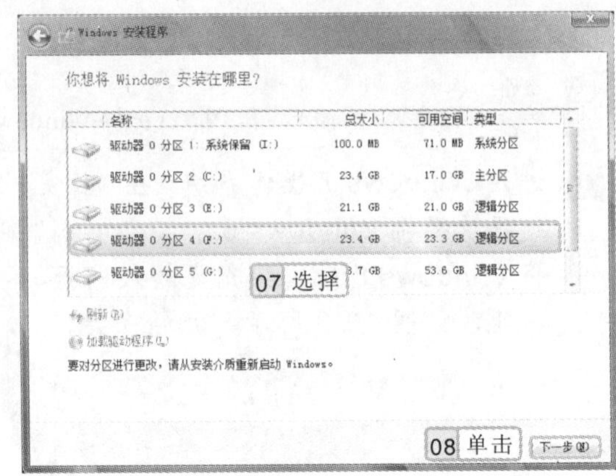

图 19-7　选择安装分区

7 开始安装 Windows 8，打开“正在安装 Windows”界面并显示安装进度，如图 19-8 所示。

8 安装过程中，要完成一些必备信息，如更新注册表设置和正在启动服务等，等待安装完成后，提示安装程序将在重启电脑后继续。

9 重启电脑后，在打开的界面中提示要求在电脑中完成一些基本设置，单击“个性化”选项，如图 19-9 所示。

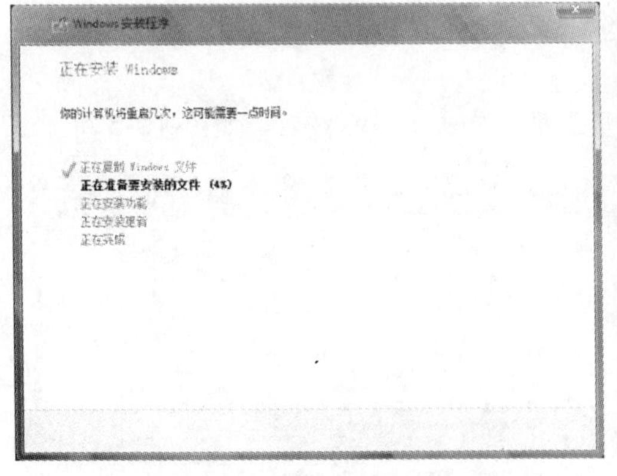

图 19-8　安装 Windows 8

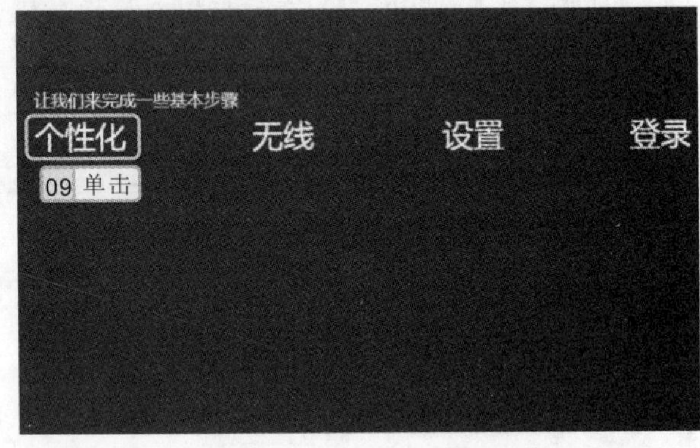

图 19-9　选择设置选项

10 在打开的界面中根据提示设置一种颜色，作为“开始”屏幕背景色彩，这里保持默认不变，然后在“电脑名称”文本框中输入电脑名称，这里输入“jian”，单击 下一步(N) 按钮，如图 19-10 所示。

11 打开“设置”对话框，在上方显示了设置说明信息，这里直接单击 使用快速设置(E) 按钮进

通过系统盘分区，只能划分 3 个分区，且只能创建主分区，默认系统保留划分出一个分区，未完成分区的硬盘空间，在完成安装后，可通过分区软件进行分区。

行快速设置，如图 19-11 所示。

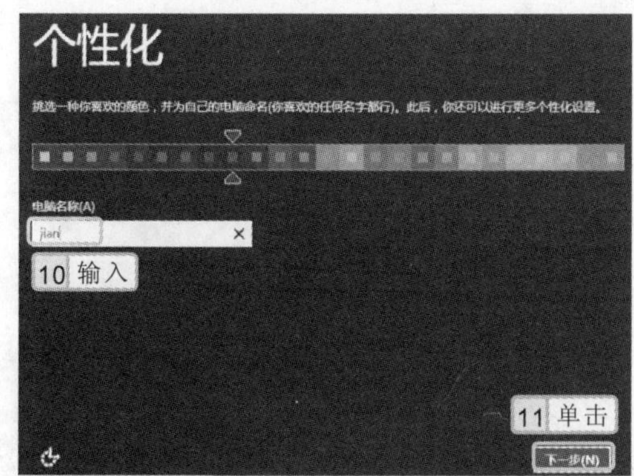

图 19-10　个性化设置

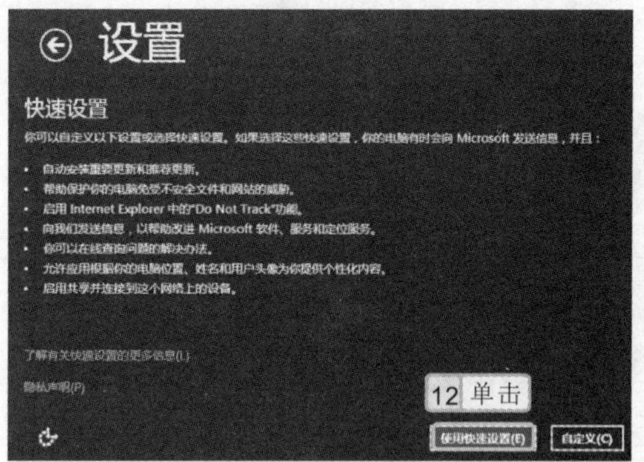

图 19-11　快速设置

12 在打开界面的“用户名”、“密码”和“重新输入密码”文本框中分别输入用户名和密码，在“密码提示”文本框中输入密码提示信息，单击 完成(F) 按钮，如图 19-12 所示。

13 系统开始安装应用，完成后登录到 Windows 8 操作系统，如图 19-13 所示。

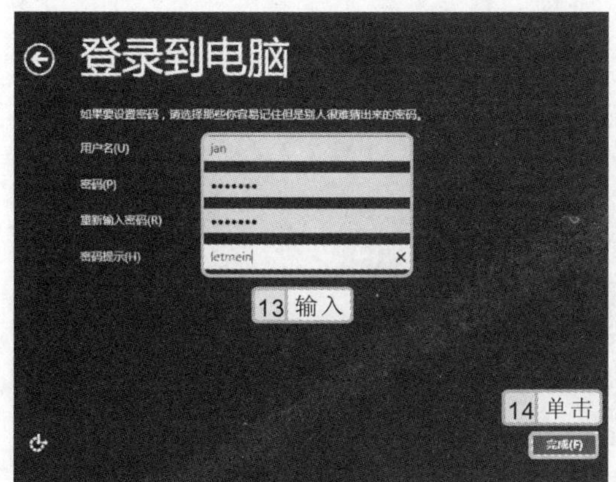

图 19-12　设置登录信息

图 19-13　完成安装

19.4.2　安装驱动程序

安装好操作系统后，还需要安装各项驱动程序，以便让电脑正常工作，具体操作步骤如下：

参见光盘　光盘\实例演示\第 19 章\安装驱动程序

1 将准备好的驱动程序安装光盘放入光盘驱动器中，运行光盘，驱动程序将自动启动安装界面，在其中选择安装显卡驱动对应的选项，打开显卡驱动“NVIDIA 软件许可协议”界面，单击 同意并继续(A) 按钮，如图 19-14 所示。

安装系统过程中，用户可自由对系统进行个性化设置。

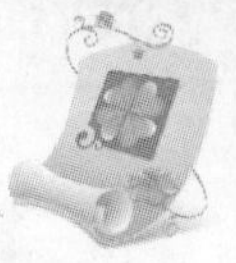

2 打开“安装选项”界面，选中“精简”或“自定义”单选按钮，这里选中 精简(E) 单选按钮，然后单击 下一步(N) 按钮，如图 19-15 所示。

图 19-14　同意安装许可协议

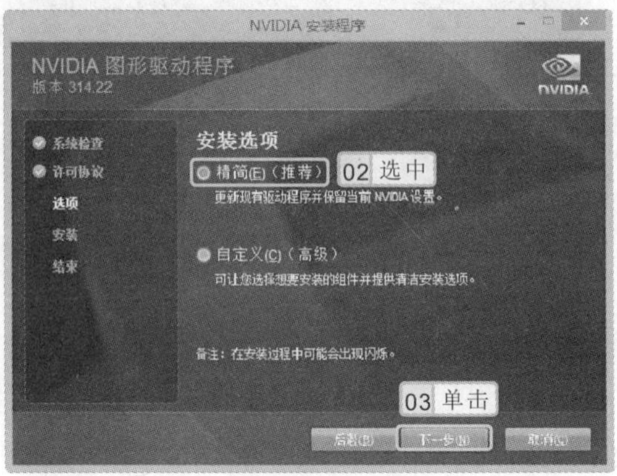

图 19-15　选择安装选项

3 系统开始安装显卡的驱动程序，并显示安装进度，如图 19-16 所示。

4 完成后，打开“NVIDIA 安装程序已完成”界面，在其中显示了安装并更新的显卡驱动程序组件，然后单击 关闭(C) 按钮完成显卡驱动程序的安装，如图 19-17 所示。

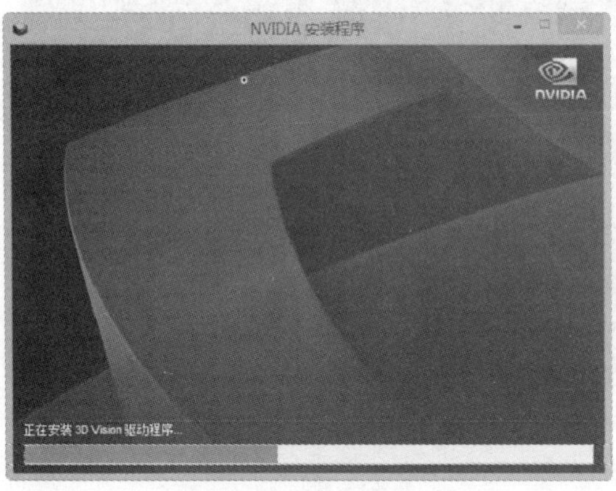

图 19-16　安装进度

图 19-17　完成安装

5 重新启动电脑，进入 Windows 8 操作系统，在“开始”屏幕中单击“桌面”磁贴，切换到系统桌面。

6 在桌面上单击鼠标右键，在弹出的快捷菜单中选择“屏幕分辨率”命令，如图 19-18 所示。

7 打开“屏幕分辨率”窗口，在“分辨率”下拉列表框中使用鼠标拖动滑块至“1280×1024”位置，单击 确定 按钮，如图 19-19 所示。

8 使用相同的方法，在驱动程序引导界面中单击相应的选项，分别安装声卡、网卡等驱动程序。

如果出现安装好的驱动程序损坏或被误删除的情况，可将驱动路径指定为“C:\Windows\System”，找到需要的驱动文件，重新安装即可。

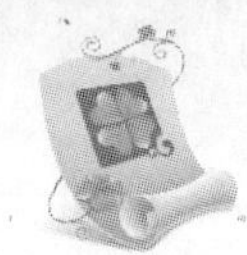

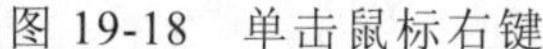

图 19-18　单击鼠标右键

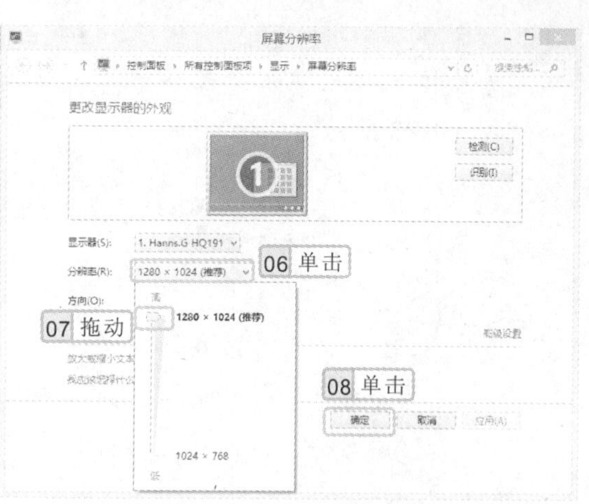

图 19-19　设置屏幕分辨率

19.4.3　设置 Windows 8 桌面

下面将通过对桌面图标和任务栏的操作来练习图标的添加、移动、排列以及任务栏属性的设置方法，具体操作步骤如下：

参见光盘　光盘\实例演示\第 19 章\设置 Windows 8 桌面

1. 在桌面空白区域单击鼠标右键，在弹出的快捷菜单中选择“个性化”命令，打开“个性化”窗口，单击“桌面背景”超级链接，如图 19-20 所示。
2. 打开“桌面背景”窗口，在“图片存储位置”下拉列表框中选择“我的图片”选项，在中间列表框中选中需设置为桌面背景的图片，单击 保存更改 按钮，如图 19-21 所示。

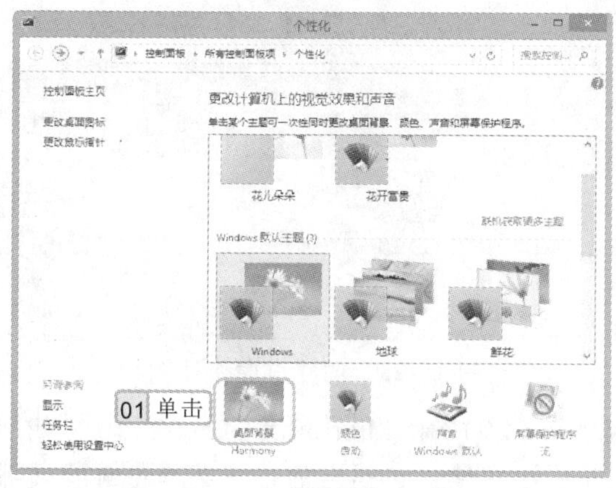

图 19-20　“个性化”窗口

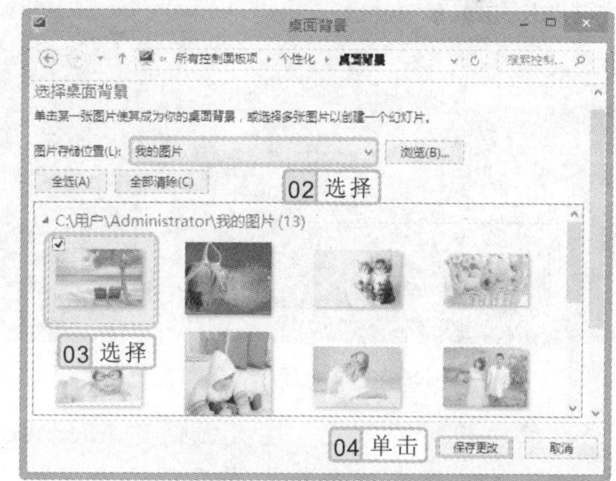

图 19-21　设置桌面背景

3. 返回“个性化”窗口，单击“颜色”超级链接，打开“颜色和外观”窗口，选择第一种“天空”颜色，其他保持默认设置不变，单击 保存更改 按钮，如图 19-22 所示。

操作提示

在“桌面背景”窗口的“图片存储位置”下拉列表框中选择“纯色”选项，可将桌面背景设置为纯色。

4 返回“个性化”窗口，在左侧窗格中单击“更改桌面图标”超级链接，打开“桌面图标设置”对话框，在“桌面图标”栏中选中所有复选框，单击 确定 按钮，如图 19-23 所示。

图 19-22　设置窗口颜色

图 19-23　添加桌面系统图标

5 将鼠标光标移动到桌面右下角，弹出 CHARM 菜单，单击“搜索”按钮，打开“搜索”面板，选择搜索资源为“应用”，在“搜索”文本框中输入“2010”，在左侧界面将显示搜索到的相关应用程序，如图 19-24 所示。

6 在 Microsoft PowerPoint 2010 应用选项上单击鼠标右键，在弹出的快捷工具栏中单击“打开文件位置”按钮。

7 打开程序文件所在的文件夹，选择 Microsoft PowerPoint 2010 选项并单击鼠标右键，在弹出的快捷菜单中选择【发送到】/【桌面快捷方式】命令，如图 19-25 所示。

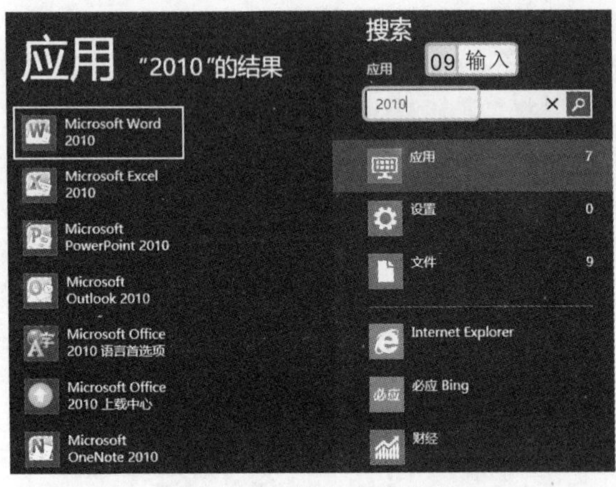

图 19-24　搜索应用程序

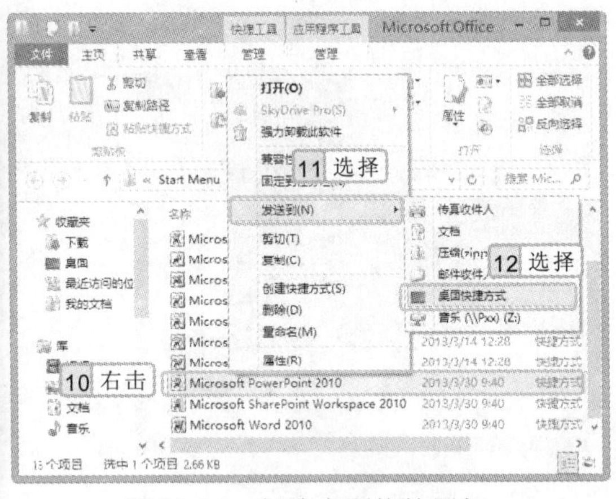

图 19-25　创建桌面快捷图标

8 使用相同的方法，在桌面创建 Microsoft Word 2010 和 Microsoft Excel 2010 应用程序的快捷方式图标。在桌面空白区域单击鼠标右键，在弹出的快捷菜单中选择【排序方式】/【大小】命令，如图 19-26 所示。

9 在桌面任务栏中单击鼠标右键，在弹出的快捷菜单中选择“属性”命令，打开“任务栏属性”对话框，在“任务栏在屏幕上的位置”下拉列表框中选择“右侧”选项，

对窗口外观进行设置时，拖动颜色浓度后的滑块可调整窗口外观颜色的深浅。

单击 确定 按钮，如图 19-27 所示。返回电脑桌面，即可看到设置后的桌面效果。

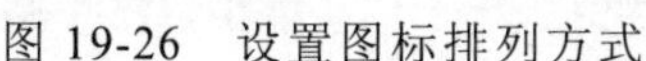
图 19-26　设置图标排列方式

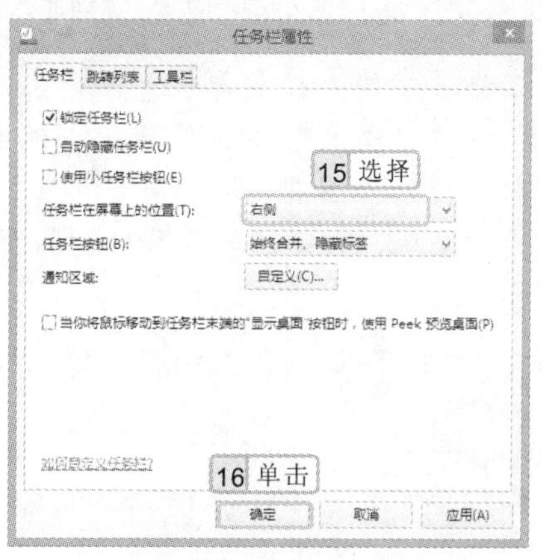

图 19-27　设置任务栏属性

10 在任务栏通知区域显示的日期和时间上单击鼠标左键，在打开的面板中单击“更改日期和时间设置”超级链接，打开“日期和时间”对话框，选择“日期和时间”选项卡，单击 更改日期和时间(D)... 按钮，如图 19-28 所示。

11 打开“日期和时间设置”对话框，在“日期”列表中选择当前的日期，在“时间”数值框中输入当前的时间，单击 确定 按钮，如图 19-29 所示。返回桌面，即可看到通知区域中的时间已更改。

图 19-28　“日期和时间”对话框

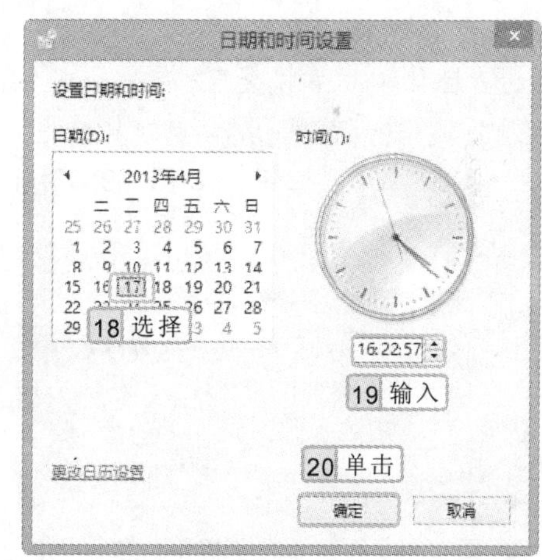

图 19-29　设置日期和时间

19.4.4　启动系统和程序

下面将介绍启动系统和程序的时间、顺序等设置方法，具体操作步骤如下：

在系统桌面空白区域单击鼠标右键，在弹出的快捷菜单中选择“刷新”命令，可以刷新桌面的显示。

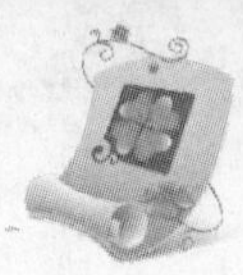

参见光盘 光盘\实例演示\第 19 章\启动系统和程序

1 双击桌面上的“控制面板”图标，打开“所有控制面板项”窗口。单击“查看方式”后的“类别”下拉按钮，在弹出的列表中选择“大图标”选项，单击“系统”超级链接，如图 19-30 所示。

2 打开“系统”窗口，单击窗口左侧窗格中的“高级系统设置”超级链接，如图 19-31 所示。

图 19-30 “所有控制面板项”窗口

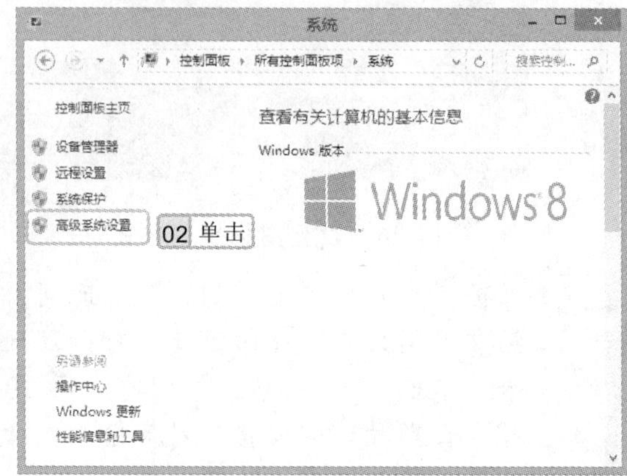

图 19-31 “系统”窗口

3 打开“系统属性”对话框，选择“高级”选项卡，在“启动和故障恢复”栏中单击 设置(T)... 按钮，如图 19-32 所示。

4 打开“启动和故障恢复”对话框，在“默认操作系统”下拉列表框中选择“Windows 8”选项，选中 ☑ 显示操作系统列表的时间(T): 复选框，在其后的数值框中输入“5”，其他选项保持默认，单击 确定 按钮，如图 19-33 所示。

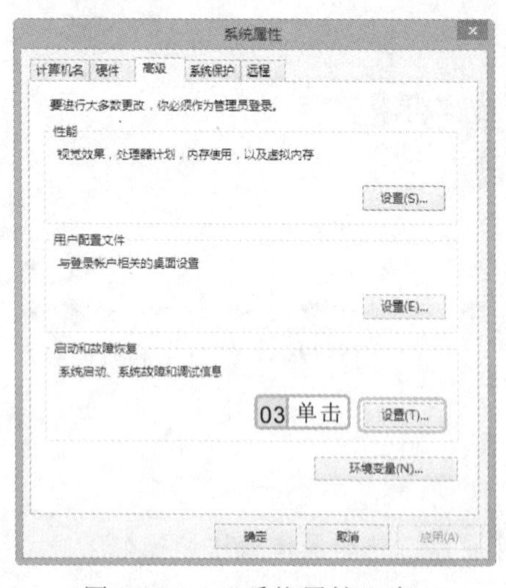

图 19-32 “系统属性”窗口

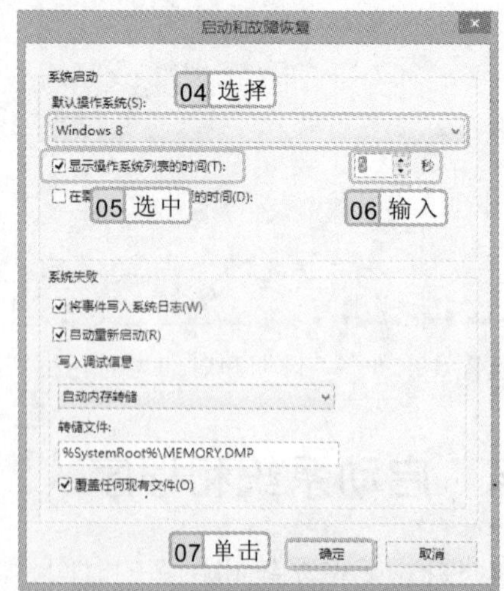

图 19-33 设置默认启动的系统

应用点睛

在“系统属性”对话框的“高级”选项卡的“性能”栏中单击 设置(S)... 按钮，在打开的对话框中选择“视觉”选项卡，选中 ◉ 自定义(C): 单选按钮，取消选中其下方列表框中的前 8 个复选框，单击 确定 按钮，可优化视觉效果。

5 按 Win+R 键，打开“运行”对话框，在“打开”文本框中输入“msconfig”命令，单击 确定 按钮，如图 19-34 所示。

6 打开“系统配置”对话框，选择“启动”选项卡，单击“打开任务管理器”超级链接，如图 19-35 所示。

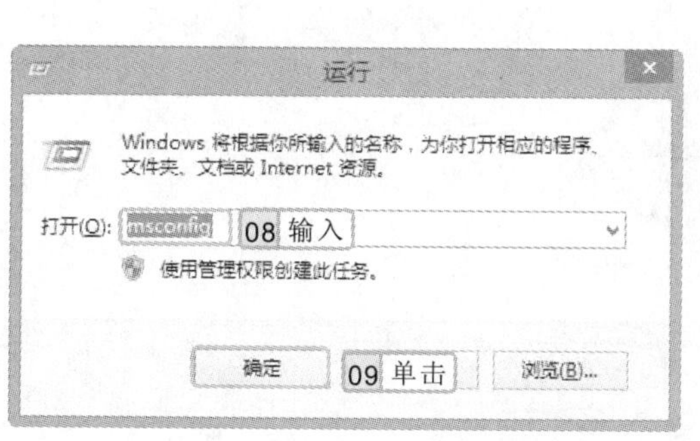

图 19-34 “运行”对话框

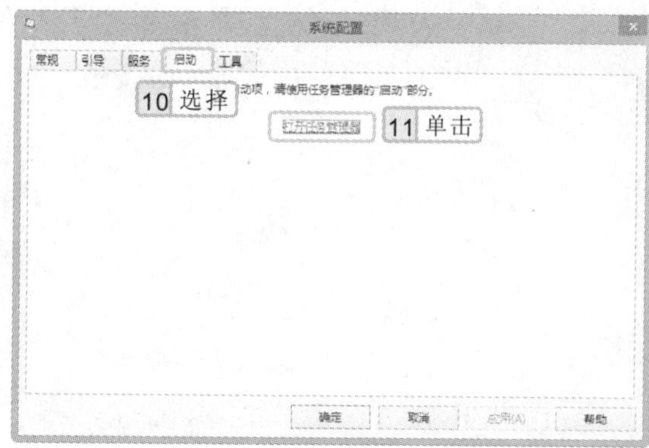

图 19-35 “系统设置”对话框

7 打开“任务管理器”窗口，在中间的列表框中选择需要禁止启动的选项，单击 禁用(A) 按钮，如图 19-36 所示。

8 完成后，即可在“任务管理器”窗口的状态栏中看到选择的选项已显示为“已禁用”效果，如图 19-37 所示。

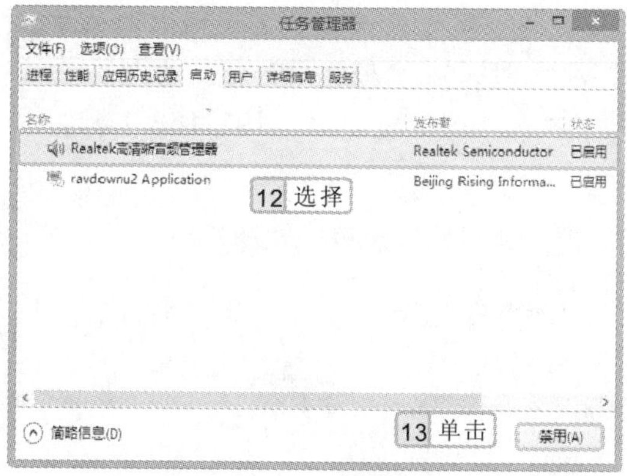

图 19-36 选择程序

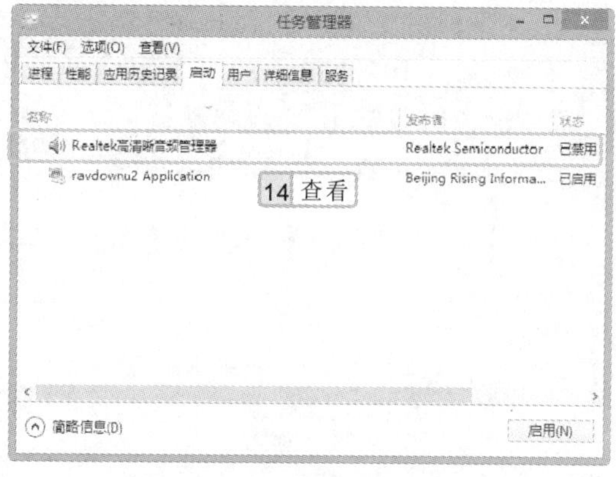

图 19-37 查看禁用的程序

19.4.5 连接网络并共享文件

下面将介绍 Internet 和局域网的连接方法，并将电脑中的文件通过局域网进行共享，具体操作步骤如下：

光盘\实例演示\第 19 章\连接网络并共享文件

1 将网线一端的水晶头插入主机网卡的接口中，将网线另一端的水晶头插入集线器的

在“任务管理器”窗口的“启动”选项卡中禁用某个程序后，再次选择禁用的程序，单击 启用(N) 按钮，即可重新启用该应用程序。

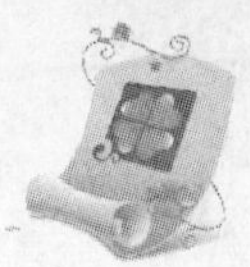

接口中，并用相同的方法将其他电脑与集线器连接。

2 连接完成后，开启电源启动集线器。使用鼠标右键单击桌面上的“网络”图标，在弹出的快捷菜单中选择“属性”命令。打开“网络和共享中心”窗口，单击左侧窗格中的“更改适配器设置”超级链接。如图 19-38 所示。

3 打开“网络连接”窗口，双击窗口中的 Wi-Fi 图标，如图 19-39 所示。

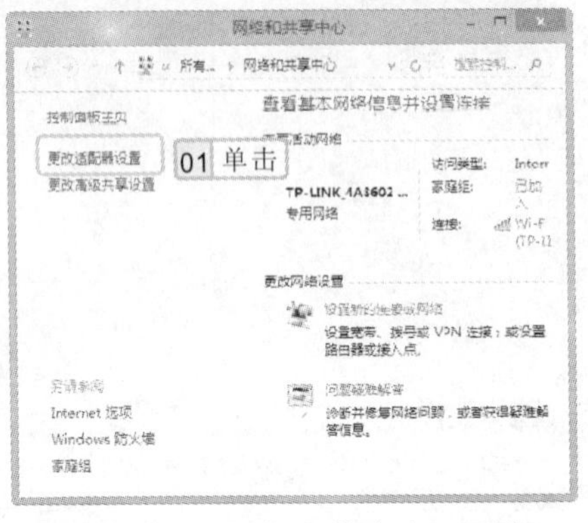

图 19-38　“网络和共享中心”窗口

图 19-39　“网络连接”窗口

4 在打开的对话框中直接单击 属性(P) 按钮，打开“Wi-Fi 属性”对话框，在“此连接使用下列项目”列表框中选中 ☑ Internet 协议版本 6 (TCP/IPv6) 复选框并双击，如图 19-40 所示。

5 在打开的对话框中选中 ◉ 使用下面的 IP 地址(S): 单选按钮，在“IP 地址”文本框中输入本机 IP 地址“192.168.1.3”，单击“子网掩码”文本框，系统根据 IP 地址自动分配为“255.255.255.0”，在“默认网关”文本框中输入网关地址，如“192.168.1.1”，单击 确定 按钮，如图 19-41 所示。

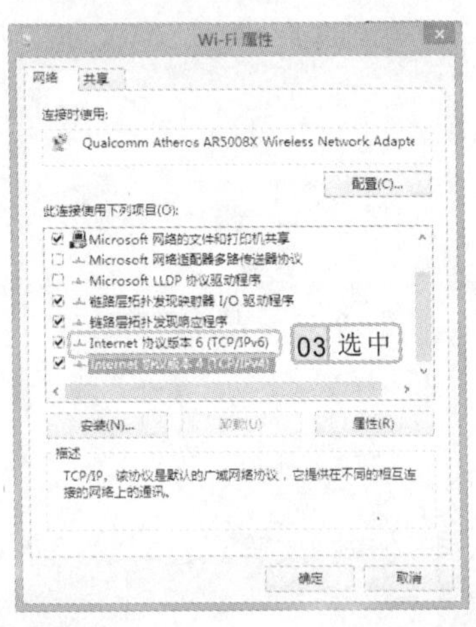

图 19-40　“Wi-Fi 属性”对话框

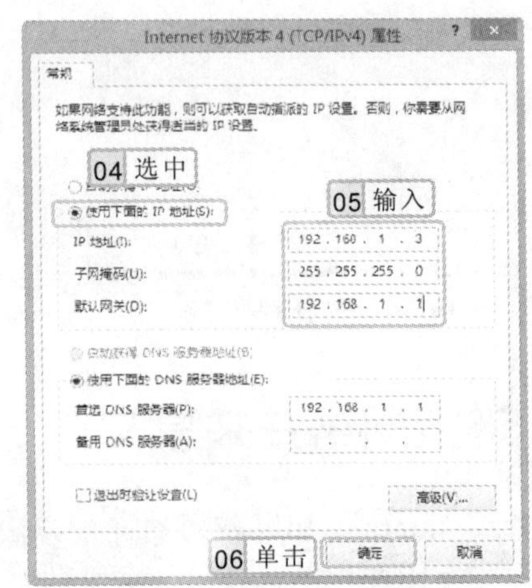

图 19-41　设置 IP 地址

6 返回“Wi-Fi 属性”对话框，关闭该对话框，使用相同的方法设置其他电脑。

7 在本机的任一磁盘中新建一个文件夹并命名为“工作”，放入一些工作文件。使用鼠

在“Wi-Fi 属性”对话框中可以看到还有“Internet 协议版本 6（TCP/IPv6）”选项，它目前还处于测试阶段，是为以后 TCP/IPv6 地址的使用作准备。

标右键单击“工作”文件夹图标，在弹出的快捷菜单中选择【共享】/【特定用户】命令。

8 打开“文件共享”窗口，单击文本框后面的按钮，在下拉列表中选择 Everyone 选项，如图 19-42 所示。

9 单击 添加(A) 按钮添加用户，选择 Everyone 选项并单击其右侧的 ▾ 按钮，在弹出的下拉列表中选择“读取/写入”选项，如图 19-43 所示。

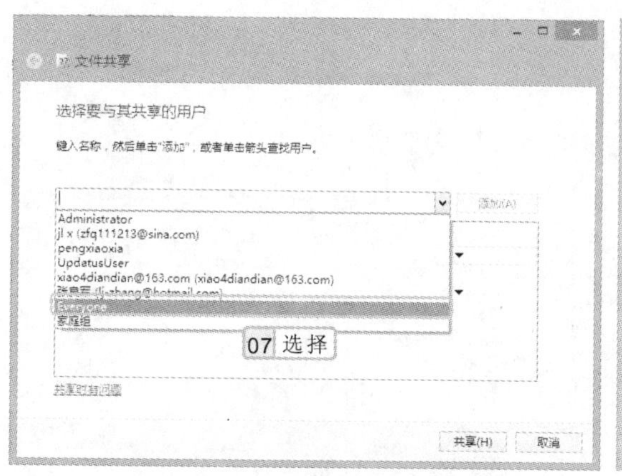

图 19-42　添加共享账户

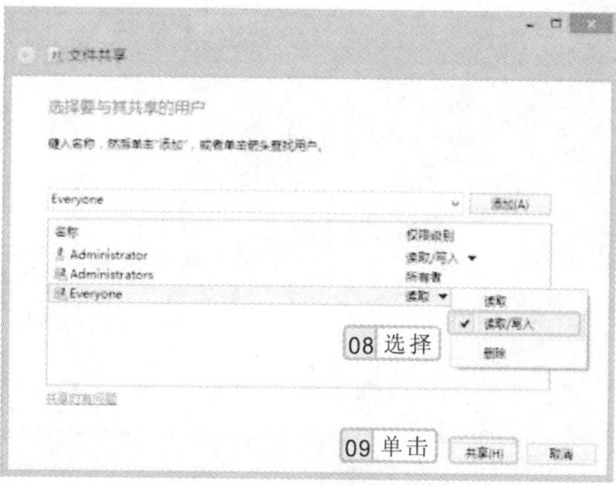

图 19-43　选择共享账户

10 单击 共享(H) 按钮，打开共享成功对话框，单击“关闭”按钮关闭对话框，完成共享。

19.4.6 注册表和系统备份

下面将介绍注册表备份和使用 Ghost 工具对系统进行备份的方法，具体操作步骤如下：

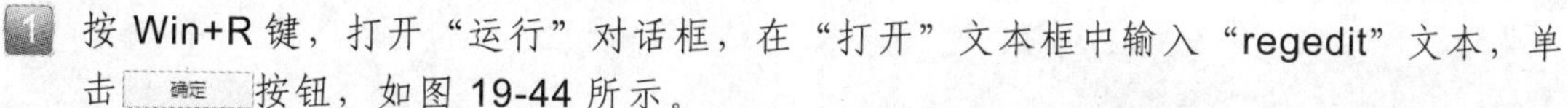

1 按 Win+R 键，打开“运行”对话框，在“打开”文本框中输入“regedit”文本，单击 确定 按钮，如图 19-44 所示。

2 打开“注册表编辑器”窗口，在左侧选择要导出的子键，再选择【文件】/【导出】命令，如图 19-45 所示。

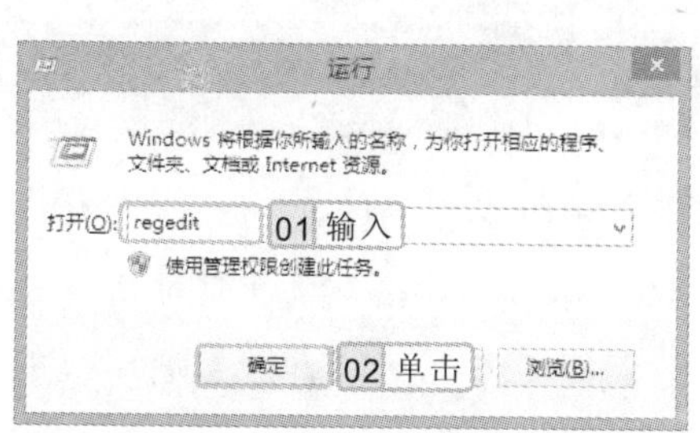

图 19-44　“运行”对话框

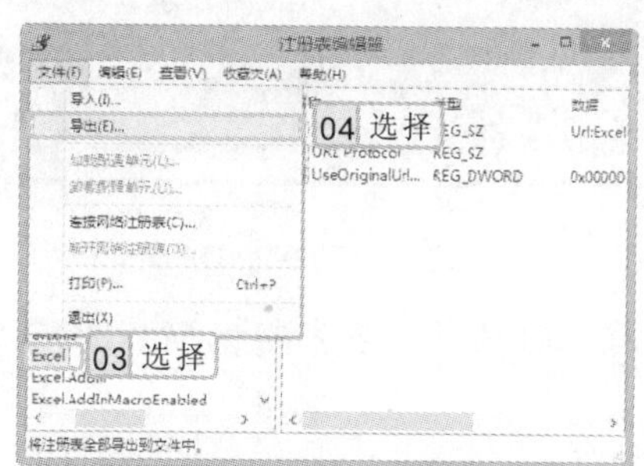

图 19-45　“注册表编辑器”窗口

注册表对于操作系统非常重要，备份后最好将备份的注册表文件直接复制到光盘或 U 盘中进行保存。

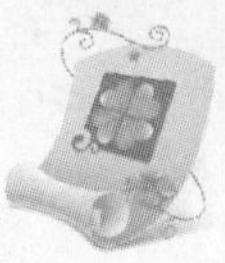

3 在打开的“导出注册表文件”对话框中设置导出文件的保存位置和文件名，单击 保存(S) 按钮，如图 19-46 所示。

4 注册表编辑器将指定子键导出为扩展名为.reg 的文件，并保存在指定位置，如图 19-47 所示。

图 19-46 “导出注册表文件”对话框

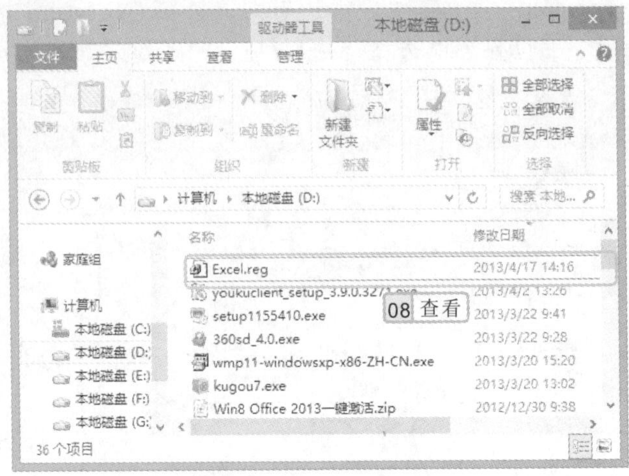

图 19-47 备份注册表

5 重新启动电脑，在出现启动菜单时，按键盘上的↓键，选择 MaxDOS 8 选项，然后按 Enter 键，如图 19-48 所示。

6 启动 MaxDOS 软件，按↓键选择“全自动备份还原系统”选项，按 Enter 键，如图 19-49 所示。

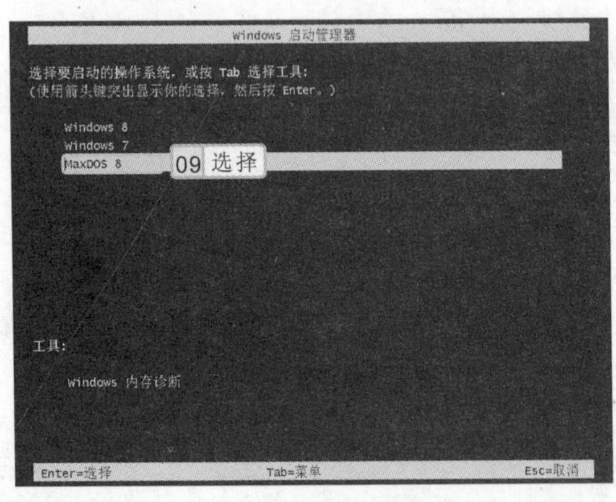

图 19-48 启动 MaxDOS

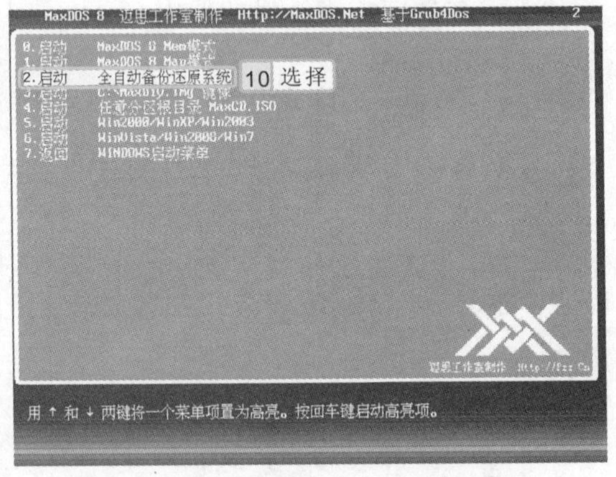

图 19-49 全自动备份还原系统

7 在打开的界面中输入安装 MaxDOS 时设置的密码，按 Enter 键，如果没有设置密码，将直接跳过该界面。

如果电脑中包含多个硬盘驱动器分区，则通过备份程序可以创建包含所有驱动器或分区的系统映像。

8 在打开的对话框中选择“GHOST 手动操作”选项，按 Enter 键，如图 19-50 所示。

9 启动 Ghost 软件，在打开的对话框中单击 OK 按钮，如图 19-51 所示。

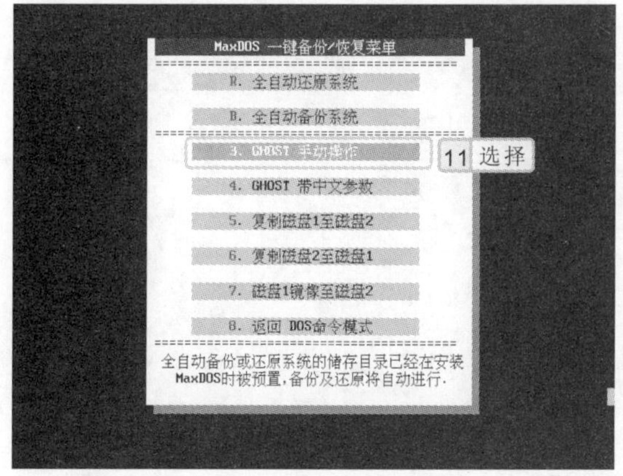

图 19-50　手动操作 Ghost

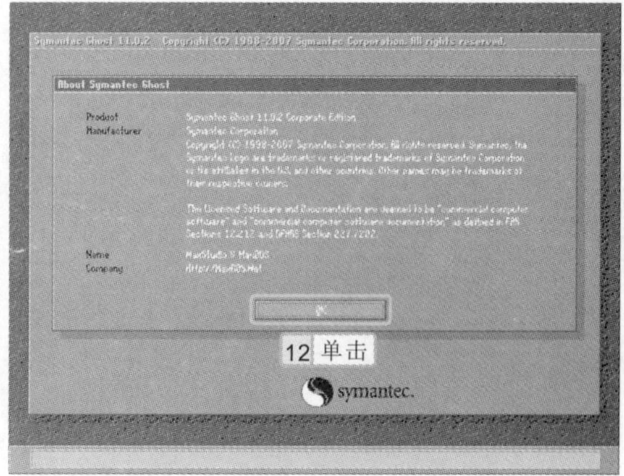

图 19-51　单击 OK 按钮

10 在显示的界面中通过鼠标选择 Local/Partition/To Image 命令，表示备份磁盘分区，如图 19-52 所示。

11 在显示的界面中选择需备份的磁盘分区所在的硬盘（若电脑中有多个硬盘时需选择），然后单击 OK 按钮，如图 19-53 所示。

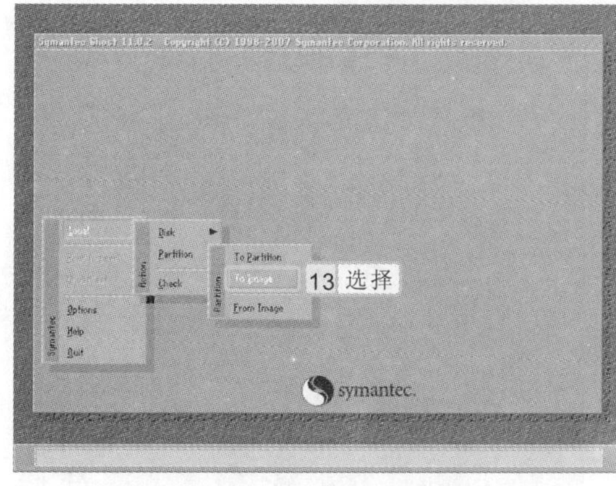

图 19-52　备份分区

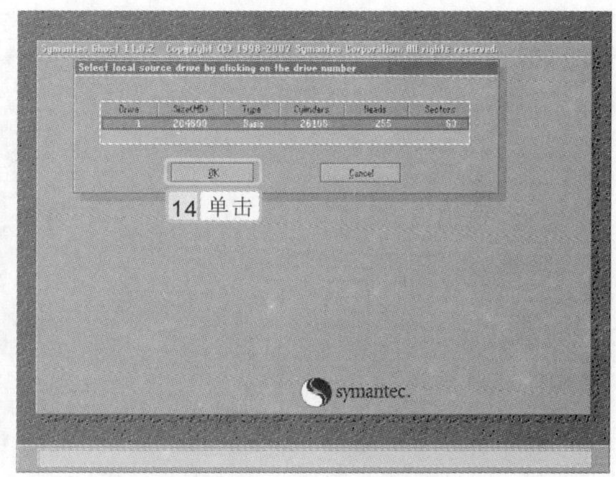

图 19-53　选择硬盘

12 在打开的界面中选择需备份的分区，这里选择第 2 个分区，单击 OK 按钮，如图 19-54 所示。

利用 Ghost 可备份系统分区映像，如果电脑中有多个物理硬盘，还可以备份整个硬盘的所有数据至另一硬盘，使硬盘上的数据不至于因硬盘损坏而全部丢失。

13 在打开的对话框中要求设置保存的位置，通过按 Tab 键选择地址栏下拉列表框，按 Enter 键展开下拉列表框，选择较大的分区，这里选择“1.6:[]NTFS drive”选项，如图 19-55 所示。

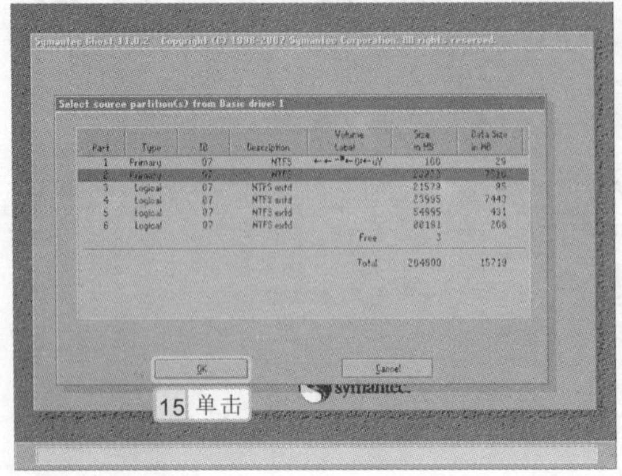

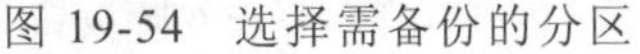

图 19-54　选择需备份的分区

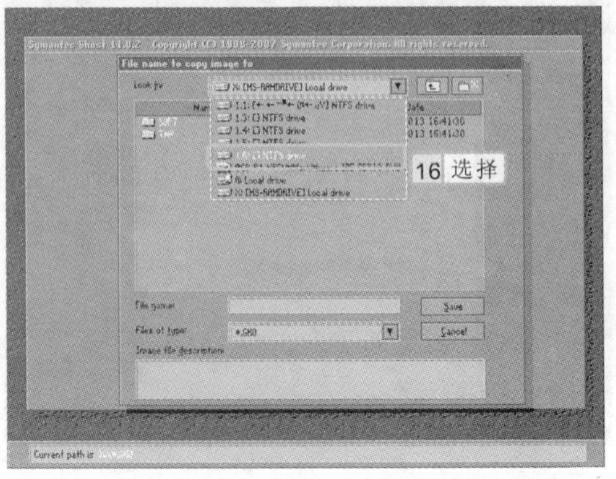

图 19-55　设置备份文件保存位置

14 选择保存位置后，按 Tab 键，选择 File name 文本框，输入备份的名称，这里输入“beifen Win8”，按 Enter 键，如图 19-56 所示。

15 在打开的对话框中选择压缩方式，这里按→键激活 High 按钮，按 Enter 键，如图 19-57 所示。

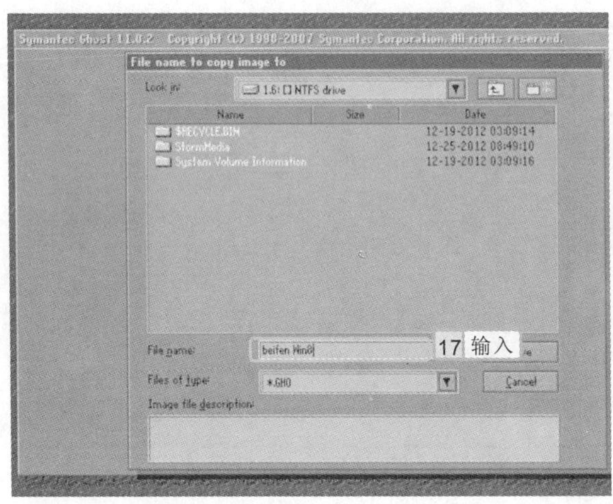

图 19-56　设置备份文件名称

图 19-57　选择备份方式

16 在打开的对话框中单击 Yes 按钮，确认进行备份操作，如图 19-58 所示。

17 打开显示备份进度的对话框，完成后重启电脑完成备份，如图 19-59 所示。

在 Ghost 操作界面中，当鼠标不可用时，可使用键盘进行操作。

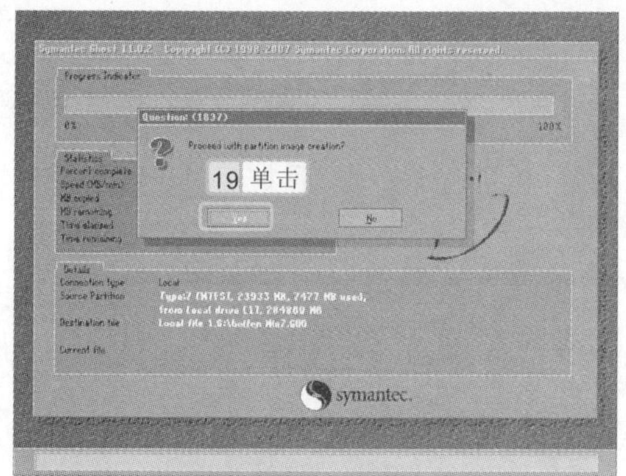

图 19-58　确认备份

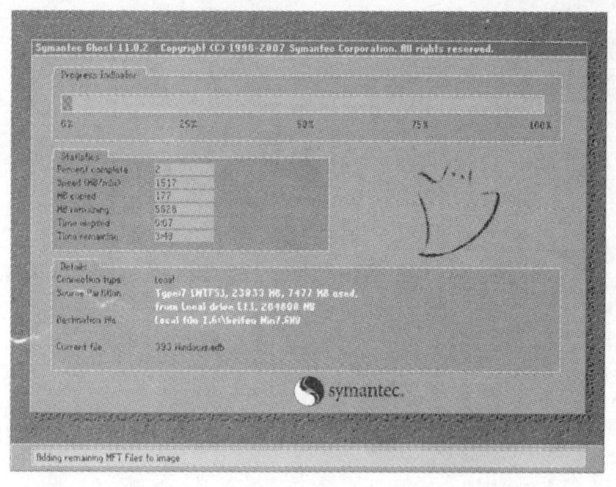

图 19-59　开始备份

19.5　拓展练习

本章的实例主要讲解了安装系统和驱动程序、桌面设置、网络连接以及共享的设置。下面为巩固学习的知识，将进行组建双系统环境和安装驱动程序并备份系统两个练习。

19.5.1　组建双系统环境

本次练习将在 Windows 7 操作系统的基础上安装 Windows 8 操作系统组成双系统环境，安装完成后，在 Windows 8 操作系统的“系统配置”对话框中将 Windows 8 操作系统设置为默认启动选项，然后设置共享网络资源，在安装应用程序时，安装在同一个目录中，如图 19-60 所示。

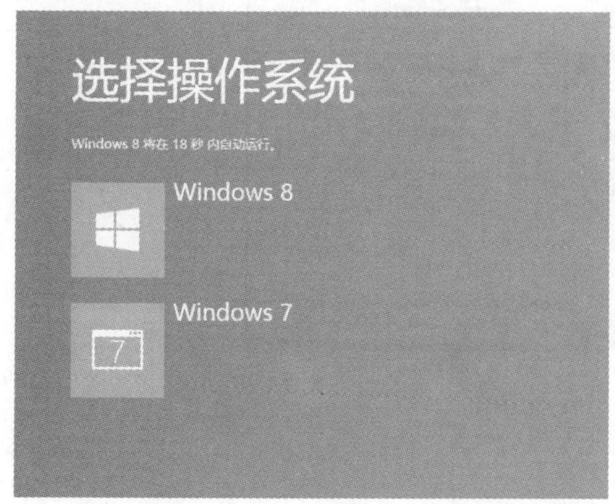

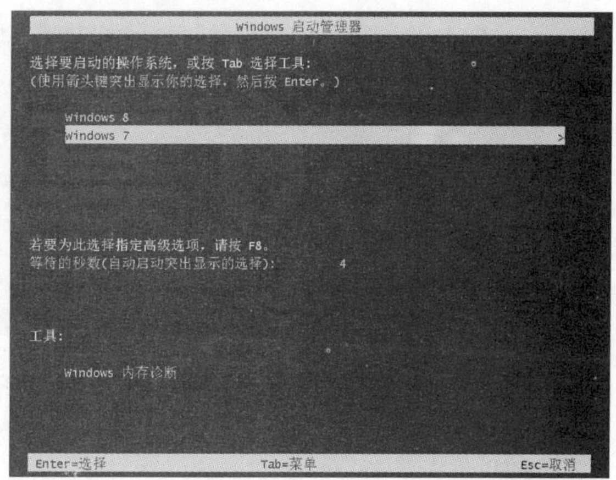

图 19-60　组建双系统环境

在安装双系统时一定要确认两个系统不是安装在同一个磁盘分区，否则新安装的系统将覆盖原来的操作系统，最终电脑中将只有一个操作系统。

光盘\实例演示\第 19 章\组建双系统环境

该练习的操作思路如下。

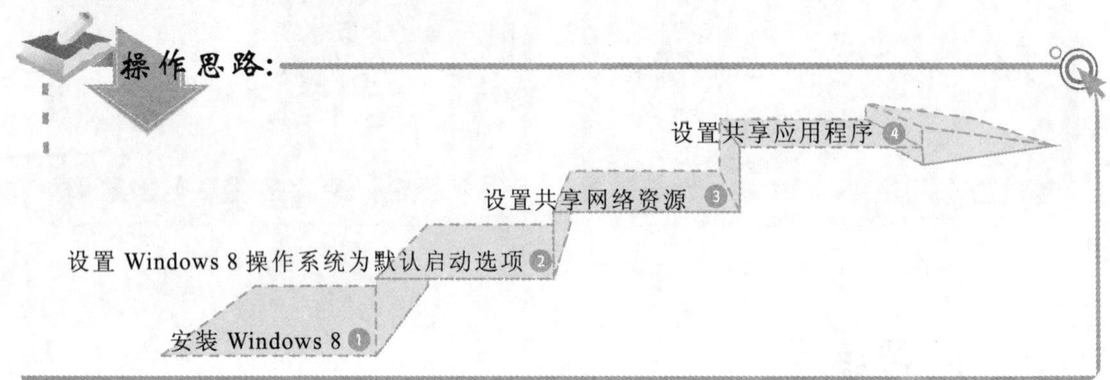

19.5.2　安装驱动程序并备份系统

本次练习将使用驱动精灵程序下载并安装声卡、网卡等驱动程序，如图 19-61 所示，并对 Windows 8 系统进行备份。

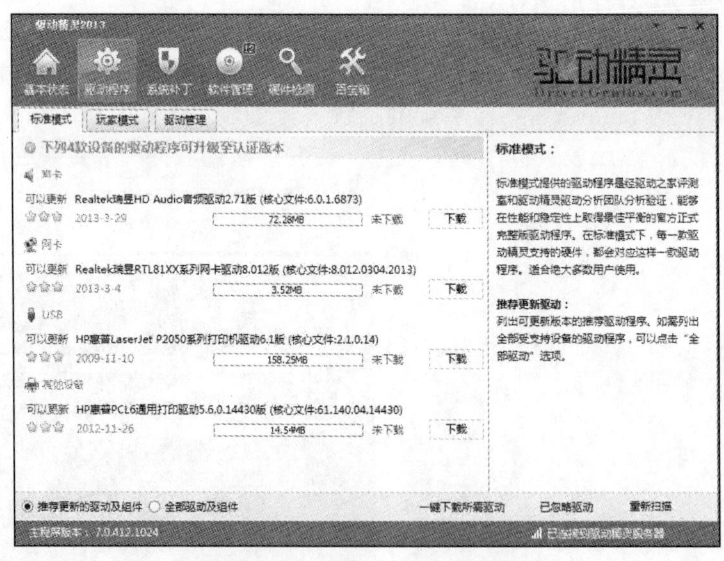

图 19-61　驱动精灵程序界面

光盘\实例演示\第 19 章\安装驱动程序并备份系统

在操作系统中，可通过 Ghost 一键备份系统，但它不能备份多个映像文件，它有固定的映像文件和保存路径，一旦做了新的备份，原来的映像将被覆盖。

该练习的操作思路如下。

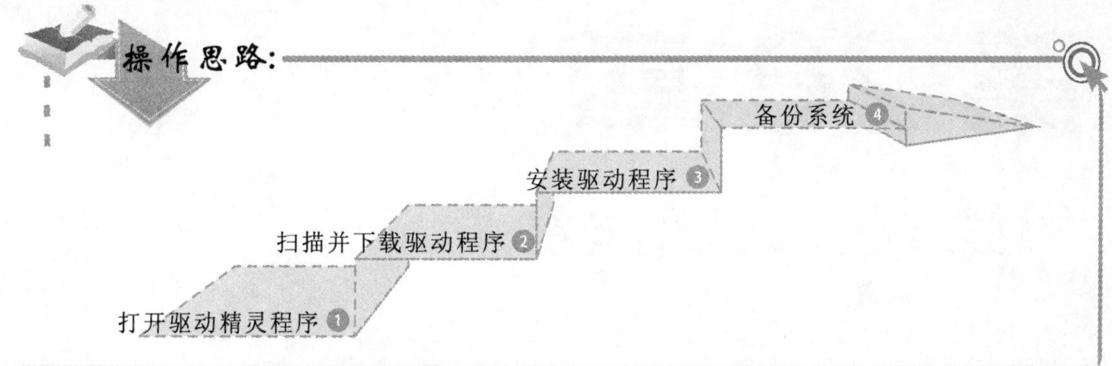

若在网络上下载驱动程序，应注意驱动程序支持的操作系统类型和硬件的型号，硬件的型号可通过产品说明书或 EVEREST 等软件测试得知。

第 20 章

管理并优化操作系统

使用系统的优化功能

使用魔方优化大师优化系统

安装并使用杀毒软件

在Windows 8中管理和维护磁盘

本章导读

当使用电脑时，若系统中存在过多的系统垃圾和不良设置，即会造成电脑运行速度变慢或系统经常提示出错。这时可以使用 Windows 8 自带的优化功能或其他的系统优化软件对系统进行管理或维护，使电脑的性能更佳。下面将学习管理和优化操作系统的相关知识。

20.1 实例说明

本例将通过对系统进行管理与维护，主要是通过 Windows 8 系统自带的优化功能以及魔方优化大师来优化系统，从而提高系统的运行速度，让系统使用更加顺畅。如图 20-1 所示为魔方优化大师界面。

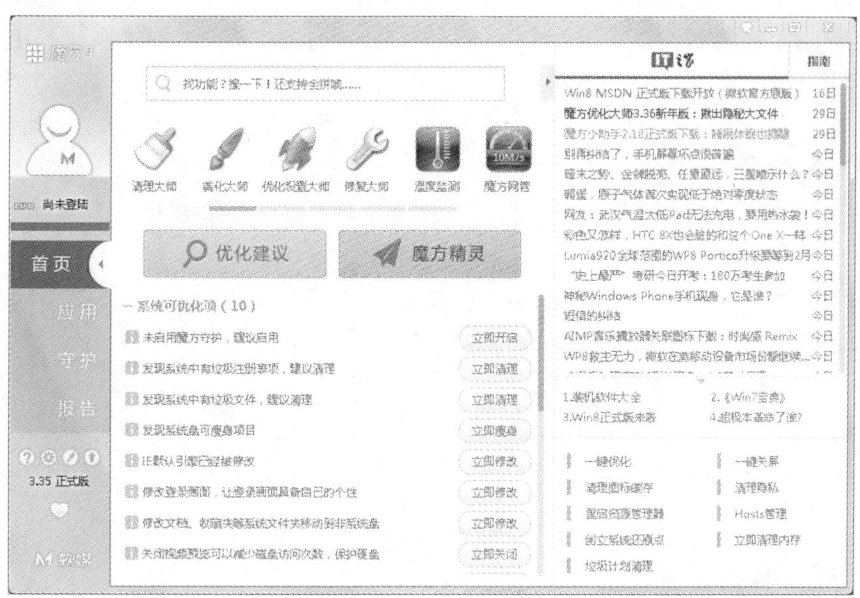

图 20-1　魔方优化大师

20.2 行业分析

为了使电脑长期处于稳定快速的运行状态，需要进行保护和优化。下面首先了解优化系统的必要性。

长期在系统中进行操作会产生大量的垃圾文件、文件碎片、浏览历史记录和缓存文件等，且在安装太多软件后，还会导致开机启动项越来越多，使电脑的运行速度越来越慢，因此要定期对电脑进行清理和优化，使其保持在最佳状态，为自己打造一个良好的网络环境。一般可 3~5 天进行一次电脑整理和优化，清理电脑中的垃圾文件和历史记录，释放磁盘空间；一个月可进行一次磁盘碎片整理，以清除复制文件时产生的文件碎片。另外，用户也可以通过一些其他的软件对系统进行优化，如 360 安全卫士、金山卫士或鲁大师等，它们都有不错的系统维护和优化功能。

系统盘经常执行浏览、安装或卸载程序等操作，很容易产生临时文件，所以要经常对系统进行优化清理操作。

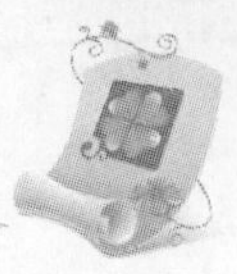

20.3 操作思路

本例主要是帮助用户独立完成安装操作系统的优化，通过磁盘碎片整理、使用系统或软件的优化功能对系统进行优化，以提高系统的运行速度，然后安装并使用杀毒软件为系统打造一个安全优化的环境。

为更快完成本例的制作，并且尽可能运用本书讲解的知识，本例的操作思路如下。

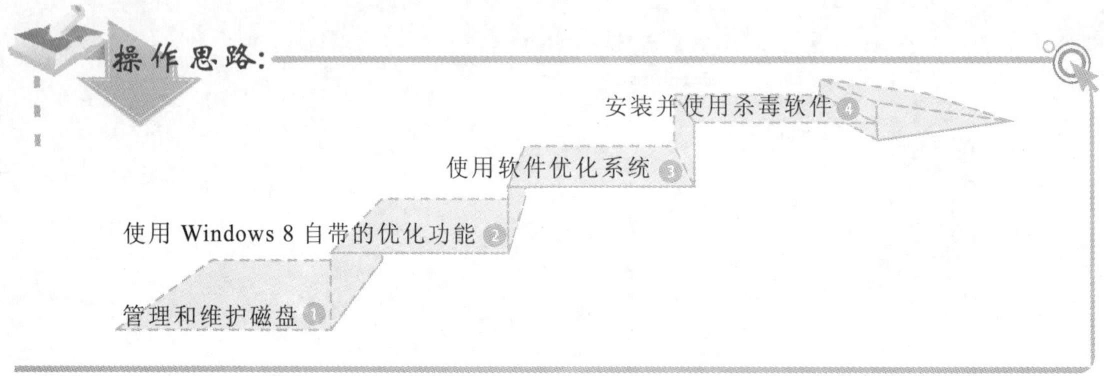

20.4 操作步骤

本例的制作首先对系统磁盘进行清理，然后使用系统优化功能和专业的优化软件对系统进行优化和设置等，使用户快速掌握设置系统优化的方法。下面进行详细介绍。

20.4.1 在 Windows 8 中管理和维护磁盘

当电脑出现频繁死机、蓝屏或系统运行速度变慢时，可能是由于系统磁盘上出现了逻辑错误而导致。此时可使用系统自带的磁盘检查程序检查系统中是否存在逻辑错误，并自动进行修复。

参见光盘 光盘\实例演示\第 20 章\在 Windows 8 中管理和维护磁盘

1. 双击桌面上的“控制面板”图标，打开“所有控制面板项”窗口，如图 20-2 所示。
2. 在“所有控制面板项”窗口显示为大图标状态时，单击“管理工具”超级链接，打开“管理工具”窗口，双击“磁盘清理”选项，如图 20-3 所示。

应用点睛

在系统盘上单击鼠标右键，在弹出的快捷菜单中选择“属性”命令，在打开的磁盘属性对话框的“常规”选项卡中单击 磁盘清理(D) 按钮，也可执行磁盘清理操作。

图 20-2 “所有控制面板项”窗口

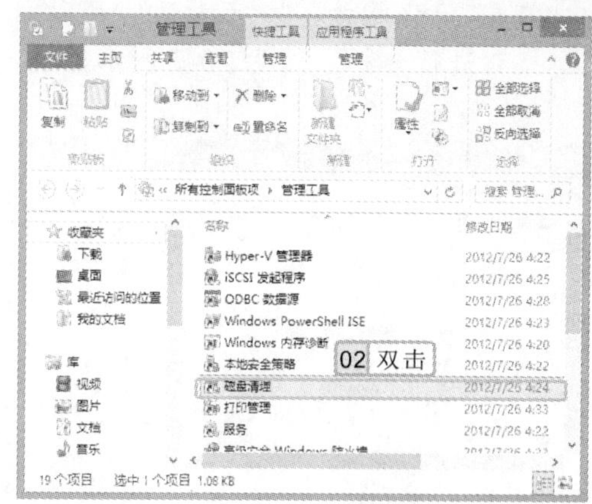

图 20-3 双击“磁盘清理”选项

3 打开“磁盘清理:驱动器选择”对话框，在“驱动器”下拉列表框中选择需要进行清理的磁盘，这里选择“本地磁盘（F:)”选项，单击 确定 按钮，如图 20-4 所示。

4 打开“本地磁盘（F:）的磁盘清理”对话框，在“要删除的文件”列表框中选中需要进行清理选项前的复选框，这里选中 ☑ Office 安装文件和 ☑ 回收站 复选框，单击 确定 按钮。

5 打开“磁盘清理”对话框，单击 删除文件 按钮开始进行清理，如图 20-5 所示。完成清理后，系统自动关闭该对话框。

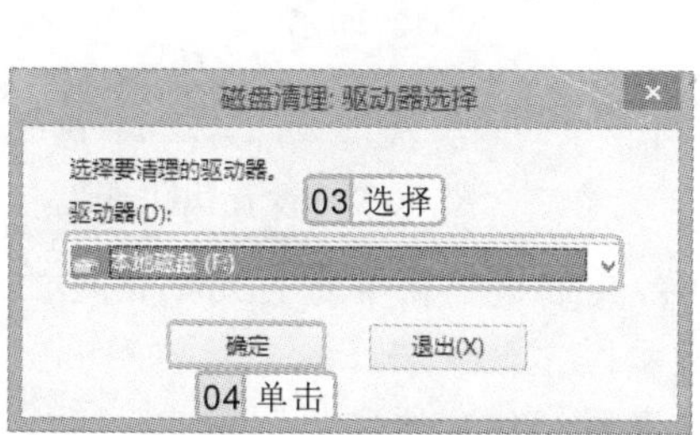

图 20-4 选择需要进行清理的磁盘

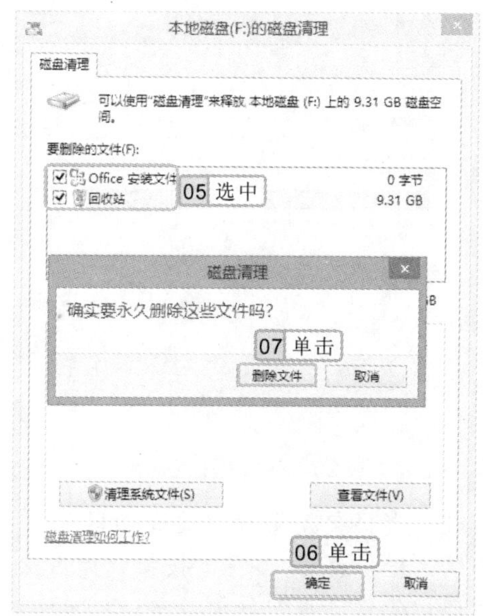

图 20-5 清理磁盘

6 返回“管理工具”窗口，双击“碎片整理和优化驱动器”选项，如图 20-6 所示。

操作提示

在“磁盘清理”选项卡中单击  按钮，可在打开的对话框中对系统文件进行清理。

7 打开“优化驱动器”对话框，在“驱动器”栏中选择“本地磁盘(F:)”选项，单击 分析(A) 按钮进行分析，如图 20-7 所示。

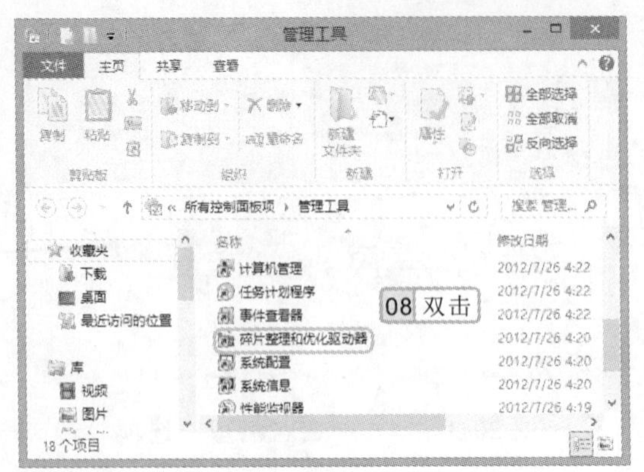

图 20-6 “管理工具”窗口

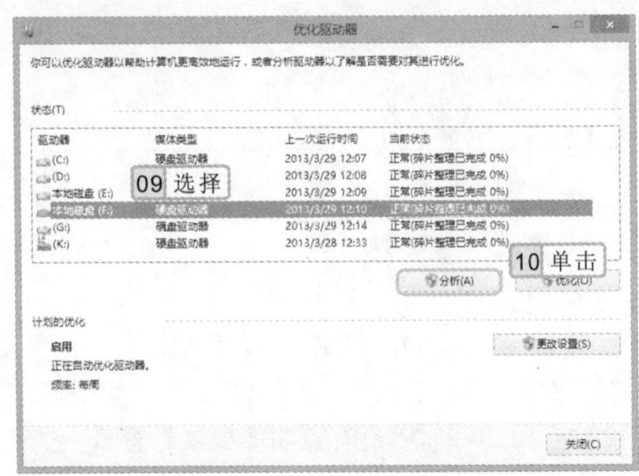

图 20-7 选择需要进行分析的磁盘

8 分析完成后，“上一次运行时间”栏中的时间将对应为当前时间，单击 优化(O) 按钮开始进行碎片整理，并显示进度，如图 20-8 所示。

9 完成优化后，单击窗口中的 更改设置(S) 按钮，打开“优化计划”界面，在“频率”下拉列表框中选择“每月”选项，单击 选择(H) 按钮，如图 20-9 所示。

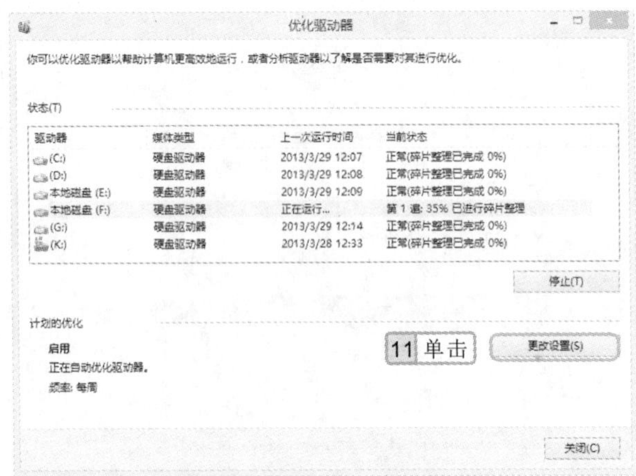

图 20-8 整理磁盘碎片

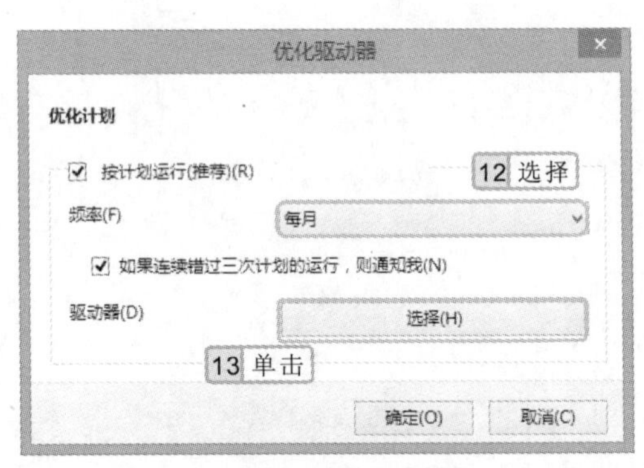

图 20-9 设置优化计划

10 打开“选择要定期优化的驱动器”对话框，在其中选中需要进行定期清理的磁盘前的复选框，单击 确定 按钮，如图 20-10 所示。

11 返回“优化计划”界面，单击 确定 按钮，返回“优化驱动器”窗口，在左下角即可看到修改后的信息，如图 20-11 所示。

12 打开“计算机”窗口，在需要进行检查的磁盘上单击鼠标右键，在弹出的快捷菜单中选择“属性”命令，如图 20-12 所示。

整理磁盘碎片可释放出更多的磁盘空间，可提高电脑的整体性能和运行速度。因此，建议一般家庭用户 1 个月整理一次，商业用户或服务器可半个月整理一次。

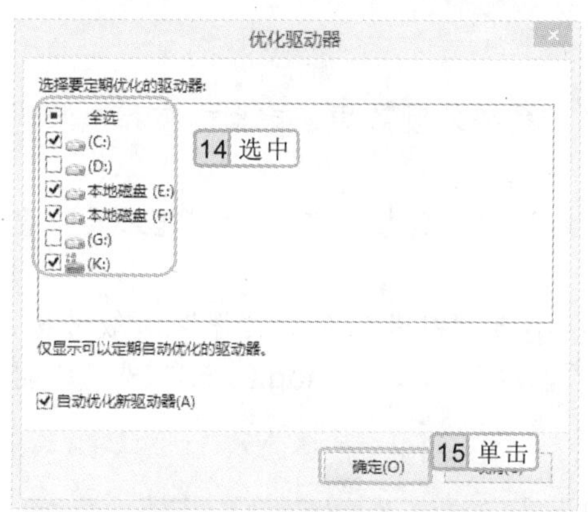

图 20-10　选择需要进行自动优化的磁盘

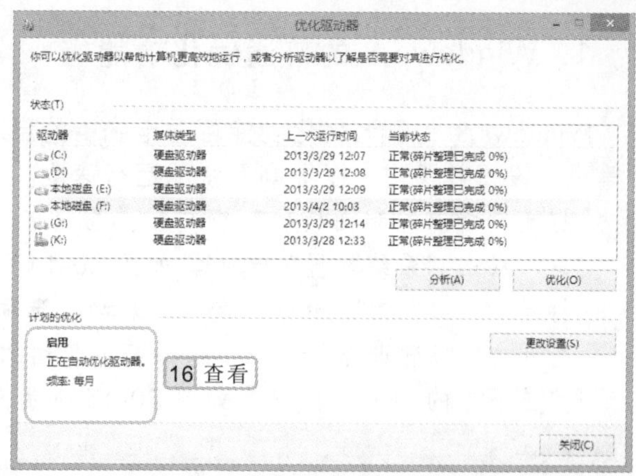

图 20-11　查看修改后的信息

13 打开磁盘对应的属性对话框，选择“工具”选项卡，单击“查错”栏中的 检查(C) 按钮，系统将自动对磁盘进行检查并显示出当前进度，如图 20-13 所示，当检查到错误后，即可对其进行修复。

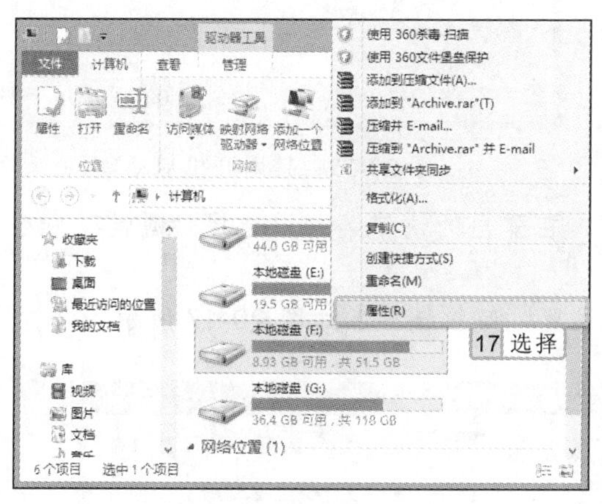

图 20-12　选择“属性”命令

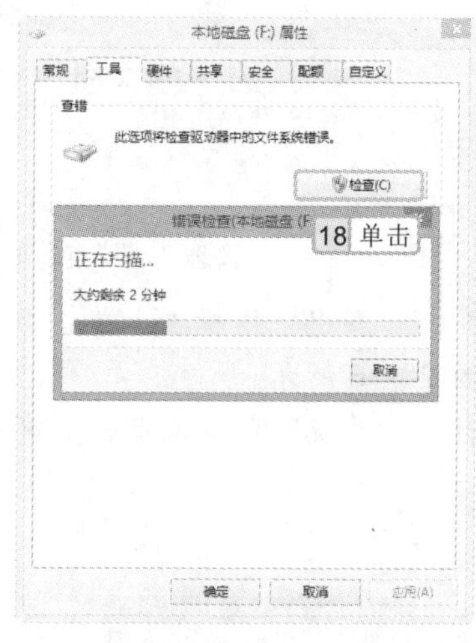

图 20-13　检查磁盘

20.4.2　使用 Windows 8 自带的优化功能

电脑使用的时间越长，安装软件和录入资料等操作的次数就越多，电脑的运行速度会越慢，此时需要对系统进行优化设置，如减少开机时间等，加快电脑的运行速度。下面介绍使用 Windows 8 的优化功能进行优化提速的方法。

参见光盘　光盘\实例演示\第 20 章\使用 Windows 8 自带的优化功能

操作提示

在运行磁盘扫描程序和磁盘碎片整理程序时，最好不要运行其他程序，因为此时硬盘需要进行大量的操作，如果有其他程序在运行，会增加硬盘的负担，影响磁盘碎片的整理速度。

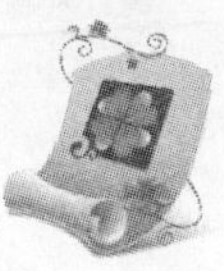

1. Windows 8 的普通优化功能

Windows 8 的普通优化功能可对电脑中的启动项、系统外观效果、虚拟内存和电源选项等进行设置并优化，以提高系统的运行速度。

1 打开“所有控制面板项”窗口，单击“管理工具”超级链接，打开“管理工具”窗口，双击“系统配置”选项，如图 20-14 所示。

2 打开“系统配置”窗口，选择“启动”选项卡，单击“打开任务管理器”超级链接，打开“任务管理器”窗口，选择需要禁用的选项，这里选择“Snagit（5）”选项，再单击下方的 禁用(A) 按钮，如图 20-15 所示。

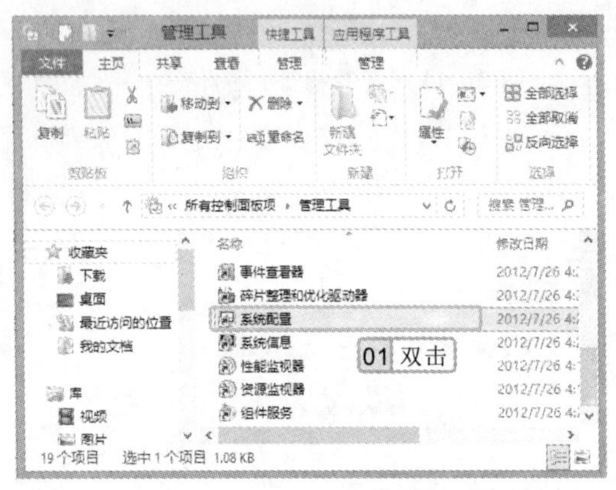

图 20-14 “管理工具”窗口

图 20-15 禁用开机启动项

3 在“计算机”图标上单击鼠标右键，在弹出的快捷菜单中选择“属性”命令，如图 20-16 所示。

4 打开“系统”窗口，单击“高级系统设置”超级链接，如图 20-17 所示。

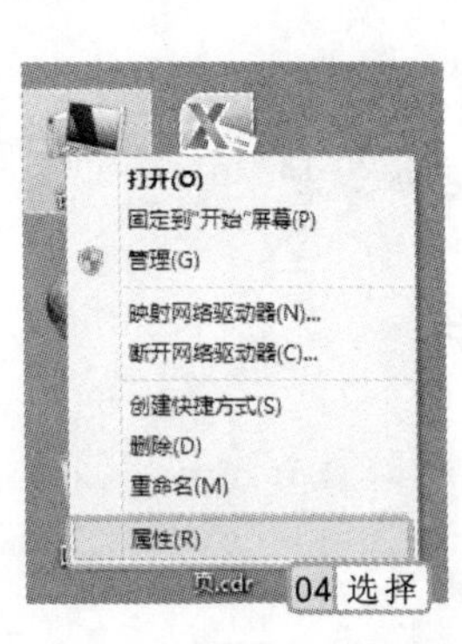

图 20-16 选择“属性”命令

图 20-17 “系统”窗口

5 打开“系统属性”对话框，在“高级”选项卡中单击“性能”栏中的 设置(S)... 按钮，如图 20-18 所示。

一般磁盘碎片程序的临界点为 20%，如果有磁盘碎片超过这个程序，应该马上开始整理该磁盘。

6 打开“性能选项”对话框，选择“视觉效果”选项卡，选中◉自定义(C):单选按钮，在下方的列表框中取消选中☐启用 Peek 预览和☐显示半透明的选择长方形复选框，如图 20-19 所示。

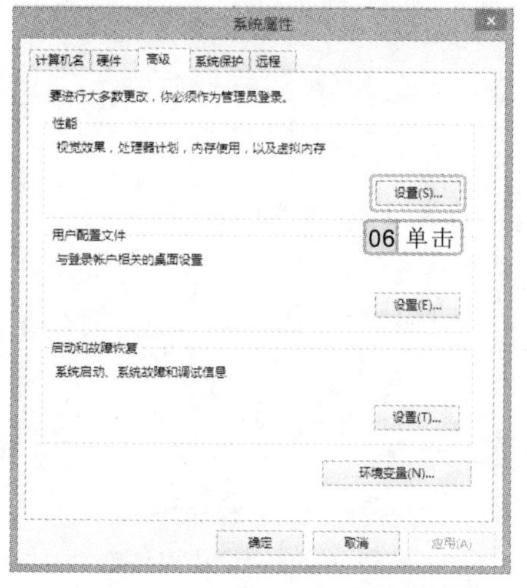

图 20-18 “系统属性”对话框

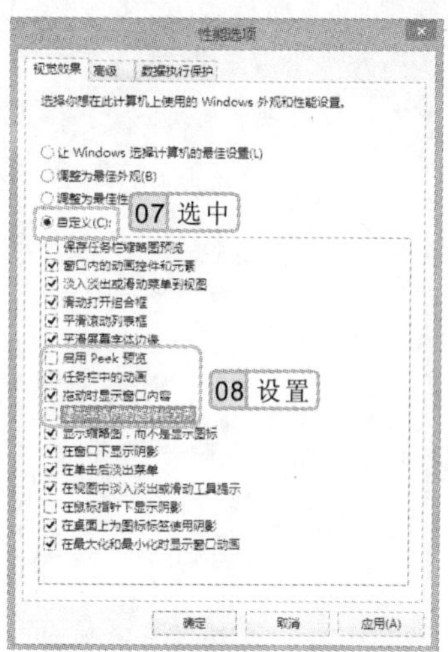

图 20-19 自定义选项

7 选择“高级”选项卡，单击“虚拟内存”栏中的 更改(C)... 按钮，如图 20-20 所示。

8 打开“虚拟内存”对话框，取消选中☐自动管理所有驱动器的分页文件大小(A)复选框，在下方的列表框中选择需要设置虚拟内存的盘符，这里选择“C:”选项，再选中◉自定义大小(C):单选按钮，根据“可用空间”的数据在“初始大小”和“最大值”文本框中分别输入“1500”和“5000”，单击 设置(S) 按钮后，单击 确定 按钮完成设置，如图 20-21 所示。

图 20-20 “性能选项”对话框

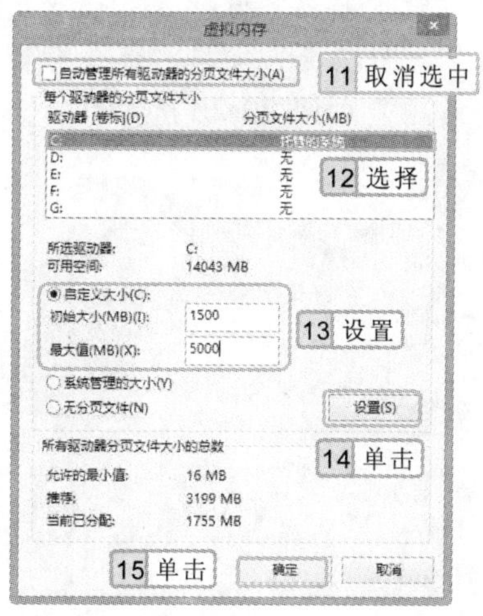

图 20-21 优化视觉效果

9 在“所有控制面板项”窗口中单击“电源选项”超级链接，打开“电源选项”窗口，选择电源计划，这里选中“首选计划”栏中的◉平衡(推荐)单选按钮，单击该单选按钮后面的“更改计划设置”超级链接，如图 20-22 所示。

需要注意的是，采用上面的操作设置完虚拟内存后，并不能够立即生效，必须重新启动电脑才能使设置生效。

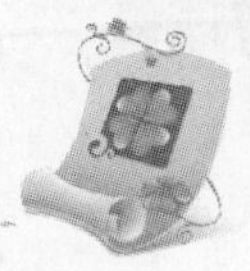

10 打开“编辑计划设置”窗口，在“关闭显示器”下拉列表框中选择“10 分钟”选项，然后设置“使计算机进入睡眠状态”为“20 分钟”，单击 保存修改 按钮将设置的电源选项进行保存，如图 20-23 所示。

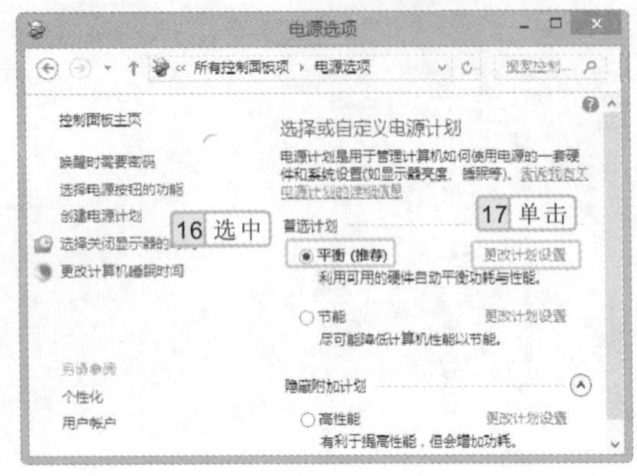

图 20-22　“电源选项”窗口

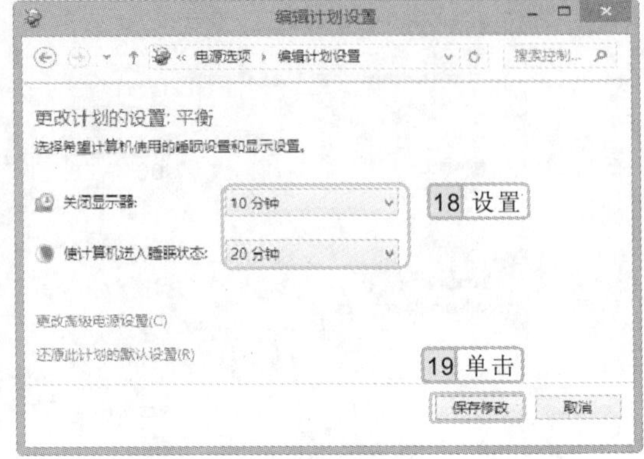

图 20-23　优化电源选项

2. 使用家长控制

在登录系统后，默认状态下，家长控制是未被启用的，它是针对某个标准用户下使用的，只有以管理员身份登录系统才可启用家庭安全。

1 打开“所有控制面板项”窗口，单击“用户账户”超级链接，在打开的窗口中单击“管理其他账户”超级链接。

2 打开“管理账户”窗口，单击下方的“设置家庭安全”超级链接，如图 20-24 所示。

3 打开“家庭安全”窗口，选择需要启用家庭安全的账户选项，这里选择“xiao guo”账户选项，如图 20-25 所示。

图 20-24　“管理账户”窗口

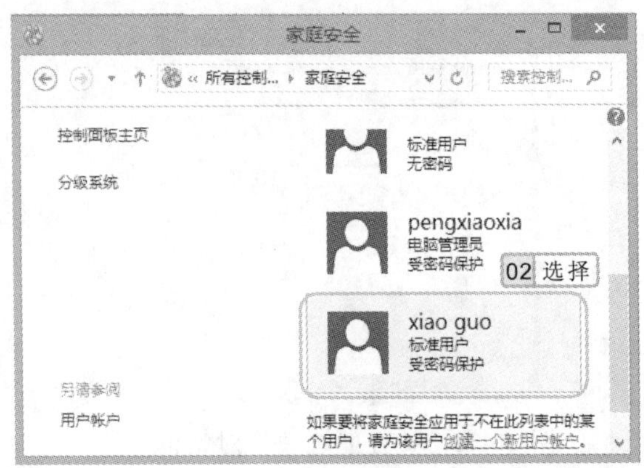

图 20-25　选择账户

在 Windows 8 中，有管理员账户、标准账户和来宾账户 3 种不同类型的账户。

4 打开“用户设置”窗口，可以看到该账户图标下方显示家庭安全是关闭的，如图 20-26 所示。

5 此时，选中 ◉启用，应用当前设置 单选按钮，启用家庭安全，如图 20-27 所示，单击 × 按钮。

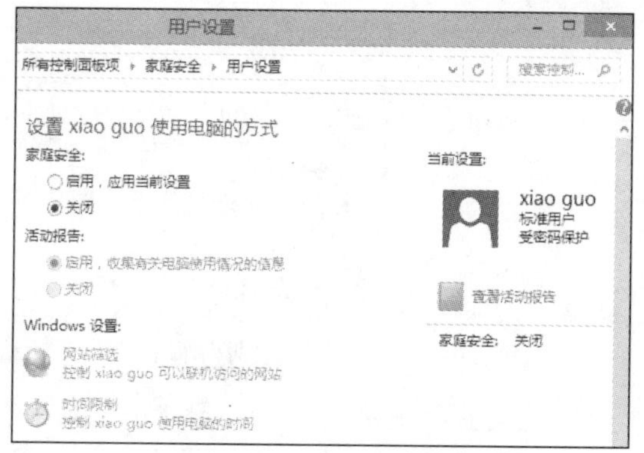

图 20-26 “用户设置”窗口

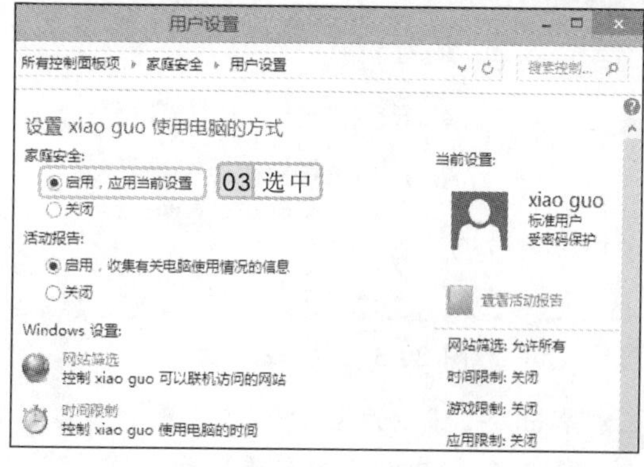

图 20-27 启用家庭安全

6 打开“用户设置”窗口，单击下方的“时间限制”超级链接，如图 20-28 所示。

7 打开该账户的“时间限制”窗口，单击“设置限用时段”超级链接，打开“限用时段”窗口，选中相应的单选按钮，在下方的方格中拖动鼠标对当前用户使用电脑的时间进行设置，单击白色方块使其变成蓝色，表示该时间限制使用。而白色方块表示该时间可以使用，依次单击“返回”按钮 ←，如图 20-29 所示。

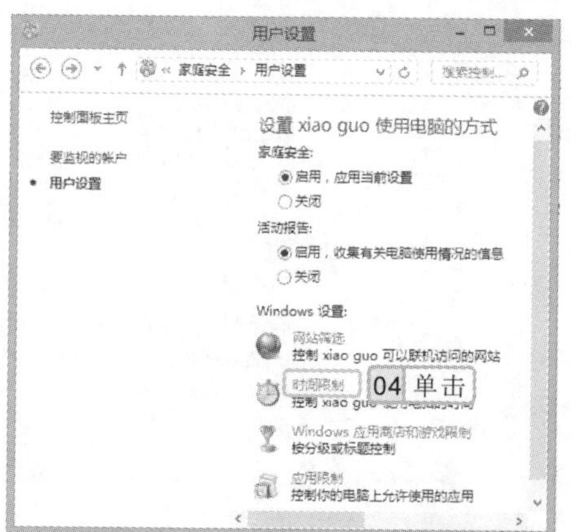

图 20-28 “用户设置”窗口

图 20-29 限制电脑使用时段

8 返回到“用户设置”窗口，单击“Windows 应用商店和游戏限制”超级链接，在打开的对话框中选中 ◉xiao guo 只能使用我允许的游戏和 Windows 应用商店应用 单选按钮，然后单击“设置游戏和 Windows 应用商店分级”超级链接，如图 20-30 所示。

9 打开“分级级别”窗口，选中 ◉阻止未分级的游戏 单选按钮，在“xiao guo 适合哪种级别？”栏中选中“13 岁（含）以上”选项前的单选按钮，如图 20-31 所示。

在“限用时段”窗口中，单击某时间点可设置为阻止的时间，再次单击则为允许。同样，拖动鼠标也可设置阻止和允许的时间。

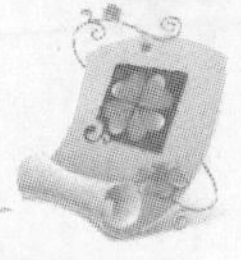

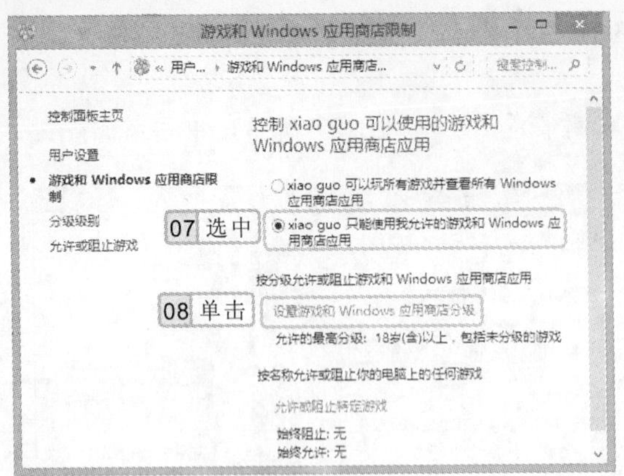

图 20-30 游戏限制

图 20-31 “分级级别”窗口

10 单击⊖按钮，返回“用户设置”窗口，单击“应用设置”超级链接，打开“应用限制”窗口，选中相应的单选按钮，在“选择可以使用的应用”列表框中选中允许使用程序对应的复选框，如图 20-32 所示。

11 返回“用户设置”窗口。此时，在该窗口右侧的“当前设置”栏中即可看到设置的效果，如图 20-33 所示。

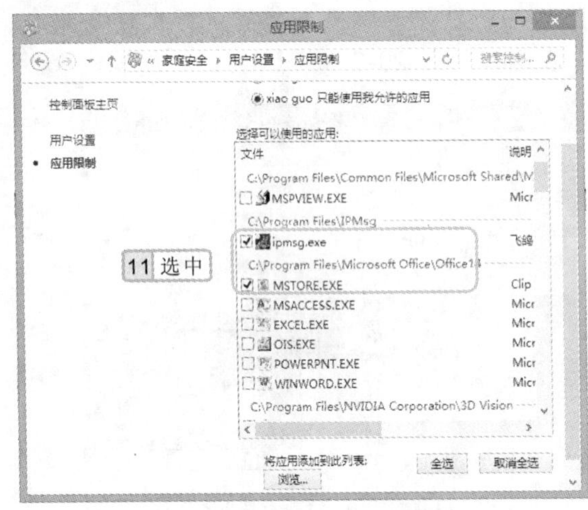

图 20-32 限制程序

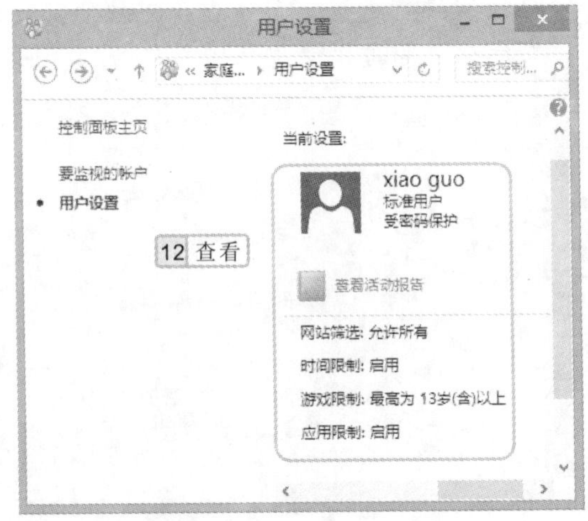

图 20-33 “用户设置”窗口

3. 使用注册表优化 Windows 8 系统

注册表也是优化 Windows 8 操作系统的常用方法之一，其功能强大，操作也很简单，非常适合普通家庭用户使用，下面将使用注册表对系统进行优化。

1 按 Win+R 键，在打开的“运行”对话框的“打开”文本框中输入“regedit”，单击 确定 按钮，如图 20-34 所示。

设置完账户控制功能后，返回“用户设置”窗口，可查看所有控制设置并可对其进行修改。

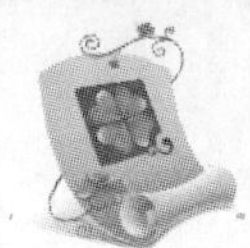

2 打开“注册表编辑”窗口，单击窗口左侧的列表，展开[HKEY_LOCAL_MACHINE\SYSTEM\CurrentControlSet\Control]子键，如图 20-35 所示。

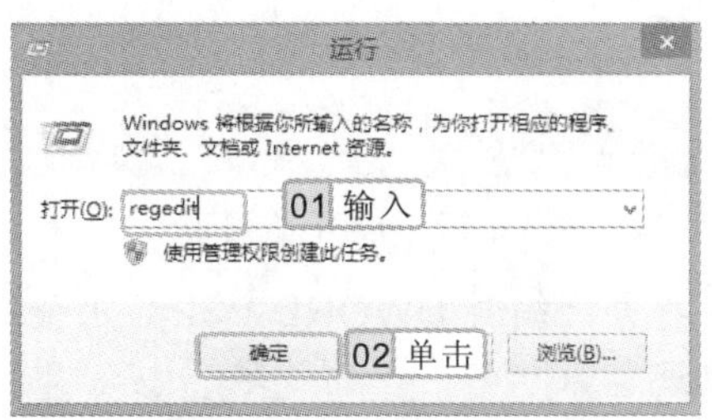

图 20-34　“运行”对话框

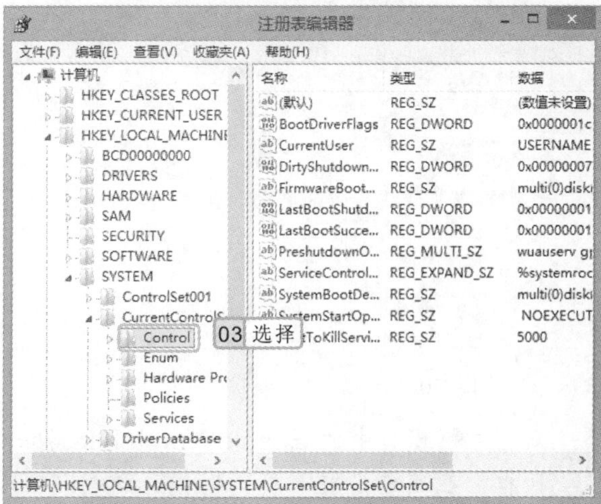

图 20-35　“注册表编辑”窗口

3 此时，右击右侧窗口空白处，在弹出的快捷菜单中选择【新建】/【字符串值】命令，如图 20-36 所示。

4 将其命名为 FastReboot，按 Enter 键确认，如图 20-37 所示。

图 20-36　新建字符串值

图 20-37　命名字符串值

5 再双击 FastReboot 键值项，在打开对话框的“数值数据”文本框中输入快速重启的时间，这里将该键值设置为 1，单击 确定 按钮，如图 20-38 所示。

6 在左侧展开[HKEY_LOCAL_MACHINE\SYSTEM\CurrentControlSet\Control\Session Manager\Memory Management\PrefetchParameters]子键，如图 20-39 所示。

注册表对于系统非常重要，因此，在注册表编辑器中对各子键进行有效的参数设置，也可优化系统。

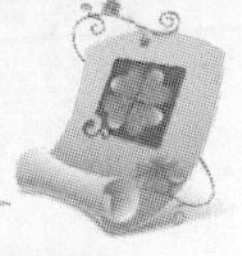

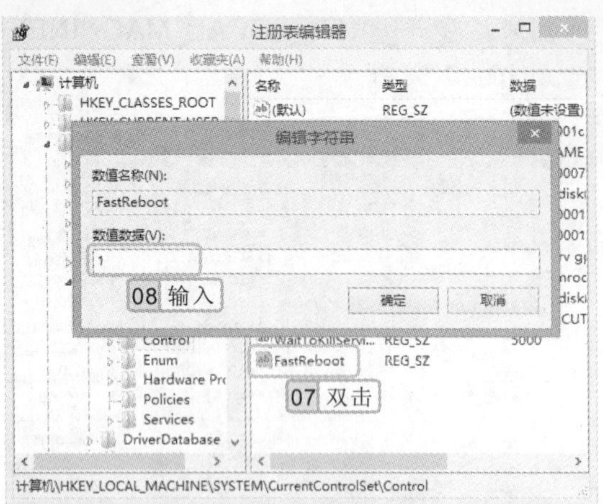

图 20-38　设置键值项

图 20-39　展开子列表

7 双击右侧窗口中的 EnablePrefetcher 键值项，打开“编辑 DWORD（32 位）值”对话框，在其中设置开机的时间，这里将其键值设置为“4”，单击 确定 按钮即可，如图 20-40 所示。

8 单击窗口左侧的列表，展开[HKEY_CURRENT_USER\Control Panel\Desktop]子键，在右侧窗口中的 WaitToKillAppTimeOut 选项上单击鼠标右键，在弹出的快捷菜单中选择“修改”命令，如图 20-41 所示。

图 20-40　加快系统预读能力

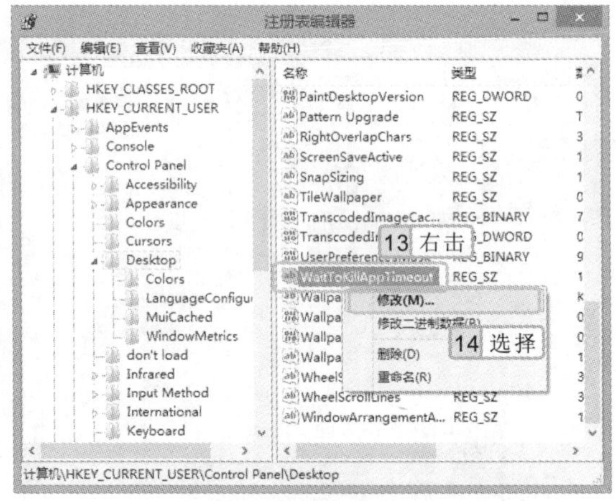

图 20-41　选择“修改”命令

9 打开“编辑字符串”对话框，在“数值数据”文本框中输入等待程序关闭的最大时间，这里输入“1000”，如图 20-42 所示。完成后，单击 确定 按钮。

10 返回“注册表编辑器”窗口，单击右上角的“关闭”按钮 × 关闭该窗口，如图 20-43 所示，完成优化操作。

WaitToKillAppTimeout 就是告诉作业系统等待该程序多久（下达关机指令后，作业系统会送出关机指令给目前执行中的应用程序，要求结束作业），超过设定的时间值要是当前程序再不给予回应，即强行关闭程序。

图 20-42 修改键值

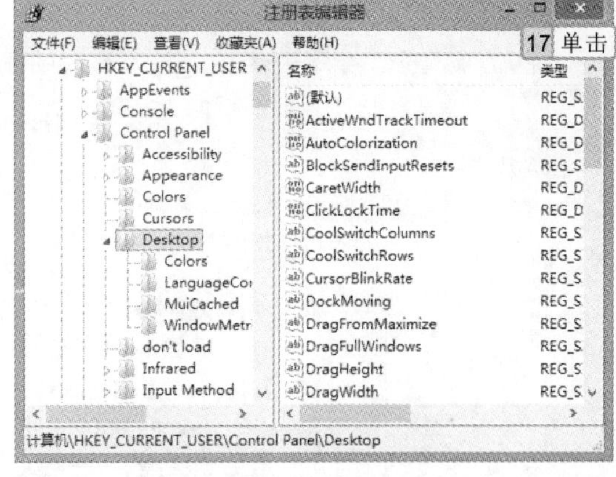

图 20-43 关闭窗口

4. 使用组策略优化系统

下面主要介绍 Windows 8 组策略的安全使用技巧，介绍如何配置组策略功能和服务来更好地满足用户的系统安全、网络安全、数据保护及个性化需求。

1. 按 Win+R 键，在打开的“运行”对话框的“打开”文本框中输入“gpedit.msc”，单击 确定 按钮，如图 20-44 所示。
2. 打开“本地组策略编辑器”窗口，在左侧列表框的“用户配置”栏下单击“管理模板”前的 ▷ 按钮，在展开的子列表中选择“系统/所有设置”选项，然后在右侧的列表框中双击“只运行指定的 Windows 应用程序”选项，如图 20-45 所示。

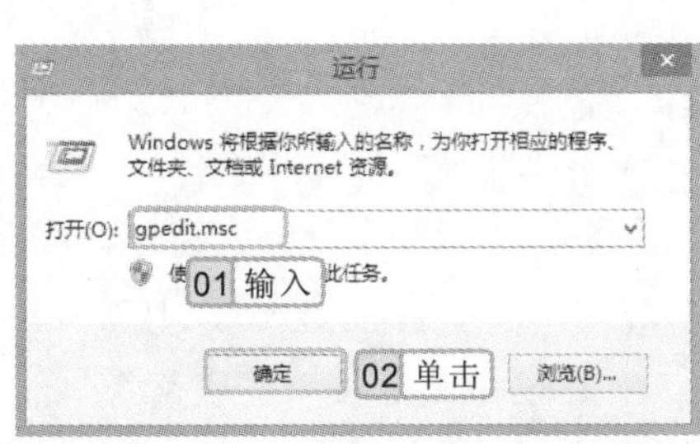

图 20-44 “运行”对话框

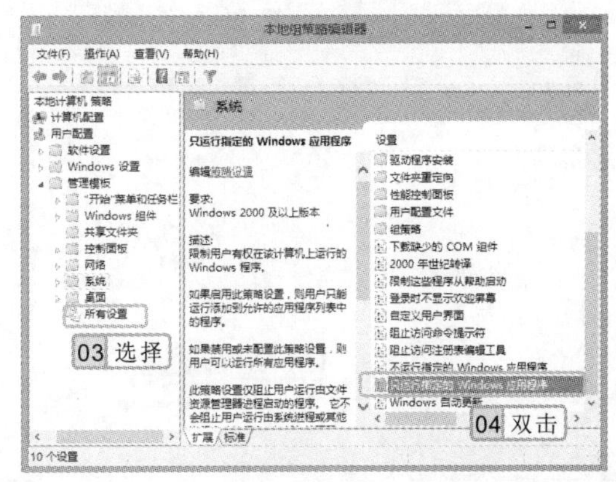

图 20-45 双击“只运行指定的 Windows 应用程序”

3. 打开“只运行指定的 Windows 应用程序”窗口，选中 ◉已启用(E) 单选按钮，然后单击 显示... 按钮，如图 20-46 所示。
4. 在打开的“显示内容”窗口中单击“值”下方的文本框，输入具体程序的文件名称，这里输入“360rp.exe”，单击 确定(O) 按钮，如图 20-47 所示。返回“只运行许可的

组策略（Group Policy）是管理员为用户和计算机定义并控制程序、网络资源及操作系统行为的主要工具。通过组策略可以设置各种软件、计算机和用户策略。

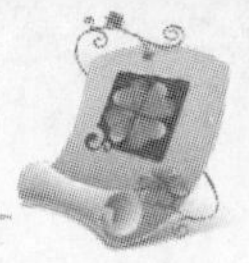

Windows 应用程序”窗口，单击 确定(O) 按钮，设置立即生效。

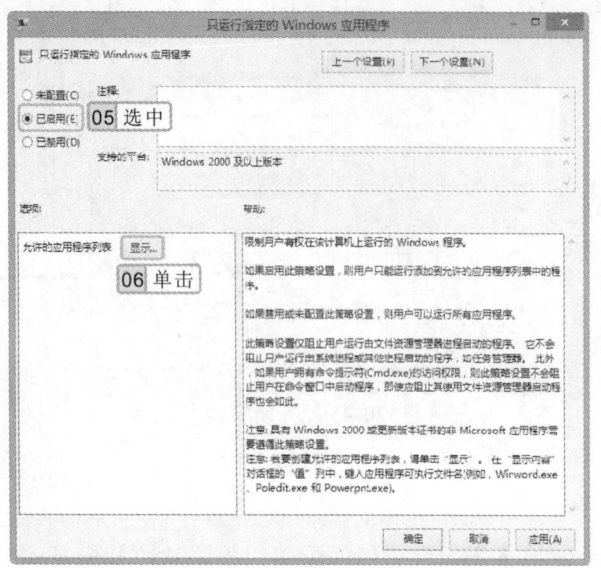

图 20-46 “只运行指定的 Windows 应用程序”窗口

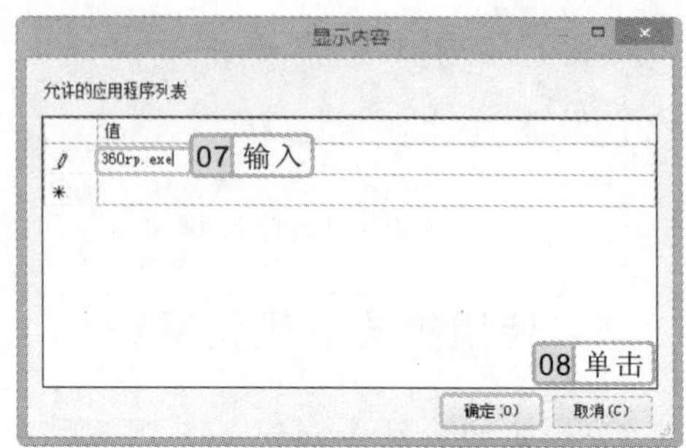

图 20-47 添加要允许的程序

5 返回“本地组策略编辑器”窗口，选择“计算机配置/管理模板/系统”选项，在右侧列表框中双击“系统还原”选项，如图 20-48 所示。

6 打开“系统还原”窗口，在下方的“设置”栏中双击“关闭配置”选项，如图 20-49 所示。

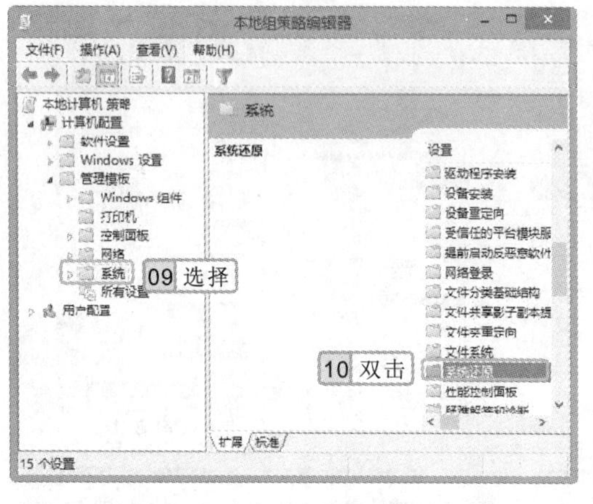

图 20-48 双击“系统还原”选项

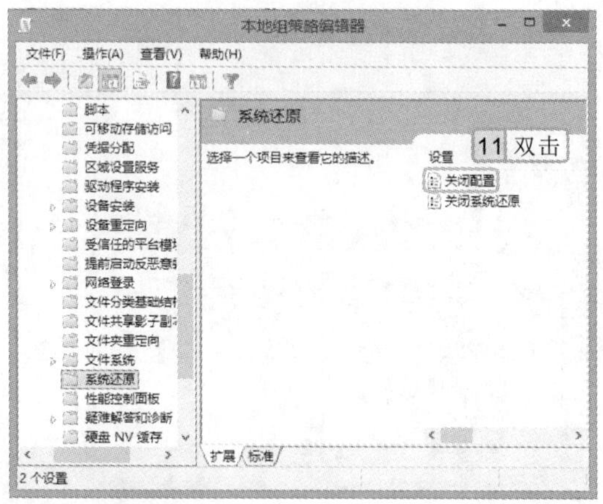

图 20-49 双击“关闭配置”选项

7 打开“关闭配置”窗口，选中 ◉已启用(E) 单选按钮，单击 确定(O) 按钮，如图 20-50 所示。“系统还原”配置界面上配置系统还原的选项即会消失。然后重新启动电脑，使该设置生效。

8 再次打开“本地组策略编辑器”窗口，选择“计算机配置/Windows 设置/安全设置/

组策略编辑器中的策略分为两类：“计算机配置”和“用户配置”。

本地策略”选项，在右侧窗格中双击“安全选项”选项，如图 20-51 所示。

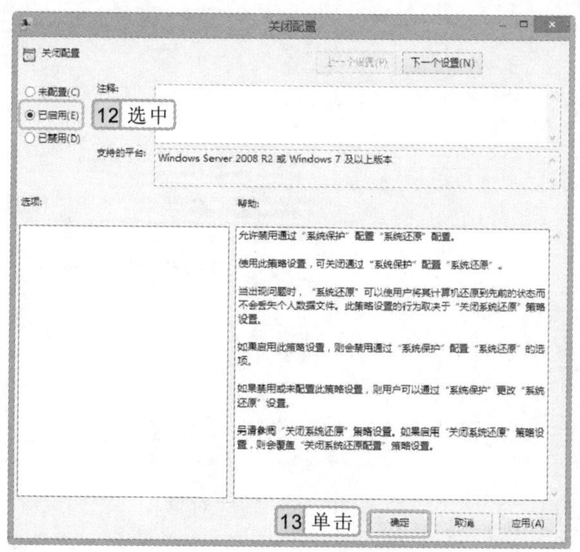

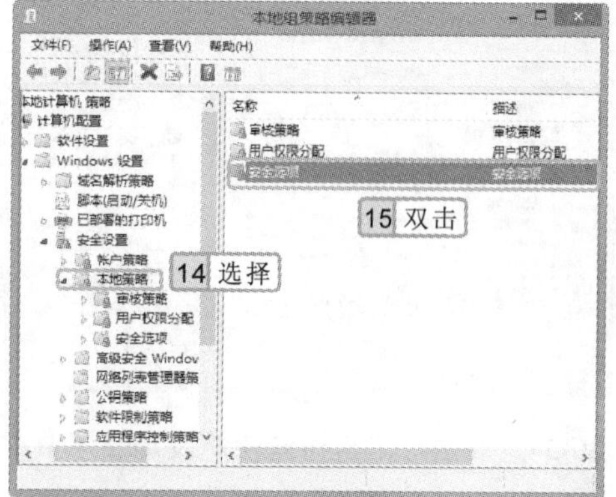

图 20-50 “关闭配置”窗口　　图 20-51 “本地组策略编辑器”窗口

9 在“策略”栏中双击“关机：清除虚拟内存页面文件”选项，如图 20-52 所示。

10 打开“关机：清除虚拟内存页面文件 属性”对话框，选中 ◉已启用(E) 单选按钮，单击 确定 按钮即可，如图 20-53 所示。

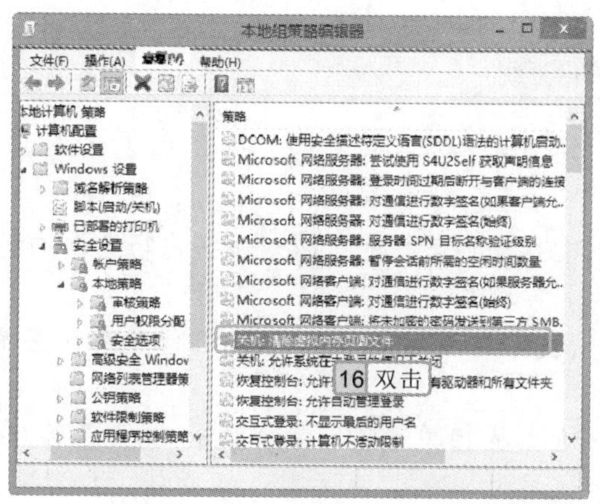

关机: 清除虚拟内存页面文件 属性

17 选中

18 单击

图 20-52 双击“关机：清除虚拟内存页面文件”选项　　图 20-53 属性对话框

11 在左侧列表框中选择“用户配置/管理模板/所有设置”选项，在右侧列表框中双击“阻止访问注册表编辑工具”选项，如图 20-54 所示。

12 打开“阻止访问注册表编辑工具”窗口，选中 ◉已启用(E) 单选按钮，单击 确定 按钮锁定注册表编辑器，防止非法用户利用注册表编辑器来篡改系统设置，如图 20-55 所示。

在组策略编辑器中，在左侧列表框中选择一个目录，单击鼠标右键，在弹出的快捷菜单中选择【查看】/【筛选】命令，打开“筛选”对话框，在其中可选择组策略编辑器只显示配置了的策略，或只显示针对特定软件的策略以快速查找到需要的策略。

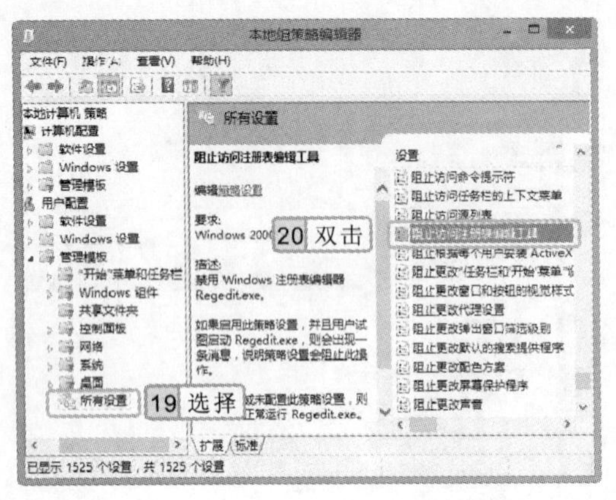

图 20-54 双击“阻止访问注册表编辑工具”选项

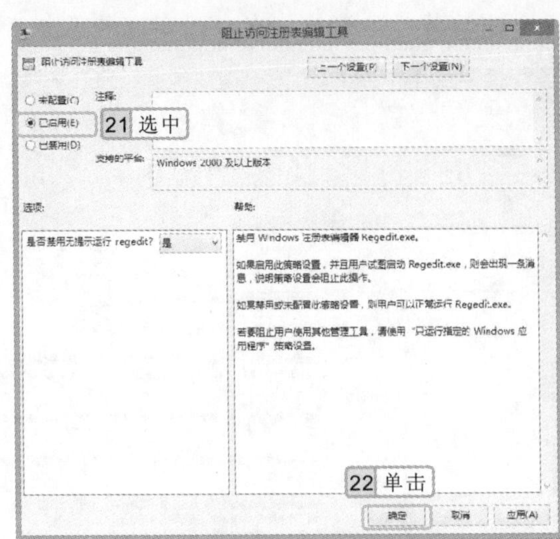

图 20-55 属性对话框

20.4.3 使用软件优化系统

对于操作系统需要定期对其进行优化，以提升系统整体性能，Windows 优化大师和魔方优化大师是两款不错的系统优化软件，可以对系统进行优化和清理。下面分别介绍使用 Win8 优化大师和魔方优化大师优化系统的方法。

参见光盘 光盘\实例演示\第 20 章\使用软件优化系统

1. 使用 Win8 优化大师优化系统

Win8 优化大师提供了一个优化向导的功能，使用该功能可以对系统进行全面的优化，提高系统的运行速度。

1. 在电脑桌面上双击“Win8 优化大师”快捷方式图标，打开 Win8 优化大师主界面，选择“优化向导”选项。
2. 在打开的“安全加固”对话框中显示安全加固相关选项，如“禁止 U 盘等所有磁盘的自动运行功能”，单击 未禁止 按钮，将显示为 已禁止，表示禁止该功能，设置完成后单击 下一步 按钮，如图 20-56 所示。
3. 打开“个性设置”对话框，可根据需要对“在任务栏显示开始按钮”、“修改任务栏上库打开后是计算机”等选项进行设置，如图 20-57 所示，然后单击 下一步 按钮。

应用点睛

若不想在下次启动 Win8 优化大师时自动打开优化向导，可取消选中优化向导对话框下面的

复选框。

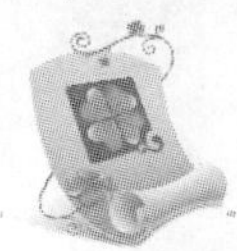

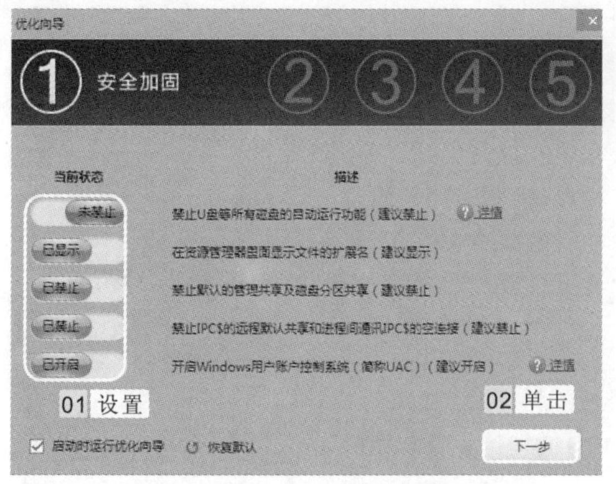

图 20-56　设置安全加固相关选项

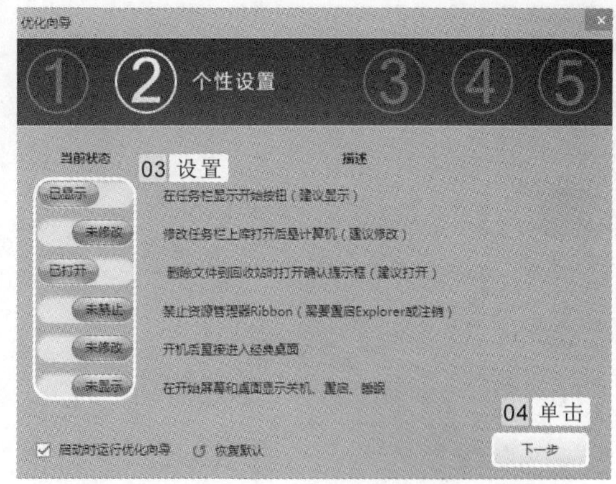

图 20-57　个性化设置

4 打开“网络优化”对话框，在其中可对网络进行优化，在“浏览器主页”栏中设置浏览器主页，这里选中 保持原有 单选按钮，在“浏览器搜索引擎”栏中设置默认搜索引擎，这里选中 百度搜索 单选按钮，其他都保持默认设置，再单击 下一步 按钮，如图 20-58 所示。

5 打开“开机加速”对话框，优化开机加速，在“可以关闭的服务（勾选以禁止服务自动运行）”列表框中取消所有服务项目对应的复选框，单击 下一步 按钮，如图 20-59 所示。

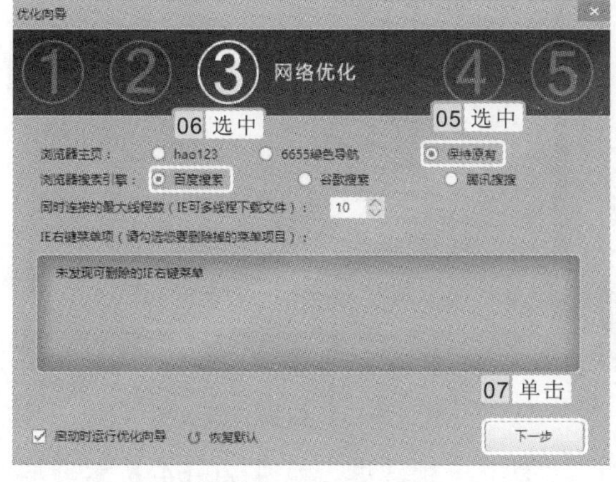

图 20-58　网络优化

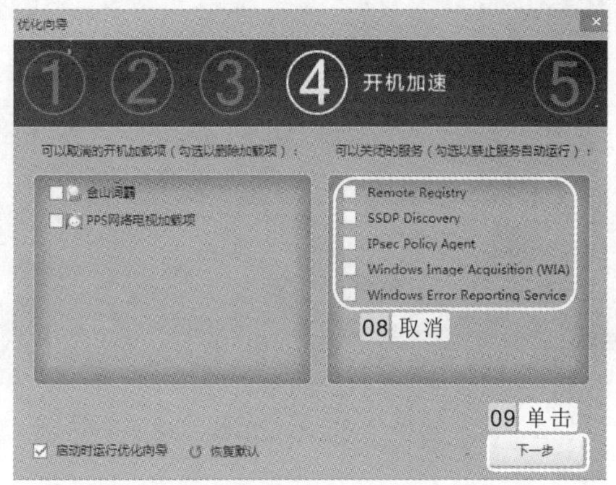

图 20-59　开机加速

6 打开“易用性改善”对话框，根据右侧描述信息，在左侧的“当前状态”栏中进行相应的设置，如图 20-60 所示，单击 下一步 按钮。

7 在打开的对话框中选中 添加Win8优化大师到任务栏 复选框，在任务栏中添加 Win8 优化大师启动图标，如图 20-61 所示，单击 完成 按钮完成根据优化向导进行优化设置的操作。

在“网络优化”对话框中，若发现有要删除的 IE 右键菜单，将会显示在“IE 右键菜单项”列表框中，选择需要删除的项目对应的复选框，可进行优化操作。

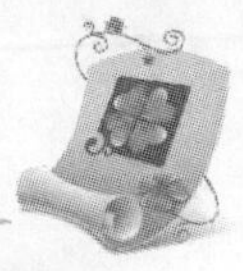

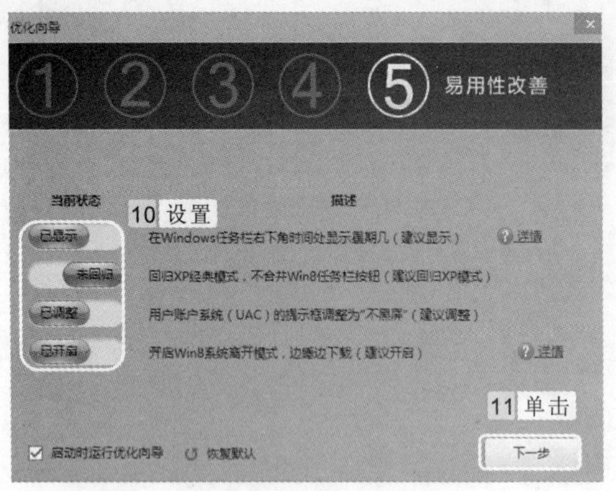

图 20-60　易用性改善

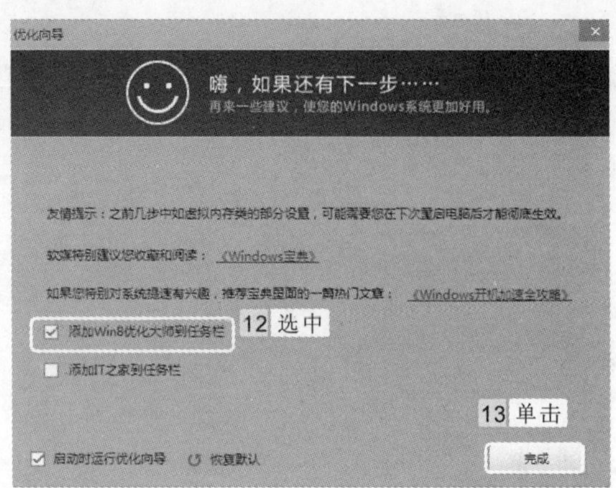

图 20-61　完成优化

8 在 Win8 优化大师主界面中选择“Win8 应用缓存清理”选项，如图 20-62 所示。

9 打开“Win8 应用缓存清理桌面”界面，其中默认已选中观看视频、使用聊天软件 QQ 和浏览网页产生的缓存选项前面的复选框，如图 20-63 所示，单击 按钮，开始扫描垃圾文件。

图 20-62　选择“Win8 应用缓存清理”选项

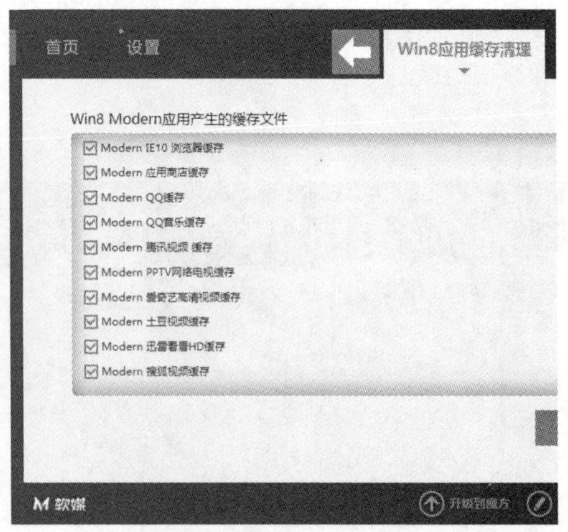

图 20-63　扫描垃圾文件

10 稍等片刻后，优化大师将扫描出垃圾文件，并默认全部选中，如图 20-64 所示，单击 按钮，清理垃圾文件。

11 在打开的对话框中提示清理成功，并显示节省出的磁盘空间，如图 20-65 所示。

清理完垃圾后，在提示清理成功的界面中单击 按钮，可再一次对文件进行扫描，查看是否清理彻底。如又扫描出了垃圾文件，将其清理即可。

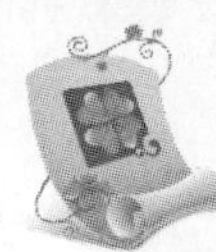

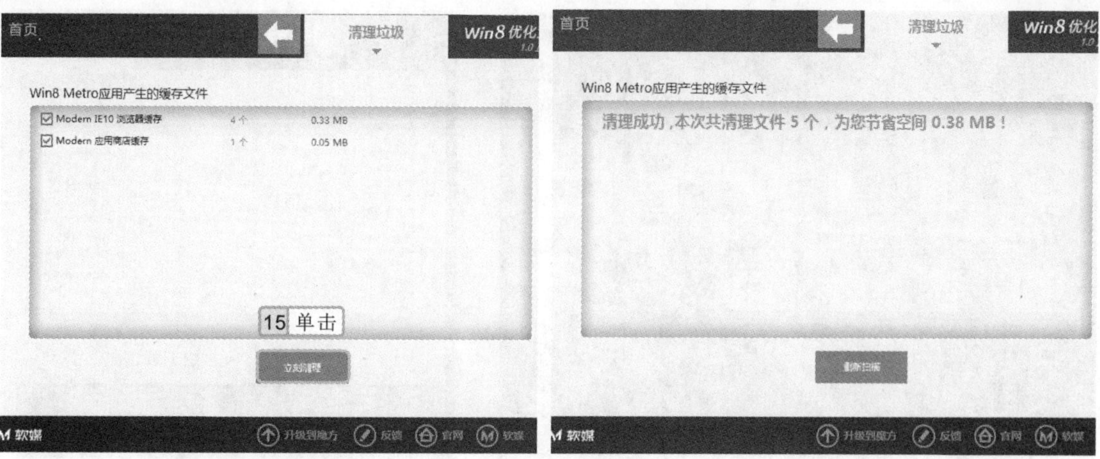

图 20-64　清理文件　　　　图 20-65　完成清理

12 单击界面上方的按钮，返回 Win8 优化大师主界面，选择“桌面显示图标”选项，如图 20-66 所示。

13 打开“桌面显示图标”界面，单击“IE 浏览器”后的按钮，使其显示为“显示”状态，如图 20-67 所示。

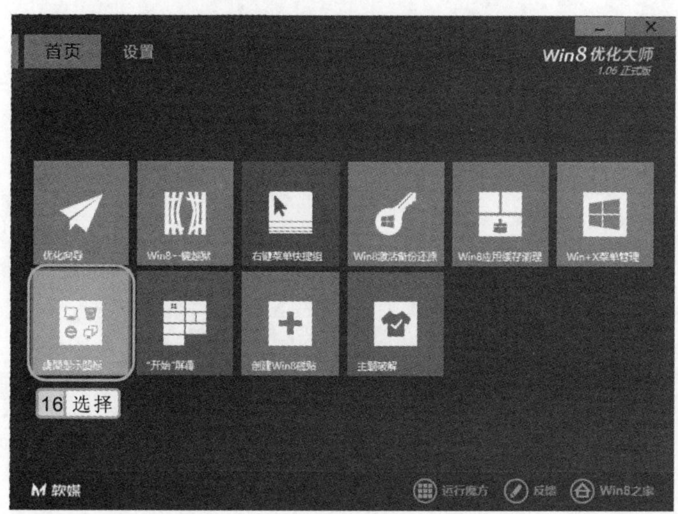

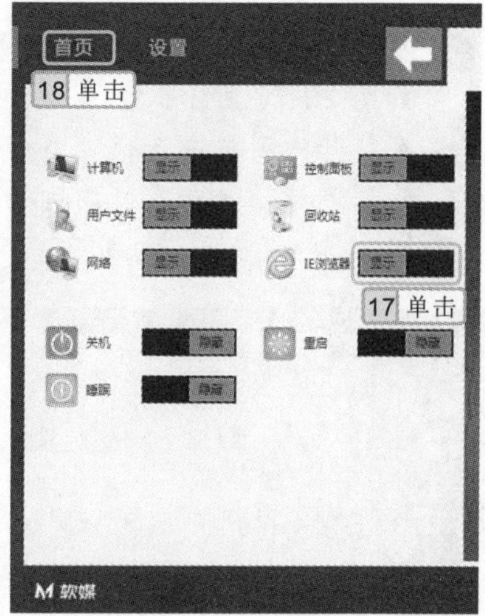

图 20-66　选择“桌面显示图标”选项　　　　图 20-67　显示 IE 浏览器

14 单击界面左上角的“首页”超级链接，返回 Win8 优化大师主界面，选择“Win+X 菜单管理”选项，如图 20-68 所示。

15 打开“Win+X 菜单管理”界面，在 Group3、Group2 或 Group1 栏中选择相应的选项，这里选择“命令提示符”选项，单击下方的按钮，将该选项移除，如图 20-69 所示。

与早期优化大师版本相比，Win8 优化大师发生了很大的变化，其程序界面与“开始”屏幕类似，而且精简了很多，用户只需单击界面中的图标，即可进入相应的设置页面。

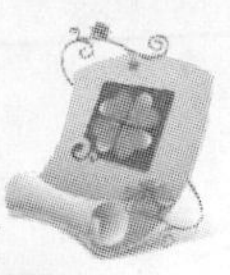

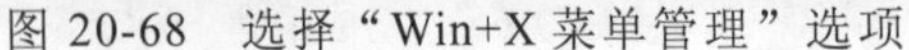

图 20-68　选择“Win+X 菜单管理”选项

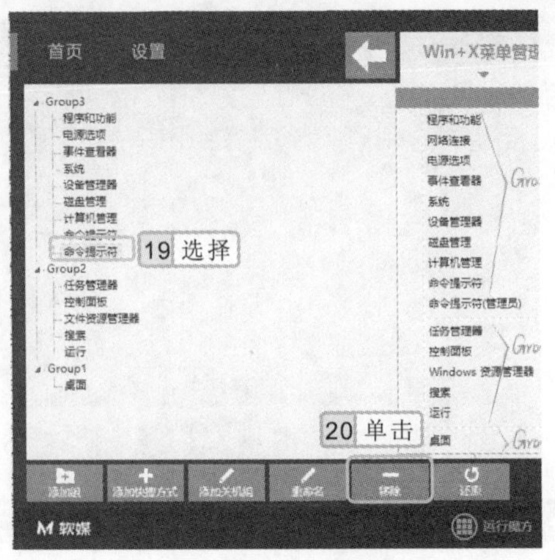

图 20-69　移除选项

2. 使用魔方优化大师优化系统

下面将使用魔方优化大师的优化向导“魔方精灵”优化系统。魔方优化大师是优化大师系列软件的最新一代，其操作方法也非常简单，与前面讲解的 Windows 8 优化大师相类似。

1 双击桌面上的“魔方”图标，打开魔方工作界面，单击“优化设置大师”按钮，如图 20-70 所示。

2 在打开的窗口中选择“系统优化”选项卡，在左侧的列表框中选择“系统服务优化管理”选项，在右侧的列表框中选中要优化的复选框，单击下方的相应按钮，这里单击 禁用 按钮，如图 20-71 所示。

图 20-70　魔方工作界面

图 20-71　禁用程序

3 在左侧的列表框中选择“开关机优化设置”选项，在右侧的“开关机速度优化”栏中选中 ☑关闭开机声音 和 ☑关机时强制退出应用程序，不显示等待界面 复选框，单击 保存设置 按钮，如图 20-72 所示。

如果设置不合理，会导致系统运行速度变慢等情况发生，此时可单击向导对话框下方的“恢复默认”超级链接，恢复默认设置参数。

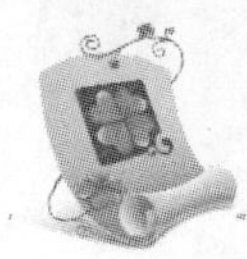

4 在窗口上方选择“安全设置”选项卡，在左侧的列表框中选择“安全综合设置”选项，在右侧的“系统安全设置”栏中选中☑禁止使用远程桌面连接到本机复选框，单击保存设置按钮，如图20-73所示。

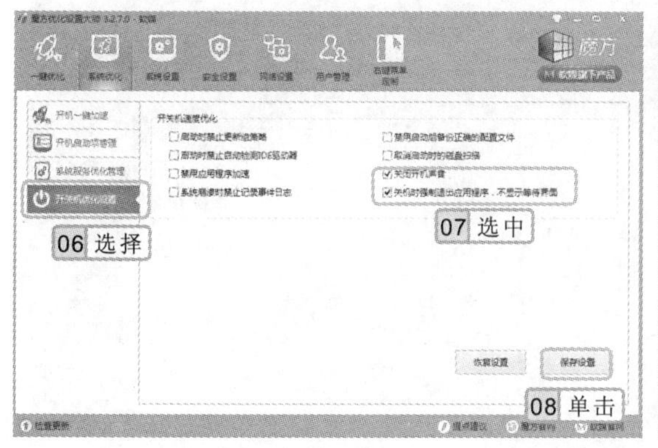

图20-72 开关机优化设置

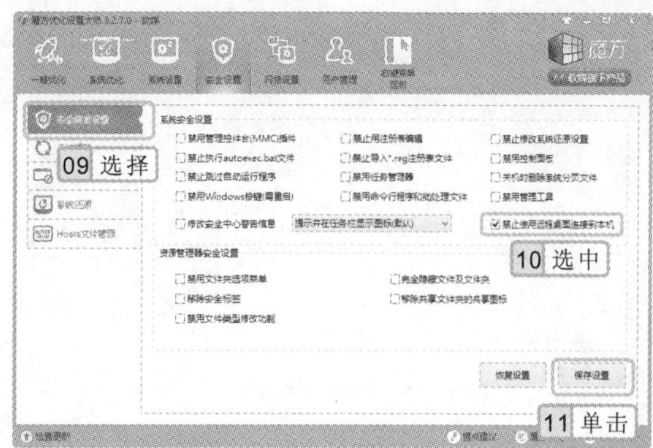

图20-73 系统安全设置

20.4.4 安装并使用杀毒软件

对于经常上网的用户，必须在电脑中安装一款杀毒软件，这是因为网络中的病毒防不胜防。安装好杀毒软件后，便能够查杀病毒，并对电脑实施安全防护。

参见光盘 光盘\实例演示\第20章\安装并使用杀毒软件

1 双击360安全卫士的安装程序，打开360安全卫士的安装向导，选中☑我已阅读并同意许可协议复选框，单击覆盖安装按钮，如图20-74所示。

2 打开“推荐360安全浏览器”对话框，取消选中☐安装360安全浏览器复选框，单击下一步按钮，如图20-75所示。

图20-74 安装360安全卫士

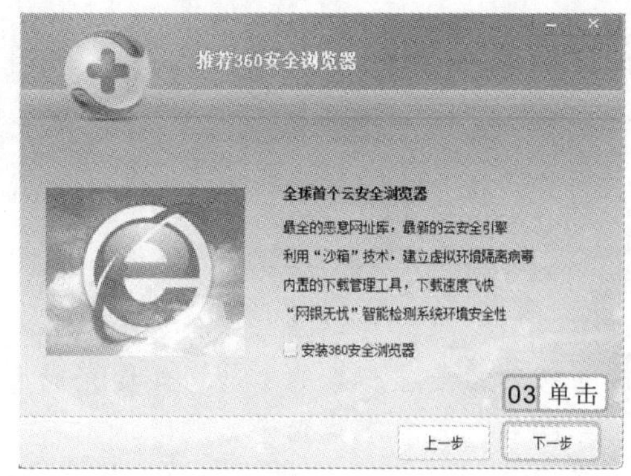

图20-75 单击“下一步”按钮

操作提示

金山卫士与360安全卫士的界面非常相似，并且主要功能大都相同，只要能熟练使用360安全卫士，使用金山卫士时便能得心应手。

3 开始安装 360 安全卫士，并显示安装进度，如图 20-76 所示。

4 完成后，将自动打开“安装完成”对话框，选中 运行360安全卫士 复选框，单击 完成 按钮，如图 20-77 所示。

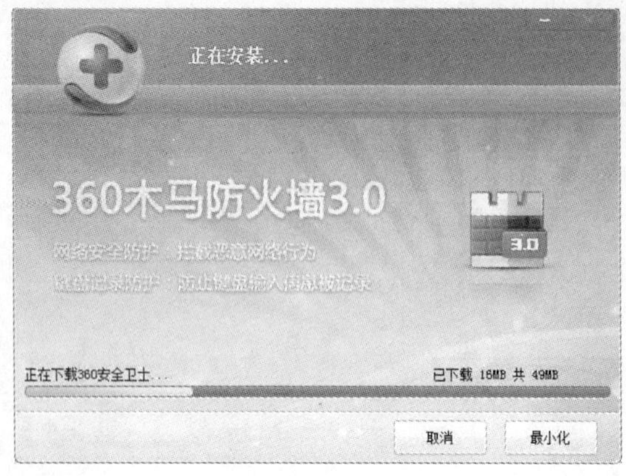

图 20-76 安装进度

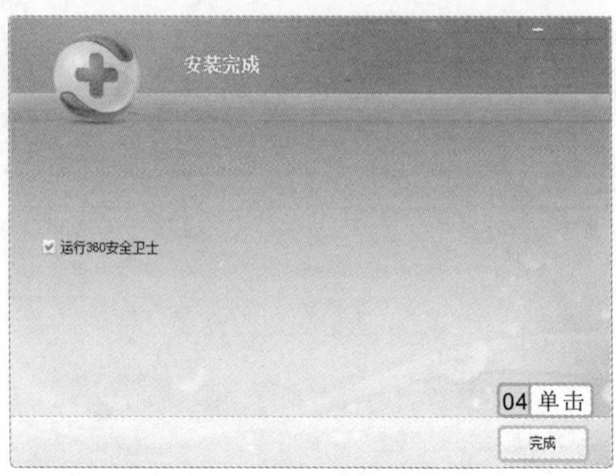

图 20-77 完成安装

5 打开 360 安全卫士工作界面，选择“木马查杀”选项卡，在打开的界面中选择扫描方式，这里选择“全盘扫描”选项，如图 20-78 所示。

6 在打开的界面中系统开始进行扫描，并显示扫描进度，扫描完成后，在界面下方将显示扫描的结果，选中需要处理的选项前面的复选框，单击 立即处理 按钮，如图 20-79 所示。

图 20-78 选择扫描方式

图 20-79 扫描结果

7 系统开始处理扫描的木马，处理完成后将打开提示对话框，单击 好的，立刻重启 按钮，重启电脑后，完成木马查杀。

8 在 360 安全卫士工作界面中选择“软件管家”选项卡，打开“软件管家”界面，在“安全”栏的“360 杀毒 4.0 正式版”选项后单击 下载 按钮，开始下载“360 杀毒

通常，在系统中只安装一个安全防护软件即可，因为防护软件的功能大多相似，且安装多个防护软件后，有可能造成冲突，反而影响电脑的正常使用。

软件”，如图 20-80 所示。

9 下载完成后，将打开 360 杀毒软件的安装向导，在“安装路径”文本框中输入软件的安装路径，然后选中“我已阅读并同意 许可协议”复选框，单击“立即安装”按钮，如图 20-81 所示。

图 20-80 下载 360 杀毒软件

图 20-81 安装 360 杀毒软件

10 开始安装 360 杀毒软件，并显示安装进度，如图 20-82 所示。

11 此时，将自动打开 360 杀毒软件工作界面，在其中选择一种扫描方式，这里选择“快速扫描”选项，如图 20-83 所示。

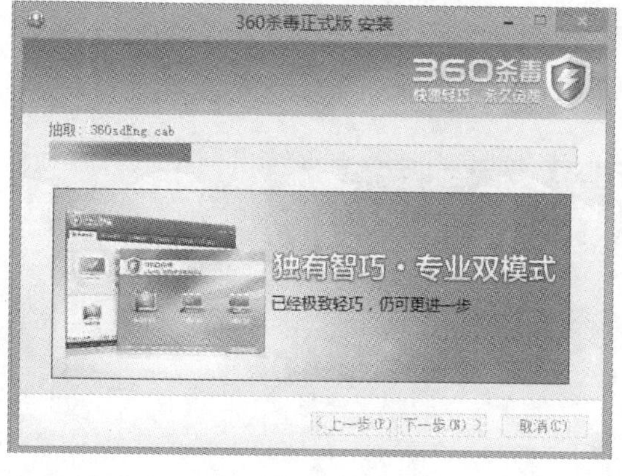

图 20-82 安装进度

图 20-83 360 杀毒工作界面

12 程序开始对指定的位置进行病毒查杀，并显示查杀进度，扫描到的病毒将分类显示在窗口列表中，在列表框中选中相应病毒文件对应的复选框，如图 20-84 所示。

13 单击“立即处理”按钮，即可对病毒进行处理，在处理过程中若发现顽固病毒，会打开一个提示对话框，在其中单击“立即重启”按钮，如图 20-85 所示。

在“系统清理”界面中，选择“清理垃圾”或“清理注册表”选项卡，可分别对垃圾文件和注册表冗余文件进行清理。

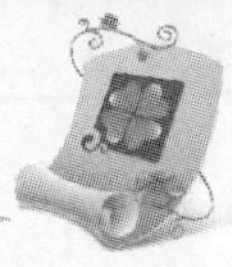

图 20-84　扫描结果

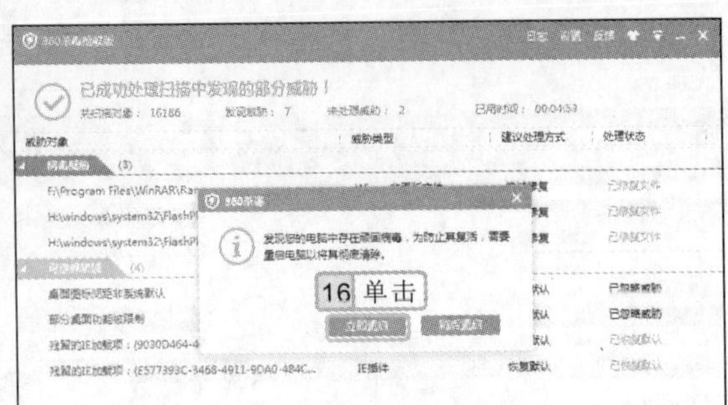

图 20-85　重启电脑

20.5　拓展练习

本章主要学习了维护和优化磁盘的各种操作，下面将通过使用鲁大师来强化 Windows 8 操作系统和使用 360 安全卫士清理系统两个练习来进一步巩固所学知识。

20.5.1　使用鲁大师优化系统

本次练习将首先进入鲁大师软件的工作界面，分别进入"节能降温"和"电脑优化"两个界面，对其中的选项进行设置并优化操作，如图 20-86 所示。

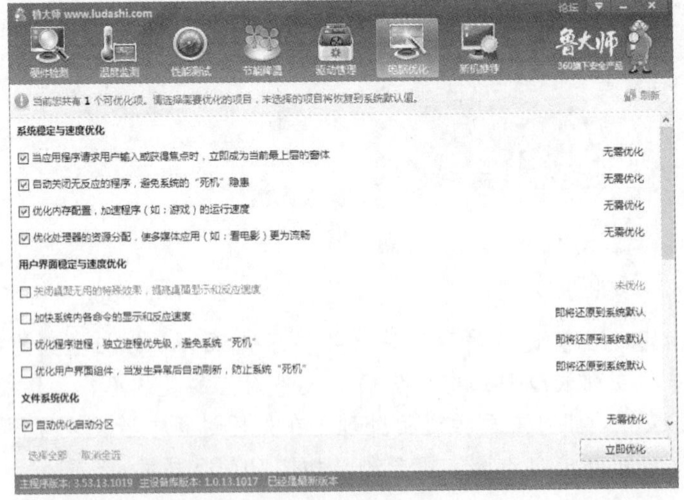

图 20-86　使用鲁大师优化系统

在应用软件的下载界面，通常会显示该软件占用的空间大小、兼容系统以及软件的功能等信息。

参见光盘　光盘\实例演示\第 20 章\使用鲁大师优化系统

该练习的操作思路如下。

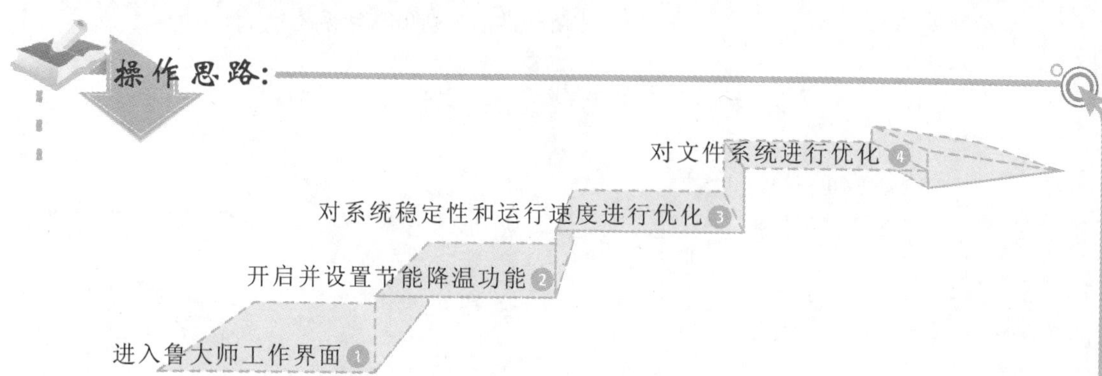

20.5.2　使用 360 安全卫士清理系统

本次练习将启动 360 安全卫士，进入“电脑清理”界面，使用一键清理功能清理电脑系统中的垃圾文件，清理完成后，如图 20-87 所示。

图 20-87　使用 360 安全卫士清理系统

参见光盘　光盘\实例演示\第 20 章\使用 360 安全卫士清理系统

该练习的操作思路如下。

电脑病毒对电脑的损害是非常大的，因此在经常上网的情况下，要开启自动防护功能，并且经常查杀病毒。

操作思路：

使用一键清理功能清理系统 ③

在"一键清理"界面中选择所有选项 ②

启动 360 安全卫士 ①

在运行杀毒软件的自定义扫描方式查杀病毒时，花费时间较长，并且会降低电脑的运行速度，此时不宜再使用占用内存大的软件进行工作，如图像处理工具，否则可能会造成死机。